谨以本书纪念叶企孙先生
诞辰 120 周年！

企孙先生纪念文集

哲人往矣 风范长存

陈岱孙 九〇年七月

陈岱孙题词

懷念葉企孫老師

萬世師表

生 李政道

一九九五年四月

李政道题词

叶企孙（摄于 1925 至 1930 年间，清华大学）

叶企孙（摄于 1949 年）

叶企孙（摄于 1963 年，北京）

叶企孙（摄于 1965 年，北京）

叶景澐（1856—1935）

叶企孙（摄于 1911 年，时年 13 岁）

1911 年 3 月，叶企孙报考清华学堂前夕与亲戚合影（后排右一为叶企孙）

1912 年上海兵工学校同学合影留念（前排左二为叶企孙）

叶企孙（摄于上海，时年 15 岁）

叶企孙与同学在清华学堂合影（右二为叶企孙）

1918 年 8 月 24 日，全体清华学校应届赴美留学生在上海即将启程的“南京号”海轮上合影留念
（第四排左一为叶企孙）

1919 年，在美国芝加哥大学求学的中国留学生合影（第二排右四为叶企孙）

1924年3月，叶企孙被聘任为东南大学物理系副教授。东南大学数理化研究会第十届常会并欢迎新指导员叶企孙、任鸿隽合影
（第二排左八为叶企孙、左九为任鸿隽、左十二为张子高；第一排左一为柳大纲、左四为施汝为；第三排右二为赵忠尧）

1924年7月2日，中国科学社第九次年会并十周年纪念合影（第三排右四为叶企孙）

1926 年初夏，清华学校大学部物理系全体教职工在科学馆大门口合影（第一排左起：郑衍芬、梅贻琦、叶企孙、贾连亨、萧文玉；第二排左起：施汝为、阎裕昌、王平安、赵忠尧、王霖泽）

1927 年 9 月 3 日，中国科学社第十二次年会与会者合影（第四排右四为叶企孙，第二排右七为蔡元培，第一排右五为中国科学社创始人之一杨杏佛）

叶企孙与同事在清华大学北院七号前合影（1929 年或 1930 年，左起：陈岱孙、施嘉炀、金岳霖、萨本栋、萧蘧、叶企孙、萨本铁、周培源）

1930 年 10 月摄于德国哥丁根大学
（右为王淦昌，中为叶企孙，左为曾炯之）

1932 年，法国物理学家郎之万来华时赠送给叶企孙的照片，照片左下方有郎之万的签名

1932 年，郎之万访华期间合影（第一排左一为吴有训、左三为郎之万、左四为梅贻琦、左五为叶企孙、左六为严济慈；第二排左二为周培源；第四排左一为萨本栋）

约 1934 年，叶企孙在北戴河游泳

约 1932 年，叶企孙摄于北平

1934 年，清华大学评议会全体成员合影（前排左起：叶企孙、蒋廷黻、张子高、梅贻琦、沈履、施嘉炀、萨本栋；后排左起：顾毓琇、吴景超、陈岱孙、杨武之、萧蘧）

约 1935 年，叶企孙（左二）偕熊大缜（中）及亲属游莫干山

约 1935 年，叶企孙在娘子关

约 1935 年，叶企孙在莫干山

约 1935 年，叶企孙（中）、吴宓（右）、陈岱孙（左）在卢沟桥

1935 年 9 月 7 日，中央研究院第一届评议会全体评议员合影（右六为叶企孙）

1935 年，清华大学物理系部分师生在大礼堂前合影，

这些师生中有 11 人后来成为中国科学院学部委员（院士）

第一排左起：戴中扆（黄葳）、周培源、赵忠尧、叶企孙、萨本栋、任之恭、傅承义、王遵明；

第二排左起：杨龙生、彭桓武、钱三强、钱伟长、李鼎初、池钟瀛、秦馨菱、王大珩；

第三排左起：郁钟正（于光远）、□□□、杨镇邦、□□□、谢毓章、□□□、孙珍宝、刘庆龄；

第四排左起：赫崇本、熊大缜、戴振铎、林家翘

1936 年，物理系部分师生在科学馆前合影，

其中 13 人后来成为中国科学院学部委员（院士），4 人获得“两弹一星”功勋奖章

第一排左起：陈亚伦、杨镇邦、王大珩、戴中扆、钱三强、杨龙生、张韵芝、孙湘；

第二排左起：周培源、赵忠尧、叶企孙、任之恭、吴有训、何家麟、顾柏岩；

第三排左起：赫崇本、张石城、张景廉、傅承义、彭桓武、陈芳允、夏绳武；

第四排左起：方俊奎、池钟瀛、周长宁、钱伟长、熊大缜、张恩虬、李崇淮、沈洪涛；

第五排左起：秦馨菱、戴振铎、郑曾同、林家翘、王天眷、刘绍唐、何成钧、刘庆龄

1936 年，清华师生慰问 29 路军（右二为叶企孙，右三为吴有训）

1936 年，叶企孙和爱国军人合影（中为叶企孙，左二为熊大缜）

施嘉炀结婚时合影（1937 年摄于协和医院，左六为施嘉炀，左五为新娘魏文贞，右二为主婚人叶企孙，左三为证婚人胡适，右四为伴郎章名涛）

1937年玻尔父子俩访华，叶企孙曾请他到清华讲学，图为玻尔与北平物理学、化学界名人合影
（照片中：①玻尔；②玻尔之子；③玻尔夫人；④蒋梦麟；⑤叶企孙；⑥吴大猷；
⑦赵忠尧；⑧萨本铁；⑨霍秉权；⑩饶毓泰；⑪吴有训；⑫萨本栋；⑬张子高；
⑭夏元瑮；⑮郑华炽；⑯曾昭抡；⑰樊际昌）

1937年，叶企孙陪同玻尔夫妇游览北平

玻尔和叶企孙在北平（熊大缜摄）

1937 年 8—10 月，叶企孙在天津住院治病

1937 年 10—11 月，叶企孙在天津休养

1941 年夏，清华大学校领导合影，摄于昆明迤西会馆。左起依次为：施嘉炀（工学院院长）、潘光旦（教务长）、陈岱孙（法学院院长）、梅贻琦（校长）、吴有训（理学院院长）、冯友兰（文学院院长）、叶企孙（特种研究所委员会主席）

约 1939 年，位于昆明郊区大普吉的清华大学特种研究所部分人员与来宾合影
（第一排左二为余瑞璜、左六为吴有训、左七为严济慈、右一为孟昭英、右三为范绪筠；
第二排左一为赵忠尧、左四为叶企孙、左五为梅贻琦、左六为饶毓泰、左七为李书华、左八为吴大猷）

约 1944 年，摄于西南联合大学图书馆（兼作礼堂）内，台上左一为叶企孙，站立讲话者为梅贻琦

1947 年，摄于清华大学北院七号门前

（左起：沈同、梅贻琦、叶企孙）

约 1948 年，叶企孙（左）和陈寅恪（右）摄于北平清华大学

1948 年 9 月，于南京北极阁举行的中央研究院第一次院士会议，共 48 人出席，当时吴有训不在国内

第一排左起：萨本栋、陈达、茅以升、竺可桢、张元济、朱家骅、王宠惠、胡适、李书华、饶毓泰、庄长恭；

第二排左起：周鲠生、冯友兰、杨钟健、汤佩松、陶孟和、凌鸿勋、袁贻瑾、吴学周、汤用彤；

第三排左起：杨树达、余嘉锡、梁思成、秉志、周仁、萧公权、严济慈、叶企孙、李先闻；

第四排左起：谢家荣、李宗恩、伍献文、陈垣、胡先骕、李济、戴芳澜、苏步青；

第五排左起：邓叔群、吴定良、俞大绂、陈省身、殷宏章、钱崇澍、柳诒征、冯德培、傅斯年、贝时璋、姜立夫

1949 年 10 月，参观清华大学图书馆海南岛瑶族文物展览，左起：丁惠康（瑶族文物捐赠人）、梁思成、叶企孙、陈梦家

1949 年 10 月，叶企孙作为教育界代表参加第一届中国人民政治协商会议的证件

1949 年 10 月，陈毅参观清华大学，在大图书馆铜门前的高台阶上合影。陈毅赠叶企孙此照片，并在照片背面题词。前排左起依次为：叶企孙、张奚若、陈毅、吴晗；后排左起依次为：潘光旦、张子高、周培源。当年叶企孙为清华大学校务委员会主席（当时各大学均不设校长，后改称主任）兼理学院院长，张奚若为校务委员（后不久出任教育部长），吴晗为校务委员会副主席（后不久出任北京市副市长），潘光旦为校务委员兼图书馆馆长，张子高为校务委员，周培源为校务委员会副主任兼教务长，当时费孝通和钱伟长均为校务委员兼副教务长，未在场

一九四九年十月参
觀清華大學留念
企蓀先生惠存
陳毅

陈毅在照片背面的题词

1949 年 10 月，和陈毅一起参观的中央领导。
前排左起依次为：贺龙、钱伟长、叶企孙、陈毅，后排左二为任弼时

1951 年 10 月 2 日，叶企孙在颐和园

1951 年 10 月 2 日在颐和园，左起：叶铭琮（叶企孙的侄子）、叶企孙、薛璇英（叶企孙的侄媳）

1953 年 6 月，叶企孙在北京大学

1953 年 6 月，叶企孙（左）、叶铭琮在北京大学

1953 年 6 月，在北京大学镜春院叶企孙住所的院内。左起：叶铭汉、殷蔚薏（叶企孙的侄媳）、叶铭琮、叶企孙、薛璇英（叶企孙的侄媳）、曹本濂夫人、曹本濂（叶企孙的表侄）

1953 年，叶企孙（第三排左六）、王竹溪（第三排右八）和北京大学物理系毕业生合影。照片中的学生大多数是清华大学 1950 年招收的学生，因院系调整与两位老师一起转入北京大学

1958 年在颐和园，左起：周同庆、叶企孙、叶铭汉

1961 年年初，中国自然科学史研究室（中国科学院自然科学史研究所前身）
欢送下放支农的同志（前排左三为叶企孙）

1962 年，居中者为叶企孙

1963 年 5 月，参加第一次全国磁学会议期间
摄于太湖之畔。
第一排左起依次为：郭贻诚（山东大学）、叶企孙、都有为（南京大学）、张裕普（吉林大学）
第二排左起依次为：周华（兰州大学）、王士波（山东大学）、杨正（兰州大学）、潘守甫（吉林大学）
第三排左起依次为：戴道生（北京大学）、蔡鲁戈（南京大学）、翟宏如（南京大学）

1963 年，叶企孙陪同英国著名学者、科学史家李约瑟（Joseph Needham）参观北京大学
（摄于北京大学地学楼门前，前排左起：叶企孙、汤佩松、李约瑟）

叶企孙铜像，由著名雕塑家程允贤教授所作，今耸立于清华大学理科楼内

2013 年 5 月 22 日，在上海浦东临港新城的上海福寿园海港陵园举行叶企孙先生安葬仪式，安葬叶企孙先生骨灰，并竖立了铜像

叶企孙文存

（增订本）

叶铭汉 戴念祖 李艳平 编

科学出版社

北京

图书在版编目(CIP)数据

叶企孙文存/叶铭汉，戴念祖，李艳平编．—增订本．—北京：科学出版社，2018.01

ISBN 978-7-03-054371-4

Ⅰ．①叶… Ⅱ．①叶… ②戴… ③李… Ⅲ．①物理学-文集 Ⅳ．①O4-53

中国版本图书馆 CIP 数据核字（2017）第 215889 号

责任编辑：侯俊琳 张 莉 / 责任校对：何艳萍

责任印制：吴兆东 / 封面设计：有道文化

编辑部电话：010-64035853

E-mail：houjunlin@mail. sciencep. com

科学出版社出版

北京东黄城根北街 16 号

邮政编码：100717

http://www.sciencep.com

北京厚诚则铭印刷科技有限公司印刷

科学出版社发行 各地新华书店经销

*

2018 年 1 月第 一 版 开本：787×1092 1/16

2025 年 2 月第三次印刷 印张：41 1/4 插页：12

字数：890 000

定价：298.00 元

（如有印装质量问题，我社负责调换）

增订本序

《叶企孙文存》于2013年由首都师范大学出版社出版。三年多来，本书编者之一的李艳平教授和她的学生们又陆续觅得叶企孙文论13篇，它们是本书目录中的第1、第5、第14、第16、第17、第19、第20、第26、第33、第34、第49、第51、第54诸篇文字；叶铭汉院士又在其府宅觅得本书目录中第48篇的文字手稿。其中，写于1915年的《诸乘方递加说》，写于1916年的《学生组织科学研究会意见书》等，不仅表明作为一个年轻学生的叶企孙的聪慧与志向，也是中国近代科学兴起的标志。在所增添诸篇中，写于1955—1956年的《建议成立中国地球物理学会》手稿至为珍贵；1958年发表在《新华半月刊》上的《向自己的资产阶级思想作生死斗争》一文，是由叶企孙等多位科学家和艺术家联合署名的文章，它是一个非常时代的印记，今天的年轻读者有可能对此题目都难以理解，甚至感到恐怖了。

此增订本除加入13篇文章外，余均未有较大改动。叶铭汉院士对原版本作了仔细校读，改正了原版中许多错讹脱衍的字词，对《寿春堂叶氏家谱》的第十三世重新作了修订。

正如李政道教授在该书序中所言，“叶企孙先生是杰出的科学家、教育家和爱国者，对中国的物理学做出了不可磨灭的贡献。”2018年是叶企孙诞辰120周年，谨以此为之纪念。

是为序。

戴念祖

2017年8月28日于陋舍

序

叶企孙先生是我的老师，也是我老师的老师。1945 年，我从当时在贵州湄潭的浙江大学转学，插班到西南联合大学物理系二年级，叶先生教我们电磁学。我在浙江大学的物理老师王淦昌教授是 1925 年叶先生创办的清华大学物理系第一届学生。据王先生说，一开始物理系的老师只有叶先生一人，所有的物理专业课都由他一人主讲。我进西南联大后，有幸遇见了吴大猷先生。吴先生的老师饶毓泰教授和叶先生、吴有训、胡刚复并称中国现代物理学的四位先驱。1946 年，经吴大猷和叶企孙两位老师的举荐和帮助，我获得了赴美留学的机会，进入芝加哥大学攻读物理。

说来凑巧，在我入芝加哥大学前二十八年，也即 1918 年，叶先生以庚子赔款留美公费生的名义进入芝加哥大学物理系，1921 年在 W. Duane 教授指导下，与 H. H. Palmer 合作，用 X 射线法重新测定了普朗克常数 h 值（6.556±0.009）$\times 10^{-27}$ 尔格秒（其不确定值度为 0.14%）①，这是 20 世纪二三十年代被公认为最精确的值，在国际物理学界沿用达十余年。叶先生后来又去哈佛大学攻读博士学位，1924 年学成回国。先后在南京、北京、昆明执教，创办了清华大学物理系和理学院，又担任过中央研究院总干事、西南联大校务委员会委员等职，并积极参加抗日爱国斗争，冒着生命危险为抗日军民提供研制炸药的器材、经费和输送有关技术人员。

叶先生是杰出的科学家、教育家和爱国者，对中国的物理学做出了不可磨灭的贡献。1988 年，在北京正负电子对撞机试验成功时，邓小平先生曾说："如果六十年代以来中国没有原子弹、氢弹，没有发射卫星，中国就不能叫有重要影响的大国，就没有现在这样的国际地位。这些东西反映一个民族的能力，也是一个民族、一个国家兴旺发达的标志。"在祖国研制"两弹一星"的科学家中，王淦昌、钱三强、彭桓武、朱光亚、邓稼先、周光召、于敏、黄祖洽、赵九章、钱学森、王大珩、陈芳允、唐孝威、陆祖荫等，几乎都是叶先生培养过的学生或者学生的学生。

我自 1946 年离开祖国后，很遗憾再也没有见到叶先生。1993 年，叶先生的亲属

① 现在 h 的测定值为 6.626 068 96（33）$\times 10^{-34}$ J·s。——作者

在整理他的遗物时，发现有三张泛黄的纸片，上面有叶先生批改的分数：“李政道：58＋25＝83”。原来是我 1945 年在西南联大时的电磁学考试卷。这份试卷是用昆明的土纸印的，考题分两部分，一是理论部分，满分是六十分，我的成绩是五十八分；二是实验部分，我得了二十五分。这份试卷叶先生一直存藏着，直到他含冤去世十六年之后才被发现。当叶先生的侄子、中国科学院高能物理研究所的叶铭汉院士把这份半个世纪前的试卷给我看时，我百感交集。叶企孙先生的慈爱师容，如在目前。

叶先生是我的物理启蒙老师之一，他在西南联大给我的教诲和厚爱，对我后来的物理学研究起了很大的作用。我非常敬仰他，永远怀念他。值《叶企孙文存》编辑出版之际，写下以上文字，爰为之序。

李政道

2011 年春

导读：叶企孙及其对科学和教育的贡献

2011年4月24日，时任国家主席胡锦涛在庆祝清华大学建校100周年大会上的讲话中指出，叶企孙、茅以升、竺可桢等一大批我国自然科学学科和工程技术领域奠基人和开拓者，“为新中国的诞生作出了重要贡献”。本书就是叶企孙的文论辑编。

在阅读本书之前，我们先对叶企孙作一个大致介绍。

叶企孙原名叶鸿眷，字企孙。清光绪二十四年（1898）7月16日生于上海县（今上海市）唐家弄一书香门第。幼从家塾，光绪三十三年（1907）入上海敬业高等小学堂。宣统三年（1911）考入清华帝国学堂中等科。后因辛亥革命，转入上海兵工学校学习两年。1913年夏以叶企孙之名（以字为名）再考取清华学堂，1918年毕业于该校高等科，旋即赴美国深造。1918—1920年，就读于芝加哥大学物理系，获学士学位；1920—1923年，在哈佛大学三年内先后获硕士、博士学位。1923年夏末取道欧洲回国，1924年年初抵上海。先后任东南大学（今南京大学前身）副教授（1924—1925），清华大学副教授（1925—1926）、教授（1926—1938）、物理系主任（1926—1934）、理学院院长（1929—1937）。其间，1930年9月—1931年9月，休假而赴德国学术考察一年；1937年8月—1938年9月，又值休假，于天津养病，主持清华南迁工作并积极参与抗日救国活动。抗战期间，任西南联合大学物理系教授（1938—1941，1943—1946）、理学院院长（1945—1946），清华大学特种研究所委员会主任委员（1938—1946），中央研究院总干事（1941年9月—1943年夏）。清华大学北返复校之后，任清华大学教授、理学院院长（1946—1952），校务委员会主任委员（1950年3月—1952年10月，相当于今日清华大学校长之职）。1952年全国院系调整，叶企孙任北京大学物理系教授（1952—1977）、金属物理及磁学教研室主任（1954—1958）、磁学教研室主任（1958—1966），北京大学校务委员；中国自然科学史研究室兼任研究员（1957—1977）。1966—1976年“文化大革命”期间，受牵连先后被捕和隔离审查，身心与人格均受极大摧残。1977年1月13日，含冤卒于北京。1986年得以全面平反。

一、羸弱少年　笃志科学

叶鸿眷出生于家学深厚之门第。祖父叶佳镇，五品知州，一位饱学的地方名宦，卒于叶鸿眷出生前一年。父亲叶景澐（1856—1935，字醴文，号云水），光绪甲午年（1894）江南乡试中举，名列十五；他满腹经纶，且对西洋科技多有涉猎，曾著文宣扬宋代沈括（1031—1095）所提倡的“十二气历”，即类似现代的阳历；光绪三十年（1904）赴日考察教育半年之久，回国后撰有《甲辰东游录》一书。光绪三十一年（1905），叶景澐任上海县立敬业学校校长，宣统二年（1910）任上海教育会会长。1913年被聘为清华学校国学教师，辑有《近世文选》4册，《明清哲学辑要》一书。1923年夏辞职归里。1925年又出任江苏省立第三中学校长两年。叶鸿眷的国学、西学，从小时候起就获其父的知识养润。叶鸿眷有兄弟姐妹六人，在三个兄弟中他排行第三。在父母眼里，叶鸿眷最是聪慧。

在父亲培育下，叶鸿眷三岁起背诵《三字经》《百家姓》《千家诗》《千字文》。他朗朗咏颂的稚童形态，惹得父辈们暗自窃喜。六岁起，他开始在父亲指导下念《论语》《孟子》《大学》《中庸》四书。父亲为他圈出的功课，他都能背熟，还能抄写数遍。父亲每于深夜携企孙手至庭中指示星象，企孙受此鼓励，影响甚深。随年龄增大，父亲也逐渐为他讲解《四书》之内容含义，诸如格物、致知、诚意、正心、修身、齐家、治国、平天下。1907年秋，九岁的叶鸿眷入敬业高等小学堂。这是他父亲执掌的学校。在这个学堂里，除国文、经史之外，他对舆地、博物、算术、外语亦兴趣浓厚。咏诗填词、朗读外文游记故事、解答算题都是他的拿手好戏。他自幼性格恬静、沉毅、不尚喧哗。但在父母眼里，他过度好静、不爱运动，体质显得瘦弱。

宣统元年（1909）7月，清政府以美国退返庚款成立游美学务处；9月成立游美肄业馆。次年底，肄业馆更名为清华帝国学堂，分别设立四年制的中等科和高等科。宣统三年（1911）2月，该学堂首次招生考试，4月入学。叶鸿眷轻松地考上中等科。国文、外语、算学，他科科优秀。10月爆发辛亥革命，清华帝国学堂停课。父亲叶景澐唯恐耽误儿子学业，旋即将鸿眷转入上海兵工学校。课余之时，父亲给他讲授文史知识，教他习天算历律书籍；叔祖父也常为他讲解大自然的奥妙异趣。已是13岁的叶鸿眷独自贪婪地阅读古今中外的各种书，无论是家藏祖上珍本，还是豫园书摊的中外名作，他都想翻阅一通。凡书上的计算数据，他要自己重新验算。此时养成的习惯一直保留到晚年。叶鸿眷在上海兵工学校念了近两年。

因辛亥革命而停课的清华帝国学堂，于1912年5月重新开学，9月更名为清华学校。1913年夏，叶鸿眷以叶企孙之名再次考入清华学校，插班上中等科四年级。开始了清华求学的岁月，是年15岁。同年，其父叶景澐也上京任教于清华学校。

在清华学校，除必修课之外，叶企孙自学了古今中外许多书籍。其中，有中国经典，如《诗经》《左传》《礼记》《通鉴纪事本末》等；有外国名著名篇，例如，培根（F. Bacon，1561—1626）《说论文集》中的论伪、论善、论爱的篇章，赫胥黎（T. H. Huxley，1825—1895）的《生物学论》（即《天演伦》），法国雨果（Victor Hugo，1802—1885）的《铁窗血泪记》，笛福（D. Defoe，1660—1731）的《鲁滨孙漂流记》，金司来（C. Kingsley，1819—1875）的《希腊英雄传》，美国诗人朗费罗（H. W. Longfellow，1807—1882）的长篇叙事诗 *Evangeline*，“娓娓动人，愈读而愈不思释手”（叶企孙日记，1915 年 11 月 19 日）。然而，他最感兴趣的是科学著作和古今中外的科学家传记，如沈括的《梦溪笔谈》、《九章算术》、《夏侯阳算经》、《数书九章》、《同文算指》，乃至《几何原本》、威得氏《微积分纲要》等。他对秦九韶《数书九章》中的全部数学问题一一作解，对其中的一些算题，他既按古法演算，也按今法演算。在读毕该书“大衍求一术”后，他写道：

出入《九章》，旁通元代，诚算题之至妙者也。

在研习几何时，他又在 1915 年 11 月 18 日的日记中写道：

每以暇研究圜、椭圜及其内容多等边形之关系。此学自高乌斯以来已将百年，未有光明之一日。未卜予之研究有效果否？书以勉之。

其中，“高乌斯”即高斯（C. F. Gauss，1777—1855）。圆或椭圆与其内接多边形之关系是高斯《算术研究》中的代数学问题。叶企孙对此算题之研究及其所取学术态度远远超出了十七岁少年的才智。值得称赞的是，在清华学校的这几年间，他从未断阅美国的《中学科学和数学》（*School Science and Mathematics*）杂志，这是专为中学数理教师创办的月刊。其中的“征答题”或“游戏数学”专栏成了他考验自己智慧的数学问答。对这些题目，他兴奋得废寝忘食地作解，并将解法与答案速寄该刊编辑部。该刊设有“值得称赞的答题”（Credit for Solutions）专栏，对那些最先作出正确答案者予以公开表彰。于是，在这个杂志上每每可读到一个署名“C. S. Yeh”（叶企孙）及其巧妙得令人赞叹的算学答题（图 1、图 2）。当然，有些刁钻的算题，叶企孙也不能理解。如，1915 年 5 月 29 日，叶企孙读该杂志 124 期后在日记中写道：

作信寄美国数学杂志社。此次予共解三题，自愧能力之绵弱也。

如果说，阅读古今著作是吸吮前人的智慧，那么，在阅读基础上的作文、讲演便是提升自我智慧的阶梯。在清华学校，叶企孙在作文课中写下大量文章，如《弱固不可以敌强论》《楚子观兵于周疆论》《杨子为我墨子兼爱论》《孔子言仁孟子言义说》《读史记张仪列传书后》；以英文书写的《富兰克林之少年》《中国古代之天文》《中国旧历新年之风俗》《慈禧传》；在《清华学报》上正式刊登的有《考证商功》《中国算学史略》等。

1915 年 8 月 2 日，尚在上海过暑假的叶企孙为开学后成立清华科学社拟订章程。提出科学社“宗旨：研究科学”，“研究范围包括：算学、物理、化学、生理、生物学、地文、应用工业、科学史”八大门类。组织形式为：设理事长一人，理事二人，每星

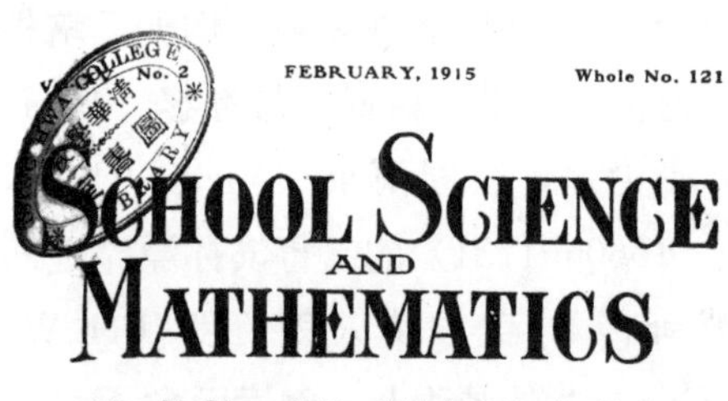
Vol. XV, No. 2　　FEBRUARY, 1915　　Whole No. 121

SCHOOL SCIENCE AND MATHEMATICS

A Journal for Science and Mathematics Teachers in Secondary Schools

Founded by C. E. Linebarger

CHARLES H. SMITH
EDITOR
Hyde Park High School, Chicago

CHARLES M. TURTON
BUSINESS MANAGER
Bowen High School, Chicago

DEPARTMENTAL EDITORS

AGRICULTURE—A. W. NOLAN
University of Illinois, Urbana, Ill.
ASTRONOMY—GEORGE W. MYERS
University of Chicago
BOTANY—WILLIAM L. EIKENBERRY
University High School, Chicago
CHEMISTRY—FRANK B. WADE
Shortridge High School, Indianapolis, Ind.
EARTH SCIENCE—CHARLES E. PEET
Lewis Institute, Chicago
HOME ECONOMICS—MINNA C. DENTON
Ohio State University, Columbus
MATHEMATICS—HERBERT E. COBB
Lewis Institute, Chicago
MATHEMATICS PROBLEMS—I. L. WINCKLER
32 Wymore Ave., E. Cleveland, Ohio
PHYSICS—WILLIS E. TOWER
Englewood High School, Chicago
SCIENCE QUESTIONS—FRANKLIN T. JONES
University School, Cleveland, Ohio
ZOOLOGY—WORRALO WHITNEY
Hyde Park High School, Chicago

Published Monthly October to June, Inclusive, at Mount Morris, Illinois
Price, $2.00 Per Year; 25 Cents Per Copy

SCHOOL SCIENCE AND MATHEMATICS
SMITH & TURTON, Publishers
Publication Office, Mount Morris, Ill.
CHICAGO OFFICE, 2059 East 72nd Place

Entered as second-class matter March 1, 1913, at the Post Office at Mount Morris, Illinois, under the act of March 3, 1879.

图 1 《中学科学和数学》杂志第 15 卷第 2 期（总 121 期，1915 年 2 月出版）封面

162　　*SCHOOL SCIENCE AND MATHEMATICS*

the height of the segment and add it to the cube of the height of the segment divided by two times the length of the chord. Discuss the accuracy of this method.

Solution by Nelson L. Roray, Metuchen, N. J.

Let c be the chord of the segment, d its altitude, 2θ its central angle, and r the radius of the circle.

Then $r=\frac{c^2+4d^2}{8d}$ and $\sin\theta=\frac{4cd}{c^2+4d^2}$.

Area segment = area sector—area triangle

$$=\theta r^2-\frac{c}{2}\cdot\frac{c^2-4d^2}{8d}=\frac{(c^2+4d^2)^2}{64d^2}\sin^{-1}\frac{4cd}{c^2+4d^2}-\frac{c(c^2-4d^2)}{16d}$$

$$=\frac{c^2+4d^2}{64d^2}\left[\frac{4cd}{c^2+4d^2}+\frac{1}{2\cdot3}\left(\frac{4cd}{c^2+4d^2}\right)^3+\frac{1\cdot3}{2\cdot4\cdot5}\left(\frac{4cd}{c^2+4d^2}\right)^5+\cdots\right]-\frac{c(c^2-4d^2)}{16d}$$

$$=\frac{c(c^2+4d^2)}{16d}+\frac{1}{6}\cdot\frac{c^3d}{c^2+4d^2}+\frac{6}{5}\cdot\frac{c^5d^2}{(c^2+4d^2)^3}+\frac{(c^2+4d^2)^2}{64d^2}\left[\frac{1\cdot3\cdot5}{2\cdot4\cdot6\cdot7}\left(\frac{4cd}{c^2+4d^2}\right)^7+\cdots\right]-\frac{c(c^2-4d^2)}{16d}$$

$$=\frac{2}{3}cd+\frac{8}{15}\cdot\frac{d^3}{c}-\frac{16d^5}{c(c^2+4d^2)}\cdot\frac{11c^4+34c^2d^2+32d^4}{15(c^2+4d^2)^2}+\frac{(c^2+4d^2)^2}{64d^2}\left[\frac{1\cdot3\cdot5}{2\cdot4\cdot6\cdot7}\left(\frac{4cd}{c^2+4d^2}\right)^7+\cdots\right]$$

But $$\frac{(c^2+4d^2)^2}{64d^2}\cdot\frac{1\cdot3\cdot5}{2\cdot4\cdot6\cdot7}\left[\left(\frac{4cd}{c^2+4d^2}\right)^7+\frac{7}{8\cdot9}\left(\frac{4cd}{c^2+4d^2}\right)^9+\cdots\right]<\frac{1\cdot3\cdot5}{2\cdot4\cdot6\cdot7}\left[\left(\frac{4cd}{c^2+4d^2}\right)^7+\left(\frac{4cd}{c^2+4d^2}\right)^9+\cdots\right]\left(\frac{c^2+4d^2}{64d^2}\right)^2<\frac{80}{7}\cdot\frac{c^5d^5}{(c^2+4d^2)^3(c^2-4d^2)^2}$$

Also $$\frac{80}{7}\cdot\frac{c^5d^5}{(c^2+4d^2)^3(c^2-4d^2)^2}-\frac{16d^5}{c(c^2+4d^2)}\cdot\frac{11c^4+34c^2d^2+32d^4}{15(c^2+4d^2)^2}<0.$$

$$\therefore\left(\frac{c^2+4d^2}{64d^2}\right)^2\left[\frac{1\cdot3\cdot5}{2\cdot4\cdot6\cdot7}\left(\frac{4cd}{c^2+4d^2}\right)^7+\cdots\right]-\frac{16d^5}{c(c^2+4d^2)}\cdot\frac{11c^4+34c^2d^2+32d^4}{15(c^2+4d^2)}<0.$$

Hence the area of the segment $=\frac{2}{3}cd+\frac{d^3}{2c}+\frac{d^3}{30c}-K$.

And the error in taking $\frac{2}{3}cd+\frac{d^3}{2c}$ as the area is less than $\frac{d^3}{30c}$.

CREDIT FOR SOLUTIONS.

395. Nelson L. Roray (2 solutions). (2)
401. N. P. Pandya, Yeh Chi-Sun. (2)
402. N. P. Pandya, Yeh Chi-Sun. (2)
403. William Fenerwerger, George M. Link (Mechanical solution), N. P. Pandya. (3)
405. N. P. Pandya. (1)
406. Norman Anning. (1)
407. George M. Allen, Norman Anning, Niel Beardsley, T. M. Blakslee, John E. Campbell, W. Clark Doolittle, Walter C. Eells, R. T. McGregor, Claude O. Pauley, Nelson L. Roray, Elmer Schuyler, James H. Weaver (one incorrect solution). (13)

图 2 《中学科学和数学》杂志总 121 期第 162 页 Credit for Solutions 专栏表彰叶企孙和 N. P. Pandya 二人同时对编号 401、402 数学题作出最快又正确的解答

期六开会一次，会员轮流演讲。同时，制定会员必遵守之六大“训言”：“1. 不谈宗教；2. 不谈政治；3. 宗旨忌远；4. 议论忌高；5. 切实求学；6. 切实做事。”科学社成立后，逐举行各种讲演会和辩论会。下学期（即 1916 年上半年），叶企孙被推举为该会会长。

在清华课业中，还有“劳工作业”一项。每学年学生需做劳工作品一项。1915 年 4 月，叶企孙制作了木槽一具、小桌一具。小桌于 5 月底做毕。对于期末考试，他总觉得很容易，数理学科每次得百分。当某学期末而公布下学期所修学科并要求时，他常常觉得下学期会很轻松。

唯一令叶企孙感到为难或无兴趣的是体育课。练习掷球、赛跑等五项运动，“予量力不逮，不敢试也。”“观棒球比赛，同人等于此道素未研究，无兴而出。”他唯一爱好的体育，便是与同学外出散步，游圆明园、大钟寺、万生园（动物园），爬香山，“散步河滨，观渔人打网，极有趣味”。

叶企孙会读书，但别以为他不问政治。即使他制定清华科学社章程之一为“不谈

政治”，然一颗爱国之心在这青少年身上始终激荡着。1914 年 2 月 7 日，当他读毕《甲寅杂志》（1914 年为甲寅年）中《爱国自觉心》《铁血之文明》《啁啾杂俎》《柏林之围》等文后，他在日记中写道：

文辞典雅，深得诸子之精英，近世杂志中不可多见……发人爱国心不少。

1915 年 1 月 14 日，当他得悉留美学生中某些人随意择科而不顾国家需要与自己兴趣与否、从而贻误终身学业大事，他感慨万分地写道：

留学生之费，美国退返之庚款也。既退还矣，谓之我国之财亦无不可。祖国以巨万金钱供给留学生，当知何艰难困苦。谋祖国之福，而乃敷衍从事，不亦悲乎。

1915 年 1 月 20 日，叶企孙获悉，美国人轻视华人，有强侮弱之态，且以为华人尚仍垂辫、乃半开化种。对于此等不见时势已变化之顽见，他写道：

呜乎，孰谓席丰履厚之大国民，而亦漠然之于大势者乎。

1915 年 9 月 12 日，面对袁世凯窃取国民革命成果，“城头变幻大王旗”的军阀混战时局，叶企孙在致其同学苏民信中写道：

国体问题，不幸发生于今日，虽提倡者只曰研究学理，然观各省之电报，颇含势力、兵力两主义。世事波澜不外理势二字。治世，理为主，势为客，故势在理中；乱世，势为主，理为客，故理在势下。呜乎，今日吾不知为何世也。

一个“呜乎”，道出了叶企孙内心对国体时局的忧愁与悲愤。实际上，科学救国的理念早已注入他肌体的每一个生理细胞之中。祖国的盛与衰、兴与乱，牵动着叶企孙原本沉浸在科学海洋中的心。

爱国、爱家、爱人，是叶企孙一生的行为准则。他不仅热爱自己的父兄、姐妹和诸孙侄，而且对那些受挫、遇难或病卒的同学有发自内心的同情。他为自己幼小时候与小学同学“因小故而致割席”一事，“至今思之，犹有隐痛”（1915 年 1 月 28 日日记）。他一生中，帮助过许多学生、同事、助教、家中男佣及社会上遇难个人或团体机关。他资助家中男佣的子女上学，培养他们成才。“三年困难”时期，他将自己的一份教授配额牛奶送给患水肿的助教。他虽终生未娶、孑然一身，但他在自己的教学事业和热爱他人的行动中获得喜悦与满足。

难能可贵的是，从少年时起，叶企孙就有“三省吾身”的自觉性。他告诫自己，对于后进的同学，绝不能有“厌弃”之感，“教人即是自学，非虚弃光阴也。”一日，与同学同在图书室习历史，他从历史书中感悟到“诚动金石”之意义。此后，“交友，每持此义”。他也顿悟到科学非一日之功，要有持久的钻研与耐心。他以治算术史告诫自己：“作算史，极困难……余有志作算史，然非数十年不成。”正是这点点滴滴的感悟，令他功成名就、教导学生之时，每每劝学生要脚踏实地，学好科学才有本领救国；不要急于写文章，写出文章来要 30 年不变才算本事。这些格言又打动了他的一代代学生。

1918 年 6 月，叶企孙完成清华学校五年高等学业，夏日赴美深造，是年 20 岁。

二、越洋深造 硕果累累

科学救国的理念早已埋藏在叶企孙心中。他反问自己当学何种科学并对救国最有利。1915 年 1 月 14 日，他在日记中如此问自己：

> 己之体气，最合宜于何种科学？
>
> 己之志意，最倾向于何种科学？
>
> 己之能力，最优长于何种科学？

这是一个 17 岁的少年对自己提出的严肃的诘难。或许几年的思考，他终于决定出国研修实验物理学。

1918 年 10 月初，叶企孙进入美国芝加哥大学。鉴于在清华学校奠定了较深的数理基础，他在 1920 年获芝加哥大学理学士学位。旋即转入哈佛大学继续攻读物理，并于 1921 年获哈佛大学硕士学位，1923 年获哲学博士学位。

叶企孙的硕士论文题目是“用 X 射线重新测定辐射常数 h”。该文于 1921 年分别刊载于《美国国家科学院会报》《美国光学学会学报》和《物理评论》。这不是叶企孙一稿三投，而是由于叶企孙这一研究组重新测定辐射常数或今日称为普朗克常数 h 的精确性受到物理学界普遍关注的结果。

普朗克常数 h 是 19—20 世纪之交德国物理学家普朗克（Max Planck，1858—1947）所作出的最重大发现。此后，物理学、电子学、化学乃至生物学的发展都与 h 有密切关联。精确测定该常数值，无疑是关系精密科学发展的大事。此前，普朗克本人于 1900 年从黑体辐射中推算出

$$h=6.548\times10^{-34}\,\text{J}\cdot\text{s}$$

以油滴实验测定电子电荷值的密立根（R. A. Millikan，1868—1953）在 1916 年又以光电效应实验测定

$$h=(6.547\pm0.008)\times10^{-34}\,\text{J}\cdot\text{s}$$

此后，韦伯斯特（D. L. Webster）于 1916 年测得 $h=6.53$；杜安（W. Duane，1872—1935）和布莱克（F. C. Black）合作于 1917 年的测定值 $h=6.555$；1920—1921 年，瓦格纳（E. Wagner）做了三次测量，号称为最精准。

1915 年，杜安和亨脱（A. F. L. Hunt）在测定 X 射线管的电压 V 和由该管的靶发射的 X 射线的最大频率 v 之间的关系时，发现 $Ve=hv$。这个关系式此后被称为杜安-亨脱定律。于是，1917—1920 年又有许多研究者依此关系式测定 h 值。杜安和布莱克的合作就是从这个关系式入手的。显然，以上测定值未有一个相同的结果。叶企孙详细调研了这段历史，感知他们各自实验中之方法长短与实验技巧之优劣，遂决定仿照杜安和布莱克的方法，对 h 值作一次重新测定。他请时在哈佛大学任教授的杜安作指导，并与该校杰弗逊（Jefferson）实验室的学兄帕尔默（H. H. Palmer）合作。从杜安-亨

脱定律中的测出 V 和 v，且已知电子电荷 e 值，就可以计算出 h。整个实验的测定与计算工作主要是叶企孙独自完成的。杜安教授的指导，以及与帕尔默的讨论对完成精确实验颇为相关。

在进行这一实验中，叶企孙对杜安和布莱克的同样实验作了如下改进。第一，提高电位计的测量精度，以致每次电压测量几无误差或其误差可忽略不计。为此，他绕制了一个高锰电阻圈，其电阻值达 600 万欧姆。第二，为确定 X 射线连续谱的最大频率 v，需先实验测定其波长 λ 的最短值，而 $\lambda=2d\sin\theta$。其中，d 为方解石晶格常数，有现成测定值供选用；θ 为旋转分光计的偏转角。叶企孙使用的分光计，确保其旋转偏心率降为零，因此不产生无规偏差。同时，由于射线源和分光计的狭缝都不是数学直线，叶企孙又增加对 2θ 约 1/300 的校正数。这样，通过实验测定并数学计算后，叶企孙得到

$$h=(6.556\pm0.009)\times10^{-34}\,\mathrm{J\cdot s}$$

这一数值“比 E. 瓦格纳最近从一系列精心测量中所得到的数值要大百分之一”，其精确程度也超越前人所有测量，而且在科学界至少保持了 9 年之久。20 世纪 20—30 年代初，有人称此值为“普朗克常数的叶值”。1929 年，专门研究基本常数的伯奇（R. T. Birge）用叶企孙及其合作者的实验数据，并根据 e、d 的新测定值得到

$$h=(6.559\pm0.008)\times10^{-34}\,\mathrm{J\cdot s}$$

时隔 9 年，h 的计算值比叶企孙的测定仅提高了 3 个千分点。随着电荷 e 值和晶格常数 d 的日益精确被测定，用杜安、叶企孙等的方法来确定 h 值的精度也日益提高。今日公认的 h 值为

$$h=6.626\,068\,96(33)\times10^{-34}\,\mathrm{J\cdot s}$$

比较以上各种 h 的测定值，不难发现叶企孙的工作在科学史上的地位与作用。

叶企孙的博士论文题目是“流态静压力对铁、钴和镍的磁导率的影响”。该论文于 1923 年 6 月提交，发表于 1925 年。指导叶企孙的布里奇曼（P. W. Bridgman，1882—1961）教授在该文发表时写道：

> 本文的素材基本上是由叶博士于 1923 年 6 月提交的博士论文组成的。本文稿是叶博士于 1923 年夏末离开美国之前直接交给我的，所以推迟发表是由于我与叶博士的通信联系非常困难，就本文的内容与图表作些修改的问题我要征得他的同意。而这些修改仅仅对本文的叙述方式有所影响而已。

叶企孙在哈佛大学博士论文答辩之后，即取道欧洲回国。在欧洲参观了一些著名大学及其实验室，故此行踪不定，通信困难。

在哈佛大学杰弗逊实验室刚完成硕士学位论文的叶企孙，立即转向一个完全不同的学术领域而攻读博士学位。这个领域是物理学中起步不足半个世纪的铁磁学。流态静压力对铁磁体的磁化作用是否有影响，1883 年托姆林孙（Tomlinson）曾尝试此课题，但无功而终。这一影响的存在是 1898 年由长冈（Nagaoka）和本田（Honda）首先确

认的。他们对铁、镍施以 225kg/cm^2 的压强而测量其磁导率，获得了稍许的影响作用。1905 年，芝加哥大学的弗里斯比（Frisbie）对熟铁和生铁的磁导施以 1000kg/cm^2 的压强而测量了其产生的影响。然而，他的结果异常。此后 17 年间，这一课题几无进展，相关研究者不知如何切入此课题。人们只要想想教科书中那张磁滞回线（外加磁场与铁磁体剩磁的关系曲线）图宛如一条正在扭动着身躯的蚯蚓，就会猜到这个课题研究的难度。除了基础科学知识的深度外，它尚需研究者"眼观六路"的全方位视角与持久的耐性。正好，叶企孙具有这种天赋特质。而他的导师布里奇曼是一个高压和材料物理学家。此前，他曾经尝试 6500 个大气压（约为 6716kg/cm^2）的材料高压实验，并且此时正在不自觉地攀登诺贝尔奖的险路奇峰。他于 1946 年因高压物理领域的贡献而获得诺贝尔物理学奖。因此，叶企孙所选择的这一博士论文题目，既为其师攀上诺贝尔奖奠下一块并不太大但却坚固的基石，也为他自己在物理领域有较全面的训练与修养找到一方试验园地。

从 1921 年秋到 1923 年夏（6 月）两年的时间，叶企孙就完成了博士学位所必需的知识基础，实验训练，周全的实验、计算与理论总结，并以全优的成绩通过论文答辩。可以说，他系统而周到细致地通过实验研究了流态静压力对典型的铁磁性金属（铁、钴、镍和两种碳钢）的磁性的影响，它是 20 世纪 20 年代有关物质磁性的一项开创性研究。其主要特点如下。

第一，叶企孙将液态静压力从前人的 300—1000kg/cm^2 提高到 12 000kg/cm^2，不仅系统地研究了此压力下铁磁性金属的压力系数、温度系数、剩磁和磁导率，而且观测到前人所未见的复杂现象。虽然高压装置是布里奇曼在杰弗逊实验室创制的，但叶企孙是首次在材料物理，尤其在铁磁性材料中大胆施用如此高压者。

第二，实验方法考虑周密，实验观测细致入微。叶企孙首次明确指出，在做磁性物质的重复实验中必须注意实验样品的不均匀性和不完全退磁对实验结果产生的影响。他的样品均匀与完全退磁的实验方法使其实验令人信服并能纠正前人的错误。在叶企孙之后，"完全退磁"的概念为铁磁实验的物理学家所警觉，也写进了与磁性材料相关的大学物理教科书之中。

第三，从唯象理论上推得了铁磁性物质的体积变化、磁化过程和压力系数的关系，定性地解释了铁、镍、钴的不同实验结果。

第四，在当时的铁磁分子场的唯象理论和原子结构类型（注意，此时量子力学尚未诞生）的基础上对其实验结果作出诸多有益的讨论，指出原子的微观结构对铁磁性本身的可能影响。

叶企孙的这一研究，受到欧美科学界广泛关注。其实验技术、方法和结果都大大突破了前人的相关研究。布里奇曼教授在其著《高压物理学》（*The Physics of High Pressure*，1931 年，1942 年，1952 年版）中对叶企孙的研究作了全面介绍之后写道："自从叶企孙的工作之后，斯坦伯格（R. L. Steinberger）先生等用类似装置对一系列铁镍合金作了类似的测量。”1952年，布里奇曼的著作第三版问世，有关叶企孙工作的介绍文字依然照旧，时隔叶企孙的实验研究正好30年。叶企孙以自己的行动实现了“研究工作要有30年不变”的自信与决心。值得指出的是，叶企孙关于原子微观结构对铁磁性影响的理论预言，迄20世纪60年代始才在铁磁性材料科学（诸如收录机、电脑、光盘等）中有了突飞猛进的发展与变化。

叶企孙回国后，开辟了我国磁学研究的领域。他引导施汝为出国研究磁学，在北京大学建立磁学教研室，培养了一大批铁磁学和磁性材料专家。

1952年9月，叶企孙任教于清华大学。到校不久，他就发现清华大学大礼堂音质极差，既有回音又有混响，混响大且时间长，完全不宜集会讲演与欣赏轻音乐之用。为纠正大礼堂之劣质音响，他开创了国内建筑声学研究之先河。他带领其时助教赵忠尧、施汝为、郑衍芬和实验员阎裕昌测量大礼堂几何图形、体积，计算其拱顶及四周吸声面积、墙体的吸声系数，调查并购买欧美各国吸声材料样品，指导赵忠尧（1926年开题）、施汝为、陆学善（1930年开题）分别研究中国地毯、棉被、穿衣的吸声能力。经过近两年的测定与研究，于1927年5月，叶企孙才发表《清华学校大礼堂之听音困难及其改正》一文，终于从理论上解决了大礼堂听音困难之症结，从实践上提出了改正大礼堂音质的好办法。

建筑声学是美国物理学家、哈佛大学教授赛宾（W. C. Sabine，1868—1919）创立的，其研究工作虽始于1895年，然而是以1922年他的《声学论文集》出版为标志。继起者有伊利诺伊大学物理学教授沃森（F. R. Watson）。沃森为补救该大学大礼堂听音困难从1918年始研究建筑声学，于1924年（时经6年）才解决该校大礼堂音质问题。1923年沃森出版了《建筑声学》一书。1925年以前，大多数建筑声学研究仅靠秒表和人耳作为测量工具；电子管振荡器、扬声器、放大器在是年之后才陆续被用于声学实验之中。声能级记录器又稍后才发明并被应用。20世纪20年代初，吸声材料仅靠椅垫而已。同一种吸声材料在不同实验室测量，其吸收系数往往会产生不同的结果。人们常将此戏称为“吸声系数之战”。美国声学学会也是在1929年才成立的。因此，声吸收测试的研究工作是20世纪20年代引人注目的课题。在相关工作的国际学术基础上，叶企孙紧随沃森之后，以两年时间提出清华大礼堂之听音困难及其解决方法，在国际建筑声学史上也可谓是站在该学科前沿上。

叶企孙、赵忠尧测定清华大礼堂、中国衣服、地毯吸音能力所用的仪器有风琴管式发音器、电子管振荡器、音叉计时器。这些都是他们自己组装、制造，又是其时最先进的测声仪器。为了防止外界声干扰，测音工作都是在后半夜至黎明间进行。他们每天都有繁忙的教学任务，故每周只能用星期六的一个晚上进行测试，而且刮风、下雨时均不能测试。在测定清华大礼堂室内混响时长（叶企孙的原文中称“余音时间”）、吸声系数、总吸音能力之后，则可对此提出改正方法。叶企孙及其助手分析了国外四种吸声材料：甘蔗渣纤维板、纽约制吸音软毡、吸音砖和吸音灰泥，它们或价钱昂贵，或自重过大而不宜安装在礼堂拱顶上，或效果不佳。他们根据自己对本地材料的研究决定与北京仁立地毯公司合作，自制吸音地毯材料，价廉物美，效果不逊于舶来品。两年的课题研究，不仅充分表现了中国人的科研能力，也显示出他们自己动手、自强不息的精神。令人惊叹的是，此时的叶企孙及其助手们，都未曾学习或研修过建筑声学的专业。为了国家基础科学全面发展，当 1936 年马大猷考取清华学校留美公费生时，叶企孙引导他出国专修电声学。后来马大猷成为国际上房间声学中简正波理论的奠基者之一。

图 3 李约瑟《中国科学技术史》第 4 卷第 1 分册套封

回国后的叶企孙，主要精力在物理教学、科学管理和培养人才。虽无时间与精力再作物理学实验研究，但他对于科学史的兴趣始终未降。他精通中国数学史、天文学史、物理学史，而且通晓阿拉伯天文学史和光学史。抗日战争期间，负有英中文化交流使命的李约瑟博士（Dr. Joseph Needham，1900—1995）逐渐走向研究中国科学史之路。这与叶企孙等中国学者在此期间与其长时间的交流和讨论不无关系。以致当李约瑟于 1965 年完稿并出版其大作《中国科学技术史》第 4 卷第 1 分册（物理学）时，他在扉页上写道："谨以本卷献给北京大学物理学教授、前中央研究院总干事，1942 年在昆明和重庆黑暗时期最诚挚的朋友叶企孙。"（图 3 至图 5）

SCIENCE AND CIVILISATION IN CHINA

BY

JOSEPH NEEDHAM, F.R.S.

FELLOW AND PRESIDENT OF CAIUS COLLEGE
SIR WILLIAM DUNN READER IN BIOCHEMISTRY IN THE UNIVERSITY OF CAMBRIDGE
FOREIGN MEMBER OF ACADEMIA SINICA

With the collaboration of

WANG LING, PH.D.

TRINITY COLLEGE, CAMBRIDGE
ASSOCIATE RESEARCH FELLOW OF ACADEMIA SINICA

and the special co-operation of

KENNETH GIRDWOOD ROBINSON, B.LITT.

EDUCATION OFFICER, SARAWAK

VOLUME 4

PHYSICS AND PHYSICAL TECHNOLOGY

PART I: PHYSICS

CAMBRIDGE
AT THE UNIVERSITY PRESS
1962

图 4 李约瑟《中国科学技术史》第 4 卷第 1 分册书名页

YEH CHHI-SUN

Professor of Physics in the University of Peking
formerly Secretary-General of Academia Sinica

kindliest of friends in a dark time
Kunming and Chungking 1942

and

CHHIEN SAN-CHHIANG

Director of the Institute of Physics, Academia Sinica

reader and rider in a time of need
Peking and Shenyang 1952

to these two companions
this volume is
dedicated

图 5 李约瑟《中国科学技术史》第 4 卷第 1 分册扉页

除了青少年时期在清华学堂曾作科学史研究外，叶企孙在晚年写下的为数不多的科学史文章，它们是治中国科学史的典范之作。1951 年在中国物理学会第一届全国会员代表大会上，叶企孙作了题为“现代中国的物理学成就”的报告。这个报告的内容是他自己的亲身经历，这个成就的大部分也是他自己亲手栽培的。当时的与会者为这个报告而精神振奋。然而，这个报告为时势所不容：“刚诞生的新中国何如颂扬旧制度的成就”。不仅叶企孙的报告不能发表，连同王竹溪、钱伟长为此报告而整理的 20 世纪上半叶所发表的物理学论文目录也付之一炬。

20 世纪 60 年代前期，在所谓辩证法最高经典即“一分为二”思想权威下，科学哲学界滋生一种倾向，以唯物和唯心两极端划分历史上的自然科学家，将科学发展进程归结为单纯的这两种世界观的斗争结果。叶企孙以大无畏精神，逆潮流地发表《关于自然辩证法研究的几点意见》（《自然辩证法通讯》1965 年第 4 期），严肃地指出：“科学史上确是有些例子，表明一个有唯心观点的或是形而上学观点的科学家也能做出些重要的科学贡献。”他的“意见”震惊了当时的科学界和哲学界两知识界，表达了一个真正的知识分子不依附权威的真知灼见与勇气，亦体现了一个忠谔之士的秉性。

三、教学重质　全盘布局

越洋深造而回国的叶企孙，长期任教职。在此期间，他坚持教学重质、理论与实验并重的理念，注重培养学生解决问题和动手实验的能力，培养了几代物理学优秀人才。正如他自己在 1931 年所言，其教学方针是：

> 在教课方面，本系（指清华物理系）只授学生以基本知识，使能于毕业后，或从事于研究，或从事于应用，或从事于中等教育，各得门径，以求上进。科目之分配，则理论与实验并重，重质而不重量。每班专修物理者，其人数务求限制之，使不超过约十四人，其用意在不使青年徒废光阴于彼所不能学者。此重质不重量之方针，数年来颇著成效。……数年来国内物理学之渐臻于隆盛，实与本系对于青年所施之教育有密切关系。

与此方针相应的是，1933 年国民政府教育部召开全国天文物理数学教学讨论会，叶企孙等向教育部提呈《拟定大学物理课程最低标准草案提请公决案》。该提案指出，“我国现代大学物理功课，同人等感觉科目过于繁多，教材有时流于空泛，拟加以简单化、基本化、实在化。”并具体提出大学四年课程的最低标准。叶企孙等的提议为改变当时大学物理课程繁杂、分散，减轻学生负担，调动学习自主性起了相当作用。

教学重质是一个学校得以生存、发展的根本，有质才有量。按照叶企孙设想，在高质量的学生出产率下，每班不过 14 人，或者说每年有 10 个这样的学生，则 10 年就有 100 个优秀的甚至可站在世界前沿的高才生。这样的大学物理系培养人才的价值是以倾国之财而无处购买的。叶企孙怀抱这种教学理念，与物理系诸教授团结同心，的确培养出一批又一批的科学家。从 1929 年清华大学物理系第一届毕业生算起，仅到 1937 年之 9 届毕业生就有 53 人，他们个个后来都成了社会中坚、国家栋梁。其中有“两弹一星”功勋的王淦昌（1929）、赵九章（1933）、彭桓武（1935）、钱三强和王大珩（1936），有中国科学院院士周同庆、龚祖同、傅承义、王竹溪、翁文波、张宗燧、钱伟长、何泽慧、郁钟正（后改名于光远）、葛庭燧、秦馨菱等，有美国国家科学院院士林家翘，美国工程院院士戴振铎等。还有 1933—1939 年毕业于清华理科研究所的学生，如陆学善（1933）（中国科学院院士）、胡乾善（1936）、谢毓章（1939）等。在西南联合大学或清华特种研究所期间，受教于叶企孙并其后成为中国科学院院士者有：“两弹一星”功勋的陈芳允、朱光亚、邓稼先、屠守锷（清华航室系 1941 年公费留学生），还有张恩虬、胡宁、李正武以及诺贝尔奖获得者杨振宁、李政道。另许多非清华大学毕业生而在出国留学、选择专业等方面受叶企孙指引、帮助的有：早年东南大学毕业生并且曾任叶企孙助教的核物理学家赵忠尧、磁学专家施汝为、光学专家郑衍芬；地球物理学家李善邦、顾功叙；破格提升的数学家华罗庚，金属物理学家钱临照、余瑞璜；声学家马大猷；“两弹一星”功勋钱学森；计算机专家慈云桂；无线电和雷达专家毕德显。他们中绝大部分也是中国科学院院士。培养了中国几代科学精英是叶企孙一生中最大的成就。倘若再加上 1946 年后叶企孙在清华大学、北京大学所培养的学生，那么，入其门的优秀人才可能比迄今国际上任何一个“物理中心”或“学派”都要多，他们又成为 20 世纪下半叶中国科学发展的中坚力量。

叶企孙和梅贻琦校长曾长期主持招收留美公费生工作，而物理学公费留学生由叶企孙负责。1942 年 6 月，叶企孙又被国民政府教育部聘为“留英公费生考选委员”（图 6），高瞻国家整个科学的需要而不偏立于物理学之一角，更不偏好清华之一校，指引并鼓励所有报考学生选择那些空白或薄弱学科赴国外深造，是叶企孙长久谋略的宏图大计，也是他的全国全盘、长期发展的学术观念的一大体观。傅承义、顾功叙、秦馨菱选择地球物理、物理探矿；赵九章、叶笃正选择气象学，马大猷选择建筑声学；施汝为选择铁磁学；施士元选择原子核物理；王遵明选择冶金学；毕德显、戴振铎选择无线电电子学：钱伟长选择力学；钱学森选择空气动力学；而龚祖同、方声恒（1911—1978，1938 年考取清华公费留学）、王大珩先后赴德国、美国和英国研习应用光学，此三人分赴三个国家深造是叶企孙的精心安排。他们在学成回国后各自成为其学科的拓荒者与奠基人，为中国的科学与工业现代化做出了重要贡献。这正是叶企孙在 20 世纪 30—40 年代立足科学、全盘布局、心系国家的结果。

叶企孙初至清华大学任职之时，物理系教授仅他和梅贻琦二人而已。1928—1937 年，他先后聘请吴有训（1928），萨本栋（1928），周培源（1929），赵忠尧（1932；1927 年从清华出国深造并研究，1932 年任聘回清华），任之恭（1934），霍秉权（1935），孟昭英（1937）等为清华物理系教授。叶企孙带领一班人，很快使清华物理系成为国内第一流培养人才之重镇。延聘良师，尊重教授，毫无门户之见。他聘得吴

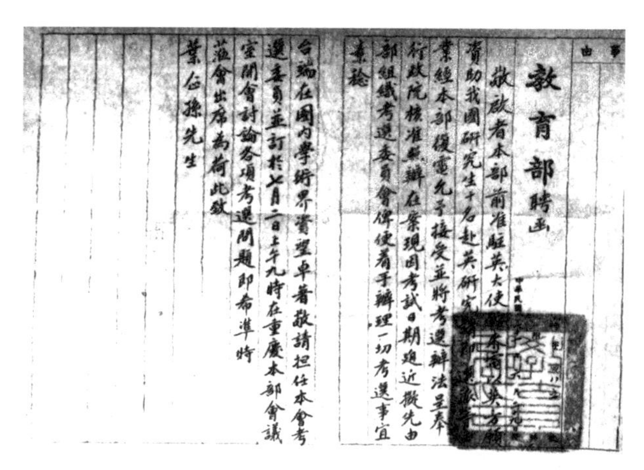

事由

教育部聘函

敬启者本部前准驻英大使

资助我国研究生十名赴英研究

业经本部复电允予接受并将考选办法呈奉

行政院核准照办在案现因考试日期迫近拟先由

部组织考选委员会俾便着手办理一切考选事宜

素稔

台端在国内学术界资望卓著敬请担任本会考

选委员并订于七月二日上午九时在重庆本部会议

室开会讨论各项考选问题即希准时

莅会出席为荷此致

叶企孙先生

图6　1942年国民政府教育部聘任叶企孙为留英公费生考选委员聘书

有训，内心喜悦无以言表，订定吴有训薪金高于自己；多次将物理系系主任与理学院院长之职禅让于吴有训。为使萨本栋专心研究并矢电路及其数学问题，专心写好《普通物理学》教本等书，叶企孙自己代萨本栋登台讲课，以减轻萨本栋的教学负担。鉴于教授间亲密合作及良好的教学与科研氛围，赵忠尧多次表示，愿终生与叶企孙同在一个学校执教。而叶企孙自己曾对学生们说："我教书不好，对不住你们。可是有一点对得住你们的，那就是，我请来教你们的先生个个都比我强。"君子坦荡，胸怀天地，叶企孙的人格魅力何其高雅。

今天的人们惊惑的是，叶企孙培养如此之多人才有何诀窍？据笔者接触所知，爱才、尽心，为伯乐所共有之理念外，至少有两点是常人所不及者。试举二例说明之。一次招考研究生，有三人报考。一个是与他共事有年的年轻人，二是曾从事工作有年的外单位考生，三是当年大学毕业生陈美东（1942—2008）。第三者总分成绩平常，却有一道答题，连叶企孙本人都未曾发现有如此解法，且答案无误。叶企孙阅完考卷，沉思有日，以为唯此人可造就矣。叶企孙的同事希望他录取第一人；第二人总成绩好于第三人，按理当取。叶企孙坚持只录取第三者。不出叶企孙所料，陈美东在工作后二十年出任所长，并在解密古代所有历法的计算方面取得了举世闻名的成就。又如，在某研究所，一个研究者将其才能及时间全用在科普文章撰写上，以赚取稿费为乐；另一个研究者全心全意作专题研究。叶企孙赞赏后者，给他连提三级。从此以后，研究所风气为之大变。叶企孙爱才、惜才乃众所周知。诸如，将原本工人身份的阎裕昌提升为实验员，并要求学生们从此尊称其为"先生"。抗日战争期间，送阎裕昌入冀中根据地制造炸药，后被日军杀害。又，他与熊庆来提携本无学历的华罗庚为清华大学数学教师。如此之类，举不胜举。

作为物理系主任，叶企孙延聘师资、执鞭讲坛，使清华物理系蒸蒸日上。作为理学院院长，叶企孙与校长梅贻琦同心协力，献计献策，除办好理学院外，还协助校长梅贻琦办起工学院。他聘请原中央大学教授顾毓琇创建电机系，随后顾毓琇任工学院院长。叶企孙邀请当时国际知名空气动力学家冯·卡门（T. von Kármán，1881—1963）来华讲学，促成了清华航空系的建立，也促使蒋介石、宋美龄夫妇对在南昌建立航空风洞的重视。在他倡议下，1929年，清华物理系成立理科研究所，开创了大学研究风气之先河；1934年又创办特种研究所；抗日战争时期，特种研究所发展为农业、航空、无线电、金属学、国情普查五个研究所。1938年成立清华特种研究所委员会，由叶企孙任主任委员。这些研究所不仅在当时产生了一批研究成果，且为后来锻炼造就了一批相应的科技将帅之才。

1925—1952年，叶企孙在清华大学、西南联合大学讲授力学、普通物理、热学、电磁学、统计力学、光学、分子运动论、大气物理、物性论、光谱及原子构造等课程。1952年后，在北京大学物理系，除讲授光学、普通物理等基础课外，主要开设铁磁学课，建立磁学教研室，指导该科毕业生和研究生的论文，为培养我国磁学和金属物理人才做出了重要贡献。叶企孙说普通话略有口吃，但不影响他讲课的吸引力。除了对物理概念和原理讲解深入透彻之外，每一门课往往以中国传统文化知识开题，涉及实验时又常常讲清其中实验仪器、步骤、技巧，同一门课在不同学期开讲都会增加不少当年最新进展，展望未来应用，在课末总忘不了鼓励学生去开拓。叶企孙一字一句慢慢道来，往往课时不足，学生们又爱听，于是，他会邀上学生在课余或假日去散步、游园或在自己家中享用茶点，趁此也将未讲完的内容或某门学科的新知识讲给学生听。时而拿出书架上各种外文杂志，指出某文某页某段文字的概念、意义或价值何在，无形中培养了学生查阅文献、辨识成果的习惯与技巧。这是叶企孙一生为师、引徒入门的最成功的途径。

叶企孙学识渊博，总有真知灼见授予弟子。然而他从不忘自己不断吸取新知，增长见闻，力求跟上物理学新发展。1930—1931年他以休假之机赴欧考察，在德国哥丁根大学听海特勒（W. Heitler）的量子电动力学课，听玻恩（M. Born）的热力学课，向海特勒请教有关分子结构和范德瓦耳斯力的问题；在柏林大学听薛定谔（E. Schrödinger）讲物理课，与伦敦（F. London）讨论分子结构和交换力问题，还和柏林高等工业大学的贝克尔（H. Becker）讨论与高压磁性相关的磁致伸缩问题。

1941年9月—1943年夏秋，叶企孙出任其时在重庆的中央研究院的总干事，实际负责全院行政和学术研究。时任院长为朱家骅。其时中央研究院只设院长一人，无副院长。总干事之职相当于今日中国科学院常务副院长兼秘书长。这是二次世界大战、我国抗日战争都处于极度艰难的时期。叶企孙力主中央研究院各所应为抗战之急需服务。为研究院争取经费，维持各研究所拨款，出版刊物，开展与国防相关的研究课题，搜罗各国学术期刊，延聘研究人员等，在这特殊时期他为中央研究院以至全国的科学发展发挥了重要作用。除了以刊载研究论文为主的《中央研究院科学记录》（以西文出版，吴有训主编）刊物之外，叶企孙还主编了《学术汇刊》。后者是以中文出版的“综合性学术期刊。将本国学者重要工作之推进情形及所得结果择要撰述，外国学者之工作对科学进步及中国材料有宏大关系者亦撷其要领，俾读者手此一编，对于学术工作之进行得明纲要。”（《学术汇刊》1942年发刊词）由于当时经费报困难，该刊只出版了两期。

1942年，李约瑟博士受英国政府派遣，作为英国皇家学会代表，肩负着援华使命来到中国。在重庆，李约瑟博士与中央研究院总干事叶企孙成为知交。后者向前者详尽介绍中国古代科学，竭诚鼓励其从事相关研究；前者应后者之请，给中国运送了大量的学术刊物，甚至当时中国急需的研究仪器与设备。待友朋，推心置腹；度艰难、沉着稳定。叶企孙运筹帷幄，对此时中国科学的成长，其功不可没。

作为中央研究院的实际负责人，叶企孙也应各方之邀，曾在重庆为中央训练团、国防科研委员会、重庆广播电台作过科普讲座。在当时叶企孙心中，普及科学知识，让更多人认识科学的重要性，也是科学救国的一大事。

1943年夏秋间，叶企孙辞却总干事之职，回昆明任西南联合大学教授。所以辞职有两种原因：一是国难当头，研究经费以至研究员薪金不能按时足量发放。这与叶企孙的为人秉性极不相谐。他总是企求为属下创造一个好环境、好待遇，自己才能心安于所在职位，否则宁可自己一人去穷教书。二是在延聘人员与待遇上往往与他人想法相左。重金聘人才是他长期办学、办所之良方；宁亏自己不亏他人是他终生为人准则。诸如他敢于突破中央研究院院规，全薪聘请陈寅恪为中央研究院历史语言研究所专任研究员，并容许陈寅恪不到中央研究院历史语言研究所上班研究。为此，中央研究院历史语言研究所所长傅斯年攻伐有加，且大有不依不饶之势。应当说，叶企孙爱才而其时经济不足；傅斯年对陈寅恪多少心存文人相轻，然破例待遇陈寅恪又终将令傅斯年所长为难。解决如此两难处境，自知之明且温文谦让的叶企孙，辞职了事。

组织全国性学会，团结同人发展并提高全国物理水平，这也是叶企孙及其同事们早期的重大决策之一。

早在美国留学期间，叶企孙曾任中国科学社驻美分社执行委员会会长。除团结社友、联络感情，为国内出版的《科学》杂志定期组稿外，他每周一次、从不间断地组织社友讨论科学及如何在中国发展科学。他执着且坚持的精神，令在美学子为之感动。在他于1923年夏初离美返国之前，还制定了驻美分社章程，选举了正式理事成员，成立了正式机构，使中国科学社驻美分社基础巩固、规模略具、日见发达。回国后叶企孙一直参与中国科学社各种学术活动及其组织领导工作，清华大学分社成为中国科学社一支骨干力量。他本人也与上海总社任鸿隽社长结下了长久友谊。

一九三一、一九三二年之交，法国物理学家郎之万（P. Langevin，1872—1946）随国联教育考察团来华。他在北平作了多次学术演讲，同时建议中国应成立物理学会，以便提高国内水平，展开国际学术交流。在一次欢迎郎之万报告的会议上，叶企孙主持会议。他在会前介绍中说：“郎之万教授的报告，敢信会如磁铁般吸引我们每一位。”话音刚落，与会者随即大笑。原来在郎之万的诸多学术成就中，还有一项是对磁学的贡献。他是经典磁学理论的集大成者。在郎之万的建议下，1932年8月，中国物理学会在清华大学正式宣告成立。叶企孙为她的诞生忙了整 8 个月。与全国各高等院校，各研究所同行人士商讨会前准备、提议，章程制定，组织机构的设立，编辑并发行学报的可能性与方式方法，经费来源等事项。成立大会上，叶企孙作了“中国物理学会的发起与筹备经过”的报告。他被选为中国物理学会第一届副会长，且连任三届(1932—1935)。李书华当选为会长。1946 年和 1947 年，叶企孙又当选为两届常务理事长。中国物理学会发展至今日，人们从未忘记叶企孙擘画与创建之功。

叶企孙还是中国自然科学史研究所的创建者之一。在他心中，科学史不仅应研究中国的，还要研究世界的，研究古希腊、古罗马、阿拉伯的科学史。工艺技术史当然也包括在内。他还提出，未来要将艺术史也包括在这个所内研究。作为这个研究所兼任研究员和指导老师，他培养了一批卓有成就的科学史工作者。

四、伟哉唐士　上马击贼

叶企孙不仅是位卓越的科学家、教育家，而且具有强烈的爱国精神和正义感，是个口不言政治、内心却充满政治责任感的人。

1926 年北京发生震惊中外的“三一八”惨案。叶企孙一字一顿、低沉有力地对学生王淦昌说：“你们明白自己的使命吗？……弱肉强食是亘古不变的法则。要想我们的国家不遭到外国凌辱，就只有靠科学，只有科学才能拯救我们的民族。”说罢潸然泪下。1935 年 12 月 2 日，他和梅贻琦等河北教育界名流数十人联名通电全国，揭穿日本和汉奸搞所谓“华北五省自治”以分裂中国的阴谋。1935 年“一二·九”运动时，他为南下请愿团的物理系学生钱伟长等送行，并出资相助。1936 年 3 月 29 日，军警包围清华，搜捕进步学生，葛庭燧深夜入叶企孙住宅以避凶残。1936 年傅作义百灵庙抗日大捷，物理系学生赴大青山劳军。叶企孙为此高兴不已，并表示学生为此缺欠课程他会给补上。

宋代诗人陆游在《太息·宿青山铺作》一诗中写道：

中原久丧乱，志士泪横臆；
切勿轻书生，上马能击贼。

叶企孙就是这样的一位中华志士。

1937 年日本军国主义在侵占我东北三省之后又大举向华北、华东进攻，其行径激起了中国人民极大愤慨。是年暑假起，恰值叶企孙临休一年并可出国访问学习之机会。但在抗日炮火声中，他毅然放弃出国，投身于抗日运动之中。

“七七事变”后，清华大学先是南迁长沙，后又迁至昆明，与北京大学、南开大学合并而成西南联合大学。全校学生南下，大量图书、仪器需装箱、托运或租车押运；南下的、遣散的或留下的师生都要一一作出安排。叶企孙放弃休假，为这次清华大学大转移发挥了极大作用。当年 8 月，叶企孙到天津，因身患伤寒、继而膀胱炎，便滞留天津，并在英租界成立南迁临时办事处。由叶企孙主持工作，助教熊大缜等协助。

熊大缜（1913—1939）（图 7），江西南昌人，1913 年生于上海，1931 年由北京师范大学附属中学考入清华大学物理系，学业颇佳，1935 年毕业，留校任教。此人身材修长，体魄健壮，喜体育与话剧，心灵手巧，深为叶企孙所喜爱。他不仅自制零件、装配无线电收音机；还自制镜片与照相机，自做胶片，配制显影与定影液，照相技术极佳，甚而在清华园附设照相馆，代人拍照。在叶企孙指导下，熊大缜完成了学士论文《红外光照相技术》，不仅成功地研究了红外照相技术，且又拍下了北京西山诸远峰的红外照片。这是 20 世纪 30 年代最先进的摄影术之一。他们师生二人由此情谊甚笃。熊大缜留校任助教，住进叶企孙宅第，受到了他学生生涯中从未有过其他人享受到的待遇。1937 年夏，熊大缜毅然放弃赴德国深造的机会，又推迟终身大事，忘我地配合叶企孙在天津抢运清华大学图书、仪器南下的工作。

图 7　熊大缜（1913—1939）

在天津临时办事处，正当叶企孙、熊大缜师生忙碌之时，中国共产党领导的以吕正操为首的冀中抗日根据地和国民党领导的以鹿钟麟为首的地方政府军也都在顽强地坚守抗日战争。而吕正操部缺乏枪支弱药、通信器材，甚至缺乏所有战争必需品。1938 年春，冀中军区共产党组织派人到平津寻求科技人员、物资和技术支援。熊大缜闻悉此事，欣然答应赴冀中抗日根据地。叶企孙考虑事关抗击日寇，未加劝阻。通过北平地下党组织安排，4 月熊大缜进入冀中，任中国共产党领导的冀中军区印刷所所长。7 月升任军区供给部部长兼技术研究社社长。先后成功地研制了高级烈性黄色炸药、手榴弹、子弹地雷、收发报机等军用器材。熊大缜本人或派人多次出入京津，请求师长叶企孙在物资、人员和经费等方面给予帮助。不顾环境恶劣、汉奸与特务跟踪之危，叶企孙此时为冀中抗日做出了极大贡献。

除熊大缜外，叶企孙还介绍一批大学毕业生和技术人员去冀中抗日根据地。其中有阎裕昌、胡达佛、张瑞清，他们分别是清华大学物理系、机械系、生物系实验员；以及清华大学师生汪德熙、李广信、祝懿德、张方、葛庭燧、何国华；等等。为了这些人的安全，叶企孙到北平寻求美籍教授温德的帮助，在必要时护送他们出入日军哨卡并在其家避风。这批人到冀中后不久，即制成氯酸钾（含 5%TNT）炸药、电引雷管和地雷，多次炸翻日军列车，受到聂荣臻司令员表扬。

在天津的叶企孙、钱伟长等，通过与开滦矿务公司副经理王崇植（电机工程师、中国科学社社员），与天津电报局局长王绶青联络，在天津购得制造炸药、雷管所需的化学原料、铜壳、铂丝、起爆装置或各种零件，购得无线电电子管和电台装置所需的各种零件。学化学专业的林风在天津租界一工厂内制成 TNT 黄色炸药。钱伟长出入天津大街小巷，暗中采购药品，甚至寻觅枪支子弹的设计图纸。在日寇占领区，这些物品甚至破铜烂铁都是严禁民间收购的，他们不得不在日军与汉奸眼皮底下小心谨慎且冒风险地将这些物资偷运到抗日根据地。有些时日，钱伟长闻悉解放区探求印制边区钞票的技术，以打破国民党的法币控制。

为了购买那些物资，叶企孙用尽自己的积蓄。他以自己的名望在天津暗中募捐，最后不得不动用清华大学备用公款万余元。他还给那些去冀中抗日根据地和在天津为此工作的人员一一发放安家费、生活费或工作费。

1938 年 9 月，叶企孙等在天津的地下抗日活动有所暴露，林风被租界管理机构工部局拘捕，西南联合大学校领导又催叶企孙从速赴昆明。10 月 5 日叶企孙离津乘船南下，途经香港转进昆明。然而，他心系冀中根据地，惦念他的高才生熊大缜及其他清华大学学生的安危。路过香港时，他还特地去晋见蔡元培，祈蔡元培能与孙夫人宋庆龄女士禀报此事；也亟待孙夫人为“平津理科大学生在津制造炸药、轰炸敌军”事筹措经费。是年底抵昆明后，他立即以“唐士”笔名介绍“河北省内的抗战状况”，发表于当时极有影响的《今日评论》（1939 年第 1 期）上。

所谓“唐士”，即“中华知识分子”之意。叶企孙以一个知识分子的良知在西南发出了呐喊。他在文中着重介绍了吕正操开辟的冀中抗日根据地和八路军所组织的冀察绥边区政府，委婉地斥责河北省政府主席鹿钟麟企图推行蒋介石融共、灭共政策，严肃指出“在全国抗战时期，须得容忍不同的政治思想与组织。凡是确在作抗战工作的人，大家都应鼓励他们，支持他们。”该文在介绍了冀中解放区的军事、经济和生活情况后，叶企孙号召：

> 冀中区至今还急需技术人才去参加工作，尤其是能作炸药的化学者，能在内地兴办小工业的化学者及工程师、兵工技师、无线电技师、各种机匠、医生、看护士、能管理银行的专家，及能计划如何统制输入与输出的专家。有志参加这些工作者可无须顾虑到旅途的艰难。据作者所知，到冀中去的旅途上实在没有多大危险。

这岂止是叶企孙的号召，而是他心目中建设解放区、发展解放区，以自我智慧铸成抗敌重镇的一幅蓝图。《京津泰晤士报》（英文版）和美国《亚洲》杂志相继刊载吕正操将军的照片以及冀中平原的抗日战况，建议美国总统罗斯福应直接与共产党联系、协同作战。然而，几个月后的锄奸运动给这批热血青年造成灭顶之灾。

熊大缜等在一次试制炸药中意外发生了爆炸事件。1939 年 5 月熊大缜被逮捕。在逼供信中，熊大缜招供自己是“C.C 特务”，交代叶企孙老师为其“特务头子”。7 月日军扫荡根据地，在机关转移途中熊大缜被处死。

熊大缜事件之后，在天津的学生们受到敌、特的严密监视。他们不得不自行解散，或出国留学（如钱伟长赴加拿大多伦多大学应用数学系深造），或回西南联合大学；已被捕的林风，坐牢于北平，直到抗战胜利才被释放。熊大缜的口供静悄悄地躺在档案柜中。30 年之后，在“文化大革命”中，也是在叶企孙的晚年，终致叶企孙受到严重的身心摧残。

顺此，要述及由叶企孙荐入冀中抗日根据地的阎裕昌（1896—1942）（图8）先生。他原是清华大学物理系勤杂工，由于勤奋好学、心灵手巧，叶企孙培养并破格提升他为物理实验室仪器保管员。不久，阎裕昌积劳成疾、身染肺结核，无法继续工作。叶企孙出资让他住医院治疗，同时帮助维持其家六口的艰难生活。阎裕昌康复后，对实验室仪器保养和自制仪器方面贡献极大。他曾帮助王淦昌自制毕业论文所需的实验仪器。叶企孙每每告诫学生，应称阎裕昌为“阎先生”。1937年，日寇入侵清华园，他为保护学校财产而遭受日军毒打，腿部受伤。1938年8月经叶企孙介绍，到冀中参加抗日战争。在冀中军区，他与熊大缜一起，研制武器、炸药，功劭卓著。不幸，1942年在日军扫荡中被捕，当年5月8日被日军杀害，时年46岁。

图8 阎裕昌
（1896—1942）

五、“动乱十年” 受难天干

1945年8月日本投降。1946年夏，西南联合大学结束，清华大学返北平复课。在此期间，叶企孙数次被委以清华大学代校长及联大常委。中华人民共和国成立前夕，多少人动员他赴台或出国，甚至一些外国学者推荐他出任联合国教育、科学及文化组织之职，他一一拒绝。1949年1月北平和平解放，军管会接管清华大学。军管会接管后，成立清华校务委员会，叶企孙被委任为该委员会主席（相当于校长），并受到陈毅、贺龙接见。1952年全国高校院系调整，他被调往北京大学物理系任教授。于1951—1952年“思想改造”运动期间，叶企孙作了三次思想检查。他“已在清华失去威信”，且又是“拖着尾巴过关”。因此，被调往北京大学。

1966年，叶企孙68岁，已近古稀。此时的他，微有驼背，口吃较前更严重，头也略微偏斜，唯一不变的是他手中总抱着厚厚的书。是年初夏开始，“十年动乱”与浩劫让全国上下激荡不安。十年时间，正是中国传统历法中的一个“天干”。这些年头，叶企孙所受的冲击与苦难是当时社会与政治现状的一个典型缩影。

1967年6月，以“资产阶级反动学术权威”“C.C大特务”之罪名，叶企孙被学校一派红卫兵揪斗、关押、抄家、停薪等。高音喇叭整日整夜喊叫“不投降就叫他灭亡”的口号，以致他一度神经错乱，犯有严重幻听症：他时而听广播喊“打倒C.C大特务叶企孙”，时而又传来“周总理要叶企孙出来主持北大工作”的广播。次年4月，他被逮捕关押、受审。因受“吕正操案”牵连，令其交代国民党“C.C特务”与熊大缜、吕正操以及天津抗日青年和其他党派人士的“勾结反共内幕”“联络关系”等情况。一年半后，即1969年12月出狱，接受在校的“隔离审查”。此时的他，无儿无女，一无所有；头发蓬垢，布衣烂衫；腰系草绳，鞋履露趾；双腿肿胀，裲裤湿尿；

佝偻腰背，孑居于方寸斗室中。又两年半后，即1972年5月，宣布“叶企孙的问题是敌我矛盾按人民内部矛盾处理”，才允许他与其侄子、侄女见面。是年，叶企孙74岁。

1972年周恩来总理指示：学校复课闹革命，保护高级知识分子，要给他们检查身体。正是在此指示下，叶企孙才被取消“隔离审查”。此时的叶企孙，身患严重丹毒症。在关押期间，由于小便失禁，被褥终日潮湿，衣服少有更换。为减轻痛苦，他整日整夜坐着，致使两腿肿胀，皮肤发黑变硬。自从周总理指示后，叶企孙得到安置，但病魔一直纠缠着他。双腿肿胀，步履艰难，丹毒症日益加重，他日夜坐在一把破旧藤椅上，以读书为乐。闻他出狱的师生们，如陈岱孙、吴有训、钱伟长、王竹溪、钱临照等，都偷偷地去看望他。他仍然纵论科学与科学教育，从不涉及在狱中事情及其感受。甚至他还照例每周一次给科学史研究所年轻人戴念祖讲物理学史。有一次，他打开《宋书·范晔传》，指其中“晔狱中与诸甥侄书”的一段给来探访者阅：

> 吾狂衅覆灭，岂复可言，汝等皆当以罪人弃之。然平生行已任怀，犹应可寻。至以能不，意中所解，汝等或不悉知。

1976年唐山大地震后，叶企孙被安置在一个极其简陋的地震棚里，这加速了他的病情恶化。1977年1月13日，一代伟人叶企孙与世长辞，享年79岁。

此后，叶企孙侄子叶铭汉，叶企孙高足钱伟长、王竹溪、沈克琦等不断为叶企孙冤假错案向中央及有关部门申述大义。1980年5月，吕正操将军冤案平反，叶企孙得到恢复部分名誉。1986年8月，河北省委作出“关于熊大缜问题的平反决定”，熊大缜与叶企孙的“C.C大特务”以及“策反八路军吕正操部队的历史问题”方得以洗雪。真相大白，苍穹落泪。叶企孙高大的爱国形象重新屹立于世人心间。1987年2月26日，北京大学副校长沈克琦教授等撰写的《深切怀念叶企孙教授》一文最终在《人民日报》得以刊载。

叶企孙一生中得到许多荣誉。他是中央研究院评议员（1935—1940）和当然评议员（1940—1948），国民政府教育部学术审议委员会委员（1933—1948），1948年当选为中央研究院院士。1949年当选为中华人民共和国第一届人民政治协商会议代表。1950年当选为中华全国自然科学专门学会联合会（后改称中国科学技术协会）常务委员，中华全国科学技术普及协会委员。1955年当选为中国科学院数理化部常务委员（今称院士），还先后被选为中国科学院物理研究所、紫金山天文台、原子能研究所学术委员会委员，中国自然科学史研究委员会副主任委员。1954年、1959年和1964年又分别当选第一、第二、第三届全国人民代表大会代表。

戴念祖　李艳平

目　录

一、文章、讲演与电文

1 诸乘方递加说

乘方者何？用相等之因数连乘若干次之积也。递加者何？本级数之定律，以推数理之自然也，故递加之用于数学最广。尤拉[①]用之以求圆率。特摩尔[②]用之以求割圆八线，载劳来本之[③]用之以求微分积分。以至沈存中之隙积，郭守敬之招差，虽极形体之堂奥，穷理数之精微，然彼诸公所用以立术者不过递加一法而已。晚近畴人，每用递加法以考数之性质，而其言诸乘方亦由递加而得者。则始于金匮华氏[④]。其说曰。平方之积。位数甚少者。原可用递加之奇数连减其积，记其减去之次数，即为所求之方边。此即诸乘方递加之滥觞也。然华氏有说而无理，且祇言平方而不及立方四乘方等。窃不自量，因详言其理，并推之于立方四乘方，用积较以求差，用递加以求变。于是乘方可以技术表明矣。

平方递加式 凡 n 之平方等于 1，3，5，7，9，……级数 n 项之和。反言之。凡平方积，可用此级数之各项递减之，记其减去之次数即为所求之方边。

证 因一之平方仍为一。定一为级数之首项。首项自 2^2 减之，得 3 为第二项。并首项第二项，自 3^2 减之，等第三项 5。以此类推。得 1，3，5，7……等差级数。首项为一。公差为二。此级数 n 项之和等于 n^2。因其诸项为平方数之边较故也。

又证

---

① 尤拉，即 Leonhard Euler（1707—1783），德国数学家，今译为欧拉。——编者

② 特摩尔，即 Abraham de Moivre（1667—1754），法国裔英国籍数学家，今译为棣莫弗。——编者

③ 载劳来本之，即 Gottfried Wilhelm Leibniz（1646—1716），德国数学家，哲学家，今译为莱布尼茨。——编者

④ 金匮华氏，即华蘅芳（1833—1902），金匮（今无锡）人，数学家。——编者

$$1+3+5+7+\cdots\cdots+\text{第}\,n\,\text{项}=\frac{n}{2}(\text{首项}+\text{末项})=\frac{n}{2}\{1+(2n-1)\}=\frac{n}{2}(2n)=n^2$$

立方递加式

凡 n 之立方等于1，1+1×6，1+3×6，1+6×6，1+10×6，1+15×6……级数 n 项之和。反言之，凡立方积可用此级数之各项递减之，记其减去之次数，即为所求之方边。

证

1^3	2^3	3^3	4^3	5^3	6^3	……
1	8	27	64	125	216	……
1	7	19	37	61	91	……
1	1+1×6	1+3×6	1+6×6	1+10×6	1+15×6	……

又证（·即乘号）

$$1+\overline{1+1\cdot 6}+\overline{1+3\cdot 6}+\overline{1+6\cdot 6}+\overline{1+10\cdot 6}+\cdots\cdots+\text{第}\,n\,\text{项}$$
$$=n\cdot 1+6\{1+3+6+10+\cdots\cdots+\text{第}(n-1)\text{项}\}$$
$$=n+6\{1+(1+2)+(1+2+3)+\cdots\cdots(1+2+3+\cdots\cdots+\overline{n-1})\}$$
$$=n+6\{(n-1)1+(n-2)2+(n-3)3+\cdots\cdots1(n-1)\}$$
$$=n+6\{(1+2+3+\cdots\cdots+\text{第}\,n-2\,\text{项})n-(1^2+2^2+3^2+\overline{n-1}^2)+(n-1)\}$$
$$=n+6\left\{\frac{(n-2)(n-1)n}{2}-\frac{(n-2)(n-1)(2n-3)}{6}+(n-1)\right\}$$
$$=n^3$$

四乘方递加式

凡 n 之四乘方等于1，$3+1^2\cdot 12$，$5+(1^2+2^2)\cdot 12$，$7+(1^2+2^2+3^2)\cdot 12$……级数 n 项之和。反言之，凡四乘方积，可用此级数之各项递减之，记其减去之次数。即为所求之四乘方根。

证：

1^4	2^4	3^4	4^4	5^4	……
1	16	81	256	625	……
1	15	65	175	369	……
1	$3+1^2\cdot 12$	$5+(1^2+2^2)\cdot 12$	$7+(1^2+2^2+3^2)\cdot 12$	$9+(1^2+2^2+3^2+4^2)\cdot 12$	……

又证

$$1+\overline{3+1^2\cdot 12}+\overline{5+(1^2+2^2)12}+\overline{7+(1^2+2^2+3^2)12}+\cdots\cdots+\text{第}\,n\,\text{项}$$
$$=(1+3+5+\cdots\cdots\text{第}\,n\,\text{项})+12(1^2+\overline{1^2+2^2}+\overline{1^2+2^2+3^3}+\cdots\cdots\text{第}\,n-1\,\text{项})$$
$$=n^2+12\{[(n-1)1^2+(n-2)2^2+(n-3)^3 3^2+\cdots\cdots+\text{第}(n-2)\text{项}]+1(n-1)^2\}$$

$$=n^2+12\{n(1^2+2^2+3^2+\cdots\cdots+\text{第}(n-2)\text{项})-(1^3+2^3+3^3+\cdots\cdots+\text{第}(n-2)\text{项})+(n-1)^2\}$$

$$=n^2+12\left\{\frac{n(n-2)(n-1)(2n-3)}{6}-\frac{(n-2)^2(n-1)^2}{4}+(n-1)^2\right\}$$

$$=n^4$$

编注：

该文发表于清华学校主办的《学生杂志》第2卷第6号（1915年出版）第195—199页。

1915年1月24日叶企孙日记中记有“上午抄诸乘方递加说一通，寄至学生杂志社”（见本书第295页），此事又见于其日记的“1915年1月行事纪要”中，并说明“无复函”（本书第297页）。可见叶企孙当时尚不知此文已发表。

本文发表时署名“北京清华学校高等科生叶企孙”。它不仅是叶企孙学生时代的一篇数学习作，也是迄今所能查到的叶企孙一生中发表的第一篇文章。此时叶企孙不足17岁。

❷ 考正商功

是篇系二年前旧作。近日展读，自愧肤浅。学算与时偕进，固无限量。然商功为九章之一，神州国粹，不可不知。原文古意盎然，后世注释者，其文亦雅驯。此篇之作，题术仍旧，说理力求明雅，使读者知吾国数学文字，自有佳者。非如近世译本，芜杂难读也。同学中方习立体几何者，读之可悟中西一贯之理。算式敬遵海宁李氏之例①，以见六十年来变迁之迹，至于辨语之处，反复引申，惟恐不尽，或有稗于学者之精思云。

城垣堤沟壍渠　今有城，下广四丈、上广二丈、高五丈、袤一百二十六丈五尺。问积几何？垣堤沟壍渠五问意同。术曰：并上下广而半之，以高若深乘之，又以袤乘之，即积尺。

按：此柱体求积也。其底为一梯形，上下广即梯形之上下广，高若深即梯形之中长，袤即柱体之高。柱体之积等于底面积乘高。即$\frac{\text{二}}{\text{一}}$（上广⊥下广）×高×袤。

堢壔　今有方堢壔，方一丈六尺，高一丈五尺，问积几何？术曰：方自乘以高乘之，即积尺。今有圆堢壔。周四丈八尺，高一丈一尺，问积几何？术曰：周自乘，以

① 清季李善兰采用的算术符号如下："⊥"加号；"丅"减号；"×"乘号；分数，如"三分一"，即今"三分之一"，写为"$\frac{\text{三}}{\text{一}}$"，今为$\frac{1}{3}$，"$\frac{\text{一二}}{\text{一}}$"即$\frac{1}{12}$，分数式亦如此，例如今$\frac{a+b}{c+d}$，李善兰写为$\frac{c+d}{a+b}$。分数的分子、分母正好和今日写法相倒，请读者注意。某数的平方、立方，即在该数（或文字）的右上角标注"二"或"三"。——编者

高乘之，十二而一古率[①]。

按：垛壔亦柱体也。其高即柱体之高。有正方底者曰方垛壔。其积等于底面积即方自乘乘高，即方^{二}高。有平圆底者曰圆垛壔。其积等于底面积周自乘十二而一乘高。即$\frac{一二}{一}$周^{二}高。

壍堵　今有壍堵：下广二丈，袤一十八丈，高二丈五尺。问积几何？术曰：广袤相乘。以高乘之，二而一。

按：壍堵亦柱体也。其袤即柱体之高，其底为一勾股形，其高广即勾股也。故积等于底面积$\frac{二}{一}$高广乘袤，即$\frac{二}{一}$高广袤。

说曰：柱体之见于九章者凡四，底为梯形者，如城垣堤沟壍渠；为正方者，如方垛壔；为平圆者、如圆垛壔；为勾股形者，如壍堵。至四者之体积，则皆因其底而异。柱体之积等于底面积乘高。然则其高等者，其比固在于底面积矣。

方锥　今有方锥，下方二丈七尺，高二丈九尺，问积几何？术曰：下方自乘，以高乘之，三而一。

按：锥体积等于底面积乘高三而一。今其底为正方形。故体积为$\frac{三}{一}$高方^{二}。

阳马　今有阳马：广五尺，袤七尺，高八尺。问积几何？术曰：广袤相乘，以高乘之，三而一。

按：锥体积等于底面积乘高三而一。今底面积为广袤，故阳马体积为$\frac{三}{一}$高广袤。又按：方锥尖在正中，阳马尖在一隅。

圆锥　今有圆锥：下周三丈五尺，高五丈一尺，问积几何？术曰：下周自乘以高乘之，三十六而一。

按：圆锥底为一平圆。其面积等于$\frac{一二}{一}$周^{二}。故圆锥体积等于$\frac{三}{一}$（$\frac{一二}{一}$周^{二}）高，即$\frac{三六}{一}$周^{二}高。

鳖臑　今有鳖臑：下广五尺，无袤；上袤四尺，无广；高七尺，问积几何？术曰：广袤相乘，以高乘之，六而一。

按：鳖臑亦锥体也。试侧视之，其底为勾股形。上袤为勾，高为股，而下广即锥体之高。今底面积等于$\frac{二}{一}$高×上袤。故鳖臑积等于$\frac{三}{一}$（$\frac{二}{一}$高×上袤）下广即$\frac{六}{一}$高×上袤×下广。

说曰：锥体之见于九章者凡四。其底为正方或长方，而尖在正中者曰方锥；为正

---

① 作者的注释用比正文小一号的字体。“古率”是说明在计算中所采用的 π 的数值是早期的，即 $\pi=3$。——编者

方或长方，而尖在一隅者曰阳马；为平圆者曰圆锥；为勾股形者曰鳖臑。体积因高及底而异。凡锥体积等于底面积乘高，三而一。然则其高等者，其比固在于底面积矣。

方亭　今有方亭，下方五丈，上方四丈，高五丈，问积几何？

术曰：上下方相乘，又各自乘。并之。以高乘之，三而一。证此术之法有三。列举如下：

（一）观图。甲乙丙丁为上方，子丑寅卯为下方。过甲乙、乙丙、丙丁、丁甲四边各作一平面，与下方成直角。则分全体为一方堢壔、四堑堵、四阳马。丁辛体为方堢壔，丙癸体为堑堵，既称方亭则甲子、乙丑、丙卯、丁戊四边必等，而其余三堑堵与丙癸体等癸辰体为阳马，其余三阳马与癸辰体等此九体积之和，即方亭之积。以式证之如后。

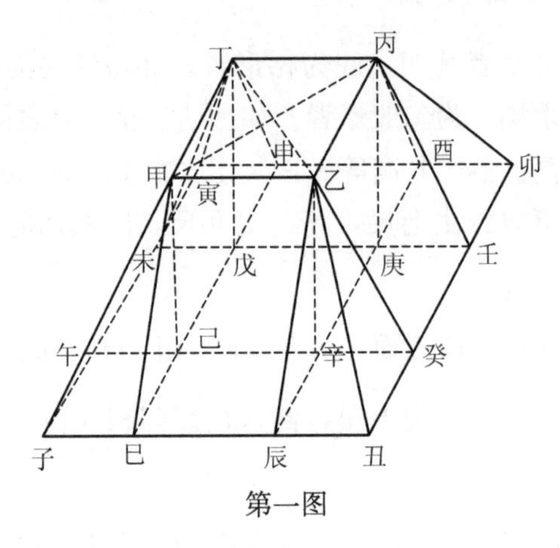

第一图

一方堢壔积＝丁辛体积＝高×上方^{二}

四堑堵积＝四×丙癸体积

＝四×$\dfrac{\text{二}}{\text{一}}$上方×$\dfrac{\text{二}}{\text{一}}$（下方⊥上方）×高

＝高×上方×（下方⊥上方）

四阳马积＝四×癸辰体积

＝四×$\dfrac{\text{三}}{\text{一}}$高×［$\dfrac{\text{二}}{\text{一}}$（下方⊤上方）］^{二}

＝$\dfrac{\text{三}}{\text{一}}$高×（下方⊤上方）^{二}

故全积＝高×上方^{二}⊥高×上方×（下方⊤上方）⊥$\dfrac{\text{三}}{\text{一}}$高×（下方⊤上方）^{二}

＝$\dfrac{\text{三}}{\text{一}}$高［三上方^{二}⊥三上方（下方⊤上方）⊥（下方⊤上方）^{二}］

＝$\dfrac{\text{三}}{\text{一}}$高［三上方^{二}⊥三上方×下方⊤三上方^{二}⊥下方^{二}⊤二下方×上方⊥上方^{二}］

＝$\dfrac{\text{三}}{\text{一}}$高［上方^{二}⊥下方^{二}⊥上方×下方］

九章得术，亦用此证。惟无代数式耳。

（二）方亭，即截头方锥也。凡截头锥之体积等于

$$\frac{\text{三}}{\text{一}}\text{高}\left[\text{上底面积}\perp\text{下底面积}\perp\sqrt{\text{上底面积}\times\text{下底面积}}\right]。$$

今

$\text{上底面积}=\text{上方}^{\text{二}}$，

$\text{下底面积}=\text{下方}^{\text{二}}$，

$\sqrt{\text{上底面积}\times\text{下底面积}}=\sqrt{\text{上方}^{\text{二}}\times\text{下方}^{\text{二}}}=\text{上方}\times\text{下方}$。

故方亭积等于

$$\frac{\text{三}}{\text{一}}\text{高}\left[\text{上方}^{\text{二}}\perp\text{下方}^{\text{二}}\perp\text{上方}\times\text{下方}\right]$$

（三）方亭既为截头方锥，故其积为全锥积减去虚锥积。可依下法求之。方亭之高曰截高，虚锥之高曰接高。

$\text{虚锥之底面积}=\text{上方}^{\text{二}}$

$\text{虚锥之高（即接高）}=\frac{\text{下方}\top\text{上方}}{\text{上方}\times\text{截高}}$

因接高∶截高∶∶上方∶下方⊤上方

$\text{故虚锥之体积}=\frac{\text{三（下方}\top\text{上方）}}{\text{上方}^{\text{三}}\times\text{截高}}$

$\text{全锥之底面积}=\text{下方}^{\text{二}}$

$$\begin{aligned}\text{全锥之高}&=\text{接高}+\text{截高}\\&=\frac{\text{下方}\top\text{上方}}{\text{上方}\times\text{截高}}+\text{截高}\\&=\frac{\text{下方}\top\text{上方}}{\text{下方}\times\text{截高}}\end{aligned}$$

$\text{故全锥之体积}=\frac{\text{三（下方}\top\text{上方）}}{\text{上方}^{\text{三}}\times\text{截高}}$

$$\begin{aligned}\text{故方亭之体积}&=\frac{\text{三（下方}\top\text{上方）}}{\text{下方}^{\text{三}}\times\text{截高}}\top\frac{\text{三（下方}\top\text{上方）}}{\text{上方}^{\text{三}}\times\text{截高}}\\&=\frac{\text{三（下方}\top\text{上方）}}{\text{截高}\times\text{（下方}^{\text{三}}\top\text{上方}^{\text{三}}\text{）}}\\&=\frac{\text{三}}{\text{一}}\text{截高}\times\text{（下方}^{\text{二}}\perp\text{下方}\times\text{上方}\perp\text{上方}^{\text{二}}\text{）}\end{aligned}$$

以上三证，前二已为陈法。末证乃新增者。殊途同归。使学者心中知通于彼者未尝不通于此也。

今有圆亭：下周三丈，上周二丈，高一丈，问积几何？术曰：上下周相乘，又各自乘，并之。以高乘之，三十六而一。

证法有二列举如下：

（一）圆亭即截头圆锥也。凡截头圆锥之体积等于

$$\frac{\text{三}}{\text{一}}\text{高}\left[\text{上底面积}\perp\text{下底面积}\perp\sqrt{\text{上底面积}\times\text{下底面积}}\right]$$

今

$$\text{上底面积}=\frac{\text{一二}}{\text{一}}\text{上周}^{\text{二}}$$

$$\text{下底面积}=\frac{\text{一二}}{\text{一}}\text{下周}^{\text{二}}$$

$$\sqrt{\text{上底面积}\times\text{下底面积}}=\sqrt{\frac{\text{一二}}{\text{上周}^{\text{二}}}\times\frac{\text{一二}}{\text{下周}^{\text{二}}}}=\frac{\text{一二}}{\text{上周}\times\text{下周}}$$

故圆亭积等于

$$\frac{\text{三}}{\text{一}}\text{高}\left[\frac{\text{一二}}{\text{上周}^{\text{二}}}\perp\frac{\text{一二}}{\text{下周}^{\text{二}}}\perp\frac{\text{一二}}{\text{上周}\times\text{下周}}\right]$$

即

$$\frac{\text{三六}}{\text{一}}\text{高}\left[\text{上周}^{\text{二}}\perp\text{下周}^{\text{二}}\perp\text{上周}\times\text{下周}\right]$$

（二）圆亭既为截头圆锥，则其积等于全锥积减去虚锥积。可依下法求之：特称虚锥之高曰接高，圆亭之高曰截高。

$$\text{虚锥之底面积}=\frac{\text{一二}}{\text{一}}\text{上周}^{\text{二}}$$

$$\text{接高}=\frac{\text{下周}\top\text{上周}}{\text{上周}\times\text{截高}}$$

因接高∶截高∷上周∶下周⊤上周

$$\text{故虚锥之体积}=\frac{\text{三六（下周}\top\text{上周）}}{\text{上周}^{\text{三}}\times\text{截高}}$$

$$\text{全锥之底面积}=\frac{\text{一二}}{\text{一}}\text{下周}^{\text{二}}$$

$$\text{全锥之高}=\frac{\text{下周}\top\text{上周}}{\text{下周}\times\text{截高}}$$

因全锥之高∶截高∷下周∶下周⊤上周

$$\text{故全锥之体积}=\frac{\text{三六（下周}\top\text{上周）}}{\text{下周}^{\text{三}}\times\text{截高}}$$

$$\text{故圆亭之体积}=\frac{\text{三六（下周}\top\text{上周）}}{\text{下周}^{\text{三}}\times\text{截高}}\top\frac{\text{三六（下周}\top\text{上周）}}{\text{上周}^{\text{三}}\times\text{截高}}$$

$$=\frac{\text{三六（下周}\top\text{上周）}}{\text{截高}\times\text{（下周}^{\text{三}}\top\text{上周}^{\text{三}}\text{）}}$$

$$=\frac{\text{三六}}{\text{一}}\text{截高}\times\text{（下周}^{\text{二}}\perp\text{下周}\times\text{上周}\perp\text{上周}^{\text{二}}\text{）}$$

刍童　今有刍童：下广二丈，袤三丈，上广三丈，袤四丈，高三丈，问积几何？答曰：二万六千五百尺。

盘池　今有盘池：上广六丈，袤八丈，下广四丈，袤六丈，深二丈，问积几何？答曰：七万六百六十六尺太半尺。

冥谷　今有冥谷：上广二丈，袤七丈，下广八尺，袤四丈，深六丈五尺，问积几何？

答曰：五万二千尺。

术曰：倍上袤，下袤从之。亦倍下袤，上袤从之。各以其广乘之。并以高若深乘之。皆六而一。

按：刍童上狭而下广。盘池、冥谷，上广而下狭。然皆长方底之截头锥体也。术依下法证之。观图（图同方亭）。甲丁为上广，甲乙为上袤，寅子为下广，子丑为下袤，丁乙寅丑两面间之距离即高。过甲乙、乙丙、丙丁、丁甲、四边各作一平面。与寅丑面成直角。则分全体为一方堢壔、四壍堵、四阳马。壍堵两两相等，阳马则皆等。求此九体之和，即得全体之积矣。以式明之

一方堢壔积＝高×上广×上袤

二壍堵积＝二×$\frac{\text{二}}{\text{一}}$高×上广×$\frac{\text{二}}{\text{下袤丅上袤}}$

＝$\frac{\text{二}}{\text{高×上广×（下袤丅上袤）}}$

又二壍堵积＝二×$\frac{\text{二}}{\text{一}}$高×上袤×$\frac{\text{二}}{\text{下广丅上广}}$

＝$\frac{\text{二}}{\text{高×上袤×（下广丅上广）}}$

故四壍堵积＝$\frac{\text{二}}{\text{一}}$高［上广（下袤丅上袤）丄上袤（下广丅上广）］

＝$\frac{\text{二}}{\text{一}}$高［上广×下袤丄下广×上袤丅二×上广×上袤］

四阳马积＝四×$\frac{\text{三}}{\text{一}}$高×$\frac{\text{二}}{\text{下广丅上广}}$×$\frac{\text{二}}{\text{下袤丅上袤}}$

＝$\frac{\text{三}}{\text{一}}$高×（下广丅上广）×（下袤丅上袤）

故全积＝高×上广×上袤丄$\frac{\text{二}}{\text{一}}$高［上广×下袤丄下广×上袤丅二×上广×上袤］

丄$\frac{\text{三}}{\text{一}}$高×（下广丅上广）×（下袤丅上袤）

＝$\frac{\text{六}}{\text{一}}$高［六×上广×上袤丄三（上广×下袤丄下广×上袤丅二×上广×上袤）丄二（下广丅上广）×（下袤丅上袤）］

＝$\frac{\text{六}}{\text{一}}$高［二×下广×下袤丄下广×上袤丄二×上广×上袤丄上广×下袤］

＝$\frac{\text{六}}{\text{一}}$高［上广×（二上袤丄下袤）丄下广×（二下袤丄上袤）］

然此证法，但可施于刍童。若盘池、冥谷，则必倒而证之。

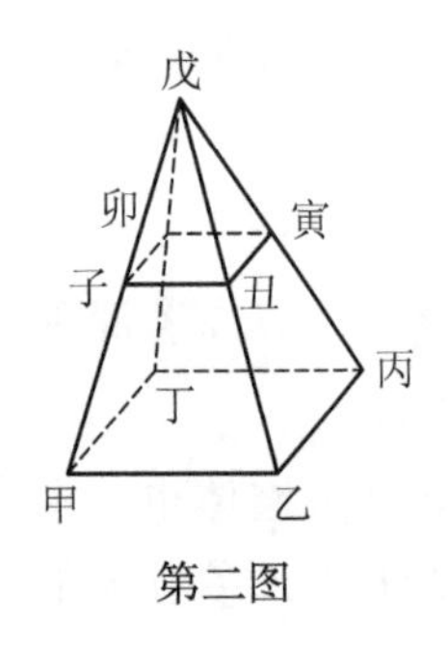

第二图

九数通考所谓上下不等长方体形，即刍童之类。其求积法有三，皆与此术相通。

质疑　刍童、盘池、冥谷三术，至为繁赜。然经刘氏、二李氏之后，学者多信之，以之求亳积、量功程，以及浚河开渠，亦莫不用此术。余既毕九章，进窥几何之学。始叹其理精词严，字句间皆有斟酌，心潜好之。及读至正截头锥体求积一条，惚然曰：九章所为刍童、盘池、冥谷者，其亦截头锥体乎？乃并观之，而九章之谬显矣。今列其点如下：

（一）学者须知上底与下底平行，而后可用九章之术。因必两底平行，而后能证其术之理也。然以几何理推之，凡截头锥体之两底平行者，其两底之边线有比例。观图，甲乙丙丁为锥体之底。今作子丑寅卯平面与甲乙丙丁平面平行。凡两面平行者，其边线亦必平行。故子丑亦与甲乙平行，而戊子丑、戊甲乙三角形相似。戊丑比戊乙若子丑比甲乙。又丑寅与乙丙平行，故戊丑寅、戊乙丙两三角形相似。故戊丑比戊乙若丑寅比乙丙。故子丑比甲乙若丑寅比乙丙。同理，丑寅比乙丙若卯寅比丁丙，若子卯比甲丁。故曰，凡截头锥体之两底平行者，其边线有比例也。今两底皆为长方形，所谓广袤者即其边线也。若两底果平行，则上广比下广若上袤比下袤，即上袤×下广＝下袤×上广。乃刍童 4×2＝3×3，盘池 8×4＝6×6，冥谷 7×0.8＝2×4 三题，其设数无有与此式合者。然则两底之不平行明矣。而又以正截头锥体截头锥体之两底平行者求积之术驭之，不亦谬乎。此可疑者一。

（二）凡正截头锥体之体积等于 $\frac{三}{高}$［上底面积 ⊥ 下底面积 ⊥ $\sqrt{上底面积×下底面积}$］。若刍童、盘池、冥谷果为正截头锥体，则以此公式算之，其结果当与以九章之术算之者同式算之，姑演草以观之。

刍　童

下底面积＝二丈×三丈＝六平方丈

上底面积＝三丈×四丈＝一二平方丈

$\sqrt{\frac{上面}{底积}\times\frac{下面}{底积}}=\sqrt{六×一二}=八·四八四$

六
一二
加　八·四八四
二六·四八四
三高
三|七九·四五二
二六·四八四立方丈
即二万六千四百八十四尺余

盘池

上面底积＝六×八＝四八

下面底积＝四×八＝二四

$\sqrt{\text{上面底积}\times\text{下面底积}}=\sqrt{\text{二四}\times\text{四八}}$

＝三三・九三六

四八

二四

三三・九三六

一〇五・九三六

二深

三|二一一・八七二

七〇・六二四立方丈

即七万六百二十四尺余

冥谷

上面底积＝二×七＝一四

下面底积＝四×〇・八＝三・二

$\sqrt{\text{上面底积}\times\text{下面底积}}=\sqrt{\text{一四}\times\text{三・二}}$

＝六・六八

一四

三・二

六・六八

二三・八八

六・五深

三|一五五・二二〇

五一・七四〇立方丈

即五万一千七百四十尺

观以上诸草，其结果皆与原答不符。由是知，刍童、盘池、冥谷三者非正截头锥体。而九章乃以正截头锥体求积术驭之。此可疑者二。

（三）全锥体积减去虚锥体积即得截头锥体积。前既言之矣，且已用之于方亭之术矣。今吾又将用之于此题。列式如次：

全锥体积⊤虚锥体积＝截头锥体积（以天代之）

即 $\frac{\text{三}}{\text{截高}\perp\text{接高}}$×下广×下袤⊤天＝$\frac{\text{三}}{\text{一}}$接高×上广×上袤

去分母 （截高⊥接高）×下广×下袤⊤三天＝接高×上广×上袤

迁项括项 三天＝截高×下广×下袤⊥接高×（下广×下袤⊤上广×下袤）

（甲）

但 接高∶截高∷上广∶下广⊤上广

故 接高＝$\frac{\text{下广}\top\text{上广}}{\text{截高}\times\text{上广}}$

代入（甲）式 三天＝截高×下广×下袤⊥

$$\frac{\text{下广}\top\text{上广}}{\text{截高}\times\text{上广}\times（\text{下广}\times\text{下袤}\top\text{上广}\times\text{上袤}）}$$

故 天＝$\frac{\text{三（下广}\top\text{上广）}}{\text{截高}\times（\text{下广}^{\text{二}}\times\text{下袤}\top\text{上广}^{\text{二}}\times\text{上袤}）}$

又 接高∶截高∷上袤∶下袤⊤上袤

故 接高＝$\frac{\text{下袤}\top\text{上袤}}{\text{截高}\times\text{上袤}}$

代入（甲）式　$$\text{三天}=\text{截高}\times\text{下广}\times\text{下袤}\perp\frac{\text{下袤}\top\text{上袤}}{\text{截高}\times\text{上袤}\times(\text{下广}\times\text{下袤}\top\text{上广}\times\text{上袤})}$$

故　$$\text{天}=\frac{\text{三}(\text{下袤}\top\text{上袤})}{\text{截高}\times(\text{下袤}^{\text{二}}\times\text{下广}\top\text{上袤}^{\text{二}}\times\text{上广})}$$

故正截头锥体积$$=\frac{\text{三}(\text{下广}\top\text{上广})}{\text{截高}\times(\text{下广}^{\text{二}}\times\text{下袤}\top\text{上广}^{\text{二}}\times\text{上袤})}$$

$$=\frac{\text{三}(\text{下袤}\top\text{上袤})}{\text{截高}\times(\text{下广}^{\text{二}}\times\text{下广}\top\text{上袤}^{\text{二}}\times\text{上广})}$$

用以上二公式，亦可求得正截头锥体之体积。盘池、冥谷须倒减因上宽而下狭也。若刍童、盘池、冥谷果为正截头锥体，则用此二公式求其体积，其结果当与用九章之术者同。爰演草以验之：

刍童

$$\frac{\text{三}\times(\text{四}\top\text{三})}{\text{三}\times(\text{三}^{\text{二}}\times\text{四}\top\text{二}^{\text{二}}\times\text{三})}=\text{二四丈}$$

即　二万四千尺

$$\frac{\text{三}\times(\text{三}\top\text{二})}{\text{三}\times(\text{四}^{\text{二}}\times\text{三}\top\text{三}^{\text{二}}\times\text{二})}=\text{三〇丈}$$

即　三万尺

盘池

$$\frac{\text{三}\times(\text{六}\top\text{四})}{\text{二}\times(\text{六}^{\text{二}}\times\text{八}\top\text{四}^{\text{二}}\times\text{六})}=\text{六四丈}$$

即　六万四千尺

$$\frac{\text{三}\times(\text{八}\top\text{六})}{\text{二}\times(\text{八}^{\text{二}}\times\text{六}\top\text{六}^{\text{二}}\times\text{四})}=\text{八〇丈}$$

即　八万尺

冥谷

$$\frac{\text{三}\times(\text{二〇}\top\text{八})}{\text{六五}\times(\text{二〇}^{\text{二}}\times\text{七〇}\top\text{八}^{\text{二}}\times\text{四〇})}=\text{四五九三三尺}$$

即　四万五千九百三十三尺

$$\frac{\text{三}\times(\text{七〇}\top\text{四〇})}{\text{六五}\times(\text{七〇}^{\text{二}}\times\text{二〇}\top\text{四〇}^{\text{二}}\times\text{八})}=\text{六一五三三尺}$$

即　六万一千五百三十三尺

以上结果与用九章之术求之者不合，且与用第二款之术求之者亦不合，而用此二公式计算之结果亦互异。然则刍童、盘池、冥谷，必非正截头锥体，而可用正截头锥体求积术乎？此可疑者三。

总之，九章之误，在于以正截头锥体求积术求非正截头锥体之积，而刍童、盘池、冥谷之积非正截头锥体有二原因。请以名学连珠证之。（一）凡正截头锥体两底之边线有比例。今乌童等两底之边线无比例，故乌童等非正截头锥体（即第一疑点）；（二）正截头锥体求积术有四，法虽互殊，结果则皆为体积，断无不等之理。四术即九章旧术二款中一术三款中两术也今乌童等之体积用四术求之。结果互殊。以一定体而其体积无定，于理不通，故乌童等非正截头锥体（即第二第三疑）。

客问曰，君之言数精矣尽矣，然君安知四术之结果同乎？予乃设例以明之。草列后

今有正截头长方锥体上广七尺、袤九尺、下广二丈一尺、袤二丈七尺、高六尺，问积几何？

答曰：一千六百三十八尺。四术之结果尽同

验

九×二一＝七×二七

故知确为正截头锥头。

第一术

$$\frac{\text{六}}{\text{六}}\times\left[\text{七}\times\left(\text{二}\times\text{九}\perp\text{二七}\right)\perp\text{二一}\times\left(\text{二}\times\text{二七}\perp\text{九}\right)\right]=\text{一六三八尺}$$

第二术

$$\frac{\text{三}}{\text{六}}\times\left[\text{七}\times\text{九}\perp\text{二一}\times\text{二七}\perp\sqrt{\text{七}\times\text{九}\times\text{二一}\times\text{二七}}\right]=\text{一六三八尺}$$

第三术

$$\frac{\text{三}\times\left(\text{二一}\top\text{七}\right)}{\text{六}\times\left(\text{二一}^{\text{二}}\times\text{二七}\top\text{七}^{\text{二}}\times\text{九}\right)}=\text{一六三八尺}$$

第四术

$$\frac{\text{三}\times\left(\text{二七}\top\text{九}\right)}{\text{六}\times\left(\text{二七}^{\text{二}}\times\text{二一}\top\text{九}^{\text{二}}\times\text{七}\right)}=\text{一六三八尺}$$

学者观上题，知其体若为正截头长方锥体，则四术之结果必同。若非正截头长方锥体，则四术之结果必异。然此特以数明之耳。数无穷而时有限，吾不能以有限之时，演无穷之数。故必以代数式证明四术结果之等，庶几收简明之效。前证四术各不相谋，学者无以知其会通。今将由第一术以证第二术，由第二术以证第三术，由第三术以证第四术，如是则四术结果之等可不言而喻矣。

（一）由第一术证第二术。即证第一第二两术结果相等

第一术　体积$=\frac{\text{六}}{\text{一}}$高［上广（二上袤⊥下袤）⊥下广（二下袤⊥上袤）］　（甲）

第二术　体积$=\frac{\text{三}}{\text{一}}$高［上广×上袤⊥下广×下袤⊥$\sqrt{\text{上广}\times\text{上袤}\times\text{下广}\times\text{下袤}}$］　（乙）

求证：$\frac{\text{六}}{\text{一}}$高［上广（二上袤⊥下袤）⊥下广（二上袤⊥上袤）］

$$=\frac{\text{三}}{\text{一}}\text{高}\left[\text{上广}\times\text{上袤}\perp\text{下广}\times\text{下袤}\perp\sqrt{\text{上广}\times\text{上袤}\times\text{下广}\times\text{下袤}}\right]$$

证：若（甲）＝（乙）

去分母及公因数括弧

$$\text{二}\times\text{上广}\times\text{上袤}\perp\text{二}\times\text{下广}\times\text{下袤}\perp\text{上广}\times\text{下袤}\perp\times\text{下广}\times\text{上袤}$$

$$=\text{二}\times\text{上广}\times\text{上袤}\perp\text{二}\times\text{下广}\times\text{下袤}\perp\text{二}\times\sqrt{\text{上广}\times\text{上袤}\times\text{下广}\times\text{下袤}}$$

$$\text{上广}\times\text{下袤}\perp\text{下广}\times\text{上袤}=\text{二}\times\sqrt{\text{上广}\times\text{上袤}\times\text{下广}\times\text{下袤}}$$

因　上广×下袤＝下广×上袤（此式最要。以下二证皆用之）

故　二×下广×上袤＝二×下广×上袤

此为常等式，故（甲）＝（乙）

即第一第二两术结果相同也。

（二）由第二术证第三术。即证第二第三两术之结果相等

第二术　体积$=\frac{\text{三}}{\text{一}}\text{高}\left[\text{上广}\times\text{上袤}\perp\text{下广}\times\text{下袤}\perp\sqrt{\text{上广}\times\text{上袤}\times\text{下广}\times\text{下袤}}\right]$

$$=\frac{\text{三}}{\text{一}}\text{高}\left[\text{上广}\times\text{上袤}\perp\text{下广}\times\text{下袤}\perp\text{上广}\times\text{下袤}\right]\qquad\text{（乙）}$$

第三术　体积$=\frac{\text{三（下广}\top\text{上广）}}{\text{高}\times\text{（下广}^{\text{二}}\times\text{下袤}\top\text{上广}^{\text{二}}\times\text{上袤）}}$　（丙）

求证：（乙）＝（丙）

证：若（乙）＝（丙）

去公因数及分母

$$\text{（上广}\times\text{上袤}\perp\text{下广}\times\text{下袤}\perp\text{上广}\times\text{下袤）（下广}\top\text{上广）}$$

$$=\text{下广}^{\text{二}}\times\text{下袤}\top\text{上广}^{\text{二}}\times\text{上袤}$$

即　$\text{上广}\times\text{上袤}\times\text{下广}\top\text{上广}^{\text{二}}\times\text{下袤}=0$

去公因，迁项　上袤×下广＝上广×下袤

今　上袤×下广＝上广×下袤

故　（乙）＝（丙）

即第二第三两术结果相同也。

（三）由第三术得第四术。即证第三第四两术结果相同

第三术　体积$=\frac{\text{三（下广}\top\text{上广）}}{\text{高（下广}^{\text{二}}\times\text{下袤}\top\text{上广}^{\text{二}}\times\text{上袤）}}$　（丙）

第四术　体积$=\frac{\text{三（下袤}\top\text{上袤）}}{\text{高（下袤}^{\text{二}}\times\text{下广}\top\text{上袤}^{\text{二}}\times\text{上广）}}$　（丁）

求证：（丙）＝（丁）

证：若（丙）＝（丁）

去公因数及分母　$\text{（下袤}^{\text{二}}\times\text{下广}\top\text{上袤}^{\text{二}}\times\text{上广）（下广}\top\text{上广）}$

＝（下广^{二}×下袤⊤上广^{二}×上袤）（下袤⊤上袤）

即　上袤^{二}×上广×下广⊥下袤^{二}×上广×下广

＝上广^{二}×上袤×下袤⊥下广^{二}×上袤×下袤

今　上袤^{二}×上广×下广⊥下袤^{二}×上广×下广

＝上广^{二}×上袤×下袤⊥下广^{二}×上袤×下袤

因　上袤×下广＝下袤×上广

两边各乘以上袤×上广　得

上袤^{二}×上广×下广＝上广^{二}×上袤×下袤

两边各乘以下袤×下广　得

下袤^{二}×上广×下广＝下广^{二}×上袤×下袤

故　（丙）＝（丁）

即第三第四两术结果相同也。

（甲）＝（乙）

（乙）＝（丙）

（丙）＝（丁）

合之得（甲）＝（乙）＝（丙）＝（丁）

即四术结果相同也。

由是得正截头锥体求积捷术：从第二术得来见上第二证

术曰：上广乘上袤，下广乘下袤，上广乘下袤，或上袤乘下广亦可

三数相并，以高乘之，三而一此术较九章之术直捷多矣

曲池　今有曲池：上中周二丈，外周四丈，广一丈；下中周一丈四尺，外周二丈四尺，广五尺。深一丈，问积几何？

答曰：一千八百八十三尺三寸少半寸。

术曰：并上中外周而半之，以为上袤。亦并下中外周而半之，以为下袤。乃以刍童、盘池、冥谷术入之。

按：此亦截头锥体也。其两底为环田而不通匝。术并中外而半之以为袤者，以盈补虚，犹梯田环田求面积术也。至广袤无比例、而用正截头锥体求积术则误。与前同。

说曰：截头锥体，九章有六焉：正截而两底为正方者，如方亭；为平圆者，如圆亭；斜截而两底为长方形者，如刍童、盘池、冥谷；为不通匝之环田者，如曲池。至用正截头锥体求积术求斜截头锥体之积，则不佞已辨之矣。

羡除　今有羡除，下广六尺，上广一丈，深三尺，末广八尺，无深，袤七尺，问积几何？

答曰：八十四尺。

术曰：并三广，以深乘之，又以袤乘之，六而一。

按：此为斜截壍堵。其底为勾股形，深即勾，袤即股。三广即截余之三棱线也。

几何定理：凡斜截三棱正柱体之体积，等于底面体乘三棱线和，三而一。今底面积等于$\frac{\text{二}}{\text{一}}$袤×深，三棱线和等于上广⊥下广⊥末广。故羡除之体积等于$\frac{\text{三}}{\text{一}}$（上广⊥下广⊥末广）（$\frac{\text{二}}{\text{一}}$袤×深），即$\frac{\text{六}}{\text{一}}$（上广⊥下广⊥末广）×袤×深。今又羡除为二锥体相合而成，故求此两锥体体积之和，即得羡除体积。今以式明之。

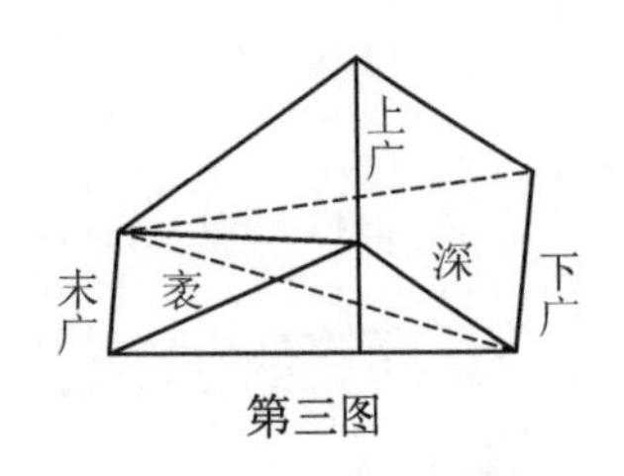

第三图

第一锥体之底面积＝$\frac{\text{二}}{\text{一}}$（上广⊥下广）

第一锥体之高＝袤

第一锥体之体积＝$\frac{\text{三}}{\text{一}}$袤×$\frac{\text{二}}{\text{一}}$（上广⊥下广）×深

＝$\frac{\text{六}}{\text{一}}$袤×深×（上广⊥下广）

第二锥体之底面积＝$\frac{\text{二}}{\text{一}}$深×袤

第二锥体之高＝末广

第二锥体之体积＝$\frac{\text{三}}{\text{一}}$×末广×$\frac{\text{二}}{\text{一}}$×深×袤

＝$\frac{\text{六}}{\text{一}}$×深×袤×末广

故羡除体积＝第一锥体体积⊥第二锥体体积

＝$\frac{\text{六}}{\text{一}}$袤×深×（上广⊥下广）⊥$\frac{\text{六}}{\text{一}}$×深×袤×末广

＝$\frac{\text{六}}{\text{一}}$袤×深×（上广⊥下广⊥末广）

刍甍　今有刍甍，下广三丈，袤四丈，上袤二丈，无广，高一丈，问积几何？

答曰：五千尺。

术曰：倍下袤，上袤从之。以广乘之，又以高乘之，六而一。

按：此亦斜截壍堵。其底为勾股形。下广为勾，高为股。所谓袤者，即截余之三棱线也。惟二袤，即两下袤相等，故只有上下袤耳。几何定理：凡斜截三棱正柱体之体积等于底面积乘三棱线和，三而一。今底面积为$\frac{\text{二}}{\text{一}}$×下广×高，三棱线和等于二×下袤⊥上袤。故羡除之体积等于$\frac{\text{三}}{\text{一}}$×$\frac{\text{二}}{\text{一}}$高×下广×（二下袤⊥上袤），即$\frac{\text{六}}{\text{一}}$高×下广×（二下袤⊥上袤）。若剖为二锥体求之，亦得。法如下。二锥体之底面积为（下广×下袤）及$\frac{\text{二}}{\text{一}}$下广×高，其中，“高”为高及上袤。

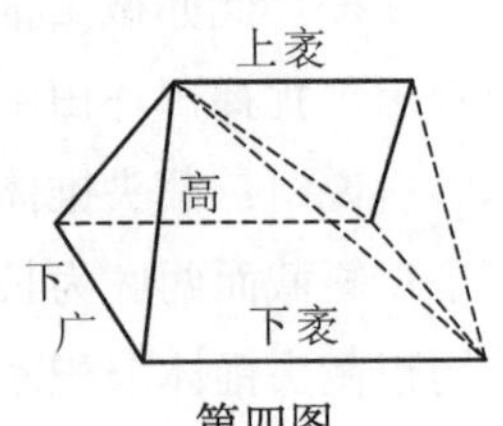

第四图

故体积为（$\frac{\text{三}}{\text{一}}$高×下广×下袤及$\frac{\text{三}}{\text{一}}$上袤×$\frac{\text{二}}{\text{一}}$高×下广），即（$\frac{\text{六}}{\text{一}}$高×下广×二下袤）及（$\frac{\text{六}}{\text{一}}$高×下广×上袤），合之得$\frac{\text{六}}{\text{一}}$高×下广×（二下袤丄上袤）。即刍甍积也。

斜截正柱体，九章有二：底为勾股形，而截余之三棱线皆不等者，如羡除；有二棱线等者，如刍甍。皆为二锥体相合而成。

九章之商功，精理不可没。然高深广袤，学者每厌其烦。不佞有鉴于此，搜集求体积诸题，重行厘定。或证其术，或辨其讹，皆以代数几何通之。总四章：一曰柱体，二曰锥体，三曰截头锥体，四曰斜截正柱体。不忍废弃，颜之曰考正商功。盖是编虽不足以概商功，而求体积一门，固此章之最要者也。

［文枬评］治中西古今学术于一炉，融会贯通，有条不紊。用笔犹如分水犀，头头是道，真是快事，真是杰作。髫年得此，更未易木欣赏之余，无任健羡。

九章纯是实用主义，与几何专阐算理者宗旨略殊。曾栗诚圆率考真，可以求至百位以外而无穷。然以百位以外无所用，依至百位而止。古人粗率，仅用一位。用一位者不得谓之误，用百位者不得谓之尽也。今通用五位，亦斟酌繁简之至，以求适用而已。算术古疏今密，亦因后世人事日繁，故应付之者不得不密。所谓时势之要求耳。苟非事物上有必需之要求，则与其多费日力，无宁简则易能。此所谓实用主义也。今以几何律九章，有所未慊，辄以古籍如秕谬，鄙人以为过矣。李淳风注圆田术，谓径一周三，径多周少，理非精密，盖术从简要，举大纲略而言之。刘徽注宛田术，谓宛田上径圆穹而与圆锥同术。则幂失之于少。然其术难用，故略举大较，施之大广田也。二君之言，可谓知古人之心矣。刍童、冥谷、盘池，为斜截头锥体，今以正截头锥体术驭之为谬，失之少乎？失之多乎？篇中未说明，无以益读者而徒瑕疵古人。何其立言之异于刘李也。鄙人尝率读九章，于西算非所熟习，意不能无偏袒。又古称三日不弹，平生荆棘，矧荒落日久，脑力又衰，于来稿算式，实未能一一省觉。但观大意，妄论议长短，未谂尚有可采择者否？

乙卯孟秋望后一日，文枬[①]并志。

［梅贻琦］按：两底平行者，其边不必平行而成比例。盖因其体不必为正截锥体也。

刍童术之证法，当不问该体之果否为截锥，而但言两底平行而已。故算式亦当与

① “乙卯孟秋望后一日，文枬”：写此按语的时间及按评人署名。“乙卯孟秋望后一日”，即 1915 年阴历七月十七日（阳历 8 月 27 日）。按评人“文枬”是叶企孙姻伯，即其姐夫之父，名姚子让（1857—1933），字文枬，清朝举人，精于算学，教育家。——编者

方亭之式异。实则方亭为刍童之一种，而刍童则包罗方亭与截锥而有之。盖苟使上袤等上广，下袤等下广，则得方亭，而使上袤、下袤及上广、下广成比例者，则得截锥也。故方亭截锥之算式，均可于刍童式中化出。

刍童之答数

$30 \cdot \frac{1}{6}\{30(80+30)+20(60+40)\}$

$=5(3300+2000)$

$=\underline{\underline{26\ 500}}$ 方尺

盘池

$\frac{1}{6} \cdot 20\{60(160+60)+40(120+80)\}$

$=\frac{20}{6}(13\ 200+8000)$

$=\frac{424\ 000}{6}$

$=\underline{\underline{70\ 666}}$ 方尺

冥谷

$\frac{1}{6} \cdot 65\{20(140+40)+8(80+70)\}$

$=\frac{65}{6}(3600+1200)$

$=\underline{\underline{52\ 000}}$ 方尺

原答似无误，而三数虽与依截锥法求得之数不同而所差尚不甚巨者，因设题云上下广与上下袤之比不同，而相差尚甚微也。

叶君疑问之作，皆由于原书中“刍童、盘池、冥谷皆为长方底之截锥体”一语之误。然叶君能反复推测，揭破其误点，且说理之圆足，布置之精密，俱见深心独到之处，至可喜也。至于刍童、盘池、冥谷仅为平行底之立体，而亦非斜截头锥体，尚不可不察焉。

贻琦校识

编注：

本文发表于《清华学报》第2卷第2期（1916年6月15日出版）第59—87页。据该文前言云“是篇系二年前旧作”，可见初稿作于1914年。是年，叶企孙16岁。本文是中国最早的一篇数学史著作，文中算术式具有传统与近代相交融的符号形式。

为本文作评语者二：一是叶企孙姻伯姚子让，具有深厚的国学功底；二是梅贻琦（1889—1962），于1915年9月到清华学校任物理、数学教员，后任物理学教授，1931—1948年任清华大学校长。

3 The Chinese Abacus

Not only is the beauty of mathematics exhibited in abstract theories or in the exercise of the imagination in the realms of infinity, but it is shown also in the very common operations of elementary arithmetic. Every boy before his teens is familiar with the notation of number by means of nine figures and a cipher, that is, the decimal system, and also with the operations of addition, subtraction, multiplication, and division. This notation, natural as it may appear to him, will be found, after his reading in medieval history, not to have been an early invention, nor an easy one. It was originated in India. From India, it passed into the hands of the Arabian mathematicians who, at that time, were studying algebra or the "generalized arithmetic" (as Newton calls it), and this new and convenient method of denoting numbers naturally attracted their admiration. Since the nature of the decimal notation was far superior to any other kind of notation, its spread could not be obstructed. In the eleventh century, it had already found a footing in Southern Europe. Yet it was exceedingly difficult to convince the common people who had been accustomed to the Roman notation for centuries and who always objected to the introduction of new things. For this reason, the decimal notation was not used all over Europe till the end of the sixteenth century.

The above paragraph will suffice to show the slow development of the decimal system. Let us now consider the ancient peoples before the invention of the decimal system. How did the Egyptians, Babylonians, Greeks, Romans, and the early

Chinese denote numbers? The answer is not easy, because some of them left no enduring records after the decline of their civilizations. But in any case, we may be sure that if they had a system of notation, it was a very inconvenient one. This inconvenience prevented them from performing mathematical operations on paper, and so they tried to calculate by the mind. But this would not work with long numbers, although it served the purpose fairly well with small numbers. The necessity of removing this difficulty called forth the invention of mathematical "machines" of which the abacus was the simplest, the most convenient, as well as the most widely used.

The object of this paper is to give a detailed account of the Chinese abacus. Instead of beginning on this subject directly, it is necessary to give first a brief history of the abaci of different peoples and their common origin in order to show the origin and the superiority of the Chinese abacus. According to Professor Knott,[①] the abacus was probably a Semitic invention, introduced by the Semites to the Aryans, and so passed on to the Chinese and the Japanese. It is said that the Greek philosopher Pythagoras taught arithmetic and geometry on the abacus which he had introduced from Babylon into Greece. Since the Babylonians were a Semitic people, this record agreed with the statement of Professor Knott.

But according to Herodotus, the Hamitic Egyptians also counted with pebbles on sand, a primitive form of abacus. Hence, the origin of the abacus, whether Hamitic or Semitic, is still an open question. What we can know is that the abacus was used by the Egyptians and Babylonians, was then introduced from Babylon into Greece, from Greece into Rome, and finally was picked up by most of the nations from England to Japan. In recent times, after the decimal notion has been popularized, the abacus has been abandoned by the European merchants, but it is still in daily use in many countries from Russia to Japan and also in the kindergartens of Europe to teach elementary arithmetic.

The primitive form of the abacus was a board strewn with dust or sand used in ancient times for reckoning. Lines were drawn on the sand and pebbles were used as counters. The unit's column might begin either from the extreme left, as the Egyptians did, or from the extreme right, as the Greeks did. In the zenith of Greek civilization, the abacus had developed into the form of a table on which were fine sand and smooth round pebbles of various colors. The difficulty of the Roman system of notation

① Monograph on "The Abacus," Yokohama, 1886.

compelled the Romans to calculate with the abacus which was passed on to them from the Greeks. But in the hands of the Romans, it was improved and became more serviceable. The table or board was replaced by a thin metal plate. Grooves were cut entirely through the plate, and buttons of ivory, silver, or gold could slide from one end to the other as counters. This kind of abacus was handed down and still is used by the European people as late as the introduction of the decimal notation. But the Roman abacus, although it was more serviceable than the Egyptian and the Greek, could never be compared in superiority with the Chinese abacus or "*swanp'an*," which will soon be fully described.

The early mathematical books of China, as those of Sun Tzu①, Liu Hui②, Hsia Hou Yang③, and Chang Ch'iu Chien④, did not give us solid proof that the Chinese had a decimal method of denoting numbers, although they went far enough copiously to treat complicated fractions. The decimal notation was found in the books of the Southern Sung Dynasty, as "The Nine Chapters" by Ts'in Chiu Shao⑤and "On the Right Triangle, its Circles, and its Ratios" by Li Yeh⑥, show. The signs were a cipher and nine numerals, 𝍠、𝍡、𝍢、𝍣、𝍤、𝍥、𝍦、𝍧、𝍨 in order. It can be easily seen that the first five numerals were apt to be confused, and so the forms 𝍩、𝍪、𝍫、𝍬、𝍭 were also used in proper places. Thus, the expression 𝍠、𝍪、𝍢、𝍭 is read one thousand two hundred thirty-five. These signs, however, changed later, as 𝍣 into 〤, 𝍤 into 〥, 𝍨 into 〩, etc. But the early books give us evidences how the people counted at that time. Sticks were used for counting as early as the beginning of the Han Dynasty, and were still in common use in the Sung Dynasty. Each stick was 6 inches long, and one-tenth of an inch wide. It was made of ivory, bamboo, or bone. There were altogether 271 sticks which were bound together in a prism with hexagonal bases and were sufficient to perform even astronomical computations to a fair degree of accuracy. ⑦How the people used these sticks, we are not certain. Some said they were marked as the Napier bones and were especially

---

① 《孙子算经》(戴刻《算经十书》本)。
② 刘徽:《九章算术》;《海岛算经》(戴李、李侍郎校本)。
③ 《夏侯阳算经》(戴刻《算经十书》本)。
④ 《张邱建算经》(戴刻《算经十书》本)。
⑤ 秦九韶:《数书九章》(宜稼堂本)。
⑥ 李冶:《测圆海镜》(白芙堂本)。
⑦ 《续汉书·律历志》。

convenient for multiplication[①]; others said that they were colored red and black to distinguish between positive and negative numbers. [②]

As I have already said, stick-reckoning was still in daily use in the Sung Dynasty, but up to the present has ceased for more than six hundred years. What caused this change? No doubt, a new device has superseded the old one. This new device was the use of the abacus which is far more convenient for practical and commercial purposes than the sticks. We cannot fix the exact time when the new device began to become popular in China. Mei Wen Ting[③], the greatest mathematician of the Tsing Dynasty, from an exhaustive study of the mathematical books of the Yuan Dynasty, concluded that the abacus was not the native invention of China; that it was introduced into China in the beginning of the Yuan Dynasty; and that some improvements were made after it had come into China. He did not say who the introducer was. Some one has supposed that the extensive conquests of the Yuans in the West might have brought the abacus into China.

The frame-work of the Chinese abacus or "swanp'an" is made of wood and has two departments, the upper and the lower. Wires of bamboo are fixed on the frame and beads are strung on the wires. Each wire has two heads in the upper department, and five in the lower. Each bead in the upper department, stands for five; and each bead in the lower department stands for one. But the actual value of a bead depends upon the wire on which it is strung. For example, if it is strung on a wire which represents the ten's column, its value is 50 in the upper department or 10 in the lower, again, if it is strung on a wire which represents the hundred's column, its value is 500 in the upper department and 100 in the lower; and so forth. Practically, a wire can stand for any column desired, either integral or decimal. The only thing to be careful about is the relative value of the digits. For example, if you take the fifth wire (counting from the left) for the hundred's column, you must take the sixth for the ten's, the seventh for the unit's, the eighth for the tenths, and so forth. Also the vacant column should be noticed. The Chinese, unlike the Egyptians, have the units on the right. The general form of the abacus used in private homes and for commercial purposes has ten wires; but in reality, the number of wires has nothing to do with its principle. The abacus used in an astronomical observatory has more wires than the ordinary.

---

① 王仁俊：《政学问答》。

② 沈括：《梦溪笔谈》。

③ 梅文鼎：《算器考》。见《艺海珠尘》及《增删法统宗》。

Since the performance of computation on the abacus requires at first more mind operation than on paper, it is not easy for the common people to learn it. Fortunately, some experts have found out some set rules and written them in the form of doggerels (歌诀). Any one who does not intend to study mathematics for its own sake, may just commit them to memory. When he has to add, subtract, multiply, or divide, he calls the doggerels to his mind and performs the operation on the abacus. This is the way by which the common people learn to count; and only few scholars are interested in mathematics for its simplicity, symmetry, and logical necessity. In the time when there were no schools, the use of the abacus was taught by the elders of the family, a special tutor, or a shopkeeper. After schools had been established, the abacus was no more used to teach elementary arithmetic. The view of the educators, however, has been changing, since the revolution of 1911. They think that practicalness in this country is more important than a mere absorption of the western culture. Since the abacus is still used by the merchants of China, they decide to lay emphasis on the abacus method in elementary schools, so that each student after having been graduated from elementary school, can go into business, if his means does not permit him to obtain higher education. This institution is considered to be wise and practical by most educators. Abacus is now one of the requirements in the third and fourth year curricula of the elementary school.

Since the abacus is now used in elementary schools, the teachers are obliged to study it. As a result of this study, Mr. Shou Hsiao T'ien has proposed some improvements in its construction. He says: "While each wire has five beads in the lower department, in reality only four beads are necessary, because whenever we reach five, we can use a bead in the upper department. Again, each wire has two beads in the upper department, but three beads will serve better in multiplication. So, instead of two and five beads, an improved abacus should have three and four beads in the upper and lower departments."① This proposal has been approved by the public; and the change in the construction of the abacus is gradually going on.

Although there is a general enthusiasm over the use of the abacus, its superiority over other methods of computation has been questioned. We can perform any computation and note down any mathematical reasoning on paper. The abacus is only serviceable in addition, subtraction, multiplication, and division of numbers of a limited extent. Beyond this limit, it has no more use. Also the performance of

---

① 寿孝天:《改良珠盘说》。

extracting square and cube roots on the abacus is extremely difficult, as some Chinese mathematicians have told us through their experience. Hua Heng Fang, in his popular treatise "Computation by Pen" says, "Computation by pen has four points superior to computation by abacus: (1) Computation by abacus requires the doing of the whole thing over again, in case of a mistake, while in the case of the pen, we can check any part of our work; (2) with the abacus, if the numbers are great, we have to use the pen also; while with the pen we need no help from the abacus; (3) simplifying fractions, extracting square and cube roots can hardly be performed on the abacus; (4) we cannot study higher mathematics with the abacus."① Again, Fang Chung T'ung says, "Abacus is best for addition and subtraction, sticks are best for multiplication, and pen is best for division."② These show us that the use of abacus is quite limited. The present tendency to emphasize the abacus is a reversion to the old method rather than due to any new discovery on the merits of the calculating device. While we are agreeable to the use of the abacus for simple reckonings, we cannot help recommending computation by the pen if a wider scope of the number concept is aimed at.

YEH CH'I-SUN.

编注：

本文发表于《清华学报》（*Tsing Hua Journal*）第1卷第3期（1916年1月出版）第42—46页。该文刊载之时，叶企孙不足18岁。

《清华学报》初办数年，设有The Chinese Publishing World（中国出版界）专栏。该栏刊载清华师生较有分量的学术文章，可供社会出版商采作出版物之用，叶企孙此文即载于此，足见当时学术界对其评价之高。

少年时代的叶企孙阅读了大量中国古代数学著作，写下了大量的笔记。*The Chinese Abacus* 一文叙述了中国珠算和算盘的历史，提纲挈领，简明扼要。该文发表至今100多年。这100多年间，中国数学史、珠算和算盘史的研究有了极大的进步，但人们不会忘记叶企孙的开创之功。

这里需要补充一点的是，算盘不仅是中国古代商业用计算工具，也是世界上最早用于科学研究的计算器（computer）。明代王子朱载堉（1536—1611）在1580年之前用它计算并创建了音乐中的十二等程律（twelve tone equal temperament）。朱载堉制造了八十一档大算盘，提出了珠算开平方和开立方的口诀，用算盘做出开平方、开立方计算，并且算出：

---

① 华蘅芳：《学算笔谈》。

② 《畴人传·方中通传》。

$$\sqrt[12]{2}=1.059\ 463\ 094\ 359\ 295\ 264\ 561\ 825$$

直到今天，尚无第二个人像朱载堉那样对$\sqrt[12]{2}$这个数做出如此精确的25位数的计算，今日的袖珍或普通电子计算器也只限于在10位数多则18位数内做计算。$\sqrt[12]{2}$是等程律半音音程的数值。近代钢琴等键盘乐器就以$\sqrt[12]{2}$作为其调律的数理基础。有关文献见：戴念祖，《朱载堉：明代的科学和艺术巨星（修订本）》，人民出版社，2011年。

4 The History of Mathematics in China

It is a common opinion of writers that the modern era employs the scientific method of investigation which neither the ancient world nor the middle ages attempted. This, however, is true only to a certain extent, for science has its origin in the remote past. The prediction of eclipse by Thales marked the beginning of natural philosophy in Greece. Who will contend that the method of Thales was not scientific? Having respect for science no matter how old, a great man, such as Huxley, tells us that a great scientist must learn from the modern as well as from the ancient thinkers, must trace the change of thought in different ages, and finally must select the best mode of thinking. This, indeed, has been his attitude in the series of his historical sketches, of which "Science and the Hebrew Tradition" is a typical illustration.

The value that the Western tradition bears to science has been brought out by Huxley, but the Eastern tradition is still in obscurity. And yet the sole hope of this old nation of five thousand years consists in the harmonious commingling of the old civilization with the true scientific spirit of the West. For we cannot avoid being styled backward in this modern age if the scientific spirit is not adopted; nor, at the same time, can this empire be saved from disintegration if our ancient traditions—such as have been handed down from our forefathers who learned, experienced, and struggled in the time of Huang Ti and established a seat of civilization in the Far East—do not act as a unifying force to keep the falling pieces together. He will be a great man to China who, while grasping the true Western spirit, is none the less inspired with a veneration for the past, for he is the man who will be able to analyze the doubtful ancient lore with the scientific method, to the end that what is best and most suited for China may be found. Here in the classroom, one is familiar with the best thoughts of the West. Intending side by side of these thoughts to place what our ancestors thought and did and thus working in harmony with the proper spirit of the age, I have attempted, in a miniature way, to write a series of papers on the work of the Chinese in science. To our own people such an attempt may not fail to be a source of inspiration for the love of their country; to foreigners it may be of service in the adding of a grain or two to the stock of world's knowledge. With no further apology, I propose to begin with the history of mathematics in China.

Mathematics in the Chou Dynasty

Mathematics in an old science, and has received respect in every land and at all times. The first reliable record relating to mathematics is found in Chou Pe (周髀). This contains a dialogue between Chou Kung (周公) and Shang Kao (商高). Chou Kung, sage and statesman, lived about 1115 B. C. He wanted to promulgate a written law for the fair distribution of land among the common people. His idea was that a family of eight should receive about hundred units of land. For a correct division of land it was necessary that the law-giver had a good understanding of mathematics. So he went to the house of an old scholar named Shang Kao and inquired: "O Teacher! To conceive of the heights of heavenly bodies no ladder may be mounted; to measure the size of the earth no human being can travel all the land. I wonder how the old emperor Huang Ti observed the stars above and mountains and rivers below, and calculated the greatest in size and the remotest in distance by numbers!" Answering the sage, Shang Kao disclosed the geometrical principles known at that time. He said: "All that you have wondered at can be solved by the right triangle. Let the legs be 3 and 4, and the hypotenuse will be 5. Adding the squares of 3 and 4, the sum is the square of 5. This is not only true in the right triangle whose sides are 3, 4, and 5; but in any and every right triangle. Experience has shown that the square of the hypotenuse is always equal to the sum of the squares of the two legs. Using the right triangle you can find the height you cannot mount, the distance you cannot cross, and the depth you cannot fathom. Further, two right triangles make a rectangle; if the legs are equal, the figure is a square; if you inscribe a square in a circle and double the number of sides of the square indefinitely, the square will eventually fill the circle. Thus, you see, squares, rectangles, and circles are all measurable by the right triangle."

Knowledge of the Right Triangle Before the Greeks

One may not attach much value to the above discourse. But remembering that the Pythagorean theorem dated in the sixth century B. C. and that the work of Aahmes (about 1700 B. C.) did not contain this great proposition, one cannot help admiring at least. Here is a record which tells us that the Chinese had already known the numerical relation between the sides of a right triangle about 1115 B. C., although the proof of the general proposition by dissecting the figures was discovered much later and the algebraic proof was never found in original Chinese books. Besides, it also leads us to believe that the Egyptians and the Greeks had to learn the same relation by experience through the period of more than one thousand years between Aahmes and Pythagoras. We are grateful to Shang Kao that he so generously applied himself to the ancient mathematical knowledge which was orally taught to one another, passed on from father to son, from teacher to pupil, and finally delivered to Chou Kung. There can be no doubt that Shang Kao added some original thought, but the merit of elaboration was chiefly due to Chou Kung. After returning from the house of Shang Kao, the sage took pains to broaden the principles and applied them to practical problems. He classified the problems before him into "nine chapters" (九章) according to the variety in the applications of the principles rather than to any difference in method.

How Land Was Meted Out

The first chapter (方田) deals with the mensuration of land. Land, according to the law, was to be equally distributed. Since fields could be cut into regular squares, the distributor, had to measure the areas of all land forms, including squares, rectangles, triangles, trapezoids, circles, and irregular figures. In the rules for isosceles triangles and trapezoids, the mistake of Aahmes does not occur. The rule for finding the area of a circle was to multiply 3/4 by the square of the diameter, which is equivalent to using π as being equal to 3, In the case of irregularities, an approximation was obtained by supplying deficiency with excess and transforming the figure into triangles. Although these rules gave the established results of geometry, they were not logically demonstrated. In fact, the Chinese did not attempt to prove results which had been obtained through experience and which could be verified through further experience. Again, it is remarkable that the arithmetical mean between the measurements of irregularities was used by the ancient people as a close approximation to the true value. So, while the work of Aahmes cannot be easily got and the language is entirely unintelligible, every Chinese student after reading this first chapter will be acquainted with the method of ancient surveyors.

Money Exchange, Buying and Selling

The exchange of money and commercial articles is treated in the second chapter (粟米). At that time, China was in the highest state of national order. The code of Chou Kung prohibited the sale of goods which were not properly made and were not set at proper prices. Merchants had to obey the laws strictly and market places were controlled by government officers. In this second chapter, rules were given to the people for selling and buying and also a table of the relative values of different grains was displayed. The last is of special interest, because it enables us to estimate the low standard of living at that time. What we now call proportion was chiefly used to solve these commercial problems. But the theory of proportion was not given at all: the only statement was to multiply two numbers and to divide the product by the third. The third chapter (差分) gives also an application of proportion. Here are the problems concerning the distribution of salaries among the officers of different ranks and the division of the interest among the partner merchants, when the principal of one is not equal to that of another.

Extracting the Square Root

The inverse operation of extracting square roots is treated in the fourth chapter (少广) and the root is found to many decimal places by adding two ciphers each time. The method was evidently not discovered from the algebraic equation $(a+b)^2=a^2+2ab+b^2$, but from the geometrical demonstration of adding squares and rectangles, because the Chinese algebra (for I should distinguish it from the modern algebra) came into existence much later as we shall trace its development later on.

The Solution of Geometrical Solids

The fifth chapter (商功) concerns with the mensuration of solids. Besides the rules given for cubes, parallelepipeds, prisms and cylinders which were rather simple even to the early people, the rules for spheres, cones, pyramids, and frustums surprise every reader. The simplicity and exactness of the following rule for finding the volume of the right frustum of a pyramid whose base is a rectangle is admired by all: "Multiply the upper length by the upper width, the lower length by the lower width, and the upper length by the lower width (or the upper width by the lower length); find the sum of these three products and multiply it by one-third of the height; the last product is the required volume." Although this fifth chapter was a brilliant achievement of the ancient genius, the application of the above rule, which is only true to the right frustam with parallel bases, to find the volume of the oblique frustum with non-parallel bases, was a great mistake. From this, we can see it is a mistake to think that the ancient people deduced the practical rules from strict logic, because if they had done so and had started with right hypothesis, that is, a frustum with parallel bases, they would not have applied the rule to the oblique frustum.

The division of labor was treated in the sixth chapter (均输). In the feudal days, when the emperor wished to build a palace in his capital, laborers were summoned from different sections of the feudal lords. The number of laborers which had to be furnished from each section was proportionately determined with the consideration to three facts: (1) the wealth, (2) the population, (3) the distance from that place to the capital. Aiming to solve problems of the above type, the sixth chapter was also an application of proportion.

The Chinese Algebra

The Chinese algebra does not contain all of the modern algebra. It chiefly treats of the quadratic and the higher equations of the first order have been solved long before in the seventh and the eighth chapters of Chou Kung. The seventh chapter (盈朒) concerns with the simultaneous equations of two unknown numbers. The eighth (方程) is a generalization of the simultaneous equations of many unknown numbers. The solution was indeed very general, although time was not ripe for the use of convenient symbols. Numbers, both known and unknown, units and names of things were all written in words, because the decimal notation was invented later and to use symbols for unknown numbers was rather unintelligible to the ancient people. If the number is positive, the word (正) is written before it; if negative, the word (负) is written before it. To express equality, no sign is used. But symbols are not necessary for the solution of equations; the method of elimination by equating the coefficients-adding or substracting—although taking much more time owing to the necessity of writing word for word, is still available without symbols. To use the method of substitution and comparison without symbols is more difficult than to use the method of elimination; so the last method is exclusively used in these two chapters.

Properties of the Triangle

The last chapter is the result of the greatest elaboration. It is named *kou-ku* (勾股). Since the shorter one of the two legs of a right triangle is called *kou* by the Chinese and the longer one *ku*, the name obviously implies that the right triangle is the substance of this famous chapter. Here it is concisely stated that the square of the hypotenuse is equal to the sum of the squares of the two legs and the proposition is applied to many problems; here also occurs the problem of measuring the height of a pole by measuring its shadow, as Thales did in Egypt. The conception of similar triangles is concisely understood and indeed the whole field of ancient surveying depended upon the proportion between homologous sides of similar figures; but the functions in terms of an angle, that is, the trigonometric functions, have never been used by the Chinese until the contact with the West. The Chinese have a profound interest in the right triangle. If a, b, c are the two legs and the hypotenuse of a right triangle, a, b, c, $a+b$, $b+c$, $c+a$, $c-b$, $b-a$, $c-a$, $a+b+c$, $-a+b+c$, $a-b+c$, and $a+b-c$ are called the thirteen elements. Having given the values of any two elements, one can determine all of the rest by solving either quadratic or higher equations. Although higher equations were beyond the genius of that time, simultaneous quadratic equations were solved geometrically in an elaborate manner, as shown by the following problem which is frequently quoted by Chinese and foreign scholars: "A pool of water was 10 feet across, and in the middle of it stood a reed which projected one foot above the water. When the wind blew the reed over, the top just reached to the edge of the pool. How deep was the water?"

The Contents of the Nine Chapters

Summing up the principles and methods of the nine chapters of Chou Kung, we may conclude that the Chinese as early as 1115 B. C. had been able to find areas and volumes, to grasp the applications of proportion in exchange and distribution, to extract square roots, to solve equations of the first order by elimination, to solve the quadratic equations geometrically, and the most remarkable of all, to found a system of surveying on the right triangle.

Dissemination of Mathematlcs

After Chou-Kung, no significant progress was made in mathematics. This lack of progress, however, does not mean that interest in that science was entirely void. Among the Six Arts required by Confucius' school, mathematics, though the last of the list, was in reality, not the least; for even the sage himself was appointed as a treasurer, when he was still in obscurity. Most probably, the cause of this general decline was due to the code of Chou Kung. Chou Kung himself was wise enough to arrange "the Nine Chapters", but he failed to see that the people needed self-activity. New inventions, discoveries, and teachings were forbidden by law, if they were neither necessary to life, nor consistent with the teaching of the sages gone by. Such being the tyranny from above, it is impossible for us to think that the scholars, if they studied mathematics, had any other activity beyond memorizing "the Nine Chapters" . About the middle of the eighth century B. C. , feudal lords continued in fighting each other. "In consequence of this disturbance, some mathematicians removed to foreign countries"① and passed their knowledge to other races. This was a sad thing for China, but a happy one for the world, because civilization was disseminated in this way. Considering such an early date, we are unmistakable in saying that these fugitives exerted influence on the ancient peoples either Chaldeans or Persians, Arabs or Hindoos. What and how much the influence was, time was too remote for us to judge.

Sun Tzu（孙子）

Now, let us turn to those mathematicians who remained in China. Their thought was no longer restricted by the code of Chou Kung. Many books they wrote were burned by Ch'in Shih Huang（秦始皇）with the exception of a classic treatise by Sun Tzu. ②

Being distinguished as a great general, having fought many a victorious battle for

① 《史记·历书》。

② 《孙子算经》。

the king of Wu, Sun Tzu also excelled in mathematics. His thirteen books on military tactics show his knowledge of numbers from his way of arranging troops with ingenious mathematical ways. But mere art did not satisfy him. His real interest in the science itself appeared in a special work consisting of three books. Unfortunately, owing to ravages of time and addition of later writers who corrupted the original copy rather than improved it, some valuable parts have been lost and many problems based on superstition have been added. Precious gems, however, can be easily recognized from base stones.

In these three books, Sun Tzu did not follow the arrangement of Chou Kung. While most problems were originated from the old ones the following was the earliest indeterminate equation recorded. "Here is a heap of things. Count them by threes, and the remainder is two; count them by fives, and the remainder is three; count them by sevens, and the remainder is two. How many things are there?"①

Chuang Tzu (庄子)

After Sun Tzu, Chuang Tzu, a philosopher, conceived the theory of limit in a remarkable way. He says "Take a bar and bisect it continuously. Can you exhaust it?" From the above fact, we see the mental activity near the end of the Chou Dynasty.

In the Han Dynasty (206 B. C. —220 A. D.)

Never was an event in the Chinese history more cruel to scholars than the burning of books by the first Emperor of the Ch'in Dynasty. Mathematics received the same fate as did most branches of learning. In the beginning of the Han Dynasty, mathematical books were very scanty. Later on, a few valuable treatises were found in the walls where they had been kept by scholars to escape being burned. The technical language, however, became unintelligible after a long period of disuse. So commentation was necessarily the chief work of this period, and even in the commentaries, some conjectures and misunderstandings were occasionally found. The greatest genius of this period was named Chang Hêng (张衡). He, besides constructing many ingenious instruments for astronomical observation, saw that $\pi=3$ was less than the true value; so he used $\pi=\sqrt{10}$.

① 孙子"物不知数题"。

The Elaboration of Surveying

In "The Nine Chapters", Chou Kung founded a system of surveying on the right triangle. The problems, however, involved only accessible cases. In the book "Measuring an Island", written by Liu Hui[①], about 262 A. D. , the following type of problem was found, showing the measuring of inaccessible things without using angles and trigonometric functions:[②]

"To measure the height x of a mountainous island, a surveyor takes a pole of height h. He erects the pole at a certain spot on the shore and he finds, by trial, that at a distance of d' from the pole, his eye on the ground is collinear with the top of the pole and the summit of the island. Then he moves the pole backward to a second position, the distance from the first position to the second position being d. Again, by trial, he finds, that at a distance of d'' from the pole, his eye on the gruond is collinear with the top of the pole and the summit of the island. The distances h, d, d' d'' are measurable. How high is the island?"

The formula given for the solution of this type of problem is expressed in the equation.

$$x = h\left(1 + \frac{d}{d'' d'}\right)$$

Computation of π

Progress in both geometry and arithmetic cannot be better shown than by the calculation of the value of the ratio of the circumference to the diameter of a circle. In "The Nine Chapters", 3 was used. On account of its simplicity in multiplication, this value, however inaccurate it was in vogue even up to the Tsing Dynasty. Besdies 3, $\sqrt{10}$ and 3. 15 were also used. 3 was found, evidently, by the mistaking of a chord for an arc; while $\sqrt{10}$ and 3. 15, probably, were discovered from experiments. About 262 A. D. Liu Hui, the same person who elaborated surveying, approached the circumference by inscribing regular polygons. [③]He started from hexagon and arrived at

---

① 刘徽：《海岛算经》。

② 刘徽"遥望海岛题"。

③ 《九章算术》注。

a polygon of ninety-six sides, from which he found the value 3.1416. To avoid decimals, he also gave two fractions $\frac{3927}{1250}$ and $\frac{157}{50}$, the first being more accurate than the second. Although he did not carry the computation further, he was not ignorant of the fact that if the number of sides is increased, the value will be still more accurate. The argument of Liu Hui was not convincing to a mighty mind.

Tsu Ch'ung Chih[①] (430—501A. D.) computed the value of π by the same method which Archimedes used seven centuries ago. He worked from both circumscribed and inscribed regular polygons, carrying them to more than 1000 sides. Finally, he concluded that the true value is between 3.1415926 and 3.1415927; that the fraction $\frac{22}{7}$ can be used in practical problems where great accuracy is not required; and that the fraction $\frac{355}{113}$ has an admirable accuracy. But a clumsy fraction was not the taste of that time. Astronomers continued to use the ancient value 3 even in the Calendar of the Yuan Dynasty[②] which showed splendid results of careful observation. So, near the end of the Yuan Dynasty, Chao You Ch'in[③] computed the value of π again and declared that no fraction was more suitable for use both from the view of accuracy and simplicity than $\frac{355}{113}$. Indeed, this fraction has a marvel in itself. If the first three odd numbers, two for each, are arranged in order and the six digits are divided into two equal parts, the first part is exactly the denominator, and the second part, exactly the numerator thus,

denominator=113　　355=numerator.

In the middle of the seventeenth century the method of computing π by infinite series came to China from the West, and from that time on, the computation of π showed a new phase of activity. Chu Hung (朱鸿), who lived in the end of the eighteenth century, computed π to 39 decimals. Tseng Chi Hung[④] (died in 1877), computed π to 100 decimals. In these circumstances the value of π has already been carried to great accuracy, and its irrationality has been conclusively proved; so any further computation of π will be mere waste of time.

---

① 祖冲之割圆密率。
② 元郭太史授时术。
③ 赵友钦:《革象新书》。
④ 曾纪鸿为曾文正公少子,著《圆率考真》。

In the T'ang Dynasty

In 627 A. D. , T'ang T'ai Tsung（唐太宗）ascended the throne. He was not only brilliant in military campaigns, but also beloved by mathematicians as a great patron. He summoned Li Chun Fêng（李淳风）to his court and ordered him to write new commentaries on the mathematical classics. After they were finished, a royal academy of mathematics was established in the capital. A complete graduate course required thirteen years①:

"Sun Tzu"	1 year
"The Nine Chapters" and "Measuring an Island"	3 year
Practical problems, such as measures and taxes	1 year
Passages in "The Five Classics" which need to be explained by mathematics	1 year
Works of Tsu Chung Chih②	4 year
Works of Wang Hsiao Tung③	3 year

The first five subjects need no explanation. Wang Hsiao T'ung whose works formed the last subject was still living when the academy was opened. He made serious attempts to solve cubic equations, when he met such a type of problem as to find the dimensions of a solid, having known its volume and sums or differences of the dimensions; and finally he succeeded. Reading the books used at that time, one always wonders why no attempt was made to systematize the material. Here is a mistake. Classics are indeed classic; but for the purpose of advancing mathematics, instead of studying old treatises, new arrangement is always desirable. On account of the lack of the new spirit, this academy was never becoming an Alexandrian school, although the Emperor was a Ptolemy. Not many years after the death of the Emperor, rebels took the capital for several times, and we find in parallel with this disturbance the gradual decrease of students in this academy until its final disappearance.

To Japan and From Arabia

T'ang Dynasty, however, was still memorable for the spread of mathematical

① 《唐书·选举志》。
② 祖冲之缀术已佚。
③ 王孝通：《辑古算经》。

knowledge. In the seventh century A. D. , a Japanese monk came to the Chinese court and carried home all the classics used in the academy. ①These classics, form the foundation from which the later Japanese mathematicians displayed great activity. In this paper, it is inappropriate to trace what continual effect these classics have on the development of mathematics in Japan; for the present, it is sufficient to say that no Japanese mathematician of sound judgment ever insisted that Japan did not owe mathematics to China. This is the outflowing movement. For the inflowing movement, history also gives one instance.

In 708 A. D. , a Mohammedan visited China. Not long after, the Chinese government ordered him to translate the Arabian method of computing calendar②into Chinese. The history says, "Multiplication and division are performed with 9 symbols, at a surprising speed. Whenever 10 is reached in a column, it is counted as one in the previous column. To denote a vacant, place, a dot is used" . It is therefore evident that the decimal notation was introduced at that time, although the government and the public did not approve of it at all. Since a dot, instead of a cipher, was used to denote vacancy, other symbols might also have been different from the present form. If such a translation were preserved to this way, it would be a document of great value.

Solution of Higher Eouation

With the downfall of the T'ang Dynasty, China was thrown into closer and closer communication with foreign nations. Throughout the Sung Dynasty, the Mongols threatened from the North. Accompanying Genghis Khan in his western conquest, a brilliant statesman named Yeh Lü Ch'u Ts'ai (耶律楚材), who also had interest in astronomy and mathematics, would appear to have carried germs of foreign civilization into China, if he found it valuable; and if he did carry into China, it would be easier to diffuse among the already-civilized Chinese than among the barbarous Mongols. So, in a generation after Genghis Khan, Algebra was highly developed in China.

Two celebrated works typify this age of prosperity. One is "The Nine Chapters" by Ch'in Chiu Shao③, and the other is "On the right Triangle, its circles, and its ratios" by Li Yeh④. Both contain problems of great complexity, involving the solution

① 黄遵宪：《日本国志》。

② 九执术。

③ 秦九韶：《数书九章》。

④ 李冶：《测圆海镜》。

of higher equations. Without symbolic notation, it is quite impossible to grasp the exponents, coefficients, and signs. In the mathematical books of earlier periods, one sees page after page entirely occupied by explanations; but in that period, that is, the thirteenth century, a tabulation of equations represents the whole secret of the problem. For numbers, the decimal system of notation is used. The following table gives the corresponding forms of Arabic and Chinese numerals.

Arabic	Chinese				
Symbols in the modern from	Words in the language	Two forms of symbols which appeared in the classic works on mathematics①		Two forms of symbols used by the common people after later corruptions	
1	一	𝍠	𝍩	〡	一
2	二	𝍡	𝍪	〢	二
3	三	𝍢	𝍫	〣	三
4	四	𝍣	𝍬	〤	〤
5	五	𝍤	𝍭	〥	〥
6	六	𝍮	𝍥	〦	〦
7	七	𝍯	𝍦	二	〧
8	八	𝍰	𝍧	三	〨
9	九	𝍱	𝍨	〩	〩
0	零	○	○	○	○

Note：① 天元四元古算式。

The two forms of classic symbols are alternately used in writing numbers, for otherwise 11 would be confused with 2. Notice (1) that the symbol 0 is the same throughout, (2) that for 6, 7, 8, and 9, only one form is necessary in order to avoid confusion. In the vulgar forms, instead of writing four and five strokes, easier symbols are used. From 4 to 9, only one form is necessary; while from 1 to 3, we still have two forms. In both classic and vulgar forms, if horizontal strokes are used for 1-5 or 1-3, a horizontal stroke used for 6-9 is equivalent to 5; if vertical strokes are used for 1-5 or 1-3, a vertical stroke used for 6-9 is also equivalent to 5. The commercial or vulgar form for 9 should be ×, because $5+4=9$. A dot above the horizontal line is added through later corruption without any meaning at all.

For unknown numbers, no symbols are used. Different powers are indicated by their relative position. The absolute term, or the coefficient of x° is always put first; below it, the coefficient of x^1; still below it, the coefficient of x^2; and so on. If any power vanishes, a cipher is put in its proper position. If the co-efficient is negative, an oblique dash is crossed over its first digit; thus, greatest caution should be laid on the order of the powers. No disorderly arrangement is permitted. Here we come to the chief inconvenience which the Modern Algebra does not have, because in the Modern Algebra, the different powers of the unknowns are clearly indicated by symbols, not by their relative position; so even if the terms are not arranged in order, we can easily rearrange them into proper order. In both treatises, only higher equations of one unknown are discussed. In solving these problems, the first digit of the root is found out by trial; and the rest of the digits, by division. Li Yeh found geometrical illustrations in the right triangle, its circles, and its ratios. Ch'in extended still further to all sorts of practical problems. Although his book has the same name as that of Chou Kung, the arrangement is not the same and the material is of an advanced nature.

Life of Ch'in and Li①

So much for the works. Let us now turn to their authors. Both Li and Ch'in were men of universal genius. In the province of Chekiang, in the western suburb of the city of Huchow, not far from the capital of the Southern Sung Dynasty, there once assembled a group of scholars among whom Ch'in was the most renowned. Living in a disturbing time, under the constant threatening of the Mongols, and above all, being versed in music, poetry, fencing, mechanics, astronomy, and mathematicsalmost every branch of learning and technique, he became in his eighteenth year the leader of a voluntary army. After some small successes, his general scheme finally failed. In 1245, he was taken to the Emperor's presence and henceforth, entered the political career during which the genius wasted himself in struggling with the corruptions of the time. The government being on the eve of decline, and surrounded as he was by sycophants, Tsin had an ambition unaccomplished. Living such a bitter life, he evidently could not sit all day long at his desk. The memorable work "The Nine Chapters", although completed as early as 1247, was still in lack of proper arrangement.

Li Yeh② (1179—1265) had a quite different nature from the previous example. He was born in a district of Chihli which the Mongols had already occupied for many years. In the prime of his life, he lived the life a hermit and devoted himself to the study of mathematics and geography with his entire mind. Having deep interest in the Chinese Algebra or Tien Yüan (天元), he finally resorted to the right triangle for the

① 焦循:《里堂学算记》。
② 《元史》本传。

geometrical reality of higher algebraic equations. The epoch-making work was completed in 1248, a year later than "the Nine Chapters" of Ch'in Chiu Shao. In his later years, his name reached the ear of the Mongolian ruler who immediately asked his advice in military affairs on account of his superiority in mathematics and geography. After a decade of important help to the warlike ruler in problems of camping, sighting, crossing difficult passages, and arrangig forces and provisions, he died in 1265 at a venerable age. Before he drew his last breath, he handed his work on the right triangle to his son and said "After my death, you may burn all of my writings except this little volume. In this, I have implicit confidence that I have done something worthy for the future". Living in the present age of enlightenment, after Descartes, Cardan, Euler, Horner, and others had elaborated that branch of Algebra which we call "the higher equations" to the finest degree, we must not forget Ch'in and Li in China for the thirteenth century.

T'ien Yuan and Szu Yüan①

Chin and Li were independent of each other. They never exchanged ideas in their life time. It was also impossible for Li in the North to model after the work of Ch'in which was completed one year earlier in the South. As to their posthumous reknown, Li had much more influence than Ch'in. The celebrated astronomer Kuo Shou Ching who computed the height of a circular segment from the length of its arc and chord, by solving a cubic equation②was himself a disciple of Li Yeh from whom he learned how to solve a cubic equation. Throughout the Yüan Dynasty, the study of higher equations gradually extended to four unknowns which received a special name Szu Yüan (四元). The word "Yüan 元" means some unknown, origin in Chinese philosophy. If there is only one unknown, it is called T'ien Yüan (天元), the name being applied to the Algebra of Li and Ch'in, T'ien meaning "heaven". If there are four unknowns, the second, third, and fourth are respectively called Ti Yüan, (地元) Jên Yüan (人元) and Wu Yüan (物元). "Ti", "Jên" and "Wu" mean respectively earth, man, and thing. The reason that these four terms are used is perhaps consistent with the idea of some ancient philosophers that heaven, earth, man, and thing were the four constituents of the universe. Although the Chinese Algebra has been extended so far as

---

① 朱松庭：《四元玉鉴》。

② 郭守敬以三乘方求矢度。

to include four unknowns, no attempt has ever been made to denote powers by symbols. A higher equation of four unknowns with all sorts of mixed powers indicated by their rows and columns, will be formidable even to a great mathematician of the present day. For this reason, I will not discuss Szu Yüan in detail.

Decline in the Ming Dynasty

In the three centuries after the Yüan Dynasty, no important mathematical activity can be mentioned. Whether the people were too indulgent in the civil examination, or the notation of T'ien Yüan and Szu Yuan was too inconvenient and gradually became unintelligible, was the cause of the decline, we can hardly judge, This dormant state was finally stimulated by foreign influence. In the beginning of the seventeenth century, a group of Jesuits under Mathew Ricci（利玛窦）took up the evangelical work in China. In the city of Nanking, he met two brilliant Chinese scholars Hsü Kuang Ch'i（徐光启）and Li Chih Ts'ao（李之藻）by whom he was introduced to the imperial court. While Ricci was establishing Christianity in Peking, he spent his vacant hours with Hsü and Li, talking about Western culture, Hsü and Li translated the first six Books of Euclid, text books on arithmetic, plane trigonometry, and surveying, and tables of natural trigonometric function①, into Chinese. After their death, a work on spherical trigonometry was also translated. In these translated books, the idea of representing mathematical relations by equations had not yet appeared. The method of long division suggested the Italian characteristic of Ricci.

The Idea of Renaissance

The change of dynasties from Ming to Tsing did not check the movement of the western influence; and this continual flow from outside awakened mathematical interest in China. "The Nine Chapters" of Chou Kung had long been forgotten since the Ming Dynasty until it was brought to light again through the works of translation. The same Pythagorean theorem which appears in Euclid also appears in "The Nine Chapters" . The system of surveying in terms of angular functions is new to the Chinese although the idea of similar triangles in the same. Through such similarities and dissimilarities, scholars began to question whether the Chinese ever influenced the

① 《几何原本》《同文算指》《新法算书》等。

Western mathematics in ancient times. Advocating the idea of renaissance，Huang Tsung Hsi（黄宗羲）. a great philosopher，says，“Considering the significant fact that some mathematicians removed to foreign countries near the end of the Western Chou Dynasty，it is not impossible that what the West has arrived at is originated in the East”. [①]Following Huang Tsung Hsi，a group of mathematicians under Mei Wên Ting（梅文鼎）displayed great activity in the reign of K'ang Hsi（1662—1722）.

K'ang Hsi and Mei Wen ting

Mei Wên Ting（1663—1721）was a perfect Chinese scholar. His diligence and thoroughness in learning and teaching，his plainness of expression which differed him from the previous mathematicians，and above all，his effort to identify the western and the eastern mathematics，adopting what was best at that time without any prejudice，proved that he was a faithful citizen to China. Living in the province of An Hui，even from his early boyhood，he spent the night in observing stars and planets with his two brothers. When astronomers and mathematicians passed his locality，he came to them with humbleness and learned all what they could teach，Whoever asked him，he answered with sincerity and plainness. After many years of exchange in knowledge，he finally exceeded his contemporaries. National reputation，however，did not come to him until the enlightened ruler K'ang Hsi recognized his merit.

K'ang Hsi was himself versed in mathematics and astronomy. During the first decade of his reign，the calendar was in disorder. Many proposals for a new calendar were handed to the government. While the courtiers could not decide which was the most accurate，the Emperor took up the study himself and came to a wise decision. This is only one instance. In 1702，the Emperor visited the South. On the way，he decreed that his attendants should collect obscure writings and that if they were valuable，he would bring them to light. So，the greatest work of Mei Wên Ting，“Questions in Astronomy”，[②] was presented by a courtier to his Majesty. Reading through the book，the Emperor continued to utter forth his praise. But the Emperor could not see Mei Wên Ting this time. In 1705，his Majesty again visited the South. On the nineteenth of the Fourth Moon of the same year，while the Emperor's ship was anchored in the Yellow River，Mei Wên Ting was summoned to his Majesty's

---

① 《黎洲遗著》(《全吉士文集》)。

② 《历学疑问》。

presence. There they conversed for three days, and the Emperor read "Essays on Equations"[①], a celebrated work of Mei Wên Ting, with great delight. The purpose of "Essays on Equations" was to explain and improve the system of equations in "The Nine Chapters" of Chou Kung, because the change of signs and the laws governing positive and negative numbers, and the method of elimination were unintelligible for many centuries. The spirit of renaissance is clearly shown in this work.

Returning in 1706, the Emperor decreed, "O Mei Wên Ting! You, bearing white hairs, shall not take the trouble to attend my court. I believe that your grandson has inherited your character. You shall send him to my court so that I shall have a companion in studying mathematics" . This was accordingly done. In the last fifteen years of this enlightened reign, three voluminous works on mathematics, music, and astronomy respectively, were completed under the order of the Emperor. In 1714, the Emperor again decreed "O Mei Wên Ting! I send you a great work on music which your grandson and others have lately completed. If there are mistakes in it, you shall correct it frankly. I admire the Golden Age when emperors and courtiers were bound with true friendship, not with ceremonies, and I pity the later emperors who were shut up from counsel and learning. Here I send you this work, as a symbol of my trust in you as a true friend; therefore I decree, you shall revise it. Pursue on your study. Great success to you!"

Through the previous passages, we see clearly the character of K'ang Hsi as an enlightened ruler. In 1721, Mei Wên Ting died, and one year later, the Emperor followed his footsteps. After their deaths, however, their spirit still lived for more than a century, and the progress in mathematics was still going on. For the sake of clearness, progress in different branches will be separately treated.

Revival of T'ien Yuan and Szu Yuan

The western idea of a higher equation first came to China in the reign of K'ang Hsi, The emperor first studied T'ien Yüan; but he could hardlly understand it until the western idea of a higher equation was informed and clearly explained to him and then he found out the similarity between the Western Algebrs and T'ien Yüan. Thus, through the western algebra, T'ien Yüan was brought to light. The revival of Szu Yüan happened in the same way. After the revival of T'ien Yüan and Szu Yüan,

① 《方程论》。

Chinese mathematicians found that the notation used in T'ien Yüan was not inferior to the Western notation at that time. For this reason as well as for the conservative idea, this clumsy Chinese notation continued in popular use even as late as the time of Lo Shih Lin① (died in 1853). While many topics are exceedingly dull, the study of peculiar forms of shots and piles is still an interesting subject.

Approaching the Calculus

As I have already said, near the end of the Chou Dynasty, Chuang Tzu, a great philosopher, conceived the principle of limit in a splendid way. For more than two thousand years, however, no man ever handled this delicate idea again. In the reign of Shun Chin（顺治）, logarithms came to China, and a little later, the method of computing π by infinite series was also imported. Mathematicians began to wonder how the logarithmic table was constructed, and tried to apply infinite series for this purpose. After many years of painful study, the Chinese mathematicians discovered the method of constructing both logarithms of numbers and logarithms of trigonometric functions by infinite series. The discovery was independent of the West. Among the list of names which share this honour, Tai Hsü and Hsi You Jên② are forever memorable. "Quick methods of computing logarithms"③ written by Tai Hsü was such an authority that an English clergyman（艾约瑟）in Shanghai translated it into English and sent it to a mathematical society in England. This clergyman also paid a visit to Hangchow where lived the celebrated mathematician Tai and wished to see him. Tai declined to meet him, because there was still some bad feeling toward foreigners.

Roughly speaking, this period of great activity in infinite series occupied the first half of the nineteenth century during which no foreign mathematical books were translated into Chinese. Since infinite series is closely related to the Calculus, it is quite possible that, if more years were granted to Tai and Hsü, they would have been able to reach the Calculus before any foreign work on that subject was translated into Chinese. Unfortunately, a great rebellion broke out（洪杨之乱）. Lo Shih Lin, Tai Hsü and Hsü You Jên, all had charge of cities. When the cities fell to the hands of the rebels, they gave up their lives for the Emperor. In the provinces of Chekiang and

---

① 罗士琳：《四元玉鉴细草》。

② 戴煦，徐有壬。

③ 《求表捷术》。

Kiangsu, many an Archimedes received such a tragic fate. It was destined, therefore, that the after generation was just the contrast of the previous one.

Conclusion

While the Chinese mathematicians suffered so much, western mathematics advanced steadily. From the sixth decade of the nineteenth century to the present day, the value of original Chinese mathematical books became more and more obscure; and translation of the Western texts, including almost all the important branches of the modern mathematical field,[①] became more and more numerous. Mathematicians know much about the Western mathematics, but they know practically nothing about the native genius of China. It is not justifiable to say that the Chinese are outside of the pale of peoples who have contributed much to the mathematics, In fact, I should say that the Chinese are one of the most important peoples in mathematics. Considering the early date and the excellence of work, "The Nine Chapters" of Chou Kung, the computation of π, and the foundation of T'ien Yüan and Szu Yüan should be treated in separate chapters in the mathematical history of the whole world; the native genius of the Chinese should be recognized; and the lofty pursuit on mathematical studies should be encouraged in the future. In order to keep pace with the West, we must not have the old conservative idea. In addition of our native genius which directs us in the mode of subtle thinking, we must adopt the convenient notation of the West and learn with an open mind what have been already achieved; for only in this way, can we keep pace with the civilization and may hope to offer something new to the world at large. With these remarks and hopes, I conclude my paper.

YEH CHI-SUN

编注：

叶企孙的这篇 *The History of Mathematics in China*（《中国数学史》）连载于《清华学报》（*Tsing Hua Journal*），分别是 1916 年 3 月第 70—75 页，1916 年 5 月第 87—98 页。是年叶企孙 18 岁。

① 咸丰后海宁李氏金匮华氏等所译之书。

5 学生组织科学研究会意见书

我国以四万万之众、八十五万余方里之地，大海环其东南，峻岭绕其西北，天赋沃野，物产丰饶，而卒受辱于敌国，城下之盟，数见不鲜。以如是之大好河山，而不能与列强并驾齐驱，予深耻之。然而国之强弱，必有其故。我国衰颓之故，予尝思之，予尝重思之。久乃得之曰：我国人不究心于科学，此我国之所以弱也。夫研究科学之效用，始于发见新理，及新理既得，乃应用之于一切机械制造，以便民生，以制敌国，此科学之大用、国人所耳熟者也。予不愿多为空论，请以实事证之。今日西欧之战场，英法德三国，非号称势均力敌者乎？试观其科学之成绩。以算学论，英有汉米登①，法有代加得②，德有来本之③，而我国则无有也。以天学论，英有奈端④，法有拉伯拉斯⑤，德有哥白尼，而我国则无有也。以理化论，英有法拉台⑥，法有巴士克尔⑦，德有哥乌斯⑧，而我国则无有也。彼英法德之著名学者，吾今所称道，皆二三百年以前之人，然其所树科学之基础，后人推而衍之，利而用之，至于今，日新月盛，靡有穷期。此科学所以为立国之基础，英法德所以鼎峙西欧莫相上下也。

予观世局纷纭、战争日烈，知非研究科学不足以救中国之弱。然则研究科学之法

---

① 即哈尔顿。——编者

② 即笛卡儿。——编者

③ 即莱布尼茨。——编者

④ 即牛顿。——编者

⑤ 即拉普拉斯。——编者

⑥ 即法拉第。——编者

⑦ 即帕斯卡。——编者

⑧ 即高斯。——编者

将若之何而后可？请即科学之性质及先进国之成法为我国学生一言之。科学本于实验观察，然实验观察之困难，有非局外人所知者，或一人之财力不足以给之，或一人之能力不足以成之，或殚思毕生犹不足以竟之。欧美先哲知研究科学若是之难也，因设为学会之法，集多数之学者，合群力而进行。己有所得则告于人，人有所得亦告于己。有新理则互相交换，有疑难则互相质问。如是行之，故步自封之病庶乎免矣。且一人之财力所不能给者，则由学会公给之；一人之能力所不能成者，则由会员共成之；殚思毕生犹不足以竟之者，则由他会员继续之。此法既行之后，欧陆科学之进步较未有学会以前不啻十倍。至于今，英有皇家学会，法有巴黎科学院，德有柏林学会。此数个学会之会员皆国中硕学，其费用则由政府供给，使学者得专心一志，无谋生之患。其他如美、如俄、如意等，亦莫不然。而此数国之科学程度卒较他国为高，其国力亦较他国为厚，斯乃合群力以研究科学之效果，岂偶然哉？

今试观我国，政府亦渐知学会之重要，中央学术评定会之设立已见明文，卒因经费支绌、程度太低，行之不久，即归消灭。岂学会之制，卒不能发达于中国，而中国卒不可强乎？曰：是必不然！凡作事求学，必由小而大、由浅而深，学会亦然。欲集多数之硕学，研究程度高深之学术，必先集少数之学生，研究程度较浅之学术。昔富兰克林未达时，与其友人组织一会，讨论学术，会员止十二人。迨后日渐扩充，当美利坚创业之时，多所襄赞，至今为美洲学术界之明星，即峙立于本悉佛尼亚[①]省城之哲学会也。然则天下之事，固当由小而大，十二人之学会尚能推之于全国，况多于十二人者乎？

今我国学会寥若晨星，无论其程度高深者，即其较浅者亦不多觏。欧美学生，课余之暇，多从事于会务，以广见闻而资阅历。我国学生则不然，但孜孜于课程，谋考分之及格，课程以外所得无几。故虽大学毕业，出外任事，犹是书生之见，无补实用，此皆不广见闻、不习会务之病也。为今之计，欲谋科学之发达，当自设立学会始；欲设立高深之学会，当自学生组织研究科学会始。予有此说久矣，犹恐纸上空谈，戾于实事，愿将此策一实行之。本学年之始，与同级十余人组织研究科学会，幸底于成，区区成绩不无可观。兹将其组织法，逐条说明于后，以与我国学生共商榷之。

第一条　定名　此种学会，可以某校某级研究科学会名之。如专注重某种科学，则可以科学之名目别之。

第二条　宗旨　课余之暇，研究科学，其所研究者，非欲躐等以求高深，不过增长科学之经验及趣味，且可补教师所不及，其效用实与正课相辅而行。至于科学之界限，予意止限于物质方面者，如物理、化学、动物、地质等；若哲学、心理学等，理论玄深，初学得其皮毛，反足为害；又若政治、经济等，语涉当局，非学生所宜干预，皆不在研究范围以内。此种学会，凡中学以上之学生均可组织。

---

① 即宾夕法尼亚。——编者

第三条　会员　会员以同级生为最相宜，因程度不致太差故也。会员之数，宜加限制，约以十人至二十人为折中之数。如一级有三四十人，则可分组二会（富兰克林所组织十二人之学会，成绩昭著，外间欲入会者甚多，皆请富氏扩充员额，富氏不允，以为诸君既有志会务，可集合若干人，分组一会，若扩充员额，则统治困难，必鲜善果。鄙人此条，系采用富氏之说）。

第四条　职员　此等学会，会员有限，事务简单，举会长一人，即能兼理一切事务。

第五条　会费　所用试验器具，可与学校之试验室或教师商借。如学校本无此器，可呈请校长酌量购买，以供研究。至于学生财力所能出之会费，止可供给文具等之杂用。试验器械及参考书籍，必由学校设备。

第六条　开会　或一星期或两星期开会一次。开会时足资研究之材料，可分四种：

一、演讲。科学书籍，汗牛充栋，故凡读某书，即可将书中要义，于开会时演讲，使会员中未阅此书者亦能得其大旨，不必再劳过目矣，此演讲之益也。如读《天演论》，可以“达尔文天演学说之证据”为题；读《群学肄言》，可以“斯宾塞、赫青黎二氏学说之异同”为题。

二、报告。处今日日新之时代，新器新理常散见于报章杂志中。每次开会之前，可轮派会员一人，采集一二星期内报章杂志所载之新理新器，于开会时报告会员，是亦一人劳而众人得益之意也。如“今日欧战所用之利器”、“华文打字机之发明”等题属之。

三、讨论。天下学理繁矣博矣，一人之眼光，每不能观一物之全体，故必集数人而共观之，此讨论之用意也。凡开会之前十余日，由会长指定数人讨论某题，使有充分之预备。至于讨论之题，如“蝗祸蔓延，扑灭之法何者为最良”、“学生起居饮食之改良”等是也。

四、辩论。欲观一物之全体固难矣，然犹不若辨别是非之难也。盖得一物之全体，始能断其是非，否则据一面之词，必无当矣。故科学辩论，实为至难之事，且实验之事有目共睹，不可争也。其可辩者，只学说理论之优劣，如“天左旋天右旋二者孰合”、“原子学说与电子学说孰优孰劣”等题耳。故科学辩论不宜于初学，非研究有素必蹈于空论，吾所以言之者，不过备一格耳。

凡开会时，可请教师指示一切。

编注：

本文发表于清华学校主办的《学生杂志》1916年第3卷第1号第1—4页。署名为“北京清华学校高等科生叶企孙”。该文足见年轻的叶企孙文史功底深厚，目光远大，对国家科学兴盛与发展谋略长久也。

6 革 卦 解

天下之变，岂一朝夕之故哉？汤武革命，顺乎天而应乎人。不知者谓兵不血刃、不崇朝而天下定；知者谓顽民之谋未息，亲族之叛已形。周公东征，王宝始安。诵《诗·鸱鸮》[1] 及《周书·诰诫》[2] 之辞，丁宁反复，惟恐旧国之复兴、新邦之不固。是以文武之德，必数十年而后刑措。汤武革命，岂易言哉？后世以为去旧更新，易如反掌。易则欲速，欲速不尚术，则尚力。大凡奸慝，每托经籍以窃神器。而近之误解民权者，又借革命以营私。以致民生涂炭，国朝抢攘。实未深悉夫革卦之义也。尝论革命之次序，一是而易其观者，迹之已著，功之已成也。至于潜移默运，则其所以蕴酿者久矣。《象》曰："泽中有火，革。君子以治历明时。"夫日月之行，气候之变，动力相推，积微成著。自寒至暑，必经春；自暑至寒，必经秋。四时之变，亦非骤臻。至于月离之有盈缩，日躔之有岁差，则非数十年，数百年不可见。刘洪[3]"乾象术"之步月，古所未有，亦历学之革也。实则刘洪所为，不过顺天之渐变，以求密合耳。郭守敬[4]"授时术"之定岁差法，古所未有，亦历学之革也。实则守敬所为，不过汇唐虞以来之实测，观其变迁之迟速而定为法耳。天行之变，以渐意者；人事之变，亦以渐乎？殷周之际，文化过渡之时代也。殷人尚质，其文化之中心在朝歌；周人尚文，其文化之中心在丰镐。周有文王之德，政俗方新，故其化日张。殷有纣辛之虐，政治

---

① 见《诗·国风·豳风·鸱鸮》。——编者

② 见《尚书·周书》。——编者

③ 刘洪，东汉末天文学家，生卒年不详，著《乾象历》。在制定历法中第一次考虑到月球运动的不均匀性。——编者

④ 郭守敬（1231—1316），元代天文学家，编著《授时历》。该历为中国古代最精密的历法，使用时间最长。——编者

已衰，故其化日消。文王之时，天下向周之化者，三分有二。武王伐纣，诸侯会者八百国。周之革命，人民之向化，自动之力也。孔子赞革之大，岂不宜哉。

教员饶麓樵评：不袭传注家一语，独虑精谊，戛戛其难。自非学有渊源，曷能臻此。

编注：

本文载《清华周刊》第82期（1916年10月21日出版）。原本是清华学堂学生作文习作（课艺）。“革卦”原是《易经》六十四卦之一。“革卦解”之题为国文教师饶麓樵所出之作文题。由此文可见叶企孙古文功底及其思想之精深。

7 重组清华学会建议

学校之所以成学生之道德、进学生之知识者，管理也，课程也。学校之用以引起学生兴味心，练习学生治事力，以辅助管理课程之不逮者，则会社也。会社之关系教育，如此其重且大。故会社之设立，不可不急。而会社之组织，尤不可不慎。学会之风，欧美特甚，中国旧时盖鲜。我清华数年前创会之始，风起云涌，分途并进，颇极一时之盛。迨几经变迁兴替，至于近日，则强弩之末。非复旧观矣，岂办会之人才不如前耶？抑入会者之昨是而今非耶？实则皆非也。推原其故，盖全校无统一会，则同学意志不能齐一。小会分立力薄，则会员之精神不能振作也。故欲一洗今日委靡涣散之风，而收奋发振作之效，则纠合全校有才有志之同学，共同擘画，共同经营，重组一精神团结、规模宏大、组织完善之校会，诚当今急务也。至此会成立，其裨益于学校，裨益于学生者，至繁且夥。谨略举其一二大者于下：

（一）可以为全校学术界之代表也。凡事必有代表机关，则进行有系统，而对外有表见。体育有体育会，技艺有音乐团，故夺锦奏凯，运动家之力也，而人叹全校体育之佳；一唱三击，乐歌家之功也，而人称全校音乐之工。体育、音乐，皆一端也。然有团体一代表之，尚可为全校增辉。而况学术之广博重大，为学人最要之目的。觇学校者所必询乎。若全校同学组织一会。平日则荟萃一堂，高论宏议，以互换学识。即外人之觇校风者，亦有所询问而考查。则其广播学术，发扬校声之功，必较体育会音乐团有过之无不及者。至于现存之各级级会，限于班次，文学科学各社，限于门类，皆不足以代表全校，皆不足以语发扬校声也。

（二）可以使全校精神统一而不涣散也。或曰，聚多数之人于一会，其目的必不能同，精神何能一致？曰，有术焉，可以使之一致。夫人或好文学，或喜美术，或专科学，其好尚诚不同，而其好学之忱则一。若各因其志，使之分途并进，有总会以督促之，设同等之奖以鼓励之，则所学虽不同，而其殚精极虑以求达于至美尽善之心则一也。今则会数多而会员少，其意淡者则以敷衍为主义。其兼入数会者，则以奔走劳疲，亦无意于振作。会员人人如此，安望会务之发达。故欲袪涣散之弊，莫如连合各会，组织一大总会，则精神一矣。苟人人能振作精神。实心研究，其好尚虽殊，无害于会之发达也。

（三）学术之进步较速也。学术何以易进步？曰，研之者多，好之者多，则传习之风必盛，而学术之进步易速矣。盖各种学术皆有相关之处。譬如科学，其精到处，足以推治平之理，亦文学者所宜知。达尔文种源论，为科学不朽之作，而其影响及于文学界之思想者甚钜。此各科之可以互相推进也。又况人各有知有不知，虽以宣尼（孔子）之圣，而日光远近之争，尚困于道上之儿。济济多士，精密如奈端（牛顿）者固鲜见，而性灵开豁，能助他人之思，发坠果之问者，未尝无人也。故人才既多，中材之获益于上智，固不待言，而上智亦可借助于中材，此各人可互相辅助以促学术之进步也。

（四）事功之举办较易也。千狐之腋散之则无用，集之则成裘。选材于市难，选材于森林易。聚数百英俊之士为同一之目的。平日浸渍薰染、切磋琢磨。专科学者从事研究。喜文学者练习演说、辩论、作文。积之既久，必有出类拔萃者出乎其间。平时预备有素，一旦出而竞赛，夺标自有把握。较之今日漫无头绪者，其优劣为何如乎？

或者曰，前清华学会办法颇良，会员亦统赅全校，何以不能收精神统一、学术广博、事功良善之效？曰，前清华学会之失败也，亦别有故。盖其初成立也，范围甚大。范围大则人数必多。人数多则意志好尚，必不能同。意志好尚不同，则必多分门类以应之，然后各人得尽其能而裨益全体。前清华学会仅分演说、辩论两事，人之不喜辩论演说者则解体矣。积之又久，即善辩论演说者亦懈志矣。此其失败在分类太少，而不在范围大也。又其时正值各级团体发达之冲，各级之提倡演说辩论者亦甚周至。一人之精力有限，尽心于本级者必无暇尽力于公共之大会矣。此其失败，以与各级会对立而见绌者也。

清华学会将来之裨益，及前清华学会失败原因，既皆如上所述矣。则今日者鉴已往之失辙，定将来之良计。熟思慎筹，重组一完固之清华学会，盖不外下列之办法焉。

（一）再组清华学会，分全会为高中两部。

（二）两部各消纳其现有之一切学会为属社，而不变更其组织。若数会有同等之目的作用者，可归为一社而别为组。如曰文学社甲组、文学社乙组是也。

（三）限制级会之膨胀。级会本为联络感情及议一切级务之机关，无演说辩论之必要，故欲清华学会之发达，级会当然不得兼学会之作用。

（四）多分部属，务使范围广大，能尽兼收并蓄之效。据现有之社会而组织之高等科可有科学社、辞社、英文文学社及游艺社。中等科则中文文学社、英文演说社、游艺社。（中英文学社似于班次有直接之关系，三四年级及一二年级可酌分两社。）以上各社之不足以赅括者，增设新社以统之。

（五）各社自有完全之主权，但会长有督责及维持各部之责。其有精神成绩最优者，当有以鼓励之。

（六）各社之常会以星期计，如每星期一次、两星期一次等。全会之常会以月计，如一月一次或两月一次等。开会期于每学期之首。即由会序职员排定。遇清华学会开会之期，他会不得开会抵触。

（七）常会（指全会言）之会序，由各社分别担任。或讲学，或演说，或报告该社所作之成绩，皆以确有研究，实有裨益于全体者为准。

议者等非敢谓所言尽合，所计皆可行也。不过近感会务情形，远思永久之策，谨本刍荛之义，笔而出之，贡于众鉴。至于采而用之，起而行之，则尚待智能兼备、热心公务、宣力学校之君子。是为议。

编注：

本文为叶企孙（第一署名）、杨绍曾和曹明銮三人共同署名发表。见《清华周刊》第 84 期（1916 年 10 月 25 日出版）第 13—17 页。

8 天学述略

第一章 溯源

斯宾塞有言曰，万物之递衍，由混而定由散而合。后之学者，鲜能出其范围。以施于政治教育而有所发明者，莫如《群学肄言》；其施于民德民族而有所鼓励者，莫如《天演论》。虽然，人心不测，灵魂杳渺，故形而上之学犹难拨云雾而见青天。赫胥黎曰："民今言学，以名数质力为最精。实则当今之学，论理用名，推步用数。考星气之源，须析其质。究运行之理，须悟其力。积六千年之经验学说，而为最古而极精者，则天学最尚已。"

吾人今幸处文明之地，然试游西伯利亚之北，及非澳南美各洲，则见榛狉巢穴。民知昼夜，而不知昼夜为不易之理。此最初人之天学也。及其渐进，观昼夜之递代而知出入之有常；察寒暑之变迁而悟日行之南北。其说虽误而其进步则可知。又进而至于加尔提亚[①]、希腊之时代，创世之说始肇端焉。或以为日者火之精，故火为万物之源。月者水之精，故水为万物之源。热而生火，火出而物化为灰，沉而为土，土淀而水返为澄。行之不久，其说自破。或又合诸说而折中之。于是五行起于东方，亚里士多德谓寒热燥湿四者为万物之原性。凡此所举，虽不足以概其全，而古人欲以少数之元包含宇宙之心亦可知矣。

---

① 加尔提亚，即Chaldea，今译为迦勒底，《旧约》中述及的巴比伦尼亚（今伊拉克南部）地区。迦勒底王朝建于亚述王朝之后，即公元前625年；灭于公元前539年波斯人侵。"迦勒底"成为"巴比伦尼亚"的同义词。——编者

太古之谈天者，莫盛于加尔提亚。然其论宇宙之构成，杂以宗教，荒诞无稽。以为地本平圆，大海环之。地之高出于海，犹山岭之高出平原。大海之外，削壁环之。削壁之外，天人所居。地之上有天穹，太阳之神所谓马杜克[①]者以金范之，内饰以珠玉，昼则通体照耀，夜则体暗而星光布列。所谓削壁者，即支天穹者也。日附天穹而行，晨自东方入，昏自天方出。然日道递南递北，气候有差，计三百六十五日而一大循环。日道寒暑，复返于始。初加尔提亚人以月之一盈虚计时，后知日与地之关系较月与地为密。因设为一年十二月，一月三十日之制。每六年则增一月。适符周天三百六十五日之数。至于赢余小数未能察也。

加尔提人占星气以言吉凶，其源远不可考。或以为人事关于气候，气候变迁于下，星象运行于上。古人附会，因谓上天垂象以鉴下民，而测星以推吉凶之说起焉。恒星之行有定，民不惑之。至于行星，轨道复杂，时见时伏。因星行有异，以为人事亦将有异。此自然之感想也。故占星之术环球有之，吾国史家多有专论，如《史记》之《天官书》，《汉书》之《天文志》。其所载虽与加尔提人有出入，然其惑则一也。五星之中，我国最重太白，加尔提最重填星。其余薄蚀凌掩，云气变迁，皆有记录。虽然，占星之说实与天学有大功。甘石、丹元子皆术士也。而星经、步天歌二书，为万世之准则。加尔提人惑于天象关于人事之说，预知将来人之大欲，测天之术因以加精，天学发达最早，岂无故哉？

加尔提人分周天为十二宫，以定日月星辰之位。天官之事由祭师掌之。每晚观测，绘图列表。积数十年之后，其躔度可考也。十二宫之名如天羊、大蝎等，至今为泰西天学之鼻祖。中古之世宗教势力日盛，而天学幸传于教士，犹加尔提祭师之意也。我国掌天，唐虞有世职，所谓羲和是也。周时天子有日官，诸侯有日御，而畴人特见《史记》。周衰，畴人失职，分散而至于夷狄，学者伤之。虽东学西渐苦无实证，而周之太史，如老子挟道出函谷西走，意者不仅一人欤？加尔提人之天文宗教，时在相系。天文则由埃及而至希腊，宗教亦然。罗马建国，学术宗教取诸希腊。故创世之说，希腊海捷得（Hesiod）与罗马屋未得（Ovid）所信相同。时去七百年，渺无进步。中古之世更不足言。天学之传幸由教士。而后之进步，亦为教士所阻。及至远镜发明，哥[②]加[③]继起，身陷罪戾，而天文界卒以大进焉。

学说进步，由迷信而至于理解，必经千百年而后可。加尔提占星之术盛于纪元前七世纪。纪元后十六世纪地谷[④]演讲天学于丹京大学。首章即论占星之术，以为有关实用，不可攻也。地谷为天学宗师，其惑犹如此，无论其余矣。虽然，举世皆醉，未

---

① 马杜克，即 Marduk，巴比伦城的守护神，随着巴比伦的崛起而被推崇为诸神之首。——编者

② “哥”指哥白尼，即 Nicolaus Copernicus（1473—1543）。——编者

③ “加”指伽利略，即 Galileo Galilei（1564—1642），本文以下将其写为“加利倭”氏者。——编者

④ 地谷，即 Tycho Brahe（1546—1601），今写为“第谷”。——编者

必无独醒之人。十三世纪培根[①]首言格致务从实验，学说必用理解。是说出后，少数学者悟当世之非，于是自然哲学渐兴焉。又数百年后，天心兴学，诞生哥白尼、刻白尔[②]于德，奈端[③]于英。哥氏好学深思，少时致力于希腊哲学，析其派别，悠然有得。盖希腊学派已有言日为宇宙之中者，不过生不逢时、信者寥落耳。哥氏比较诸说，证以自然之象，决定日为恒星之一。地球绕日而行，与金火水土等均为行星。是说出后，地谷深信多禄某[④]之说，心甚憾之。罗马教主亦大震怒，以为违背《圣经》。意人加利倭昌言哥氏之说。教主闻之，下狱逮治，卒死于狱中。自古以学术成仁者，未有盛于加氏者也。哥氏避居日耳曼新教之邦，幸免于难，然已曲高和寡矣。虽然两说相较，理不足者自败。地谷深惑不悟，而其弟子刻白尔后卒违其师说而从哥氏。刻亦日耳曼人，穷一身力，以测天行，卒得诸行星绕日之定律。以为物重相等，则远者行迟，近者行速。其轨道固有盈缩，而于等时间内行等面积，则证之实测无可疑者也。氏既得此定律进而解释之，乃悟日必有大力。而哥氏之说为不可诬，然太阳系之说，犹待奈端而大成。奈氏精思慧力，千古无二人。于哥氏刻氏为后生，乃贯通诸说，默会己衷，而万有吸力论出焉。是论不独发明天体运行之理，实宇宙万物无不被其范围。氏尤长于数学，施理论于推步易如也。而自后除彗星外，天体伏见，无不可预推者矣。千七百五年、哈雷[⑤]预推千七百五十八年彗星见，至期果然，于是彗星亦有可以预推者矣。

以上所述，十九世纪以前之进步也。近百年来，远镜日精，观测日密。天体之远而微，昔所不能见者，今则昭然于镜中。又加以分光镜影日器之发明，数学而外，物理、化学与天学之关系，亦日以密切。凡此数端，皆当专章论之。所谓举之极盛，源一而委千百者也。

第二章　观测

居今之世，测天之利器莫如远镜。远镜之制，信而有征者，始于加利倭。时千六百九年也。初成者不过放大三倍。加氏历次精进，至三十倍以观天象。日现黑子，金星现光暗二面，月有原野高山，小行星绕木星，有似柄者附于土星，昴宿昔以为六星、今见三十六，此皆前古未见之象。况天河云汉，为无数小星所聚，更增宇宙无穷之惑乎。自加氏以远镜观天以来，宇宙之观念大变。而小行星之发见，尤足为哥白尼学说之佐证。盖希腊天学家多禄某等以未料及尚有绕五星而行者。今此发见足以破旧说也。

学者有疑加氏非创远镜者矣。科学伟业必不能以一人成之。加氏其依已有者而加

---

① 培根，即罗吉尔·培根，Roger Bacon（1214—1294）。——编者

② 刻白尔，即 Johannes Kepler（1571—1630），今译为刻卜勒，或开普勒。——编者

③ 奈端，即 Sir Isaac Newton（1642—1727），今译为牛顿。——编者

④ 多禄某，即 Claudius Ptolemaeus（90—约 168），今译为托勒密。——编者

⑤ 哈雷，即 Edmund Halley（1656—1742），英国天文学家。——编者

精，抑系闻风而兴起者乎。好古之士，乃于故纸堆中访得一函，为加氏制成远镜六月前，其友法人函渠者。中述荷兰某人以双凸镜及双凹镜合而观之，远物若近。此人为谁，科学史中至今未定之，疑问也。或谓强生[①]，或谓力伯来[②]，或谓梅吸司[③]。强生眼镜匠也。一日忽得视远若近之法，以献某公子。公子不识其利，又献某公爵。公爵以为有裨于战事，厚与之资便秘之。强生实始得此法者，以守秘密，名卒不彰。力伯来亦眼镜匠，梅吸司为数学教师，皆后于强生。尝于千六百八年，请荷政府给造远镜专利，荷政府以已有却之。

加氏之镜，目镜双凹，象镜双凸，光线透象镜后折向焦点。目镜须在焦点之前，乃能使将至焦点之光线平行而成近且明之象。自焦点至象镜之距离愈大，则放大倍数愈多。自焦点至目镜之距离愈小，则放大倍数亦愈多。故以后距离除前距离，即可以知其放大力矣。虽然此理论也，求之实事，星光之色不同，故透双凸镜时，折角互异，自不能射于一点。故实事上之焦点，非一点也，亦非一色也。人目能见者，红为最远，紫为最近。红紫之间，众色杂成。放大力小时，远镜中之象，其中部尚能见其真，不过边上有各色之光环耳。迨放大力愈大，各色之光环亦愈形纷乱，而真相不可知矣。是远镜第一大病。此病不去，观测上仍无大进。光学家所谓色混[④]是也。

继加氏而起者，虽不能去色混，然历次实验，知自焦点至象镜之距离愈大，则可使色混略微。于是十七世纪末叶，和勤[⑤]、加西尼[⑥]、希尾利斯[⑦]等，力求增远镜之长，有至百英尺以上者。管长则体重，体重则不便，故加西尼以线代管，两镜间以线连之。象镜置于高竿之上，目镜可于地上游移。其用管者，亦穷其机心，以转硕大之器，然终觉其不便也。于是制特镜以去色混之问题起。

加利倭以后百五十年中，色混犹未能去。然光学专家日精其诣，识者知其必有成也。今欲明去色混之法，必先明光与三棱镜之关系。凡光透三棱镜，其变有二。一为折向焦点，一为散成杂色。折向焦点，远镜之所利用。散成杂色，远镜之所病。今取三棱镜二，并置之。甲尖向上，乙尖向下。光线透甲时折角向上，及透乙时折角又向下。故透两镜后，其折角等于两镜折角之较，其分散度数亦等于两镜分散度数之较。今设两镜之质同，式样大小亦同，则其分散度数适相消，而免色混之病。然向上之折角与向下之折角，亦适相消。镜之远所利者，与害俱去矣。故最要之问题，在免色混而仍留折角。以数学理论证明此问题为能解者德数学家尤拉[⑧]也。历试各种玻璃以求

---

① 强生，即荷兰眼镜匠 Johannes Janssen。——编者
② 力伯来，即 Hans Lippershey。——编者
③ 梅吸司，即 Adrian Metius。——编者
④ 色混，即 chromatic aberration，今称色差。——编者
⑤ 和勤，即 Christian Huygens（1629—1695），今译为惠更斯。——编者
⑥ 加西尼，即 G. Domenico Cassini（1625—1712）。——编者
⑦ 希尾利斯，即 Johannes Hevelius（1611—1687）。——编者
⑧ 尤拉，即 Leonhard Euler（1707—1783），今译为欧拉。——编者

得相当配合者，英光学家多郎[①]也。多郎得两种镜晶，甲种之密度较乙种为高。若其三棱间之角相等，则甲种之分散度数约倍于乙种，而折角则相等。今使甲种三棱间之角半于乙种，则两种之分散度数相等，而甲种之折角半于乙种，故分散度数全相消尽，而折角仍有剩余。即免色混而仍能放大也。

实制远镜时，或用一双凹镜，前后以双凸镜配合。或用双凸镜配合单凹镜。前法今已不用。欧洲小远镜，及美洲克氏[②]所制者，皆用后法。以甲种镜晶制凹镜，乙种制凸镜。两镜之角度弧度皆无定则。因制镜晶时，其质时有微异。故非历次实验不能得相当比例也。凹镜外面弧度常微，几成平面。光过两镜间，损失百分之七。若以精纯植物油实之，损失只百分之一。

天下事欲尽善尽美，非易臻也。多郎发明上法，人以为色混之病免矣。以其法制小远镜，象甚清晰。若制大远镜，则又不然。因甲乙二晶并置，使其分散度数相消，蓝色光线之剩余恒多于红色光线。故红色光线适消尽时，蓝色光线仍有剩余。若晶径小，则微差可以不觉。若大，则足为观测之障碍。此其害起于晶之本性，去之非易。今世所能者，不过增管之长，使其害略轻耳。

君不闻三十六英寸口径之远镜乎。又不闻四十英寸口径之远镜乎。前者在美之加利福尼亚，后者在美之芝加哥。君若见之，必惊问曰：如是大镜，其晶非神人不能制也。虽然其来有自，十九世纪初，瑞士工师其那[③]专究造晶之术。时弗恩[④]在德密尼克[⑤]城。弗恩精于物理学，志在测天，苦无大远镜。闻其那之名，卑辞致之，请制大晶。弗恩亦时以学理助其不及。数年之后，而十英寸口径之远镜喧传于世。弗恩卒于千八百二十六年。后三十年中，其弟子皆以制镜名。口径之大，有至十五英寸者。故密尼克城名闻于世。当时美洲人士，皆以为德人必久擅制镜之术，不意天佑新土，实生异材。合众国克氏之名，今已播于全世矣。氏幼贫贱，未能深习科学，壮以绘像为生。一日，父携之见一镜师，锥刀磨琢，一见若素好。遂于绘像之暇，究心制镜，不久技即大进。若在欧陆，其将膺美名久矣。惜生美邦，国家新造，学术幼稚，如此异材，受数十年之埋没，而始表彰之者，反为异国之人。唐司[⑥]者，英教士也，为皇家天学会重要会员。千八百五十三年莅美。见克氏之技，深讶之，即购数镜归，试之质美逾常，发见双星甚多，遂为揄扬于皇家天学会。氏既闻名后，远方来求制者日多。氏亦日求精进，增大口径，改良晶质。每制一镜，命其二子助之，必二三年始成。千八百六十年，氏为密士失必[⑦]大学制一具，口径十八英寸。既成而南北战争起，遂为

① 多郎，即 John Dollond（1706—1761）。——编者

② 克氏，即 Aluan Graham Clark（1832—1897），今译为克拉克。——编者

③ 工师其那，即 Pierre Louis Guinard（1748—1824），瑞士人，光学玻璃制造家。——编者

④ 弗恩，即 Joseph Fraunhofer（1787—1826），德国人，今译为夫琅禾费。——编者

⑤ 密尼克，今译为慕尼黑。

⑥ 唐司，即 William Rutter Dawes（1799—1868），今译为道斯。——编者

⑦ 密士失必，今译为密西西比。——编者

芝加哥天学会所购。今在芝加哥大学。此氏第一空前制作也。千八百七十二年，氏为美海军观象台制一具，口径二十六英寸。千八百八十三年，为俄布加瓦观象台[①]制一具，口径三十英寸。千八百八十六年，为桑港里氏观象台[②]制一具，口径三十六英寸。为氏烧晶者法人斐尔[③]也。克氏磨晶之技愈进，而斐尔烧晶之技亦愈进。为里氏观象台所制者，其晶五年始烧成，质已甚优。克氏磨琢之工不逾一年。世盛称克氏之精于制镜，而不知斐尔之功为尤大也。

以上所述之远镜应用折光者也，其应用回光者未置一词。然二者互有长短，未可上下。回光远镜之制，起于十七世纪。当是时，距远镜创造之世未远，而色混之病大章于世。圣如奈端，尚宣言曰：若用折光之理，色混卒不可去，我党天学界，曷不从事于回光远镜乎。夫以奈端之明睿，积坚忍之功，明万有吸力而尚灰心于折光远镜，则其余学者之多致力于回光远镜也审矣。故十七世纪之末十八世纪之初，回光远镜独盛行焉。虽然天下无不可去之病，色混之病卒去于十八世纪中叶。奈端失言矣。至十九世纪折光回光二种并行，力亦相敌，至于今不衰。回光远镜其著者有四式。（一）曰格利各来[④]式，千六百六十三年格氏创之。法置一大镜，中有一孔，其弧成抛物线。此大镜之用，在使平行光线回向焦点，焦点即远物之像也。但与人目相违，故又置一小镜在焦点之前，使回射焦点入大镜之孔，乃以晶放大之。（二）曰加西格利恩[⑤]式，千六百七十二年加氏创之。第一式小镜为凹，在焦点之外，故得正像。此式小镜为凸，在焦点之内，故得倒像。余与第一式同。（三）曰奈端式。奈端创之，与第二式同年告成。法使小镜斜倚半象限，小镜之轴与大镜之轴垂直。自小镜射回之像适在大镜之旁，故人目须在旁观之。（四）曰希志尔[⑥]式。希志尔大成之，其时为十八世纪。其法不用小镜，略倚大镜，使焦点在下，人得自下用晶而放大之。星汉之光自上入镜，不能为人身所掩，此其利也。四式之中，末二式较首二式为优。

回光远镜之构造既明矣。今述其进步之历史。奈端所造者，口径一英寸，放大力三十八倍。奈端之后，进步甚鲜。至千七百十八年，哈特来[⑦]增至二百倍，管长四英尺。其后五十年中，折光远镜大进，时人皆疑回光远镜之将衰。孰意天降异材。希志尔爵士笃生于英。爵士少好音乐，壮为音乐教师。音乐与天文数学关系甚密。昔希腊

---

① 布加瓦观象台，即位于俄罗斯圣彼得堡的普尔科沃天文台（Pulkova Obervatory）。——编者

② 桑港里氏观象台，即位于美国桑港（San Jose，今译为圣何塞）的里氏观象台（Lick Obervatory，今译为利克天文台）。——编者

③ 斐尔，即 Feil 家族，19 世纪中叶法国著名光学玻璃生产世家，创始人为 Bontemps Feil。——编者

④ 格利各来，即 James Gregory（1638—1675），苏格兰人，今译为格雷果里。——编者

⑤ 加西格利恩，即 Laurent Cassegrain（1629—1693），法国人。——编者

⑥ 希志尔，即 F. W. Herschel（1738—1822），生于德国，19 岁移民英国，天文学家，今译为 F. W. 赫歇尔。——编者

⑦ 哈特来，即 John Hadley（1682—1744），英国人，今译为哈德利。——编者

哲学家辟塔哥拉[①]氏有言，天体运行若合运节。此虽未必尽然，而其说精矣。爵士每于星光之下，散步微吟，仰观乾象，默会于心。虽无名师之传授，而其用心已久。一日旧物中理得格利各来式远镜一具。以之观天，奇象毕现。爵士尚觉其力太弱，欲购巨者，家无积资，乃决意自制。磨琢之声日闻于邻里。呜呼，苟爵士为富家子，其用力必不若是之勤也。积数年之力，而管长五英尺之远镜告成。后又增至七英尺。英王乔治第三闻之，命长皇家观象台，使制最大之远镜。千七百八十九年口径四英尺、管长四十英尺之大远镜告成。全欧震动，英皇遂锡爵士之命。计爵士一身勤苦，制大小远镜约四百具。而四十英尺之大远镜，功效尤多。始见天王星者即爵士所用之器，即此大远镜也。爵士卒后，回光远镜之制日进，然皆爵士开其先。今最大者在美加利福尼亚州威尔逊山揆日台，口径一百英寸。爵士之大远镜今已损坏。废置之日，全球学者不胜赞叹，诗人歌之者甚多。今在英博物院中，亦不列颠无上之光荣也。

第三章　论地

地圆地动二论皆能从万有引力论推出。然论其发见之先后，则地圆之论希腊诸哲多信之，而地动之论则至哥白尼而始有实证。其间相去约二千年，则以难易之别为之耳。不佞述天学。第一章论为学之法，辟占星之谬说，而真理始见。盖为学者祛其病而利导之。第二章述测器之进步以见实验之要。今至第三章矣，将以实验之法研究最近之天体，则地是已。而地圆之论较地动为易明。故先论地圆，而于第四章论地动。次及月，次诸行星，次彗星流星，次日。于是纵观日局，论其悠久之运行，以及恒星界众世界之现象。庶几造物之美，思而莫穷。盖于美术、科学、心灵、德育诸端，皆有益于读者云。我国天学之发达，限于授时一方。周髀言地为平面，所谓盖天是也。盖天疏阔不足道，汉以后历家鲜用之，而卒无人明指地平之谬。明说地圆者，则以拘于古而不敢议也。明之季世，历学衰微。耶稣会人航海东来，借科学以传教。适明廷改历之议起，于是有中西历学之争。然西学原于地圆，故推度用弧角。中学原于地平，故推度用勾股。孰疏孰密，不言而喻。清圣祖明睿好学，毅然用新法。其在野之学者，如宣城梅定九[②]先生，恐拘古之士疾视西说，乃引《大戴》以证地圆，据《离骚》以明诸曜之不同天。先生诚心求学，索强古籍，实欲士大夫知西法之精，非得已也。不意乾嘉以来，考古之风日甚，以为西法皆源于中法。自蔽之道，孰甚于此。乾隆中叶，西洋人蒋友仁[③]始至京师，讲地动之论。当时号称通儒者，不深习其故，遽以西人屡

---

① 辟塔哥拉，即古希腊 Pythagoras（前 570—前 496），今译为毕达哥拉斯。——编者

② 梅定九，即清朝数学家、天文学家梅文鼎（1633—1721），字定九，号勿庵，安徽宣城人。——编者

③ 蒋友仁，法国来华传教士 P. Michael Benoist（1715—1774）之中文名。1744 年抵澳门，1745 年奉乾隆帝之诏入京，在天文、地理、建筑领域有成就。——编者

变其说斥之。地动之说，犹未明于中士也。咸丰间，海宁李氏[①]与西士伟烈亚力[②]译《谈天》。原本系英天学大家侯失勒约翰[③]（John Herschel）所著，李氏以诚意达之，于是地圆地动诸理之证明，中国始有详书。按李氏译《谈天》在一八五九年，距今将六十年。欧美学者在此六十年中之发见不可胜数。何今无人继李氏之业耶？无论李氏之书不足以该一切新理，即在当时，流传亦不广。则何怪乎孤陋寡闻之士，尚据《易》义以言天乎！又何怪乎不学者之盲从率意，终身大惑乎！呜呼，学术岂得拘于一国。他国人所发见，我国人不信之，则必重试验之，以定其是非。万有引力之说，英人倡之，法人非之，法学者之健者，乃专事测验，其结果适足以明万有引力说之正确。于是奈端之帜，树立于法矣。际兹国力微弱，学者不能如愿试验，谨述地圆之说一章、地动之说一章于后。证据务取确赡，文笔务取明显，使国人读之，咸晓然于宇宙之秘，则作者之愿也。

地圆之证据

纪元前六世纪，希腊哲士辟塔哥拉斯以几何学鸣一世。氏即发明勾股弦平方之定率者也。氏虽癖好数理，谓五星之行中乎天钧之乐律。然谓地圆者，氏实为始。纪元前四世纪，亚里士多德申其说。后之大家，如亚利士大各[④]、多禄某皆宗之。古代天学至多禄某而大成。其学说虽主地静，而地圆则已深信矣。故谓哥仑布[⑤]航海而后知地圆者，为通俗言也。若天学家则早知之矣。兹举其重要之证据如后。

（一）两地铅垂线之交角与距离成比例

依几何定理，铅垂线之交角即圆心角。圆心角与圆周之弧成比例，故地面上铅垂线之交角与地面上之距离成比例。铅垂线之交角，何以量之。曰，用恒星。恒星者，空间之记号也。苟无恒星，则宇宙诸理难见矣。譬如甲地之铅垂线，直指甲星。同时，乙地之铅垂线，直指乙星。则甲乙二星之间度，即甲乙二地铅垂线之交角也。若此交角与距离之比为一常数，则地为圆球。若极近于一常数，则地之形非真圆球，或扁或长。若极相远，则地不为圆球。此甚易明者也。今测验之结果，则地极近于圆球，而两极略扁。其所以扁之故，容后详之。

（二）环游地球。

取东西向环行一周，于平面上亦能之。若能更取南北向环行一周，始足为地圆之证。

（三）海中舟渐行远，舟身先没，而后帆樯继之。

此足证明地为凸体，不足为地圆全证。或疑舟身先没，视线使然。实则物愈远，

---

① 李氏，即数学家、天文学家李善兰（1811—1882），号秋纫、壬叔，浙江海宁人。——编者

② 伟烈亚力，英国来华教士 Alexander Wylie（1815—1887）之中文名，1847 年来华。——编者

③ 侯失勒约翰，即 John Herschel（1738—1822），F. W. Herschel 之子，今译为 J. 赫歇尔。——编者

④ 亚利士大各，即古希腊天文学家 Aristarchus（约前 315—？前 230）。——编者

⑤ 今译为哥伦布。——编者

视线固愈低，而物愈近于地平，然终在地平之上。人目不能见，以远镜可见也。此就地确为平面言。若为球面，则舟沿地而行，必有真没入地平下之时。二者真伪，可验而知也。

（四）自高处环眺其视线成圆形。是即球面之小圆。但地面诸多阻碍。此种观察不易真确。

（五）月蚀时地影成弧形。然地大于月，若月被地全蚀，则地影可不定。若蚀一部，则全体未必为球形，况尚有虚影乎。

以上五证。其后四者，虽不能证明地之全部为球形，然与地平之说矛盾已多。加以第一证之坚精，无时无地有测量器者，皆可实验。则地圆之说固真理也。

地之体极近于圆球，则已明矣。若为真圆球，则两极间之径必等于赤道之径。若两极间之径大于赤道之径，则为长球形。若两极间之径小于赤道之径，则为扁球形。地体为长球形乎，抑扁球形乎。自奈端以来历加精考，断定地为扁球形。赤道之径为七九二六英里又百分之五十七，两极间之径为七八九九英里又百分之九十八。两极间之径较赤道之径短二十六英里又百分之五十九。以上诸数，系海氏[①]测算所得，其差误之限在一千英尺以内。然地为扁圆，且有以下之证据焉。

（一）实测

若地为扁球，则近赤道一纬度之长，必小于近两极一纬度之长。欲验其然否，上测星以得纬度，下用三角测量以得距离，更化为一度若干尺，即可以比较矣。据爱里[②]所集证据，以北纬一二度三二分为中点，测得一度长三五七九八四尺。自此而北，则渐加长。至北纬六六度二〇分为中点，一度长三六〇七三三尺。近赤道一纬度之长小于近两极一纬度之长，故地为扁球形。又海氏测算纬度。两极一度六十九英里又百分之四十。赤道一度六十八英里又百分之七十一。其较为百分之九十九。

（二）奈端之证

奈端之言曰，物之重者，其向地心之压力亦重。若极距地心与赤道上各点距地心相等，则压力亦相等。然赤道上之压力，有离心力减之，则两极之压力应似大于赤道上之压力，而水皆将流向赤道。今乃不然。则以两极距地心较赤道距地心近也。其理论可分三步。（一）地球上之水不注于赤道，故赤道向地心之压力减去离心力等于两极向地心之压力。（二）故赤道向地心之压力大于两极向地心之压力。（三）故赤道距地心远于两极距地心。奈端之论精矣，然地质比重是否相等，尚属疑问，故不如实测之明审也。

（三）验摆

按物理学，因地心吸力而起之加速为摆之长及一摆动之时间之函数。地心吸力大，

---

① 海氏，即 John Fillmore Hayford（1868—1925），美国大地测量学家，今译为海福德。——编者

② 爱里，即 George Biddell Airy（1801—1892），英国天文学家，今译为艾里。——编者

则加速大，加速大则一摆动之时间少。今实验之结果，则赤道上一摆动之时间为最多。向两极行，以渐而少。由其减率即可推得地体之椭率。不用摆而比较赤道上及两极物之轻重，亦可定椭率。经验家所以用摆者，以微重不易测，又不能积微而成著，而摆之差。则能积者也。

以上三证，皆足证明地为扁圆体。一证之力或不足，三证皆殊途而同归，则成信矣。然近三百年中，大地测量家之劳绩，有不可不述者。千六百七十一年，法披加得[①]测天度地里较前为精。奈端用之以明吸力诸理，洎乎日局之既阐，又因离心力以证地为扁球，时一六八六年也。然只理论，当时实测未精，不能验之。法人加西尼[②]，攻奈端之说几六十年。一七二〇年，法测量队在比利尼斯山实测，一七三五年在秘鲁，一七四五年在拉伯兰，则已近北冰洋界矣。测量结果既得，加西尼始信奈端之说。奈氏固思精，加氏终不妄断，虽相攻击，实相成也。十九世纪中，欧美政府多遣队测量，而英美二国成绩尤著。前述地球全径，用海氏之数，海氏即尽力于合众国大地测量队者也。海氏至希马拉雅山，推得是山之内其质点之比重较山南平面上者为轻。其轻几何，适与山之高为比例。海氏深讶之。归美洲后，更加精测，乃知高地之内质点微轻，低地之内质点微重。所以如此者，使地面上各点向地心之压力皆等。（此处言压力，指已减去离心力者而言。）则然奈端之证益可信矣。

地之重量

地之重可知，而不可以常法衡之。盖以常法衡地上之物，两极重而赤道轻，缘地心有吸力也。虽然赤道物轻而两极物重，则孰为真重乎。常法之衡不足以定真重。欲定真重，须观此物与他物互引之现象。万有引力为重及距离之函数。然则已知引力及距离，重可定矣。引力者可度，因引力而起之微动，比较得之。

距离亦可度

数理甚易，而至近世始明者，测器不精也。按诸家结果，求其中数，地之吨数为六十垓。（按自万以上，数名有十。曰亿、兆、京、垓、秭、壤、沟、涧、正、载。寻常实用鲜有至京者。在天学则数常极大，非有定制不可。我国万以上诸名之进法不一，或以十进，或以万万进，或则数穷而进。兹假定四位为一段，万万曰亿，万亿曰兆，万兆曰京，万京曰垓。盖仿欧西三位为一段之制，而略变其例也）。以水为准，地质平均之比重者五倍又百分之五十三。读者将疑其说之荒唐乎，请观以下之测法。

（一）转秤法　转秤之制，以极坚轻之线悬一轴，使平轴之两端各系一小球。线质坚则悬固，轻则抵力弱。转秤须置定空气中，始能静止。今以二大球置轴之两旁，则

---

① 披加得，即 Jean Picard（1620—1682）。——编者

② 加西尼，即 Giovanni Domenico Cassini（1625—1712），今译为卡西尼。——编者

因大球引小球，轴亦微动。然线有抵力，必经多次摆动，甚至数小时后，线之抵力全尽。然后因大球之引力，轴之静止处与原处成极微之角。其度可量。人目不能辨，则宜用显微镜。宇宙引力，无物不及，验此明矣。于算之程序，则首定线之抵力。然此亦必用间接法。去二大球，使轴略动，观其摆动之现象，即可定线之抵力。犹地心吸力以摆动定也。既知抵力及因大球引力而起轴所转之微角，则可定大小球互引力几何。既知大球之重、距离及互引力，又知地经及地心吸力，则地之重可以比例得之。

（二）铅垂法　法于山之两麓，择定二地。用三角测量求得二地间大弧之度。然后悬铅垂线，两地同时测星，以定铅垂线之交角。结果小于用三角测量所得之弧度。何明以之。山之引力使铅垂线斜地。此法之出，犹上法之大球。理同算亦同。较其优劣，则上法难而极准，此法易而难精。因山之重量，用平均比重算之，非善法也。

（三）摆法　验摆于矿中，与验摆于地面，结果不同。其理由有三。一因近地心，故引力大。二因近地心，故离地力小。三因在矿内验摆，上亦有地质引之，与下之引力相拒。此三种影响合成完全之结果。今已知完全之结果。首二影响，可以数理推。则第三影响，即可于完全结果中减去首二影响得之。既知在地质之引力后，余法同前。（此法亦可用于山上。）

论地之重者自奈端始。前乎此者重之义尚未明，更何言衡地乎。奈端以过人之智力，意想地质平均比重在五六之间。虽未证明，去近世实验之结果不远，亦足异也。十八世纪后，学者并用三法。一七七四年，马斯格林（Maskelyne）验铅垂法于苏格兰，得地质比重四又二分之一，结果不密。一七九八年，加文迪喜（Cavendish）验转秤法于英，结果极密。十九世纪中，复验转秤法者有六家，皆与近焉。

地内状况

前世纪学者谓地之内部为液体。其理有二。（一）火山喷裂时流出者为液体；（二）采矿实验。每掘下百英尺，温度增华氏一度，然则地下十英里，当五百度，百英里当五千度，千英里当五万度，至地心当二十万度五千度时，物无不熔。故自地下百英里至地心，皆液体。

然此亦系于压力。以液体论，压力增大则沸点增高。以固体，论压力增大则熔点亦增高。今有柱体器，剖面一平方英寸，高百四十四英尺，容积一立方英尺。满之以水，则器底所受之压力为六十二磅有半，即水一立方英尺之重也。今地质之重数倍于水。即以地面比重二点七五论，地下百四十四英尺处，一平方英寸受压力一七二磅；地下一英里处约当三吨；地下千英里处当三千吨；至地心当万二千吨。然地质比重，因距地心远近而异。据拉伯拉斯说[1]，地心所受之压力实二万二千五百吨，较气压重三百万倍。

---

① 拉伯拉斯，即 P. S. Marquis de Laplace（1749—1827），今译为拉普拉斯。——编者

总上之说，但论温度，则地内当为液体。兼论压力则压力增大熔点增高，地内未必为液体也。虽然自地面至地心，温度之增率同乎，压力之增率同乎，不可知焉能决。近世学者乃以他法攻之，断定地内除少量液体外皆固体。述其证如左。

（一）测潮　测潮以定地内为固体，似不可信。说亦精深，然实近世至精之诣。一九一三年美国米（Michelson）[①] 甘（Gale）[②] 二氏得结果最准。且足证明地有复性。（elasticity 原译弹性。考英字定义，指物受他力而变，力去则复原状之性质，故译复性。弹者复原时之急动。原义要在复原，缓急不论，故弹字似太狭。）欲明测潮之证，必先明物之性质。物之性质因其分子间之关系而定。就分子论，则曰合性，曰黏性。合性者使同类分子合成一体者也，黏性者使异类分子相黏附者也。就他力论，则曰随性（viscosity）、曰复性。复性之义见前。随性者，物受他力而变，力去而不倾向于复原状者也。取随他力所向而不自复，故曰随性。或译黏性，因物随他力而变，即黏附于所变之地位而不复原，故云。然与分子之黏性相混，故不取焉。液体固体之分，在于抵力之强弱。外力虽强，而物之合力抵之而有余，卒不使物有几微变者纯粹之固体也。反之则有纯粹液体。此二异者，只理想中物。其实在者，或近于纯粹固体，或近于纯粹液体，其位置可定也。地果纯粹固体乎，抑纯粹液体乎。苟不纯粹，何者为近，此待决之题也。

宇宙之力。加于地而使变者，莫著于日月吸力。譬如地面二点，甲向月而乙背月，地心适在甲乙之间。则甲点所受月之吸力，大于地心所受。地心所受，大于乙点所受。以数推之。甲点所受月吸力、比地心所受、又比乙点所受，若二七七比二六八、又比二六〇。因吸力不同，月轨平面交地面处微有隆起，地半径约增四英尺。若地非纯粹液体，则不及四英尺。若为纯粹固体，则不增。

今设地面上平置水管。地向东行时，水管之西端，其水面受月之吸力而有隆起。隆起之合于液体之规则。若地质如水，则地之隆起为水之隆起适相消，故水平之隆起为零。若地为纯粹固体，则水平之隆起为最大。实验得数在二界之间，其位置可定，距何界为近，亦可定也。一九一三年，米、甘二氏验此法。择地于美尤克斯观象台[③]，取其无震动也。水管埋于地下数十尺，取其温度有常也。管长五百英尺，而水面之隆起，最大时只一英寸之千分之二。苟无精法，无以测微。米甘二氏之水管，两端用玻璃，水内置一针。其芒与水面相齐。若人目在水面下，自玻璃外观之，因回光之故，针之像亦可见，针之芒与像之芒相接。若水面隆起，则不相接。其两芒间之距离半之，即水面之隆起。用回光之像者，倍其度也。倍之而目尚不能辨其微差，则须用显微镜。米、甘二氏验此法数月，每二小时测一次。测之先，须定月之方位及距地里数，然后

---

① 米，即 Albert Abraham Michelson（1852—1931），今译为迈克尔孙。——编者

② 甘，即 Henry Gordon Gale（1874—1942），今译为盖尔。——编者

③ 尤克斯观象台，即 Yerkes Observatory，今译为耶基斯观象台。——编者

定月之吸力，然后拟地为纯粹固体，则水面隆起当几何，然后实测水面隆起。其结果较小于预推者而甚近焉。然则地非纯粹固体，而甚近于纯粹固体矣。

米、甘二氏之结果。管之东西者，实测数为预推数之十分之七，管之南北者，实测数为预推数之十分之五。此亦有异之事，其理待深究者。总之，地之全体，除地内少量液体外，皆为固体，其抵力如铁，且又证明地有复性。何以言之，若地有随性，则地之受力而变甚较水为迟。今实验时虽管长五百英尺，而不见地之较迟，则谓地有复性亦可信者也。

（二）验摆　若地内为完全液体，则虽受日月之吸力。摆之下垂方向必与水平成直角。若为固体，则因受日月之吸力，摆之下垂方向有极微微摆动。度此摆动，知地全体之硬度如钢。故地内除少量液体外，皆为固体。

（三）验海潮　验海潮犹验水管之小潮，其理同。然海潮难测，海岸线之曲折，影响非浅。虽困难若是，恺尔文[①]卒验此法，谓地之硬度甚高，诚希有之识见也。

（四）验地震　地震之影响，及于四周，为波动之现象。波之速度为其所经媒质之比重及硬度之函数。今比重已知，速度可实测，则硬度可算出。结果虽不甚信，然与用他法所得者相符。

（五）月之吸力，能使赤道平面渐移（此即岁差之原理，说详下章）。其率可测。今设地面数百英里下皆液体，则地壳移动，而地内之液体不动。犹舟行水上，舟动而水不动也。只外壳移动，则因重量小而速率必增。今实测移动之率而比较之。知地实全体移动，然则内部皆固体矣。

（六）地轴于长时期内有极微微之旋动。其速率为体积、重量、自转之速率及硬度之函数。今旋动之速率、自转之速率及体积重量皆可测定，则硬度可算出。结果与用他法求得者相符。

以上六法。论第一法最详，余五法不过其大略耳。一法验水管之潮，二法验摆，三法验海潮，四法验地震，五法验赤道平面，六法验地轴旋动。结果皆相符。则地之硬度甚高非虚言也。

一八六三年恺尔文始验海潮以定地之硬度。英人米恩[②]（John Milne）验地震于日本。地轴旋动之说成立于一八八八年，应用于硬度问题始于美之纽孔[③]。一八七九年英人佐治达尔文[④]始用第一法之理验潮以定硬度。测器不精卒归失败。前十五年中，进步昭著。至一九一三年，美之米、甘二氏得结果最准。于是地之硬度及复性二问题定矣。

地上空气　地壳外气体包之，是曰空气。其成分见化学书，不赘。论其重量，则

---

① 恺尔文，即英国 Lord Kelvin（1824—1907），又名 William Thomson。——编者

② 米恩（1850—1913），英国地质学家，水平摆式地震仪发明人之一，今译为米尔恩。——编者

③ 纽孔，即 Simon Newcomb（1835—1909）。——编者

④ 佐治达尔文，即 George Howard Darwin（1845—1912）。——编者

一平方英寸上之空气，重十五磅。以地面积平方英寸数乘之，得地上空气总重六千兆吨，约为地重百万分之一。只谕“炭养二”[①] 一项，其总重亦三兆吨。气轻物重，积之能至若是之重。故论宇宙者必观其全。

测空气之高，有数法焉。其一测流星。流星者，或为彗星之烬余，为日局所吸引，或为绕日小体，为未发达之行星，其轨道之椭率甚大。其体本无光，其速率有每秒至二十五英里者。及与地近，入空气界中，则因速率高而阻力大，热极而生光，其体燃烧尽则光又灭。吾人观空中，忽见一流星，其行甚速，其光成直线，一瞬而灭。始见时即燃烧之始，灭时即燃烧之终。曾经天学家实测，燃烧始时，约离地自六十英里至六百英里，灭时约离地四十英里。然则离地百英里以外，其空气必极稀，虽以流星之高速度，尚不发光，谓之无空气可也。其二测极光。极光为稀薄空气中之磁电现象。历经测验，南极光离地自百英里以上至六百英里，北极光离地较近。然则稀薄空气中，流星不能发光。而磁电乃有作用。其三测晨昏分。日落之后，日出之前，其尚有日光之时间。日晨昏分，尚有日光之故，空气能回光耳。有时日离已入地平下，高部之空气尚极光明。日行愈下，则此光明之部，愈近地平，至与地平合而止。当是时实测，知日在地平下十八度。又准几何理，此光明之限既与地平合，则必为两切线之交点。（切点间之短弧为十八度。）乃以三角法入之。得此点离地约五十英里。五十英里之上则空气稀薄，不能受日光而反照矣。

以上三法结果不同，因所验之现象与空气之密度有关故也。第一法证明百英里以外，虽以流星之高速度，尚不发光，则空气必极稀。第二法证明两极磁电现象，见于百英里之外，则空气必极稀。第三法证明五千英里以外空气之密度，即不能受日光而反照。总上结果，离地百英里以外谓之无空气可也。离地百英里处，空气之密度为近地面空气四百万分之一。以百英里较地球全径，比例甚小。设制一地球仪，全径八寸，则空气之厚只一分。读者已知空气之重量密度及厚薄，然后可进究气体之力理矣。

编注：

本文发表于《清华周刊》第 84 期（1916 年 10 月 25 日）至第 103 期（1917 年 4 月 5 日），署名为“清华科学社社员叶企孙”。每隔一周发表部分文字。

本文是 20 世纪初中国人撰写的含近代科学意义的第一篇天文学史文章。

---

① “炭养二”即二氧化碳。——编者

9 The History of Astronomy in China

Introduction

Among the different sciences, some require a longer period of observation than others in order to establish a truth. Such, for instance, is astronomy, which stands pre-eminent as the most ancient science, having well advanced on the road of progress with a number of fundamental truths already established, yet still presenting many problems which we cannot explain even at the present time. It is of surprising interest when one imagines what an enormous duration is required for a people to develop from the most primitive conditions to the present state of civilization. Centuries are necessary in order to understand how to reckon up to one thousand. When the primitive people fist saw the cycle of changing conditions parallel to the change of seasons, they roughly decided upon a period of 400 days as the length of a year. By degrees this number was corrected until 365 was adopted, and by that time the science had progressed a great deal and accumulation of observation through the many centuries had culminated in the determination of the length of a year which, simple though it appears, was a great achievement in antiquity. It is in this respect that historians admire the ancient Egyptians, Phoenicians, Babylonians and Chaldeans, because they had a more perfect calendar, upon which the different aspects of human life were based, than their contemporaries. Unfortunately, none of the four nations existed longer than a thousand years. Although the influence of their civilization is felt even to this day, progress in astronomy must have been arrested, by political and military changes. When Greece was at the height of her civilization, she never had a system of calendar as good as the Egyptians had. The cycle of Meton, inscribed on the stone monument, only showed us how the Greeks could not adopt a better calendar. When Rome was extending her territory, she had no calendar which could rival the Egyptian system, until the Julian Calendar was founded. All these facts tend to show that the West had a fairly accurate calendar only within the last two thousand years, a comparatively recent period; while conditions were quite different on the other side of the globe.

From the Pamir plateau, our forefathers moved eastward until they found the fertile Huang Ho valley. On the banks of this great river was founded a seat of civilization which has lasted seven thousand years to the present day, and will last forever. Records were as clear as the azure stating that, about five thousand years before the Christian era, the Chinese had begun a system of calendar which by gradual correction became fairly accurate about 2300 B. C. Besides the question of calendar the world astronomer must not ignore, on the bright side, how our great mechanical genius Chang Heng (张衡, 78—139) constructed the instrument which could detect a slight earthquake, how our great mathematical genius Kuo Shou Cing (郭守敬, 1231—1316) established a system of calendar by the solution of the cubic equation, how the instruments used in the thirteenth century were as accurate as those of Tycho Brahe, and on the dark side how development of new theories were hindered through a superstitious reverence for the past. These are the topics which the writer proposes to present to the world at large as a part of service he should render. Certainly, it may appear a dead subject to some readers, yet it is the energy of men that can recall the dead into life.

The Ancient Calendars

The reign of Fu Hsi (伏羲) began in the year 4712 B. C. It is said that the ruler wished to devise some method to keep time. A courtier proposed that he could find out the length of a year by observing the growth and decaying of annual plants. The proposal was accepted, and after twelve years, a rough calendar system was established. The story, though not very reliable, gives a good idea how the earliest calendar might be constructed not only in China but in every country.

The earliest record of calendar-making which can be trusted relates to the reign of Huang Ti（2697—2596 B. C. ）. As almost every particle of Chinese civilization can be traced back to Huang Ti， so it is with the calendar. Six courtiers were ordered to work on six different subjects：（1） observation of the sun；（2） observation of the moon；（3） observation of stars and clouds；（4） lengths of the musical pipes；（5） the cycle of sixty； and （6） the science of arithmetic.

The celebrated astronomer Hi Ho whose descendants held a place in the ancient astronomical world for about five hundred years， was ordered to observe the apparent annual course of the sun. As observation of the moon was only next in importance to that of the sun and also the comparatively short and distinct cycle of our satellite presented an apparent method for reckoning time， the lunar calendar probably began at that ime. The crude observation could not find out the difference between a solar year and twelve lunar months. It is certain that the system of leap year did not begin until the error was discovered in the reign of Yao.

The third subject marked the beginning of astrology. Since the first settlement on the bank of Huang Ho， the people had experienced much suffering. Through some accidental coincidence of the earthly calamities with the unusual phenomena of the heavenly bodies， as well as through the mystery with which the ancients viewed the twinkling lights in the night and the continual change of the cloud forms， it was natural for them to think that there was some relation between the clouds and the stars on one hand and human life on the other. The relation between the clouds and human life was even more apparent， when we consider that rain and wind are connected with the clouds and their excess causes floods and hurricanes.

The fourth subject concerned with the lengths of the musical pipe. A wind-pipe of uniform diameter was used as the standard； and the different lengths of the pipe corresponded with different musical notes. The relation between music and astronomy lay in the fact that the different standards of measurement happened to be derived from a standard musical pipe.

The cycle of sixty was not only an interesting subject to an astronomer， but also had an important connection with the study of the Chinese words. The cycle is designated by 22 words， the first ten known as the Kans （干） and the rest， the Chihs （支）. A theory has been put forward[①]that the Kans were the names of the ten lunar months which were assumed to make up a solar year when the calendar was still far

① 《观象丛报》第一卷第十一号。

from being accurate. These ten months were named after the shapes of the constellations visible during the respective months compared with the different parts of the human body. Notice the resemblance between the ancient hieroglyphic forms of the Kans and the different parts of a body as shown below:

Modern Form 甲 乙 丙 丁 戊 已 庚

Ancient Form

Real Meaning head. neck. shoulder. heart. rib. abdomen. navel.

辛 壬 癸

leg. thigh. foot.

The theory goes on to show that as time went on, a solar year was found to consist of twelve lunar months. New names were given to the twelve months. These names or the Chihs were after the shapes of the constellations visible in the respective months compared with the different animals. Notice the resemblance between the ancient hieroglyphic forms of the twelve Chihs and the twelve animals as shown below:

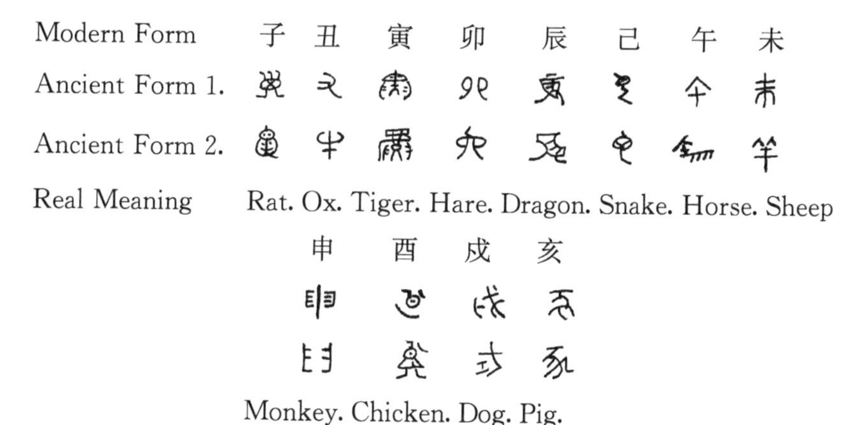

From the above comparison it is clear that the Kans and Chihs were the two sets of signs of Zodiac. Sixty combinations were possible from these twenty-two words, a Kan always preceding a Chih. By means of the sixty combinations, the number of years was divided into cycles of sixties, a custom which has come down to the present day, but which has no mystic origin as the cycle of sixty in the Babylonian history had. In later development, when the twenty eight constellations were used to mark the Zodiac, the real significance of the Chihs was obscured.

The reign of Chuan Hu (颛顼, 2513—2434 B. C.) marked a progress in the science of astronomy. The procession of seasons was determined more definitely by observing the stars. It is said by a certain authority[①]that a crude form of armillary sphere was first constructed at that time.

The reign of Yao（尧，2357—2254 B. C.）and Shun（舜，2255—2204 B. C.）, the Golden Age of China, was adorned with great astronomical success. It was in this age that the length of a year was definitely stated to be 366 days, and that the system of leap year was introduced. It was also found that the location of any place on the earth can be determined by the stars which can be seen at that place at a definite time. The term "Middle Star," that is, the lowest middle star on the south horizon, had its origin at that time. The four worthy descendants of Hi Ho were still serving at the court. They were sent out by Yao to four directions and were ordered to determine the Middle Stars of the places where they passed and also the climate.

The armillary sphere was elaborated in the reign of Shun. It was first made of precious stones, and the arc was first divided into degrees. Emperor Shun himself observed the motions of the seven bodies, that is, the sun, the moon, and the five planets. Between Shun and the beginning of Chou Dynasty, a period of eleven centuries, no great progress was made in the astronomical work. The descendants of Hi Ho who were holding their offices as the astronomers royal gave themselves up to drunkenness and riotous living. According to the rule, if there was an eclipse of the sun, the royal astronomer had to give warning beforehand so that the priests might perform services to reconcile the anger of the deities. An eclipse of the sun happened in the year 2159 B. C. The intoxicated astronomers did not give any previous warning, and in order to appease the wrath of the heavens, they were punished with death. Such a tragic event clearly showed the attitude of the people toward natural phenomena and proved the statement that observation of the heavenly bodies was primarily connected with religious service in the ancient time.

The Chou Dynasty

With the rise of the Chou Dynasty, astronomy was endowed with a new spirit. Magnificent palaces were built in the Eastern Capital. The great sage, Chou Kung, with his knowledge of the right triangle, proposed that the procession of seasons can be determined by measuring the shadow of a pole of definite length at noon, because

---

① 刘智：《论浑天》。

the lengths of shadows are different in the different seasons. Accordingly, a pole of eight units was erected in the Eastern Capital. The shadows of the solstices were found to be 1.6 and 13.5 units; and the shadow of the both equinoxes was found to be approximately the arithmetical mean between the shadows of the solstices. Having found that the shadow of the summer solstice was 1.6 in the Capital, the observer carried the pole southward from the capital for one thousand Lis, and the shadow was 1.5. Again, he carried the pole northward from the capital for one thousand Lis and the shadow was 1.7. From these data, Chou Kung deduced that the increase of the length was one tenth of the unit to one thousand Lis, the pole being eight units. In reading these data, one must not think that the Li used is an absolute length. The Li in the Chou dynasty is shorter than the present Li; but how much shorter we do not know. There has been a fruitless dispute about it owing to the fact that even the present Li has not been standardized as well as to the fact that the records differ on this subject. The pole used, according to the record Chou Pe (周髀), is eight Ch'ihs (尺) long. But the ancient Ch'ih stands to the present Ch'ih in the same relation as the ancient Li to the present Li. The terms Li and unit used in the discussion of shadows shall not stand against a test for accuracy, but will serve to show the relative dimensions upon which the well-known wrong statement that the earth was a flat surface was elaborated.

Applying his results that the shadow of the summer solstice was 1.6 units in the Capital and that the increase of the length of shadow was one-tenth of the unit to one thousand Lis, the ancients said that about the time of the summer solstice, the sun was directly over that part of the earth 16,000 Lis south of the capital. It was similarly stated that about the time of the winter solstice, the sun was directly over that part of the earth 135,000 Lis south of the Capital. Such an expression as "when the sun moves to the farthest point in the south," which is used in the Chinese literature to indicate the winter solstice, was certainly derived from the above theory.

Another interesting yet wrong method was used to find the diameter of the sun in accordance with the flatness of the earth. A certain place and a certain time were chosen so that the shadow at that place and that time was six units. A sighting tube was used to observe the sun, the tube being one unit in diameter and eighty units in length. The opening of the tube exactly covered the apparent surface of the sun. The sun was directly over that part of the earth 60,000 Lis south of the place where the shadow was six units, and the perpendicular distance from the sun was 80,000 Lis from the property of similar triangles. Hence, by the Pythagorean theorem, the sun was obliquely 100,000 Lis away from the sighting place. Again，by similar triangles，the diameter of the sun was found to be 1,250 Lis.

It is out of necessity to add theorem upon theorem founded on a misleading premise. Never can anything show better than this that a little knowledge is dangerous. The whole volume of wrong statements was an application of the plane triangle，neglecting that heaven should be measured by spherical triangles. Without entering into a discussion of the effects of this theory for the present，I should say that，after all，the determination of the apparent solar motion by measuring the length of a shadow was a practical method，remaining in use among the Chinese astronomers even as late as in the Yuan Dynasty.

The annals of Confucius give many facts which show the astronomical standing at that time，because there the eclipses of the sun were recorded. The impossible fact that in one year，two eclipses happened in two consecutive months was recognized by the sage who，without altering the old records，simply added that the calendar was in disorder. The astrological atmosphere of the time was also clearly shown in the annals. The stars were divided into localities in accordance with the localities on the earth；and each of the five planets had its own peculiar effect upon the worldly affairs. Hence，the march of the planets among the stars were closely observed. When a planet moved to a certain celestial locality，its effect was supposed to be felt upon the state of affairs in the corresponding terrestrial locality.

Astrology was indeed developed from the very human desire to predict what would follow. The history of the Chou Dynasty was one of a continual internal struggle. The more fierce the struggle was，the more fervently did the combatants try to foretell their fate. In the age of Seven Kingdoms，the false art of astrology reached its perfection. The two treatises，one，a catalogue of stars and the other，a collection of astrological rules were passed down to this day.

The age of Seven Kingdoms，however，produced much original thought. Besides the theory Kai-T'ien（盖天）which supposed that the earth was a flat surface，there were two other theories Hun-T'ien（浑天）and Suan-Yeh（宣夜）which are worthy of mentioning. In Hun-T'ien，the earth was considered as a fixed point around which the sun，moon，stars，and planets revolved. Avoiding conflict with the old theory Kai-T'ien-undoubtedly this was due to the blind respect for the past，the shape of the earth was not explicitly stated. As the calculations based upon Hun-T'ien were comparatively convenient. Its methods were invariably followed in the later centuries，though only very few attacked the dogma of Kai-T'ien. Suan-Yeh as a theory，did not gain many followers. Its merit lies in its attitude toward nature. The heavenly bodies were supposed to be held in their orbits by some natural force. While the theory of two opposing elements combined with mysticism and astrological premises was long adhere to. Suan-Yeh had practically no eminent adherents working for its elaboration. Even its name was obscure for centuries until the modern western idea struck the Chinese scholars that this neglected theory was really the nearest approach towards a science explanation.

Many books in the age of the Seven Kingdoms scorned the old philosopher among whom Confucius stood as a central figure. The following story was told in Lieh Tzu（列子）. One day，Confucius met two boys on the street，quarrelling over the question whether the sun was more distant，when it just rose，or when it ascended to the zenith. One boy said that the sun was nearer to the earth when it rose than when it ascended to the zenith，because it was larger，and the other supported the opposite theory on the ground that it was cooler when it rose，and the coolness must be due to the greater distance of the sun. The question remained a puzzle to the great sage.

I have already said that a few books in the age of the Seven Kingdoms were passed down to this day. What do they show as to the practical side? The obliquity of the elliptic is given as 23. 5 degrees. The zodiac is marked by the twenty-eight constellations. The stars are named after their shape，titles of rank，places on the earth，or famous semi-god and semi-human beings of antiquity. The stars around the North Polar star are named after the gods and the goddesses as if they were a celestial court. About the regions of Aquila，Hercules，Ophiuchus，and Bootes，the stars are named after the places of the Central Kingdoms. About the regions of Canes Venatici，Leo Minor and Coma Berenices，the stars are named after the ranks in the government. Thus，besides the Twenty-eight Constellations which mark the zodiac and which are named after their shape，the other stars are grouped under three heads：the celestial court，the terrestrial court，and the different localities. Scattering about these three groups，there are the bright ones around which many a fairy tale has developed，such as the Weaving Woman（a Lyrae）and the Celestial Wolf（Sirius）.

The Development of Calendar

The ancient astronomical knowledge was largely lost in the Ch'in Dynasty through the merciless burning of books with the exception of only a few catalogues of stars and a few treatises on astrology. It is impossible to know the exact make-up of the ancient calendar systems. The first calendar of which we have a detailed account dated 104 B. C. in the reign of Han Wu-Ti. From that time on, there were so many changes in the calendar that even in the Yüan Dynasty, the able astronomer Kuo Shou Ching（郭守敬）said: "During the period of 1182 years, seventy changes can be traced and only thirteen of these mean real advancement." The simple reason for having so many unnecessary changes is that a change in the calendar was considered as a ceremony at the beginning of a reign. The histories of the different dynasties are filled with dull numbers that really mean nothing to the advancement of the science, and I propose not to puzzle my reader by giving a chronological account of each change, but rather sketch the real advancement in every particular field.

1. The Length of a Tropical Year. The number 366 was associated with the reign of Yao. The Calendar of 104 B. C. gave the value 365. 25. About 206 A. D. Liu Hung（刘洪）, after years of patient observation, reduced the decimal part to 0. 261, which though still too large, was considered as too small by most astronomers at that time until the great genius Tsu Ch'ung Chih（祖冲之）again reduced it to 0. 2428 in 462. The reader will remember that Tsu also found $\pi = 355/113$, a very accurate result. About 1198, the still smaller value 0. 2425 was assumed. This value, the smallest among the results obtained by the Chinese, continued in use during the Yüan and the Ming dynasties, although it is a little larger than the modern value.

2. The Precession of the Equinoxes. The precession of the equinoxes or the difference between a sidereal year and a tropical year was discovered by New Hsi（虞喜）in the fourth century. In the next century, Tsu Ch'ung Chih found that the difference would amount to one degree in about forty-five years. In 1293, Kuo Shou Ching. whose results were among the best ever obtained, stated that the difference would amount to one degree in about sixty-six years. Considering the degree of accuracy of the instruments then used, we should think that any more accurate result than this would be impossible to obtain in the thirteenth century.

3. The Eclipses. The eclipses were horrible to the ancients. But the mathematical laws which govern the eclipse of the moon are much simpler than those which govern that of the sun. So even though the astronomers of the Chou Dynasty could roughly predict an eclipse of the moon, they failed entirely with the eclipse of the sun, as shown by the familiar saying in the Five Classics that the eclipse of the moon was usual, while that of the sun was unusual depending upon whether the sovereign was good or bad. In the T'ang Dynasty, the astronomers were able to predict the eclipse of the moon to a fair degree of accuracy. But even as late as the Yüan Dynasty, an

astronomer, as able as the celebrated Kuo Shou Ching, failed to verify an eclipse of the sun which he had predicted and simply made an excuse to the emperor by saying that the horrible happening did not take place due to the benevolence of His Majesty.

4. Complications of the Lunar Calendar. The Lunar Calendar was unquestionably followed throughout the different dynasties until the beginning of the republic, simply because the general scheme was laid down by Yao, the emperor of the Golden Age. Many complications, however, arose from the lunar calendar. The old rule of arranging a month of twenty-nine days and a month of thirty days alternately did not coincide with the real motion of our satellite. In 626, Fu Jên Chün (傅仁均) first broke the old rule and arranged an "actual lunar calendar" such that the first crescent would invariably appear on the first day of the month. In 664, the government returned to the old rule of an "average lunar calendar"; but the new method of Fu was firmly established in 729. As to the criticism about the lunar calendar, there was practically none. The only daring scholar Shen Kua (沈括) in the eleventh century was reproached by his contemporaries, because he preferred a solar calendar rather than a lunar calendar.

5. Instruments of Observation. The armillary sphere was the main instrument of observation. Whenever a calendar was to be revised, a new armillary sphere was constructed. In the Han dynasty, Chang Hêng (张衡) greatly elaborated the method of construction. In the thirteenth century, Kuo Shou Ching, desiring to determine the constants to a degree of unprecedented accuracy, constructed about ten instruments for different purposes. While the original spheres have all been lost, a few copies made in the Ming Dynasty are still found in the present Central Observatory. Of the six instruments constructed by Verbiest (南怀仁), a foreign astronomer serving in the court of K'ang Hsi, three are kept in the Central Observatory also.

6. The Method of Interpolation. The apparent speed of the sun varies within certain limits. The amount of increase or decrease is a function of time counting from the maximum or the minimum limit. In 664, Li Chun Fêng (李淳风) first advanced a mathematical rule[①] which, in modern symbolism, would be

$$s=pt+qt^2$$

in which, t represents the time counting from the maximum or the minimum limit, s represents the amount of the motion of the sun, and p and q represents two constants to be determined from known values found by observation. Apparently the right side of the equation consists of the first two terms of a modern infinite series of interpolation.

---

① 麟德二差(海宁李氏说)。

If a greater number of terms is taken, the more accurate the result will be. The celebrated Kuo Shou Ching, hence, took three terms①, that is, he used the equation

$$s=pt+qt^2+rt^3$$

and determined the values p, q, and r. On account of the latter fact, the results of Kuo Shou Ching were among the most accurate ever obtained in the thirteenth century. If it were not for the Ming Dynasty when the scholars lost their interest in mathematic and astronomy, and if there were some Chinese who would elaborate the method of Kuo Shou Ching, carry it to more terms, and finally deduce a general formula, the series of Newton would be discovered earlier in the East. The celebrated Kuo Shou Ching won a great triumph in Chinese astronomy; but, alas, this triumph was not brought to perfection by posterity.

The Merits and Defects of Chinses Astronomy

Having been acquainted with the historical details, we can now sum up the merits and defects of Chinese astronomy. From very early times, the Government kept an observatory for two main reasons, first, for agricultural purposes and second, for religious services. The custom of dividing the year into twenty-four parts in the view of agricultural times is still current in the present society, and the religious services, such as that held on the day of winter solstice at the Temple of Heaven, were only abolished very recently. In the Middle Ages, the European churches computed almanacs mainly for the dates of Christian festivals, and in China the similar thing was true for thousands of years. In both cases, the advance in the science was handicapped, because the primary aim of studying the science was not for truth.

The conservative reverence for the past was also responsible for the decline of astronomy. The theory of Chow Kung was decidedly wrong; but under the bondage of reverence for the past, we scarcely find any attack on the said theory, simply because Chow Kung was a sage. The interesting figure who is even now upholding the doctrine of the flatness of earth is the living type of the hundreds of conservatives of the past centuries; and we hope that he shall be the last, although we are sure that his effort can produce no effect upon intelligent minds.

While other minute causes may be mentioned, it is enough to say that the narrowness of scope and the spirit of conservatism prevented the advance of astronomy

---

① 授时平定立三差。

in China. This statement, of course, does not include the brilliant minds who struggled with the prevalent ideas and contributed rare and ever precious works. Proper mention has been given to the few great astronomers such as Tsu Ch'ung Chih and Kuo Shou Ching, here in describing the general condition of decline, it is fair to make such a statement.

The Arabian Influence

While introduction of astronomical knowledge either into or from China in the remote past is uncertain, we can trace the influence of foreign astronomical works since the Tang Dynasty. In the Tang Dynasty, the different branches of Chinese learning including astronomy passed into Japan, and on the other hand, Arabian mathematics and astronomy passed into China. An Arabian monk visited the capital in 718. He carried with him some Arabian texts on mathematics and astronomy which were ordered to be translated by the government. The astronomical texts contained only the processes in connection with the calendar. The sexagesimal system of angular division was given as it is now. The Twelve Signs of the Zodiac were first introduced, although the Chinese way of dividing into twenty-eight constellations can serve for the same purpose. In addition to these differences, the system of leap year and the procedure of computing eclipses were also different from the Chinese formulation. The Arabic system, at that time, as a whole, was by no means superior to the Chinese system and showed many imperfections, on account of which it made very little impression on Chinese astronomers throughout the Tang Dynasty. Although the texts were officially translated, the calendar system was never adopted.

In the beginning of the Ming Dynasty, in the year 1368, fourteen Arabian astronomers were summoned to the Capital and took part in the revision of the calendar. In the following year, eleven more Arabians were admitted into the Bureau of Calendar. Since 1370, the Bureau had four special departments, one of which was entrusted with the duty of translating the Arabian astronomical works. The first set of books was completed about 1382, and the second set in 1447. These two series showed that the Arabs had made much progress since the eighth century and the superiority of the Arabian system over the Chinese system compelled the government to adopt a part of the former since 1370.

The European Influence

During the two centuries following the partial adoption of the Arabian system, nothing important can be mentioned until in 1583, when Mathew Ricci, the Italian evangelist and the enthusiastic Jesuit, came to China. In the city of Nanking, he met Hsü Kuang Chi and Li Chih Ts'ao（徐光启、李之藻）through whose help some European texts were translated, including the celestial systems of Ptolemy and Tycho Brahe. Hsü and Li were very anxious to persuade the government to revise the Calendar and to adopt European methods partly; but such clear sight as theirs was rare at that time. Having struggled against many obstacles, Hsü finally succeeded in establishing a special bureau in 1630 for the revision of the calendar. Among the members of the Bureau, Rho（罗雅各）and Schall von Bell（汤若望）were prominent. Through the co-operation of the foreign and the Chinese astronomers, observations were patiently recorded and the translations came out in quick succession till the end of the Ming dynasty, and even then, in spite of the national collapse, the astronomy of Tycho Brahe was firmly established in China. Indeed the world owes much to the Jesuits for their work of disseminating science.

The first Emperor of the Ching Dynasty allowed free evangelical work in the capital, and the Jesuits were working quietly under the leadership of Schall. In 1645, Schall presented his prediction of an eclipse to the government. When the government verified that the prediction of Schall was more accurate than that made in the Bureau of Calendar, Schall was made the head of the Bureau and was entrusted with preparing almanacs according to the Western methods and moulding them into the Chinese system. The numerous bitter struggles between Schall and the upholders of the Chinese methods in the following decades finally reached a climax in the reign of K'ang Hsi.

The Reign of K'ang Hsi

In 1665 an old Chinese scholar Yang Kuang Sien（杨光先）pointed out the mistakes of Schall to the Emperor K'ang Hsi. Although these mistakes were not in the fundamentals, but only contradictions to old rules, the Emperor was so wise that he dismissed Schall and appointed Yang as the head of the bureau. Yang was, however, no astronomer. His attacks upon Schall were more like expressions of hatred than like a scientific dispute. But he was compelled to take charge of the bureau of Calendar. In a few years he made so many mistakes that Schall was reappointed in 1670 and Yang was disgracefully dismissed. On the way home he was poisoned, according to some reports, by a Jesuit and died. Such a report may not be authentic and also we hardly think that the Jesuits were so wretched as to poison an opponent; but what is sure is that there was a deep hatred between the old and the new school of astronomy, involving also religious prejudices which culminated in the prohibition of evangelical work in the reign of Yung Cheng.

In spite of all these troubles, which prevented the advance in science, the astronomy of Tycho Brahe was more and more appreciated by a group of enlightened astronomers, among whom the celebrated Mei Wên Ting (梅文鼎) stood pre-eminent. His brilliant essays on the various astronomical problems not only laid down the western principles in readable style differing from the early translations, but also created a feeling that there might be an earlier exchange of knowledge between the West and the East. He quoted many passages from the original Chinese astronomical works to show the basis upon which the European system was founded. This was also suggested by a few free thinkers in the past history of China, although the new ideas were invariably crushed under the tyranny of the old. He believed that science is universal and that in seeking truth, the mind shall care for nothing but truth. For the sake of making a strong impression, he tried to identify the Western and the Eastern astronomical principles to lessen the useless controversy between the old and the new schools.

The Emperor K'ang His was a great patron of science. The works of Mei Wên Ting were highly admired by him. After Schall, Verbiest became a friend of the emperor. Whenever the emperor had leisure, Verbiest lectured before the throne on some scientific subject and the Emperor even took notes. Such an enlightened ruler is worthy of respect all the time.

After the Reign of K'ang Hsi

Unfortunately, the essays of Mei Wên Ting only increased the spirit of egotism on the part of Chinese astronomers. The Jesuits were expelled from the capital and the Chinese literary circle became more and more blind to the new development in the West. When the elaborated system of Copernicus came to China near the middle of the reign of Chien Lung, Only little attention was paid to it. That the earth was stationary in the system of Tycho Brahe agreed with the idea of Chinese philosophers. The truth found by Copernicus was just the opposite. Although it was the truth, the Chinese could hardly believe it, because it fundamentally contradicted the statement in the Book of Changes. The manipulation of elliptical orbits might be adopted; but the theory was generally considered as incredible, or if not incredible, it was considered only as a medium through which more accurate results could be obtained.

On account of such blindness and conservatism, the works of Copernicus, Galileo, Kepler, and Newton were hardly appreciated and there was not a single volume in Chinese treating the new celestial system until a comprehensive book by Sir John Herschel was translated in 1859. The translators were Rev. Wiley and Li Suan Lan (伟烈亚力、李善兰). Although Li could not read English and had to write down what was explained to him by Rev. Wiley, he expressed the ideas exactly. He was a great authority in the historical theories concerning the heavenly bodies; yet while he was translating the work of Herschel, he carefully followed the new line of reasoning without inclining towards the old ideas in the least. His difficulty was immense; he had to coin new words, phrases, and symbols; and many theorems quoted from general mechanics to be applied to the celestial problems had to be explained first. When he finished his work, he highly appreciated the new system and indeed he was the first Chinese who believe it in the way as a modern astronomer should. The work of Sir John Herschel has a permanent value in astronomical literature, and the translation of Rev. Wiley and Li is a great contribution to the dawning of science in China.

Conclusion

Six decades have passed since Li completed his work. The nation is still not well equipped for contributing new knowledge to the world through experimentation. In science, China has to import knowledge as much as she can through translations. We are not sorry for the fact that the works of Li did not have wide circulation when published. The really sad thing is that during the six decades, there have been very few new translations on astronomy and even these few are inferior to Li's translation both in quality and in quantity. Considering these facts, we must confess that China is not advancing speedily in the cause of science. According to my personal opinion, I think that astronomy in its popular form is a part of national culture which widens the conception of the universe, elevates the ideals of intelligent beings, and diminishes the excessive desire for rank and wealth. While we are looking forward, as noble dreamers do, to construct a great national observatory for the various undertakings connected with the national life as well as contributing new knowledge to the world，let us be not ignorant of the past history which inspires，stimulates，and binds us to the nation.

YEH CHI SUN.

编注：

本文连载于《清华学报》(*Tsing Hua Journal*) 第2卷第3期第41—45页，第5期第72—77页，第7期第182—186页 (1917年1—5月出版)。该文页列在《清华学报》的 The Chinese Publishing World (中国出版界) 专栏。

近百年前，这篇文章虽是叶企孙在清华学校读书时的习作，但可见其在天文学、数学、历史、国学诸多知识领域的功底。该文概要叙述中国历史上天文学的进展，纲目有序。它是以近代科学知识总结古代天文学成就的第一篇英文本文章，在今天仍不失其参考价值。

晚年的叶企孙对天文学史仍然情有独钟。20世纪五六十年代，他亲自筹建了自然科学史研究室天文史组，培育了如席泽宗（中国科学院院士）、薄树人、陈美东等一批天文学史家。

⑩　中国算学史略

一　引言

中国算学史，自阮文达《畴人传》始有专书。前乎此者，其发达之迹，隐见于历代史志及算书序言中。文达乃嘱元和学生李锐辑成四十六卷，始上古至清嘉庆初，末四卷则西洋畴人传也。续阮氏书者有罗士琳、诸可宝、华世芳三家。罗诸二家，于体例无变，华氏则略变之，然皆以个人为主，而一时代之精神不可见。况天文、算学专家，二者相杂，源流进退，反失其真。兹篇专论中国算学之递衍，要以简括为主，不过为读者辟门径耳。至于精详之作，俟诸异日，且亦不能与读者一朝谈也。

二　自上古至周秦

史载黄帝使隶首作算数，其制不详。后汉徐岳《数术记遗》曰："黄帝为法，数有十等。及其用也，乃有三焉。十等者谓亿、兆、京、垓、秭、壤、沟、涧、正、载也。三等者谓上中下也。其下数者十十变之，若言十万曰亿，十亿曰兆。中数者万万变之，若言万万曰亿，万亿曰兆。上数者数穷则变，若言万万曰亿，亿亿曰兆。"然则当西历纪元前二十七世纪时，我先民于正整数之观念，其范围已极广矣。

五帝二王之世不详。周初，周公旦兴六艺。问数于大夫商高。因悉勾股之理用。其问对语载《周髀算经》。商高赞勾股曰："禹之所以治天下者。此数之所生也。"然则周初九数之制，岂周公衍商高勾股比例之说而施诸实用乎？商高对周公，又及盖天之说。其后荣方、陈子本盖天之说以勾股量天。施用一误，遂铸大错。宜乎明末西洋人攻击中学以此为集矢也。《孙子算经》其年代难考。朱彝尊以为即孙武，故附志于此。书中名题甚多。如“今有物，不知其数。三三数之剩二，五五数之剩三，七七数之剩二。问物几何”。此一题为宋世大衍法之祖，中国不定方程之第一例也。又如立竿测影一题，与希腊哲士他利斯[①]测埃及金字塔之影相类。

三 汉

刘徽序《九章》曰：“北平侯张苍删补《九章算术》与古或异。”又曰：“耿寿昌删补《九章算术》与古或异。”然则，周秦间必有《九章算术》一书，故汉人得删补之也。今九数之名，仅见《周礼》。周秦间之《九章算术》原本已佚，即张苍、耿寿昌所删补者亦不可得。今所有之九章。其最古者三国时刘徽之《九章》也。

西汉算书，据《汉书·艺文志》，成帝时尹咸校数术，凡百九家二千五百二十八卷。中有许商、杜忠等算术，今皆佚矣。东汉之世，张衡（西历纪元后七八—一三九）精术数，擅机巧，创地动浑天诸仪，妙绝一时。其论算之文曰《算罔论》，不传于世。惟刘氏九章中亟称之。然则刘徽必见其书而深佩之也。衡始以$\sqrt{10}$为圆率，较古为密，余不详。汉末刘洪以天算著，发明月行迟疾，授其学于徐岳。岳著《数术记遗》一卷。论黄帝造数及隶首注术等，皆有关算史之文也（参观第二节）。精勾股之学者，东汉有赵爽，字君卿，注《周髀算经》，论勾股弦和较变化，书五百言，而发见新理甚多。实刘徽《九章》之先河也。

四 三国两晋

西历纪元后二六二年，魏刘徽注《九章算术》。其题较古为难，法亦较精。求圆率则割圆至内容一千五百三十六边形，得结果三点一四一六。其《九章》中，于方田则详论命分；于粟米则详论比例，差分亦比例之一；少广论开平方、开立方之法；商功论立体求积之法；均输论反比例；盈不足论二元一次方程；方程论多元一次方程；勾股论直三角和较诸理及测量简法。以类分之，其发生于比例论而属于算术者曰粟米，曰均输，曰差分；其发生于几何者曰方田，曰少广，曰商功，曰勾股；其属于代数之萌芽者曰盈不足，曰方程。刘氏原书具在，题皆可观。古之《九章》至是始可信。盖数学之有刘徽、犹字学之有许慎也。徽于九章之后，增重差一卷。后人单印之曰《海岛算经》。书中论立两竿遥测海岛，盖即三角之萌芽。独不明言正弦正切诸比耳，附于九章之后者，意乃古所未有，刘徽所创者乎。

---

① 他利斯，即 Thales（约前 640—前 546），今译为泰勒斯。——编者

徽，魏人。当时吴有王蕃，以3.15为圆率，其学必远逊刘氏。降及两晋，北则五胡方兴，犹半开化之民。南则竞尚清谈，不事实学。今所传张邱建《夏侯阳算书》，浅近不足深究。论者多以为晋代之书，要之两晋为数学衰歇之时也。

五　南北朝

南北朝时，君主好机巧冶游。于是祖冲之于四三〇—五〇一年以天算机械名于齐。史载冲之曾造舟江中，能自行。其说未必可信，而其天算之精则昭然。岁差之说始于虞喜，冲之始以加入历法，其说涉天文不多。及以数学论，冲之始以内容外切求得圆周密率在盈限三点一四一五九二七、朒限三点一四一五九二六之间。并谓分数$\frac{355}{113}$与圆率真数甚近。世称此二率为古率。刘徽之率曰徽率。冲之之率曰密率。刘氏、祖氏皆有功于割圆之学者也。割圆外，祖氏曾注九章，又擅开差幂、开差立之法。又著《缀术》，惜皆不传。度其义，差立者，三次方程也；差幂者二次方程也。据沈括说“求星辰之行，步气朔消长，算家谓之缀术”。谓必先观测而后缀之以数，亦数学之重要者。《缀术》书唐时尚存，置于学官，唐以后则佚矣。

北朝为数学者，北魏有殷绍。其学得于道人法穆。盖释教盛行，其僧侣多学者。意者天竺之数学，至是与中国之数学有交通乎？作者尚无暇细考，容俟后日。周时有甄鸾，以注古算经有功后世。

六　隋唐

刘焯、刘炫，以数学名于隋。世称二刘。然只祖述而已。唐武德九年（六二六），王孝通为算术博士。著《辑古算经》一卷，论开倚邪立体之法。题多三次方程。祖冲之开差立，其法不传。多次方程要以此为最古。后代天元发达萌芽于此。太宗励精图治，贞观时命李淳风等考定算经，立于学官，开科选举。意者数学将大盛。然而藭乱屡经，学生云散。淳风之后，渺无闻焉。而西方之文化至是入中国。开元六年（七一八），瞿昙悉达官太史监，受诏译西域九执术。盖即亚拉伯历法。史曰“其算法用字乘除，一举札而成。凡数至十，进入前位，每空位处恒安一点”。然则是即今之记数法而略变其例耳。终唐之世，九执术未行。其记数法是否变其符号，用于当时；是否影响天元之发达，则中国算学史上未决之题也。至于中国数学，传播于日本，为后日扶桑数学发达之基，则我国人所深悉，东瀛学者未有不承认者也。

七　宋

自宋以来，数学衰歇，缀术遂亡。欧阳公《五代史》之《司天考》，畴人深不满焉。刘羲叟虽知数学、亦不深。北宋之世，只沈括一人可谓深造。括著《梦溪笔谈》发明积隙之术，后世堆垛所本也。精弧矢，发明会圆之术。郭太史以三乘方取矢度所本也。算棋局变化之总数，进而上也，可至今日排列法诸理。凡此皆括所独得者也。宋之数学，虽不为盛，而天元之学，逐渐发达。千载以下，但知宋末有杨辉、秦九韶、李冶诸家发明天元。愚以为其进必渐，特久远而晦耳。杨辉著《算法六种》其书久佚，清嘉庆时阮文达始访得之。秦九韶著《数学九章》。李冶著《测圆海镜》、《益古演叚》二书。秦杨之学，得于中山刘氏，其派同。李氏之学，序中自称得于隐君子，与秦之记法略异，然理则同也。下论天元之大略及秦氏之行述。李氏隶元代。

天元者研究高次一元方程式之学也。其记已知数用十进法。负者以“捺”号加于数字上。未知数不用记号，只写系数，而以次序定乘方之高下。方程式之各项皆在一边。故等号可不用。而他边常为零。写一方程时，首未知数最高项之系数，次下一项系数，空项以圈识之，以次至于真数项而止。真数以后之等号、零号则不书。方程既定后，然后去其分数，化首项系数为单至最简而止。最后之解法类英人霍氏（Horner）之法。然霍氏发明于十九世纪之初，而我国人于十三世纪时已知之。此深可异者也。

九韶之书，晦塞已久，至清而始显。其生平亦不详。焦循、钱大昕从秘书中略得一二。知九韶系秦凤间人，年十八，在乡里为义兵首，性极机巧。星象、音律、算术以至营造等事无不精究。约一二四五年时，以历学荐于朝，与吴履斋交稔。一二六〇年履斋被谪，贾似道当国，窜九韶于梅州。九韶在梅，治政不辍，竟殂于梅。九韶著《数书九章》在一二四七年。姓名上有“鲁郡”二字，世因称鲁郡秦氏。盖天元之发达以渐，以秦氏之才识辑成巨帙。终明之世不显，顾不深可惜哉。

八　元

秦氏著《数书九章》之后一年，李冶著《测圆海镜》。冶，栾城人（世称栾城李氏），少仕于金。元兵侵金，冶遂流落忻惇间，聚书环堵，著《测圆海镜》即在此时。书成后五年，元世祖闻其名，召对，遂仕于元。一二六五年（即至元二年）卒。病革，语及子曰：“吾生平著述，死后可尽燔去。独《测圆海镜》一书，吾尝精思致力于此。后世必有知者。”其自信之坚可见。

李氏居北，秦氏居南。其著书相先后一年。考当时天下离乱，交通艰难，其书之不相求可知。且秦氏之书，范围颇广。李氏之书，专注勾股。显然不相谋。迨后元兴宋亡，秦氏之学，不闻有传者。而李氏之学，实启郭守敬。一二七六年，诏修授时历法。守敬以三乘方求矢度，冠绝一时。盖用天元之法得于栾城者也。

元代为四元逐渐发达之时。四元者，以天地人物表四未知数（即元）。其记法类天元，不过行列愈繁，须化得最简一元式耳。终元之世，由一元而进二，二而进三，三而进四，其级阶可寻。《四元玉鉴》序曰：“蒋周著《益古书》，李文一撰《照胆鹿泉》，石信道撰《钤经》，刘汝谐撰《如积释锁》，元好问撰《细草》，后人始知有天元。李德载撰《两仪群英集臻》兼有地元。刘大鉴撰《乾坤括囊》末有人元二门。”今各书皆佚。然可见宋元时从事于斯者不少也。

《四元玉鉴》者由人元而进于物元。一三〇三年，朱世杰之名著也。世杰以数学名家，周游湖海二十余年。四方来学者日众。著《四元玉鉴》之先，曾编《算学启蒙》一书。虽曰启蒙，已浸淫于元学。明季学敝，二书并佚。清阮文达访得《四元玉鉴》于浙江，罗士琳获《算学启蒙》于朝鲜。学者始知十三世纪之中国，不百年间，由天元进而至物元，诚可惊之事实也。

九　明

明季算学之衰，不可讳。其上者如唐顺之、顾应祥，明勾股弧矢而已。天元之学，则茫如也。徐光启曰：“当世算术之书、大都古初之文十一，近代俗传之言十八。其先儒所述作而不背于古初者，亦复十一而已。俗传者，余尝戏目为闭关之术，多谬妄，弗论。即所谓古初之文与其弗背于古初者，亦仅具法，而不能言立法之意。”光启之言，明代数学之实状也。元则极盛，明则极衰，及其末也而西学东渐。

十　西学东渐时代

十六世纪之末，耶稣会人航海东来。利玛窦其著者也。一五九八年，利氏至南京与李之藻、徐光启交谂，遂偕至北京，渐闻于朝。李之藻为译《同文算指》、《圜容较义》二书，徐光启为译《几何原本》前六卷，又有《割圆》、《八线表》及《测量》三种，则为平三角，大测则为弧三角。之藻卒于一六三一年。既而改历议起。光启荐西洋人罗雅谷等于朝。一六三三年光启卒，荐李天经领西洋人改历。天经译书十年。明社虽屋而西学则日进。十七世纪前半，李之藻、徐光启、李天经三人，苦心经营，卒树立算术、几何、平弧三角于中国。

清顺治时，西洋人穆尼阁在京师，授对数于淄川薛凤祚。是为对数入中国之始。薛以此与王锡阐齐名，世称南王北薛。康熙时借根方法（即西洋未发达之代数）传入内廷，圣祖以授梅瑴成。割圆密率捷法亦传入，圣祖以授明安图。圣祖天性好学，故西学传入不少。迨雍正逐教士，后之君主好斯学者无闻。故明末译书之后，海宁李氏译书之前，西学传入者只对数、借根方、割圆三种。

西学传入，引起我国人回想以前算学之盛况。黄黎洲首言商高之学，未必不自东而西。西人益精究之，传入中土。黎洲弟子半东南。其后吴志伊、王锡阐、梅文鼎三家镕贯中西，各自树立。未始非黎洲奖掖之功。吴氏淹贯他学，王氏专长推步，惟文鼎独为算学巨擘。文鼎字定九，安徽宣城人。为学极勤，凡司天子弟及西域专家，梅氏必折节造访。遇有疑难，必明而止。所著历算之书，凡八十余种，皆独抒心得，世称《梅氏丛书》。一七〇五年，圣祖南巡，召见文鼎于舟中，论算三日。文鼎因进方程论（方程为九章之一。明季学敝，世无有知方程者，至是复明于世），上深赏之。临辞，欲偕入内廷。文鼎以年老辞。上乃命其孙瑴成学习内廷，圣祖亲为指示。盖君臣交契，未有如圣祖与梅氏者也。当时西书初译，文笔不达，秕谬诸多。文鼎为疏畅之，是正之。于是西算之条目始井然。其几何三角诸书皆胜于明末译本，随处有心得。而《方程论》、《历学疑问》二书，文笔条畅，惟恐读者不明，其精神尤为古代算家所无。盖自文鼎出，数学之数与术者之数始晰为二也。随圣祖在内廷习算者，以梅瑴成、陈厚耀为最著。厚耀因请定步算之书以惠天下，上欣然允之。设蒙养齐，辑成巨著。世传《数理精蕴》、《历象考成》等书，多瑴成、厚耀所编定者也。瑴成在内廷，圣祖以借根方授之，谓曰："天元即西法之借根方。"斯语传出，学者乃信中国算学于元代极发达。经明三百年之晦塞，遂成绝学耳。瑴成疾视西洋人，以为借根方源自东土。复古之潮流至是而渐高矣。

十一　古学复兴时代

乾嘉之际，古算书之晦塞于明季者以渐而出。戴震于《永乐大典》中得《孙子》、《海岛》诸算经。孔广森为刻之，即世传《算经十书》是也。究天元四元之学者，如孔广森、李锐（著《开方说》，天元正负之理复明，世称元和李氏）、骆腾凤、罗士琳（订正《四元玉鉴》为《补细草》，世称甘泉罗氏）；究九章者，如李潢（为刘徽《九章》补《细草图说》）博极群书；使算学与经学关系密切者，如戴震、钱大昕。最后结果则因复古而自守。十八世纪之末，欧洲算学极为发达，而我国则孜孜元学。虽知其不便，鲜改之者。移译西籍，亦无闻焉。盖古书虽明，而自闭于西来之文化，此其病也。

虽然其智力过人者，必不囿于古学。嘉道之间，对数与割圆日见发达。西洋人穆尼阁传入对数时，不言其理。我国学者思自明之。经夏鸾翔、项名达诸家，至戴煦而大明。煦为文节公弟，发匪陷杭州，兄弟偕殉。其明对数理，未尝假手西籍。英人艾约瑟闻之，亲访戴氏于杭州。时以中西仇视，戴氏不肯见。然艾实心服之。后因缘李善兰得戴氏《求表捷术》一书，译成西文，携归英国，呈算学公会，戴氏之书传于世，艾氏之译本尚待考者也。明安图之《割圆捷术》理亦不言，其后董佑诚明之，见《方立遗书》中，亦未尝假手西籍。他如徐有壬、邹特夫、顾观光等曾致力于无穷级数。说者谓进而上之，我国人未必不能自明微积。而经发匪之乱，学者死伤星散，有衰颓之象。而国势亦日急，于是不得不大开海禁，广译西书矣。

十二　海宁李氏译书以后

咸丰初李善兰（字壬叔，世称海宁李氏）客上海，与英人伟烈亚力、艾约瑟、韦廉臣交谂。其译书时代在一八五一至一八六〇年间。其要者凡五种，一曰《几何原本》

后九卷，二曰《重学》，三曰《曲线说》，四曰《代微积拾级》，五曰《谈天》。是为近世代数、解析几何及微积入中国之始。李氏译书，实开新学。其采取名词，极费苦心。后之译者，虽以专门名家如华蘅芳（字若汀，在江南制造局与英人傅兰雅译《微积溯源》等书，世称金匮华氏）辈，多依李氏所定名词。李、华之书，记数用一二三四甲乙子丑等。后人觉其不便，光绪中遂直用亚拉伯号及西文字母，此又一变也。自李氏以来，中国学术尚未盛，犹在译书时代。要此六十年中之算学，以海宁李氏为基。

十三　结论

读史徒知事实，无补也。善读史者观已往之得失，谋将来之进步。我国算学，如商高、刘徽、祖冲之、王孝通、秦九韶、李冶、李善兰、华蘅芳辈，其将卓绝千古，固无可疑。而观其全局，其进步卒远逊欧西者。其故有四：（一）乏统系之研究。历观古算书，大多一题一法，而不会通其理。后世习而不久，既无公理，自难发达。欧洲则受希腊之影响。希腊人研究数学，极有统系者也。（二）传习不广。古史难稽，自宋以后，习者极少。此线将绝，故称算学曰绝学。一人特起，继续研究，则曰继绝学。欧洲中古，虽称黑暗，然习几何学者尚多。此其较卒影响于后日。（三）囿于旧习。古算式难言，而十三世纪之四元算式，载籍具在，其不便不待言。而清乾嘉之际，学者犹用之。虽知不便，以为元人成法，不思改也。而代数学卒以此不进。欧洲之代数式，十七世纪中尚极不便。二百年中，积极改良，至于今况即此一端，其影响于算学全局已不浅矣。（四）自然科学不发达。苟无天体力学，奈端未必深研微积；苟无电学，虚数永为无用；苟观测不求精，概率学必不发达。自然科学，非用数不精，而数学进步，尤待自然科学之需用而激起。欧洲自十六世纪以来，自然科学逐渐发达。我国至今方萌芽。此亦数学不进之一故也。以上所言，非诋古人，要在自知失处，力求精进，欲谋以后之大进。何以励之？仆以为首宜设立学会，集全国之算学者，为统系之研究。次宜广译西国新出算书。设算学会、举出团体，专留意于他国新算书之有发明者，速为译出，俾我国人即知之。能再精究，此急起直追之道也。又如欲磨砺智力，则学会可设难题征答。欲鼓励精神，则教授高等学生时，可略贯以中国古昔算学之智识。欲曲畅旁通，则自然科学须各受相当之注意。如是则后日之进步，必无止境。读者能鉴已往之得失，而以积极进取为心，则斯篇非废纸矣。

编注：

本文发表于《清华学报》第2卷第6期（1917年5月1日出版）第49—64页。

⑪ A Remeasurement of the Radiation Constant, h, by Means of X-Rays[①]

by William Duane, H. H. Palmer and Chi-Sun Yeh

Since the discovery of the fact that the short wave-length limit of the continuous x-ray spectrum obeys the quantum law. [②]$Ve=h\nu$, this phenomenon has been used by a number of experimenters[③]to determine the value of h. The most accurate measurement of h in this laboratory was made by Blake and Duane[④], who obtained the value $h=6.555\times10^{-27}$, with $e=4.774\times10^{-10}$ (Millikan's value).

Some years ago our laboratory purchased 200 high resistance manganin wire coils for the purpose of measuring the voltages applied to X-Ray tubes by comparing them directly with the electromotive force of a standard cell by the simple potentiometer principle. We hoped by this means to measure the voltages with such accuracy that we could neglect the errors in them in comparison with those in the other quantities entering into the quantum equation. It now appears that we can do this, and we are able, therefore, to test the quantum law under various experimental conditions and

---

① A paper presented to the American Physical Society at its Washington meeting. April, 1921.

② Duane and Hunt. Phys. Rev., Aug., 1915, p166.

③ For references etc., see reports in the Jahrbuch der Radioaktivität for Dec., 1919 by E. Wagner and for Dec. 1920 by R. Ladenburg and also a report on Data Relating to X-Ray Spectra by William Duane, published by the National Research Council.

④ Phys. Rev., Dec. 1917, p624.

measure the value of h with greater precision and accuracy than before.

In addition to the voltage measurements improvements have been made in the measurements of the frequency, ν. We have used a new X-Ray spectrometer with scales that appear to be somewhat better than the old ones (there being no appreciable eccentricity) and with a new calcite crystal. Further, the X-Ray tube had a long side arm attached to it with a very thin mica window W at its end. This extended out toward the spectrometer (Fig. 1). The fact that the mica allowed a much larger fraction of the X-radiation to pass through enabled us to use a narrower slit (Slit 1), which reduced the correction that must be applied for the slit's width.

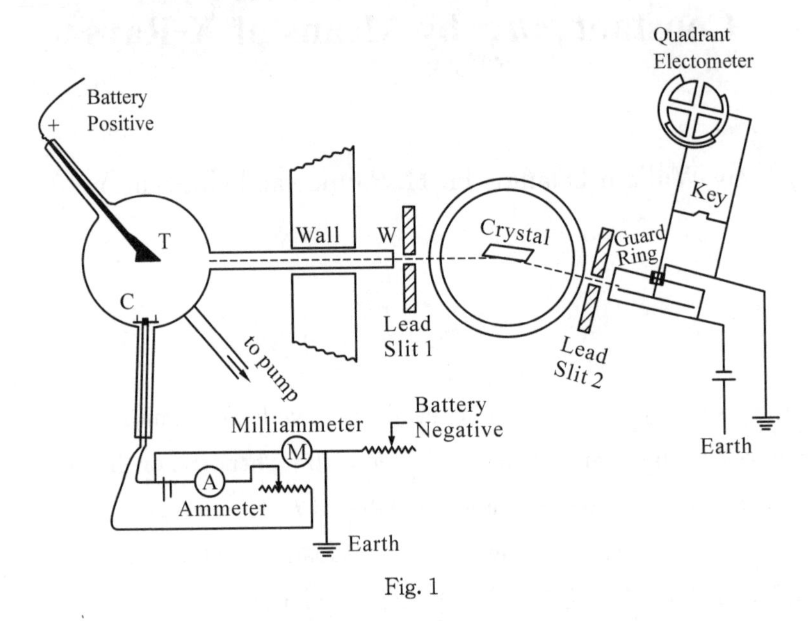

Fig. 1

In estimating the difference of potential, V, through which the electrons in the X-Ray tube pass we must take account of the following considerations. The X-Ray tube was constructed in our laboratory, and was permanently connected to a series of three pumps—a mercury vapor diffusion pump, a Gaede rotary mercury pump and a rotary oil pump. We had no difficulty in exhausting the tube so that no appreciable current could be ascribed to the ionization of the residual gas in it. The X-Ray tube contained a Coolidge cathode, which consists of a spiral tungsten wire that can be heated by means of a current coming from a small auxiliary storage battery. The electrons emitted by this wire, when hot, carry the current through the tube between the anode, T, and the cathode, C, (Fig. 1). Owing to the heating current flowing through the spiral wire the points on it are not all at exactly the same potential. An examination of the electrical connections represented in Fig. 1 shows that the points on the spiral wire had potentials above that of the gas pipe (marked earth in the figure), to which the electrical circuits were connected by a soldered junction. Since in the quantum relation we deal with the maximum frequency of the X-Rays in the continuous spectrum, we must estimate the maximum difference of potential between the anode and any point on the cathode. This point is the end of the spiral nearest to the wire connecting it to earth. Measurements by means of a high resistance voltmeter indicated that this point had a potential about 0.7 volt above that of the earth under the conditions during the experiments. We have neglected this difference of potential in comparison with that applied to the X-Ray tube, which amounted to 24, 413 volts. We have also neglected the effect of any Volta difference of potential that may have existed between the anode and the cathode, and of the fact that the electrons leave the hot tungsten spiral with velocities due to its high temperature.

Neglecting the corrections mentioned in the preceding paragraph it appears that the value of V to be used in the quantum equation is the difference of potential between the wire connected to the anode of the X-Ray tube and the earth. This difference of potential we measured by means of the simple potentiometer represented in Fig. 2. We used a high potential storage battery to excite the X-Ray tube, and connected the wire joining its positive pole to the anode of the tube with the earth through the various resistances R_1, R_2, etc., the X-Ray tube and the potentiometer being, therefore, in parallel circuits.

In insulating the various circuits between the positive pole of the battery and the earth we used the same precautions as are employed in making ionization measurements with an electrometer or an electroscope. All instruments, ammeter, galvanometer, standard cell, etc. rested on hard rubber supports the surfaces of which we cleaned carefully by means of sandpaper. No wires touched the tables or walls of the room etc. They were supported on silk threads. The various resistance coils, r, r_1, r_2, etc. hung from shellacked glass rods, which in turn rested in six wooden frames, forming six sections, R_1, R_2, etc., of the main resistance. These six wooden frames hung by silk threads from a broad, horizontal board, which served not only as a support, but also to keep the dust off of the insulating surfaces. We tested carefully the insulation. In particular, on closing the circuit to the high potential battery no permanent deflection of the galvanometer, G, occurred, if the key in its circuit was open. A transient deflection occurred, doubtless due to electrical induction.

In order to compare the difference of potential applied to the X-Ray tube with the emf of the standard cell we do not have to know the absolute values of the resistances.

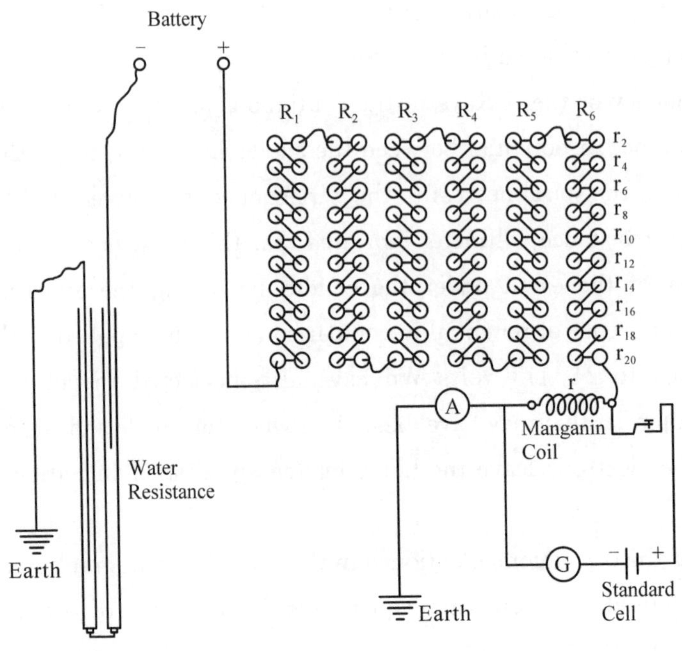

Fig. 2

Their ratios suffice. To determine these ratios we proceeded as follows. We measured the resistance of r_{20} by means of a standard Wheatstone bridge, and found it to be $r_{20}=$ 50,214.6 ohms. We do not have to examine the accuracy of this value. We assume it to be correct, and compare the resistances of the other coils with it. To do this we formed a Wheatstone bridge with three of the coils of section R_5, and substituted in it, as the fourth arm, each one of the coils of section R_6 in succession. The galvanometer had a sensitiveness of 10^{-11} ampere per mm of scale deflection, and we used as much of the high potential battery as would send a current of 4.0 milliamperes through each arm of the bridge. (About 4 milliamperes passed through the potentiometer circuit during the experiments with X-Rays). With each of the coils of section R_6 in the bridge we determined the resistance that had to be added to it in order to balance the bridge. These resistances could be measured to within about 0.1 ohm, and, as they were to be added to resistances of over 50,000 ohms they did not have to be known with great accuracy. From these values we calculated the numbers of ohms that must be added to r_{20} to make the sums equal to the other resistances in section R_6 respectively. These resistances appear in Table 1.

TABLE 1

Resistances of Coils

Values of $r_x - r_{20}$ in ohms

+304.9	+271.4	+203.8	+321.4
+101.6	+174.6	+175.4	+82.3
+133.4	−35.8	+264.5	+39.1
−51.1	+161.7	+330.8	+24.2
+151.8	−220.7	+122.4	——
			+2555.8

From these values we compute the total resistance of section R_6 to be

$$R_6 = \sum_{x=1}^{x=20} r_x = 20 \times r_{20} + 2555.8 = 1,006,848$$

and this value must be correct to within a few ohms, assuming always that r_{20} has the above mentioned value.

To measure the resistances of the other sections R_1, R_2, etc. we formed Wheatstone bridges with the several sections as arms, and by substituting R_6 and each of the other sections in them we determined the resistance that must be added to R_6 to equal the resistance of each of the other sections. Table 2 contains these values.

TABLE 2

Resistances of Sections

Values of $R_y - R_6$ in ohms

−866.4	+899.8	+452.3
−378.6	−1691	——
		−1584

They could be measured to within about one ohm, so that the total resistance of all six sections amounts to

$$R = \sum_{y=1}^{y=6} R_y = 6R_6 - 1584 = 6,039,504 \text{ ohms}$$

and this appears to be correct to within a few 10's of ohms. In these experiments, also, the current through each arm of the bridge was maintained at about 4 milliamperes.

It remains to determine the resistance of the coil r, to the ends of which are attached the terminals of the standard cell circuit. The ratio of r to r_{20} we measured by means of a Wheatstone bridge in which the other two arms consisted of standard coils of 50 and 10,000 ohms respectively. The values of these coils were certified by the Bureau of Standards, and further their ratio was carefully checked in Professor H. N. Davis' laboratory by comparison with a number of other certified standards. The value of the ratio we used is 199.998. Except r, all the coils we used in our measurements were several years old and it does not seem unreasonable to suppose that they remained sufficiently constant during the course of our experiments. We wound r, however, expressly for these experiments, and we did not feel justified in assuming that it would remain constant. We therefore determined for each of our measurements of h the number of ohms that had to be added to r_{20} in order to make its ratio to r equal the ratio of the standard coils as given above. These resistances, called x, appear in the third column of Table 3. The fourth column contains the values of r calculated from x, assuming that $r_{20}=50,214.6$ ohms, as above. In these experiments we found that, if the coils r and r_{20} had been heated by a current of 4 milliamperes for some time, the value of x was 1 ohm larger than when cold. We recorded the larger value.

TABLE 3

Resistances and Differences of Potential

Date	Temperature	Resistance x	Resistance r	Emf. of Standard Cell	Difference of Potential, V
March 15	21°	185.1	252.014	1.018 63	24 412.4±2.0
March 21	22°	185.3	252.015	1.018 63	24 412.3
March 30	20°	183.8	252.007	1.018 64	24 413.3
April 5	19°	183.8	252.007	1.018 64	24 413.3

By taking the ratio of (R+r) to r we get the ratio of the voltage applied to the X-Ray tube to the emf of the standard cell under the condition that no current passes through the galvanometer circuit. During the course of an experiment one observer watched the galvanometer and kept changing the variable water resistance (Fig. 2) so as to keep the galvanometer reading as near zero as possible. Deflections of several mm could not be avoided, but, as the galvanometer had a sensitiveness of 10^{-11} ampere and the resistance in its circuit was not very large, these variations did not correspond to appreciable fluctuations or the voltage.

With the above described measurements and procedure it seems reasonable to assume that we knew the value of the voltage and maintained it constant during an experiment to within an accuracy represented by the accuracy with which we know the emf of a standard cell. We had two Weston unsaturated cells at our disposal each with a certificate from the Bureau of Standards. In which the accuracy was stated to be one part in ten thousand. We compared these two cells with each other during each experiment by means of a potentiometer. In each case the difference between them agreed with the difference between their certified values to within the accuracy claimed in the certificates. In estimating the emf of the cell actually used in a measurement we gave equal weights to the certificates. The mean value of this emf appears in column 5 of Table 3. The sixth column contains the differences of potential, V, applied to the x-ray tube. We think these values are correct to within about two volts.

In determining the position of the short wave-length limit of the continuous spectrum (the value of υ to be substituted in the quantum equation) we proceeded as in previous experiments except that we used a slightly different method of estimating the slit correction. While one observer watched the galvanometer, G, and kept the voltage constant another measured the rate of deflection of the quadrant electrometer. which determines the current in the ionization chamber (Fig. 1). Curves A and B in Fig. 3 represent these ionization currents (measured on both sides of the zero of the instrument) as functions of the readings of the verniers on the scale that fixed the positions of the reflecting crystal. The horizontal portions of these curves correspond to the natural leak of the instrument and to that due to stray radiation etc. The inclined portions correspond to X-radiation reflected from the crystal. The inclined portions recorded in the figure occupy angular breadths of $2'$ and $3'$. Since the glancing angle, θ. amounts to about $290'$, this means that the part of the radiation actually measured in this experiment lay within about one per cent of the end of the continuous spectrum. The limit of the spectrum appears, therefore, very sharply defined. We believe that we can estimate the minimum value of θ in a good experiment to within about $7''$ of arc.

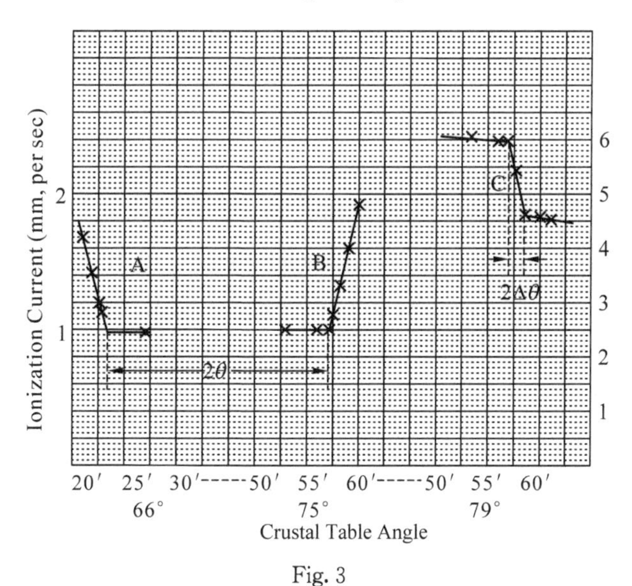

Fig. 3

Owing to the fact that the rays passing through the slit 1 are not all exactly parallel to each other a small correction has to be added to the angle as measured from curve A to curve B. The correction to be added to the double glancing angle, 2θ, equals the greatest angle between any of the rays in the X-Ray beam. Slit 2 being wide enough to allow the whole reflected radiation to enter the ionization chamber. The breadth of the source and the width of the slit 1 determine this angle. Its magnitude equals the angular breadth of the slit 1 as seen from the target plus the angular breadth of the focal spot on the target as seen from slit 1.

In our experiments the angular breadth of the focal spot as seen from the slit 1 was small. We determined its magnitude as follows. Before the tube was constructed the surface of the target was ground very smooth. After the tube's construction, but before it had been put in place, we estimated by reflecting a beam of light from the smooth surface of the target that the plane of this surface would pass through a point about 5 mm from the centre of the mica window, W. Since the distance from the target to the window was about 720 mm, this means that the rays that passed through the centre of the slit 1 left the target making an angle of about $24'$ with its surface. From the slight marks on the target we estimated that the breadth of the focal spot was 8 mm. Since from slit 1 this is seen at an angle of $24'$ its apparent angular breadth is about $15''$.

We determined the width of slit 1 by the method described in the Physical Review for December, 1917, p. 630. In one experiment we found that we had to decrease the width of the slit 0.313 mm before the current in the ionization chamber ceased, and this is the effective width of the slit. Dividing it by the distance from the slit to the target, 760 mm, we find that the angular width of the slit as seen from the target is $1'25''$. Adding the angular width of the focal spot we get $1'40''$ as the correction, $2\Delta\theta$, to be added to the double glancing angle, 2θ, in this particular case.

The geometry of the tube and spectrometer determines the correction as calculated above. It might well be that other causes, such as irregularities in the crystal planes, would introduce errors. It becomes, therefore, desirable to have another method of estimating the correction, —if possible. One that would give us an upper limit for its value, since the geometry determines a lower limit. We have examined some of the emission lines in the L series of tungsten to see if their widths corresponded with the geometry of the slit and source. In every case the peak on the ionization curve that represented an emission line appeared to be somewhat broader than would be expected from the widths of the slit and source. On putting ethyl-bromide into the ionization chamber, however, and on examining the rise in the ionization curve that corresponded to the critical ionization wave-length of bromine we found that the breadth of this rise almost exactly equalled the geometrical estimate of the slit and source correction. In the above mentioned experiment, for instance, it amounted to

$1'42''$. The difference between this and $1'\ 40''$ is much less than experimental errors; so that we cannot say that a critical ionization has any perceptible breadth of its own. Curve C in Fig. 3 represents a rise in an ionization curve at the critical ionization wave-length.

We have made experiments on the critical ionization of bromine during each one of our measurements of h. We have, therefore, data from which, incidentally, we can calculate a very accurate value of its wave-length. In the four experiments recorded in our tables we have obtained values of the corresponding glancing angle that do not differ from their mean value, $8°43'7''$, by more than $5''$. This gives for the wave-length of the critical ionization of bromine $\lambda=0.91796\times10^{-8}$ cm.

Table 4 column 2 contains the values of the glancing angle, θ, as measured by curves similar to A and B (Fig. 3). Column 3 contains the correction, $\Delta\theta$, to be added to θ, determined in each case as described above, and column 4 contains the corrected values of θ. In determining the value of h we calculated the wave length, λ, by means of the equation $\lambda=2d\sin\theta$, with $2d=6.056\times10^{-8}$ cm, then the frequency, ν, from the equation $\lambda\nu=c=2.9986\times10^{10}$ and finally h from the equation $Ve=h\nu$, with $e=4.774\times10^{-10}$.

TABLE 4

Glancing Angles and Radiation Constant

Date	θ (Uncorrected)	$\Delta\theta$	θ (Corrected)	$V\sin\theta$	$h\times10^{27}$
March 15	4°46′43″	47″	4°47′30″	2039. 2	6. 5539
March 21	4°46′53″	43″	4°47′36″	2039. 9	6. 5561
March 30	4°46′53″	51″	4°47′44″	2041. 0	6. 5594
April 5	4°46′48″	45″	4°47′33″	2039. 6	6. 5552

Evidently what we measure is the product $V\sin\theta$, which, by the way, is not an absolute constant of calcite, for it depends upon the distance between the crystal planes, and this in turn depends upon the temperature, etc. Column 5 in Table 4 contains the values of $V\sin\theta$, the average of which is $V\sin\theta=2039.9$ at about 20℃, with an estimated error of about ±9. The grating constant 2d has been calculated for 20℃. The product $V\lambda=12,354$ is independent of the temperature.

The values of h appear in the 6th column of Table 4. The mean value is $h\times10^{27}=6.556$ with an estimated error of precision (i. e. without taking account of errors in d, c and e) of ±0.003. If we introduce the errors in d, c and e, the probable error in h comes out about ±0.009.

This value of h agrees with that previously published by Blake and Duane. (l. c.)

but is a fraction of one per cent larger than that recently obtained by E. Wagner in a careful series of measurements.

In the experiments described above the X-Rays left the target in a direction at right angles to the line of motion of the cathode particles. An interesting question has been raised recently as to whether the limit of the continuous spectrum would be altered, if the rays came off at some other angle. ①To test this point with the accurate method of measuring the voltage which we now have, we made a series of experiments with an ordinary Coolidge tube (tungsten target) placed so that the X-Rays that passed through the spectrometer's slit left the target at an acute angle of about 45°. If there is any appreciable Doppler effect, this should decrease the value of h as computed by the above equations. The results of these measurement appear in Table 5. As the X-Ray tube had no thin mica window, the accuracy is probably somewhat less than before. The value of $V\sin\theta$. however, does not differ from that for rays at right angles to the cathode stream. There does not appear to be a Doppler effect for the short wave length limit of the spectrum that amounts to as much as one part in two thousand. This agrees with Wagner's results.

Harvard University,

Cambridge, Mass.

TABLE 5

Glancing Angles and Radiation Constant

Date	θ (Uncorrected)	$\Delta\theta$	θ (Corrected)	$V\sin\theta$	$h\times10^{27}$
April 6	4°46′35″	1′	4° 47′35″	2039. 8	6. 556
April 6	4°46′33″	1′	4°47′33″	2039. 6	6. 555
April 12	4°46′53″	48″	4°47′41″	2040. 7	6. 558
April 27	4°46′43″	47″	4°47′30″	2039. 3	6. 554

Note: Difference of Potential Applied to Tube=24413 volts.

编注：

本文为叶企孙和 W. Duane、H. H. Palmer 合作，发表于《美国光学会志》(*Journal of the Optical Society of America*) 1921 年第 5 期第 376—387 页。这是一篇详细的实验报告。他们三人合作的同题论文，也见 *Proc. N. A. S.* 1921 年第 7 期第 237—242 页；以及 *Phys. Rev.* 1921 年第 18 期第 98—99 页。发表在 *Phys. Rev.* 上的该文曾被译成中文载于戴念祖主编的《20 世纪上半叶中国物理学论文集粹》(湖南教育出版社，1993 年，第168—171 页)。中译文是由汪世清先生翻译的，编者将此中译文附于此，仅供研究和阅读参考。

---

① See E. Wagner (l. c.) and G. Zecher, Ann. d. Physik, Sept., 1920, p28.

附：用 X 射线重新测定辐射常数 h

William Duane　H. H. Palmer　叶企孙
哈佛大学杰弗逊（Jefferson）物理实验室，1921 年 7 月 6 日收

自从发现连续 X 射线谱有一个服从量子定律的短波限的事实以来[1]，许多实验工作者已经利用这一现象来测定 h 值[2]。量子定律应用于 X 射线可以用方程

$$Ve = h\nu \tag{1}$$

来表述。式中 V 代表通过 X 射线管的电子降落时该管的最大电势差，e 是每个电子所带的电荷，ν 是对应于该射线谱的短波限的振荡频率，h 是普朗克作用常数。很明显，测定 V 和 ν 就给出 h 对 e 的比，而如果 e 已被其他实验工作者所测出，那我们便可得到 h。F. C. Blake 和 W. Duane[3] 在我们的实验室里作过 h 的最准确测定。他们利用密立根的 $e=4.774\times10^{-10}$ 得到 $h=6.555\times10^{-27}$。

这篇短文所报告的研究，目的在于提高测定 h 的准确度。我们使用一种改进的新分光计和一种新的方解石晶体。X 射线管包含一个钨丝靶和一个 Coolidge 阴极。管上有一侧臂伸向分光计，并在臂的外端装上一个薄云母窗。穿窗而来的 X 射线，强度有所增强，能使我们利用一种较为窄小的分光计的狭缝，从而减少由于狭缝宽度而必须作出的校正。

同先前的一些研究一样，高压蓄电池组供给通过 X 射线管的电流。在本课题的研究中，我们在测量加于管上的电势差时极大地提高了准确度。在先前的一些研究中．这个电势差是通过几种中间仪器（静电伏特计、安培计和电位计）的校准，而与标准电池的电动势相比较的；现在我们是用简易电位计的方法，把电势差直接与标准电池的电动势相比较。我们用这个方法消除了在各种仪器校准中的误差。简易电位计的主线路包含许多个锰铜线的线圈，总电阻超过六百万欧姆。我们用相同的预防措施，把各个线圈绝缘的同时又将它们当做一条线路来进行电离电流的测定。主线圈两部分的电阻比直接给出了电势差与标准电池电动势之比。因为两个电阻的比可以测得十分准确，所以我们认为，我们知道加于 X 射线管的电势差具有的准确度，大体上是已被测出的标准电池的电动势的准确度。我们用了两个未饱和的 Weston 标准电池，每一个都由标准局检验过，而且我们还经常在它们之间进行互相比较。标准局所发的证明书给出电池的电动势在万分之一的准确度以内。

在电子通过 X 射线管降落时，该管的实际电势降与用电位计测出的电势降有一个微小的差数，这是由于伏打效应，加热于 Coolidge 阴极线圈的电流以及该线圈的高温

引起的。在我们的实验中，这些线路是如此联接，而且加于该管上的电压是如此之高，以致我们可以忽略由于这些效应所引起的修正。

在进行 h 的测定中，一位实验者观察连在电位计上的电流计，并且通过调整与 X 射线管串联的电阻，保持在这个实验中加于该管的电势差不变。另一位观察者测量分光计的电离室中的电流。在分光计的零位两侧接近连续 X 射线谱在其上消失的那些点上取得了一系列读数。图中的曲线 A 和 B 是以角函数描述的电离电流，在某一次实验中这些角就固定了反射晶体的位置。曲线的水平部分对应于自漏和杂散辐射引起的电流。倾斜部分代表在这些电流中由于连续 X 射线谱而增强的电流。对应于该谱的短波限的读数能够测到几弧秒以内。如图 1 所示，在零位两侧的这些读数之差给出两倍掠射角 θ，代入方程

$$\lambda=2d\sin\theta=6.056\times\sin\theta\times10^{-8}\text{厘米} \tag{2}$$

以便计算出连续 X 射线谱中的最短波长 λ。

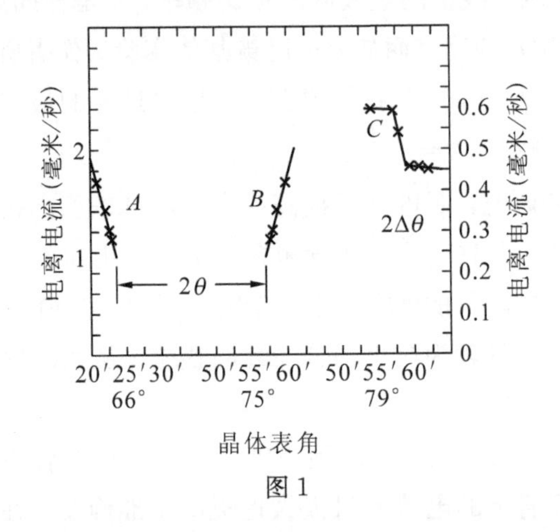

图 1

对 θ 的观察值要增加一个微小的校正数，这是由于这样的事实，射线源和分光计的狭缝都不是数学直线。我们用两种方法来确定对射线源和狭缝的幅度的校正。第一，我们消除焦斑的表观幅度，这是从分光计的狭缝里看到的，然后用上面提到 Blake 和 Duane 论文第 630 页所描述的方法[4]测出狭缝的宽度。第二，我们测量由于溴的临界电离 K 而产生的电离曲线降的幅度。电离室中有溴化乙醇。图中的曲线 C 代表某一次实验中的这种曲线降。如同用第一种方法所确定的，在测量误差限度内，这个曲线降落的幅度与增加到倍角 2θ 的校正数相对应。校正数是微小的。总计小于三百分之一。

顺便提一下，我们所进行的溴临界电离的测定给出了非常准的溴的临界电离的波长。平均起来，假定方解石的光栅常数是 6.056×10^{-8} 厘米，我们得到的它的波长数值为

$$\lambda=(0.9180\pm0.0002)\times10^{-8}\text{厘米}$$

我们试着去取得一个对射线源和狭缝的幅度所作校正数的估计，这是通过测量这

样一条电离曲线上的峰宽度而取得的，这条电离曲线对应于钨丝靶的一条特征发射光谱线，然而在每次检查中，峰宽度比起应当指出的射线源和狭缝的测出幅度似乎稍微宽一些。这意味着对应的发射线具有它们自己的某些有限的、内禀的宽度。如果溴的临界电离 K 有这样一个内禀的宽度，那么在这些实验中它被检测出来却是太小了。

由波动方程

$$\lambda\times\nu=c=2.9980\times10^{10}$$

这里 c 是光速度，我能够立即计算出连续谱中的最大频率 υ。如果把它同电势差 V 一起代入方程（1），那就给出 h 对 c 的比。

在四次对 h 的完满测定中所得的数据见表 1。

表 1　掠射角和辐射常数

日期	θ（未校正）	$\Delta\theta$	θ（已校正）	$V\sin\theta$	$h\times10^{-27}$
三月十五日	4°—46′—43″	47″	4°—47′—30″	2039.2	6.5539
三月廿一日	4°—46′—53″	43″	4°—47′—36″	2039.9	6.5561
三月三十日	4°—46′—53″	51″	4°—47′—44″	2041.0	6.5591
四月五日	4°—46′—48″	45″	4°—47′—33″	2039.6	6.5552
			平均	2040.0	6.5562

表 1 中，第 2 列是未校正的 θ 值，第 3 列是对射线源和狭缝的幅度校正，第 4 列是已校正的 θ 值，第 5 列是乘积 $V\sin\theta$ 的值（这是实验中实际测得的数值），这个乘积要稍微受温度的影响。在这些实验中，温度大约是 20℃。在每一次测量中，用电位计测出的 V 值都是 24413 伏特。估计乘积 $V\sin\theta$ 的精密度误差大约是二千分之一。

第 6 列是由 $V\sin\theta$ 值计算出的 h 值。因为在这些计算中出现了几个常数（光速度、方解石的光栅常数和电子电荷），所以 h 值的准确度并不与 $V\sin\theta$ 的准确度一样。估计 h 的可能误差大约万分之十五。从该列作出的个平均值为

$$h=(6.556\pm0.009)\times10^{-27}$$

这个 h 值与 Blake 和 Duane 以前所发表的值相符合了，但比 E. Wagner 最近从一系列精心测量中所得到的数值要大百分之一。

在上述实验中，X 射线是以阴极粒子的运动直线成直角的方向，离开靶的。最近提出一个令人感兴趣的问题：如果射线是以其他角度脱落下来，那么连续谱限是否会有所改变呢？[5] 为了要用我们已有的测量电压的准确方法来检验这一点，我们进行了一系列的实验，让一个通常的 Coolidge 管（钨丝靶）是这样放置，使通过分光计狭缝的 X 射线沿着与阴极流的方向大约成 45°的一个锐角离开靶。这一系列测定的结果见表 2。同以前的实验一样，加于管上的电压是 24 413 伏特。这个 X 射线管没有薄云母窗，因此准确度似乎比以前的一系列测定要低一些，然而，$V\sin\theta$ 值并不有别于射线与阴极流成直角的情况。在这里谱的短波限没有出现多普勒效应，总计最多也只有二千分之一。这与 Wagner 的结果相符合[6]。

表 2　掠射角和辐射常数

日期	θ（未校正）	Δθ	θ（已校正）	Vsin θ	$h\times10^{-27}$
四月六日	4°—16′—35″	1′	4°—17′—35″	2039.8	6.556
四月六日	4°—16′—33″	1′	4°—17′—33″	2039.6	6.555
四月十二日	4°—16′—53″	48″	4°—17′—41″	2040.7	6.558
四月廿七日	4°—16′—43″	47″	4°—17′—30″	2039.3	6.554
			平均	2039.9	6.556

一篇有关这一研究的更加详细的报告就要在某个物理学报上发表。

参考文献

[1] Duane and Hunt. Phys. Rev.，Aug.，1915，p166.

[2] See a report in the Jahrbuch der Radioahctivität，etc.，for 1919 by E. Wagner，and also a report on “Data Relating to X-Ray Spectra” by William Duane，published by the National Research Council.

[3] [4] Blake and Duane，Phys. Rev.，Dec.，1917，p624.

[5] [6] See E. Wagner，Jahrbuch der Radioahctivität，1919，also Physik. Zeit.，Nov.，1920，p621；and C. Zecker，Ann. Physik. Leipzig，Sept.，1920，p28，also a note by D. L. Webster presented to the American Physical Society at the same meeting at which the authors presented a note on this research，April，1921.

⑫ The Effect of Hydrostatic Pressure on the Magnetic Permeability of Iron, Cobalt, and Nickel①

by Chi-Sun Yeh

Introduction

The various phenomena of magnetostriction together with their inverse effects, namely, the effects of stress on magnetization, have been known for a long time. In particular, Nagaoka and Honda[1] studied the effect of hydrostatic pressure on the magnetization of iron and nickel, and later on, Miss Frisbie[2] repeated the work for iron. The highest pressure used by Nagaoka and Honda was about 300 atmospheres; that by Miss Frisbie about 1000 atmospheres. For iron, while Nagaoka and Honda obtained only a decrease of magnetization by pressure, Miss Frisbie obtained an increase in low fields and a decrease in high fields, the range of field covered by Miss

① The material of this paper constitutes essentially the thesis submitted by Dr. Yeh for the doctor's degree in June 1923. The manuscript of this paper was handed to me by Dr. Yeh immediately before he left this country in the late summer of 1923. The delay in publication has been caused by my difficulty in getting into communication with Dr. Yeh to obtain his consent to various changes in the text and diagrams affecting only the method of presentation. — P. W. Bridgman

Frisbie being within that covered by Nagaoka and Honda. Besides this disagreement in results, the data presented by these authors are not sufficient for giving a comprehensive view of the pressure effect on magnetization.

The present research was undertaken because we thought that the subject could now be attacked more comprehensively and also to better advantage. There are three reasons for this: (1) the work of Professor Bridgman has enabled us to extend the pressure to a much wider range than covered by earlier workers; (2) the ferromagnetic metals can now be obtained in a much purer condition than those used by the earlier experimenters; (3) the results may stimulate interest in developing magnetic theories along modern lines.

Experimental Method In General

In order to avoid end effects, toroidal specimens were used. The method of balancing the magnetic deflection against that due to another specimen, made as nearly similar as possible to the pressure sample, was rejected at the very beginning of the work, since it cannot give reliable results on account of the great difficulty of getting exactly similar specimens. The *increase* of magnetization of iron under pressure for H about 5 obtained by Miss Frisbie might be easily explained by this error. (This wrong effect might also be due to imperfect demagnetization as we will see later.) Instead of the method of Miss Frisbie, we balanced the deflection due to the specimen under pressure against that due to a mutual air inductance.

Two kinds of runs were made, one at a constant magnetizing field, and the other at a constant pressure. They will be described separately.

Constant Field Runs. —For these runs, the ballistic deflection due to the magnetic specimen was nearly completely balanced against that due to a mutual inductance, leaving however a residual reversal deflection greater than the total change of reversal deflection at 12,000kg/cm^2. This deflection usually amounted to several centimeters. It was not possible to balance the magnetic deflection exactly when there was no pressure for the reason that the two parts of the magnetic reversal deflection, one obtained on breaking the circuit and the other on making the circuit in the opposite direction, were unequal because of hysteresis. The result was that during the initial stages of the reversal there was a slight deflection in a direction opposite from the final deflection. The effect probably could be eliminated by increasing the period of the galvanometer or by increasing the rapidity of reversal. Too rapid reversals are, however, not desirable on account of the difficulty of insuring uniform operation. The final scheme adopted was to minimize the initial reverse deflection as much as possible by using two mutual inductances of different values, such that one of them is in circuit when the magnetizing current goes one way, while the other is in circuit when the magnetizing current goes the other way. This arrangement was made possible by using a reversing switch of eight poles. The mutual inductances were made of solenoids with sliding secondary coils inside the primary. They were specially made to give the large variation demanded in this work.

From the direct observations, the differences of residual reversal deflections were calculated. When these are divided by the total reversal deflection of the specimen alone (without the compensating mutual inductance) under no pressure, we obtain the percentage change of permeability or induction. This is practically the same as the percentage change of susceptibility or magnetization for the ferromagnetic substances in the range of fields we are using. These percentage changes have to be corrected for the change of dimensions under pressure, because in the calculation of B and H from experimental data, the cross section and circumferential length of the ring come into consideration. When we consider the decrease of area under pressure, twice the absolute value of linear compressibility must be added to the uncorrected pressure coefficient. When we consider further the circumferential linear contraction and the consequent higher value of H we must subtract the absolute value of the linear compressibility, making a total additive correction of the absolute value of the linear compressibility. The magnitude of this correction is 0.02% for each 1000 kg/cm^2. It should be deducted from the numerical value of the observed percentage change, when the pressure coefficient of magnetization is negative; it should be added when positive.

When the corrected percentage changes were plotted against pressure, the first few runs showed a flat region in the curve plotting $\Delta B/B_0$ against pressure or else showed a curve of continually increasing slope. Further, the results were often irregular. The cause of the trouble was later traced to imperfect demagnetization. The final scheme adopted was to demagnetize the specimen completely before every change of pressure. When this was done, the percentage change became linear with pressure within the limits of experimental error, and the results also became reproducible.

A word should be said about the meaning of the reversal deflection as measured here. As is well known, the first reversal deflection is greater than the later ones. What was measured here was the constant reversal deflection obtained after several reversals, which can be determined with greater accuracy than the initial reversal deflection. The question of accuracy is of particular importance here because we are dealing with small differences. The values of permeability and also of differential permeability therefore come out considerably lower than when measured by the step-by-step method.

In using the balanced reversal method, we have to be particularly careful about the effect of imperfect demagnetization. For suppose we start with a specimen not completely demagnetized, then the reversal deflection under no pressure and low fields will be smaller than it ought to be. If, now, the residual magnetization is a function of the pressure, the error in the residual deflection will vary with pressure so that the apparent percentage change produced by pressure may be complicated in character and entirely erroneous; it may even be of the wrong sign. Under high fields an erroneous result is less likely.

In general, the effects of imperfect magnetization in iron and nickel are opposite, since their pressure coefficients are of opposite signs.

Constant pressure runs.—This type of run was to determine the percentage change of permeability as a function of the field. It is less conducive to accurate measurement than the constant field run; but it gives a more comprehensive idea about the course of phenomena. In this type of run, we simply obtain a normal magnetization curve under no pressure, and then one under high pressure. This method gives reliable results if the pressure is sufficiently high. The method of balancing the magnetic deflection against a mutual inductance deflection is here not used on account of the inconvenience of changing the mutual inductance adjustments before every increase of the magnetizing current. Even if the balancing method were used, it would not give as accurate results as with the constant field runs.

Experimental Details

The pressure apparatus designed by Professor Bridgman has been thoroughly described in his papers[3]. It suffices to say that the apparatus can hold pressure with practically no leak for the range covered in this paper, namely, 0—12000kg/cm^2. The measurement of pressure by the change of resistance of manganin wire under pressure has also been described in Professor Bridgman's papers[4]. By comparing with an absolute gauge he showed that the change of resistance of manganin is linear with pressure for the range covered here.

The pressure values reported below were obtained as follows: the total resistance of the gauge and the change of resistance under pressure were directly measured on the bridge. The pressure was then calculated with the coefficient 2.325×10^{-6} per kg/cm^2. The maximum error that may be introduced in the absolute value of pressure on account of the slight variation of the pressure coefficient for different specimens from same spool is about 2%. The error in the relative values of pressure is less than 1%.

The diameter of the hole of the cylinder containing the specimen was about 16 mm, and its external diameter about 8 times the diameter of the hole. These dimensions of the high pressure chamber necessitated the use of toroidal specimens having an outer diameter of about 16 mm and an arm width of about 3.2 mm. The toroids were made into shape with a semi-circular cutter.

The specimen was mounted horizontally on a collar screwed to a three-terminal plug. The three terminals served for the secondary leads and one of the primary leads. The other primary lead was attached to the body of the plug. Through each hole passed a steel stem surrounded by packing which served for keeping the pressure as well as for insulating the stem from the main body of the plug. The perfection of the insulation was tested both on the bridge for measuring pressure and with the ballistic galvanometer, the criterion with the latter being that its zero should be exactly the same no matter whether the primary current was going one way or the other. No particular care was taken to compensate or minimize the earth's field, because the effective earth's field inside the pressure cylinder must be exceedingly small.

The primary winding was such that one ampere gave about 50 gausses. The total number of secondary turns ranged from 200 to 500. For the primary winding, enameled copper wire was used; the diameter of the bare wire was about 0.2 mm. The change of resistance of the primary by pressure does not affect our results, because the constancy of current was watched with a potentiometer. For the secondary winding, silk insulated copper wire was used, the diameter of the bare wire being about 0.76 mm. The total resistance of the secondary winding varied from 10 to 20 ohms. Since the total change of resistance of copper under $12,000 kg/cm^2$ is about 2% of the resistance under no pressure, the maximum change of resistance of the secondary that might affect our results is about 0.4 ohm. Since there are more than 9000 ohms in the secondary circuit, the correction to be applied is at most 0.005%. We need not consider this correction since we give results only to a hundredth of a per cent.

Before putting on the primary winding, the anchor ring was insulated with a thin layer of enamel, baked on in an oven at a temperature around 205℃. A single layer of the primary was wound all over the circumference of the ring, care being taken to keep the winding radial. The secondary was then wound outside of the primary, no care being taken to keep the winding radial, because it was not necessary. What enters the measurement of the induction is the projection in the direction of the field of the area through which the lines of force run. This projection is always the cross section of the arm of the ring. Winding was done by hand and the number of turns was counted at the same time.

The magnetizing current was kept constant by watching a potentiometer of very simple scheme, (see Fig. 1) a standard cell being used directly in closed circuit in series with a 50,000 ohm resistance during balancing. The e. m. f. of the standard cell was compared with that of a better standard from tine to time. It kept its value within one thousandth of a per cent.

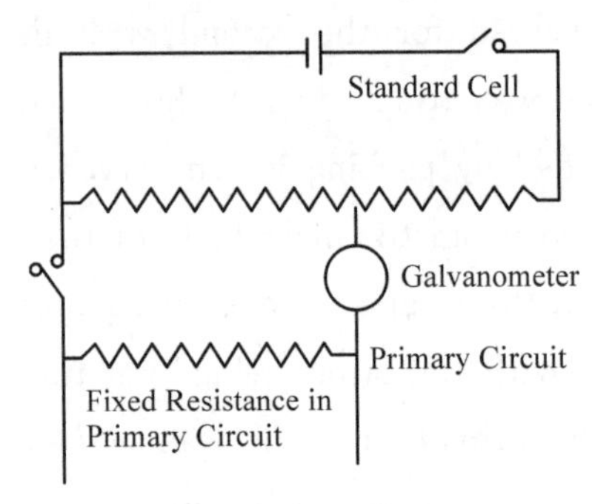

Fig. 1 Potentiometer

The field, H, is given by the relation $H=(4/10)\ NI$ for a thin toroid, where I is the current in amperes and N the number of primary turns per cm. I was measured on the potentiometer. N was obtained by dividing the total number of primary turns by the mean circumference of the toroid. The largest uncertainty in the measurement of field lies in the fact that our toroids were not thin, the ratio of arm width to mean diameter varying from 0.26 to 0.31. The error that may be introduced on this account is about 3% according to a calculation by Lloyd[5]. Errors in measuring N and I are certainly much less than this.

The magnetic measurements were carried out with a ballistic galvanometer. It was used in the nearly critically damped condition (slightly over damped) with 9680 ohms in the circuit. The galvanometer (Cat. No. 2285-D Serial No. 73779) was obtained from Leeds and Northrup. Its free period is 28 sec., ballistic period, 6 sec. It was used at a distance of about 3 meters and gave a sensitivity of 0.0092 microcoulomb per millimeter.

The equation for calculating the induction, B, is

$$B=\frac{KRd}{nA}$$

where $d=\frac{1}{2}$ reversal deflection, n = total number of secondary turns, A = cross section area of the arm of the anchor ring, R=total resistance in the secondary circuit, K=galvanometer constant. Since R was kept constant, the calibration of the ballistic galvanometer amounts to finding the combination of constants $K\times R$. This was done by means of a mutual inductance standard, of the value 0. 964 millihenries. The relation for calculating KR is the following:

$$K\times R=\frac{MI}{d_s}$$

where M = mutual inductance, d_s = deflection observed when we wake or break a current of value I. The absolute value of $K\times R$ is only needed for the B-H curves, not for the pressure coefficients of magnetization. Throughout the series of runs, the galvanometer constant was found to keep its value within 0. 08%.

When the deflections became too large, a shunt of ratio 2. 55 was used in parallel with the ballistic galvanometer. The shunt ratio was directly determined by comparing the deflections obtained with and without the shunt.

The electrical connections, except for minor conveniences, are sketched in Fig. 1-Fig. 3. With regard to the primary circuit, the reader will note that when the switch is closed one way, the current follows the path AC (MI_1) D — toroid — EB; when reversed the path is AC' (MI_2) $D'E$ — toroid — $DE'B$. The exact equality of the two paths of the primary circuit as far as resistance is concerned was tested with the potentiometer. Outside of the ferromagnetic specimen, the circuits were free from iron, except the steel stems which serve as electric leads through the three-terminal plug. These steel stems can introduce no error in the magnetic measurement as long as there is no secondary turn linking with them.

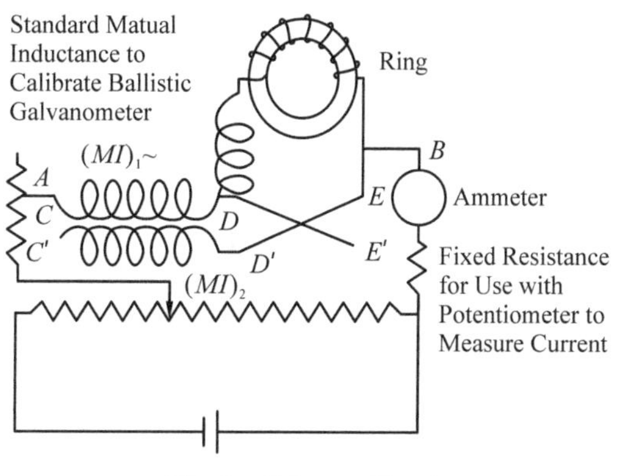

Fig. 2 Primary Circuit

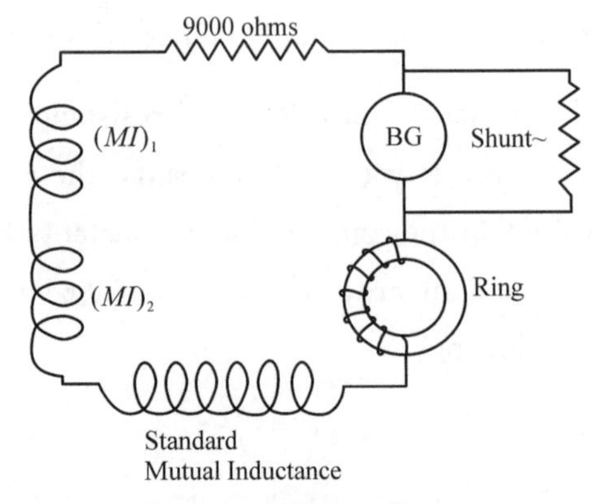

Fig. 3 Secondary Circuit

The specimens were demagnetized by using a gradually decreasing alternating current (60 cycles), starting from a current higher than the maximum magnetizing current. The current was varied by varying the potential with a sliding resistance of tubular type.

The pressure cylinder containing the specimen was surrounded with a tank of water with a stirrer. The temperature of the bath was kept around 20℃. Since the temperature coefficient of magnetization around room temperature is small, the pressure coefficient could be measured without taking elaborate means to keep the temperature absolutely constant; the temperature of the bath was constant within a degree.

The heating effect of the magnetizing current is a factor that must be considered. With one ampere current, the temperature of the specimen is probably 1° higher than that of its surroundings. This is one of the reasons for not pushing the magnetizing current beyond two amperes.

The Materials

The specimens examined are described as follows.

Pure Iron.—The specimen was of French preparation, obtained from Professor Sauveur. It is known to contain 99.98% iron. It is indeed very pure as shown by its microphotograph (Fig. 4). The material had been previously annealed by imbedding in lime. The toroid, after being shaped, was annealed again by heating to 1000℃ in an electric furnace, followed by cooling in the furnace. The specimen, while annealing, was imbedded in a large quantity of iron dust to prevent oxidation. Microphotographic examination of the toroid after annealing shows that the material remained very pure.

Slightly Carbonized Iron.—This specimen started its career as a very pure specimen of iron, obtained from the Bureau of Standards, having the following analysis: C 0.005%, Si 0.007%, S 0.011%. The toroid made from it was annealed in the same way as described above. The toroid, after annealing, was not examined at once microphotographically, and it was thought that it had remained very pure. After the series of readings was taken with this specimen, the pure iron described in the last paragraph was examined to see whether the results would agree. The results, however, came out widely different. Microphotographic examination of the specimen from Bureau of Standards then showed that it had been slightly carbonized while annealing. The results obtained with this specimen are therefore to be taken as results for slightly carbonized iron. The difference between the specimen of pure iron and that of slightly carbonized iron is clearly seen in Fig. 4 to Fig. 5. The microphotographs were taken with the two anchor rings themselves after their pressure coefficients had been determined. An alcoholic solution of 5% nitric acid was used as the etching agent, with a magnification of 125 diameters.

Fig. 4 Microphotograph of Pure Iron

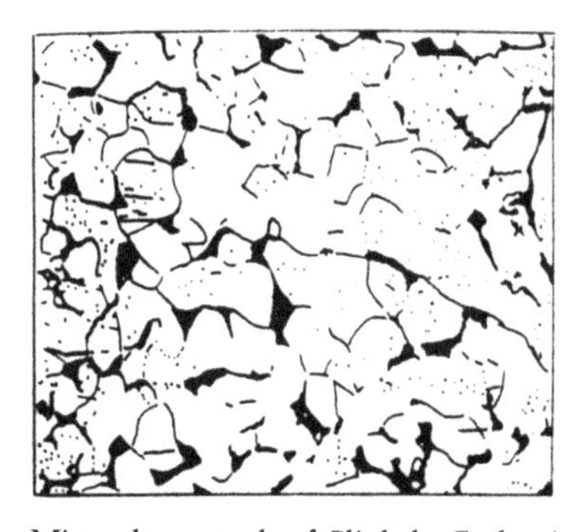

Fig. 5 Microphotograph of Slightly Carbonized Iron

After much work was done on the specimen from the Bureau of Standards, it was certainly a great disappointment to know that the specimen had been slightly carbonized. The impressive lesson is that for any magnetic measurement of pure iron, a microphotograph should be taken before and after any heat treatment.

Steels.—Two kinds of steel, of carbon content 0.10% and 0.30% were examined. The method of annealing was the same as for iron.

Nickel.—The specimen of nickel examined had the following analysis: Approximately 99.1% Ni, 0.5% Co, together with small amounts of Fe, Si, C, and Cu. It was annealed by heating to 900℃, followed by slow cooling.

Cobalt.—The specimen was obtained from the Bureau of Standards which again obtained it from Kahlbaum. It came in the form of little cubes. A casting was made in a vacuum furnace. The toroid made from the casting was first annealed by heating to 1000℃. After a series of readings was taken, it was annealed again, using the method of Kalmus[9], i. e. keeping the specimen between 500°and 600℃ for several hours. The second series of readings, however, gave no different results.

In Table I are given the dimensions of the toroids.

TABLE Ⅰ

Specimen	Mean diameter	Arm width	Arm width/mean diameter
pure iron	1. 110 cm	0. 294 cm	0. 265
slightly carbonized iron	1. 153	0. 300	0. 260
0. 10% C. steel	1. 018	0. 317	0. 312
0. 30% C. steel	1. 054	0. 305	0. 289
nickel	1. 092	0. 292	0. 267
cobalt	1. 067	0. 336	0. 312

These dimensions will be needed in applying a certain correction to our experimental results, to be explained later, as well as in calculating H and B.

Experimental Results

$\Delta B/B_0$ at Room Temperature. —Sample curves of constant field runs are given in Fig. 6 to Fig. 8. They show that, for iron, the decrease of magnetization is proportional to pressure within the limits of experimental error. The individual data for $H=$ 0. 52 and $H=$15. 6 are not as regular as for $H=$1. 30 and 4. 69. The reason is that for $H=$0. 52 the total deflection is small, and for $H=$15. 6, the percentage change becomes small.

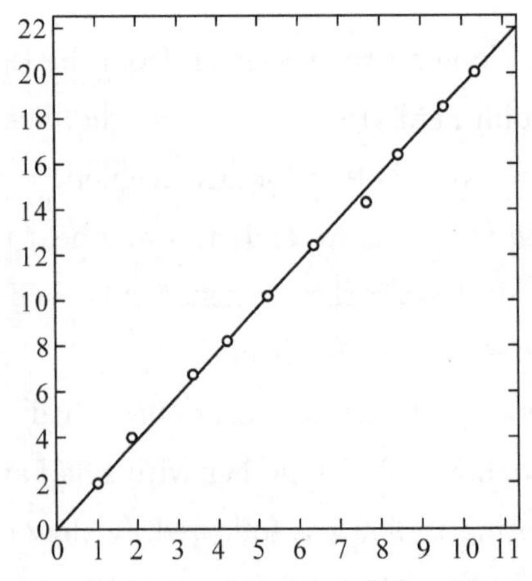

Fig. 6　Effect of pressure, at 20°, on the induction of slightly carbonized iron, under a constant field of 1. 30 Gauss. Ordinates are－ ($\Delta B/B_0$) in percent, abscissae pressure in thousands of kg/cm²

In the case of nickel, the increase of magnetization is also approximately linear with pressure. That the curve has a slightly increasing slope is explained by the fact that the specimen, though demagnetized before taking the series of readings for the curve, was not further demagnetized in the course of increasing pressure. (See the paragraph on the effect of imperfect demagnetization).

Sample data sheets for constant field runs are given in Tables Ⅱ, data for Fig. 6, and Table Ⅲ, part of data for Fig. 7. A sample data sheet for a constant pressure run is given in Table Ⅳ, data for Fig. 9.

TABLE Ⅱ

Constant Field Run for Slightly Carbonized Iron at $H=1.30$

	Residual	$\Delta B/B_0$ (percent)	
Pressure	Rev. Defl.	Uncorrected	Corrected
0kg/cm^2	5.09 cm	0	0
1 010	4.72	−2.17	−2.15
1 930	4.39	−4.10	−4.06
3 470	3.89	−7.04	−6.97
4 370	3.65	−8.44	−8.35
5 360	3.30	−10.49	−10.38
6 460	2.93	−12.67	−12.54
7 590	2.60	−14.60	−14.45
8 490	2.24	−16.70	−16.52
9 570	1.89	−18.76	−18.56
10 320	1.61	−20.40	−20.19
11 290	1.32	−22.08	−21.85

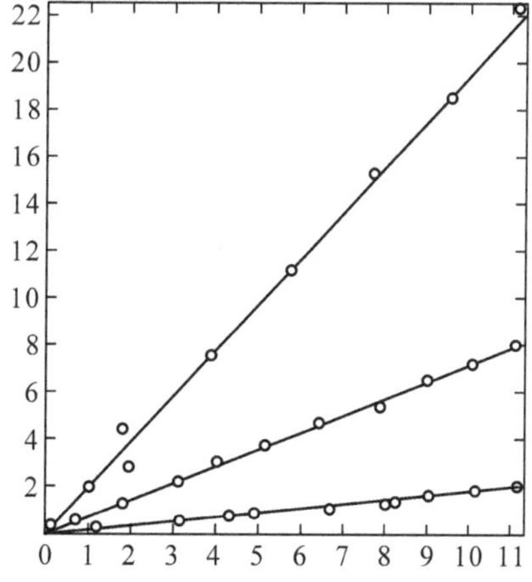

Fig. 7 Effect of pressure, at 20°, on the induction of slightly carbonized iron under constant fields of respectively 0.52, 4.69 and 15.6 Gauss, reading from the top down. Ordinates are− ($\Delta B/B_0$) in percent, abscissae pressure in thousands of kg/cm^2

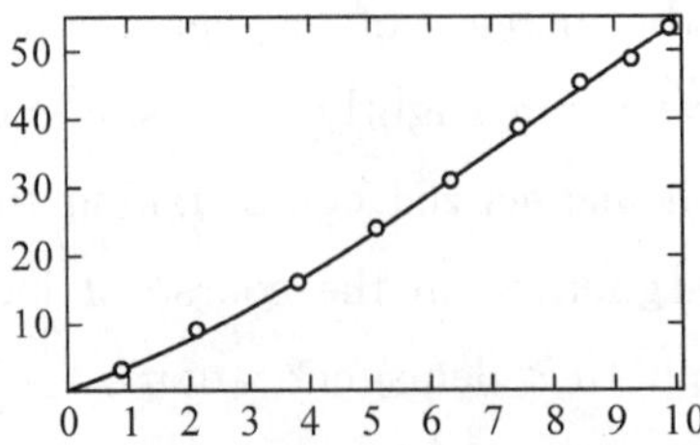

Fig. 8 Effect of pressure, at 20°, on the induction of nickel under a constant field of approximately 2 Gauss. Ordinates are+ ($\Delta B/B_0$) in percent, abscissae pressure in thousands of kg/cm^2

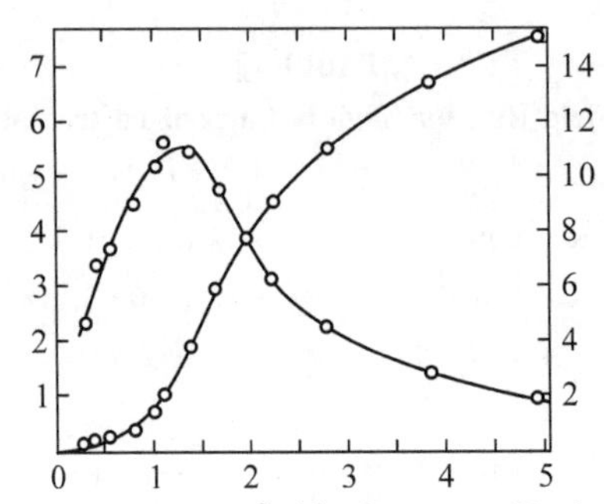

Fig. 9 Results for pure iron at 20°. Abscissae are H, in Gauss, Ordinates, left hand scale, — ($\Delta B/B_0$) in percent, per 1000kg/cm^2; right hand scale, B in thousands of Gauss

TABLE Ⅲ

Constant Field Run For Slightly Carbonized Iron at H=0.52

Pressure	Residual Rev. Defl.	$\Delta B/B_0$ (percent) Uncorrected	Corrected
0	2.53		
1 850	2.42	−4.4	−4.3
2 020	2.46	−2.8	−2.7
3 740	2.35	−7.1	−7.1
5 880	2.25	−11.1	−11.0
7 770	2.15	−15.0	−14.9
9 540	2.07	−18.2	−18.0
11 180	1.97	−22.2	−21.9

Note: The straight line passing through the origin and fitting well the points corresponding to high pressures passes between the points corresponding to 1850 and 2020kg/cm^2. The irregularity at low pressures is evidently due to difficulty of accurate measurement.

TABLE Ⅳ

Constant Pressure Run for Pure Iron at P=7510kg/cm^2

H	Total Rev. Defl. at p=0	Total Rev. Defl. at P=7510	$\Delta B/B_0$ (percent) Uncorrected	Corrected	$\Delta B/B_0$ (percent) for 1000kg/cm^2 Corrected
0.27	0.48	0.40	17	17	−2.27
0.38	0.80	0.60	25.0	24.8	−3.31
0.54	1.41	1.02	27.7	27.5	−3.67

(Continued)

H	Total Rev. Defl. at $p=0$	Total Rev. Defl. at $P=7510$	$\Delta B/B_0$ (percent) Uncorrected	$\Delta B/B_0$ (percent) Corrected	$\Delta B/B_0$ (percent) for 1000kg/cm^2 Corrected
0.76	2.62	1.74	33.6	33.4	−4.45
0.97	4.72	2.89	38.8	38.6	−5.15
1.08	6.38	3.73	41.5	41.3	−5.51
1.35	12.31	7.33	40.5	40.3	−5.38
1.62	19.41	12.50	35.6	35.4	−4.72
1.89	25.10	17.81	29.1	28.9	−3.86
2.16	30.00	22.93	23.7	23.5	−3.14
2.70	14.37*	30.29	17.2	17.0	−2.27
3.79	17.63*	15.71*	10.9	10.7	−1.43
4.87	19.58*	18.10*	7.57	7.42	−0.99

* Constants of circuits changed.

The remaining data are given in Tables V to Ⅸ, and in Fig. 10 to Fig. 14; the pressure coefficients are given as before as percentage changes per 1000kg/cm^2. The numbers are obtained from the slope of the best fitting straight line in the case of the constant field runs. When pressure coefficients are deduced from constant pressure runs, use is made of the linear relation between percentage change and pressure established by the constant field runs. On account of the fact that our toroids were not thin, the pressure coefficient thus reported is a sort of average pressure coefficient corresponding to some average field. To reduce these experimental values to true

TABLE Ⅴ

Observed Pressure Coefficients of Magnetization for Slightly Carbonized Iron

H	B	Pressure Coefficient
0.26	244	−1.30
0.52	1 048	−1.88
0.62	1 102	−2.14
0.73	1 566	−2.36
0.78	1 915	−2.66
0.83	2 170	−2.43
0.93	2 800	−2.38
1.04	3 640	−2.19
1.30	5 480	−1.89
1.56	6 020	−1.71
1.82	7 050	−1.46
2.08	7 620	−1.27
4.69	11 200	−0.73
15.6	16 580	−0.16
52.0	18 760	−0.01

TABLE Ⅵ

Observed Pressure Coefficients of Magnetization for 0.10% C Steel

H	B	Observed Pressure Coefficient
0.57	300	−0.57
1.13	836	−0.95
1.42	1 292	−1.28
1.70	1 928	−1.59
1.98	2 695	−1.69
2.26	3 570	−1.57
2.83	4 870	−1.52
3.40	6 030	−1.33
3.96	6 890	−1.15
4.53	7 640	−1.06
5.15	8 390	−0.97
5.66	8 910	−0.93
11.32	12 210	−0.58
16.98	13 960	−0.38
22.64	15 000	−0.25
28.30	15 660	−0.18
33.96	16 170	−0.10

TABLE Ⅶ

Observed Pressure Coefficients of Magnetization for 0.30% C Steel

H	B	Observed Pressure Coefficient
0.69	263	−1.66
1.24	614	−1.80
1.48	851	−1.88
1.73	1163	−1.99
1.98	1588	−2.05
2.47	2565	−2.30
2.96	3610	−2.36
3.46	4560	−2.16
3.96	5510	−2.02
4.50	6440	−1.84
4.94	7090	−1.70

TABLE Ⅷ

Observed Pressure Coefficients of Magnetization for Nickel

H	B	Observed Pressure Coefficient
0.223	33	+2.5
0.446	76	+3.2
0.624	118	+4.2
0.892	210	+5.4
1.115	303	+5.56
1.338	402	+5.62
1.561	503	+5.34
1.784	603	+5.22
2.01	692	+4.97

(Continued)

H	B	Observed Pressure Coefficient
2.23	775	+4.76
4.46	1478	+4.57
6.69	2000	+3.87
8.92	2480	+2.82
11.15	2910	+2.32
13.38	3300	+1.82
15.61	3640	+1.37
17.84	3930	+1.10
20.07	4170	+0.78
22.30	4360	+0.71

TABLE Ⅸ

Observed Pressure Coefficients of Magnetization for Cobalt

H	B	Observed Pressure Coefficient
10.9	380	−0.2
16.3	668	−0.2
21.8	981	−0.2
27.3	1278	−0.2
32.8	1562	+0.090
41.0	1942	+0.39
45.2	2130	+0.27
48.0	2250	+0.26
56.1	2580	+0.25
64.3	2885	+0.30
72.4	3165	+0.38
79.5	3420	+0.41

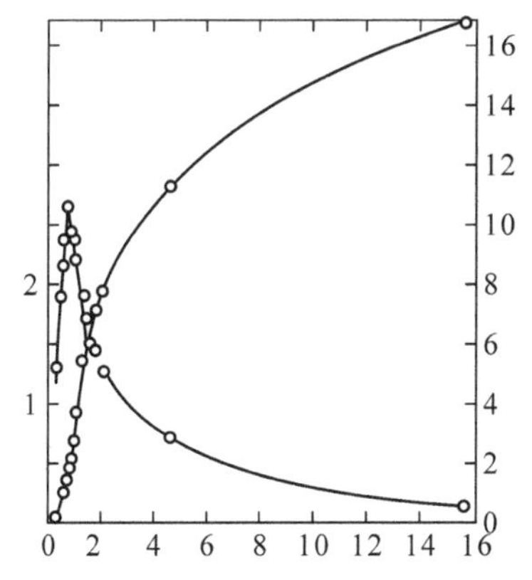

Fig. 10 Results for slightly carbonized iron at 20°, Abscissae, H in Gauss. Ordnates, left hand scale, $-(\Delta B/B_0)$ in percent per 1000kg/cm^2; right hand scale, B in thousands of Gauss

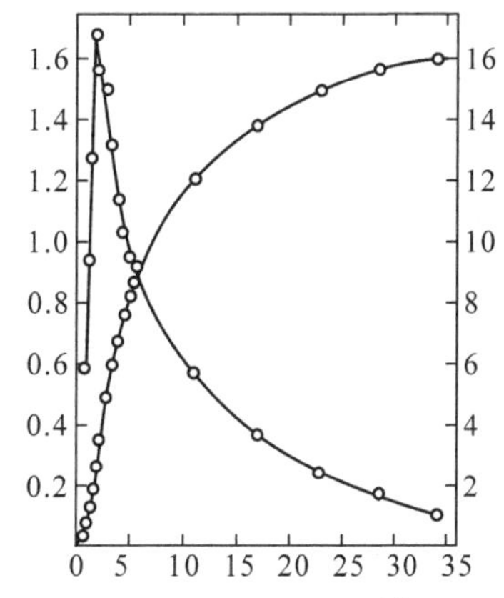

Fig. 11 Results for 0.10% carbon steel at 20°. Abscissae, H in Gauss. Ordinates, left hand scale, $-(\Delta B/B_0)$ in percent per 1000kg/cm^2; right hand scale, B in thousands of Gauss

coefficients corresponding to definite values of field involves the solution of an integral equation. The writer had not been able to solve the integral equation, but believes that the data presented in this paper, namely, the B-H curves, the observed pressure coefficients, and the dimensions of the specimens, are sufficient for reducing the experimental values to true coefficients when the method of solving the integral equation is discovered.

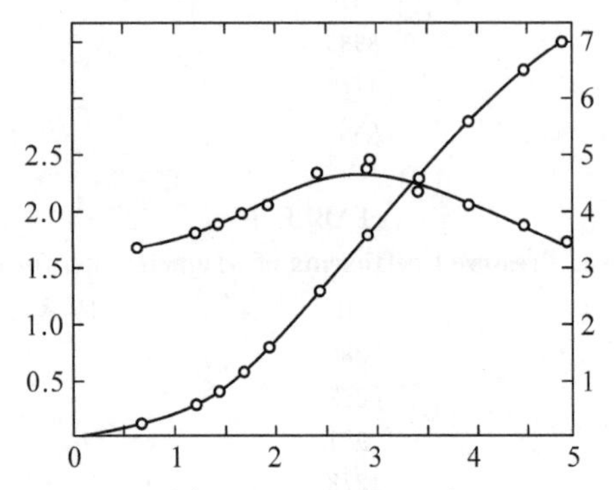

Fig. 12 Results for 0.30% carbon steel at 20°. Abscissae, H in Gauss. Ordinates, left hand, scale, — ($\Delta B/B_0$) in percent per 1000kg/cm^2; right hand scale, B in thousands of Gauss

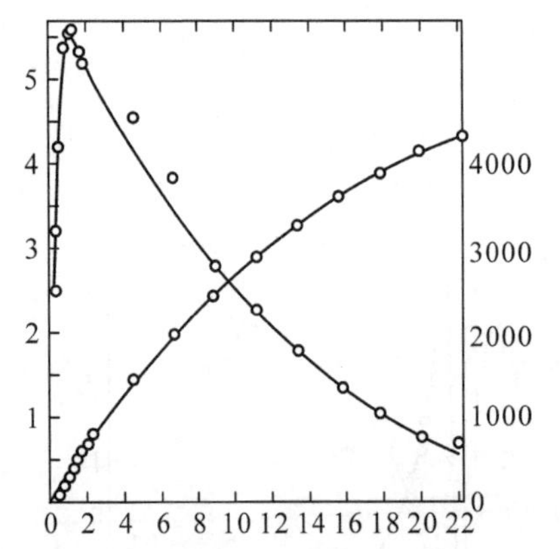

Fig. 13 Results for nickel at 20°. Abscissae, H in Gauss. Ordinates, left hand scale, + ($\Delta B/B_0$) in percent per 1000kg/cm^2; right hand scale, B in Gauss

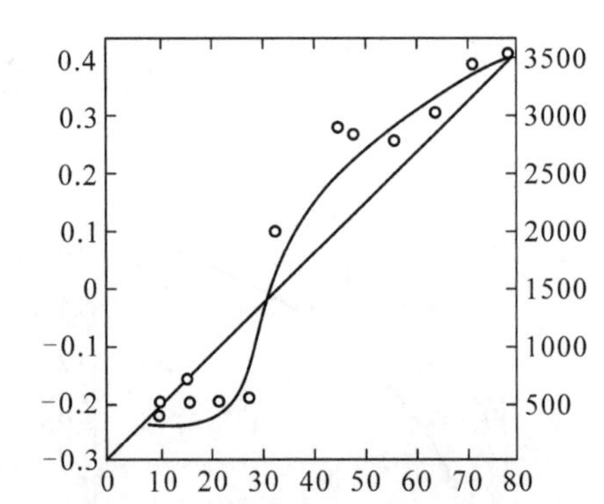

Fig. 14 Results for cobalt at 20°. Abscissae, H in Gauss. Ordinates, left hand scale, $\Delta B/B_0$ in percent per 1000kg/cm^2 (circles); right hand scale, B in Gauss (crosses)

The Effect of pressure on the Retentirity of Pure Iron.—From the fact that pressure is able to set free the residual magnetism of iron, it is expected that the retentivity of iron will decrease under pressure. By retentivity as measured here, we mean, when expressed in percent:

$$\frac{100\ (1/2\ \text{Rev. Defl.}-\text{withdrawal deflection})}{1/2\ \text{Rev. Defl.}}$$

The withdrawal deflection is obtained by opening the primary circuit. Two kinds of withdrawal deflection are recorded below: one is obtained after many reversals, and the other is obtained after applying and withdrawing the field in one direction several times. We shall call the former cyclic withdrawal deflection, and the retentivity computed from it cyclic retentivity; the latter will be called the minimum withdrawal deflection, and the retentivity computed from it maximum retentivity.

The following data are obtained at $H=1.62$.

	$P=0$	$P=7600$	$P=8630$	$P=10340$
1/2 Rev. Defl.	9.74	6.21	2.92	2.46
Cyclic withdrawal defl.	2.36	2.04	1.88	1.68
Min. withdrawal defl.	1.97	1.79	1.79	1.65
Cyclic Retentivity	75.8%[①]	67.1	35.6	31.7
Max. Retentivity	79.8	71.2	38.7	33.0

The run was undertaken merely to obtain some idea of the effect, so only a few points were taken, For some reason the point at $P=7600$ is bad; there seems to be no reason why there should be a sharp drop of retentivity around 8000kg/cm^2.

The Temperature Coefficient of the Pressure Coefficient of Magnetization.—With the data of four magnetization curves, the following four coefficients can be obtained:

(1) temperature coefficient of magnetization under no pressure;

(2) temperature coefficient of maynetization under pressure;

(3) pressure coefficient of magnetization at room temperature;

(4) pcessure coefficient of magnetization at 100℃.

As before, by pressure coefficient we shall mean percentage change per 1000kg/cm^2. By temperature coefficient we shall mean the average percentage change per degree averaged over an interval of 75°, from 25°to 100℃. In Table X are presented such a set of coefficients for nickel. In calculating the temperature coefficient under a certain pressure, the value of B at 25℃ and under that pressure is used as the zero level against which percentage changes are figured; in calculating the pressure coefficient at a certain temperature, the value of B under no pressure and at that temperature is used

---

① 原文如此。——编者

as the zero level.

TABLE X
Temperature And Pressure Coefficients
of Magnetization of Nickel

	Temp. Coef.		Pressure Coef.	
H	At P=0	At P=7300	At 24°. 8	At 99°. 8
0. 223	0. 57% per degree	0. 647	2. 5% per 1000kg/cm^2	3. 1
0. 446	0. 595	0. 618	3. 2	3. 48
0. 624	0. 587	0. 472	4. 2	4. 6
0. 892	0. 427	0. 199	5. 4	3. 04
1. 115	0. 32	0. 1	5. 56	3. 06
1. 338	0. 238	−0. 053	5. 62	2. 02
1. 561	0. 172	−0. 108	5. 34	1. 79
1. 784	0. 143	−0. 138	5. 22	1. 59
2. 01	0. 12	−0. 147	4. 97	1. 53
2. 23	0. 099	−0. 157	4. 76	1. 44
4. 46	0. 069			0. 63
8. 92	0. 039			0. 52

In looking over the table, we are first impressed with the fact that, for nickel, pressure has a large effect on the temperature coefficient. While under no pressure the familiar reversal from positive to negative temperature coefficient does not occur even at H= 8. 92; it occurs under P = 7300 at H = 1. 26. To confirm these results, two constant field runs at H = 2. 01 were made: —the run under no pressure gave the temperature coefficient + 0. 118% per degree and that under 8080kg/cm^2 gave −0. 170% per degree. On the basis of the coefficient−0. 147 for the same field under 7300 (see Table X) the coefficient under 8080 would be −0. 176. The agreement is fair.

We see that at fields greater than 0. 5 pressure has the effect of de-creasing algebraically the temperature coefficient. Since the pressure coefficient is positive for nickel, it is mathematically necessary that temperature has the effect of decreasing the pressure coefficient. This fact is shown in the last two columns of Table X. The reader will also note that $d^2B/dpdt$ is positive at very low fields.

For pure iron, it was found that pressure has the effect of increasing algebraically the temperature coefficient. Since the pressure coefficient is negative for iron, it follows mathematically that temperature has the effect of increasing algebraically the pressure coefficient (i. e. decreasing the absolute value). The data of Table XI illustrate these facts.

TABLE Ⅺ

Temperature and Pressure Coefficients of Magnetization of Pure Iron

	Temp. Coef.		Pressure Coef.	
H	Under no Pressure	Under P=7050	At 25℃.	At 100℃.
0.43	+0.147	+0.177	−3.25	−0.99
0.61	0.171	0.195	−3.93	−2.09
0.86	0.232	0.247	−4.80	−3.69
1.08	0.285	0.294	−5.48	−4.87
1.30	0.263	0.264	−5.51	−5.39
1.51	0.153	0.158	−4.97	−4.65
1.73	0.126	0.135	−4.36	−3.70
1.94	0.097	0.106	−3.79	−3.08
2.16	0.072	0.079	−3.14	−2.61
4.32			−1.20	−1.23

Summing up, we see that the crossed derivative $d^2 B/dpdt$ is preeminently negative for nickel but positive for iron. The facts seem to indicate that the distance between atoms or molecules is one of the chief factors that control the magnetostriction phenomena. Regardless of the sign of the pressure coefficient, temperature has the effect of decreasing numerically the pressure coefficient. That is, under the same pressure and the same field, the change of magnetization is less at a higher temperature than at a lower temperature. The underlying reason seems to be that on account of the thermal expansion of the atomic lattice, the same amount of pressure is less effective in producing change of magnetization.

Discussion of the Experimental Results

For all the fields investigated, the pressure coefficient of magnetization is negative for the different varieties of iron and steel, but positive for nickel. For cobalt, the pressure coefficient is negative, that is, iron-like for fields below about 30 gausses; for higher fields, the pressure coefficient becomes positive, that is nickel-like. The intermediate character of the results for cobalt is very interesting and must have theoretical significance in view of the fact that cobalt is also between iron and nickel when the elements are arranged in the order of their atomic numbers.

When we plot the absolute value of the pressure coefficient against field, the curves for iron, steel, and nickel all show a rather sharp maximum at a certain field. For pure iron, the maximum percentage change is—5.5 per 1000kg/cm^2, occurring at H=1.2; for nickel, the maximum is+5.6, at H=1.3.

It may be asked whether the percentage change also vanishes with a vanishing field. To answer this question experimentally would be a fussy undertaking, on account of the small value of B at very low fields, and consequently, the necessity of winding a large number of secondary turns. From the fact that both permeability and differential permeability (i. e. the derivative dB/dH) are not zero for $H=0$, it is highly probable that the percent change also does not vanish for $H=0$.

With regard to iron, steel and nickel, another interesting question is whether the sign of the pressure coefficient would reverse at very high, fields. The question is especially important for iron and steel which exhibit reversal points for both the Joule effect and the Villari effect. For the slightly carbonized iron, at $H=52$, the percentage decrease was found to be slightly less than 0.01% per 1000kg/cm^2. A test was also made at $H=112$, with pressure put on and released several times. The effect of pressure is unmistakably a decrease of permeability, however minute that may be. The data are, however, still insufficient to answer the question definitely. All we can conclude from the tendencies of the curves and the phenomena of magnetic saturation is that for very high fields, the pressure coefficient of magnetization assumes a very small value, either positive or negative, which is perhaps of the order of the compressibility of metals. The question is fundamentally important and worthy of further attack, either theoretical or experimental. If the limiting value of the pressure coefficient for very high fields were rigorously zero, the saturation intensity of magnetization per unit volume would be independent of pressure, when the change of dimensions due to pressure is taken into account in calculating B and H. Assuming that the atoms are the magnetons, then there would be a decrease of the magnetic moment of the atom under pressure. A conclusion of this sort would involve very important consequences. Incidentally, the reader may note that there is also no experimental data on such a problem as the saturation intensity of an iron rod under tension.

With regard to iron, the data of the present research definitely contradict the positive pressure coefficient of magnetization obtained by Miss Frisbie at low fields. In the earlier course of the work, what Miss Frisbie observed was indeed also observed by the author. The cause was later traced to imperfect demagnetization, the pressure being able to set free a part of the residual magnetism of iron. When demagnetization was perfect, the erroneous effect also disappeared. The reversal obtained by Miss Frisbie might also be due to imperfect demagnetization.

Theoretical Considerations

Thermodynamically, the effect of hydrostatic pressure on magnetization is reciprocally connected with the volume change produced by magnetization, so that from the results of the present research, conclusions with regard to the latter effect can be deduced with a reasonable degree of certainty. But the reader must carefully note that we cannot draw any necessary conclusion in regard to the other types of magnetostriction phenomena. The following classification clearly illustrates the meaning of this statement: —

A. Effect of stress on magnetization

1. Effect of pressure (hydrostatic) on magnetization

2. Effect of tension on magnetization (Villari effect)

3. Reciprocals of Wiedemann effect

(a) Transient current effect

(b) Longitudinal magnetization effect

B. Strain due to magnetization

1. Volume change due to magnetization

2. Length change due to magnetization (Joule effect)

3. Wiedemann effect

This classification presents clearly the theoretical connection between the various phenomena. Those in the same horizontal line are reciprocals of each other and are connected by thermodynamics; while those in the same column are connected by mechanisms deeply rooted in the nature of elasticity and magnetism.

The phenomena in the above list are quite complicated. They depend not only on the nature of the magnetized substance, but also on the geometrical form of the specimen. The description of these phenomena is out of place here. In view of the confusion that exists in the literature with regard to the theories of magnetostriction, it will be worth while to outline the general theoretical methods.

There are two methods of treating magnetostriction. The first method may be called the elasticity method. It consists of first finding the force per unit volume acting on the matter when placed in a magnetic field. This is accomplished by equating the change of electromagnetic energy with the work of virtual displacement of the parts against the force. The expression for the body force, in the limit at surfaces of discontinuity, then gives an expression for the surface force acting at the boundary between the two media. The elastic stresses and the strains are then computed by the equations of elasticity, so as to equilibrate the given body and surface forces.

The other method may be called the energy method or the thermodynamic method. The only physical part of the reasoning consists in setting up an expression either for the heat absorbed or for the work done by the matter. All the rest follows the formal work of thermodynamics, assuming reversibility.

Let us now describe the elasticity method more in detail. Let F be the vector force per unit volume acting on matter when placed in the magnetic field. Let X_x, Y_y, Z_z, $X_y=Y_x$, $Y_z=Z_y$, $Z_x=X_z$ be the components of the elastic stress. Then the equations of equilibrium state:

$$\begin{aligned}\frac{\partial X_x}{\partial x}+\frac{\partial X_y}{\partial y}+\frac{\partial X_z}{\partial z}&=-F_x\\ \frac{\partial Y_x}{\partial x}+\frac{\partial Y_y}{\partial y}+\frac{\partial Y_z}{\partial z}&=-F_y\\ \frac{\partial Z_x}{\partial x}+\frac{\partial Z_y}{\partial y}+\frac{\partial Z_z}{\partial z}&=-F_z\end{aligned}\tag{1}$$

The strains are then computed from the stresses by the familiar relations of elasticity involving the elastic constants.

In the literature, another set of stresses has been introduced, namely, that in the ether. We will denote the components of this set by A_x, B_y, C_z, $A_y=B_x$, $B_z=C_y$, $C_x=A_z$. The assumption made by Maxwell and others[6] is simply that

$$X_x=-A_x,\ Y_y=-B_y,\ Z_z=-C_z\tag{2}$$

$$X_y=-A_y,\ Y_z=-B_z,\ Z_x=-C_x\tag{3}$$

This assumption is however not compelling. In the following treatment we will make no use of the stresses in the ether.

With the thermodynamic method, the work amounts to applying, in many cases, only a single general theorem. For an isothermal reversible process, from the two laws of thermodynamics, we know that the work term $\mathrm{d}A$ is a total differential. Let $\mathrm{d}A=A_\varphi\,\mathrm{d}\varphi+A_\psi\mathrm{d}\psi$ where φ and ψ are any two variables that may enter our problem, and A_φ and A_ψ are the corresponding coefficients.

If φ and ψ are also independent variables, then

$$\left(\frac{\partial A}{\partial \varphi}\right)_\psi=A\varphi,\ \left(\frac{\partial A}{\partial \psi}\right)_\varphi=A\psi\tag{4}$$

We have therefore

$$\left(\frac{\partial A_\varphi}{\partial \psi}\right)_\varphi=\left(\frac{\partial A_\psi}{\partial \varphi}\right)_\psi\tag{5}$$

The simplest application of (4) concerns the reciprocal relation between the volume change produced by magnetization and the change of magnetization due to pressure. Let V and I be the total volume and the total magnetic moment of a substance under hydrostatic pressure. There will be not only a change of volume due to pressure, but also a change of magnetization due to pressure. The work term consists of two parts: (1) work done by the substance when its volume increases by $\mathrm{d}V$, (2) work done upon the substance when its magnetization increases by $\mathrm{d}I$. $\therefore \mathrm{d}A=-H\mathrm{d}I+p\mathrm{d}V$.

When we take p and H as independent variables, then

$$\mathrm{d}A=\left(-H\frac{\partial I}{\partial p}+p\frac{\partial V}{\partial p}\right)\mathrm{d}p+\left(-H\frac{\partial I}{\partial H}+p\frac{\partial V}{\partial H}\right)\mathrm{d}H$$

Whence

$$-\left(\frac{\partial I}{\partial p}\right)_H=\left(\frac{\partial V}{\partial H}\right)_p \quad by\ (4) \tag{6}$$

It is important to note that in this equation I and V mean the total magnetic moment and the total volume of the specimen, not per unit volume or per gram. We now let $I=iV$, where $i=$intensity of magnetization. Then

$$\left(\frac{\partial V}{\partial H}\right)_p=-V\left(\frac{\partial i}{\partial p}\right)_H-i\left(\frac{\partial V}{\partial p}\right)_H$$

Dividing by V_0, since V/V_0 is practically unity, we have

$$\frac{1}{V_0}\left(\frac{\partial V}{\partial H}\right)_p=-\left(\frac{\partial i}{\partial p}\right)_H-i\frac{1}{V_0}\left(\frac{\partial V}{\partial p}\right)_H \tag{7}$$

$(\partial i/\partial p)_H$ is the pressure coefficient reported in this paper.

In this deduction, we make no specifications about the form of specimen, so equation (7) is true for any form of specimen provided there is no end effect. This condition is satisfied in the case of a thin toroid.

Let us now see whether equation (7) is in agreement with results obtained in the other way. Since

$$-\frac{1}{V_0}\left(\frac{\partial V}{\partial p}\right)_H=\frac{3}{E}\left(3-\frac{E}{K}\right)=\frac{3}{E}\ (1-2\sigma)$$

where E is Young's modulus, K, rigidity; and σ, Poisson's ratio, assuming that $(1/V_0)(\partial V/\partial p)$ changes little with magnetization, we obtain from (5) by integrating with respect to H,

$$\left(\frac{\Delta V}{V_0}\right)_p=\frac{3}{E}\ (1-2\sigma)\int_0^H i\mathrm{d}H-\int_0^H\frac{1}{i_0}\left(\frac{\partial i}{\partial p}\right)_H i_0\mathrm{d}H \tag{8}$$

This is in agreement with what was obtained by Kolacek[7] by the elasticity method, since the expression $(\partial i/\partial P)+(\partial i/\partial Q)+(\partial i/\partial R)$ in his formula, where P, Q, R are the principal tensile stresses, is exactly our $\partial i/\partial p$. With (8), we analyse the volume change produced by magnetization into two parts: one part is intimately connected with the pressure coefficient of magnetization, and the other part is still present event when the pressure coefficient is zero. At low fields, the part connected with the pressure coefficient is more important than the other part; but for high fields, the latter becomes increasingly important, since $(1/i_0)$ $(\partial i/\partial p)$ approaches zero asymptotically for high fields.

On the basis of the data of this paper, the volume changes produced by magnetization at fields below 100 gausses can he calculated. But to extend the calculation to much higher fields, further assumptions are necessary.

For iron, whose pressure coefficient of magnetization is negative both terms work toward an increase of volume. $(1/i_0)$ $(\partial i/\partial p)_H i_0$ is of the order of 10^{-8}, $3\ (1-2\sigma)\ i/E$ is of the order of 10^{-9} for low fields. When the contribution by $\partial i/\partial p$ becomes inappreciable, say after saturation, the volume still increases at the rate of $3\ (1-2\sigma)$ i saturation/E per gauss. Taking $\sigma=\frac{1}{4}$, $E=2\times10^{12}$, $i_{sat}=2\times10^{3}$, this amounts to about 1.5×10^{-5} per gauss.

For nickel, the two terms work in opposite directions. The term connected with $\partial i/\partial p$ will give a decrease of volume. This decrease will become approximately constant when the field is sufficiently high; after that, the volume will continually increase at the small rate of about 0.4×10^{-9} per gauss, so that the total change of volume eventually passes through zero, and at still higher fields becomes increasingly positive.

For cobalt, there will be an initial increase of volume at low fields probably too small to be observed. The further course of the volume change will be similar to the case of nickel, being at first a decrease, then a reversal of direction, passing through zero, and eventually becoming positive. Since cobalt has a much greater saturation intensity of magnetization than nickel, the increase of volume at very high fields will be more pronounced in the case of cobalt, and the volume will pass through its initial value after the early contraction at a smaller field.

These qualitative conclusions are in agreement with the facts and the tendencies observed by Nagaoka and Honda[8]. The initial volume increase of cobalt has so far not been observed.

Equation (8) gives the volume change produced by magnetization under any pressure. When the i in the first term on the right hand side is i_0, we obtain the volume change produced by magnetization under that pressure. By differentiating (8), we can obtain the pressure coefficient of magnetostriction.

To explain the effect of pressure on magnetization on the basis of the electron theory is not an easy matter. In view of the fact that we yet have no adequate theory of ferromagnetism, it would seem to be premature to attempt any complete explanation of the pressure effect on magnetization. According to current theories[9], the explanation of ferromagnetism involves at least the following considerations:

1. The existence of saturation intensity points clearly to the existence of some sort of elementary magnet.

2. Orientation of these elementary magnets must be the principal factor to account for the magnetization curve.

3. The important influences that work against the orienting effect of the external field are thermal agitation and the mutual action between the elementary magnets.

4. It is found that thermal agitation and the orienting effect of the external field are insufficient to explain ferromagnetism. The high permeability of the ferromagnetic substances points towards the existence of some intense molecular field. The nature of this molecular field is yet unknown.

5. The nature of the molecular field presumably depends upon the structure of the atomic lattice and the shape of the atom.

It is this last point that has most intimate connection with the effect we have studied. Conceivably, the existence of both positive and negative pressure coefficients of magnetization is to be explained by the possibility that pressure may either increase or decrease the magnitude of the molecular field, according to differences of its structure. It is interesting to note that while on the one hand we have the characteristic difference between iron and nickel with regard to the pressure coefficient of magnetization, on the other hand we also know that these two metals have different types of crystal structure, iron in the α range being body-centered cubic, nickel being face-centered cubic. Although there is no correlation between ferromagnetism and the type of crystal lattice, it is still quite possible that the characteristic differences in the crystal structure and in the pressure coefficient of magnetization might be consequences of the same primary cause. Attempts to explain ferromagnetism with the molecular field of elementary magnets are so far quantitatively unsatisfactory. The complications in the magnetic behavior of the chemical compounds seem to indicate that the valence electron must play a very important role in the ferromagnetic phenomena. This factor, so far, has not been considered in any theory of ferromagnetism. Iron, cobalt, and nickel mark the end of a period, the elements of which, according to Bohr's recent views, suffer a gradual transformation in the inner configuration of the atom. The kernel of the atom is therefore characterized by greater asymmetry. How does this asymmetry influence the valence electron? How does the valence electron influence ferromagnetism? These are interesting problems.

Summary

1. Within the pressure range 0—12,000kg/cm^2, the change of magnetization at constant H is linear with pressure for iron, cobalt, and nickel.

2. Within the field range 0—100 gauss, the pressure coefficient of magnetization per unit volume is negative for iron, but positive for nickel. It is highly probable on experimental grounds that the sign of the coefficient will not reverse for higher fields.

3. For cobalt, the pressure coefficient of magnetization per unit volume is negative for fields below about 30 gausses, but positive for higher fields.

4. For pure iron at room temperature the percentage, change of magnetization has a maximum of −5.5% per 1000kg/cm^2 at H about 1.2. The percentage change decreases quite rapidly on both sides of this maximum, approaching the axis asymptotically for large H. Such a maximum change also exists for nickel, of value+4.5% per 1000kg/cm^2 at H=1.3.

5. For both pure iron and nickel, (except nickel in very low fields) the absolute value of the pressure coefficient of magnetization per unit volume is less at a higher temperature.

6. For iron, the percentage change of magnetization is a very sensitive function of its carbon content.

7. The retentivity of iron decreases under pressure.

8. By simple thermodynamics, it is shown that the volume change produced by magnetization can be analysed into two terms; the term involving the pressure coefficient of magnetization is important at low fields, while the other term not involving the pressure coefficient becomes increasingly important at high fields.

In conclusion, the writer wishes to voice his gratitude to Professor P. W. Bridgman for his guidance in carrying out this work.

The Jefferson Physical Laboratory,

Harvard University, Cambridge, Mass.

References

[1] Nagaoka and Honda: Phil. Mag. 46, 261, 1898.
[2] Frisbie: Phys. Rev. 18, 432, 1904.
[3] P. W. Bridgman: Proc. of Am. Acad. 49, 627, 1914.
[4] P. W. Bridgman: Proc. of Am. Acad. 47, 321, 1911.
[5] Lloyd: Bulletin of Bureau of Standards 5, 435, 1908.
[6] Pockels: Encyc. d. Math. Wiss. Band V_2, Heft 2.
[7] Kolacek: Ann. d. Phys. 13, 1, 1904.
[8] Bulletin of Nat. Res. Counc. U. S. A. No. 18 on "Theories of Magnetism", p217.
[9] H. T. Kalmus in publication of the Canadian Government entitled, "The Physical Properties of the Metal Cobalt".

编注:

本文发表于 *Proc. Amer. Acad. Arts and Sci*. 1925 年第 60 卷第 502—533 页，也是叶企孙的博士学位论文。该文曾译成中文载于戴念祖主编的《20 世纪上半叶中国物理学论文集粹》(湖南教育出版社，1993 年，第 171—189 页)。中译文是由李国栋先生、叶铭汉先生翻译的。编者将此中译文附于此，以供研究参考。

附：流态静压力对铁、钴和镍的磁导率的影响①

叶企孙

引言

很早就已知道各种磁致伸缩现象及其逆效应，即应力对磁化强度的影响。特别是，Nagaoka（长冈）和 Honda（本多）研究了流态静压力对铁和镍的磁化强度的影响[1]，后来 Frisbie 重复了铁的工作[2]。Nagaoka 和 Honda 所用的最高压力约为 300 大气压，Frisbie 所用的最高压力约为 1000 大气压。对于铁，Nagaoka 和 Honda 仅能得到磁化强度随压力而减小，但 Frisbie 却在 Nagaoka 和 Honda 所用的磁场范围内得到磁化强

① 本文的素材基本上是由叶博士于 1923 年 6 月提交的博士论文组成的。本文稿是叶博士于 1923 年夏末离开美国之前直接交给我的，所以推迟发表是由于我与叶博士的通信联系非常困难，就本文的内容与图表作些修改的问题我要征得他的同意，而这些修改仅仅对本文的叙述方式有所影响而已。——布里奇曼

Bridgman 教授（1882—1961）是叶企孙先生的博士论文导师，著名高压物理学家，曾以其在高压技术和高压物理学上的贡献获得 1946 年诺贝尔物理学奖。——译者

度随压力的变化在低磁场中为增大，而在高磁场中为减小。除了他们结果的不一致外，这些作者所提供的数据还远不足以用来获得压力对磁化强度的广泛的了解。

我们认为这一问题在目前有可能获得更广泛和更深入的了解，因此进行这一工作。这有三项理由：(1) Bridgman 的工作已使压力提高到远超过早期作者的范围；(2) 目前铁磁金属的纯度已远高于早期实验者所用的材料；(3) 这些实验结果可激发人们沿近代思路发展磁学理论的兴趣。

实验方法概要

为了避免末端效应，采用了环形样品。本文不采用早期工作所用的用一个与受压样品尽可相同的样品来平衡磁偏转的方法①，因为要得到完全相同的样品是十分困难的，因此那种方法不能得到可靠的结果。这种误差很容易解释 Frisbie 得到铁的磁化强度在受压时增大的现象。(这一错误效应也可能是由于不完全退磁所致，我们在下面还要讲到它。) 与 Frisbie 所用的方法不同，我们采用空气互感器②来平衡受压样品所引起的偏转。

我们进行了两类实验，一类是恒定磁场实验，另一类是恒定压力实验。分别介绍如下。

恒定磁场实验 对于这类实验，使磁性材料所引起的冲击偏转几乎完全为互感所引起的冲击偏转所抵消，但是总剩下一剩余反向偏转，大于在压力为 12000kg/cm^{2}时反向偏转的总变化。这一偏转通常达几厘米。当不加压力时，不可能完全平衡磁偏转，原因是由于磁滞，反向磁偏转的两个部分不相等，一个是由于线路断开而产生的，一个是由于电流反向而产生的。其结果是，在反向的起始阶段，有一小的与最终偏转方向相反的偏转。增大电流计的周期，或加快反向的速度，也许能够消除这一效应。但是，过分快速反向并不合适，因为很难保持操作均匀一致。我们最后采用的方法是：用两个不同量的互感使起始反向偏转尽可能达到最小值，即将一个互感接在磁化电流沿一种途径流过的电路中，而将另一个互感接在磁化电流沿另一途径流过的电路中。这种安排可用一个八极倒向开关来实现。互感由螺线管线圈构成，次级线圈在初级线圈内滑动。互感是特制的，以满足本工作所需的大范围的互感变化。

剩余反向偏转之差可由直接观测计算出来。把这些差值除以不加压力时样品单独（不加抵消互感）的总反向偏转，便可得到磁导率或磁感应强度 B 的百分变化。实际上，在我们所用的磁场范围内，这一数值跟铁磁材料的磁化率或磁化强度的百分变化相等。因为从实验数据计算 B 和磁场强度 H 时，需要考虑环形样品的截面和周长，故

① 磁偏转和本文以后提到的偏转是指测量仪器，即冲击电流计的读数在标尺上的光点指示的偏转。——译者

② 即空心互感器。——译者

必须对加压时样品的尺寸变化进行校正。当考虑加压时面积缩小，必须对未加校正的压力系数加上两倍线性压缩系数的绝对值。当进一步考虑周长的线性收缩以及因而产生的磁场 H 的增大时，必须减去线性压缩系数的绝对值，结果是总的相加的校正为线性压缩系数的绝对值。对于每增加 1000kg/cm^2，这一校正的数量级为 0.02%。当磁化的压力系数为负时，应从观测的百分变化数值减去此值；当压力系数为正时，则应加上。

当作出校正后的百分变化与压力的关系曲线时，头几轮实验结果显示，$\Delta B/B_0$随压力变化的曲线有一平坦的部分，而其余显示有一连续增加的坡度。而且，结果时常没有规律。其原因后来知道是由于不完全退磁。因此以后在每次改变压力之前，都要将样品完全退磁。当这样处理后，百分变化与压力的关系在实验误差范围内便成为线性，而且实验结果也可以重复了。

对于本文测量的反向偏转的意义应多说一句。众所周知，第一个反向偏转大于以后的反向偏转。本文所测的是几次反向后所达的恒定反向偏转，可以比首次反向偏转测得精确得多。由于我们所处理的是小的差，因此精确性问题格外重要。本实验方法给出的磁导率数值以及差分磁导率要比逐步法（step by step）所给出的小相当多。

在采用平衡反向法时，我们必须特别注意不完全退磁的影响。假使我们用一未经完全退磁的样品开始实验，这样在不加压力和所加磁场较低时，反向偏转将比应有的小。如果现在剩余磁化强度是压力的函数，剩余偏转将随压力而变，因此由于加压而引起的表观的百分变化的特性可能比较复杂而全部错误；甚至连正负号也错了。在强磁场下，不太容易得到错误的结果。

在一般情况下，铁和镍的不完全退磁效应是相反的，因为它们的压力系数的符号是相反的。

恒定压力实验 这类实验测定磁导率百分变化与磁场的关系。这类测量的精度不及恒定磁场的实验；但它却可提供关于这现象过程一个更为完整的概念。在这类实验中，我们只做一条不加压力的正常磁化曲线和一条在高压力下的磁化曲线。如果压力足够高，这一方法可得到可靠的结果。此处不采用用互感来平衡磁偏转的方法，因为在每一次增加磁场之前要改变互感，操作很不方便。但是即使用了平衡方法，它也不能给出跟恒定磁场方法相同准确度的结果。

实验细节

Bridgman 所设计的压力装置已在其论文[3]中详细介绍了。这一装置在本文所用的压力（0—12 000kg/cm^2）范围内可以保持压力而无泄漏。压力的测量是测量锰铜丝在压力下的电阻变化，这也在 Bridgman 的另一论文[4]中介绍过了。跟一个绝对仪表相比较，他指出，在本文的压力范围内，锰铜丝的电阻的变化与压力成线性关系。

下面报道的压力数据是以下列方法得到的：压力计的总电阻及其在压力下电阻的变化是直接用电桥测量的。然后算出压力，所用的系数为每 kg/cm^2 2.325×10^{-6}。由于同一卷锰铜丝上取出的不同样品的压力系数的微小变化，可能对压力的绝对值引入的最大误差约为 2%，而压力相对值的误差小于 1%。

样品安装在一个圆柱体的空心洞内，洞的直径约 16mm，圆柱体的外直径约为空心的直径的 8 倍。高压容器的大小限制了样品的尺寸，圆环形样品的外径约 16mm，环臂的粗细约 3.2mm。环形样品是用半圆切割机切割成形的。

样品水平地安装在一个环上，此环以螺纹固定在一个三脚插头上。插头的两个脚作为次级接头，一个脚作为初级接头之一。另一初级接点连在插头本体上。每一个插孔穿过一根钢棒，棒的周围用绝缘材料塞紧，既用来保持压力又使钢棒跟插头本体绝缘。绝缘性能是否合格用测量压强的电桥和冲击电流计两者来测试，用后者测试的标准是：不论初级电流以哪一方向流动，电流计的零点应该完全相同。对于地磁场没有特别小心来补偿或使之减小，因为在压力圆柱内，有效的地磁场应极其微弱。

初级绕组每安培产生约 50Gauss。次级总匝数从 200 至 500 匝。初级绕组用漆包铜线，裸铜线的直径约 0.2mm。初级绕组的电阻变化不影响我们的测量，因为电流的恒定是用电位差计来监测的。次级绕组用丝包铜线，裸铜线的直径约 0.76mm。次级绕组的总电阻自 10 至 20 欧。在 12 000kg/cm^2 时铜线电阻总变化约为不加压力时的 2%，能够影响我们测量的次级绕组电阻的最大变化约为 0.4 欧。由于在次级电路中电阻值总共大于 9000 欧，需要的校正最大为 0.005%。我们的结果只准到万分之一，因此不必考虑这一校正。

在绕初级绕组之前，环形样品先涂上一薄层瓷漆作绝缘，并在炉中约 205℃烘烤。在环上沿着环的圆周绕满一层初级绕组，绕时注意保持缠绕在径向方向。然后在初级绕组外绕次级绕组，没有注意保持缠绕径向，因为已无此需要。与磁感应强度测量有关的是磁力线通过的面积相对于磁场方向的投影。这一投影永远是环的臂的截面。线是手工绕的，边绕线边数匝数。

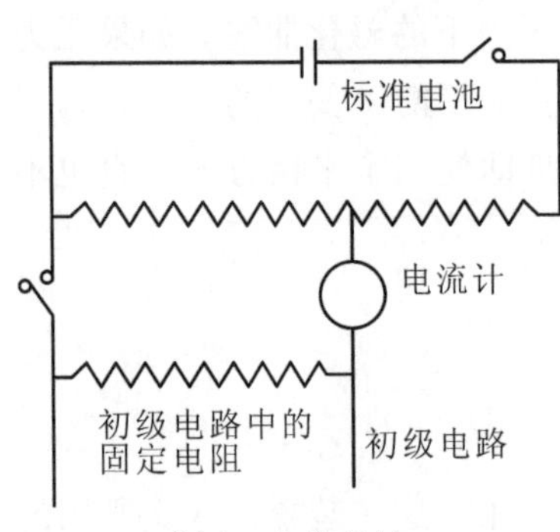

图 1　电位差计

利用很简单的电位差计电路保持磁化电流的恒定（图 1），直接用一标准电池与一 50 000 欧电阻串联成回路以提供平衡电位。此标准电池的电动势定期跟一更好的标准电池作比较，使它的数值保持在十万分之一以内。

对于细的环，磁场 H 由下式给出，$H=(4/10)NI$，此处 I 为电流（单位为安），N 为每厘米长度的初级绕组匝数。I 由电位差计测出。N 由初级绕组总匝数除以环的平均周长而得。磁场测量中的最大不确定性在于下列事实，即我们的环并不细，臂与平均直径之比自 0.26 至 0.31。根据 Lloyd 的计算[5]，由此引入的误差可达 3%。N 和 I 的测量误差显然远小于此值。

磁测用一冲击电流计进行。它用于接近临界阻尼状态（稍微过阻尼），电路中的电阻为 9680 欧。电流计（件号 2285—D，批号 73779）购自 Leeds and Northrup 公司。

它的自由周期为 28 秒，冲击周期为 6 秒，它的标尺距离约为 3 米，其灵敏度为每毫米 0.0092 微库。

计算磁感应 B 的式子为

$$B=\frac{KRd}{nA},$$

此处 $d=1/2$ 反向偏转，$n=$次级绕组总匝数，$A=$环的臂的截面面积，$R=$次级电路的总电阻，$K=$电流计常数。由于 R 保持恒定，对于冲击电流计的校正就是求出常数 $K\times R$ 的积。用一个数值为 0.964 毫亨的标准互感来测得此值。计算 KR 的式子如下：

$$KR=\frac{MI}{d_s},$$

此处 $M=$互感，$d_s=$当我们通过或断开一数值为 I 的电流时所观测到的偏转。只有 $B-H$ 曲线需要 KR 的绝对值，对于磁化的压力系数并不需要。在实验过程中我们测出，电流计常数恒定到 0.08%以内。

当偏转太大时，在冲击电流计上并联一个比例为 2.55 的分流器。对比有分流器和没有分流器时的偏转大小直接定出分流比例。

图 1 至图 3 为电路示意图，有些细节未画出。对于初级电路，从图 2 可以看出：当电键置于一种位置时，电流通过路径为 AC（MI_1）D—环—EB；当电键使电流反向时，电流通过路径为 AC'（MI_2）$D'E$—环—$DE'B$。初级电路的这两条路径就电阻而言是完全相等的，这一点是用电位差计检测所证实。除铁磁样品以外，电路内除了三脚插头的电接线柱是钢棒之外，没有铁物质。只要没有次级线匝与这些钢棒相匝接，它们就不会对磁测产生误差。

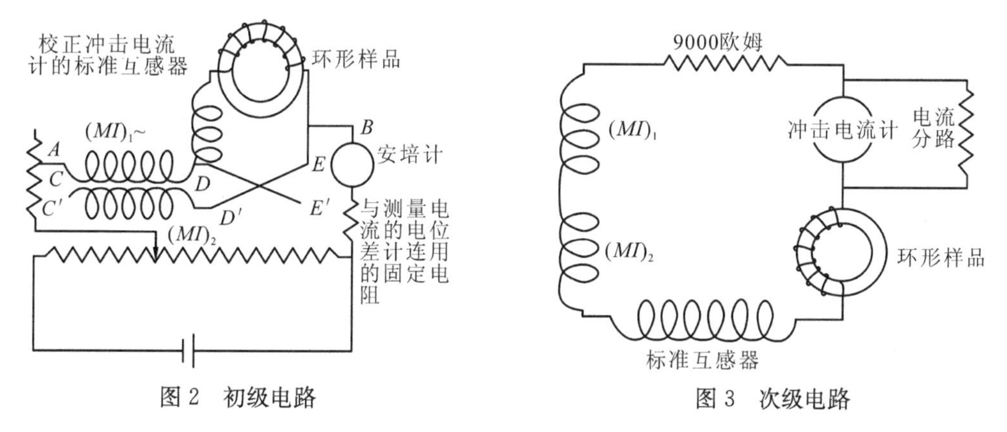

图 2　初级电路　　图 3　次级电路

用逐渐减小的交变电流（60 周）来使样品退磁，从一个比最大磁化电流大的电流开始。用一个管状滑动电阻器来改变电位以变化电流。

装有样品的压力圆筒放在带搅拌器的水槽中，水槽温度保持在 20℃。由于在室温附近磁化强度的温度系数不大，测量压力系数时可以不必采用精细的方法使温度保持绝对恒定；水槽的温度变化在 1℃以内。

磁化电流的热效应是必须考虑的一个因素。1 安电流可能使样品温度比周围环境高 1℃。这是不使磁化电流超过 2 安的原因之一。

材料

对所研究的样品介绍如下。

纯铁　为法国制品，得自 Sauveur 教授。已知含 99.98%铁。它的显微照相显示确实十分纯（图 4）。材料先前曾埋在石灰中退火。样品制成环状后，在电炉中加热到 1000℃，接着在电炉中冷却。退火时将样品埋在大量铁粉中以防止氧化。退火后对环的显微照相检验表明材料仍保持很纯。

轻微碳化铁　这一样品起先被当作是非常纯的铁，得自美国标准局，成分分析结果为：C 0.005%，Si 0.007%，S 0.011%。做成环后用与上述相同的过程退火。退火后没有立即对此环进行显微照相检查，误认为它保持很纯。在对此样品进行一系列测量之后，用上面提到的纯铁来作测量，以对比结果是否相符。出乎意料，结果相差相当大。对这一得自美国标准局的样品进行显微照相检查，结果显示它已在退火时轻微碳化了。因此用此样品所得的结果作为轻微碳化铁的数据。比较图 4 和图 5，可以清楚看出纯铁样品与轻微碳化铁样品的差异。显微照相是在这两个环做完压力系数试验后作的。用含有 5%硝酸的酒精溶液作为蚀刻剂，放大倍数为 125 倍。

图 4　纯铁的显微照相

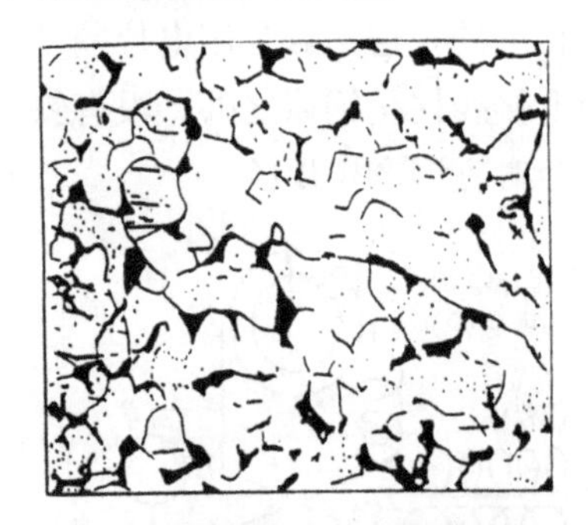

图 5　轻微碳化铁的显微照相

在对这得自美国标准局的样品进行相当多的实验之后发现它已经轻微碳化，的确是很大挫折。深刻的教训是：对于纯铁的任何磁性测量，在任何一次热处理之前和之后，应进行显微照相检查。

钢　研究了碳含量为 0.10%和 0.30%的两种钢样品，退火方法与铁相同。

镍　所研究的镍样品的分析结果为：约 99.1%Ni，0.5%Co，少量的 Fe、Si、C 和 Cu。将样品加热到 900℃退火，接着缓慢冷却。

钴　样品得自美国标准局，而他们得自 Kahlbaum。来料是小块立方体。在真空炉中浇铸。浇铸所得的环形样品先加热到 1000℃退火。在进行一系列测量后，再一次退火，采用 Kalmus 的方法[9]，即在 500℃至 600℃之间退火几小时。第二轮的测量所得的结果却与前并无差异。

表Ⅰ给出环的尺寸。

表Ⅰ

样品	平均直径	臂宽	臂宽/平均直径
纯铁	1.110cm	0.294cm	0.265
轻微碳化铁	1.153	0.300	0.260
0.10%碳钢	1.018	0.317	0.312
0.30%碳钢	1.054	0.305	0.289
镍	1.092	0.292	0.267
钴	1.067	0.336	0.312

下面将说明，对我们实验结果做一定的校正以及计算 H 和 B 时，要用到上列尺寸。

实验结果

室温下的 $\Delta B/B_0$ 图 6 至图 8 为恒定磁场实验的样品曲线。它们显示，在实验误差范围内，铁的磁化强度随压力增加而成比例地减小。对于 $H=0.52$ Gauss 和 $H=15.6$ Gauss 的数据不如 $H=1.30$ Gauss 和 $H=4.69$ Gauss 时有规律。原因如下：当 $H=0.52$Gauss 时，总的偏转较小，而当 $H=15.6$Gauss 时，百分变化变得较小。

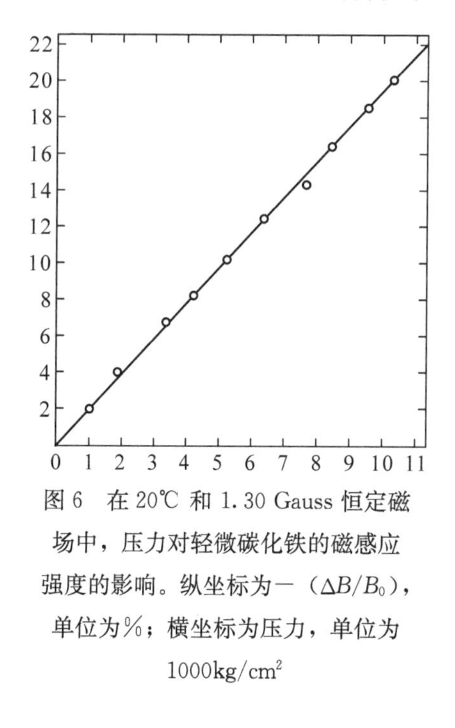

图 6 在 20℃ 和 1.30 Gauss 恒定磁场中，压力对轻微碳化铁的磁感应强度的影响。纵坐标为－（$\Delta B/B_0$），单位为%；横坐标为压力，单位为 $1000kg/cm^2$

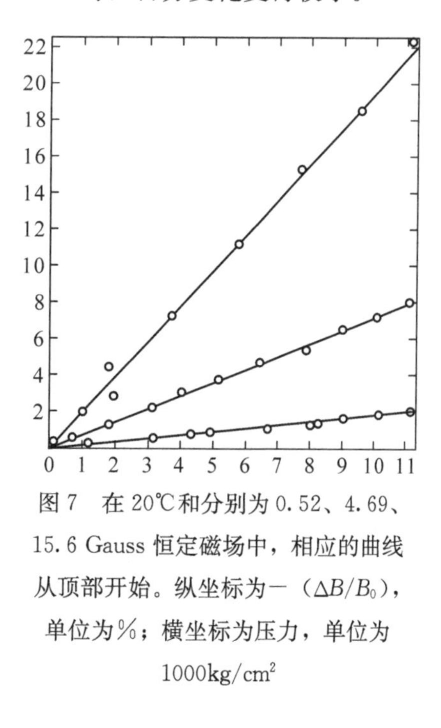

图 7 在 20℃和分别为 0.52、4.69、15.6 Gauss 恒定磁场中，相应的曲线从顶部开始。纵坐标为－（$\Delta B/B_0$），单位为%；横坐标为压力，单位为 $1000kg/cm^2$

对于镍，磁化强度随压力的增加而近似线性地增大。其曲线具有轻微增大的斜率，这可以解释为，样品虽在一系列测量读数前经过退磁，但在增加压力过程中却没有退磁。(参看关于不完全退磁的效应的一节)。

表Ⅱ和表Ⅲ列出恒定磁场实验数据，表Ⅱ是图6的数据，表Ⅲ是图7的部分数据。表Ⅳ列出恒定压力实验数据，是图9的数据。

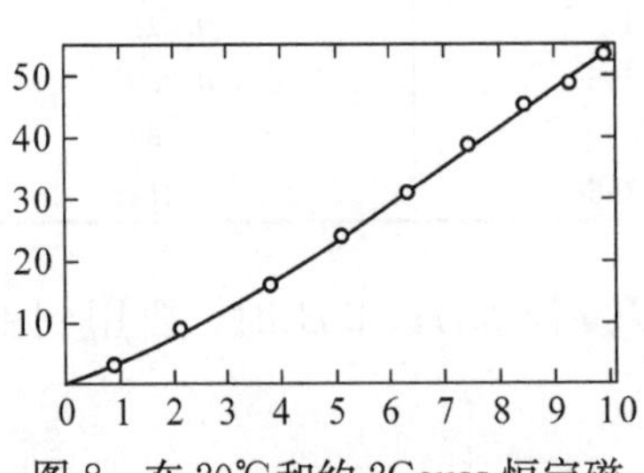

图8 在20℃和约2Gauss恒定磁场中，压力对镍的磁感应强度的影响。纵坐标为+（$\Delta B/B_0$），单位为%；横坐标为压力，单位为1000kg/cm²

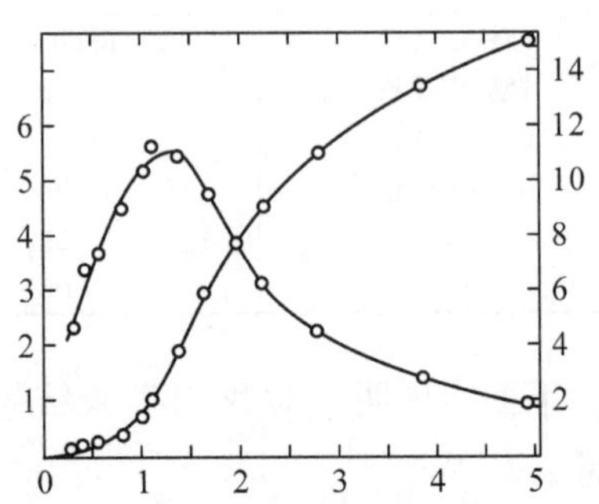

图9 在20℃，对纯铁的实验结果。横坐标为H，以Gauss为单位。左边的纵坐标为−（$\Delta B/B_0$），单位为每1000kg/cm²的百分比；右边的纵坐标为B，单位为1000Gauss①

表Ⅱ 对轻微碳化铁的恒定磁场实验，H=1.30 Gauss

压力（kg/cm²）	剩余反向偏转（cm）	$\Delta B/B_0$（百分比）	
		未校正	校正
0	5.09	0	0
1 010	4.72	−2.17	−2.15
1 930	4.39	−4.10	−4.06
3 470	3.89	−7.04	−6.97
4 370	3.65	−8.44	−8.35
5 360	3.30	−10.49	−10.38
6 460	2.93	−12.67	−12.54
7 590	2.60	−14.60	−14.45
8 490	2.24	−16.70	−16.52
9 570	1.89	−18.76	−18.56
10 320	1.61	−20.40	−20.19
11 290	1.32	−22.08	−21.85

表Ⅲ 对轻微碳化铁的恒定磁场实验，H=0.52 Gauss

压力（kg/cm²）	剩余反向偏转（cm）	$\Delta B/B_0$（百分比）	
		未校正	校正
0	2.53		
1 850	2.42	−4.4	−4.3
2 020	2.46	−2.8	−2.7
3 740	2.35	−7.1	−7.1

① −（$\Delta B/B_0$）为先升后降曲线，B为单调上升曲线。——译者

续表

压力（kg/cm²）	剩余反向偏转（cm）	$\Delta B/B_0$（百分比）	
		未校正	校正
5 880	2.25	−11.1	−11.0
7 770	2.15	−15.0	−14.9
9 540	2.07	−18.2	−18.0
11 180	1.97	−22.2	−21.9

注：直线通过原点，在压力为1850kg/cm²至2020kg/cm²之间，与实验点符合得很好。压力低时，实验点稍不规则，这显然是由于此时实验难于测准

其余数据列在表Ⅴ至表Ⅸ，曲线见图10至图14；压力系数跟以前一样，仍为每1000kg/cm²下的百分变化（即%/1000kg/cm²）。在恒定磁场实验情况下，由最佳拟合直线的斜率得到此数据。当由恒定压力实验推算压力系数时，利用了恒定磁场实验建立的百分变化与压力之间的线性关系。由于我们的样品不是窄样品，因此所得的压力系数仅是相当于某种平均磁场的平均压力系数。要从这些实验值推导出相应于某一确定磁场值的真压力系数需涉及解积分方程。作者还未能解出这一积分方程，但相信从本论文提供的数据，即$B-H$曲线、观测到的压力系数和样品的尺寸，当找出这一积分方程的解法时，是足以从实验数据推算出真系数数值的。

表Ⅳ　对于纯铁的恒定压力实验，P=7510kg/cm²

	总反向偏转		$\Delta B/B_0$（百分比）		每1000kg/cm²的$\Delta B/B_0$的百分比
H	P=0	P=7510	未校正	校正	校正
0.27	0.48	0.40	17	17	−2.27
0.38	0.80	0.60	25.0	24.8	−3.31
0.54	1.41	1.02	27.7	27.5	−3.67
0.76	2.62	1.74	33.6	33.4	−4.45
0.97	4.72	2.89	38.8	38.6	−5.15
1.08	6.38	3.73	41.5	41.3	−5.51
1.35	12.31	7.33	40.5	40.3	−5.38
1.62	19.41	12.50	35.6	35.4	−4.72
1.89	25.10	17.81	29.1	28.9	−3.86
2.16	30.00	22.93	23.7	23.5	−3.14
2.70	14.37*	30.29	17.2	17.0	−2.27
3.79	17.63*	15.71*	10.9	10.7	−1.43
4.87	19.58*	18.10*	7.57	7.42	−0.99

*电路的常数改变

表Ⅴ　对于轻微碳化铁的压力系数实验数据

H	B	压力系数
0.26	244	−1.30
0.52	1 048	−1.88
0.62	1 102	−2.14
0.73	1 566	−2.36
0.78	1 915	−2.66
0.83	2 170	−2.43
0.93	2 800	−2.38

续表

H	B	压力系数
1.04	3 640	−2.19
1.30	5 480	−1.89
1.56	6 020	−1.71
1.82	7 050	−1.46
2.08	7 620	−1.27
4.69	11 200	−0.73
15.6	16 580	−0.16
52.0	18 760	−0.01

表Ⅵ　对于含0.10%碳的钢的磁化强度压力系数实验数据

H	B	压力系数
0.57	300	−0.57
1.13	836	−0.95
1.42	1 292	−1.28
1.70	1 928	−1.59
1.98	2 695	−1.69
2.26	3 570	−1.57
2.83	4 870	−1.52
3.40	6 030	−1.33
3.96	6 890	−1.15
4.53	7 640	−1.06
5.15	8 390	−0.97
5.66	8 910	−0.93
11.32	12 210	−0.58
16.98	13 960	−0.38
22.64	15 000	−0.25
28.30	15 660	−0.18
33.96	16 170	−0.10

表Ⅶ　对于含0.30%碳的钢的磁化强度压力系数实验数据

H	B	压力系数
0.69	263	−1.66
1.24	614	−1.80
1.48	851	−1.88
1.73	1 163	−1.99
1.98	1 588	−2.05
2.47	2 565	−2.30
2.96	3 610	−2.36
3.46	4 560	−2.16
3.96	5 510	−2.02
4.50	6 440	−1.84
4.94	7 090	−1.70

表Ⅷ 对于镍的磁化强度压力系数实验数据

H	B	压力系数
0.223	33	+2.5
0.446	76	+3.2
0.624	118	+4.2
0.892	210	+5.4
1.115	303	+5.56
1.338	402	+5.62
1.561	503	+5.34
1.784	603	+5.22
2.01	692	+4.97
2.23	775	+4.76
4.46	1478	+4.57
6.69	2000	+3.87
8.92	2480	+2.82
11.15	2910	+2.32
13.38	3300	+1.82
15.61	3640	+1.37
17.84	3930	+1.10
20.07	4170	+0.78
22.30	4360	+0.71

表Ⅸ 对于钴的磁化强度压力系数实验数据

H	B	压力系数
10.9	380	−0.2
16.3	668	−0.2
21.8	981	−0.2
27.3	1278	−0.2
32.8	1562	+0.09
41.0	1942	+0.39
45.2	2130	+0.27
48.0	2250	+0.26
56.1	2580	+0.25
64.3	2885	+0.30
72.4	3165	+0.38
79.5	3420	+0.41

压力对纯铁剩磁的影响 由于压力能使铁的剩余磁性消减，可以预期铁的剩磁将在压力下减小。我们定义的剩磁表示为如下百分数：

$$\frac{100\left(\frac{1}{2}\text{倒反偏转}-\text{退出偏转}\right)}{\frac{1}{2}\text{倒反偏转}}$$

退出偏转是在初级电路开路时测得的偏转。记录了两类退出偏转：一类是在磁场多次倒反后测得的，另一类是在一个方向几次施加和去掉磁场后测得的。前者称之为循环退出偏转，相应计算出的剩磁名叫循环剩磁；后者称之为最小退出偏转，相应计算出的剩磁名叫最大剩磁。

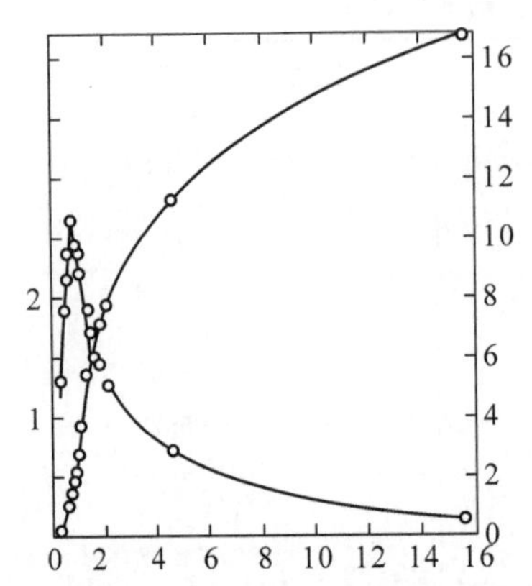

图 10　在 20℃，对轻微碳化铁的实验结果。横坐标为 H，单位为 Gauss。左边的纵坐标为－（$\Delta B/B_0$），单位为每 1000kg/cm^2 的百分比；右边的纵坐标为 B，单位为 1000Gauss

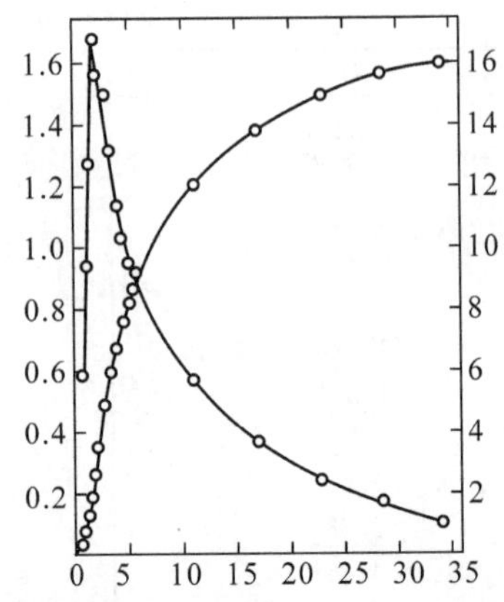

图 11　在 20℃，对于含 0.10％碳的钢的实验结果。横坐标为 H，单位为 Gauss。左边的纵坐标为－（$\Delta B/B_0$），单位为每 1000kg/cm^2 的百分比；右边的纵坐标为 B，单位为 1000Gauss

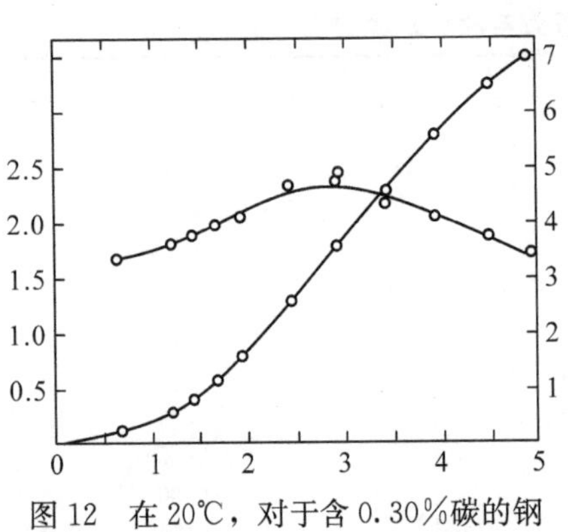

图 12　在 20℃，对于含 0.30％碳的钢的实验结果。横坐标为 H，单位为 Gauss。左边的纵坐标为－（$\Delta B/B_0$），单位为每 1000kg/cm^2 的百分比；右边的纵坐标为 B，单位为 1000Gauss

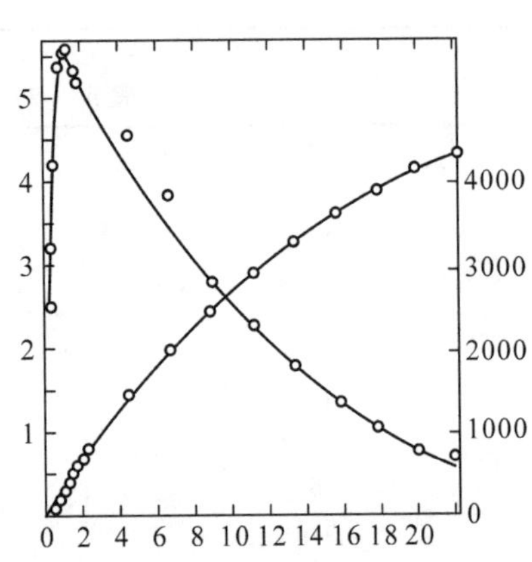

图 13　在 20℃，对于镍的实验结果。横坐标为 H，单位为 Gauss。左边的纵坐标为＋（$\Delta B/B_0$），单位为每 1000kg/cm^2 的百分比；右边的纵坐标为 B，单位为 Gauss[①]

下列数据是在 H＝1.62Gauss 时测得的。

① 原图说明误为 1000Gauss。——译者

	$P=0$	$P=7\,600$	$P=8\,630$	$P=10\,340$
$\frac{1}{2}$倒反偏转①	9.74	6.21	2.92	2.46
循环退出偏转	2.36	2.04	1.88	1.68
最小退出偏转	1.97	1.79	1.79	1.65
循环剩磁	75.8%	67.1	35.6	31.7
最大剩磁	79.8%	71.2	38.7	33.0

这一轮测试只是为了对此效应取得一些认识，因此只取了几个实验点。看来在$P=7600$的数据不好，没有理由在8000kg/cm²附近剩磁急剧减少。

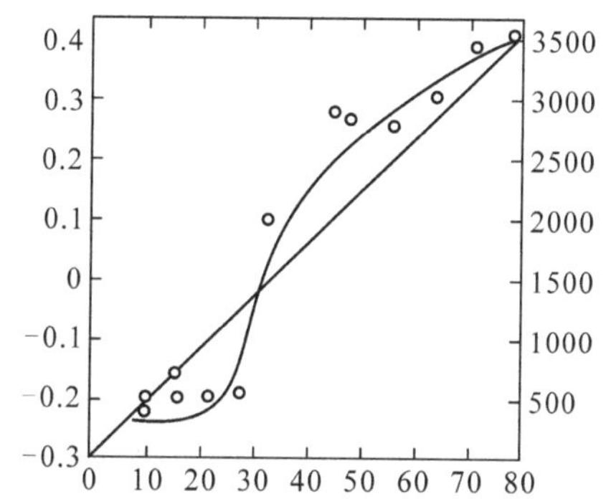

图 14 在 20℃，对于钴的实验结果。横坐标为 H，单位为 Gauss。左边的纵坐标为 $\Delta B/B_0$，单位为每 1000kg/cm² 的百分比（圆形点）；右边的纵坐标为 B，单位为 Gauss（×点）

磁化强度压力系数的温度系数 从四种磁化曲线的数据，可以得到下列四种系数：

（1）不加压力下的磁化强度温度系数；

（2）加压力下的磁化强度温度系数；

（3）室温下的磁化强度压力系数；

（4）100℃时的磁化强度压力系数。

如前所述，压力系数是指每1000kg/cm²的变化百分数，温度系数是指从25℃到100℃的75°间隔内平均的每度的平均变化百分数。在表X中列举对于镍的一些系数数据。在计算某一压力下的温度系数时，在此压力和25℃下的B的数值用来作为计算变化的百分数的零位基准。在计算某一温度下的压力系数时，在此温度和不加压力下的B的数值用来作为计算变化的百分数的零位基准。

看表X的数据，首先第一个印象是，对于镍，压力对于温度系数的效应较大。不加压力时，我们熟悉的温度系数从正到负的变化，甚至在$H=8.92$时，也不发生；而在$P=7300$，$H=1.26$时就发生了。为了证实这些结果，在$H=2.01$时做了两轮恒定磁场实验：不加压力时得到温度系数为每度+0.118%，而在压力为8080kg/cm²时，

① 原文误为1.2倒反偏转。——译者

得到每度－0.170%。在同样的磁场下，压力为 7300 时，温度系数为－0.147（见表Ⅹ），由此可以推算出压力为 8080 时，温度系数为－0.176，两者相符得相当好。

表Ⅹ 镍的磁化强度的温度系数和压力系数

	温度系数		压力系数	
H	P=0	P=7300	24°.8	99°.8
0.223	0.57%/℃	0.647	2.5%/1000kg/cm²	3.1
0.446	0.595	0.618	3.2	3.48
0.624	0.587	0.472	4.2	4.6
0.892	0.427	0.199	5.4	3.04
1.115	0.32	0.1	5.56	3.06
1.338	0.238	−0.053	5.62	2.02
1.561	0.172	−0.108	5.34	1.79
1.784	0.143	−0.138	5.22	1.59
2.01	0.12	−0.147	4.97	1.53
2.23	0.099	−0.157	4.76	1.44
4.46	0.069			0.63
8.92	0.039			0.52

可以看出当磁场大于 0.5 时，压力的效应使温度系数的代数值减小。因为镍的压力系数是正值，因此从数学上的要求出发，温度的效应应使压力系数减小。这可以从表Ⅹ的最后两列的数据看出。同时也可以看出当磁场很弱时，$\mathrm{d}^2B/\mathrm{d}p\mathrm{d}t$ 为正值。

对于纯铁，实验得出压力的效应是使温度系数的代数值增大。因为铁的压力系数是负值，从数学上可得，温度的效应是使压力系数的代数值增大（即减小绝对值）。表Ⅺ的数据说明这些事实。

表Ⅺ 纯铁的磁化强度的温度系数和压力系数

	温度系数		压力系数	
H	P=0	P=7050	25℃	100℃
0.43	+0.147	+0.177	−3.25	−0.99
0.61	0.171	0.195	−3.93	−2.09
0.86	0.232	0.247	−4.80	−3.69
1.08	0.285	0.294	−5.48	−4.87
1.30	0.263	0.264	−5.51	−5.39
1.51	0.153	0.158	−4.97	−4.65
1.73	0.126	0.135	−4.36	−3.70
1.94	0.097	0.106	−3.79	−3.08
2.16	0.072	0.079	−3.14	−2.61
4.32			−1.20	−1.23

总之，可以看出，镍的交叉微商 $\mathrm{d}^2B/\mathrm{d}p\mathrm{d}t$ 常为负值，而铁的常为正值。这些事实似乎表明，原子或分子间的距离是控制磁致伸缩现象的主要因素之一。不管压力系数是正值或负值，温度的效应是使压力系数的数值减小。就是说，在同样的压力和同样的磁场，较高温度时的磁化强度的变化比在较低时为小。内在的原因似乎是由于原子

晶格的热膨胀，因而同样的压力在引起磁化强度的变化方面的效应就不同。

实验结果讨论

在所有研究所用的磁场范围内，各种铁和钢的磁化强度压力系数都为负值，但镍的却为正值。钴的压力系数在低于 30Gauss 的磁场中与铁的相似为负值，但在更高磁场中却与镍相似而变为正值。钴的实验结果的居间特性是很有意思的，必然具有理论上的意义，因为当元素按其原子序数排列时，钴也是位于铁和镍之间的。

当我们对压力系数绝对值与磁场关系作图时，铁、钢和镍的曲线都在某一磁场下出现相当尖锐的极大值。对于纯铁，变化的百分数的极大值为$-5.5\%/1000\text{kg/cm}^2$，发生在 $H=1.2$ 时；对于镍，极大值为$+5.6\%/1000\text{kg/cm}^2$，在 $H=1.3$ 时。

可能会问随着磁场的减小到零，上述变化百分数是否也会减小到零？用实验来回答这一问题比较麻烦，在磁场非常低时 B 的数值较小，因此次级线圈的匝数必须绕得很多。从磁导率和微分磁导率（即 $\mathrm{d}B/\mathrm{d}H$）在 $H=0$ 均不为零这一事实，很可能这些变化百分数也不会在 $H=0$ 时消失的。

对铁、钢和镍来说，另一有意思的问题是压力系数的符号在很强的磁场下是否会改变？这一问题对铁和钢特别重要，铁和钢的 Joule 效应和 Villari 效应都有反向点。对于轻微碳化铁，当 $H=52$ 时，测出百分数的减小略小于 $0.01\%/1000\text{kg/cm}^2$。也在 $H=112$ 做了试验，加上压力然后去掉，重复几次。压力的效应肯定无误地为磁导率的减小，虽然数值非常小。但是，所有的数据还不能肯定回答这一问题。从曲线的趋势和磁饱和现象看，我们可作出的结论是，在很强的磁场中，磁化强度的压力系数将取或正或负的很小值，很可能是金属压缩率的量级。这一问题具有根本的重要性，值得进一步从理论上或实验上加以研究。如果对于非常强的磁场，压力系数的极限值严格地为零，在计算 B 和 H 时把由于压力而引起的尺寸变化也考虑进去，则单位体积的磁化强度的饱和强度应与压力无关。假定原子是磁子，则原子的磁矩在压力下将减小。这样的结论含有非常重要的结果。附带指出，读者可能注意到，对于像一根铁棍在张力下的饱和磁化强度这样的问题还没有实验数据。

至于铁，本工作的数据肯定与 Frisbie 在低磁场中得到磁化强度压力系数为正值的结果相矛盾。作者在早期工作中，也的确观测到了 Frisbie 所观测的结果。后来找到其原因是不完全的退磁，压力能使铁的一部分剩磁自由改变。当退磁完全时，这一错误效应也就消失了。Frisbie 测得相反的结果也可能是由于不完全的退磁。

理论考虑

从热力学看，流态静压力对磁化的影响是与磁化产生的体积变化具有倒易关系的，所以从本文的研究结果可以相当精确地推导出有关后一效应的结论。但是读者必须仔细注意，我们不能推导出有关其他类型磁致伸缩现象的必要的结论。下列对于几种效应的分类表可清楚地说明这一句话的意义：

A. 应力对磁化的影响	B. 由磁化产生的应变
1. 压力（流态静压力）对磁化的影响	1. 由磁化引起的体积变化
2. 张力对磁化的效应（Villari 效应）	2. 由磁化引起的长度变化（Joule 效应）
3. Wiedemann 效应的逆效应 (a) 瞬时电流效应 (b) 纵向磁化效应	3. Wiedemann 效应

这一分类表清楚地显示各种现象之间的理论联系。在这分类表上处于同一水平位置的是互为正逆的效应，彼此由热力学相关连；而在同一列的是由电和磁的本质所决定的机制所关连的。

上表所列的现象是相当复杂的。它们不光是跟被磁化的物质的性质有关，而且还跟样品的几何形状有关。本文限于篇幅无法介绍这些现象。鉴于在关于磁致伸缩理论的文献中所存在的混乱情况，值得在此扼要介绍一下一般的理论方法。

有两种处理磁致伸缩的方法。第一种可称为弹性法。这一方法首先需求出，当物体处于磁场中时，作用于物体上的单位体积的力①。关于体力的表示式，在不连续的界面的极限，就给出一个关于作用于两介质之间的界面上的表面力。然后用弹性方程来计算应力和应变，使这一定的体力和表面力得到平衡。

另一种可称为能量法或热力学法。这一方法的唯一的物理考虑是建立一个表示式，来表示所吸收的热量或者物体所做的功。所有其余的工作是，在可逆性的假设下，按照热力学的标准方法进行。

现在对弹性法作较详细的介绍。当物体处于磁场中，令作用于它的单位体积的向量力为 F。令 X_x，X_y，X_z，Y_x，Y_y，Y_z，Z_x，Z_y，Z_z为弹性应力的分量，其中 $X_y=Y_x$，$Y_z=Z_y$，$Z_x=X_z$。平衡态方程式为：

$$\begin{aligned} \frac{\partial X_x}{\partial x}+\frac{\partial X_y}{\partial y}+\frac{\partial X_z}{\partial z}&=-F_x \\ \frac{\partial Y_x}{\partial x}+\frac{\partial Y_y}{\partial y}+\frac{\partial Y_z}{\partial z}&=-F_y \\ \frac{\partial Z_x}{\partial x}+\frac{\partial Z_y}{\partial y}+\frac{\partial Z_z}{\partial z}&=-F_z \end{aligned} \tag{1}$$

然后用熟悉的含有弹性常数的弹性关系，从应力来计算出应变。

在文献中还有另外一套关于应力的方程，即在以太中的方程。我们以 A_x，B_y，

① 以下称为体力。——译者

C_z，$A_y=B_x$，$B_z=C_y$，$C_x=A_z$为这一套应力的分量。Maxwell 等所作的假设如下[6]：

$$X_x=-A_x,\ Y_y=-B_y,\ Z_z=-C_z, \tag{2}$$

$$X_y=-A_y,\ Y_z=-B_z,\ Z_x=-C_x. \tag{3}$$

但是这一假设并不十分令人信服。在下面的处理中不采用在以太中的应力的方程。

采用热力学方法，在很多情况下，主要只是运用普遍原理而已。对于一个等温可逆过程，从热力学的两条定律出发，表示功的 $\mathrm{d}A$ 项是全微分。令 $\mathrm{d}A=A_\varphi\mathrm{d}\varphi+A_\psi\mathrm{d}\psi$，此处 φ 和 ψ 是任意的两个跟我们的问题有关的变量，$A\varphi$ 和 $A\psi$ 为相应的系数。

如果 φ 和 ψ 也是独立变量，则

$$\left(\frac{\partial A}{\partial \varphi}\right)_\psi=A_\varphi,\quad \left(\frac{\partial A}{\partial \psi}\right)_\varphi=A_\psi \tag{4}$$

因而

$$\left(\frac{\partial A_\varphi}{\partial \psi}\right)_\varphi=\left(\frac{\partial A_\psi}{\partial \varphi}\right)_\psi \tag{5}$$

式（4）最简单的应用是：由于磁化而产生的体积变化与由于压力而产生的磁化变化之间的倒易关系。令 V 和 I 分别为处于流态静压力下的物体的总体积和总磁矩。不但体积由于压力而变化，而且磁化强度也由于压力而变化。$\mathrm{d}A$ 项包含两部分：（1）当物体的体积增加 $\mathrm{d}V$ 时，物体所做的功；（2）当物体的磁化强度增加 $\mathrm{d}I$ 时，对物体所做的功。所以 $\mathrm{d}A=-H\mathrm{d}I+p\mathrm{d}V$。

当 p 和 H 为独立变量时，则

$$\mathrm{d}A=\left(-H\frac{\partial I}{\partial p}+p\frac{\partial V}{\partial p}\right)\mathrm{d}p+\left(-H\frac{\partial I}{\partial H}+p\frac{\partial V}{\partial H}\right)\mathrm{d}H$$

由此从式（4）得

$$-\left(\frac{\partial I}{\partial P}\right)_H=\left(\frac{\partial V}{\partial H}\right)_P \tag{6}$$

应该着重指出，在此式子中，I 和 V 是样品的总磁矩和总体积，而不是单位体积或每克的。现令 $I=iV$，此处 i=磁化强度。则

$$\left(\frac{\partial V}{\partial H}\right)_P=-V\left(\frac{\partial i}{\partial P}\right)_H-i\left(\frac{\partial V}{\partial P}\right)_H$$

除以 V_0，由于 V/V_0实际上为 1，得

$$\frac{1}{V_0}\left(\frac{\partial V}{\partial H}\right)_P=-\left(\frac{\partial i}{\partial P}\right)_H-i\frac{1}{V_0}\left(\frac{\partial V}{\partial P}\right)_H \tag{7}$$

$\left(\frac{\partial i}{\partial P}\right)_H$ 为本文前面所提的压力系数。

在此推导中，对于样品的形状未加任何限制，因此式（5）对于任何没有末端效应的样品都是对的。对于窄环，这一条件是满足的。

现在来检查一下式（5）跟用其他方法所得的是否相符。由于

$$-\frac{1}{V_0}\left(\frac{\partial V}{\partial p}\right)_H=\frac{3}{E}\left(3-\frac{E}{K}\right)=\frac{3}{E}\ (1-2\sigma)$$

式中 E 为杨氏模量，K 为刚度，σ 为 Poisson 比，假定$\frac{1}{V_0}\left(\frac{\partial V}{\partial p}\right)$随磁化变化很小，式（5）对 H 积分可得

$$\left(\frac{\Delta V}{V_0}\right)_p=\frac{3}{E}(1-2\sigma)\int_0^H i\mathrm{d}H-\int_0^H\frac{1}{i_0}\left(\frac{\partial i}{\partial p}\right)_H i_0\mathrm{d}H \tag{8}$$

此式跟 Kolacek 用弹性法得到的相同[7]，在他的式子内的（$\partial i/\partial P$）+（$\partial i/\partial Q$）+（$\partial i/\partial R$）正好就是我们的$\partial i/\partial p$，此处 P，Q，R 为主拉伸应力。根据式（6），由于磁化而产生的体积变化可以分解为两部分：一部分直接与磁化强度的压力系数紧密联系，另一部分在压力系数为零时仍存在。在低磁场中，与压力系数有关的部分比另一部分更为重要；但是在高磁场中，因为（$1/i_0$）（$\partial i/\partial p$）渐近地趋近于零而使另一部分变得重要。

基于本文的数据，可以计算在低于 100Gauss 磁场中磁化所产生的体积变化。但把计算扩展到更高磁场时，就需要更多的假设。

对于铁，它的磁化的压力系数为负，因此式（8）中的两项都使体积增大。对于低磁场，（$1/i_0$）（$\partial i/\partial p$）$_H i_0$的数量级为 10^{-8}，3（$1-2\sigma$）i/E 的数量为 10^{-9}。当 $\partial i/\partial p$ 变得微不足道时，例如在饱和之后，体积仍按每 Gauss 改变 3（$1-2\sigma$）$i_{饱和}/E$ 的比例增大。当 $\sigma=\frac{1}{4}$，$E=2\times10^{12}$，$i_{饱和}=2\times10^3$，这一比例为 1.5×10^{-9}/Gauss。

对于镍，这两项的作用相反，$\partial i/\partial p$ 项使体积变小。当磁场足够高时，这一变小将接近恒定；磁场再高时，体积将以约 4×10^{-9}/Gauss 的较小比例增大，因此，体积的总的变化最终将通过零而在更高的磁场时变为愈来愈增大。

对于钴，在低磁场中，一开始体积将增大，但可能是变化太小而无法测出。继续下去的体积的变化将与钴的情况相似，起先是减小，然后变化反向，通过零，最终成为增大。因为钴的饱和磁化强度比镍的大得多，在非常高的磁场中，体积的增大，对于钴而言，将更为显著，其体积在经过较低磁场中的早期缩小之后，将超过它的原来的数值。

这些定性的结论是与 Nagaoka 和 Honda[8]所观测到的事实和趋势相符合的。直到现在，关于钴的最初的体积增大还没有被观测到。

式（8）给出在任一压力下由磁化而引起的体积变化。当式（8）右边的第一项中的 i 为 i_0时，可以求出在该压力下由磁化所引起的体积变化。将式（8）微分，可以正确地估出磁致伸缩的压力系数。

在电子论基础上来解释压力对磁化强度的影响不是一件容易的事。由于我们还没有适当的铁磁性理论，要对磁化强度的压力效应作出任何完善的解释都似乎是过早的。根据流行的理论[9]铁磁性的说明至少包含下列几点考虑：

1. 饱和磁化强度的存在明显指出某种基元磁体的存在。

2. 这些基元磁体的取向必须是说明磁化曲线的主要因素。

3. 与外磁场的取向效应相反抗的重要因素是热骚动和基元磁体间的相互作用。

4. 已经知道骚动和外磁场的取向效应是不足以解释铁磁性的。铁磁性物质的高磁导率指出存在某种强分子场。这一分子场的本质尚不清楚。

5. 可以设想分子场本质依赖于原子点阵结构和原子形状。

这最后一点与我们所研究的效应有着最密切的关系。可以想象，根据其结构的不同，压力有可能或增加或减少分子场的大小，由此说明存在着或正或负的磁化强度压力系数。注意到下面特点是有意思的：一方面，铁和镍的磁化强度压力系数之间有着特征性的不同；另一方面，这两种金属有着不同类型的晶体结构，铁在 α 区域内为体心立方体，镍为面心立方体。虽然在铁磁性与晶体点阵类型之间没有关连，在晶体结构上和在磁化强度压力系数上的特征差异，仍十分可能是由于同一基本原因。迄今为止，用基元磁体的分子场对铁磁性所作的解释定量上不令人满意。化学化合物的磁性行为的复杂性似乎指出，在铁磁性现象中价电子一定起着非常重要的作用。这一因素到现在还没有一个铁磁性理论考虑。铁、钴和镍都处于一个周期的末端，根据 Bohr 的最近观点，这些元素在原子内层组态上都有逐渐的变化。因此，其原子的内核有着较大的不对称性特征。这一不对称性如何影响价电子，价电子如何影响铁磁性，这些都是有意思的问题。

结语

1. 在 0—12 000kg/cm^{2}的压力范围内，铁、钴和镍在恒定磁场 H 中的磁化强度变化都与压力成线性的关系。

2. 在 0—100Gauss 的磁场范围内，铁的每单位体积的磁化强度压力系数为负值，但镍的却为正值。从实验情况看来，系数的符号很可能在更高的磁场中也不会反号。

3. 钴的每单位体积的磁化强度压力系数在低于 30Gauss 的磁场中为负值，但在更高磁场中为正值。

4. 纯铁在室温下和约 1.2Gauss 的磁场中，磁化强度的变化百分数具有最大值，其值为$-5.5\%/1000$kg/cm^2。在这一最大值两边，变化百分数都迅速减小，在强磁场中趋近横坐标轴。镍也具有这种最大值，其值在 $H=1.3$Gauss 时为$+4.5\%/1000$kg/cm^2。

5. 纯铁和镍（在很低磁场中的镍除外）的每单位体积磁化强度压力系数的绝对值在高温下都减小。

6. 铁的磁化强度的变化百分数是碳含量的很灵敏的函数。

7. 铁的剩磁在压力下减小。

8. 利用简单热力学，可以证明磁化引起的体积变化可分解成两项：一项含有在低磁场中是重要的磁化强度压力系数，而另一项并不含有压力系数，但它在高磁场中变得越来越重要。

最后，作者对布里奇曼教授在进行这项工作中的指导表示感谢。

马萨诸塞州剑桥哈佛大学杰弗逊物理实验室

参考文献

[1] Nagaoka and Honda：Phil. Mag. 46，261（1898）.

[2] Frisbie：Phys. Rev. 18，432（1904）.

[3] P. W. Bridgman：Proc. of Am. Acad. 49，627（1914）.

[4] P. W. Bridgman：Proc. of Am. Acad. 47，321（1911）.

[5] Lloyd：Bulletin of Bureau of standards 5，435（1908）.

[6] Pockels：Encyc，d. Math. Wiss. Band V_2，Heft 2.

[7] Kolacek：Ann，d. Phys. 13，1（1904）.

[8] Bulletin of Nat. Res. Counc. U. S. A. No. 18 on “Theories of Magnetism”，p217.

[9] H. T. Kalmus in publication of the Canadion Government entitled，“The Physical Properties of the Metal Cobalt”.

⑬ 1923年夏初致函中国科学社

社友钧鉴：

弟自执行中国科学社驻美事务以来，幸诸社友热情相助，得使美洲分社基础巩固，规模略具。今正式理事已经举出，将来社务之必蒸蒸日上，可预料也。弟之责任，因系临时性质，有欲举行之事，而不敢贸然行之，今特举大要之数端为诸社友陈之。

（一）留学界为中西思想之交通机关，对于国内杂志，自当常有贡献。本社总社所出版之《科学》杂志中，诸社友尤宜时常投稿。特为美洲诸社友投稿便利起见，总会之董事会，曾嘱分社每年担任编辑《科学》三期。每期稿件完整后，送国内印刷。

（二）本社原为研究学术而设，社员之同科者，宜常接触，以资切磋，故分股委员会，宜积极整顿以副此旨。

（三）各地社员宜如何巩固其团结之精神。

以上诸端，弟未能使之实现，甚以为恨。深望诸社友热心协助正式职员，俾有成绩，是所至盼。

驻美临时执行委员会会长叶企孙启

附：临时执行委员会书记唐启宇附笔

本年事务，殊形发达。计由临时执行委员会通过入社新社员，有三十九人之多。习农学者四人，习林学者一人，习医学者四人，习理化学者十人，习植物学者一人，习土木工程者四人，习水工程者一人，习化学工程者五人，习电气工程者三人，习机械工程者二人，习兵器学者一人，习历史学者一人，教育心理学者一人，是皆赖各地会员及征求委员李君顺卿，丁君绪宝，郝君坤巽热心征求之效果。年内中国科学社驻美分社章程附则，亦由社员通过。并由执行委员会委任陈枢，李善述，唐在均三君为司选委员，执行选举事务。现在下届职员，既经选出。驻美分社组织，已告完成。用人等事务，自本年六月底以后，完全交与驻美分社。来日驻美分社之发达，可以预卜也。

临时执行委员会书记唐启宇谨启

编注：

此信原刊于《科学》第8卷第9期第988—989页（1923年11月出版），题目是编者所加。叶企孙于1923年6月在哈佛大学提交博士论文，当年夏末取道欧洲回国。故此，该信函当作于1923年四五月间。《科学》刊此信后，紧附临时执行委员会书记唐启宇笔录。今也随之附上，以便读者了解在叶企孙会长领导下，驻美分社当年发达之情形。

14 中等物理教科书问题

理化教学组研究中等物理教科书问题

该问题为东大物理教授叶企孙先生提出，先生在该组第二次会议时演讲，旁征博引，娓娓动人，论文颇长，其最注意之点有二：

（一）中学物理课程，除演讲实验外，宜明定每周有问答一小时，使学生得切磋之益。

（二）中学物理学教本，以详赡为宜。各种表演，宜于教本中讲明。一则便于教授；二则教员不良时，学生可不受其困。

听者极为满意，讨论之余遂有《请本社科学教学研究部添设讯问组案》之通过。

编注：

这是一篇会议记录和报道的一部分。1924 年 7 月，中华教育改进社召开第三届年会，对中小学各科教学问题进行广泛的讨论，其中理化教学组于 7 月 4—6 日召开了 3 次讨论会，就中小学假期的科学教育、科学仪器和生物标本等问题作出决议。据《新教育》1924 年第 9 卷第 3 期第 561 页报道，时任东南大学教授叶企孙提交《中等物理教科书问题》并作相关报告。本文虽非叶企孙本人文字，但它留下了叶企孙在 20 世纪 20 年代对中小学理化教育的擘画见解。可惜叶企孙“旁征博引，娓娓动人”的长篇报告全文，编者迄今未曾觅得，尚有待识者来日贡献于读者矣。

15 清华学校大礼堂之听音困难及其改正[①]

第一节 绪论

赵忠尧君及作者关于此问题之初次报告载于民国十五年十月十九日之《清华校刊》[②]。兹节录该文中数段，作为绪论，以便未看该文者。作者只以此文为一种专门报告，无暇作通俗的详细说明，祈读者原谅。

吾人对于建筑的音学，原来至近世方知端倪。系统的研究自哈佛大学教授Wallace Clement Sabine始。研究工作始于1895，其结果散见各杂志。Sabine殁后，哈佛大学集之成书，出版于1922（Collected Papers on Acoustics，Harvard University Press）。又有F. R. Watson者，Illinois大学物理教授也。因该校大礼堂发生余音及回音困难，自1918起亦研究建筑的音学。六年后方将该校大礼堂改善，同时增加吾人对于此问题之知识。1923年Watson著Acoustics of Buildings（John Wiley）。

凡发一音，自原音方绝至余音方绝之时间，名曰余音之时间。Sabine曾以实验证明下式：

$$余音时间=\frac{0.164\times 室之体积}{室内所有之吸收声音总能力}$$

时间的单位是秒，体积的单位是立方公尺，吸收声音能力的单位是开的窗一平方公尺。最后一句话要些说明。Sabine因开的窗的吸收声音能力（就是减少余音能力）当然最大，

---

① 原文在正文中多处加注，用括号表示注释的部分，并用小一号的字体。——编者

② 此文之结论为最后的，有几处与初次报告不尽相同。——编者

且与面积成正比例，所以他就拿开的窗一平方公尺为单位。凡可以面积算的东西，其吸收声音系数照下式算：

$$某物之吸收声音系数=\frac{该物一平方公尺之吸收声音能力}{开的窗一平方公尺之吸收声音能力}$$

例如单层玻璃的吸收声音系数=0.027。面积单位变时此种系数不变。不能以面积算的，只能整个的说，例如每单个美国男子其吸收声音能力=0.48平方公尺开的窗。面积单位变时，此种常数亦变。吸收声音之系数及常数见Watson的书第25页[①]。

关于实验用的仪器及其他专门讨论，请参考赵忠尧君之《着中国衣服者之吸音能力》[②]。

第二节　清华学校大礼堂之形状、材料、容积及总面积

清华大礼堂之南北剖面图见第一图。最可注意者为巨大高深之圆顶（dome）。建筑大部分为石灰砖（lime brick）。听音困难，一部分因吸收声音之材料太少，以致余音时间太长。一部分因形状关系而发生回音。故改良方法，统归于增加相宜之吸音材料于相宜地位。换言之，问题有三：(1) 用何物？(2) 用多少？(3) 置何处？

大礼堂之体积为436 200立方英尺，即12 350立方公尺。礼堂内各部之面积如下：

第一表　大礼堂各部分之面积

地　板	$760m^2$
圆　顶	$460m^2$
四弧面	$510m^2$
四　墙	$1000m^2$
走楼底面	$600m^2$

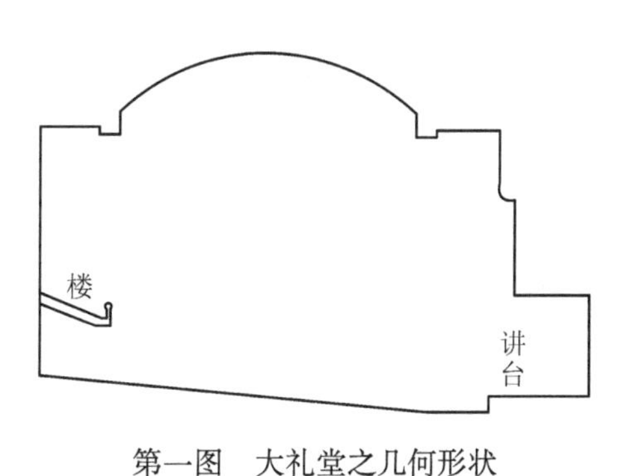

第一图　大礼堂之几何形状

① 转载该文者止于此。——编者

② 收录于民国十六年（1927年）《中国科学社年会论文集》。也见《科学》第12卷第10期第1405—1414页（1927年出版）。据赵忠尧文，所用仪器有：风琴管式发音器、电子管振荡器、音叉计时器。这些仪器都是该研究组成员赵忠尧、施汝为、郑衍芬、阎裕昌在叶企孙指导下自己设计、自己组装而成的。——编者

第三节　清华学校大礼堂内已有之总吸音能力

礼堂内已有之总吸音能力（听众不在内），可应用各种材料之已知吸音系数而估计之。结果得2940平方英尺开窗，即270平方公尺开窗。详表如下：

第二表　大礼堂各部分吸音能力之估计

品类	材料	总面积或总个数	吸音系数	总吸音能力
地板	软木	8 200平方英尺	0.16	1 310平方英尺开窗
墙，顶面等	洋灰，砖，涂粉	37 200平方英尺	0.025	930平方英尺开窗
皮门	皮	710平方英尺	0.35	250平方英尺开窗
布幕，国旗等	布	1 730平方英尺	0.10	170平方英尺开窗
地毯	毛织物	132平方英尺	0.29	40平方英尺开窗
木地板，木门 木墙，木讲台	木	1 920平方英尺	0.047	90平方英尺开窗
木椅	木	1 400只	0.10	140平方英尺开窗
皮椅	皮	7只	2.00	10平方英尺开窗
				共2 940平方英尺开窗

此估计所得数，是否可靠，可实验余音时间而确定之。实验结果如下：

情形甲：堂中有原有陈设，实验者三人，及实验仪器，窗尽闭。$t=5.12$秒。

情形乙：同上，但可开的窗尽开。$t'=4.30$秒。

在情形乙下，堂中之温度降低，故t'之实验数值上须加一因温度不同而必须加的改正，如是得$t'=4.22$秒。开的窗有总面积66平方公尺，但窗面只能开到与垂面成七十度角的地位，所以有效面积为$66\times\frac{7}{9}$，即51.4平方公尺。

欲求堂内已有之总吸音能力，所需要之算式如下①：

$$At=At'+\log_e\frac{a'}{a} \tag{1}$$

$A=13.8\,a/K_0V$，$A'=13.8\,a'/K_0V$；因$K_0=0.164$，$V=12350$；

故$A=0.0068\,a$，$A'=0.0068\,a'$。代入（1），得

$$at=a't'+338\log_{10}\frac{a'}{a}$$

上式之最右项为改正项，且只含$\frac{a'}{a}$之对数，故该项之$\frac{a'}{a}$可以其相近数值$\frac{270+5.71}{270}$代入，如是得下式

① 关于此节内算式之说明，请参考民国十六年（1927年）《中国科学社年会论文集》中赵忠尧之《着中国衣服者之吸音能力》。本篇之算式（1）即该稿之算式（11）。——编者

$$A\times 5.12=(a+51.4)\times 4.22+333\log_{10}\frac{270+51.4}{270}$$

解之仍得 $a=270$。此实验所得数内尚包括实验者三人及实验仪器之吸音能力。估计以上两项，约得 3 平方公尺开窗。减去后余 267。此数与用估计法所得数 270 相差甚少。

第四节　着中国衣服者之吸音能力

此问题已经赵忠尧君实验决定。论文载民国十六年《中国科学社年会论文集》，结果如下：

第三表　棉衣

	散离者	听众
立	0.81	
坐	(0.66)	(0.58)

第四表　夹衣

	散离者	听众
立	0.59	
坐	0.48	(0.42)

注：不加括号之结果为直接测量者，加括号之结果为推算者

第五节　俄国及美国方面对于建筑音学的几种新研究

关于大讲堂（大音乐堂，或大戏院亦包括在内）的最相宜的余音时间，有以下数种新研究①：

1. P. E. Sabine（Riverbank 建筑音学实验室主任）

"The American Architect"，pp. 579 - 586，June，1924.

作者得以下结论：任何大讲堂，听者满座时最相宜的余音时间在一秒及二秒之间。为讲演及细音乐（light music）用，则应在此范围之下半，为大音乐（如铜乐等）用，则应较近上限。

2. F. R. Watson，在 Journal of Franklin Institute，pp. 78 - 83，July，1924.

作者得以下计算式（从经验得来）：

$$t=0.75+0.375\sqrt[3]{V}\text{秒}$$

t=空堂时最相宜之余音时间；V=堂之容积，以立方英尺算。

3. Samuel Lifshitz（在莫斯科国立音学研究所），Physical Review，pp. 391 - 394，

---

① 关于新研究方面，作者得益于蔡方荫君之介绍甚多，附书志谢。

March，1925.

作者断定，为讲演用，或为音乐用，最相宜之余音相差不能过 0.05 秒（此结论与前人所得者不同）。容积大的室，最相宜之余音时间（此指听时最相宜之余音时间）照下式算：

$$(10.23-\log_{10}V)\ t+0.97\ (0.4-\log_{10}V)\ \sqrt{t}=6$$

第六节　清华学校大礼堂内应增加之吸音材料

照 Lifshitz 公式计算，则清华大礼堂内听音时最适宜之余音时间应为 1.75 秒，故总吸音能力（包括听者之吸音能力）应为 1160 平方公尺开窗。

大礼堂内座位约共 1400。根据冬服半座计算，则堂内已有之总吸音能力为 270+700×0.6，即 690 平方公尺开窗。故尚缺少 470 平方公尺开窗（470 平方公尺=5060 平方英尺）。何以根据冬服计算，则因夏服之吸音能力虽较小，但夏时可开窗以补足之。何以根据半座计算，则一因满座之机会少；二因即使满座，吸音材料尚不太多。（以上根据 Lifshitz 公式计算；倘照 P. E. Sabine 之说，则听音时最适宜之余音时间原可较短，即添加之吸音材料，原可更多。添加 470 平方公尺开窗后，满座时之余音时间为 1.285 秒，仍在 P. E. Sabine 之限内，故吸音材料尚不嫌太多。）

第七节　通俗之误解

从前人有一种误解，至今尚有信之者，以为室内张金属线可以消除听音困难。其实此层已经各专家证明为绝对无稽。兹汇录各专家之结论于后，以见此点之毫无问题。

1. “As examples of remedies，may be cited... the stretching of wires，even now a frequent though useless device”（W. C，Sabine，*Collected Papers on Acoustics*，p. 4）

2. “Experiments and observations show that wires are of practically no benefit...”（Watson：*Acoustics of Buildings*，p. 19）

3. “At last，however，through the results of scientific investigation，the useless stringing of wires is being discontinued. ”（C. M. Swan，*Architectural Acoustics*，p. 5，John-Mansville 公司出版）

4. “The stringing of wires has been demonstrated to be entirely useless，”（*Akoustolith as related to Architectural Acoustics*，Guastavino 公司出版）

第八节　美国各公司之估价

美国方面，制造吸音材料之公司，其著名者有三。作者曾托清华学校庶务处向诸公司询问，所得结果，列表于下：

第五表　各种材料之常数

材料名称	制造该材料之公司	吸音系数	价格	
			该材料一平方英尺之国币价	用该材料，得到一平方英尺开窗的国币价
Celotex B	Celotex	0.55	1.00	1.80
Asbestos acoustical felt	Mansville	约0.45	0.52	1.15
Akoustolith Tile	Guastavino	0.36	1.60	4.40
Akoustolith Plaster	Guastavino	约0.18	0.44	2.40

第六表　各公司之估价

公司	该公司所估计，应添加之吸音材料，单位=1平方英尺开窗	某项材料所需要之总面积	该项材料之总价（以国币为单位）
Celotex	4 000	7 300平方英尺 Celotex B	7 300
Mansville	4 000	9 000平方英尺 Asbestos acoustical felt	4 680
Guastavino	5 400	15 000平方英尺 Akoustolith Tile	24 000
Guastavino	5 400	30 000平方英尺 Akoustolith Plaster	13 200

第九节　各种材料之说明

Celotex B是用甘蔗的纤维做成，外观似粗糙的纸板。制造此物之公司，曾用特别手续，使其吸音系数增高至0.55。钻洞是重要手续之一，盖吸音面积能因此增加一倍半。Celotex的特别好处在乎各种颜色都能有，且其面上能加各种美术的图案。Celotex亦为一种热的不良导体，其热传导系数为每小时每平方英尺华氏每度每英寸厚0.33英国热单位。以之建屋，则冬暖夏凉，且节省燃料。Celotex B是7/8英寸厚，每平方英尺钻洞四百；每洞之直径1/4英寸，深3/4英寸。

Asbestos acoustical felt是一种软毡。其主要成分为长牛毛，中更杂以Asbestos碎末。织毯时更以麻绳为经纬以增固之。纽约John-Mansville公司自1911年起设法制造此毡。其制造手续昔年由Sabine指导，现由曾协助Sabine研究建筑音学者C. M. Swan指导。Watson改善Illinois大学大礼堂所用之毡，即系此种。此毡不易燃烧，且甚经久。装置之法，钉木条于墙上，张毡于木条之间，外更盖以张紧之稀布，使布与毡间留空地。此毡厚3/4英寸，每平方英尺重约3/4磅。

Akoustolith Tile是一种特别多细孔的砖。几乎各种颜色都可以有。此砖之制成，多得力于Guastavino同Sabine的研究。砖厚7/8英寸，每平方英尺重约五磅。

Akoustolith Plaster 是一称涂墙的材料，用粒状之渣制成（炼钢炉内所出之渣即可用），再用一种以氧化镁与氯化镁制成之胶固质（bonding material），使渣粒结合。关于此种材料之拣选、制造与混合，均须用特别方法。该公司试验三年方得最后结果。每吨干料，价美金二百元，和水后可涂墙面一百平方码。

以上四种材料之样子，清华学校物理系均有。欲来考察者，无任欢迎。

第十节　讨论

上述四种材料中，Akoustolith Plaster 不合于用，盖倘用此料，须涂三万平方英尺方得效果；但可涂之面积总计不过 1970 平方公尺，（即第一表中圆顶，四弧面，四墙三项。走楼底面，因地位关系，虽涂亦不生效力）即 21 000 平方英尺，与所需之面积相差甚远。

Akoustolith Tile 亦不合于用，盖无论用何种材料，圆顶为必须盖掩之区域（因礼堂之几何形式，倘但盖掩他处，置圆顶于不顾，则虽减除一部分余音困难，而清晰的回音现象反将较往日易辨，听音困难仍未除去）。铺砖于圆顶不出二法：一则拆去一层旧砖而以 Akoustolith Tile 代之；二则旧砖不动，只加一层 Akoustolith Tile。前法工程浩大，甚且动摇墙壁，当然毋庸置疑。用后法则圆顶下每平方英尺将增加八磅或九磅之重量（砖每平方英尺重约五磅，砖后及砖间涂泥每平方英尺重约三磅至四磅）。圆顶是否能受此增重，为一问题。即使能受，工程亦颇不易。倘工程师、监工者、包工者、做工者、买料者或付款者有一失察或有一溺职，以致工程不着实，不久或数年后而加上之砖倒下，甚至损伤人命。虽设计者实不能受其咎，而不识者仍将讥设计者为不智。故在中国现在情形下，作者决不愿采用再加一层砖之方法。

Akoustolith Plaster 同 Akoustolith Tile 之不相宜，已如上述；且二者价值之昂贵，远过于 Celotex 与 Asbestos acoustical felt，故其不能采用，无复可疑。

Celotex 与 Asbestos acoustical felt 二者中从美观及易于装置着想，均能满意。但毡之价较廉，且其抵抗火及经久之性质亦胜于 Celotex。

故倘欲采用美国货以改良清华大礼堂之听音困难，则以 John—Mansville 公司所制造之 Asbestos acoustical felt 为最相宜。

第十一节　今后之工作

作者开始研究此问题时，即存材料须在国内制造之心。以上四种材料中，以毡最易仿造（次则 Celotex）。北京为织毡名城，兽毛及 Abestos 亦为华北产物。现在市上之毡虽皆不合用；然欲制造合乎吸音之毡，即非甚易，想亦非太难。作者从本年十月以来，与北京仁立地毯公司之凌其峻君，在制造吸音毡方面着手设法，现正在进行中，报告俟诸将来。

自此问题开始以来，已将两年。美国方面调查需时。材料到后，又每无暇整理，以致搁置多时。实验则须在熄灯后做，每星期平常至多做一次，大多在星期六夜半，以便次晨可晏起；然逢有风声时，又不能做；盖此问题之本性，实需要长久时间也。令幸困难之分析及其消除，大体已具；以后问题，纯在制造吸音毡与实施工程。

作者对于物理系同人赵忠尧、施汝为、郑涵清、阎裕昌诸君，庶务处及技术部之协助，无任感谢。

编注：

本文发表于《清华学报》1927 年第 4 卷第 1423—1432 页（1927 年 5 月 1 日出版）。本文是中国最早有关建筑声学的论文。

⑯ 学生军与学生营——写给王崇植的信

崇植兄：

今夏当为实行暑期学生营之最好时期，望速与灵光及醒狮同人商议切实可行之办法。弟拟办法如后：（一）每营以五百人为限度；（二）每营设总教练一人，由相当军政机关或保卫团派人充任；（三）军械及子弹等由总教练负领取及保管之责；（四）膳费及操衣费由学生自任；（五）学生营由国内之相当军政机关或保卫团与社会上提倡军国民教育之相当组织共同负责管理之责。弟意宜先组织一会，可名之曰“全国军事教育期成会”。一面提倡于全国，一面择相宜地点，与有关系者商定切实可行之办法，即日实行，望足下与醒狮同人商之。

弟企孙敬启

此为叶君致本社社员王崇植君函，所议甚为扼要。特公布之，以与教育界、学生界共商榷焉。——《醒狮周报》编辑愚公按。

编注：

此信见于1925年7月4日出版的《醒狮周报》第39号第5版。

1925年5月15日，上海日本纱厂公然枪杀十余名工人；5月30日，上海英租界巡捕开枪屠杀抗议日本纱厂的游行工人队伍，史称“五卅惨案”。该案激起上海市工人、学生和市民的愤怒。全国各地工厂纷纷声援上海工人，举行罢工；各地大学学生上街游行。在中国共产党领导下，掀起了史上闻名的“五卅运动”。全国各大学燃起种种爱国思潮，其中，尤以“国家主义”“军事教育”口号为最，以图达到“外抗强敌、内除国贼”之目的。叶企孙的这封信是在此全国形势下，试图借暑假之机培养学生有强健身体、有军事知识，日后可保家卫国的教育想法。他提出了五条具体措施，并建议成立“全国军事教育期成会”。

王崇植是叶企孙的小学同学。该信中述及“灵光”其人，《醒狮周报》编辑“愚公”（当为笔名）其人，当再查实其为何。

17 《李邹顾戴徐诸家对于对数之研究》叙

是篇为周明群君修业清华时论文之一种。周君天资卓绝，学业冠其曹。于数学物理，造诣尤深，其他同学皆望尘勿及。此篇不过周君之一种小小研究，已足见其人，而岂足尽见其人。方冀周君能展其天才，为我国科学界建树伟绩，孰料昊天不吊，周君竟于今夏染时疫而亡，呜呼痛哉！（行述另见）是篇初稿成于本年三月。为陈逵教授现代文化班之课外研究，并由郑之蕃教授阅过。企孙今夏南游，此稿适在行笈中，返校时随携归。孰料车轮甫停，闻即至，稿未刊人已先亡。每复展卷，不胜泫然。遂为节要编次，以付手民。此篇用意在解释艰难书籍，深有稗于学者。且如海宁李氏所用之几何方法，以之教授初学微积分者，颇易助其领悟，而且能增加其兴趣，周君为之阐明，则后之教者学者皆将感谢周君之赐也。

编注：

该文发表于《清华学报》1926 年第 3 卷第 2 期第 1047 页。

这是叶企孙为他清华同学周明群的论文所写的“叙言”。1926 年夏，周明群“因染时疫而亡”，其后叶企孙在哀痛中将其论文《李邹顾戴徐诸家对于对数之研究》“节要编次”，同年 12 月发表在《清华学报》第 3 卷第 2 期上。该文有“行述另见”字样，即周明群生平简历的文字见它文，本文不赘。

对自己的同学所取得的成就而发自内心地钦佩，是学生当养成的一种精神，即“同仁相重”而非“文人相轻”。叶企孙如此，是学界之范。

18 中译文布拉格《声之世界》序

英国皇家研究所（Royal Institution）每岁于耶稣圣诞节前后有通俗讲演。讲者皆于科学上有特殊成绩，尤特别注意于青年之兴趣。此事由来已久，已成惯例。其能引人入胜，使青年闻风而起，可想而见。每年讲演稿多精品。William Bragg者，英国物理学家也，与其子同以研究X光线成名，现任皇家研究所所长。欧战时因时势需要，其研究兼及声学。1919年应圣诞节讲演，以“声之世界”为题，盖有因也。讲演共六篇。篇名如下：

一、声是什么；二、音乐之声；三、城市之声；四、乡村之声；五、海洋之声；六、战争中之声学。

材料皆极饶兴趣，极有介绍于国人之价值。甚盼阅此书者能闻风而起，亦在大城市中组织同样之讲演，以兴起我国青年，则译者所欣然也。

叶企孙

1927年2月

编注：

1926年年底，厉德寅译布拉格（W. Bragg，1862—1942）科普讲演《声之世界》，叶企孙为之作校，并写下以上序言。该译文和叶序载于《科学》第12卷第3期第375—394页（1927年3月出版）。

本文题目为本书编者所加。

⑲ 清华物理学系发展之计划

自己介绍自己的系，很不容易，只能少说几句话，并且我在忙别的东西，没空做长篇的文章，请读者原谅。

大学校的灵魂在研究学术，教学生不过是一部分的事。物理系的目的就重在研究方面，所以我们请教授时，必拣选研究上已有成就，并且能够继续研究的人。是否有教书经验，还是第二个问题。所以我们希望系中的教员个个能做些研究。所以我们以后添购仪器的标准，也注重在研究方面。所以我们的课程方针及训练方针，是要学生想得透；是要学生对于工具方面预备得根底很好；是要学生逐渐的同我们一同想，一同做；是要学生个个有自动研究的能力；个个在物理学里边有一种专门的范围；在他们专业范围内，他应该比先生还懂得多，想得透。倘若不如此，科学如何能进步？

总而言之，我们希望五年后或十年后，这个实验室能不愧为世界上研究实验室之一。数十年或数百年后，这个实验室也许是中国的 Leyden。物理系的学生，我们希望他们个个有这样的希望，我们希望他们个个努力帮助，使这个希望实现。

现任教授　叶企孙（主任）　梅贻琦　余青松

物理学系专修课程

第一年　高级学术　化学　物理学　社会科学一种

第二年　微积　力学　电磁学　光学

第三年　理论物理学大纲　热力学　分子运动论　力学声学热学分子物理学实验　电振动及电波　物理学史　中学物理学之教材　选习

第四年　电动学　电子论　相对论　近代物理　近代物理实验　物理仪器制造　理论问题讨论　特别实验问题　理论物理学（自学）　特别理论问题

编注：

本文发表于《清华周刊》1927年第27卷第11号第537—540页。此年为清华大学物理系创办之第三年。叶企孙不仅在本文中主张大学的灵魂在研究学术，且提出要将清华物理系办成与荷兰莱顿大学之物理系等同。后者在20世纪头20年间曾执国际物理学界之牛耳。足见29岁的叶企孙胸中目标之高远。

⑳ 纪念周明群学额基金第二次报告

纪念周明群学额基金之第一次报告见民国十六年十月三十一日出版之清华学校校刊第九期。该报告所载实收之数共计现款三百九十七元一角五分及屈臣氏汽水公司之股票五十元。嗣后又收到以下诸君或团体协助之款：郑桐荪五十元，郑裕坤四十元，清华丁卯级四十元，赵诏熊及赵访熊合助五元，谌志远一元，刘瑚三元及并入利息十七元四角三分。故此项基金共计现款五百了①十七元五角八分及股票五十元。因此项基金尚未收齐，故现款及股票均暂由企孙保管。（现款均存在校内之大陆银行。内中有五百元系限期一年之定期存款，年息九厘。）俟满千元时当即交学校保管并详定办法。民国十七年十一月二十五日叶企孙报告。

编注：

本文发表于《清华周刊》1928 年第 30 卷第 5 号第 76 页上。

叶企孙的清华同学周明群事见本文存第 17 篇。周明群时为清华高才生，1926 年染时疫而卒。叶企孙为此在校内设立纪念周明群奖学金。按文中基金数额当为 553.58 元，此文中写为 557.58 元，多了四元。这四元为叶企孙本人所捐款。

---

① “了”字当为“五”字之误。——编者

21 中国科学界之过去现在及将来

今天所讲的，不是中国科学自古至今的历史，是近代西洋科学输入中国的情形。西洋科学输入中国，约可分为四个时期：

一、自利玛窦入中国起，至约1720年。这个时期的特性有两条：

（一）虚心承受，完全吸收西洋的学说。这个时期的前一半，都是吸收工作；到后半期系转变为中西兼用。康乾时编成的《数理精蕴》及《历象考成》两书，代表中西兼用的态度。

（二）可惜利玛窦等所带来的都是当时欧洲的旧说；哥白尼的地动说，当时欧洲已有，但利玛窦等天主教徒不信哥氏之说。

二、1720—1850。这个时期可以称为闭关时期。在此时期中，中国的数学家和天文学家大都不愿学外国的东西。因为有些人发现了所谓西学是中国原来有的。例如康熙时，梅文鼎发现西洋传入的借根方，就是中国的天元。诸如此类之例，使中国学者轻视西学，遂造成此闭关时期。岂知这一百三十年中间，欧洲科学进步甚快，汽机、电学原理等，都是在这个时期中发明的。闭关的损失，何等重大。

三、1850—1900。这是欧洲科学第一次输入中国的时期。国势颓衰，就是曾国藩、李鸿章等也认定外国科学的重要！科学的提倡，便起于此时。这时期内，有两点可说：

（一）译书颇多，但是译文都很坏，离开其信达雅的标准甚远。这是因为当时译书，大都用西人口授华人笔述的方法。笔述的人，外国文字未通，有许多思想未曾了解。

（二）当时士大夫心理中，脱不了“中学为体西学为用”的观念。因为有了这种观念，对于西方文化，便不能彻底了解了。

四、1900年以后。国势更衰。中国学者在这个时期内才逐渐知道西洋的自然科学，代表一种整个文化的表现。研究自然科学，是研究环境的工作，是要去了解环境，同时并注意应用，以改进人生。研究环境所得的许多乐趣，我们可以看做一种人生观；研究环境所能得到的应用，是人类的希望。

这个时期中，还有一点可注意的是办学校和送留学生。

我们再把西学输入日本的情形和我们自己的情形作一比较。西学输入日本的历史，亦可分作四个时期：

一、1543—1630。这个时期与中国的第一时期相当。这个时期中，西方科学知识，输入到日本的还比输入中国的少。

二、1630—1720，是闭关时期，与中国的闭关时期相当。不过他们的闭关时期已完，中国的闭关时期方起。

三、1720—1868，是西方科学第二次输入日本的时期。他们在这时期中，译的书亦非常之多。

四、1868以后。这个时期，我们和他们所差就很远了。

现在，再讲我们的学校情形：

一、大学教育：

日本东京帝国大学开办于1877年，到今已五十二年，成绩非常的好。我们的大学，非但办得晚，并且大多数办得很糟。我们的清华大学今年才不过第五年。我愿意大家每年自省一次，想一想我们的进步在哪里，有了进步则更加努力，没有进步就应该觉得耻辱。这样才能日日进步。

我们国内的大学，数目可以说很多。不过细细一算，把全国的科学者总计起来，至多只能办几个好大学。全国心理学者合起来，最多不过办一个或两个好的学系；全国化学者合起来，最多只能办三个或四个好的学系；其他科学亦类此。所以实在的困难，是在科学家太少。增加设备还是容易的，造就许多科学家，却很不容易。在物理学方面，现在至少有四个大学，仪器和实验室都尚完备，但是没有人去利用。

二、师范教育和中学教育：

师范教育已经办了几十年，不过成绩非常的坏。出来的学生，连极根本的、极浅近的科学原理，还弄不清楚。因为师范不好，中学亦办不好。有的学校没有仪器，仍勉强教科学。其实，没有仪器，就不必教科学。因为教了半天，学生亦是莫明其妙。不如去学旁的东西去，或者有益得多。

中学没有办好的影响，就是在大学的学生不能尽量利用大学的设备所付与的机会。

再看我们各种科学的情形：

一、地质学

中国现状下，地质学最为发达。这要归功于丁文江和翁文灏两先生。他们约在十五年前共同办了地质调查所，先造就一班专门人才，热情试往各处去调查地质，所得结果甚好。但地学范围内其他各门，如地理学、气象学、海洋学、地震学、地质学、空气电学、地球物理学等，或完全没有，或方才开始，几等于零。

以气象学为例，大规模的气象记载，中国还未开始。但日本已经有六十四个气象台，测候站则一共约有一千六百个之多。

甘肃大地震，想大家还没有遗忘，但中国对于地震之研究，至今几等于零。

本校物理系助教王淦昌先生，现在研究一个与空气电学有关系的问题，这或许是中国国内空气电学的先声。

地球物理学与探矿极有关系，但中国还没有这方面的专家。

从中国的地质学发展历史，我们可以得到两个教训：第一，训练专用人才，必须有一定的目标，然后方能得良好的结果。第二，重要发明，每非意料所及。地质调查所掘得的北京猿[①]人的头骨，是对全球科学界的重要贡献。但地质调查所最初目标只在探矿及调查地质，没有预料到能于短期内对于猿人学有这种重要发现。讲到这个北京猿人的牙，我们同时要知道这并不是中国人认出来的，是外国人认出来的。

二、生物科学

这方面的工作，例如采集标本，编制图谱等，只能说是方在起头，并且还是初步的生物学研究。

三、物理学和化学

关于此两种科学的研究，并非容易的事。靠着许多有智能者对于研究方面的努力，积了多年后逐渐养成一个研究中心。东京帝国大学在此五十年间，对于理化很努力，但要他成为一个研究理化的国际中心，距离还甚远。

其他科学因为时间关系，不能细讲。

综观以上，我们可以说，中国科学现状下的缺点有五个：

一、大多数学校没有办好；

二、确实在研究科学的专才还太少；

三、社会上对于科学的信仰还不大，这是因为还没有一种自己发明的重要的科学应用，来兴起民众；

四、用本国文字写的科学书太少；

五、自己做的仪器太少。

要谋我们以后的科学进步，除了改好上述缺点外，还有一点须注意，就是纯粹科学和应用科学需要两者并重。纯粹科学的目标，应注重在养成学者对于研究的兴趣；应用科学方面，则应确定目标，切实去做。

有人疑中国民族不适宜于研究科学。我觉得这些说法太没有根据。中国在最近期内方明白研究科学的重要，我们还没有经过长时期的试验，还不能说我们缺少研究科

---

① 原文作“原”，如下同。——编者

学的能力。惟有希望大家共同努力去做科学研究，五十年后再下断语。诸君要知道，没有自然科学的民族，决不能在现代文明中立住！

编注：

本文为叶企孙于1929年11月在清华大学科学会上的一个讲演，由R. M. 记录。刊载于《国立清华大学校刊》第114期第二版（1929年11月22日出版）。

22 关于乔万选任校长事的郑重声明

叶企孙启事

敬启者：本月三号本校接到署名“沪清华同学会”来电，照录于下：

清华大学转教职员同学会暨学生会鉴：沪同学向主校友治校，请欢迎乔万选君到校主持并共同拥护。沪清华同学会。

企孙阅电后即于是日通知校务会议同人，及学生会代表大会主席李景清君，并于六月五日报告于教授会，并声明谓：“此电未经证实，真相如何，无从知悉。至于勉力维持学校，静待教部解决，则本校教授同具此心。企孙个人对于任何派别更不愿有所左右也。”辗转传闻，恐有失实，特此声明。

叶企孙敬启

六月六日

编注：

“叶企孙启事”载《国立清华大学校刊》第184期（1930年6月6日出版）。

是年夏初，阎锡山委派其幕僚乔万选为清华大学校长。6月25日，乔万选带着武装卫兵、秘书长一行赴清华任职，受到学生坚决反对，并被拒阻于校门外。在此情形之下，时任校务委员会主席的叶企孙收悉所谓“沪清华同学会”之来电。叶企孙即“启事”申明，并刊载于《国立清华大学校刊》第184期头版头条上。

㉓ 叶企孙等三人致电阎锡山

六月二十五日晚，吴之椿、叶企孙、陈岱孙三先生，以校务会议名义，致阎总司令电如下：

太原

阎总司令钧鉴：

本日乔万选先生来校接任，为学生劝阻。窃清华自罗校长辞职后，校务由教务长、秘书长及各院长所组成之校务会议维持，学生学业丝毫未受影响，经费则自去春起由美使馆按月拨给中华文化基金委员会依法定手续转交清华正式当局。清华基金亦由该会保管，永不动用。现在所有计划均能照常进行，诚属不易。清华并非行政机关，若以非常手段处理，则校务及经费必生困难，谅亦非钧座素日爱护教育之本心。至学生此次举动，纯出爱校热忱，其心无他。诚恐远道传闻失实，谨此电闻。

国立清华大学校务会议

一九三〇年六月二十五日　叩

编注：

此电函刊发于《国立清华大学校刊》第191期（1930年6月27日）第一版。电函背景与前文（“叶企孙启事”）同。

24 物理系概况

本系成立于民国十五年，十七年秋吴正之（有训）、萨本栋两教授先后到校，十八年秋周培源教授到校，廿一年春赵忠尧教授到校。数年来赖全系教师及研究院诸生努力于研究工作，本系幸成为全国学术中心之一。

在教课方面，本系只授学生以基本知识，使能于毕业后，或从事于研究，或从事于应用，或从事于中等教育，各得门径，以求上进。科目之分配，则理论与实验并重，重质而不重量。每班专修物理学者，其人数务求限制之，使不超过约十四人，其用意在不使青年徒废光阴于彼所不能学者。此重质不重量之方针，数年来颇著成效。民国十八年本系毕业生施士元先生现任国立中央大学物理学系主任，周同庆先生现任国立北京大学物理学系教授，王淦昌先生现任国立山东大学物理学教授。数年来国内物理学之渐臻隆盛，实与本系对于青年所施之训育，有密切关系。

在研究方面，则有吴正之先生担任X放射，赵忠尧先生担任γ放射，萨本栋先生担任无线电，周培源先生担任理论物理学，叶企孙先生担任磁学及光学。

本系有仪器约值国币十一万元，书籍及杂志足敷参考之用。本系设有工场，能自制精密仪器。

主任　叶企孙

教授　吴有训（本学年休假）　萨本栋　周培源　赵忠尧

讲师　周同庆

助教　余瑞璜　朱应铣　王谟显　张景廉

助理　韩弗烈　章玉林

仪器管理员　阎裕昌

编注：

本文初载于1931年9月《清华消夏周刊·迎新专号》，稍作修改（仅是教授人名及其主讲课程变动），后又载于1934年6月1日出版的《清华周刊》第13、第14期合刊“响导专号”。1936年6月27日出版的《清华周刊·响导专号》再刊此文，作者署名仍为叶企孙，其文后所列系主任、教授等变动如下：

主任　吴有训

教授　叶企孙　萨本栋　周培源　赵忠尧　任之恭（与电机工程系合聘）

专任讲师　霍秉权

教员　张景廉

助教　王谟显　傅承义　周长宁　王遵明　熊大缜

仪器管理员　阎裕昌

㉕ 呈教育部东电

南京教育部李部长钧鉴：

企孙受翁代校长嘱托、勉维校务以来已逾半月。翁代校长离校时本以极短时间之代理为约，故敢勉为其难。现在国难方殷，校务繁剧，企孙决难一再代理。伏乞钧部催令翁代校长即日销假视事，无任感盼。

国立清华大学理学院长
叶企孙

编注：

此电载于《国立清华大学校刊》第318期（1931年10月5日出版）。

本题目中的“东”字系电报日期代码，即一日，该电报为十月一日所发。“李部长”即李书华，“翁代校长”即翁文灏。

26　物理学系

本系于民国十四年成立，至十八年增办研究所，现在情形，虽去理想者尚远，但已粗具规模，足为有志者工作之所。本系之教学事业，在（一）培植物理学之专门研究者；（二）训练中学大学之物理学教师；（三）供给其他各系学生所需之物理学知识。

教员：本系现有教授五人，教员一人，助教四人，半时助教一人。

设备：本系现有普通实验室七所：计高中物理，大学普通物理，物性及热学，电磁学，光学，无线电学，近世物理等。凡各部之基本及重要实验，均可运行。其余各种精细仪器之使用，因房舍关系，只能临时酌定地点，进行实验。另有金工、木工场各一所，为修理及制造仪器之用。关于个人研究之特别器具，则另设研究室。

图书：本系共有参考书千余册。订阅杂志二十九种，凡关于物理学之重要书籍全集及杂志，多已购备。旧杂志一项，为研究工作不可少之参考品，本系择重要者，购买一部或全部，已有一比较完善之储藏，现每年仍继续增加，并与北平图书馆连络，互相提携。

课程：本系自最浅至最深之课程，均注重于解决问题及实验工作，力矫现时高调及虚空之弊。大学一年级功课，为本系基本学程。有志入本系者，应特别留意。本系课程大要详见本校一览。自大学一年级至研究所共有二十五学程。

研究所：本系研究所，成立将近二年。关于物质磁性之研究，由叶企孙教授指导；关于理论物理，由周培源教授指导；关于无线电学，由萨本栋教授指导；关于X线问题，由吴正之教授指导。赵忠尧教授则指导从事于硬γ线问题之研究，仪器现已购定。各部研究结果，散见于各专门杂志，兹不赘。本系将来事业，大部在发展研究所。每年经常费，除一小部补充普通仪器外，余均用以购备研究使用之特别器具也。

编注：

本文分别刊载于《清华暑期周刊》，1932 年第 2/3（合）期第 21 页；1933 年第 3/4（合）期第 23 页。

本书已收录叶企孙所撰《物理系概况》一文（见第 24 篇）。本文署名“叶企孙先生讲”，非常简洁地概述了当时系中情况，文字内容与前文有较大的不同。

27 关于成立中国物理学会筹备经过的报告

临时执行委员会委员　叶企孙

一九三二年八月廿三日

近来，国内研习物理学者日众，都觉着有相聚切磋及互通声气的必要，所以久有组织物理学会的酝酿。去年冬季，法国物理学家郎之万先生来华考察教育，同在（北）平同人谈话，也力言中国应组织物理学会，以谋中国物理学之发展。并说，一九三三年，世界物理协会将在美国芝加哥开会，中国也需有物理学会才可参加。二十年（一九三一）十一月一日，（北）平方物理界同人十三人，征求为中国物理学会发起人。同时并拟定章程草案十二条，请大家发表意见。月底得北平、上海、南京、武昌、杭州、山东、广州、天津及成都各地复信赞同者共五十四人。十二月十三日，北平同人十三人，作第二次集会。根据各方意见，将章程草案，加以修正。并通函各地发起人，用通信票选法，选举临时执行委员七人，以处理成立大会未开前一切事务。选举结果：

夏元瑮、胡刚复、叶企孙、王守竞、文元模、严济慈、吴有训七人当选为中国物理学会临时执行委员会委员。

临时执行委员会于三月廿九日及七月九日开会两次，决定八月廿二日起假北平清华大学开成立大会，并组织年会筹备委员会，分招待、会程、论文三组，分头进行。现大会业已开幕，正式职员即可产生。同人所负临时执行委员会职务，即宣告结束。

编注：

中国物理学会于1932年8月22—24日在北平清华大学举行第一次年会，在该会上宣告成立中国物理学会。其成立过程是这样的：先有物理界同人商议成立一个“临时执行委员会”，以通信联络、召集会议、起草章程，并组织第一次年会（第一届物理学会代表会议）筹备委员会等事项为职责；当该筹备委员会成立，则临时执行委员会宣告结束。然后，由此筹备委员会组织安排第一次年会进程，并执行选举正式的中国物理学会会长、副会长等职员。一旦选出会长、副会长等学会职员，筹备委员会亦宣告完成历史使命。中国物理学会的产生，多亏叶企孙等人的筹备之功。

中国物理学会第一次年会筹备委员会职员如下：

委员长　梅贻琦

招待组　梅贻琦　叶企孙　张贻惠　桂质廷　方光圻　黄　巽
　　　　王守竞

会程组　胡刚复　夏元瑮　张贻惠　文元模　吴有训　严济慈

论文组　丁燮林　顾静徽　张绍忠　王守竞　吴有训

中国物理学会第一届（1932—1933年度）职员如下：

董事　李书华　梅贻琦　夏元瑮　颜任光　丁燮林

会长　李书华

副会长　叶企孙

秘书　吴有训

会计　萨本栋

评议员　会长、副会长、秘书及会计为当然评议员，另选出：
　　　　王守竞　严济慈　胡刚复　张贻惠　丁燮林

以上文字均源自《中国物理学会第一次年会报告暨附最近会务报告及会员录》，1932年中国物理学会打印本。

叶企孙报告中述及法国物理学家郎之万教授（Paul Langevin，1872—1946），是1931年“国联”（相当今日联合国）中国教育考察团的成员之一。1931年5月19日，国联行政院决定派一教育考察团赴华。目的是“从事研究中国国家教育之现状，及中国古代文明所特有的传统文化，并准备建议最适之方案”云云。考察团于9月30日入华，走访了上海、北平、南京、天津、杭州、广州、保定等地，于12月下旬结束。其调查报告决议中有以下一段话：

“关于中国教育所发生之根本问题，不在于模仿，而在于创造与适应。新中国必需振作其本身的力量并从自身的历史、文献及一切直属于国有之国粹中抽出材料，以建造一种新文明。此种文明，非美非欧，而为中国之特产也。”

在调查结束后，郎之万受北京大学、清华大学之邀从南京北上讲学，并建议成立中国物理学会，以便加入国际物理学术活动之中。郎之万于1932年1月11日离开北平回国。

㉘ 国立清华大学教授会致国民政府电

一九三三年三月九日

南京国民政府钧鉴：

热河失守，薄海震惊！考其致败之由，尤为痛心。昔沈阳之失，尚可诿为猝不及备；锦州之退，或可借口大计未决。今热河必守，早为定计。行政院宋代院长①、军事委员会、北平分会张代委员长②、曾躬往誓师。以全省天险俱未设防，前敌指挥并不统一，后方运输一无筹划，统兵长官弃城先遁，以致敌兵长驱入境若无人，外交有利之局不复可用，前敌忠勇之士空作牺牲，人民输将之物委以敌资。今前热河省政府主席汤玉麟虽已明令查办，军事委员会北平分会张代委员长虽已由监察院弹劾，但此次失败关系重大，中央、地方均应负责，决非惩办一二人员即可敷衍了事。查军事委员会蒋委员长负全国军事之责，如此大事，疏忽至此；行政院宋代院长亲往视察，不及早补救，似均应予以严重警戒，以整纪纲而明责任。钧府诸公，总揽全局，亦应深自引咎，亟图挽回。否则人心一去，前途有更不堪设想者。书生愚直，罔识忌讳，心所谓危不敢不言。伏乞鉴察。

国立清华大学教授会叩青③

编注：

行政区域热河省于 1956 年撤销。原辖省区在今河北省东北部、辽宁省西部及内蒙

---

① 宋代院长，即宋子文。其时行政院长为汪精卫。——编者

② 张代委员会，即张学良。——编者

③ 青，电报文中指“九日”。——编者

古自治区赤峰市，以承德市为省会。

1933年3月初，日本侵略军全面占领热河省。闻悉此事，清华大学冯友兰、燕树棠、萧蘧、萨本栋、叶企孙五位教授“认热河失守事件，有对政府表示意见之必要，爰照章联名提请开教授会临时会议”。旋即校长、教授会主席梅贻琦于3月9日下午四时在后工字厅召集教授会临时会议。出席教授如下：

周先庚、闻一多、王明之、金岳霖、萨本栋、叶企孙、孙国华、黄子卿、钱端升、萧蘧、周培源、燕树棠、冯友兰、高崇熙、顾毓琇、吴正之、朱自清、俞平伯、张崧年、冯景兰、张子高、赵人儁、杨武之、郭斌龢、浦薛凤、梅贻琦、王士倬、李继侗、张奚若、俞肇池。

到会者分别发表意见。讨论结果，通过五教授议案。并推举张奚若、冯友兰、燕树棠、萧叔玉（即萧蘧）、浦薛凤五人起草电文，稿就即发。七时半，结束会议，时经三个半小时。

热河省失守之时，蒋介石正调集29个师、2个旅约50万兵力，对江西中央苏区展开全面第四次军事围剿。此电文和当时社会各界有关此事件通电一样，直逼蒋介石、宋子文。也让全国爱国者辨清真相，惊悚不已。该电文产生过程中，叶企孙是愤慨的、积极的发起人之一。鉴于叶企孙的抗日爱国热情，特将此电文收入本文存之中，亦可供读者查阅之便。

本电文和有关报道，见《国立清华大学校刊》第489号（1933年3月10日出版）第一版。

29 拟定大学物理课程最低标准草案提请公决案

我国现代大学物理功课，同人等感觉科目过于繁多，教材有时流于空泛，拟加以简单化、基本化、实在化。四年课程，最低标准，约略如次：

第一年，普通物理；

第二、三年，力学；

分子物理及热学；

电磁学；

光学；

第四年，应用物理；

近代物理。

除力学外，各种科目均同时有实验课程，并于第一、二年加木工及金工。

此外，数学需习两年，至微分方程止，程度约如 Osgood 两本；化学习至定量分析，约一年半。

编注：

本提案由叶企孙和饶毓泰、王守竞、李书华、张贻惠、吴有训、萨本栋、朱广才、严济慈联名作为提案人。原提案刊载于 1933 年 8 月由教育部印行、国立编译馆辑《教育部天文、数学和物理讨论会专刊》第 155 页。

20 世纪 20 年代末 30 年代初，我国高校教育有一次较大发展。在大学（公立、私立、教会）数量增多同时，各校也纷纷设理化系，或数理系，或物理系。但是，能教物理的老师并不多，又教材贪多、贪高，徒于虚有，且无实验。叶企孙等基于物理系“只授学生以基本知识”的观念，向教育部提出这一“最低标准草案”。

30 中国物理学会关于度量衡标准制单位名称与定义问题呈教育部文

为我国现行度量衡标准制中各项单位之名称定义未臻妥善，条文亦欠准确，有背科学精神，诚恐碍及科学教育之进展及科学实用之发达，用特胪举理由，陈述得失，并拟具补救办法，谨向钧部请愿，转呈。

行政院迅予召集科学专家，开修改度量衡法规会议，并成立永久组织，从事于规定权度容量以外各项物理量之标准单位名称及定义，以促吾国全部科学事业之合理化，而利国家之进步，理合具呈仰祈鉴核事。

窃查吾国现行度量衡法规，规定以米制为标准制，并暂设与米制容量权度标准成一、二、三比率之市用制，以为过渡时代之辅制。辅制既系暂设，终当废止，虽未能尽善，影响不至及于久远，故可存而不论。若夫标准制之制定，乃国家之大经大法，所以永垂来业，关系极为重大，自应求其完备美善，合乎科学原理。今现行度量衡法规，采用最科学之米制为标准制，以跻我国家于大同，用意至善，本会同人，绝对赞同。惟夷考其所加于各单位之定义，颇有疏于检点之处，而其所规定各单位之名称，又复狃于成见，不但未能贯彻其主张，且极易发生不良之影响。本会为全国物理学家所组织，深惟度量衡制度，于国计民生有深切之关系，又为一切纯粹及应用物理科学之基本，苟欠完善，本会在天职上应负指正之责任，爰经迭次开会讨论，认为现行度量衡标准制各项名称及定义，非重行改订不可，谨就荦荦大端立论，为钧部陈之：

（一）度量衡法规定义之不准确及条文之疏误

查十七年七月 国民政府公布之中华民国权度标准方案载：

（一）标准制：定万国公制（即米突制）为中华民国权度之标准制。

长度：以一公尺（即一米突尺）为标准尺

容量：以一公升（即一立特或一千立方生的米突）为标准升

重量：以公斤（一千格兰姆）为标准斤

案上录方案为度量衡法之基本，乃其中一条之定义显然不准确，一条之条文有疏误，兹分别指正于下。

（甲）规定容量标准定义之不准确。查方案中容量一条于“公升”下，加定义于括弧中，文为：“即一立特或一千立方生的米突。”此语极为不妥。依照原条文之意，则一“立特”即等于一千“立方生的米突”，而实际上一“立特”并不等于一千“立方生的米突”。（参考西历一九一四年美国国立标准局报告第四七号）依国际权度局一九二九年之报告一“立特”实等于一〇〇〇点〇二八“立方生的米突”。（见附件一）故方案中仅能规定一“公升”等于二种容量中之一种，即或等于一“立特”，或等于一千“立方生的米突”；决不能规定其与两种容量均相等。此两种容量相差虽微，然在基本方案之中，固不应有此含混之规定也。

又查民国十八年二月公布之度量衡法第三条末段云：“一公升等于一公斤纯水在其最高密度七百六十公厘气压时之容积，此容积寻常适用时即作为一立方公寸。”是明明规定以“公升”为“立特”，在寻常仅须近似值时，始作为一“立方公寸”也。然何以不将方案所作斩钉截铁之两歧规定，加以修正而听其自相矛盾？不特此也，试再查度量衡法第四条，其规定标准制及定位法各条中有一项为“公升单位即一立方公寸”。第二条中之“即作为”三字与此处之“即”字，其意义决不相当，同法之中，条文之歧出如此，意义之抵触如此，是度量衡法不特未能弥补方案之不准确，其本身亦不合论理也。

（乙）规定“重量”标准条文之疏误。度量衡制中之基本单位，除长度外，其应行规定者为“质量”而非“重量”。各国法规皆作“质量”之规定（见附件二三）。良以质量与重量为判然不同之两种物理量，表示物质之多寡者为质量，而重量乃地球对于质量之引力。同一物体，此引力因其所处之地而异，故重量绝不宜用作基本单位之一。今方案中曰：“重量以公斤（一千格兰姆）为标准斤”，度量衡法第三条中又曰：“一公斤等于公斤原器之重量”，是明明规定“公斤”为重量之单位，而方案公斤下加注“（一千格兰姆）”，夫“格兰姆”固质量之单位也，然则所谓“公斤”者为“一千格兰姆”在南京之重量乎，抑在巴黎之重量乎？且即令声明一定之地点，尚须假定该地之重力加速度永久不变，是终不如规定质量之可免疵议也。若谓原意在规定质量，不过称谓不同，条文中之“重量”即是吾人所谓之“质量”，则其如与通常习知重字之意义大相径庭何！孰若径用“质量”，反不致发生误会之为愈乎？

（二）度量衡法规所定各单位名称之不妥

查法规所采用各种单位之名词，长度单位词根用“尺”，其十进倍数用“丈”，

"引"，"里"，十退小数用"寸"，"分"，"厘"等；容量单位用"升"，其十进倍数用"斗"，"石"，十退小数用"合"，"勺"，"撮"等；重量（应作质量）单位用"斤"，其十进倍数用"衡"，"担"，"吨"，其十退小数用"两"，"钱"，"分"，"厘"，"毫"，"丝"等；复于名词根上，一律冠一"公"字，以勉强示其与旧名含义有别。此种沿袭办法，过于附会迁就，因之困难与流弊随之而起，窃期期以为不可，请列举理由于下：

（子）度量衡各单位名称之规定，在采用十进制之条件下，最合理之办法，厥为先定主单位之名，然后规定大小数命名法，所有其他辅单位之命名，亦即迎刃而解。米制之命名，即完全采用此办法者也。吾国旧制，既非纯粹十进，而长度、容量、质量又各自分别命名，故度有丈，尺，寸；容有斗，升，合，权有斤，两，钱，间于最小单位之下，其须更小之数值者，即不为另立专名。而竟用"分"，"厘"，"毫"等不名数，以为最小有名单位之十分一，百分一，千分一等小数，初无意于成一整齐划一之系统，令各量于数值上具有毫无疑义之唯一单位。今我国权度标准制，既毅然摈弃旧制，而采用国际制。此两制原属根本不侔，为免除误会及表示革新精神起见，即应悉为制定新名，以正观听。或谓采用吾国原有名词，即有以表示不忘国本。其实不然，米制本身已成国际制，为趋于大同起见，即应制度与命名一律采用。所以米制虽创自法兰西，而其他国家一经采用米制莫不沿用法文之"Metre""Gramme""Litre"等名词，而未闻有用各该国原有之名词，加字首以代替之者。我国因文字之构造悬殊，既不能采用原文，则于无可如何时，采取最近似之译音法方为合理。查米制各单位本有极妥善之定义，各国均已通行，载在典籍，斑斑可考。是以若径用 Metre，Gramme，Litre 等名之译音简称，即不烦自出心裁，重加定义。反之，若必欲保留旧名，遂至不得不冠以"公"字，更不得不加定义，因此遂发生上述（一）项所改正之错误。由此可见"尺"，"升"，"斤"等等名词实无袭用之必要。不宁惟是，沿袭旧名，更发生直觉想象之困难。例如今告人曰：现有一"立方公尺"之水或一"公亩"之地。听者之联想、必将先及于旧日之立方尺与亩，旋自觉其有误而自行纠正，又不免惴惴于市尺公尺及市亩公亩之混淆，此其在应用上徒耗之精力时间为何如？即在译书，有时尚恐阑入不需要之涵义而引起误解，不得不征引原文，则吾人对于度量衡标准名词之制定，更应如何审慎，方不贻害来兹耶？

（丑）"公尺"非"尺"，"公升"非"升"，"公斤"非"斤"，徒然引起错觉，已属自寻烦恼，而最大之不便，厥为"公尺"与"公斤"之小数命名。何则？既用"尺"矣、"尺"以下之"寸"，"分"，"厘"等即不得不随之而存在。既用"斤"矣，"斤"以下之"两"，"钱"，"分"，"厘"等亦不得不随之而存在。其结果遂至取原有不相关连之名称冠"公"字，以代表厘然自具系统之米制各单位，牵强实达极点亦何怪其流弊之丛生也。夫"公斤"非"斤"，"公两"非"两"已嫌多事，今如依旧制命名法，十六两原为一斤，市用制中亦定十六"市两"为一"市斤"，而标准制中又不得不规定十“公两”为一“公斤”，岂非益增紊乱？此其一。旧制“亩”，“尺”，“斤”等之小数命名，多相同者。“亩”之小数有“分”，“尺”之小数有“分”，“斤”之小数亦有“分”。故新制，“公亩”，“公尺”，“公斤”之小数，亦有“公分”，“公分”，“公分”之称，然“公亩”之“公分”为其十之一，“公尺”之“公分”为其百之一，而“公斤”之“公分”又为其千之一。虽同为十退，然其招致混淆之程度，较之十六两为斤与十“公两”为“公斤”尤有甚焉。此其二。不宁惟是，长度、面积与质量之小数既皆有相同之名，例如，“分”，则凡言若干“分”时，指长度乎？指面积乎？抑指质量乎？其在平日谈话或寻常文字中多半一时言一量，又往往可申言长若干“分”，地若干“分”，质若干“分”，故尚不致引甚大之误会。但一旦用及科学之导出单位时，往往须将数种单位联合用之。例如言密度，则须联合质量与体积，倘依现行度量衡制之命名，今言某种物质之密度为“每立方公分若干公分”，则辞意显然不清，若必言某物质之密度为“每立方公分有质若干公分”，岂不繁琐生厌？再如言运动量，须联合质量及速度之单位，若依现行度量衡制，则必谓某物体之运动量为“每秒若干公分公分”，辞意尤为混茫；若必言“每秒若干公分长公分质”，则真累赘不堪矣！凡上所指陈之缺点即在积学有素者，犹为之头昏目眩，何况方在求学之青年，更何况龆龄之童稚，脑力未允足，经验未成熟，方今学校课程，已甚繁重，乃复横加以此可避免之苛制，遂令教学两方皆废日耗精以赴之，占据学习重要知识之宝贵时力。吾国科学本已落后，急起直追，犹虞不及，今乃自成障碍，作茧自缚，宁不痛心！全国度量衡局亦已深感此种流弊所至为害之烈也，则倡议凡长度，面积质量小数之同名者，加偏旁以资识别，长度之“公分”书作“公仿”，面积之“公分”书作“公坋”，质量之“公分”书作“公份”，其他仿此。姑无论此种头痛医头脚痛医脚之办法，决不能丝毫救济根本之不妥，即就导出单位一端而言，既加偏旁，笔之于纸者固可目察，然传之于口者，又将何以直辨乎？如读音仍旧，势须乞灵于笔谈，是犹劣于画蛇之添足！如读者非旧，则仿，坋，份皆须异读，是根本上与法规采用分，厘，毫之原意相违矣。

（寅）标准制既袭用旧名而冠以“公”字，全国度量衡局复有“特种单位标准及名称草案”之作，举凡一切导出单位名称，皆译音节取首音而又一律冠以“公”字。该草案未妥之处已有较详之批评（见附件四），兹不具论，但言冠“公”字之不当。查“公”字本为牵就旧有名词而来，曰，“公尺”，所以示其非“尺”或“市尺”也；曰“公斤”，所以示其非“斤”或“市斤”也。为求表示区别起见而冠一“公”字，犹可说也。又何取于任意推而广之，将“公”字加诸一切厘米克秒制之导出单位之上乎？例如：力之厘米克秒单位，音译为“达因”，依照草案之原则，则定名为“公达”矣！试问既谆谆告诫青年学生以“公尺”，“市尺”，“公斤”，“市斤”之迥然有别，将毋引起其疑于“公达”之外尚有其他非“公”之“达因”乎？是不妥之甚矣！复次厘米克秒制之导出单位，乃由基本单位推演而出之理论单位。其中多种，除此理论之单位外，尚有所谓国际制单位。国际制单位者，乃为应用起见，根据厘米克秒单位之理论，所制成之具体的应用单位也。此具体单位造成之后，往往与理论的厘米克秒单位，有微小之差别，但为应用起见，只得依然保存，经国际之认可而别名曰国际单位。例如："安培"为厘米克秒制中实用电流单位，而"国际安培"则为实际应用之国际电流单位。(案一国际安培等于0点九九九九七厘米克秒安培。)今草案定电流单位之名曰"公安"，不知究何所指？厘米克秒制之安培乎？抑国际之安培乎？若谓"公"字仅指国际制，则厘米克秒制实国际制之所从出，将反为非"公"，岂非数典而忘祖乎？若谓两制皆冠"公"字，则有别者反无别，人方孜孜于精密量度以测定两制之差别，而我乃随意混而同之，得无抹杀事实过甚乎，凡此疵祟之生，皆可溯源于标准制之袭用旧名而冠"公"字，诚哉创始者之不可不慎也！

总观上陈诸端，现行度量衡法规关于标准制所作之规定，在根本上已发生严重问题，容量定义不准确，重量条文犯疏误，而所采命名方法在教学及应用上，发生极有害而影响及于久远之困难，其应急予修正，已无犹豫之余地，窃维修正应循之途径，初非曲奥，爰标举于下，以供采择：

(一)绝对保持原定国际权度制为我国权度标准制之精神。

理由　国际权度制系经各国专家悉心规定之制度，最合科学精神，其应完全采用，已无疑义。

(二)标准制命名方法，悉予改订，最简当之改订办法可分两层：

(甲)根据民国二十三年四月教育部所召集之天文数学物理讨论会决议案规定"Metre"之名称为"米"，"Gramme"之名称为"克"，"Litre"之名称为"升"。

理由"公寸"，"公分"，"公钱"等名之不妥？前已详言，自应废弃。此三量在各国通行之名称，均采自法文，惟略变拼法而已。今师其意取音译，但嫌累赘，故节取首音。至于"Litre"之仍用"升"字者，一因"升"之上下皆以十进退，"斗"，"合"等名无"公分"等名之害；二因"市升"与"Litre"之比为一；三因法国规定之容量单位为立方米，吾国如仿行之，则Litre无关重要也。

(乙)规定大小数之命名法：大数命名，个以上十进，为十，百，千，万，亿，兆；兆以上以六位进，为十兆，百兆，千兆，万兆，亿兆，京，十京，百京，千京，万京，亿京，垓等；而十万，百万，千万，万万，得与亿，兆，十兆，百兆并用。小数命名，个以下以十退，为分，厘，毫，丝，忽，微，微以下以六位退，为分微，厘微，毫微，丝微，忽微，纤或微微。

理由　大小数之命名，应守二原则。一为须不背各国通行之三位或六位进节制，一为须与吾国习惯不相差过甚。吾国大数，万及亿，兆等本有十进，万进，万万进。自乘进诸说，迄未有一说通行，并无定论。十进字数有限，不敷应用。万进，万万进及自乘进皆不合第一原则，后二者尤嫌冗长，故不取。三位进节，则应以千千为万，与日常所用万字意义悬绝。今取六位进节，万，亿兆；以十进，兆以上以兆进，亿，兆仍不失其原意之一，复听十万，百万等并存，并无与习惯相戾之处。虽京，垓之意义非旧，然为用本罕，并无一定习惯，不如稍为变通，以达六位进节之旨也。至于小数，则分，厘，毫，丝，忽，微本经习用，大数命名之办法已如上定，则小数亦随之而定矣。

各主单位之名称既定为“米”，“克”，“升”，复采（乙）项大小数命名之规定，则一切十进十退辅单位之名称已迎刃而解，但须列表，即朗若列眉矣。例如：

（子）长度单位名称表

仟米	佰米	什米	米
Kilometre	Hectometre	Decametre	Metre
分米	厘米	毫米	
Decimetre	Centimetre	Millimetre	

（丑）质量单位名称表

仟克	佰克	什克	克
Kilogramme	Hectogramme	Decagramme	Gramme
分克	厘克	毫克	
Decigramme	Centigramme	Milligramme	

（三）度量衡法规中标准单位定义之不准确及条文之疏误者，悉予改订。

理由　条文中之不妥者，已如上述，其须改订，了无疑义。

（四）原定市用制与标准制之比率，及原定市用制诸单位之名称与定位法，不如仍旧。

理由　现行市用制虽未惬人意，然因系暂设辅制（见度量衡法第二条）仅供过渡，故仍采用；且既有（二）、（三）两项之修订，原定市用制诸单位名称及定位法，尚不致有引起误会混淆之弊，故亦可予以保留。

以上修改度量衡法规之建议，事体重大。应请钧部转呈行政院于短期内召集修改度量衡法规会议，作详审澈底之修正，以昭矜慎。犹有应为钧部郑重言之者，现代度量衡标准制度之厘定，实系科学之事业应以科学专家之意见为准绳。查米制之制定与改进，以及各国之审订采用与国际之合作，无不出诸物理学家之手。最近关于特种单位之增订，亦由世界物理协会组织委员会主持之。本会为全国物理学者之集团，在国际上又为世界物理协会之会员，以为度量衡标准及命名，关系吾国科学教育及科学事业者，至远且大，对于吾国度量衡标准及命名之厘订及其如何增修改善，应由政府广延科学专家，悉心考量，庶权度大法，获归于至当。至于基本单位以外之各种导出单位，在学术及应用上，均有重要之关系，其标准，单位及名称之规定，非可于短期内从事，应即由该会议产生一纯粹专家之永久组织从长规划，以期制定之法规灿然美备。

本会对于度量衡法规，业经再三考虑确认为有修改之必要；对于各种导出单位之规定，亦认为宜循正常之途径，着手进行，责任所在，不得不剀切上陈，倘蒙采纳施

行，吾国科学教育及其他一切科学事业发展之前途，实利赖之。谨呈

教育部部长

中国物理学会　会长李书华

副会长叶企孙

编注：

本文由中国物理学会会长李书华、副会长叶企孙联名发表于《建筑月刊》（国立北平图书馆印行）第3卷第4期第51—56页（1935年出版）。作为珍贵科技史文献，特收入本书。原文中述及的附件，今已不存。

31　斥汉奸所谓“华北五省自治”电文草稿

连日报载通电，有谓河北时局紧迫要求“自治”，甚且有谓“危机四伏”提议“自保”者，同人等生长河北，深知各县并无此种情形。所谓“自治”之要求，全系奸人所播弄、雇员所制造，绝非民意。当此国难严重之际，用全国统一力量尚不能挽救，欲求一省之自保，岂可得乎？深望乡人切勿轻听谰言、受人愚弄。迫切陈词、敬希公……

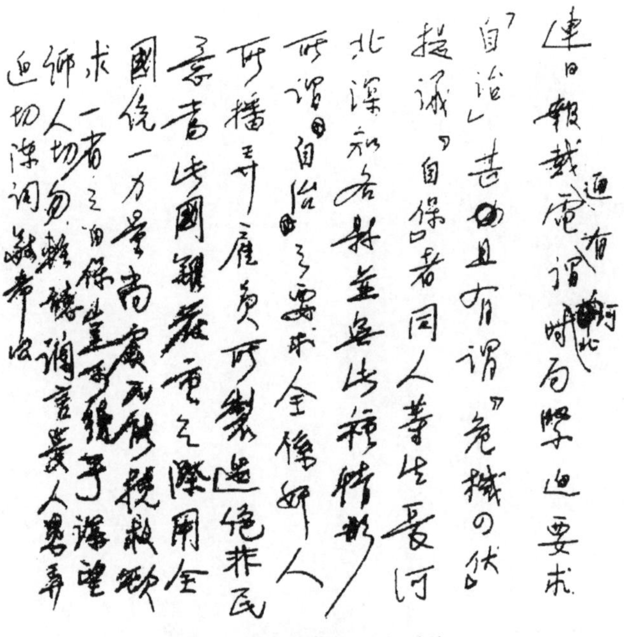

图1　叶企孙草拟电文手稿

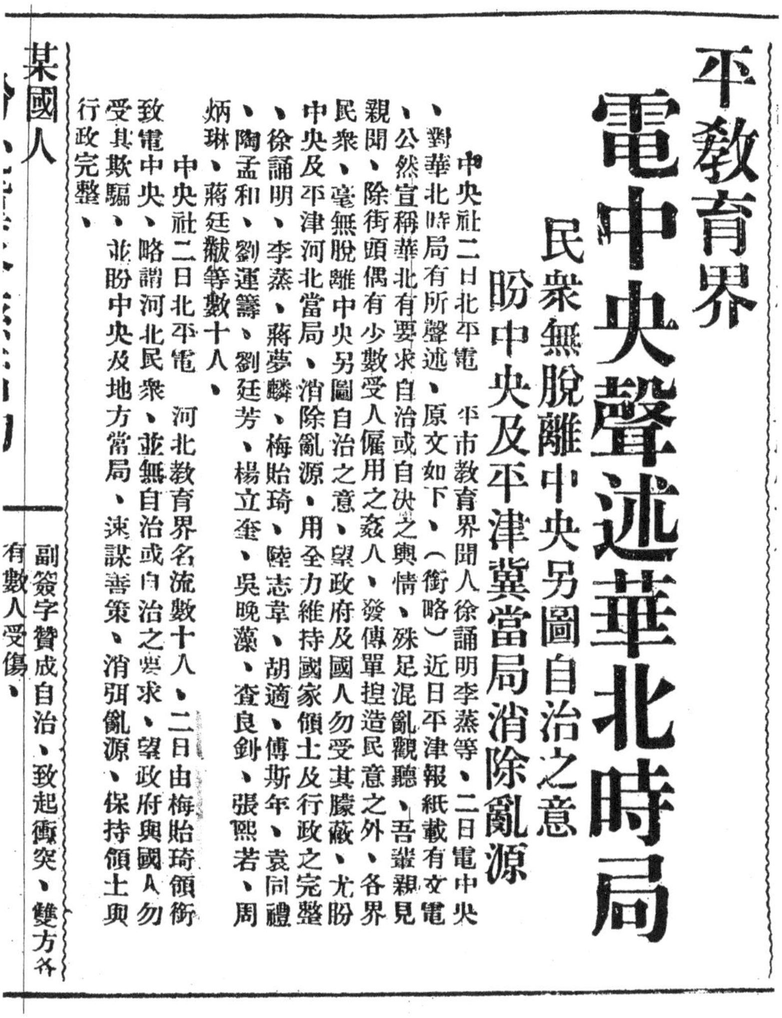

平教育界

電中央聲述華北時局

民衆無脫離中央另圖自治之意

盼中央及平津冀當局消除亂源

中央社二日北平電　平市教育界聞人徐誦明李蒸等、二日電中央、對華北時局有所聲述、原文如下、（銜略）近日平津報紙載有文電、公然宣稱華北有要求自治或自決之輿情、殊足混亂觀聽、吾輩親見親聞、除街頭偶有少數受人僱用之姦人、發傳單捏造民意之外、各界民衆、毫無脫離中央另圖自治之意、望政府及國人勿受其朦蔽、尤盼中央及平津河北當局、消除亂源、用全力維持國家領土及行政之完整、徐誦明、李蒸、蔣夢麟、梅貽琦、陸志韋、胡適、傅斯年、袁同禮、陶孟和、劉運籌、劉廷芳、楊立奎、吳晚藻、查良釗、張熙若、周炳琳、蔣廷黻等數十人、

中央社二日北平電　河北教育界名流數十人、二日由梅貽琦領銜致電中央、略謂河北民衆、並無自治或自治之要求、望政府與國人勿受其欺騙、並盼中央及地方當局、速謀善策、消弭亂源、保持領土與行政完整、

某國人

副簽字贊成自治、致起衝突、雙方各有數人受傷、

图 2　《民报》1935 年 12 月 3 日刊发“中央社二日北平电”

编注：

1935 年 11 月，日本军国主义分子土肥原策动汉奸倡“华北五省自治运动”，妄图分裂中国，鲸夺华北。在此背景下，叶企孙草拟电文，与梅贻琦、陶孟和、胡适、张奚若等以“河北教育界”为名通电全国，揭露日寇与汉奸阴谋。有关报道见 1935 年 12 月 3 日《民报》等报刊。“五省”指当时的黑龙江、吉林、辽宁、热河和河北五个省区。

㉜ 1937年11月17日电梅贻琦

下麻园岭22号梅月涵先生：侵福开森函维持会，建议组委员会，日、美、中各一人，商讨园内将来，福抄函即寄。闻福约漾南下，背景未详，祈注意。企孙，筱。

编注：

此电文珍藏于清华大学档案，并载入《清华大学史料选编》（清华大学校史研究室编）第3卷上册（清华大学出版社，1994年版，第15页）。

1937年“七七事变”后，北平沦陷，清华大学先迁至长沙，后迁入昆明。叶企孙此时在天津主持清华大学南迁工作。此时，一个名为福开森（J. C. Ferguson）的人策划成立一个“委员会”管理清华大学，该委员会由日、美、中三方组成。

实质上，这是一个由日本侵略者、汉奸政权接管清华大学的阴谋。叶企孙闻讯，立即电告梅贻琦校长并致函陈岱孙（见第35篇“1937年11月17日致函陈岱孙”）。

该电文于1937年11月17日由天津发至长沙。

民国时期，电报中为节省字数，日期常用单个字代替。本文内的“侵”为十二日，“漾”为二十三日，“筱”为十七日。

33 叶企孙、梅贻琦组织中国物理学会致中央民众运动指导委员会备案呈——附中国物理学会章程

1936年8月13日

中国物理学会呈为遵照国民大会自由职业团体代表选举事务所七月二十五日通告，呈送本会各项册籍。敬候审核宣布事：窃查国民大会自由职业团体代表选举事务所七月二十五日通告内载："……现值开会期迫，所有各该自由职业团体，依照选举法施行细则第二十二条之规定，应限于八月十五日以前，造报记载左列各款之簿册，送由各该团体原立案机关审核宣布，呈由该管省市政府于八月二十日以前核转到所。……"等语。兹将本会（一）组织章程，（二）立案机关及年月，（三）职员及其经历，（四）会员名单等项，录后呈报，恳请速予审核宣布是祷。谨呈

中央党部执行委员会民众运动指导委员会

中国物理学会会长　叶企孙

副会长　梅贻琦

附录：

（一）本会组织章程（见另件）

（二）本会系于民国二十二年三月十七日经中央党部执行委员会民众运动指导委员会审查合格准予立案（领有民众团体组织许可证书第拾号）

（三）本会职员

会　长　叶企孙（国立清华大学理学院院长）

副会长　梅贻琦（国立清华大学校长）

秘　书　严济慈（国立北平研究院物理研究所主任）

会　计　张绍忠（国立浙江大学物理系主任）

（四）会员录（见另件）

附本会章程及会员录各壹件（会员录略）

中华民国廿五年八月十三日

附：中国物理学会章程（1932年8月23日）

第一条　定名　本会定名为中国物理学会（西文译名为 Chinese Physical Society）

第二条　宗旨　本会以谋物理学之进步及其普及为宗旨。

第三条　会员　本会会员分普通会员、机关会员、名誉会员、赞助会员四种。

（一）普通会员　凡具有下列资格之一，由本会会员二人之介绍，经评议会通过者得为本会普通会员。

甲、研究机关之物理研究员及大学物理教员；

乙、国内外大学物理学系毕业并有相当成绩者；

丙、与物理学相关诸科目之学者，对于物理学有特殊兴趣及相当成绩者。

（二）机关会员　凡愿赞助本会事业之机关，由本会会员二人之介绍，经评议会通过者，得为机关会员。

（三）名誉会员　国外著名物理学家，对于本会事业有相当供（贡）献，由本会会员十人以上之提议，经评议会一致通过者，得被选为本会名誉会员。

（四）赞助会员　凡对于本会热心赞助或捐助巨款，由本会会员十人以上之提议，经评议会通过者，得被选为赞助会员。

第四条　董事会　本会设董事会，计划本会发展事宜，由大会推举董事五人组织之，任期五年。

第五条　职员　本会设会长、副会长、书记、会计各一人，任期一年，于每年开常会时选举之，连选得连任，但会长、副会长只得连任一次。

第六条　评议会　本会设评议会，议决本会重要事务，由评议员九人组成之，除会长、副会长、书记、会计为当然评议员外，其他五人于开常年大会时选举之，任期一年，连选得连任。评议会开会时，以会长或副会长主席，遇均缺席时临时推定之。

第七条　委员会　本会于必要时得分别组织各种委员会。

第八条　工作　本会工作暂定为下列各项

甲、举行定期常会，宣读论文，讨论关于物理学研究及教学各种问题；

乙、出版物理学杂志及其他刊物；

丙、参加国际间学术工作。

第九条　会费　本会普通会员入会时须纳入会费五元，每年须缴纳常年费五元，机关会员每年须缴纳常年会费五十元。

第十条　会员义务　本会会员有担任会中职务及其他调查研究编译与缴纳会费、遵守会章等之义务。

第十一条　会员权利　本会会员有提议选举及被选举与接受本会定期刊物之权利。

第十二条　分会　本会得于各地设立分会，其章程另订之。

第十三条　年会　本会每年开大会一次，于暑期中举行之，地点及日期，由评议会酌定。

第十四条　本会章程得由会员十人以上之建议，提交大会修改之。

编注：

本文原藏于国民党中央民政众训练部档案，后被收入中国第二历史档案馆编《中华民国史档案资料汇编（第5辑·第一编·文化）》（江苏古籍出版社，1994年，第788—790页）。

本文可供研究中国物理学会的历史参阅，其附录为1932年8月23日中国物理学会成立之时所制定的章程，为该会最早的章程，尤为可贵。副标题为本书编者所加。

34　中学教员应有休假研究的机会建议

各种科学都时时在进步。中学教员每星期授课的钟点够多了。下课后还要评阅学生的作文，习题及实验报告等；所以他们没有多少余下的时间能用在继续研究上，使他们的学识更能深进，使他们知道学术上及教学上最近的进步。即使他们有多余的时间，各种学科上的新材料——尤其是自然科学上的新材料——常有很难单独的从书本上看过就能彻底明了的，常需要同专家讨论，常需要用特别的仪器来实验；而专家及特别仪器不是一个普通的中学内所能有的。

为改进中等教育及补充中学教员之学识起见，教育部曾令各大学于暑间办中学教员讲习会，时期自四星期至六星期。这种办法当然可以使所希望的目的达到，但是时期究竟太短促，大热天又不是研究学问的好时候；所以总结以往几次中学教员暑期讲习会的经验，不免有学者所得无几而教者徒劳无功的感想。

作者所要提议的中学教员休假研究的办法，比较暑期讲习会的办法，费款较多，能得到的结果亦较多。这种办法的要点如下：成绩优良而年龄未满五十之中学专任教员，在一个中学继续服务满五年后，得休假一年，在一成绩卓著之国内大学研究。在休假期内所服务之中学应照给全薪，所在之大学应免收学费宿费及实习费。在休假期内，应致全力于研究，不得担任任何其他职务。

休假者在大学内可随时提出他教学经验上所遇到的疑难之点，与专家讨论；可选习些课程以补充他的学识；可在工场学到技能，试做仪器；可在实验室试验几种新的表演。总之，与各专家有一年的接触后，彼此可以相熟，以后就可随时通信讨论，比较只有数星期的接触当然好得多了。

倘行了这种休假研究办法，惟有希望省教育厅另备一项预算，选择省立高中的合格教员，试行之。

江浙两省的省立高中，冠于全国。所以作者希望这两省先在省立高中试行这种制度。

《江苏教育》杂志编者按：叶先生此种建议，江苏省已定于二十六年度起实行。详细办法，见本刊本期工作概要栏，请参考。

编注：

本文刊载于1937年《江苏教育》第6卷第5期第66—67页。写作与发表时间当在该年“七七事变”之前。

建议中学教员满五年休假一年是叶企孙多年之想法，其目的是盼中学教员在休假中到大学充实自身知识，以提高中学教学质量。鉴于江浙两省当时的经济状况和中学教学水平都优于他省，叶企孙希望能在此二省试行。江苏省还据叶企孙建议拟定初步实施办法，终因日寇全面侵华而不得实现。今日能否推行此建议或已有其他政策代之，待讨论或也可供教育行政官员思考之。

35 1937年11月17日致函陈岱孙

岱孙兄：

顷接十一月四日信，敬悉一切。今日曾电涵公，报告福开森之建议，想已看到。本函内附福氏信之抄本及路透社新闻，请阅后交涵公。新闻所说与原函不尽同。国危如此，恐只得让人家随意处置我们的园地了！但因福氏之建议有重要性，故不敢不告耳。即请

冬安

弟企孙敬启　十一月十七日

编注：

叶企孙于1937年11月17日从天津致函在长沙的陈岱孙。“今日曾电涵公”一语即指前文“电梅贻琦”。福开森所谓“建议”、路透社消息也一并附后。

此信函当在福开森“建议”及路透社消息之后所书，也当与“电梅贻琦”同日。《清华大学史料选编》第3卷上册（清华大学校史研究室编，清华大学出版社，1994年，第12—14页）将此时间定为“11月7日”，似笔误。

附1 福开森"建议"

COPY November 12，1937

The Chairman of the
Wei Chih Hui，Peking.
Sir，

I beg to call to your attention the desirability of preserving a Government University in this city. Of the several government institutions of higher learning in Peking the three most important have been the Peking National University（Pei Ta），the Normal University（Shih Ta）and the Tsing Hua University（Tsing Ta）.

Of these，Tsing Hua has the best location and the most extensive equipment. It has also an endowment which is now under the control of the China Foundation. This endowment has been accumulated out of reserves from the annual payments made to the University on account of the returned American Indemnity Fund. The University has Colleges of Natural Sciences，Engineering，Arts and Law；and it has also several Departments devoted to advanced research. With adequate support it would be able to provide advanced education for one thousand students.

It seems to me desirable that the future possibilities of this University should be studied by a small committee of three，one Japanese representing the present administration，one American who is familiar with the history of the University and one Chinese. This committee should report its findings and its recommendations to you for consideration and decision.

Yours sincerely，
（signed）J. C. Ferguson.

附2 路透社消息

Excerpt from THE PEKING CHRONCILE, Sunday, November 14, 1937

DR. FERGUSON ON TSING HUA PROPOSE JOING COMMISSION FOR FUTURE CONTROL

Reuter

PEKING, November 13.

Organization of a Sino-American-Japanese commission to take custody of the equipment and buildings of Tsing Hua University is suggested by Dr. J. C. Ferguson in a letter addressed to the Peking Peace Maintenance Commission, according to information from Chinese sources.

Dr. Ferguson says that of the four Government Universities in Peiping Tsing Hua is the best equipped of all. He adds that the University has a peculiar interest for the United States because it was founded with the remitted American portion of the Chinese Boxer Indemnity and is still supported by that fund.

He suggests that the proposed commission should consist of three members, one Chinese, one American and one Japanese and that this commission should take custody of the properties of the University.

It is stated that the Peking Peace Maintenance Commission is favorably inclined towards Dr. Ferguson's proposal and is replying to his letter shortly.

At present Tsing Hua is in charge of a committee composed of several members of the faculty and administrative staff who remain here. This committee contains no Japanese members or Americans and is under the control of the cultural section of the Peking Peace Maintenance Commission.

36 1937年11月19日致信梅贻琦

月涵夫子尊鉴：

前托寅恪兄带往长沙之信，想已入览。兹因张友铭先生明日离津，乘此报告数事，托彼面致：

（一）稻孙先生昨日来津，据云：日人（天文家，曾任西京大学校长）新城新藏等现在平酝酿组织华北大学，恐明春将开办；清华及北大之校址将被用，现在校之保管人员有被请担任职务之可能，彼等是否应在新组织下任事是一问题，对此问题，清华当局表示意见也可，不表示也可，不知夫子倾向于何种办法，倘不表示，则各人可自由决定而不获咎。

（二）保管会之用款报告于后：

九月份用六九九九元

十月份用七三三〇元（包括被遣散工人之十一月份工资一一七〇元）

十一月份约用五六八六元

十二月份及以后，每月约用五三五〇元

（职员45人，薪278元；工人179人，工资2070元；杂用500元）

（三）稻孙先生云：彼所保管之款，迄今尚有五万二千余元（津方还平方之二千元已算在内，留美余款项下之美金存款及成府小学基金未算在内），计有五种：

1. 大陆活期存款二六二三一元。

2. 中孚活期存款七五五八元。

已到期之定期存款（如建筑同学会会所之捐款及数种奖学基金）现已改为活期者，在1、2内。

3. 金城活期存款五一元。

4. 中孚活期存款八八八二元（未发还之飞机捐及其他）。

5. 金城定期存款若干种九七一九元（各种奖学基金）。

以上共五二四四一元。

稻孙先生所保管之款，对于保管会及维持会均严守秘密。倘维持会知此，有被攫取之虞，照此情形，湘中似无须再汇款至平津，平方之款宜尽先用。倘某种奖学基金被用，则湘中可照数提出款项，定期存储。

（四）自九月迄今，津方共收到京湘汇款二万七千元，内有六千借给北大，津方共用去约一万六千元，余款约有五千元。债均已还清。（此信须今晚交张君，而现已十时半，故此段如此简略。）

（五）现在赴湘者必须走香港。张君友铭恐沿途有难料情形，以致旅费一一〇元不够用。故请预支十二月份维持费四十元，企孙已允许，湘中发薪时请照扣。

余如园内人员受日军侮辱之情形及平湘间通信之困难，已请张君面陈，不赘述，专陈敬请

崇安

受业叶企孙敬上　十一月十九

编注：

此件藏清华大学档案，也见清华大学校史研究室编《清华大学史料选编》第3卷上册（清华大学出版社，1994年，第15—16页）。

此信由在天津的叶企孙致函其时在长沙的梅贻琦。

 1938年2月18日王信忠代叶企孙致函梅贻琦

梅校长钧鉴：

敬肃者，生于二月三日曾赴津一行，三月四日南回。在津时屡谒叶企孙先生，临行嘱有数事面谒钧座转陈。生抵港时曾发一航空快函寄昆明云大熊迪之先生转，来港后始悉钧座仍留长沙。生因定二十日赴滇，恐不及面谒钧座。爰将企孙先生嘱托数事禀呈：

一、从二月一日起，伪教部派定清华保管员二十人，内十五人仍系清华旧人，余五人系校外者，但只拿薪不做管事……①

清华旧人已为伪教部任命的：毕正宣（任新保管会主席）、汪健君、傅任敢、施廷镛、陈传绪、钱稻孙、温德、龚泽铣、罗岐生、毕树棠、余光宗、全绍志、邵恒濂、那世海（忠?）、赵海升。（校外五人不管事，名不详）新保管员薪金均由伪教部发，与清华无关，主席月薪七十元，其余均月薪四十元。

二、二月二十六日，叶企孙先生至北平与张子高、温德、钱稻孙四先生共（同）议定：所有以前校派之保管委员一律发给二、三、四（三）个月薪金（照原定保管薪金）遣散。

三、下列二十一人于发给三个月薪金时附给一遣散通知书：刘剑青、孟繁桂、谭守义、张淼、范文成、陈文波、吴家珍、司文焕、邓学成、赵祥、王致祥、陈乃赓、项泳、金熙庚、丁涛、丁树声、庞修严、黎恒、刘同轨、白福祥、李士勋。叶先生意最好由校长用公司名义给信叶先生，开列二十人姓名，受命遣散，使叶先生有所根据。

---

① 此处原文不清。——编者

四、被伪教部任命之十五人只发三个月遣散费，不附遣散书，因此十五位对学校或有帮助也。

五、下列六人只发遣散费不附遣散书：阎裕昌、金德良、锡龙奎、张瑞清（以上四人系仪器管理室职工，颇有经验，将来南方校中或用得着，故亦不附遣散书）；刘好治、胡同霖（刘系助教，胡系教员，因校方对教务人员例不遣散，故亦只发遣散费而不发遣散书。）

六、所有发遣散费不发遣散书，以及只发遣散费而未发遣散书各人员，自五月起之薪金学校概不再发，惟温德及钱稻孙二先生因系教授，五月后之薪金应如何处置？据叶先生云温德对校事甚热心。

七、校长于二月十五日发叶先生之信，三月二日始收到，信中所谓未南下人员自一月份起仍发维持费，是否指教授及专任讲师而言？是否仍照前每月发维持费？请再写信说清楚，或用公司名义写出人名更好。

八、学校除图书馆、大食堂及体育馆外均由日军管辖，将全部驻兵，闻存校仪器稍有损失，保管员驻旧南院。

九、叶先生已将今夏将毕业学生之分数单寄香港大学许地山先生处，请转昆明，谅可收到。尚有三年生之分数单不日亦可寄出。

十、被伪教部任命之新保管员十五人均欲辞职南下，叶先生谓每两星期一人辞职，免伪教部怀疑。叶先生主不必全体辞职，因一时南方校中亦未必能安插许多人员也。叶先生意先令傅任敢辞职南下报告学校情况，次令陈传序等辞。对毕正宣则主不必辞职南下。

十一、以下六人均系助教，屡请南下，允（是?）否准许？可否设法安插：傅承义（物理系助教）、王炳章（工程系）、孟广俊（化学系）、张肖虎（音乐助理）。余二人亦系化学系助教，记不得了，容后问化学系后再禀告。

除以上之十事外，尚有许多事由生转告陈福田先生（再）转告，俟钧座抵昆明后，生当再晋谒补述一切也。转此敬请

钧安

生王信忠　二月十八日于香港

因恐过重故用薄纸，乞恕不恭

编注：

此件见虞昊、黄延复撰《中国科技的基石——叶企孙和科学大师们》（复旦大学出版社，2000年版，第422—424页）。原件藏于何处，一时未曾觅得。

38 思念熊大缜五言一首

匡庐钟灵秀，　望族生豪俊。　吾入清华年，　君生黄浦滨。

孰知廿载后，　（方结鱼水缘。）学园方聚首。

相善已六载，　亲密如骨肉。　喜君貌英俊，　心正言爽直。

急公好行义，　待人心赤诚。　每逢吾有过，　君心直言规。

有过吾不改，　感君不遗弃。　至今思吾过，　有时啼泪垂。

回溯六年事，　脑中印象深。　初只讲堂逢，　继以燕居聚。

待君毕业后，　同居北院中。　春秋休假日，　相偕游名胜。

暑季更同乐，　名山或海滨。　君有壮健躯，　尤善足网球。

才艺佩多能，　演剧与摄影。　戏台饰丑角，　采声时不绝。

西山诸远峰，　赤外照无遗[1]。　师生千五百，　无人不识君。

塘沽协定[2]后，　相偕游浙鲁。　孰知五年中，　国难日日深。

卢沟事变起，　避难到津沽。　吾病医院中，　获愈幸有君。

---

① “赤外照无遗”：“赤外”即红外光。叶企孙指导熊大缜对西山风景成功进行了红外光拍照。红外照相术在20世纪30年代中期是极为先进的技术成就。——编者

② 塘沽协定：1933年5月31日，国民政府派熊斌与日本关东军代表冈村宁次在塘沽（今属天津）签订的停战协定。——编者

同居又半载， 国土更日蹙。 逃责非丈夫， 积忿气难抑。

一朝君奋起， 从军易水东。 壮志规收复， 创业万难中。

从君[1]有志士， 熙维与琳风[2]。 吾弱无能为， 津沽勉相助。

倏忽已半载， 成绩渐显露[3]。 本应续助君， 聊以慰私衷。

但念西南业， 诸友亦望殷。 遂定暂分道， 乘舟向南行。

良朋设宴饯， 好友江干送。 外表虽如常， 内心感忡忡。

此行迥异者， 身行心仍留。 舟中虽安适， 心乱难言状。

时艰戒言语， 孤行更寂寥。 终日何所思， 思在易沧间。

编注：

该诗题目为编者所加。

熊大缜，1935 年清华大学物理系毕业，学业颇佳，后入清华研究所深造并兼助教。此人身材修长，体魄健壮，喜体育与话剧，心灵手巧。深为叶企孙所爱。1937 年“七七事变”后，赴冀中中国共产党领导的抗日军队吕正操部，从事枪支弹药、无线电通信器材等军需物品的制造与研究，曾升任军区供给部长之职。

“七七事变”后，叶企孙在天津主持清华大学南迁办事处工作，熊大缜为其助手。在冀中抗日根据地急需人才与科学技术的情况下，叶企孙为吕正操部输送了熊大缜、阎裕昌、汪德熙、李广信、胡达佛、张瑞清等一批青年大学毕业生和技术人员，并在天津组织林风、钱伟长等学生研制三硝基甲苯（TNT）炸药，冒险购买铜、钢、无线电零件及其他器材，输送至冀中抗日根据地。

1938 年 9 月，叶企孙等在天津的地下抗日活动有所暴露，林风被逮捕。10 月 5 日，叶企孙乘船南下，经香港入昆明，回到西南联合大学任教。该诗为叶企孙南下在舟中所作。

叶企孙等在天津从事抗日活动的经费为叶企孙长年所积蓄之薪金，又动用了清华大学公款万余元。当叶企孙路过香港时，还希望通过蔡元培寻求孙夫人宋庆龄帮助，以继续支持熊大缜在冀中的抗日所需。蔡元培于 1938 年 11 月日记手稿中曾写道：

---

① “君”：“军”的转借。——编者

② “熙维与琳风”：人名的缩写或化名。“熙”指汪德熙，“维”指刘维，“琳”指李琳（广信），“风”指林风。他们都是当时从北京大学或清华大学等校毕业不久的青年学生。——编者

③ “成绩渐显露”：指熊大缜、汪德熙、林风等青年学生在冀中成功制造 TNT 炸药、地雷和雷管、无线电收发报机等，多次炸毁日军机车，受聂荣臻司令员表彰等事。——编者

“叶企孙到香港，谈及平津理科大学生在天津制造炸药，轰炸敌军通过之桥梁，有成效。第一批经费，借用清华大学备用之公款万余元，已用罄，须别筹。拟往访宋庆龄先生，请作函介绍。当即写一致孙夫人函，由企孙携去。”（见高平叔编著的《蔡元培年谱》。北京：中华书局，1980 年，第 140 页。）

㊴ 河北省内的抗战概况

唐　士

河北省沿铁路的城市，约一年以前，已经被敌军完全侵占了。不近铁路的内地区域，虽有时受日军的短期蹂躏，在这一年内，却是在逐渐组织起来，到现在可算是已具规模。河北省内现在有三个内地区域。一个可称为冀西区；它包括平汉路以西的山地。阜平是这个区域的政治及军事中心，也就是第八路军所组织的冀察绥边区政府的所在地。边区政府约在去年年底成立。冀西区据有西通五台的路线，形势非常险要。今年十月内阜平曾一度被敌军侵人，但在十月底左右又被吾军克复了。

第二个内地区域可称为冀中区。它的领土在平汉路以东津浦路以西，平津路以南，沧石路线以北，约共二十五个县。这个区域的领袖吕正操将军原来是万福麟部下的一个团长。万氏率领他的部属总退却时，这位将军没有退，仍旧带了他的部下与敌人周旋于冀中平原；几个月后，他的原有部下只剩了五六百人；但那时敌人已疲乏了，不得不退出冀中；于是吕将军得了机会，将冀中区域重新组织起来。那里原有张荫梧所训练的民团，就应召出来，组成抗日部队。又加以民众训练，于是抗日实力益增。结果是冀中区的现有部队已到约十万人之数。冀中区政治组织的完成约在今年二三月间。至约六月底时，吕将军受命为第八路军第三纵队司令官。至约九月底时，中央所任命的河北省新主席鹿钟麟方到冀中。鹿主席带到冀中的部队听说约有一万余人，作者于十月初离开平津，以后的情形还没有知道。九月底左右作者曾听说鹿主席希望吕氏到冀东去发展。换句话说，就是希望吕氏让出他所坚苦地创造出来的局面。大约到十月底左右吕氏还没有照这个意思去办。鹿氏是中央任命的省主席，他的意见是应当尊重的；但太不考虑到实在情形的办法，恐怕在事上头难以实行。已成的政治局面，新主席终得与以现实上的考虑。在全国抗战时期，须得容忍不同的政治思想和组织。凡是确在做抗战工作的人，大家都应鼓励他们，支持他们。

在冀中区的军队约有十万，据说枪支亦有此数。区内有一小兵工厂，能修理及制造普通的枪，能做手榴弹及燃烧弹。区内所最感缺乏的是猛烈的炸药。为阻碍敌人前进起见，区内与区外间的公路交通已经割断。九月中敌人有进攻冀中区的模样，所以区中决定了拆城的政策。城墙拆去后可免除敌人据守不得已而沦陷的城。在游击战术上，进退得失是常有的事。倘失去的城尚有城墙在，敌人就极易用少数兵队去据守它，吾军就不易恢复这地方了。九月下旬高阳的城墙在被拆下时，敌人的飞机曾到高阳投弹两次。损失虽不大，这是敌人进攻高阳的预兆。以后的详情虽不得知，但据十月底区中友人来信，敌人进攻高阳的计划已失败了。天津附近的胜方霸县地方是第一条进攻冀中的路。据报载十一月中旬敌人在胜芳附近进攻。平津铁路廊房车站附近的安次县是第三条进攻冀中的路线。这个县城在本年内已经遭遇到几度的沦陷与恢复了。

冀中区内准许流行中中交三行的钞票，河北省银行的旧票及冀察绥边区银行所发出的新票。北平伪政府所发出的准备银行钞票绝对不准使用。区中的货币政策是拿边区银行的新票来收回三行钞票及河北省银行旧票。换句话说，就是拿法币做新票的担保品。有时区内的爱国商人到伪政府境内收账，收到了伪币，替区政府买些必需品，设法运到内地去，区政府就拿区内能用的钞票还给那商人。区内的财源当然很缺乏，所以饷薪也就极小，除供给衣食住外，只发每个兵月饷一元，每个文武官吏月薪八元。技术人员则待遇较高，得月薪十元。新到区内的普通人员，必须受过一两月训练后，方能派给职务。技术人员，则因需要的迫切，无须受训。

冀中区是一片大平原，只出农产物，几乎完全没有出矿产，不能算作经济力特别丰富的区域。今年的麦类收成甚好；因禁止粮食运出区外的关系，据说存粮可够两年之用。棉花原为该区的重要输出品。因输出后不免为敌人所利用，故棉花的种植已经区政府限制；只种相当亩数，使民衣无忧，高阳原有著名的织布手工业，所以区中的军装及民衣勉强可以自给。

冀中区内有平津各大学的学生毕业生及教职员数十人在那里工作。有两位英国的经济学家曾经到过区内两次，贡献些有价值的经济政策。有一位美国的新闻记者亨生（Hanson）也曾到过区内两次；他的报告的内容曾登载于六月初平津《泰晤士报》两日的社论中；他另有一篇记载，发表于本年八月份美国的《亚洲杂志》（*Asia*）。

冀中区至今还急需技术人才去参加工作，尤其是能做炸药的化学者，能在内地兴办小工业的化学者及工程师，兵工技师，无线电技师，各种机匠，医生，看护士，能管理银行的专家，及能计划如何统制输出与输入的专家。有志参加这些工作者可无须顾虑到旅途的艰难。据作者所知，到冀中去的旅途上实在没有多大危险。

第三个内地区域可称为冀南区。它的领土在平汉路以东，津浦路以西，沧石路线以南。这个区域内的多数抗日部队，听说也属于第八路军。政治组织也受该军干部的指导。照地理上看来，冀中与冀南两区域，中间没有铁路隔开它们，应该可以合成一起。不知道为什么没有合起来；也许是因为太大的区域不便于管理的缘故。两区域间意见隔阂的地方却是没有。

我们希望冀东区可不久组织成第四个内地区域。第八路军于七八月间攻入冀东，转战十余县，时常将天津山海关间的铁路割断。但是在十月初冀东区仍在混乱状态中，还没有产生能维持治安的政治组织。

上面的四个区域中，冀西冀东的形势较冀中冀南为重要，所以敌人的计划大约将先攻东西两区而后及于中南两区。做沿铁路游击工作的部队，除了从内地区域派出来的军队外，还有许多他种游击队。他们并非从内地区域派出。他们的组织及名称，不免纷歧。有确可钦佩的志士所自动组织的，例如在平西门头沟持久抗敌的赵侗部队；有中央直辖的人员所组织的，例如忠义救国军；有大地主所组织的连庄自卫军；也有久离行伍的军官所临时招募而成，以备新主席给以名义的部队。这些游击队间有时不免小冲突。几部分忠义救国军曾被冀中区军队缴械。冀中区内的人说：被缴械的或是从土匪出身纪律不良，或是犯了输诚于敌的罪。忠义救国军方面，对于后者，说明如下：有时用输诚于敌做一种策略，目的在取得敌人的军械。照道理说，用此种策略时，倘没有预先通知共同抗敌的部队、实难怪他人发生误解。倘事先通知，则又未免有事机不密的危险。很希望鹿主席能设法消灭这种误解，预防这种危险。

鹿主席的重大任务就是要统一游击队的指挥，要设法避免不须要的自己间的小冲突。但是这个目标不是全靠军事人才所能解决的；鹿主席似应有几位有新式训练，有远大眼光的幕僚。

编注：

本文刊载于《今日评论》第1卷第1期（1939年昆明今日评论社出版）第10—12页。“唐士”是叶企孙为该文而特起的笔名，意为“中华知识分子”。写作时间当为1938年年底，即叶企孙从天津南下抵昆明之后不久。

《今日评论》的编者在其第1卷第1期第16页上对本期所有撰稿者作了介绍，引述如下：

“本期撰者钱端升、陈岱孙、张忠绂、冯友兰、叶公超及朱自清诸先生俱是昆明西南联合大学的教授。

“唐士先生是一位纯科学家，对于中国最近十余年科学的进步已有切实的贡献。他是一个沉静的观察者，他的意见也向来是公平的。现在，他根据他所知的河北抗战的普通情形及冀中抗战的成就与困难，撰文以登本刊，以享国人，是本刊同人所十分感谢的。”

寥寥数语，对叶企孙学术成就、教学贡献，及其性格和人格的评价何等恰切！《今日评论》编者原意是让读者关注此文，“唐士先生”并非是一个信口开河的普通作者。

40 1941年9月3日为中央研究院总干事职致函梅贻琦校长

月涵校长钧鉴：

敬启者，本年五月初，承中央研究院函约担任该院总干事之职；经考虑之后，虽自恐才难胜任，然因该院之发展与全国学术前途之关系甚大，亦未尝不可尽其绵力，逐渐使该院之研究事业更上轨道。钧座亦以为该院之事业不宜漠然置之，并承在渝时与朱、傅两先生面商，无任铭感。后复承钧座面嘱兼顾本校特种研究所事务。本校在钧座领导之下，十年以来事业日进，校誉日隆。企孙夙承教诲，后在校服务，迄今已十六年，虽成就与期望未必尽符，然爱护学校之心，与时俱进；一旦他就，实不免徘徊瞻顾；余力所及，自当在不支薪之条件下为母校稍尽义务。（从本年十月起企孙当停止支薪）然两方兼顾，终非永久办法；尚祈钧座早日将特种研究所委员会重新组织，另聘高明继任该委员会主席之职，以专责任。无任祈祷之至。专陈。敬请

钧安

叶企孙　敬启

卅年九月三日

编注：

叶企孙出任中央研究院总干事之事，此前，朱家骅曾多次致函清华大学校长梅贻琦，祈以支持。在本信函后数日，梅贻琦校长复函叶企孙，“允君请假”就职中央研究院。本书将这些来往信件一并附列于后。

附信函三件中，朱家骅，字骝先，此时任中央研究院院长。“咏霓”者乃翁文灏

(1889—1971）字，此时任国民政府行政院经济部长。“孟真”者傅斯年（1896—1950）字，1940 年 10 月至 1941 年 8 月任中央研究院总干事。

本函及附件均藏清华大学档案馆。也见清华大学校史研究室编《清华大学史料选编》第三卷上册（清华大学出版社，1994 年，第 205—207 页）。

附 1　1940 年 9 月 29 日朱家骅函梅贻琦

月涵吾兄大鉴：

九月十二日惠书敬悉，关于企孙兄在贵校兼职一事，弟非不欲曲承尊意，惟是敝院今春修订章则，对于各职专任之原则曾更明白加以规定，故六月间兄台过渝论涉及于此点，即以关系重大，当时函征同人意见，与弟皆有同感。今若于此时再更前议，即令弟无以对同人，其事犹小，若于企孙兄将来在院内行政上感有不便，则可虑耳。至承示借此双方联系一节，实合鄙愿，惟由敝院地位言之，应以各就任何大学之所长而与之共同合作为原则，若以企孙兄兼职之故，使人起敝院似有专与一校合作之感想，则在双方事业进行上转多妨碍，未知尊见以为何如耳。闻咏霓先生与孟真兄谈及此事，亦觉兼任易生种种困难，至若为企孙兄个人计，似更无所用其顾虑也。谨揭鄙诚，至希鉴照，有方雅命，惟希赐宥幸甚。耑此奉复，敬颂

教祺

弟朱家骅

九月二十九日

附 2　1941 年 6 月 27 日朱家骅函梅贻琦

月涵吾兄大鉴：

前者文旆莅渝，两次领教，快洽平生。复承允让叶企孙兄来院襄助，尤深感谢，所谈一切，谅已详为转达矣。院务停顿已久，拟烦再劝企兄提前来渝。此事一再偏劳，心甚不安，实非获已，当蒙亮察。至贵校之研究事业，弟雅不愿置而不顾，故企兄如一时不能完全脱离，在贵校未得相当替人以前，尽可仍由企兄暂时遥领。如此办法，在院方本无先例可援，实为贵校计虑，委曲求全，务祈兄台从速物色继任人选，俾此事于十月底以前得一完全解决，感幸何如。临款神驰，不尽觇缕。敬颂

教绥

弟朱家骅

六月廿七日

附3 1941年9月11日梅校长复叶企孙

企孙先生惠鉴：

日昨接九月三日手书，备悉一一。足下之去中研院，在清华为一重大损失，在琦个人尤感怅怅，但为顾及国内一重要学术机关之发展起见，不应自吝，乃不得不允君请假，暂就该院职务，而本校特种研究所事务，三年以来赖足下之筹划、调节，工作进行实多顺利，则今后之须足下继续主持，非仅本校同人之所希冀，抑中研院方面在互助之原则上，在研究工作联系之观点上，当亦必予同意也。至研究所事务，除属于通常性质者当另请代理外，其各所工作计划与报告，及经费预算等问题，则尽可于文驾因院务来昆之时编核审定，是于中研院无所妨，于本校则有大益。惟于足下不免多劳，而爱校如君者，想必不固辞也。专复顺颂

旅祺

梅贻琦

九月十一日

41 国立中央研究院《学术汇刊》发刊词

我国学者运用近代科学方法以研究各种学术，其历史有二十五年。各门研究工作之发端或先或后，发展之速率亦各不同。专门学会之组织与专门期刊之印行则随学术研究之发展而俱进。如地质、生理、动物、植物、物理、化学、算学等学之专门家均已先后组织专门专会，且已编印专门期刊，以登载上列各种之研究论文。但国内尚感缺少综合性之学术期刊，将本国学者重要工作之推进情形及所得结果择要撰述；外国学者之工作对科学进步及中国材料有宏大关系者，亦撷其要领，俾读者手此一编，对于学术工作之进行得明纲要。本院评论会爰于民国三十年春议决编印本刊以应上述之需要。倘全国学术得借此刊以互通消息、以获切磋观摩之益，且使各种学术研究之进步因而加速，本院实深幸之。

国立中央研究院

编注：

该文载于《学术汇刊》1942 年第 1 期。该刊编辑委员会委员有：叶企孙、翁文灏、李书华、曾昭抡、王家楫、傅斯年、汪敬熙。主任编辑叶企孙。该发刊词乃主任编辑之刀笔。

鉴于抗战时期经费有难，《学术汇刊》只出两期——1942 年第 1 期，1944 年第 2 期。这两期都是在叶企孙任中央研究院总干事期间（1941 年 9 月—1943 年夏）编辑而成的。

42 科学与人生
——自然科学对于现代人生的贡献

一、供给正确的时间及距离

计算的原理，远在古代希腊即有所发现，经过后来继续不断地研究，始渐渐地发现许多算学上的定律。不过那时仍然不知道实际的应用。到了十六世纪航海事业发达以后，人们始能运用算学上的原理、定律，对于时间及距离加以正确的计算。正确的计算，对于人类的幸福，是有莫大的价值。假如世间没有完善的算学的方法，那么便绝对没有近代的文明。各位试看，人与人的交往，社会上政治上的种种活动，以及商店工厂，哪一处可以离开对时间空间的正确计划？至于各种物品的制造，机器、桥梁、建筑物的建造，更需要一种精密的计算。所以，计算方法的进步，实为人类文明进步的基础。

二、推广视觉及听觉在距离上及时间上的限度

人类的视觉听觉，无论在距离上或时间上都是有限度的。常人的视觉，只能达到两里的距离；而在近的地方，关于很小很细的东西，还是不能看见。自从十六世纪科学家发现了光线的原理以后，便有眼镜、望远镜、显微镜（放大二万倍）。因此，增大了人们的视觉能力。照相术、电影的发明，更能推广人们视觉的时间限度。至于常人的听觉能力也很有限，自从科学家发明了无线电、放大器、留声机、有声电影以后，人们听觉与视觉的能力也增强了。

三、增加知识工作效率

科学能增加知识工作效率的问题，可由“说、写、读、算”四点来看。在“说”的方面，如无线电发明，可以使我们的声音传达到很远很远的地方；放大器的发明，可以使我们的音浪广播在很辽阔的场所。就“写”的方面来讲，因为打字机的发明，我们可以节省许多写字的手续与时间。最近美国有一种打字、收音合并的设备pictaphone，对于说写的便利更大。在“读”的方面，贡献最大的，便是用于瞎聋残疾人的一种机器，它能帮助他们识字读书。至于“算”的方面，过去所感受到计算上的麻烦，如开方、解微分方程式等都是最烦难的事，现在都能用计算尺、计算机种种器具来解决。因此，人们便可抽出更多时间与精力来从事其他的研究。

四、增加农工生产的效率

过去农业工业统以人力生产，因为科学的进步，现在却可以利用各种机器代替人力。用机器生产的结果，不但效率增大，产量增多，而且生产品较手工出产品亦完善得多。美国人口不过一万万三千万，但是美国生产的粮食可以供给很多人民的食用，美国生产的机器更可供给世界上许多国家的需要。这便是因为美国的科学发达，所以能够有这样大的生产量。

五、使人类明了宇宙的伟大及人生的意义

所谓宇宙，包涵空间与时间的两种意义。从前人类，因为自然科学知识的不够，所以对于宇宙只有一种神秘之感。自从天文学发达以后，方渐渐知道宇宙的伟大。吾人所寄居之地球，全径约八千英里，地球距太阳九千三百万英里，光的秒速是十八万英里，而太阳的光射到地球上时，需经过 8 分钟的时间。还有更远的恒星，若以光速来计算，有多至需几百“光年”者，由此足知宇宙之辽阔，真是不可想象了。太阳的年龄约二万万年，地球的年龄更大[①]，但地球有生物的历史，实在不长，而自有人类至今，为时更属有限。若以吾人有限的生命与伟大的宇宙相视，实在渺小可怜，而宇宙之所以有人类诞生，盖在创造建设，意义极为重大。吾人生于宇宙之中，应该认清自己的责任，以发挥人生真正的意义与价值。

---

① 本文中的太阳与地球年龄是按照旧天体演化理论之说。20 世纪 50 年代才根据热核反应原理建立新的恒星演化理论，推算太阳年龄约为 46 亿年，地球年龄与太阳年龄相仿。——编者

六、增加人类物质生活上的幸福

科学是能够增加人类物质生活上的幸福的。关于这一点，可由衣食住行、卫生医药等方面来说明。

（1）衣的方面

人类的衣服问题与科学的关系很大。先就衣服原料来说，衣的主要原料是棉、麻等农产品，而这些农产品的培植方法，如除虫、施肥、改良品种等等，都是要仰赖科学。棉麻等作物长成后，还要经过加工、纺织手续，方可成为布匹，而纺织便要利用机器。若干年来，因为科学家的不断研究，在衣服原料纺织方面，都有惊人的发明。过去衣服原料，一定要依赖农产品，而自一八五五年以后，即有人造的替代品发明，如美国首先用空气、某种酸、酒精、石灰做成一种人造丝，经数年来改造，已较真丝为佳。其次，如羊毛也可人造。此外尚有各种人造衣料。如将来衣料不需农产品供给，用人造品来代替，那么无形中便可抽出一大部分土地来种植其他的农产品以供给另外方面的需要了。

（2）食的方面

食的主要原料也是农产品。农产品与科学的关系，前节业已说明。在饮食方面，除食料之外，还有烹饪的方法。它与科学也有很大关系。食料中本含有很多不同的养料，如维他命[①]等，若烹饪不得其法，往往便会将养料失去，所以烹饪必定要用科学的方法。如米中维他命完全含在表皮上，一般人往往只图好吃好看，将米舂得太过，虽然米的颜色洁白美观，但养料却已失去很多。又如，做饭时将米汤滤去，不知米之养料的一部分在米汤里，如何能够随意泼去呢？其次，食料的配合，也有很大的道理存在其中。同样的食料，配合合理，便可发生更多卡路里的热量。人造代用品，经过近二三十年的研究亦有所发明。如人造黄油便有若干年的历史。过去人造黄油中缺维他命D，现在维他命D可由人造得来。所以，今后人造黄油可以与原品媲美了。最近，德国又发明在木屑中提炼糖。此外，大家知道，英国人喜羊肉，但英国本土不宜饲羊。他所吃的羊肉，大半靠苏格兰供给。为什么羊不宜生长于英国而产于苏格兰呢？经英国科学家研究，发现了羊的食料必须要有细微的钴，羊才能长大；羊之所以产于苏格兰，便是因为那地方的土中有一万分之十二的钴。英国人发现这个道理之后，现正设法补救，以便推广羊的饲料。不久以后，英国人吃羊肉问题当可解决。

（3）住的方面

住的问题，也是要依赖科学方法来改进的。建筑房子的原料，如木料便要仰赖农业林业的生产。水泥、钢铁又要依靠工厂的出品。“农林”与“工厂”是需要科学的。近来美国发明一种方法，能将木块压成很薄的木板。木板虽系薄片，但承力很大。用

① 即维生素，后同。——编者

这种板造房子，可随处携带移动，尤其便于旅行。这种精而又精的发明，完全是科学的功效。

(4) 行的方面

行与科学的关系最为明显。近世纪以来，因各种交通工具的发达与改进，人们的“行”得到了很大的便利。今后航空事业当有更大发展，或许不出半个世纪，每个城市都有飞机场设备。人们往来各处，可随时利用飞机。那时交通便利的情形，当非现在所能想象。其次与交通密切相关的橡胶，几乎完全产于南洋一带。近来英美科学研究发现，由黄豆油与酒精中提炼人造橡胶，业已成功，并已正式生产。今年年底可产四百万磅，差可供给英美之用。最近，又发明由蒲公英的籽中提炼橡胶。至于人造汽油，世界各国均已普遍制造。

(5) 医药卫生方面

科学对于医药卫生的贡献也是很大，较之前面四者有过之而无不及。各位耳闻目睹者甚多。医药卫生方面的发明比较专门些。因时间不多，不拟加以解释。

总之，因为科学发达，使人类物质生活的幸福增加了很多，今后也仍然要“科学”来促进。

七、增加国家的自卫能力

增加国家的自卫能力，主要是由于有了进步的完善的自卫工具。自卫工具包括的范围很广，不仅枪炮等军火工具而已。尤其是，有很多的科学发明，间接地增加了国家的自卫能力。如一九四〇年夏天，德国以相当优势的空军轰炸英伦三岛，当时英国有一位无线电专家，名叫 Watson Watt，利用无线电的反波原理，发明一种仪器，可以测知飞机经过电波时的一种反波，从而指示高射炮射击目标。非常准确的射击，使德国飞机无法在英伦三岛上空活动。这些无线电专家的发明之功，就非常严密地保卫了英伦三岛。由这个例子可以知道，科学上很多发明，表面看来似与国家自卫问题无关，事实上是能够增大自卫力量的。科学愈发达，国家自卫能力愈大。所以一个国家的自卫能力，必须要有进步的科学做基础。可是，不幸的是，科学也同时增加了侵略者的侵略力量。

八、增加国家的组织能力

一个进步的现代化国家，必须要有一种完备的组织，而完备的组织又必须仰于合理的、科学的、严密的管理。自从无线电发明以后，无形中使人们管理能力增大了很多。十五年前，美国心理学家发明了一种仪器，可以测出人们是否说谎。今日战时，各国都实行一种统制经济，如果利用这种仪器来检查囤积居奇的案件，不是最科学最理想的工具吗？又如现在无线电事业发达，使民众教育可以普及实施。这种提高民众的教育，无形中也是大有助于国家对人民的管理。又在现代国家政治上，“选任”的问题也很重要。一个国家的强盛，必须要能做到“人尽其用”。要“人尽其用”，便要有合理的适当的“选任”。近来由于心理学的进步，可以用种种测验的方法，测定每个人的性格智力，便可适当安排人的工作，以发挥其天赋的能力了。如有智力特高的天才，国家可以尽量培植，而不致使人才埋没。这些都是科学直接、间接地对行政上的帮助。

九、总结

总之，科学对于人生有莫大的帮助。二者之间，具有密切的关系。在一个现代国家中，每个人都应该重视科学，提倡研究的精神，使科学能够有日新月异的进步，那么这个国家没有不强盛的。“科学与人生”的问题，范围很大，今天不过是提纲大略而言，目的在使诸位知道二者之间的主要关系，至于如何配合应用，则是尚需有志之士加以精心研究的。

编注：

本文为叶企孙于 1943 年 6 月 21 日在重庆“中央训练团”知识讲座上的一个普及讲演。

原文为记录稿，记录者姓名已佚。本书按记录稿整理刊出。受“中央训练团”团长蒋介石聘任，叶企孙在该团共讲演两次。另一次为 1943 年年底。为此讲演，蒋介石签署了聘任书。1943 年年底的讲演聘书（图 1）中写有：“兹聘请叶企孙先生为本团党政高级训练班第二期讲师①，主讲‘科学概论——物理学对近代文化之贡献’。”本书编者未曾觅得此讲演稿。

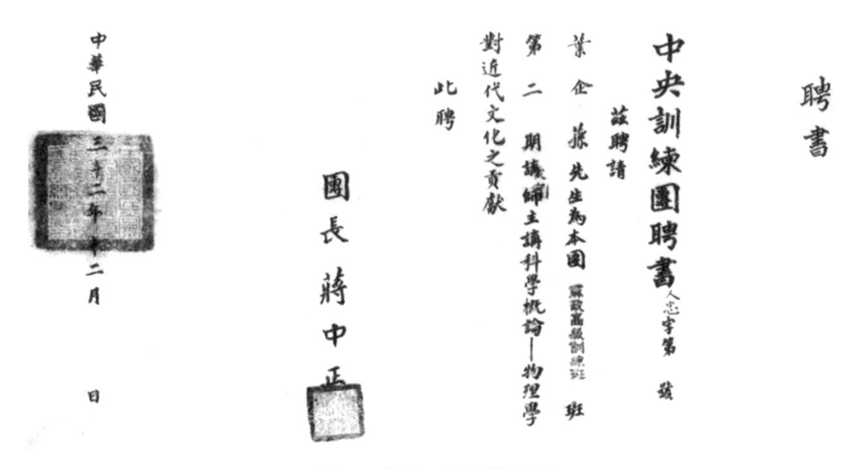

聘書

中央訓練團聘書 人忠字第 號

茲聘請

葉企孫先生為本團黨政高級訓練班班第二期講師主講科學概論——物理學對近代文化之貢獻

此聘

團長 蔣中正

中華民國三十二年十二月 日

图 1 蒋介石签署的聘书

① 印刷体字为“讲师”，章印体字为“教官”。后二字不清。——编者

43　物理学及其应用
——在西南联大物理学会的演讲

今天演讲的内容共分四点：一、理论与实验的关系；二、纯粹科学与应用科学之不可分性；三、学物理的人应决定工作方向；四、需要与时代性。前两点偏重于物理学本身，后两点偏重于学物理者应抱的态度，也可以说，学科学的人应有的态度。

一、理论与实验的关系

先作个比喻。譬如盖房屋。实验的许多事实为物理的基础及材料，物理的理论则为屋上门窗、墙壁等等。房屋的门有两种：一是沟通屋内各部分，一是沟通屋之内外。物理学里也有这两种性质不同的理论。至于窗户，则不过用作观察外边的风景而已。

从历史上的事例看，理论与实验之间的关系有许多式样。现在分别说明，每种式样举一两个事例，并作一个扼要提示或图示。

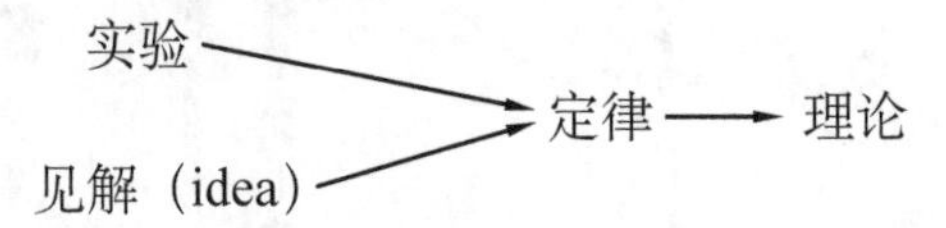

物理学上许多重要理论是这样发展成功的。试举一天文事例，也是力学上的事例。

天上有行星（planet），其运动颇不简单。有时“顺行”，有时“逆行”。此二名词为中国所固有。西方最初的解释为Ptolemy（托勒密）的“摆线说”（epicycle theory），谓行星轨道为摆线，其形如　　。其后有哥白尼之地动说。再稍后，Tycho Brahe作细密观察，留有丰富的数据。至Kepler取哥白尼之见解、Tycho之观察，试以四十几种不同轨道以作解释，最后决定为椭圆轨道，并得出有名的三大定律。再后，牛顿据之建立了牛顿力学。综观其过程可知，在 Tycho Brahe 时代有见解及实验，至 Kepler 始建立大的定律，到牛顿手里，才产生完美的理论：

见解 ⟶ 实验 ⟶ 理论

理论与实验的另一种关系，可以在现代物理学史找出例子。L. de Broglie 认为电子不但有微粒的性质，并且有波浪的性质。后来，果然有人做实验找出来了。在 de Broglie 之前，也曾有显示电子具有波浪性质的照片，但当时无人懂其真相。

实验 ⟶ 定律 ⟶ 理论

法拉第曾自问：电流可以产生磁效应，那么磁可否生电？于是他多方实验，最后终于发现电磁感应（electromagnetic induction），成为电学上一个极重要的发现，对于近代文明有极其重大影响。现在我们看来，这个现象好像很简单。然而在当时做这个实验颇为不易。因为电流计在当时很不好，不易察觉微小电流。此外，那时还流行许多不正确的关于电的理论。这些理论现在已是历史陈迹了。

理论 ⟶ 实验

学生们做过这种电磁感应的实验。因为有了理论，很容易找实验。举一例：Maxwell 首创气体黏性（viscidity of gases）与压力无关之说，以后做实验证明。有时，实验之结果恰好与理论相反，例如，关于以太与地球相对运动之实验。结果引出了相对论。

理论与实验时间上往往相差颇远。例如，无线电波于一八六〇年即被 Maxwell 想到，然迟至一八八二年始被 Hertz 找出。何以迟至二十几年后？或因仪器或因思想关系。当时英国著名物理学家 Lord Kelvin 反对此说，而德国著名物理学家 Helmholtz 却很开明，鼓励人不妨去试探。结果，由英国人想到的无线电波却被德国人发现。后来有些气愤的英国人说：发现无线电波的功勋被德国人抢去了，Lord Kelvin 应该负责任！

还有相差时间更远的，如 Zeeman effect，Faraday 即已想到，然需待至 Zeeman 做了许多改进仪器工作之后始被发现。由此更可看出，无论哪一个民族，欲发展纯粹科学，需有实验基础，需能自制仪器。故我们对于实验应加倍注意。

我觉得，我们民族的观察力好像很不好。这并非对民族无信心。丝织物及皮革在中国的发明及应用均颇早，用它们的人一定可以遇到因摩擦而起火花的现象，但是古人的笔记中从来没有提到这件事。[①] 如果古人细细考究此事，不是可以建立静电学了么？

---

① 事隔 30 余年后，即 1974 年，叶企孙先生教导戴念祖去收集中国古代电学史料。戴念祖于 1978 年完成《中国古代关于电的知识和发现》一文，此时叶先生已故。该文刊载于《科技史文集》第 12 辑（上海科学技术出版社，1984 年）；也见王士平、李艳平等编《细推物理——戴念祖科学史文集》（首都师范大学出版社，2008 年）。——编者

据说，有同学对实验物理课程不肯多用时间，这是不好的，我们应该改正。

二、纯粹科学与应用科学之不可分性

其间的关系有如下几种：

好奇心 ⟶ 纯粹研究

初期的电学，除磁针以外，毫无用处。初始的电学是凭好奇心建立的。

伽利略在一本用问答体写成的讨论力学的书（有英译本）中，曾有“那里的工业发达，那里研究力学的人就多”这样的话语。近代力学最先发达的地方是意大利，而那时意大利是欧洲文化的领袖，工业最发达。

欧洲早已有医用及农用之温度计。温度计发展之历史，充分表明环境的需要与科学的关系。后来之热学，因蒸汽机之应用而有很大的进展。

纯粹研究 ⟶ 应用

在近代，这种例子极多，如X射线、γ射线为纯粹研究的产品，而在医学上有极大用处。另一种纯粹研究的结果“超显微镜”（ultramicroscope），在实用及别的纯粹研究上，均有极大的用处。

巴斯德（Pasteur）此人，想必大家都知道。*Life of Pasteur* 一书，应该每个人都看看。首先，他研究“有生命之物可否自无生命之物中生出”这一问题。结果，以可靠的实验方法证明不能。这个研究似乎为纯粹研究，似与实用无关，然而“微生物学”之始，为近代医学重要基础之一，其实用价值何其重大！

地震，研究者亦颇早，然准确且便携式仪器之发明，仅五十年来之事，可用于探矿。

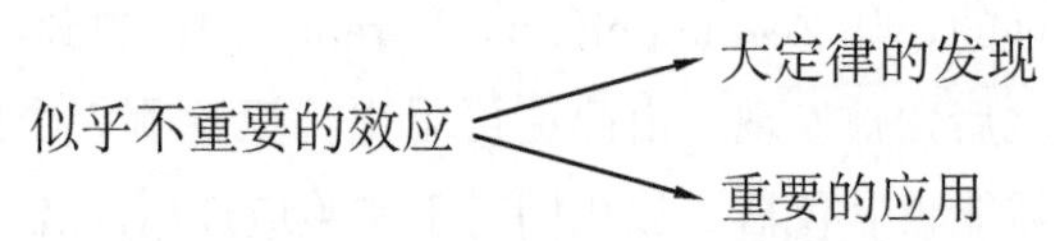

欧姆定律之发现史可作其例。欧姆定律中包含两个因子，一为电动势（electromotive force），一为电流（current）。当时的电池很不好，电流计亦不好，故无法测定准确之电流与电动势，因而也无法确定其间的准确关系。当时物理学的权威Davy，即有类似“线愈细，通过之电流愈多”的错误观点。后来，Seebeck发现热电效应（Thermo-effect），欧姆（此时当中学教员）始用来作电动势的标准而正确决定电动势及电流的关系，即欧姆定律。现在，热电效应在工厂里也大有用处。用了这个效应，可以坐在办公室而知道散处数百里外工厂火灾。看起来似乎不重要的热电效应却可以导致大定律的发现，也可以有着重要的用处。

新的应用不只依靠狭义的应用研究，还依靠不断的纯粹研究。

美国 General Electric Company（G、E 两字母读起来像“奇”、“异”，于是中国将此公司译为“奇异公司”）可以为例。一九〇〇年，该公司设立一研究室，请麻省理工大学教授 Whitney 主其事，Whitney 认为研究范围不能太窄。后来的成绩充分证明他的意见是对的。该研究室对于科学的贡献极多，培植出来的人才也不少。例如，Thermionic emission①，即真空管之基本原理，首先是爱迪生发现，但作详细研究的是 Richardson。如要证明 Richardson 的理论，需要高度的真空，那时的奇异公司培植出来的科学家 Langmuir 正完成了一种新的抽气机，即水银抽气机（mercury pump），于是 Langmuir 以水银抽气机圆满地证明了 Richardson 的理论。不但证明，而且有新的发展。

我现在戴的眼镜，镜片叫作 palaroid，能够使光线极化（polarized），也是奇异公司出品。

三、每个学物理的人应决定自己的工作方向

各位都是学物理的，大概总希望在物理学方面得到些成就，那现在就应该决定自己的方向，决定究竟是从事于理论还是实验。理论与实验都好的人，在十九世纪尚不乏其人，如 Lord Kelvin 等，现在已经几乎是不可能了。我们既已决定了方向，那应在选课方面加些注意。决定从事实验的人，数学的功课不必学得太多，学到微分方程论已够。做实验的人，如果碰到算学上问题，不妨请教数学家。历史上不乏这种先例。做实验的人，应讲究量得准。人数的比例，假设一班有四十人，预备从事理论的十人，从事实验的三十人，也许是很恰当的分配。

四、需要与时代性

各位都是学科学的，大概也预备研究一点实用的问题。那么，我们应该注意到需要与时代的关系。一个外国人观察，认为日本人比较注意时代，中国人差一点。太忽略时代，也是危险的事体。

法国大科学家居里夫人，在上次欧战时，一时中断她长期从事的对放射性镭的研究，而到医院中为伤病员作 X 射线的诊断、治疗。起初，政府还不允许她呢，也许觉得她太宝贵，或者觉得她没有什么用吧。她的这种精神是值得我们学习的。居里夫人的传记每个人都该去读一读，那是她的学音乐的女儿撰写的。

最后来谈谈应用研究与民族生存的关系。我们看看现代世界进步之速，令我们有

---

① 热游子蒸发。今译为热离子发射。——编者

可怕的感觉。上次欧战，因最后一次战役中，英国使用新发明的坦克车而颇占优势。前些时候我在一本美国杂志上看到，美国在过去一年内之研究，已改进气冷式引擎(air cooled engine)。它比英德各国通用之水冷式引擎更好。水冷式普通引擎只一千二百马力，现气冷式已达两千马力。以前，公认气冷式无论如何不可能比水冷式强的。现在这个进步，叫政府是否维持在一年前所定购的大批引擎的合同成为问题了。以我们科学本来落后的中国，处于当今这种危险关头，怎么可不加紧努力、迎头赶上！

编注：

该文是叶企孙似在1943年初春所作的演讲，记录者向仁生。原记录稿的副标题为“叶企孙先生应联大物理学会敦请之演讲”。

44 1946年10月21日致函朱家骅、翁文灏

骝先、詠霓两先生道鉴：

前承宗洛兄面交大函，嘱弟参加此次评议会。当时曾告宗洛兄表示遵命，但日来又接月涵先生来电，促弟务须于本月二十八日上课以前到校。适逢“江泰”船将于明日启碇赴津，倘不乘此船，势将又延迟十余日，因此只得不到会矣。务希谅鉴为感。近闻政府对于学术研究将拨巨款。政府既有此意，全国学术界必需（须）妥为设计，方能免得款而事无成之讥。评议会会期数日，恐只能作大纲之决定，将来尚有待于中研院会同各研究机关及各大学详为设计也。

又各大学近均感到聘请良好教师之困难，中研院之事业固应发展，但亦不宜太求急进，以致各大学更感困难。高等教育究系国家根本要事，倘大多数良好学者只做研究而不教课，全国之高等教育势必影响甚大，而研究事业最后亦必受影响。因此，中研院与各大学之合作办法，实急待评议会切实拟定后即付试行（试行后发现困难时可再修改）。两先生对此问题谅已考虑及之。

清华于残破之后，百端待举。弟决勉力以赴，以不负社会之期望。尚祈两先生随时与以鼓励与指示为感。

专泐　敬请

道安

弟　叶企孙　敬启

十月廿一

本栋、正之、缉斋、宗洛、仲济、孟真诸兄处均此致念

编注：

朱家骅，字骝先，其时任中央研究院院长；翁文灏，字詠霓，其时任国民政府行政院副院长。其时中央研究院总干事为萨本栋。鉴于人才缺乏，叶企孙建议研究所专任研究员应到大学院校兼职讲课，此建议获得中央研究院评议会通过。

函末述及诸人，“本栋”即萨本栋；“正之”是吴有训字；“缉斋”是汪敬熙（1893—1968）字；“宗洛”即罗宗洛（1898—1978）；“仲济”是王家楫（1898—1976）字；“孟真”是傅斯年（1896—1950）字。

本信函存中国第二历史档案馆，全宗号 393，案卷号 1546。

感谢胡升华先生提供本信函及附件。

以下附中央研究院总干事复叶企孙函一件。

附：1946 年 11 月 7 日中央研究院总干事复函叶企孙

（总干事笺函稿；国立中央研究院 1946 年 11 月 7 日）

事由　为与各大学合作由

接奉十月二十一日大函，以急于北上处理校务，致未克莅京参加本院评议会第二届第三次年会，深引为怅。尊见与各大学合作办法，赵元任、姜立夫二先生亦有同样提议。兹经大会议决：“允许专任研究员在大学任有关其所研究之学科一门，每周授课以不超过四小时为限，并于必要时得由各大学商借专任研究员对于其专长学科担任一学期或一学年之教课”等语记录在卷。知关

锦注、相应函达、敬希

台察为荷。此致

叶企孙先生

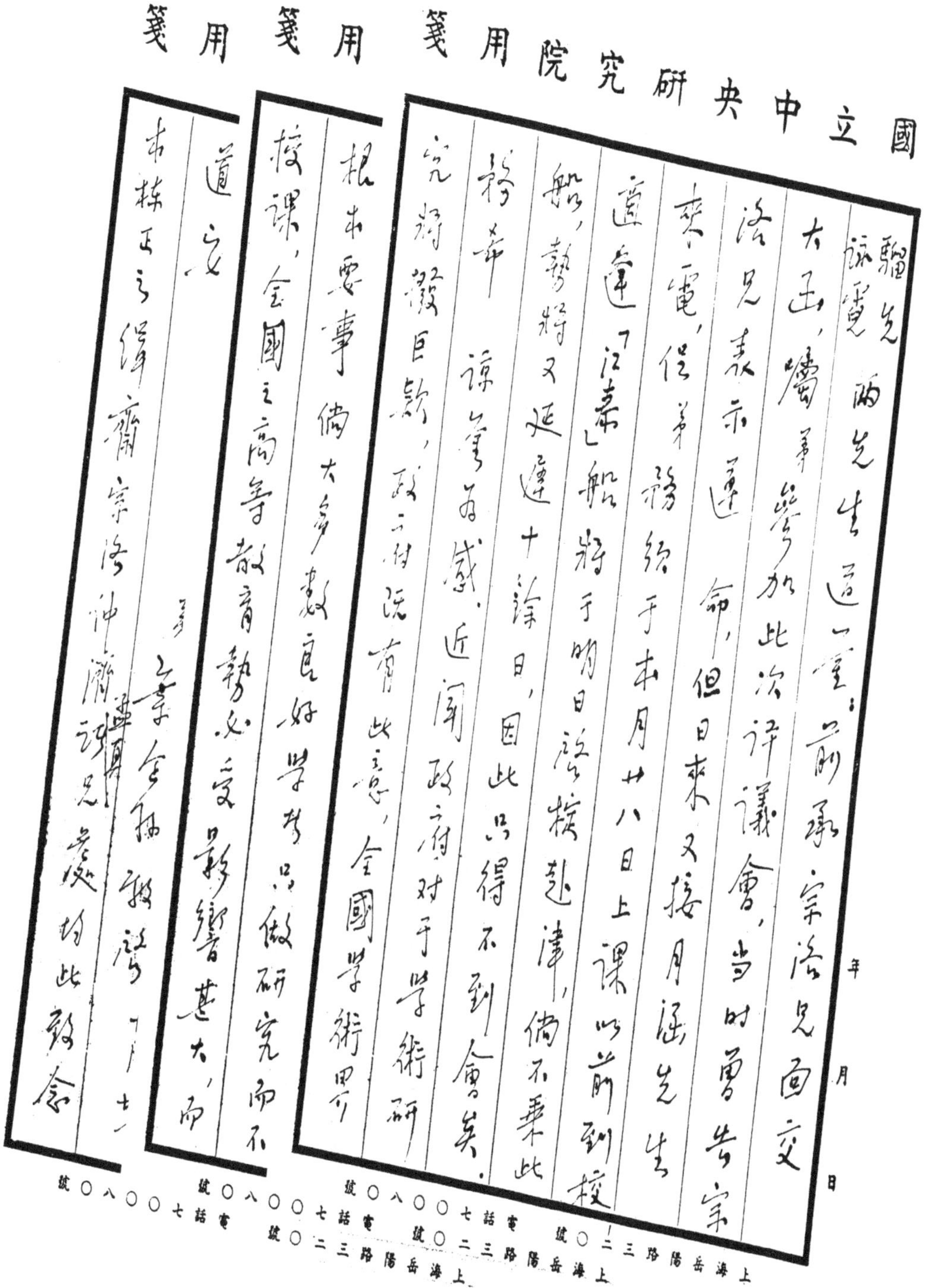

國立中央研究院用箋

騮先、詠霓兩先生道鑒：前承宗洛兄面交
大函，囑弟參加此次評議會，當時曾告宗
洛兄表示遵命，但日來又接月涵先生
來電，促弟務須於本月廿八日上課以前到校。
適逢「江泰」船將於明日啟椗赴津，倘不乘此
船，勢將又延遲十餘日，因此只得不到會矣。
務希　諒鑒為感。近聞政府對於學術研
究將撥巨款，政府有此意，全國學術界

根本要事。倘大多數良好學者只做研究而不
校課，全國之高等教育勢必受影響甚大，而

道安
專　弟葉企孫敬啟　十、十七
本棟、正之、得齋、宗洛、仲濟諸兄處均此致念

上海岳陽路三二〇號　電話七〇〇八〇號

图 1　叶企孙致函朱家骅、翁文灏复印件（中国第二历史档案馆存）

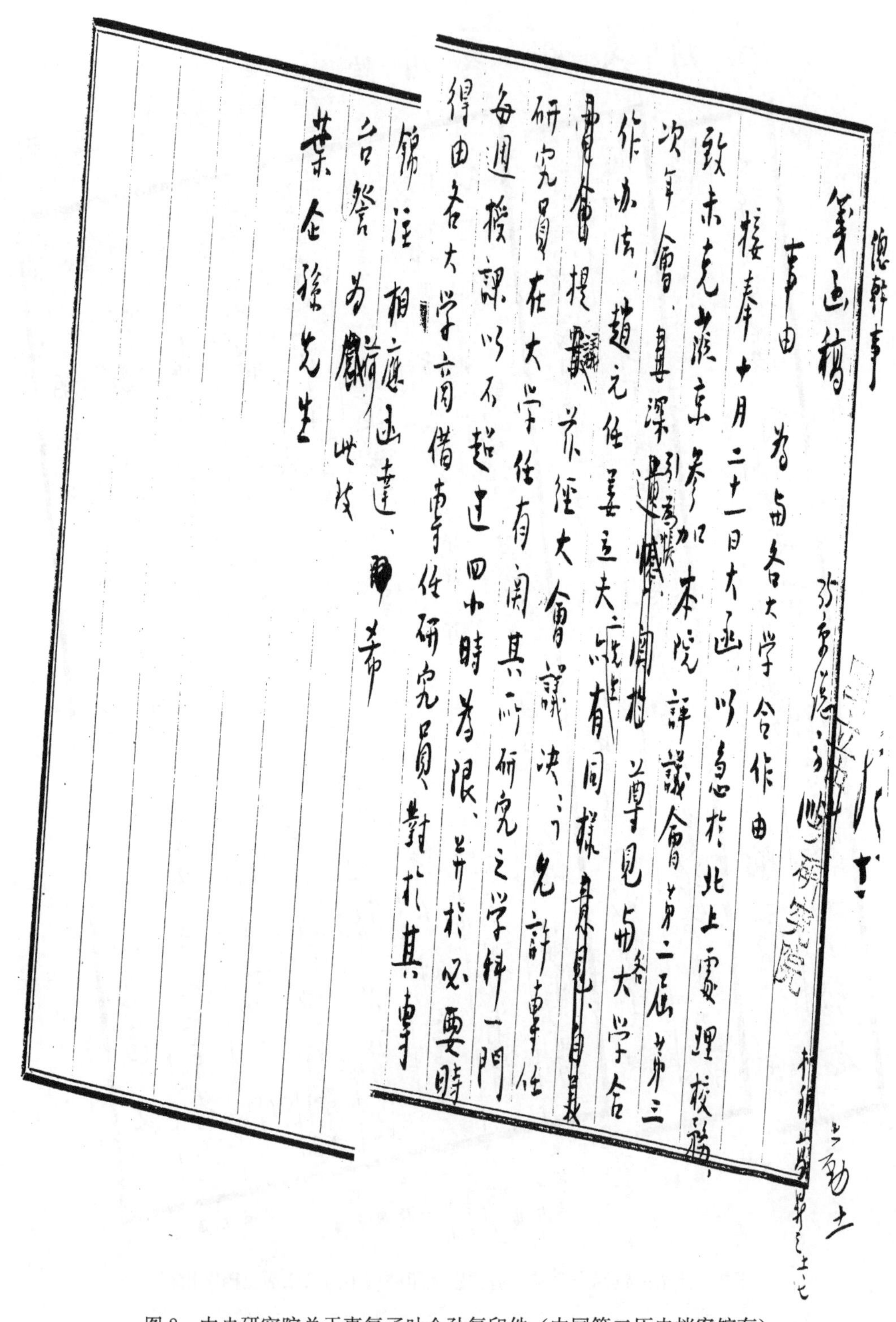

總幹事

箋函稿

事由　為與各大學合作由

接奉十月二十一日大函，以急於北上處理校務，
致未克赴京參加本院評議會第二屆第三
次年會，無任深引為悵，關於尊見與各大學合
作辦法，趙元任、姜立夫二先生亦有同樣意見，自
曾會提議，亦經大會議決，允許專任
研究員在大學任有關其所研究之學科一門
每週授課以不超過四小時為限，并於必要時
得由各大學商借專任研究員對於其專
錦注，相應函達，即希
台詧為荷　此致
葉企孫先生

图 2　中央研究院总干事复函叶企孙复印件（中国第二历史档案馆存）

㊺ 1948年4月为校中情况不安急电梅贻琦校长

急。南京中央研究院萨总干事转梅月涵先生钧鉴：

因生活压迫，校中情况不安，六日起职员工警将罢工三日，讲师助教罢教三日，教授二十余人亦将罢教三日，敬恳钧座向政院及教部力陈，从速决定改善待遇，恢复配给食粮为祷。企孙。

编注：

1948年，国民政府滥发货币、盘剥民众，致使通货膨胀，物价飞涨，教职员工入不敷出，生活困顿，遂决定罢教罢研罢工。此急电为此而出。为了解此情，本编附上清华大学、北京大学等校决定罢教致函校院长及社会各界书二则如下。

一、国立清华大学教联会等关于要求改善待遇，决定罢教致校院长函

（1948年4月5日）

适之校长、月涵校长、煜瀛院长先生钧鉴：

物价飞涨，教界同仁生活益形艰苦。本年初行政院公布薪津调整办法并减低食粮配量明令下颁，群情大哗。是以目前平津十三院校联合请求改善待遇，然已遭政院驳

斥。敝会等三千余名同仁曾就此问题详为研讨，众谓非用罢教罢研罢工手段不易达到目的而免饥饿与死亡。爰经全体决议，并于四月六日起先行罢教罢研罢工三日，并向行政院及□□提出三项要求：

（一）自三十七年二月份起，仍按一月份配售面粉之□□价格继续按月配面至实行配发其他生活必需品；

（二）逐月按当地实际生活指数发薪，并提高技工及工警底薪，工警每人不得少于二十元；

（三）学术研究补助费按实际生活指数逐月调整发给。

以维教界同仁最低限度之生活。同仁等力微言轻，事功难期，除已电请政院及教育部要求外，尚盼先生就近鼎力代为争取为祷。

此烦

道安

附：致行政院及教育部代电

清华大学教联会

北京大学教联会

北平研究院助理研究人员联合会

清华职员公会

北大职员会

清华工警联合会

北大工警工会

同叩

卅七年四月五日

清华大学档案

二、国立清华大学讲师、教员、助教联合会等七单位为争取合理待遇告社会人士书

（1948 年 4 月）

我们，北京大学、清华大学和北平研究院的讲师、助理研究人员、教员、助教、职员、技工和工警等同人，为了争取立即合理改善待遇，已决定从四月六日起，一致罢教、罢研、罢工三天。谨以沉重悲愤的心情，向社会陈诉苦衷和理由。

我们这样做，完全是“势迫出此”。

教育界同人生活的困顿，不从今天起，而今天已到了忍无可忍的地步。自从政府一月份公布公教人员待遇调整办法以后，这个办法正面是按照所谓“生活指数”发薪，形式上法币的收入数量稍多一些，实质上收入反而大大减少。更因为拼命发行通货，促使物价狂涨，逼迫我们和饥饿挣扎，被死亡威胁。反面则取消原来配面的办法，使我们难以维生，收入之实值上减少更超过调整以后的法币增加数量。朝三暮四如此“调整”岂不是残酷的嘲弄？几个月来，教育界同人除了普遍的穷困，三餐不给，儿女啼饥号寒之外，有的弄到神经失常，以至疯狂。有的服毒，有的跳楼自杀。这些惨状，都彰彰在人耳目。我们要问：是谁让他们这样的？我们要大声地问：是谁把他们搞成这个样子？

两个月以来，我们曾经一而再、再而三地呼吁要求，请政府维持原来配发面粉的办法，按照实际生活指数，按月调整薪给。唇也干了，笔也秃了，所得到的答复是一概不准。

我们现在，除了采取积极行动以促使政府接受外，已别无其他办法。

我们认为，我们正当收入，已经为政府用通货膨胀的方式，征取了百分之九十以上，我们有权利要求政府保证我们的“不虞饥饿”的自由。

当然，我们这样做，耽误了学生课业，延缓了学术工作，即使是一分钟，一秒钟，我们也是衷心负疚的。不过为了中国学术文化的前途，使学校和研究机关能走上正常健康的轨道，我们这样做，在今天是必要的，虽然我们是在忍着痛如此地做。

我们希望能够得到社会人士和学生家长的同情和支持，悲痛之余，谨此致意。

国立清华大学讲师教员助教联合会
国立北京大学讲师教员助教联合会
国立北平研究院助理研究人员联合会
国立清华大学职员公会
国立北京大学职员会
国立清华大学工警联合会
国立北京大学工警公会

同启

卅七年四月

《清华旬刊》第7期

1948年4月13日

编注：

叶企孙致梅贻琦校长急电时间约为当年四月中上旬。以上材料源自：清华大学校史研究室编《清华大学史料选编》第四卷（清华大学出版社，1994年，第583—586页）。

46 改造中之清华

去年——一九四九年——校庆后五日，本校奉北平市军管会令：成立校务委员会；校务委员共廿一人，其中包括教授十七人，由军管会委任；讲教助代表二人，学生代表二人。组织原则采用民主集中制。(校务委员会) 为全校最高权力机构，从此本校进入稳步改造与发展之时期。

本校原有五学院廿六学系，去年暑假期中，先将人类学系合并于社会学系，法律学系奉令取消。暑假末，奉华北高教会令，将本校农学院、华北大学、北京大学之农学院合并为农业大学。本校现有之院系如下：文学院有中国文学系、外国文学系、哲学系、历史学系；理学院有数学系、物理学系、化学系、生物学系、地学系、气象学系、心理学系；法学院有政治学系、经济学系、社会学系；工学院有土木工程学系、机械工程学系、电机工程学系、航空工程学系、化学工程学系、营建学系，共四学院二十学系。去年暑假招生后，又历次受政府机关之委托招收地质及采矿学生（四年制，采矿工程学系现在筹备中）、农田水利专修科（一年制）、化工干部专修科（四年制）及气象观测训练班（五个月）。本校现共有学生二四〇五人，其分布情形为：文学院二〇二人，理学院四一〇人，法学院二一〇人，工学院一二七七人，研究生四三人，受委托特招之学生二二五人。另有农化系学生三八人，应于今夏后移往农大。本校现有教授一一七人，副教授十九人，讲师二四人，教员七八人，助教一一五人，以上共计专任教师三五三人。另有兼职教师十八人。职工方面则有职员一八〇人，工人、工警四六四人。以上数字指出，在此一年中学生及教师之人数则减少甚多，其原因为简化行政手续及提高行政效率。

大学的中心任务在教学，教学的中心工作在计划课程，所以课程改革是改造大学的主要工作。本校在接管后根据“取消反动课程及增设革命课程”的原则，已曾有局部改革。关于大一国文、英文是否需要必修的问题，经过多次讨论后，规定凡程度过低者必修，程度及格者免修，标准由各院自行商定。文、法两学院各系之基本课程方案，在本年初已经高教会规定，本校从本学年起已经遵照此方案予以实施，本月中各系并已根据实施情况总结经验，提出问题及意见，送请教部参考。理、工两学院之课程，正由教部邀请各大学教授研讨中。理、工两学院之课程应如何作适当的精简？如何把理论与实际结合？如何使大学生在毕业后即能在工厂中或在其他工作岗位上担负起干部的任务？这些问题，我们要在课程改革的方案中寻到解决。至于教学方法，如师生间多加讨论，学生自分小组讨论等，本校许多种课程已采用此类办法。

全校性的政治课与改造思想有关，至为重要，因此本校特设大课委员会主持之。这个委员会制订了一个工作计划，将全部学习分为若干个单元，每个单元分为讲演、小组讨论、解答问题三个步骤，在组织形式上则分学习小组和大班，学习小组以十人到二十人为原则，全校共分十七班。在工作人员方面则有大课讲员、班教员和小组长。讲员或请校外专家或由本校教授担任；班教员由本校教师担任，小组长由学生担任。全校员生从本学年起已整个进入“政治学习”的高潮中。第一学期结束的时候，政治课举行了一次“思想总结”，目的是为巩固我们半年来的政治学习的收获，使大家在思想改造过程中踏稳一步。

寒假开始时，京市郊区适在进行土地改革，文法两学院及农化系同学二八〇余人，教师二十余人，自动地参加了这个工作，利用这个机会，把理论与实际结合。从他们工作归来后所发表的谈话里，我们可以看出他们在这次土改工作中是有很大收获的，他们对于“立场”及“观点”更坚定了，他们的“思想改造”更提高了一步。第二学期的政治课是新民主主义论，因为有第一学期的经验，第二学期更能顺利进行。

去年十一月初，校务委员会总结半年工作，写了一篇总结初稿，提交全校师生员工广泛反映意见，这事促成了全校代表会议的召开。代表会议经过几星期筹备后，在十一月三十日正式开幕，清华每一个人都表现对此会议很热心，要把这次会议开好，使清华能更提高一步，实现教育部所指示的“坚决改造，稳步前进”的原则。无疑的，这个代表会议所通过的许多提案，对于促进校务有很大的影响。

最近本校奉教育部指示，进行改组本校校务委员会，校务委员仍为二十一人，包括部委委员九人，教授五人，讲助教四人，学生代表三人。改组后的校务委员会定于四月二十八日成立。

本校之教育工作者会业已组织完成，它的任务，除了推进会员的学习和福利等工作外，将是辅助学校来推动各项工作，或保证其完成，或建议其改进。有关同人福利事项，大部分已由工会办理。

本校在过去一年中，与政府机关合办了下列三项研究或设计工作：（一）水工研究，（二）燃料研究，（三）厂房设计。此类合作事业之经常费，大部分由与本校合作之机关担任，本校有关学系的人员负责研究和设计。此外随时由各机关零星托办的事件，如材料试验，化学分析等，本校均在不妨碍教学的原则下，尽可能接受委托，代为解决问题。

本校之生产事业，现由生产管理委员会统一管理。各学系方面已举办的生产事业，有化学系的化学品制造，机械系的机械定制，及土木系的算尺制造等。化学品的制造是为供应本市的急迫需要，使各机关及各学校不致因缺乏我们能制的化学品而停止其实验工作。机械系除了计划本学期为本系制造若干工具，如木车床十八部，虎钳三十部外，还替卫生工程局制管厂作洋灰瓦铁模五〇〇〇个，替清河制呢厂做烤毛机做铜炼部分五副一千四百件。本校土木系自制算尺，每具只售二三万元，以应本校及他校学生之需要，现已完成八百余具。这些所谓生产事业，是利用教学余闲来做的，且仍与教学有关。当兹国家财政困难之时，各学系设法生产，使有助于本校及他校之教学，有助于他机关之生产，这是值得提倡的。至于农业生产，则以学生为主体，政府号召春耕后，本校生产管理委员会的农业生产组即开始组织，参加农业生产者共有学生一千八百余人，员工二百余人。校内适宜于种植的土地有一百一十余亩，经划分为十区，进行耕种，还请了四位把师（就是有种植经验的老农）帮同计划。今天校友们所看到的校内菜园，都是本校同学和员工的劳绩。

上面说的各项，只是择要叙述，过去的一年中，值得记载的事甚多，此处必有遗漏，希望读者原谅。清华的改造已在进行，但有待于改造之处尚多，希望各位校友随时贡献意见，使清华成为一个真实的人民大学，使每一个清华人都能做到真实地为人民服务。

编注：

本文发表于《清华校友通讯》新第2期（1950年4月29日出版）。也见，清华大学校史研究室编《清华大学史料选编》第五卷（上）（清华大学出版社，2005年，第21—24页）。

47 一年来的清华

（1950年5月—1951年4月）

本校成立于1911年，到今年适为四十周年。本校成立与美国“退还”的庚子赔款有关。美国索取庚子赔款，原来是侵略行动。其后“退还”一部分赔款时，又利用来进行文化侵略，这是美帝侵华史中一段事实，我们人民都知道的（《人民清华》第二期有详细记载）。那时的美帝尚多少戴有假面具，到了四十年后的今日则已完全露出其狰狞面目了。我们回想到清华的开办情形，更觉得需要时常警惕，不断地加紧学习，努力改造，以实际行动来参加抗美援朝及建国的工作。

去年4月下旬校务委员会改组后，教务方面的行政工作已见加强。课程改革已根据去年高等教育会议的决议案正在逐步实行，就全校论，已有了一些良好的结果。就是说，学生的课业负担已经趋向于合理地减轻，教学的计划程度亦已加强。学生对于体育及健康，比以前重视甚多，但一般说来，学生健康增进程度还是不够的。

去年11月我国各民主党派联合宣言发表，拥护全国人民在志愿基础上为抗美援朝保家卫国而奋斗后，全国各地人民觉悟大大提高，展开了广泛深入的爱国行动。以清华论，响应政府对于青年学生及青年工人的号召，先后志愿报名参军参干的学生有1500余人。政府愿各地青年都有机会，只批准了50名参军，25名参干。最近，全校师生员工（工会会员占全体百分之八十四，学生占全体百分之九十四）利用春假期间联合分组，到北京市城郊及附近乡村宣传抗美援朝及反对美国武装日本。这种爱国行动，在工农、市民中间起了作用，同时由于向工农学习，为工农服务，对知识分子的自我改造，更是起了重大的作用。

去年夏季开始，根据全国高等教育会议所决议的原则，即着手修订教务通则。曾经多次研讨，于本年 4 月 23 日校务委员会通过。

本校各学系，已往对于研究生选课及研究生工作的指导，大多做得不够。一年来，教务处对此问题加以详细调查，寻出其原因所在，设法改正已往的缺点。本校研究院章程及考试办法亦曾加以修正。

去年 8 月理学院增设地质学系，工学院增设采矿工程学系。地质学系是从原有的地学系分出来的，教师已相当充实，设备亦有基础，采矿工程学系则系根据国家的需要而新成立的。最近因国家需要炼油干部，化学工程学系增设石油精炼组。

本学期的学生人数为大学本科生 2316 人，研究生 44 人，化工干部专修班、农田水利专修科及银行专修科生共 134 人，东欧新民主主义国家学生中国语文专修班 21 人。以上共计 2515 人，比较去年 4 月的学生人数增加 110 人。本学期的专任教师为 399 人（教授及副教授共 156 人，讲师及教员共 88 人，助教 155 人），比较去年 4 月的专任教师人数增加 46 人。本学期的职员人数为 174 人，比较去年 4 月减少 6 人。本学期的工警人数为 436 人，比较去年 4 月减少 2 人，以上数字指出一年中学生及教师人数均有增加，而职员及工警的人数略有减少。本学期的学生总数比专任教师总数为 6.3∶1。俟学生宿舍增加使能多招新生后，此项比数应能提高。

此一年中，各学系所接收政府机关委托的研究，主要者计有四项：

（一）土木工程学系接受中央水利部的委托，进行水工研究。

（二）化学工程学系接受中央燃料工业部的委托，进行燃料研究。

（三）电机工程学系接受中央邮电部的委托，进行电讯网络的研究。

（四）物理学系接受东北精密仪器制造厂的委托，进行制造 X 射线管的研究。

此四项中，前两项于一年以前早已开始，此一年中仍继续进行。后两项最近方签订研究合同。

文法两院的教师在抗美援朝运动中写了许多鼓舞人民反抗美帝，打击美帝的文章，进行宣传，在群众中发生了不小的影响与作用。

毛主席的《实践论》的重新发表，许多同志进行了深入的学习与研究。哲学及外国语文两系有几位教师参加了《毛泽东选集》的翻译工作。

理工两院的教师在这一年中，做了中国科学史研究与著述，对发扬祖国历史上的伟大成就，进行爱国主义教育，是有贡献的。另有一部分同志在科联科普的抗美援朝联合组织之下，参加北京市科学技术的通俗演讲，在人民中普及科学知识，是起了一些作用的。

一年来行政工作的改进情况，略述如后：去年四月校务委员会改组后，校务委员会的全体会议主要商讨和决定带有原则性的重大事件。经常事务划归校务工作会议处理。总务会议处理职员工警方面的人事问题及其他事务性的工作。职工人事制度的草案是经总务会议长期商讨拟订的。校务委员会为了解情况以供行政设施的依据，组织了调查研究室。最近中央教育部认为高等学校须有统一性的人事机构，统一办理教师职工人事的工作，成立人事室，撤销调查研究室（调查研究室以办理人事为多）。

全校预算的分配办法，一年中根据中央教育部指示的原则屡有更改，逐渐趋向于合理化。

任何行政工作者所易犯的一种毛病是联系群众不够，以致不能了解群众的意见。本校的行政工作人员中，必定有多少犯了这毛病的。本校所欣幸的是一方面已树立了一种全校性的群众性的校刊《人民清华》，在那里可以发表对于各种问题的意见。另一方面，本校各种团体，如工会，学生会，以及家庭妇女会，协助行政办好学校，校内的许多事务是要靠群力合作才能完成的。我们想到即将来临的国家大规模经济建设时期中我校所应负的责任，就不免联想到这种全校性的合作精神是最宝贵的而且是应该加以发扬光大的。

为准备祖国经济建设的需要，中央教育部希望本校多招新生，核定专款添建学生宿舍。根据中央教育部调整全国航空工程学系成立航空工程学校的计划，将有若干师生于今秋从他处移到本校。同时中央教育部令本校于今秋开办工农速成中学。中国人民银行希望本校于今夏继续招收银行专修科生，因此决定在本校空地上建造该专修科的学生宿舍，讲堂及办公室。总结以上几项，今年秋季始业时，本校学生宿舍的总容量约可增加 1000 人。秘书处对于各项新建筑的设计绘图报标等工作现在正在赶做，目的在争取时间，使工程能于五月中旬开始。

为培养为人民服务，为祖国建设的工作干部，全校教师还得继续努力改革课程，使能与国家经济建设的需要密切配合。这事说来容易，要做好实不容易。一方面需要各教师多多关心当前形势，加强政治学习，参加各种政治斗争，来锻炼自已正确的立场与态度，在业务上应争取各种机会参加实习，参观工厂，研究实际问题；另一方面需要负责经济建设部门的工作同志时常到学校里来指示问题，指示做法。

编注：

本文发表于 1951 年 5 月 1 日出版的《人民清华》第 13 期。也见，清华大学校史研究室编《清华大学史料选编》第五卷（上）（清华大学出版社，2005 年，第 25—29 页）。

48 萨本栋先生事略

1949年1月31日萨本栋先生病死在美国旧金山加省大学医院里。中国教育工作者，自然科学工作者，以及曾经听过他的讲演读过他的著作的人，无论他们是在当时已解放的区域或尚未解放的区域，听到了这个消息，心里都非常悲痛。他的死使中国物理学界和电机工程学界失去了一个重要的研究工作者，中国的学术机关失去了一个能干而且能尽力的行政工作者，中国的大学生失去了一位数理及工程方面的好教授。我们看他一生的工作，始终是不断地贡献他的全力。他的寿虽然不满四十七岁，他所作的事业和研究工作确实不少。

萨本栋
(Dr. A. Pen-Tung Sah,
1902—1949)

1902年7月萨先生生于福建省闽侯的一个比较宽裕的家庭中。他很顺利地受到小学教育和中等教育，1921年他在北京清华学校毕业，1922年被派到美国去留学，先后在史丹福大学[①]及吴斯德工学院学习电机工程和物理学。他的兴趣起初在电机工程；因为想更深入地研究，所以又推广到物理学了。1927年得理学博士学位后，接受了一个很大的电机制造公司的聘约，做了一年研究工作，到1928年才回国。

萨先生回国后的工作，可以分为三个时期来叙述。第一个时期是从1928年秋到1937年夏。在这九年中他担任

① 今译为斯坦福大学，后同。——编者

清华大学物理学教授，他曾经讲授过的主要课程是大学普通物理、电磁学和无线电原理。他讲授普通物理时，准备充分，声音宏亮，尽力于做表演，考试多而严，平时给与学生充分的发问机会。根据他的教授经验，他写了一部《普通物理学》（上下二册，商务印书馆 1933 年出版），又写了一部《普通物理实验》（商务印书馆 1935 年出版）。这两部书在国内甚为通行，到现在还是这样。萨先生的研究工作在这一个时期中最为丰富。他一生共写了二十二篇研究论文，内中有十五篇是在这个时期写的。他研究了两类问题，第一类是用双矢量（dyadic）方法解决电路问题（十篇）。第二类是关于各种真空管的性质和效能（四篇）。1935 年萨先生利用了休假的机会，到美国俄亥俄州立大学电机工程学系去讲学，所讲的材料就是第一类问题。以后他又汇集了关于第一类问题的研究成果，加以系统化，用英文写成了一本专著，1939 年在美国出版。萨先生在第一个时期的工作树立了他的学术地位；他对于清华的学术环境是满意的；他在师生中留下了很好的印象；他在清华物理学系创造了值得纪念的功绩。他离开了清华以后，对于这个大学的重要事件，常在关心着，一直到他临终的时候。

1937 年 6 月南京政府任命萨先生为国立厦门大学校长。他对于教学及研究的热忱与成就无疑地使当时的教育部决定了这个最适当的人选。在七七事变发生后的第五天，他离开了北平，去就他的新职，他的第二个时期（1937 夏至 1945 夏）就紧张地开始了。他担任厦大校长八年，实际在校七年，刚刚遇到了一个很困难的并且在迁徙中的时期。他为厦大尽了十二分的力，解决了许多困难，设法聘请到几位好教师。但是厦大的教师还是不够的，因此他须要自己担任一班一年级的微积分。因为教本缺乏，他还编了一种微积分的讲义，以后他拿讲义整理成了一本书，这就是商务印书馆在 1948 年所出版的《实用微积分》。萨先生对于厦大真是做到了心力交瘁的地步，以致严重地影响了他的健康。在抗战期中厦大虽没有能大量发展，却有了重要的改进，树立了良好的校风。1949 年秋天萨先生的骨灰归葬在厦大的校址内，在他所用尽心力的地方永留纪念，这是最适当不过的。

在第二个时期中，除了处理繁忙的行政工作外，萨先生还发表了五篇研究论文（论文第十八篇至第二十二篇），其中有三篇是属于电路方面的，仍然继续他已往的主要工作。1944 年萨先生到美国去讲学，先后在麻省理工大学及史丹福大学担任访问教授，他的讲演题目是交流电机，以后他拿讲演的材料整理成一本书，1946 年在美国出版。萨先生在电机工程方面还有两本中文著作：一是《交流电路》，1948 年正中书局出版；一是《交流电机原理》，1949 年商务印书馆出版。

1945 年夏天萨先生从国外飞回重庆。朋友们发现他对于回到厦大的兴趣不太浓厚。当时在重庆的中央研究院刚要选聘一位总干事，院内院外的科学家都认为萨先生是一位很适宜的人选，他就应允了中研院的聘请而开始他的第三个时期的工作。从 1945 年秋天到 1948 年 12 月中旬，他替中研院办了两件繁重的事：一件是复员，一件是在南京建立一个数理化中心。正在国民党发动内战的时候，他竟能筹到款项，为数学研究所及物理研究所在南京九华山附近各造了一所房屋。他虽然没有能看到这两所房屋得到充分的利用，这样的建设终是对于国家有益处的。

对于中国物理学会，萨先生也尽心尽力地在多方面做了重要的贡献。从 1932 年到 1937 年，他先后担任学会的会计和秘书。从 1942 年起又先后担任学报委员会委员和学会副理事长。从 1946 年起到他病重的时候，他担任名词审查委员会委员兼干事。他对于物理学专门名词的翻译问题，常有很大的兴趣。

萨先生在清华担任教授的时候已经有胃病了。但是他的身体，一般说来是强健的。谁也没有想到他的胃病是属于癌性的。他爱好运动，特别喜欢打网球。他的夫人黄淑慎女士也是一位体育家。萨先生的球技很好。在清华园内，遇有空暇，他常同他的哥哥，有机化学家本铁先生，练习打网球，同别队比赛，常得胜利。加上他对于业务的努力，使人不容易想到在他的胃里已潜伏了一种重病。因此，他的病完全给耽误了。这真是不幸之至！

尤其令人伤心的是他刚刚死在中国逢到大转变的时候。他没有看到中华人民共和国的成立，没有参加中华人民共和国的建设工作。他的才干，对于自然科学在中华人民共和国的新生应该是一个巨大的力量，然而已无从发生作用了。他已过世了，但是祖国的自然科学界是忘不了他的功绩的。

1950 年 7 月 27 日于清华园

附：萨先生的著作表（LIST OF DR. SAH'S WORKS）

Ⅰ. 书（Books）

1. 普通物理学，上下两册（商务 1933).（General physics）
2. 普通物理实验（商务 1935).（Laboratory course in general physics）
3. *Dyadic circuit analysis*.（International Textbook Co. 1939）
4. *Fundamentals of alternating current machines*.（McGraw-Hill 1946）
5. 交流电路（正中 1948).（Alternating current circuit）
6. 实用微积分（商务 1948).（Practical calculus）
7. 交流电机原理（商务 1949).（Principles of alternating current machines）

Ⅱ. 论文（Papers）

1. Studies on sparking in air，Trans. A. I. E. E. 46（1927），604-615.

2. A note on the unbalancing factor of three-phase systems，Trans. A. I. E. E. 47（1928），343.

3. Representation of polyphase systems by multidimensional vectors，Proc. World

Engineering Congress, Tokyo 22 (1929), 111-124.

4. Application of space vectors to the solution of three-phase networks, Science Reports, Tsing Hua Univ. A, 1 (1931), 69-82.

5. The performance characteristics of linear triode amplifiers, Ⅰ and Ⅱ, Science Reports, Tsing Hua Univ. A, 2 (1933), 49-73, 83-103.

6. On a necessary condition for the maintenance of oscillations in class C linear triode oscillators, Science Reports, Tsing Hua Univ. A, 2 (1934), 269-275.

7. The modulation characteristic of linear triode oscillators, Science Reports, Tsing Hua Univ. A, 2 (1934), 277-288.

8. Representation of Stokvis-Fortescue transformation by a dyadic and the invariants of a polyphase impedance, Science Reports, Tsing Hua Univ. A, 3 (1935), 27-36.

9. Reciprocals of incomplete dyadics and their application to three-phase electric circuit theory, Science Reports, Tsing Hua Univ. A, 3 (1935), 37-55.

10. Equivalent three-phase networks, Science Reports, Tsing Hua Univ. A, 3 (1935), 57-63.

11. Impedance dyadics of three-phase synchronous machines, Science Reports, Tsing Hua Univ. A, 3 (1935), 127-178. (in collaboration with C. Yen 严晙)

12. Dyadic algebra applied to 3-phase circuits, Trans. A. I. E. E. 55 (1936), 876-882.

13. Analysis of unsymmetrical machines, Trans. A. I. E. E. 55 (1936), 1247-1248.

14. Complex vectors in 3-phase circuits, Trans. A. I. E. E. 55 (1936), 1356-1364.

15. Discussions on Kron's paper and on Sah's papers no. 12, 14, Trans. A. I. E. E. 56 (1937), 619, 1030-1031.

16. Quasi-transients in class B audio-frequency push-pull amplifier, Proc, I. R. E. 24 (1936), 1522-1541.

17. Experimental note on reactance of salient-pole alternators, Science Reports, Tsing Hua Univ. A, 4 (1937), 1-3.

18. Matrices and dyadics, Elec. Eng. 59 (1940), 329-330.

19. Two-phase coordinates of a three-phase circuit, Elec. Eng. 59 (1940), 478-480.

20. A matrix theorem, Elec. Eng. 60 (1941), 615-616.

21. A uniform method of solving cubics and quartics, Amer. Math. Monthly 52 (1945), 202-206.

22. "Diamond Seven" -chart for electrical computation, Elec. World 124 (1945), 100-101.

DR. A. PEN-TUNG SAH，a brief biographical note

By Chi-Sun Yen

Department of Physics，National Tsing Hua University

On January 31st，1949，Dr. A. Pen-Tung Sah died in the University of California Hospital in San Francisco. At hearing the news，Chinese educational and scientific workers and others who had attended his lectures and/or read his writings were stricken with deep sorrow. His death was the loss of an important research worker in the fields of physics and electrical engineering in China，that of an able and conscientious administrator in Chinese institutions of learning，and that of a great teacher of mathematics，physics，and engineering to Chinese university students. Throughout his life，his devotion to work was ceaseless and undivided. He accomplished very much，indeed，both in administration and research in his short span of forth-seven years.

Dr. Sah was born in July，1902 in a fairly well-to-do family of Foochow，capital of Fukien. He had a successful course of primary and secondary education. He was graduated from the then Tsing Hua College in 1921，and in 1922 sent on a government scholarship to America，where in Stanford University and Worcestor Polytechnical Institute he pursued electrical engineering and，as his work progressed and his interest widened，physics. After receiving his Doctorate of Science in 1927，he did research in a large electric manufacturing company for one year before he came back to China.

Dr. Sah's work after his return to China may be conveniently divided into three periods. In the first period，which covered nine years from the autumn of 1928 to the summer of 1937，he was professor of physics in National Tsing Hua University. His chief courses were General Physics，Electricity and Magnetism，and Principles of Radio. His lectures in General Physics were always well prepared，delivered in a rich voice，and illustrated with many demonstrations. Examinations were strict and frequent after ample opportunities had been provided for the students to raise questions. Based on his teaching experience，he wrote *General Physics* （Commercial Press，1933） and *Laboratory Course in General Physics* （Commercial Press，1935）. These books were widely used after publication and are still so today. In this period，Dr. Sah's research was the most fruitful，yielding fifteen papers out of a total output of twenty-two. Two sorts of problems occupied his interest. On the one hand，he solved problems of electric circuit by the dyadic method (ten papers) and on the other he studied the properties of the vacuum tube (four papers). The former served as the material of his lectures in the Electrical Engineering Department of Ohio State University in 1935 while he was on a sabbatical leave from Tsing Hua. Later the substance of these papers was developed into a book in English (*Dyadic Circuit Analysis*, International Textbook Co., 1939). Dr. Sah's work in the first period established his reputation as a scientist. He was well pleased with the environment of Tsing Hua, which is congenial to scholarship. On his colleagues and students in Tsing Hua, he made a very good impression, especially in the Physics Department, where he achieved many things worthy of his name. After he left Tsing Hua, he continued to take interest in the important aspects of her development right up to the time of his death.

In June, 1937, Dr. Sah was appointed President of Amoy University by the Nanking Government. His interest and accomplishment in teaching and research assured the Ministry of Education of a most fitting choice for the post. Five days after the Japanese invasion at Lukouchiao, he left Peiping for his new duties. So at this moment of national crisis, began his second period, which lasted from the summer of 1937 to the summer of 1945. For seven years during his tenure of office, he carried Amoy University through a difficult and migratory period. Here he surmounted innumerable difficulties. He succeeded in engaging several good teachers. But as they were insufficient in number, he had to teach one section of Freshman Calculus himself. For lack of textbooks, he even wrote for the course a textbook which was published by the Commercial Press in 1948. In Amoy University, he strained his mental and physical powers to the limit, seriously impairing his health. Though the development of the university was limited by war conditions, important improvements were made and order and discipline were established. To the campus of Amoy University, the remains of Dr. Sah most appropriately returned for burial in the summer of 1949.

In the midst of administrative labours, Dr. Sah managed to publish five papers (Papers Nos. 18-22), three of which were a continuation of his previous studies of electric circuit. In 1944, Dr. Sah went to America as Visiting Professor in Massachusetts Institute of Technology and Stanford University. His lectures were given on the subject of alternating current machinery and were developed into a book which saw print in America in 1946. Dr. Sah wrote two other books in Chinese on electrical engineering and they are *Alternating Current Circuit* (Cheng Chung, 1948) and *Principles of Alternating Current Machines* (Commerical Press, 1946).

On Dr. Sah's return to Chungking from abroad, friends found him not over-anxious to go back to Amoy University. Meantime, the post of Director-General of Academia Sinica had just been left vacant. It was agreed among all scientists in the academy and out that Dr. Sah would be the right candidate. So he was appointed and his acceptance of the new post marked the beginning of his third period. From the autumn of 1945 to the middle of December of 1948, two heavy tasks took up his whole time. One was the return of the Academy to Nanking and the other the establishment of a centre of mathematics, physics, and chemistry. Even at a time the Kuomintang army was initiating civil war, he succeeded to obtain a grant for erecting two buildings to house the Institute of Mathematics and the Institute of Physics in the environs of Chiuhuashan, Nanking. Although he did not see them put to full use, he was convinced of their benefit to the country.

To the Chinese Physical Society, Dr. Sah made important contributions in various capacities. He was Vice-President in 1946, Secretary from 1936 to 1937, and Treasurer from 1932 to 1935 and from 1942 to 1943. He served on the Board of Editors of the Chinese Journal of Physics from 1944 to 1945. From 1946 to the time of his collapse, he was Chairman of the committee for standardizing Chinese terminology in physics, taking a deep interest in this work.

Dr. Sah suffered from stomach ailments as early as during his teaching days in Tsing Hua. But, his general physique being strong, no one suspected them to be cancerous in nature. He was a lover of sports, especially tennis, which he played skilfully with his wife, *née* Miss Shu-Shen Huang, and his brother Peter Pen-Tieh Sah, an organic chemist. The Sah brothers had constant practice together and as partners of a double, they seldom met their peers. As Dr. Sah was never lax in his work, the possibility of incipient cancer was easily overlooked. It is to be regretted that his death was caused by insufficient medical attention before it was too late.

It is even more to be regretted that his death occurred on the eve of Chinese liberation. He did not live to see the founding of the New China or participate in national reconstruction. A talent which could become a power in the renaissance of natural science in the New China is, alas, vanished. Dr. Sah is dead but his achievements shall not be forgotten in the realm of natural science in China.

Tsinghuayuan, 27 July, 1950.

编注：

本文之中、英文稿同时发表于《中国物理学报》第 7 卷第 5 期第 301—308 页（1950 年出版）。

㊾ 建议成立中国地球物理学会

在中华人民共和国成立以前，全国的地球物理工作者只有几十人。但是在中华人民共和国成立以后，这门科学就得到迅速的发展，现在已经有相当大的工作队伍，并且已经在经济建设上起了一定的作用。全国地球物理工作者的总的成绩是应该加以肯定的。这样的高速度发展是因为地球物理是同经济建设有几方面的关联。是我国必须发展的一种学科。第一，要做好全国工业区域的规划，必须倚靠地球物理方面的几种数据。例如地震的数据是对于基本建设不可少的。第二，应用地球物理来探矿（包括固体的矿与液体的矿）是一种重要的探矿方法。第三，大气物理中的若干问题，例如水蒸气凝结的条件，倘能完全了解，使我们能进而控制雨量，这是与发展农业有很大关系的。第四，水产（包括鱼类及海藻等）的培养与海水中成分的利用需要研究海洋学。以上举的方面，不过是举例而已，一定是不完全的。

地球物理的研究也有它的基本性。例如地球的成分及各种原质的分布，及地球内部的状态，这几个问题搞清楚了，使我们能进而推想地球的演变过程。太阳的辐射对于大气的影响，这个问题搞清楚了，可使我们掌握一种比现有方法更有效的长期天气预报。许多人会说地球物理是一种新的科学，据我看来，这样说法是有问题的，也很有理由可以说地球物理是一种古老的而还在蓬勃发展的科学。好几种天然现象，例如地震，人类已积累了约有二千年的纪录。在中国的历史书籍中，地震的纪录尤为丰富。从科学发展史的角度看，地球物理问题的研究每每使物理学本身得到重要的发展。例如地球磁场的发现促进了磁学基本概念的奠定基础。十七、十八两世纪中，温度表的设计受到重视，这并不是因为那时的物理学家已经知道温度概念的理论基本性（事实上，他们还不知道），而是因为农业上须要大气温度的测定，医学上须要人体温度的测定。在本世纪中，研究大气中电离子的数目与高度的关系引导到宇宙线的发现。

地球物理是一门需要国际合作的学科。在不久即将来到的国际地球物理年，各国的科学家必定在合作之中表现出和平竞赛的努力。我国的地球物理，在中华人民共和国成立后得到重大发展，前面已经说过。但这几年的发展还是一个开端，将来的大发展，还靠我们努力来完成十二年的规划，使我们能在地球物理的若干部门达到国际水平，并且在国际的科学合作中放出光彩。

最后，我应当讲到科联与各个专门学会的关系。科联是全国自然科学方面专门学会的联合机构。它的任务是团结全国的自然科学界，为社会主义建设服务。对于应该成立而尚未成立的学会，科联应帮助它成立。对于已经成立的学会，科联应帮助它推动工作。各个专门学会的任务是团结在它的范围内的科学工作者，使每个会员在推进那一门科学上发生作用，因而使全国向科学进军的整个计划得到实现。以地球物理说，在学会成立以后，最近的一个例子是大气光学的研究（夜天光谱的研究）引导到明瞭两个氧原子合成一个氧分子的机构，并且引导到一种应用。反过来说，物理学上的重要进展也常使地球物理得到重要进展。例如 Eötvös①设计了灵敏的扭秤，这就使重力的测量大大地灵敏化了。磁性材料 supermalloy②的实现使做到能在飞机上勘测磁铁矿。

地球物理原来是物理学的一支，所以有以上所说的它们之间的息息相关的关系。为了地球物理的发展，成立一个专门的学会是有需要的。同时，为了地球物理的发展（当然，也是为了力学、物理学与气象学等的发展），地球物理学会、力学会、物理学会、气象学会等应该时常保持联系，并且不妨联合开会，以利交流。地球物理的研究机关招收研究生与研究实习员时，也不宜将专业与专门化的范围（指报名资格说）定得太狭。

编注：

本文原件为手写稿，共四页，藏于叶铭汉院士府宅。原文无页序，今按文意逻辑整理，题目为编者所加。

中国地球物理学会初次成立于 1947 年 8 月 3 日，中华人民共和国成立后该会搁浅。1950 年 4 月，成立了以赵九章担任所长的中国科学院地球物理研究所。1953 年 12 月在“国科联”（全国科学技术联合会，叶企孙在文中称为“科联”，今中国科学技术协会前身）领导下重组地球物理学会，成立了该会筹备委员会，但直到 1957 年 12 月该学会才正式宣告成立，并在北京召开第一次会员代表大会。

该文中述及的“不久即将来到的国际地球物理年”指的是 1957—1958 年度的第三

---

① 厄否（Eötvös，Roland，Baron von，1848—1919），匈牙利物理学家。——编者

② supermalloy，即超级坡莫合金，镍 79%，钼 5%，锰 0.5%，铁 15.5%。——编者

届国际地球物理年。该文中述及的“十二年的规划”是指1956年在党中央和国务院直接领导下制定的《1956—1967年科学技术发展远景规划纲要》。由以上事件断定，该文应写于1955年年底至1956年春。

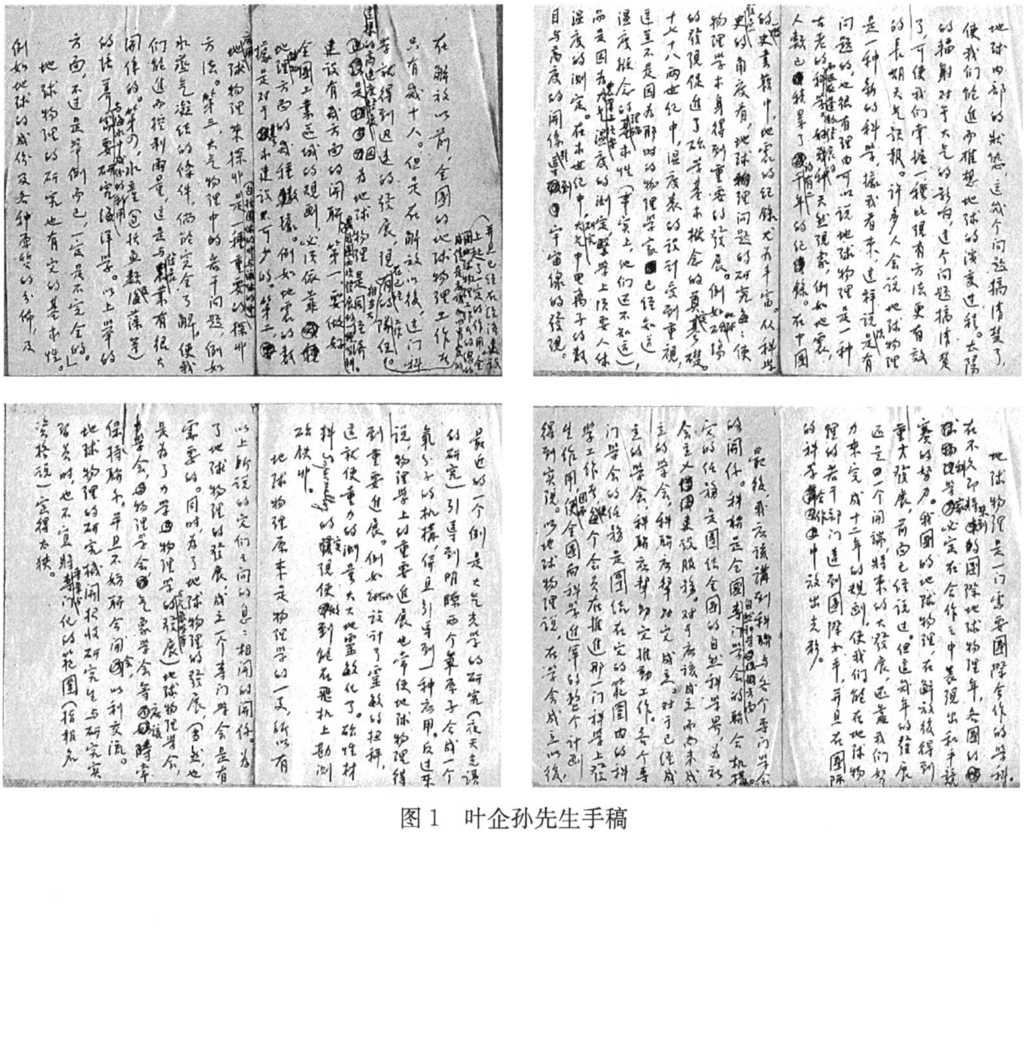

图1 叶企孙先生手稿

50 介绍李约瑟著《中国科学技术史》第一卷

本书的著者李约瑟博士是一位国际间知名的生物化学家及科学史家。他在英国剑桥大学讲授与研究生物化学多年。约二十几年前，他开始对于中国古代的科学与技术发生兴趣，于是开始学习中文，并搜集资料。在 1942—1946 年，他受英国政府的委托，在重庆办理中英两国间的文化与科学合作。这项工作使他有机会旅行中国各地，并搜集更多的资料，以进行中国科学与技术史的研究。他回国后，在王铃先生协助下，对于中国科学与技术史，做了广博而深刻的研究，并写成巨著《中国科学技术史》。

照原计划，全书分 7 册付印。第 1 册为引论，第 2 册为科学思想史，第 3 册为算学史、天文学史及地球科学史，第 4 册为物理学史及工程与技术史，第 5 册为化学与工艺化学史，第 6 册为生物学、农学及医学史，第 7 册讨论社会背景。据传闻，原计划现已扩大，改分为 9 册付印。已经出版的是原计划的第 1 册及第 2 册。

第 1 册为引论，包括 7 章。第 1 章为序言。在序言中，著者说出写这部书的目的是要回答以下几个问题：在上古与中古的各个时期，中国人对于科学、科学思想和技术的发展贡献了什么？为什么中国的科学，大致说来，继续停留在经验水平上，理论局限在原始的或中古的类型？但是在许多重要项目，中国走在古代希腊之先，后来又与阿拉伯并驾齐驱，而在纪元后 3 世纪与 13 世纪之间维持了一个西方所不能接近的科学智识的水平，这又是如何成功的呢？在科学理论与系统的几何学上，中国是弱的；但是一直到 15 世纪中国的技术发明比同时的欧洲先进得多，这是怎么样做到的呢？中国文化中有哪些因素阻碍了近代科学的兴起？在另一方面，古代的中国社会中，倘与古代希腊的社会或欧洲中古的社会做一比较，有哪些因素更有利于科学的应用？最后，科学理论在中国虽是落后的，但是一种有机的自然哲学却是同时在那里生长起来（指朱熹的自然哲学，详见原书第二册）。这种哲学很像近代科学经过了三世纪的机械唯物论后所被迫采用的，这又应该如何说明？这些问题是李约瑟博士所要讨论的（问题的提法是根据原文译出的）。

从这篇序言，读者可以看出著者的工作方法是精密而审慎的。他引用中国古书上的资料时，即使有西文译本，也并不单靠译本，而是对过中文原文的。在这序言中，他指出了德国汉学家 Forke 翻译《墨子》及《论衡》时的两个译错的例。

第 2 章叙述全书的写作计划，并介绍了本书所采用的文献编目方法。本书在每册之后附载本册所引用到的文献的目录，并分三项编列。第一项列公元 1800 年以前编著的中文书籍，第二项列公元 1800 年以后编著的中文日文书籍及期刊论文，第三项列西文书籍及期刊论文。这些文献目录对于研究中国科学技术史者非常有用。本章也介绍了中国文字的特点及本书所采用的中国字拉丁化方法。

第 3 章讨论文献。

第 4 章叙述中国的地理。著者将中国全境分为 19 个自然区域，简要地叙述了每个区域的自然地理与人文地理。

第 5 章及第 6 章简要地叙述了中国各朝代的政治史及文化史，第 5 章从史前期到周末，第 6 章从秦到清初。这两章虽然共只有七十余页，却总结了许多位中国考古学家、历史学家及西方汉学家的研究结果。读者随处可以看到著者阅读的广博与搜集资料的辛勤。例如叙述中国发明印刷术时，著者已讲到现存的一张隋代印刷品（一张防狗的通告，斯坦因第三次考察中亚时所获得，经法国汉学家 Maspero 整理出来，年份为公元 594 年）。又如叙述沈括的《梦溪笔谈》时，著者将该书的内容做了一个统计分析，指出与各种科学有关者共有三百十四条，使读者对于该书的重要性得到深刻的印象。在这两章中，著者指出了一些值得研究的问题。例如《隋书》中载有几种曾传到中国的婆罗门科学书籍的名称，但书都没有传下来。这些书所发生的影响大约是什么，这是值得用搜寻旁证的方法加以研究的。这两章中所载的年份有时有误，例如魏征等完成《隋书》的年份应为公元 636，而著者误为 610。

第 7 章的题目是中国与欧洲间科学思想与技术的往来情况。这章共有约一百页，是第一册的最后一章，也是最精彩的一章。这章的内容非常丰富，是分为十二大节写的，若干大节又分为几个小节。著者在这章里总结了许多中外考古学家及历史学家的研究著作，并加以批评。在第四大节中，著者指出中国文化与西方文化中，若干种出土文物（例如刀剑及斧）及古代传说等表现相当程度的类似性（原文为 parallelism，恐直译不易明了，故译其意如上）。这些类似性确是值得注意，但是它们的意义还是很不清楚。从第五大节到第七大节，著者叙述了陆路上及海路上通商途径的发展，因而也讲到游牧民族的迁移、动植物的传播及沿途的旅客。从第八大节到第十大节，著者讨论了中国与其他古代国家（包括波斯、叙利亚、罗马、印度及阿拉伯国家等）的文化接触与科技接触。著者的一个结论是中国的技术曾通过阿拉伯而传到中古时代的欧洲，但是中国的科学思想没有这样传过去。在第十二大节中著者讨论了古代发明的扩散与聚向问题。所谓扩散，是指某项发明发源于某一处，而后逐渐传至其他地区。所谓聚向（convergence），是指某项发明原来有不同地及不同时的开始，而后逐渐发展到相似的情况。这两种过程都是可能的。对于任何一项发明，须研究情况，然后作出结论，认为哪一种过程可能性是比较大些。在这一大节中，著者也总结了中国技术的西流，西流技术的项目共计有 26 项，详见原书第 242 页的表中。至于著者的若干结论，是否完全正确，因详细的论证还在以后将陆续出版的几册中，现在还无法评论。

第 1 册后附三个目录：（一）公元 1800 年以前著作的中文书；（二）公元 1800 年以后著作的中日文书籍及期刊论文；（三）西方文字的书籍及期刊论文。三个目录共计五十页，对于中国科学史的研究工作者非常有用。

从第 1 册的内容，已可看出李约瑟博士的这部著作将成为中国科学史方面的空前巨著。因为全球的学术界将通过这部书而对于中国古代的科学技术得到全面的清楚了解，所以，正如著者在序言中所说，这部著作也是对于促进国际间了解的贡献。

编注：

该文发表于《科学通报》1957 年第 10 期第 316—317 页。叶企孙发表该文时所署工作单位为“中国科学院自然科学史委员会；北京大学”。

李约瑟著《中国科学技术史》第一卷原文书名及出版单位为：

Science and Civilization in China，Vol. I，by Joseph Needham，Cambridge University Press，1954。

51 向自己的资产阶级思想作生死斗争

陈建功、叶企孙、王淑贞、王菊生、孟宪承、贺绿汀代表
在全国人大第五次会议的联合发言

我们完全同意李先念、薄一波两位副总理及吴玉章主任的报告，薄一波副总理在报告中所提出的关于文化教育的十项措施，对进一步改进我们的教育制度，使脑力劳动与体力劳动相结合是一个极其重要而适时的措施。我们以非常兴奋的心情听取吴玉章主任的报告，汉语拼音方案实行以后，将会大大加速提高全国工农文化水平，减少后一代学习文化的困难。

我国高等教育，中华人民共和国成立以来，在党与政府的坚强领导下，已经有了惊人的成就，大大改变了旧中国高等教育的面目，八年后的今天，已经有数十万大学毕业生，活跃在祖国经济文化各个战线上。各高等院校本身也由于经过院系调整与历次的各种思想改造运动，无论在科学水平、政治质量上都有很大提高。但是与目前我国蓬蓬勃勃的伟大的社会主义建设比较起来，我们感到自身存在着许多严重的缺点。

我国原来是一个文化落后、经济贫穷的国家，这是过去长期封建官僚反动统治的结果，在科学文化方面与我们这个伟大的新兴国家很不相称；因之，在中华人民共和国成立初期，虽然经济十分困难，我们的党还是以很大的力量来建设我们的高等学校，并且对一切知识分子都重视爱护无微不至；这是我们全体高等学校教师学生都亲身体会到的。

我们国家从过去的半封建半殖民地社会变成社会主义社会，是一个天翻地覆的革命，是两种完全不相同的社会制度的改变，是生产力与生产关系的彻底改变，是社会经济基础的彻底改变。我们的学校正是处在这个伟大的变革时代。从前我们的大学是

为资本主义社会服务的，从学校组织到个人的工作作风、思想方法都属于资本主义范畴。但是我们现在要为社会主义服务了，我们的学校和所有的知识分子如果不根据社会主义的要求加以彻底改造的话，就会与新社会格格不入，就会产生基础与上层建筑之间尖锐的矛盾。

在去年大鸣大放期间猖狂向党进攻的右派头子中，高等学校教师占很大比例，这不能不使我们触目惊心，这些人都是隐藏在高等学校内的社会主义的敌人，我们不能不坚决予以揭发批判，使他们无法去欺骗人民，危害我们的学校与国家。

我们不能否认，所有的教师、学生都已经受过八年的社会主义教育了，一般在思想上都有进步，为我国社会主义建设，做了很多工作，并且有些已经成为共产党员或共青团员了。但是，我们无论是教师、学生，生活在旧社会是十余年到数十年，生活在新社会仅仅八年，无论在生活习惯、思想感情各个方面，都与旧社会有千丝万缕的联系；一个人从资产阶级立场变到无产阶级立场，也是天翻地覆的思想感情的彻底改变，是整个人生观的改变。旧的思想感情是根深蒂固的，往往似乎理论上认识了，行动上没有改变；思想上似乎已经解决了，感情上又是另一回事。为什么是这样呢？根本原因是我们平日生活中严重脱离政治脱离实际；根本没有认识到政治思想的提高对于一个作为人民教师的人是一件头等重要的事情。人民教师是人类的灵魂工程师，我们的任务是要培养社会主义的新一代的科学家、艺术家、工程师、医师、教师。在高等学校里虽然也有不愧为真正的社会主义的人民教师的人，但是也有一些教师认为自己是科学家、文艺家，不是政治家，对政治没有兴趣，认为自己唯一的责任是科学研究，把自己的所长传授给学生；但是自己从来就没有意识到，自己的灵魂深处还依旧是资产阶级、小资产阶级的王国，不但自己的人生观尚带有深刻的资产阶级的烙印，自己的科学文艺思想也在许多方面带有资产阶级唯心主义的成分。

各高等学校教师过去创造教书不教人的现象，认为政治思想是党与行政的责任，与专业教师无关，其实给学生影响最深的就是专业教师，有怎样的老师就有怎样的学生；于是社会主义的高等学校也可以培养出资产阶级的学生来。

虽然在高等学校里不乏严肃地为社会主义服务的专家，但是严重的个人主义的资产阶级思想也相当普遍地存在。一切从个人出发，强调个人的兴趣，个人的前途，个人的利益；我们国家为了提高科学水平，培养更多的科学人才，买仪器请专家，不惜任何代价，但是部分教师、学生却把这些作为满足个人欲望的应得的一种权利，国家必须在一切方面满足个人的要求，稍一不能满足就一定是领导上官僚主义。国家鼓励教师进修，鼓励科学研究，于是一部分人就放弃自己应做的工作专门为副博士的学衔而奋斗。而相当多的学生则热衷于个人的成名、成家，其他什么都不管，专门钻研自己的业务，略有所成，就骄傲自满，目空一切，老子天下第一。

在科学研究方面，在高等学校里，虽然一般都能发挥集体力量共同提高，但是也有不少的人，由于个人主义思想，在科学研究方面依旧采取单干形式，互相不通声气，不能做到互相帮助互相学习；更恶劣的甚至当面虚伪地互相恭维，背地里则互不买账、互相攻击。也有的为科学研究而研究，为学术而学术，不考虑社会主义建设实际需要，在文艺方面则片面地强调关门提高，忽视群众普及工作。

我们党重视知识分子，而有些知识分子却自以为高人一等，看不起劳动人民，甚至连从劳动人民出身的干部都看不起，其实自己到底有多少知识呢！这种人起码少两种知识，第一缺少政治知识，第二缺少劳动生产知识；不知道在社会主义国家里，离开了党，离开了劳动人民就会无所依靠。

我们的劳动人民，中华人民共和国成立以来生活虽然大大地改善了，但是一般水平还是很低的。反观我们的高等学校里，从基本建设到有关教学及科学研究各方面的设备开支，铺张浪费的现象是相当严重的；把劳动人民生产出来的财富，任意挥霍，并不感到心痛。

从以上这些现象看来，我们高等学校里还存在着严重的两条道路的斗争。资产阶级思想在我们高等学校里尚有一定的市场。因此我们的党不得不向我们大声疾呼，要我们从睡梦中清醒过来，向我们自身所存在的资产阶级思想作生死的斗争。

在大鸣大放反右派斗争中已经给我们上了第一课，我们的认识已经提高了，接着又是全面的整改运动，通过大鸣大放，大争大辩，贴大字报，开辩论会等方法，我们大家明白了更多的道理，因而每个人有勇气有力量去揭发去批判自己所存在的一切资产阶级思想。

正当我国胜利地超额完成第一个五年计划的时候，我们党向六亿人民发出了响亮的号召，要在十五年或者更多一点的时间内在钢铁和其他重要工业产品的产量方面赶上或超过英国，在农业方面提前完成农业发展纲要修正草案的规定。全国人民正在响应党的号召，比先进，比干劲，掀起了生产的高潮，以英雄豪迈的心情，乘风破浪，向我们祖国美好的将来，大踏步前进。

全国高等学校也正在以乘风破浪之势掀起了全国整改的高潮，上海市高等学校，在上海市委领导下，响应党中央关于勤俭办学、培养又红又专的知识分子、劳动锻炼、向工农开门等方面具体指示精神，召开各种会议，进行热烈的争论，切实的检查，出现了一片新气象。在勤俭办学方面，一九五八年预算节约出五百万元，各校教职员分批下乡到郊区参加长期体力劳动，使农村文化生活更加活跃。各校都竞相订计划提高教师“左”派比例，提高学生工农成分比例，举办函授学校、业余学校、大学预科班、干部进修班等以便利工农干部学生进修。对加强学生政治思想教育、劳动锻炼、联系实际、加强教师对学生全面负责提高教学质量等方面都在计划分别作出具体安排。并且纷纷拟订五年科学研究计划，掀起了科学研究和文艺创作的热潮，这一切都是在整改运动中令人兴奋的新气象。

我们伟大的祖国将来要成为世界上最先进的社会主义国家之一，所需要的又红又专的专家，不是几十万，而是几百万，因此我们的责任是重大的，任务是光荣的；但是首先必须把我们自己改造好，成为真正工人阶级的又红又专的专家。因之，目前头等重要的事情，就是要正视我们高等教育中所存在的两条道路的斗争，正视我们每一个人从旧社会带来的一切资产阶级个人主义的思想，用大鸣大放大争大辩的办法，通过严肃认真深刻细致而又实事求是的批判检查，彻底完成目前正在进行的全面整风运动，下决心丢掉旧社会带来的一切大小包袱，下决心到实际劳动中去锻炼自己成为工人阶级队伍中的一员，精神百倍，充满信心，在党的坚强的领导下，和工人农民一道，迈开整齐的步伐，奔向祖国伟大的明天。

编注：

本文发表于《新华半月刊》1958 年第 8 号第 76—77 页。它是上海代表陈建功、叶企孙、王淑贞、王菊生、孟宪承、贺绿汀的联合发言。

1958 年 2 月 1—11 日在北京召开第一届全国人民代表大会第五次会议。本文是在这次会上的上海市高级知识分子的联合发言。其中陈建功（1893—1971）是著名数学家和数学教育家，时任复旦大学数学教授，1959 年后曾任杭州大学教授、副校长。王淑贞（1899—1991）是著名妇产科专家，毕生从事妇产科的医疗、教学和科研工作，自 1951 年起一直担任上海医科大学妇产科医院院长。王菊生（1917—）是纺织染整专家、教育家，1957 年由纺织部调至华东纺织工学院（今东华大学）任纺化系染整教研室主任。孟宪承（1899—1967）是现代教育家，时任华东师范大学教授、校长。贺绿汀（1903—1999）是著名音乐家和教育家，时任上海音乐学院院长。他们都是来自高等教育界的代表，且多在上海高等学校工作。叶企孙时为北京大学物理学教授，因出生于上海，故作为上海代表。

52 托里拆利的科学工作及其影响[①]

今天我们聚集在这里，纪念一位诞生于三百五十年前的意大利的伟大自然科学家托里拆利。他生于1608年10月15日，卒于1647年10月25日。虽是享寿不长，他对于力学、流体力学、气象学及数学都有重要的贡献。他的最重要的贡献是一个用水银柱做的实验。这是一个装置简单而有重要意义的实验。它决定性地证明了大气是有压力的，并且建立了测量大气压力的基本方法。在人类研究气体性质与液体性质的历史过程中，这个实验是划时代性的。

托里拆利诞生于意大利北部的法恩萨（Faenza）城，他在耶稣会教士所设立的学校中受到初步的教育。因为他表现出对于数学的本领，他的家庭在1627年送他到罗马，在加斯特里（Benedetta Castelli，1577—1644）处学习。加斯特里是伽利略的一位著名的学生。他受了教皇的聘请，在教廷担任数学家及自然科学家；同时他在罗马传布他的老师用来研究自然现象的实验方法与理性主义。托里拆利在加斯特里那里学习了伽利略的科学方法。

托里拆利（Evangelista Torricelli，1608—1647）

托里拆利生长在欧洲的学术思想因为伽利略的科学工作而发生重大变化的时代。1609年，伽利略用望远镜看到了木星的卫星，这个发现有力地支持了哥白尼的天文学说。伽利略对于哥白尼学说的支持引起了教廷的注意。

① 此文为叶企孙1958年12月19日在中国物理学会举办的托里拆利诞辰350周年纪念会上的报告。——编者

1616 年，教廷禁止了伽利略的言论，并由一位大主教宣布哥白尼的学说是错误的。但是这个新学说仍可当作一个物理假设来教授。所以加斯特里虽在教廷工作，仍能在罗马传布伽利略的科学方法。在 1632 年 6 月伽利略的巨著《关于两个世界系统的对话》出版了。两个世界系统是指托勒玫的学说与哥白尼的学说。这书的出版虽在某种条件下得到了教廷代表人的允许，但伽利略仍因此获罪。1633 年 6 月，他被教廷判处禁锢之刑，最后被流放到阿尔斯特里（Arcetri）。

伽利略在流放地在 1638 年完成了他的最重要的著作《关于两门新科学的对话》。两门新科学是指力学及材料力学。在这部对话中，伽利略总结了他的许多实验和从而得到的结论，也给予了亚利斯多德①的力学重大打击。托里拆利受了这部对话的鼓励，更努力于研究力学。他的一篇关于重力的论文建立了他的科学名誉，也引导到他和伽利略的密切关系。1641 年，加斯特里到阿尔斯特里访问那时已双目失明的伽利略，向他读了托里拆利的论文。受了伽利略的邀请，托里拆利在同年九月到了阿尔斯特里来亲受指导，并担任了伽利略的秘书。不幸的是，他们在一起讨论问题的时期只有几个月，因为伽利略于 1642 年 1 月去世了。

那时，托里拆利的才能已被众人所公认。在伽利略卒后，托斯卡恩大公爵菲迪南二世请他接任伽利略的工作，就是说，担任爵廷的数学家。托里拆利接受了这邀请，移住到佛罗伦萨，在那里做了约五年半的研究工作。他的重要贡献就在这时期内做出来的。

首先，我应当比较详细地叙述他的最重要的贡献，就是那个用水银柱做的实验和气压表的创造。在从古代经过中古时期，一直到近代的初期还在传授的所谓亚利斯多德物理学中，有一条“自然憎恶真空”的原则。这条原则显然是用了人类的情感名词去理解自然界的现象。这样的原则在现代人看来是不可解的，是很不科学的，但古人用它来说明液体的若干种升降现象，例如吸水式抽水机中水的上升。吸水式抽水机是人类的一件比较早的机械创造，在亚利斯多德时代已经有了。在 16 世纪的欧洲，因为矿区抽水及城乡供水的需要，吸水管的长度是在逐步增高。据一个传说的故事，有一位佛罗伦萨的园丁报告伽利略说：在他的抽水机中，水只能升到一定的高度，而不能超过这高度。伽利略起初还以为这是机器的毛病，后来证实了机器没有毛病，肯定了这现象。在表示惊异之后，伽利略只回答说：自然的憎恶真空显然是有一定的限度的。在他的《关于两门新科学的对话》中，伽利略对此问题也做了不正确的解说。他说：水的本身的重量使一条水柱不能过分高。我们现在觉得很奇怪的是以下的事实。伽利略原来知道空气是有重量的，并且曾做过实验来估计空气的重量。但是他没有拿水柱的重量和大气柱的重量联系起来。他的学生托里拆利的大成就就是看到了这个联系，因此在了解流体柱的平衡现象上跨进了一大步。托里拆利用水银柱做的实验和气压表

① 即亚里士多德。——编者

的创造是中学物理教本中都说到的，这里无须详叙了。

1643 年，托里拆利开始了用水银柱做的实验。1644 年 6 月，在给里希（Ricci）的两封信中，他详细叙述了这些实验，并给空气压力的一般现象做了正确的分析。不同气候条件下的气压变化也已被认识了，但还没有准确地度量出来，因为温度对于水银密度的影响那时还不知道。巴黎的梅桑（Mersenne）在 1644 年知道了托里拆利的实验后，巴斯加（Pascal）在 1646 年复做了这些实验。1648 年，根据巴斯加的建议，潘里尔（Perrier）在不同高度观察了气压的变化。1654 年左右德意志物理学家关列克（Guericke）做了几个表演性特别强的关于大气压力的实验。最后，应该提到巴斯加的两部著作《论液体的平衡》和《论大气的重量》是在他的死后一年（1663 年）出版的。关列克的著作《论真空》完成于 1663 年，出版于 1672 年。这些重要著作最后建立了大气压力的事实与数量，也建立了流体柱平衡的规律。对于托里拆利大贡献的前因后果，我说得比较详细，目的是要表达出这贡献的重要性，并且使读者了解，这个伟大的成就的取得并不是偶然的，正是由于托里拆利继承了从哥白尼到伽利略的热爱真理的传统，不迷信偏见，一切问题都用实践来证明它的正确与否，并在实践中按照事物本来的面目去认识自然的规律，从而推翻了所谓“自然憎恶真空”的唯心主义说法。

在固体力学方面，托里拆利也是有贡献的。对于一系静止的有联系的重量在重力的作用下开始运动的条件，他已看到了只有当运动的结果是使这一系的重心下降时，方才能开始运动。他也研究过抛物的运动。

液体的动力学是托里拆利所创立的。他在这方面的基本工作见于他的几何学论文集（1644 年在佛罗伦萨出版）中。他证明了当水从一满盛水的容器的旁面一小洞流射出时，水流的路线是一抛物线。他也证明了单位时间内流出的量是和一个从空的器内水面平高处到与小洞平高处的自由下降体所能得到的速度成正比例，就是说，这流出的量是和在小洞之上的水柱的高的平方根成正比例。后来，约翰·柏努里和但尼尔·柏努里在液体动力学方面的进一步研究是建立在托里拆利的基础工作之上的。

在光学方面，托里拆利设计了制造显微镜的方法和磨光望远镜上用的透镜的方法。

在气象学方面，除了认识了大气压力的存在与设计了气压表，托里拆利也认识了风的成因。他认为大气压平衡的扰乱将产生空气的流动，这就是风。在一次演讲中，他假设在空气比较稀薄的区域与空气比较稠密的区域之间，平衡是通过气流而产生，这气流就是风。

托里拆利在佛罗伦萨时期的实验工作是和维维安尼（Viviani）等合作进行的。在大公爵里奥帕尔特的鼓励与协助之下，这几位科学家已形成了一个非正式的组织。在托里拆利去世后十年，即 1657 年，这个组织方才在佛罗伦萨正式成立，取名实验学院（Academia del Cimento）。这是欧洲成立最早的科学会。这个组织的寿命虽然只有十年，从 1657 年到 1667 年，但它在整个欧洲所产生的影响却是很大。它宣扬了实验方法，改进了实验技术，扩大了实验方法的应用范围。1667 年，这实验学院的实验报告共分十四集出版。这报告集是用意大利文写的。1684 年，它的英文译本在英国完成了。1731 年，它的拉丁文译本也有了。这报告集事实上成了一个时代的一种实验范本。

托里拆利全集的最近一版是在 1919 年在他的出生地法恩萨出版的。为了纪念他的诞辰三百周年，法恩萨的人民辑印了这全集。编辑是洛里亚（G. Loria）和伐苏（G. Vassure）。

综上所述，托里拆利在物理学气象学及数学方面都有伟大的贡献，而他的认识大气压力的存在对于气体性质的研究是一个关键性的进展。他的工作发展了实验方法，他的成就宣扬了实验方法的优越性，使它很快地在欧洲传播。

这些事实，充分说明了托里拆利的工作具有很高的价值。它们与人民的需要是密切相关的。虽然从科学已十分发达的今天来看，托里拆利的工作有些是比较“简单”的，但是在当时科学发展的阶段来说，这些工作正是劳动人民认识自然，并进而让自然界的一些现象为自己服务中的重要问题。正因为如此，人民一直在纪念他的功绩。

今天我们纪念托里拆利诞生三百五十周年的时候，应该学习他那种热爱科学，热爱真理，坚持不懈，把自己的劳动贡献给劳动人民的精神。

编注：

本文发表于《科学史集刊》第 2 期第 14—17 页（1959 年 6 月，科学出版社出版）。

53 巴斯加尔在科学上的贡献

今年八月十九日是法国大科学家兼文学家勃莱士·巴斯加尔[①]去世的三百周年纪念日。他是今年世界和平理事会决定纪念的文化名人之一。巴斯加尔这个名字，对我们来说是不生疏的。凡是念过初中物理学课本的，都会知道著名的巴斯加尔液压定律。这位法国学者一生科学作出了一些什么样的贡献呢？

勃莱士·巴斯加尔
(Blaise Pascal，1623—1662)

巴斯加尔出生以前，新的实验科学已经开始。伽利略研究物体的下坠是在十六世纪的九十年代。在1600年，吉伯发表了名著《关于磁体》。在这部书里，他叙述了他所做的对于磁性体的新观察与新实验，并且设法理解他所看到的现象。在1610年伽利略用望远镜看到了木星的卫星。在1620年，法兰西斯·培根[②]发表了《新工具》一书，主张对于自然界的观察不应受着古人的限制，而应在多方面的实际观察中寻求利用它们的窍门。但总的说来，这些只是近代科学的童年。

巴斯加尔从七岁起，在他的父亲教育下，学习进步得很快。但他的父亲并不鼓励他早学数学。到了十二岁，有一天他问父亲几何学是讲些什么。想不到巴斯加尔就根据父亲的清楚的回答，开始自己研究起几何学问题来了。还没有读古希腊学者欧几里得的《几何原本》，他就自己证明了几条定理，其中的一条是：任何三角形的三个角的

---

① 今译为布莱士·帕斯卡。——编者
② 今译为弗兰西斯·培根。——编者

和等于两个正交角。他从父亲处得到了一部《几何原本》。对于一般少年，读通《几何原本》是一个比较难的任务；但对于巴斯加尔，那就好像是游戏，兴味盎然。实际上，他放弃了普通的游戏，而整天都在十分专注地考虑几何问题。

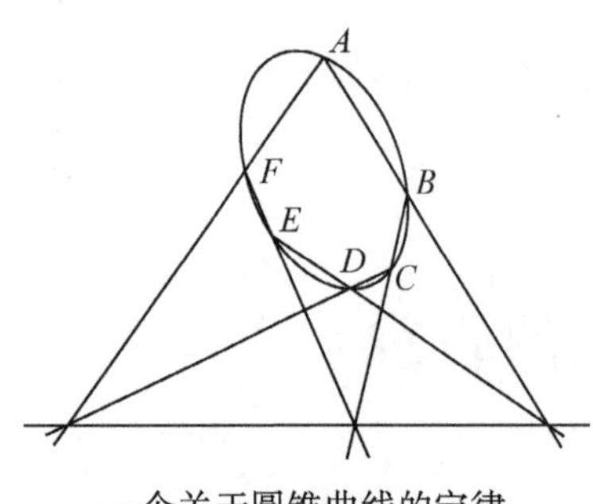

一个关于圆锥曲线的定律

约 1639 年（约十六岁），巴斯加尔发现了并证明了一系列现在属于投影几何范围的定理。其中最有趣的一条定理是：A，B，C，D，E，F 是一条圆锥曲线（椭圆，正圆，抛物线或双曲线）上的任何六点（见图，这里是椭圆）。连结这六点，成一个六边形。三对相对边各相交于一点。这三个交点是在一条直线上。

巴斯加尔非常重视这条定理；他环绕这条定理推导出约四百条关于圆锥曲线的定理，将希腊数学家所已知道的一部分定理也包括在内。这样，他系统地写成了一篇关于圆锥曲线的论文。这篇论文从来没有付印，显然稿件已经遗失了。但是，无疑地他确曾写过这篇论文，笛卡儿曾经读过这篇论文，他惊异作者对圆锥曲线研究的透彻，因而不相信它是像巴斯加尔这样年轻的人所能写出的。此外，德国著名数学家莱勃尼兹也曾经读过它，并且对其中一部分的内容作过报告。用投影法来研究几何问题是希腊数学所没有的。虽然首先用投影法的是法国数学家台查格，但巴斯加尔在这方面的贡献也是很得要①的。

1641 年（十八岁）巴斯加尔设计了并实际做成了历史上的第一架计算机，这是我们的时代所盛行的有各种式样的计算机的始祖。这架计算机，从设计到做成完全可用，总共花费了十年长的时间。因为巴斯加尔的设计非常巧妙，而当时的工艺一下子不能达到这样高度的水平。

在 1648 年（二十五岁）巴斯加尔的科学工作转向物理学方面。他证明大气压强的存在的工作，是物理学发展史上的一件大事。

在欧洲，从古代到近代的初期，一直在传授着亚利斯多德的物理学中的一条所谓“自然憎恶真空”的原理。古人企图用它来说明液体的若干种升降现象，例如吸水式抽水机中水的上升。我们知道，在抽水机中，当机中的空气被抽空了，水就在外界压强作用下，几乎同时沿着吸水管上升。但亚利斯多德却认为，大自然有一种憎恶真空的本能，为怕机中出现真空，水就沿管上升了。这显然是不科学的。然而人类从这种思想中解放出来，认识到大气压强的作用，却经历了漫长的历史时期。到了伽利略的时代，人们已发现，水在吸水管中只能上升到一定高度。不过当时伽利略却并没有能正确地加以解释。后来，他的学生托里拆利方才想到，管中液柱是受外界大气柱所支持。在 1643 年，他在这个思想的基础上，创造了水银气压表。次年，他更认识到不同气候

① 即很重要。——编者

条件下，气压会发生变化；但是没有准确地度量出来，因为温度对于水银密度的影响那时还不清楚。直到 1646 年后，才由巴斯加尔、贝里尔、盖列克，建立了大气压强的量的概念，也建立了流体柱的平衡定律。巴斯加尔的两部著作《论液体的平衡》和《论大气的重量》是在约 1651 年写成的，但到 1663 年才出版。

1648 年，根据巴斯加尔的建议，贝里尔在不同高度观察了气压的变化。贝里尔在法国中部的一个山，比较了山顶上和山底下的水银柱高之后，于 1648 年九月二十二日写信给巴斯加尔，报告了实验情况。因为这是一份很好的实验报告，简要地译述如下：

“在那一天的早晨八点钟，我们聚集在一个修道院的花园里，那里几乎是镇上（在山脚下）的最低点。首先，我拿十六磅水银注入一个容器，这些水银我已于前三天内纯化了。拿两条管孔同样大小的玻璃管，每条约四英尺长，一头密封，另一头开着。在同一容器中，我用每一条管做了普通的真空实验（即指托里拆利式水银柱实验）。当我不让它们离开容器而让它们相邻直立时，就可看到两管中的水银面是在同一水平；每一管的水银面高出于容器内的水银面二十六英寸又三条半线（‘线’字指一英寸内的划格）。在同一地，用同一水银，用同一容器和管，我重复了这个实验两次；每次都看到管内的水银面在同一水平和同一高度，像第一次看到的那样。”

“这些工作做后，我让两个管中的一个留在容器内，为了继续观察；在管上我标记了水银的高，并恳求了一位神父，负责整天逐时观察，注意水银柱的高有无变化；这位神父既仁慈，又能干，并且对于这类事情能想得很清楚。带了另一管和同一水银的一部分，我同伙伴们升高到山顶，那里高出于修道院的花园约 500 端斯（古代法国的长度单位，约合 1.95 米）。在那里，我们做了同样的实验，看到了水银柱的高只有二十三英寸又两条线；与在修道院的花园里所得到的结果相比较，水银柱的高减少了三英寸又一条半线。得到了这个结果，我们非常高兴与惊异，使我们，为了自己的满足，愿意重复这个实验。我于是在山顶各处很准确地重复了五次，一次在室内，一次在露天，一次在阴闭处，一次在风中，一次在好天气情况下，一次在雨雾中，每次都留心地去看管内的空气。在这些试验中，都得到了同一的水银柱高，就是说，与在修道院的花园里相比，减少了三英寸又一条半线。我们对于这个结果完全满意。……”

这封信的下半讲到下山时做的实验，并报告在修道院花园里的管中的水银柱高整天没有变。

巴斯加尔对于这信所表示的意见也很有意义，译出如下：

“这个报告扫除了我以前所想到的各种困难。我读了后非常高兴。我注意到当高度相差 20 端斯时，水银柱高相差两条线；当高度相差六或七端斯时，水银柱高相差约半条线。这使我想到在巴黎城中也容易试验。圣约克教学钟楼的顶高出于底从 24 到 25 端斯，我在那里果然看到水银柱高相差两条多线。我又在一所私人住宅做了实验，当我上升 96 步（指楼梯步）后，我很清楚地看到水银柱高减少半条线。这些事实与贝里尔的报告完全符合。”

巴斯加尔和贝里尔所做的实验是很生动的，是每个人能在自然环境中重复的。它无疑地使托里拆利所开始的工作推进了一步。

巴斯加尔对于液体内的压强以及液体加于它所接触到的物体表面的压强，曾进行了系统的研究，并用力学原理加以说明。液体柱加于接触面的压强只与液体的密度和液体柱的垂直高度成正比例，与接触面的大小和液体柱各截面的形式无关。这个奇异的事实，是首先由巴斯加尔完全说清楚与完全理解清楚的，所以现在称为巴斯加尔定律。巴斯加尔的系统著作《论液体的平衡》是液体静力学的第一部近代名著，读者都能随处感觉到巴斯加尔的说理清楚。

托里拆利、巴斯加尔和贝里尔的对于大气压的实验结果，使巴斯加尔看到液体的平衡定律可以推广到气体。至于气体的压力基本上是动力的，是气体分子的热运动所产生的，这一点巴斯加尔还没有看到。

宗教信仰对于巴斯加尔的影响与年俱增，他终于在 1654 年（三十一岁）进修道院。在修道院中，他前后共写了十八封论宗教问题的公开信（第一封于 1656 年 1 月付印）。这些书信和他的另一部宗教著作《关于守孝的思考》（在他去世后方付印）被公认为法国文学中的散文名著。不亚于笛卡儿，他对于建立法文的散文风格是有贡献的。

但巴斯加尔仍然尽心研究数理问题。就在他进修道院的那一年前后，他和法国大数学家费马常有信札往来，讨论现在所谓概率论的基本问题。概率论的基础是巴斯加尔和费马共同建立起来的。爵士梅尔莱向巴斯加尔提出一个有关赌博的问题。为了读者的方便，我们不妨不说原题，而提一类似的问题。譬如两人下围棋，还没有决定胜负；在下到某一局势时，要求计算谁胜谁负的概率。类似于这样的一个并不简单的问题引起了两位数学家的注意，使他们考虑概率论的基础。概率论虽是从这样的一个小问题开始，现在却已发展到用途甚广。例如统计物理学，是现代物理学的一个重要部门，它就是概率论用到物理学问题上所产生。有科学意义的问题，虽小也不可忽视，因为它的将来发展可能是广大的。

在巴斯加尔进修道院后，他的数学才能还有最后一次的发挥。在 1658 年，他研究了关于摆线的数学问题。当一个圆轮沿着平面上的一条直线无滑脱地滚动时，轮周上的一个指定点在空间所画出的一条曲线就叫摆线。从 1501 年起，欧洲的数学家研究摆线的很多，尤其是在十七世纪。例如惠根斯[①]证明了以下定理：有一小圆球在摆线的凹的一面的任何点（将附图上的摆线上下倒过来看），它从静止状态开始沿着凹面滑下去，它将在同一时间达到摆线凹面的最低点。在设计准确摆钟时，惠根斯就利用了摆线的性质。为了同一理由，我们称这条曲线为摆线。巴斯

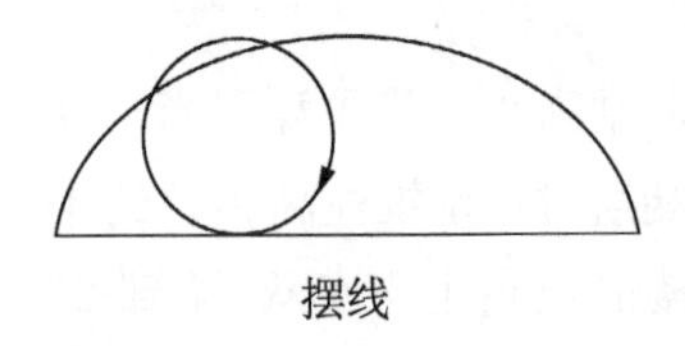

摆线

① 即惠更斯。——编者

加尔对于摆线的研究解决了它的许多主要问题。因为有系统的微积分方法那时还在萌芽中，我们对于巴斯加尔在这方面的成绩更为钦佩。

总结巴斯加尔在科学上的重要贡献，在数学方面，他发展了投影几何，奠定了概率论的基础，并对于微积分的萌芽有重要贡献；在物理学方面，他建立了流体静力学的基本定律，并确定了大气压力与高度的关系，从而比托里拆利更进一步肯定了大气压力的存在。

巴斯加尔体质很弱。从1640年（十七岁）起更是常在患病。在1658年后，巴斯加尔的病况更加沉重了。终于1662年8月去世，只三十九岁。巴斯加尔在短促的一生中，对于数学及物理学，确是在多方面做出了重要的贡献。他既天资聪明，又能勤于学习，勤于研究，时常带病工作，这是他有伟大成就的原因。在三百年后的今日，他的勤奋精神还是值得我们学习的。

编注：

本文发表于《科学大众》1962年8月号第228—229页。

54 中国天文学史的研究

天文学史的研究在我国有悠久的传统。二十五史中的天文志、律历志都是总结当时天文学上成就的文章。历代著名的天文学家对于我国天文学的发展史也都是相当熟悉的。例如一行的“大衍历议”和郭守敬的“授时历奏议”，都将天文和历法的演进说得很清楚。这一优秀传统，到了清代得到了更大的发展。钱大昕（1728—1804）、阮元（1764—1849）、李锐（1768—1817）和顾观光（1799—1862）等对于中国天文学史都曾作出重要贡献。阮元和李锐等编辑的《畴人传》，搜集了中国数学家和天文学家的不少史料，为后人的进一步研究创造了便利条件。

从五四运动到中华人民共和国成立这一时期内，朱文鑫做了不少工作。他编著的《历法通志》《历代日食考》《天文考古录》《天文学小史》等书都有相当价值。此外，竺可桢、钱宝琮等人也有一定成就。

中华人民共和国成立后，历史科学工作者负担着一个新的重要任务，就是要站在劳动人民的立场，用历史唯物主义的观点来研究和编写祖国的历史。在自然科学史方面，中国科学院于 1952 年召集对科学史有兴趣的科学家们举行了一次座谈会，来讨论如何开展工作。1954 年成立了中国自然科学史研究委员会，规划与协调有关科学史的研究与编辑工作。1956 年 7 月在北京召开了中国自然科学史第一次讨论会，会上宣读的论文中有关于天文学史的 4 篇。9 月竺可桢副院长率领代表团到意大利参加第 8 届国际科学史会议，在提出的论文中有关于天文学史的 3 篇，即竺可桢的《二十八宿起源问题》[1]、钱宝琮的《授时历法略论》[2]和刘仙洲的《中国古代在计时器方面的发明》[3]。

1957 年 1 月，中国科学院成立了中国自然科学史研究室，室内设天文学史组。两年来，这个组的干部配置逐渐有所加强，目前正在组织协作，准备写出一本《中国天文学史》。

1957年2月6日到11日中国天文学会第一届会员代表大会和紫金山天文台学术委员会成立大会一并在南京举行。在会上宣读的论文中，有钱宝琮的《盖天说源流考》和席泽宗的《汉代关于行星的知识》等4篇是属于天文学史的。

十年来，天文学史方面的普及工作也做了不少。1956年5月中华全国科学技术普及协会在北京建国门古观象台的地方成立了中国古代天文仪器陈列馆，作为一个永久机构，宣传我国古代在天文学上的成就。

现就十年来所发表的关于中国天文学史的研究论文，选择几个重要的项目，分别介绍于后。

（一）关于盖天说的研究

钱宝琮对《周髀算经》中的盖天说曾研究多年。他在《盖天说源流考》这篇文章中总结了他对于盖天说的研究[4]。

在这篇论文中，作者首先根据《周髀算经》介绍了盖天说的内容，并指出《周髀算经》中所用的观测数据包含着内在的矛盾，因此"很难认为都是实际测量的结果"。作者进而讨论盖天说中的七衡六间图，并指出它的困难。作者也讨论了该书中所用的测量二十八宿距星间度数的方法。论文的后半讨论了盖天说的产生时代。作者指出"天圆如张盖，地方如棋局"大概是最原始的"天圆地方"说。这种说法后来修改为"天像盖笠，地法复盘"，像《周髀算经》中所说的。作者指出盖天说中关于二十八宿的知识符合于前汉初年天文学的水平。因此，作者认为修改过的盖天说是在前汉初期产生的。作者指出盖天说的主要内容是把关于天的高明、地的广大、昼夜的更替、四时的变化等感性认识加以整理，提升到理性认识。它虽然有些假借形象和勉强配合数字，但基本上是要求合于客观现实的，对于当时天文学的发展起了主导的作用。

（二）中国史籍中客星记录的整理

中国史籍中关于客星的资料甚为丰富。所谓客星就是现代天文学上的新星与超新星。新星与超新星的出现表示一种爆发过程。当代的天体物理学工作者认为爆发后的星虽然暗到无法用光学望远镜观察到，但是它可能变为一种射电源而可用射电望远镜观察到。因此，古代的客星所在之处现在还可能观察到射电源。1955年席泽宗从中国史籍中整理出90项可能的客星记录，编成"古新星新表"[5]。这篇论文引起了各国天文学界的注意，因为它可能帮助天文工作者寻得还没有发现的射电源。

这篇论文对于回答天体演化学所提出的问题也是有帮助的。例如，在银河系内，超新星爆发的频率如何？新星是否能多次爆发？关于第一个问题，作者得出平均每150年银河系内有一次超新星爆发。关于第二个问题，作者认为除了现在已知的七个再发新星以外，可能还有两个再发新星（一在牧夫座，一在武仙座）。

（三）宋代水运仪象台模型的制作

中国古代用壶漏的方法测量时刻。但时刻的标准究竟是什么呢？很早就有人注意到天球运转的规律性。这种规律性使得人们相信可以把天球的运转当作均匀运转的标准，也就是说，当作时间的标准。因此，标准壶漏的基本方法就是把壶漏所给的时刻与天球运转所给的度数相比较。汉代的张衡创制了水转浑天象，唐代的一行和梁令瓒又有所改进。到了宋代元祐年间，用水为原动力的机械运转装置得到了进一步的改善。苏颂等用这种装置创置的水运仪象台是在1088年完成的。苏颂所编的《新仪象法要》就是这个台的详细说明书。很可欣幸的是这部书现在还存在。1956年英国剑桥大学的李约瑟（Joseph Neednam）、王铃和普拉斯①（Derek J. Price）把《新仪象法要》的内容和欧洲中世纪的天文钟做了比较研究。他们得出的结论是：苏颂的水运仪象台所代表的“中国天文钟的传统似乎很可能是后来欧洲中世纪天文钟的直接祖先”[6]。

图1　水运仪象台的模型

① 今译为普赖斯。——编者

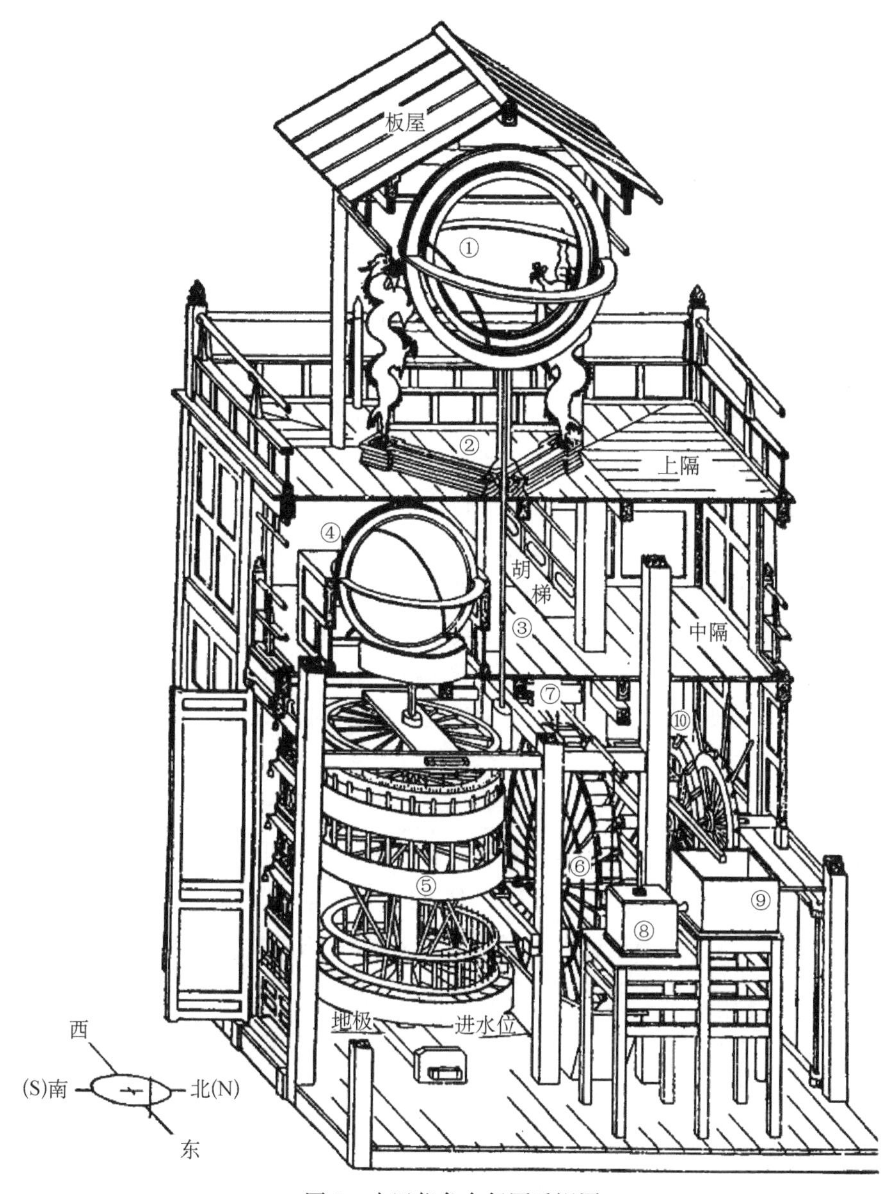

图 2 水运仪象台复原透视图

①浑仪；②鳌云、圭表；③天柱；④浑象、地柜；⑤昼夜机轮；⑥枢轮；⑦天衡、天锁；⑧平水壶；⑨天池；⑩河车、天河、升水上轮

因为宋代的水运仪象台对于天文学及钟表机构来说都是有重要意义的，我们应该做出它的模型，作为历史博物馆中的一项重要陈列。1958 年在党的建设社会主义总路线的照耀下，王振铎和北京故宫博物院以及中央自然博物馆的工人们一道，做出了宋代水运仪象台的模型。模型制造比例为原大的 1/5，但已有 2 米多高[7]。此外，刘仙洲也介绍了历代的水运浑天象[8,9]。1956 年 12 月他又发表了《中国古代在计时器方面的发明》一文[3]，对唐宋以来用水力和沙漏的仪器的主要机轮的相互关系做了分析。

现在中国历史博物馆筹备处正在就文中所提到的一些仪器，如五轮沙漏等进行复原。

总看中华人民共和国成立后十年来的中国天文学史工作，我们认为这只是一个新的开端。中国史籍中与天文学史有关的丰富资料还需要用科学方法加以系统的整理。世界天文学史的广阔园地还有待开辟。未来的任务是繁重的，我们必须继续努力。

参考文献

[1] Го-дзян Иу. ПроясхоЖдение учення о двадuати восьмя знаках зодяана. Волросы ясторни естествознания и техникн，выд. 4，1957：56 - 62.

[2] 钱宝琮．授时历法略论，天文学报，1956，4 (2).

[3] 刘仙洲．中国古代在计时器方面的发明．天文学报，1956，4 (2).

[4] 钱宝琮．盖天说源流考．科学史集刊，1958 (1).

[5] 席泽宗．古新星新表．天文学报，1955，3 (2).

[6] Needham，J.，Wang Ling，Price，D. J.. Chinese Astronomical Clockwork. Nature，177 (1956) No：4509 (中译文见《科学通报》1956 年第 6 期).

[7] 王振铎．揭开了我国“天文钟”的秘密．文物参考资料，1958 (9).

[8] 刘仙洲．中国在原动力方面的发明．机械工程学报，1953，1 (1).

[9] 刘仙洲．中国在传动机件方面的发明．机械工程学报，1954，2 (1).

编注：

本文发表在由中国科学院编译出版委员会主编、科学出版社 1959 年出版的《十年来的中国科学：天文学》（1949—1959）第 58—62 页，署名先后为叶企孙、席泽宗，叶企孙执笔。此时叶企孙为中国自然科学史研究室兼任研究员，席泽宗为该研究室助理研究员。

55 中国物理学史若干问题

报告分两部分。

第一部分，首先谈科技史研究的对象问题。

科技史研究共有四个方面。（一）科学技术、社会生产、社会制度及其上层建筑（文化、哲学等）三者在发展过程中的相互关系；（二）某一门科学技术的本体发展，即理论的发展、实验的发展及二者之间相互影响的关系，分支科学的发展，各分支科学在发展过程中的相互关系；（三）科学技术某一部门与其他部门在发展过程中的相互关系；（四）科技发展与各民族（或国家）之间文化交流的关系。

中国科技史研究者应具备的条件：（一）有一门主科及一二门辅科的基本知识；（二）有古汉语，中国和世界历史的知识；（三）能阅读两三种现代外语（英、法、德、日、意、俄等）书籍；（四）最好能阅读一两种古代外语（拉丁、希腊、古波斯、梵文等）；（五）在辩证唯物主义及历史唯物主义方面有一定素养。

古代科技史研究者还应当注意：（一）不要轻易认为古人早已晓得那些实际上是近代方才搞明白的自然规律。事实上，实际应用常常早于理论了解；（二）应当实事求是，不要望文生义，随便提出很难使人信服的说法。（三）不要轻易说，我国某种发明、发现在世界上是最早的。

第二部分，谈谈中国古代几个物理成就。

（一）中国古代的度量衡。

（二）墨翟和《墨经》中的科学知识。着重其中光学、力学诸条内容。

（三）墨家之后，光学、力学理论部分在中国发展不大，墨学几成“绝学”的原因。

（四）罗盘针和地磁知识，特别是地磁偏角的知识在中国的发展。

编注：

叶企孙于1964年5月18日和6月1日在北京石油学院为北京市物理学会以此题作报告。本文为该报告通讯稿，原载于中国自然科学史研究室编《科学史研究动态》(1964年6月25日，内部参考读物)，原标题为“叶企孙关于《中国物理学史若干问题》的报告”。该报告通讯记录了叶企孙长期以来指导学生作科学史研究的基本观点，特此收入本书。本书编者对此通讯稿稍作了文字加工，即删略通讯体裁的某些赘语。

56 关于自然辩证法研究的几点意见

一、对历史上著名的科学家必须具体地分析，给予正确的评价。我有几点不成熟的意见，提出来供大家讨论。

（一）最近朱洪元同志说，普朗克在 1900 年提出量子假设后，用了 15 年时间企图消除量子假设同经典理论间的矛盾，阻碍了科学的进展。[①] 这个说法可能有问题。普朗克当时采取的一些做法，是为了尽量考验经典理论可能做到什么地步，这是有必要的。而且他在这 15 年中的成就为经典统计理论过渡到量子统计理论准备了条件，在物理学上也是有贡献的。

（二）朱洪元同志还说，由于形而上学的束缚，从爱因斯坦提出光量子说到德布罗意的物质波理论，时间长达 19 年之久。这不能单纯归结为受到形而上学的影响以致发展迟了。例如实验条件也需要发展的过程。如果电子衍射的实验能早些做出来，粒子的波动性也可能早些被发现。科学史上有不少这类的例子。如阴极射线的最后发现，引导到达发现的开端工作可从法拉第说起，而从法拉第到汤姆逊，中间经过了约 50 年。在这 50 年中，物理学工作者在努力于提高真空度。只有真空度提高了，阴极射线的效应才能被观察到，阴极射线才能为人们所发现。把实验条件尚未具备而未能更早发现的东西都称为是形而上学影响的结果，这未免有些简单化了。

（三）朱洪元同志提到瑞利-金斯企图“掩盖”矛盾，这种说法恐怕有问题。瑞利-金斯，同普朗克一样，也是在企图探索经典理论究竟能说明现象到哪种地步。他们

① 这是朱洪元同志于 7 月 3 日在北京科学会堂的报告会上说的。本刊 1965 年第 2 期和《红旗》1965 年第 9 期朱洪元同志的文章中都论述到了这一点。——原编者

所导出的公式直到今天还有其适用的地方，而且它的提出，在考验经典理论的适用性上还是有好处的，便于暴露经典理论同新的实验事实之间的矛盾。

（四）对于爱丁顿的估价问题。爱丁顿一生在天文学方面做出了划时代的贡献，如关于恒星演化的学说，关于光的压力（扩散）与星质的重力（聚缩）之间在恒星演化时所起的矛盾作用的学说。但他确是发表了许多错误的哲学见解，这些见解使他在若干种物理学著作中走了错误的路。例如关于光谱的精细结构的常数，他用错误的理论导出它应该是$\frac{1}{137}$（分母是一整数）。他的理论虽然是错误的，但也推动了物理学工作者去重新准确测定这个常数和与它有关的几个基本常数。精细结构常数的实验值现在大家公认为是 1/137.1…，否定了爱丁顿的理论。

二、科学史上确是有些例子，表明一个有唯心观点的或有形而上学观点的科学家也能做出些重要的科学贡献。为什么是这样？这是一个值得大家讨论的问题。

编注：

该文原题为“几点意见”，发表于《自然辩证法通讯》1965 年第 4 期第 47—48 页。《自然辩证法通讯》在本文前写有以下编者按。

> **编者按：研究科学史上的经验教训，阐明唯物论、辩证法对自然科学的指导作用，唯心论、形而上学对自然科学发展的阻碍作用，是一件有现实意义的重要的工作。本期发表叶企孙和朱洪元关于这个问题的讨论，很有意义，我们希望有更多的同志发表意见。**

叶企孙此文主要针对朱洪元文章而起。朱洪元见此文后又撰《怎样总结科学史上的经验教训——答叶企孙先生的几点意见》一文。叶企孙文、朱洪元文同时刊出。

20 世纪 60 年代前期，在所谓辩证法最高经典，即毛泽东“一分为二”思想权威影响下，科学哲学界滋生一种倾向，以唯物和唯心两极端划分历史上的自然科学家，将自然科学的发展进程归结为单纯的这两种世界观的斗争结果。叶企孙的“几点意见”就是在这种背景下写成并发表的；朱洪元的文章只是应时之作罢了。

57 在北京自然辩证法座谈会上的发言

《自然辩证法通讯》杂志编者按：

今年（1965年）5—7月间，《红旗》编辑部哲学组和中国科学院哲学研究所自然辩证法组，全国科协、北京市自然辩证法学会筹委会和中国科学院哲学研究所曾先后联合召开了几次自然辩证法座谈会，一部分科学技术工作者和哲学工作者应邀参加了座谈，讨论了在科学技术工作中如何自觉地运用唯物辩证法的问题。座谈会上的发言，有的已先后在《红旗》、《光明日报》和本刊上发表了。本刊这一期又挑选一批发言予以发表，以供大家进一步讨论这个问题时的参考。

叶企孙：

我认为，这种会，参加的人应当多一些。例如做原子核物理实验的人，也不妨争取他们参加。大家谈谈哪些实验可以做，有哪些实验材料现在还解释不了的，可以提出来由理论物理工作者研究。理论物理工作者同实验物理工作者要合作得好。在哥丁根大学，玻恩有一个习惯，他除了主持理论物理讨论会，也一贯参加由弗朗克（Franck）主持的实验物理讨论会，每次都去，了解实验中有哪些要说明的问题，有哪些新想法和新发现。

在物理学史上，一个问题的初次突破，往往不一定在本专门化的小范围中得到，而是可以从别的专门化得到启发。

现在，我想谈谈电子的发现。化学元素周期表在19世纪中叶，就有人想到了。这是人们认识物质结构的一个阶段。

发现电子、质子，是深入到更深的一个阶段。

一般的科学史，都认为电子的发现，主要是英国的J.J. 汤姆逊研究阴极射线的结果。但从原子的阶层到更深一级的阶层，这个突破在思想上还要早一些，是来自多方面的。

第一次突破，大约在19世纪的70年代。在一个纪念法拉第的会上，德国物理学家亥姆霍兹（Helmholtz）指出了法拉第的电解定律的基本重要性，指出从电解常数，从一个克原子量中的原子个数，可以估计出一个基本的电荷单位。

约在19世纪的80年代，还有一项理论工作，使人相信有比原子更深一个阶层的物质存在。德国的吕凯（Riecke）和特鲁德（Drude）设法说明为什么各种金属中导电率和导热率的比例基本上一致。他们假定金属中有一种小电荷，既导电，又导热，用平均自由路程的概念，可以推出金属导电率和导热率的比例。这个经典理论对电子的发现是第二次突破。

第三次突破，是塞曼（Zeeman）效应。塞曼发现，在强磁场下，一根光谱线分裂为几根。这一实验不到一年就被洛伦兹（Lorentz）解释出来，理论中利用了有一个很小的电荷在运动的假设。虽然当时还没有从实验直接发现电子，但思想上已有了电子的假设。

电解定律、金属导电率和导热率之比、光谱线在磁场下的分裂。这些现象的说明似乎都和发现电子无直接关系，但它们却使人们深信电子的存在，鼓励着人们去发现它。

现在要突破下一个问题，发现更深一层结构的物质，要从物理学的各方面去努力。所以参加科学讨论会的人可以多些，举行科学演讲会时发票宜广泛些。几星期前听某大学教授讲有机晶体的导电问题，他讲的内容与化学、物理学、生物学都有关系，可是来听讲的人方面显得不够多。总之，一个重大问题的突破要多方面的人参加。

编注：

本文题目是本书编者所加。这个座谈会的背景原本是要对那些“持‘辩证’异议”者进行教育，对“异议”进行批驳，持“异议”者本人作检讨的。由于此前叶企孙公开发表了《关于自然辩证法研究的几点意见》，叶企孙受邀参与此会。会议召集者原本希望叶企孙在会上作些“让步”或“自我批评”。这个发言，表明叶企孙本人未按召集者心愿说话，但亦未再“重复”或坚持其在《关于自然辩证法研究的几点意见》中的观点。叶企孙的发言内容与座谈会宗旨似有南辕北辙之嫌。或许由于叶企孙的声望，或许由于当时自然辩证法界的主要行政与学术领导皆是叶企孙的学生，自然辩证法界此后未再对叶企孙的《关于自然辩证法研究的几点意见》中之观点进行“批驳”。当然，从座谈会时起至1966年“文化大革命”爆发前，自然辩证法界尚有许多论题可作，对叶企孙《关于自然辩证法研究的几点意见》中的观点进行“批判”成为“紧急形势”下可以“暂缓”的问题。

二、日　　记

编者前言：

叶企孙留下了三本日记，其时间为1915年、1916年、1949—1951年，1915年和1916年的日记在时间上较为完整。三本日记的内容包括学业、学生活动、个人习作、社团组成、个人经历、社会事件、教育状况、国家大事，乃至学校水电费、开支账目、物价波动、钞票面值、储蓄牌价、美钞汇率等。这三本日记，虽然时间极短，但它们正好是社会转型时期教育、文化和经济活动的历史实录。对于研究近百年前或六十年前的相关领域具有重要参考价值。

除了日记中个别脱落或字迹不清者，或个别算术演示题及解法繁杂者之外，我们尽力以其原貌展现给读者。相对地说，1949—1951年的日记比早年的两本日记好整理些。由于这两个时代的不同，日记的风格完全不一样。为使读者了解一个概貌，编者影印1915年（民国四年）日记本之四页，以见其时日记之荦荦大端也。

仅1915年、1916两年的日记，涉及大量中国经典、小说笔记外，有中国古代天数科学阅读笔札和大量古代数学解题，且解题算式是沿用清末数学家李善兰的方法；又有大量国外科学著作和文学著作的笔录。鉴于我们的知识不及，未逮者甚多，日记整理中难免出现错误，亦祈识者不吝赐教。

在早年的两本日记本中，叶企孙述及的小学、兵工学校、清华学校的同学、校友、老师以及家属亲友、时政人物等有200余人。很多人物在日记只有名字，没有姓氏。人名与字号交错书写也时有之。编者在整理过程和编制人名索引时都颇感为难。叶企孙是清华学校1918级学生（以其毕业年份命名级名）。1918级入学时共招收学生120人，毕业时仅剩57人。日记中述及的这些人后来成为何等之才，教育界与史学界无疑对此极感兴趣。编者查得一些人的资料或片断，整理如下供阅读与研究参考。

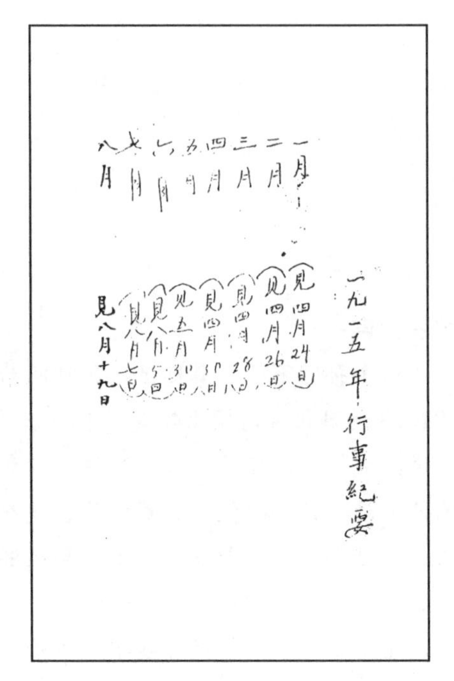

图 1　叶企孙 1915 年日记本之封面及封底

中華民國紀元逐年星期檢查表

檢表法

欲知民國二年一月之星期可先查年數表中2行與0列相交之一格得印字爲印行次查月份於一月之列內印字處依行檢上得五日・十二・十九・廿六之四日即民國二年一月之星期也又欲知民國一百八十九年一月之星期則查89行與100列相交之格得商字而於正月之列依商字檢上得三日・十日・十七・廿四・三十一之五日即所求之星期但年數左行如遇空格則欲知是查正月二月之星期當查空格行下交格內之字用之

又如所查年數在民國紀元前幾年或紀元後四百年以外爲表中所無者則可從四百年零一減去紀元前之年數從紀元後之年數減去四百各以其餘數爲年數再依上法求之又若紀元前後之年數爲甚大者皆可逐次減去四百務使其數在四百年以內而求之故雖上下數萬年此表皆可用也

又89之左行應有空格而189 289 389之左行則無之查表時宜知所區別爲

中華民國紀元年數

		1	2	3	4		5
	6	7	8		9	10	11
	12		13	14	15	16	
	17	18	19	20		21	22
	23	24		25	26	27	28
		29	30	31	32		33
	34	35	36		37	38	39
	40		41	42	43	44	
	45	46	47	48		49	50
	51	52		53	54	55	56
		57	58	59	60		91
	62	63	64		65	66	67
	68		69	70	71	72	
	73	74	75	76		77	78
	79	80		81	82	83	84
		85	86	87	88		
0	館	書	印	務	商	海	上
100	上	館	書	印	務	商	海
200	商	海	上	館	書	印	務
300	印	務	商	海	上	館	書
	89	90	91	92		93	94
	95	96		97	98	99	100
0	上	館	書	印	務	商	海
100	商	海	上	館	書	印	務
200	印	務	商	海	上	館	書
300	館	書	印	務	商	海	上

星期日 / 月份							
	一日 八日 十五 廿二 廿九	二日 九日 十六 廿三 三十	三日 十日 十七 廿四 卅一	四日 十一 十八 廿五	五日 十二 十九 廿六	六日 十三 二十 廿七	七日 十四 廿一 廿八
一月・十月	上	海	商	務	印	書	館
五月	海	商	務	印	書	館	上
八月	商	務	印	書	館	上	海
二・三・十一月	務	印	書	館	上	海	商
六月	印	書	館	上	海	商	務
九・十二月	書	館	上	海	商	務	印
四・七月	館	上	海	商	務	印	書

中華民國四年陰陽曆參照表

陽曆	一日	陰曆		
一月	一日	甲寅	十一月十六日	十五日 十二月初一日
二月	一日	甲寅—乙卯	十二月十八日	十四日 正月初一日
三月	一日	乙卯	正月十六日	十六日 二月初一日
四月	一日	乙卯	二月十七日	十四日 三月初一日
五月	一日	乙卯	三月十八日	十四日 四月初一日
六月	一日	乙卯	四月十九日	十三日 五月初一日
七月	一日	乙卯	五月十九日	十二日 六月初一日
八月	一日	乙卯	六月廿一日	十一日 七月初一日
九月	一日	乙卯	七月廿二日	九日 八月初一日
十月	一日	乙卯	八月廿三日	九日 九月初一日
十一月	一日	乙卯	九月廿四日	七日 十月初一日
十二月	一日	乙卯	十月廿五日	七日 十一月初一日

陽曆月建記憶法

陽曆每年十二月。每月之大小有定。大月三十一日。小月三十日。惟二月則平年二十八日。閏年二十九日。故二月亦可稱小月。其各月大小之定序如左。

正月大　二月小　三月大　四月小　五月大　六月小

七月大　八月大　九月小　十月大　十一月小　十二月大

記此序有一簡法。如圖。將手握拳。則手背上有四峯高起。三凹低下。由峯而凹。口呼月數。挨次數之。周而復始。則正三五七八十十二等月皆遇高峯。即爲大。二四六九十一等月。皆遇低凹。即爲小。

置閏之法。每四年一閏。凡西曆紀元年數以四除之得整數者。則其年置閏。如一九〇八年一九一二年皆爲閏年是也。但其年數若以百除之得整數者。則仍不置閏。如一八〇〇年一九〇〇年皆非閏年是也。閏年凡三百六十六日。平年爲三百六十五日。

以民國紀元言之。則元年爲閏年。自元年起直至一百八十五年皆每四年一閏。

图 2　1915 年日记本之扉页

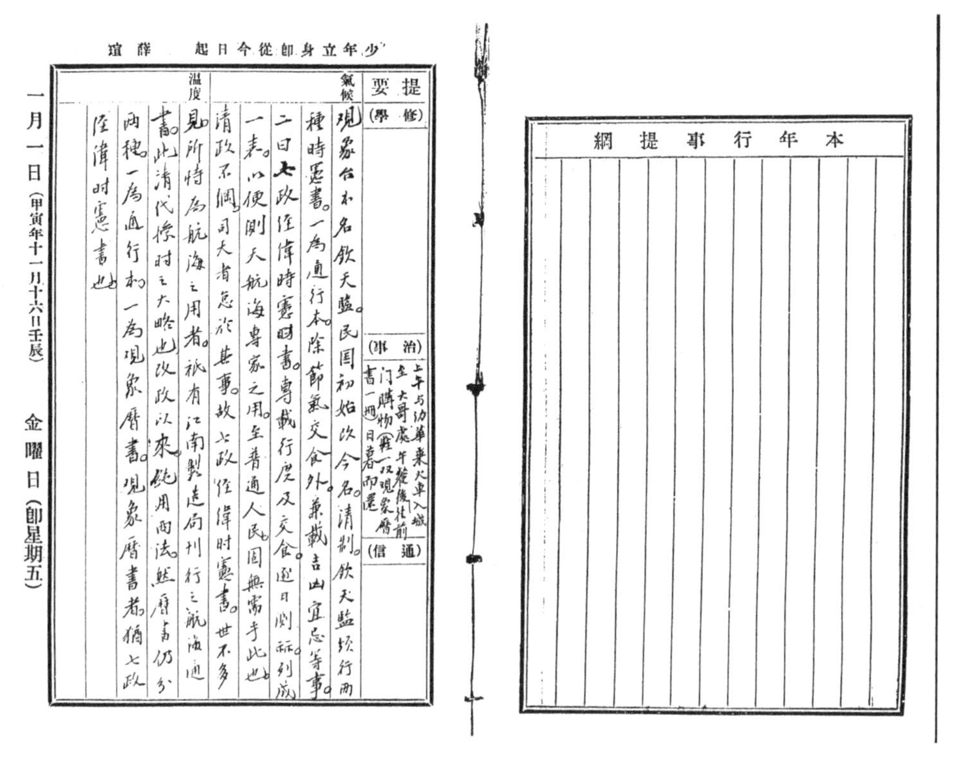

本年行事提綱

少年立身卽從今日起　薛瑄

一月一日（甲寅年十一月十六日壬辰）　金曜日（卽星期五）

提要　氣候　溫度

（修學）

（治事）上午与幼華乘火車入城至大哥處。午後偕往前門購物，[illegible]一及觀象曆書一册，日暮而還。

（通信）

觀象台本名欽天監。民國初始改今名。清制，欽天監頒行兩種時憲書。一爲通行本，除節氣交食外，兼載吉凶宜忌等事。二曰七政經緯時憲書，專載行度及交食，逐日開列成一表，以便測天航海專家之用。至普通人民固無需乎此也。清政不綱，司天者怠於其事，故七政經緯時憲書世不多見。所特爲航海之用者，祇有江南製造局刊行之航海通書。此清代[illegible]時之大略也。改政以來，純用西法，然曆書仍分兩種：一爲通行本，一爲觀象曆書。觀象曆書者，猶七政經緯時憲書也。

图 3　叶企孙 1915 年的日记之一

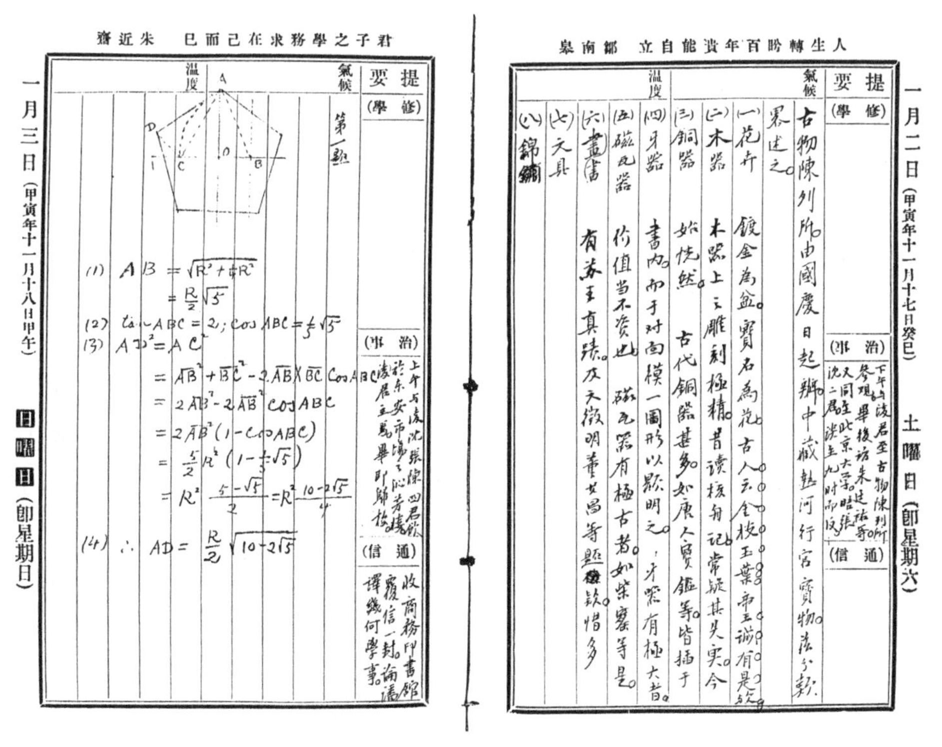

人生轉盼百年過能自立　鄒南皋

一月二日（甲寅年十一月十七日癸巳）　土曜日（卽星期六）

提要　氣候　溫度

（修學）

（治事）下午与浚君至古物陳列所參觀，畢後訪朱廷祜哥。又同往北京大學，晤張、沈二君，談至九時而返。

（通信）

古物陳列所由國慶日起辦，中藏熱河行宮寶物，茲分類略述之。

（一）花卉　鍍金爲盆，寶石爲花。古人云金枝玉葉，帝王謂有是飾。

（二）木器　木器上之雕刻極精。昔讀核舟記，常疑其失實，今

（三）銅器　始恍然。古代銅器甚多，如庚人鬲鑑等，皆插于

（四）牙器　書內，而于對面模一圖形以顯明之。牙器有極大者。

（五）磁瓦器　價值當不貲也。磁瓦器有極古者，如紫[illegible]等是。

（六）書畫　有蘇王真蹟，及文徵明、董其昌等題跋，惜多

（七）文具

（八）錦繡

君子之學務求在己而已　朱近齋

一月三日（甲寅年十一月十八日甲午）　日曜日（卽星期日）

提要　氣候　溫度

（修學）

（治事）上午与浚、沈、張、陳四君飲於東安市場之[illegible]，[illegible]歸校。

（通信）收商務印書館覆信一封，論譯幾何學事。

第一題

(1) $AB=\sqrt{R^2+\frac{1}{4}R^2}=\frac{R}{2}\sqrt{5}$

(2) $\tan\angle ABC=2;\ \cos\angle ABC=\frac{1}{5}\sqrt{5}$

(3) $\overline{AD}^2=\overline{AC}^2$

$=\overline{AB}^2+\overline{BC}^2-2\overline{AB}\times\overline{BC}\cos ABC$

$=2\overline{AB}^2-2\overline{AB}^2\cos ABC$

$=2\overline{AB}^2(1-\cos ABC)$

$=\frac{5}{2}R^2\left(1-\frac{1}{5}\sqrt{5}\right)$

$=R^2\,\frac{5-\sqrt{5}}{2}=R^2\,\frac{10-2\sqrt{5}}{4}$

(4) $\therefore\ AD=\frac{R}{2}\sqrt{10-2\sqrt{5}}$

图 4　叶企孙 1915 年的日记之二

1915年、1916年日记中涉及的部分人物简介如下。

曹明銮（清华1918级，1888—1970），又名理卿，河南固始人。清华科学社社员。1918年从清华学校毕业后赴美留学，获普渡大学化学硕士。1922年，中州大学（河南大学的前身）成立，他和冯友兰分别任理科、文科主任。中华人民共和国成立后，在化学工业部任职。

陈克恢（清华1918级，1898—1988），出生于上海郊区。药理学家，是我国以西方近代药理研究我国传统中医药理第一人。1918年从清华学校毕业后留美。1922年获美国威斯康星大学生理学博士。1923年回国，任协和医学院药理系助教。1925年再赴美国，1919年获约翰·霍普金斯大学医学院医学博士学位，在该校任副教授。1929年任美国礼来药厂药理研究部主任，后定居美国。1948年，被聘为中央研究院院士。从事药理学事业先后共50余年，发表论文和综述350多篇，研究领域广泛、深入，对新药开发贡献很大，为药理学界所共仰。曾任美国药理与实验治疗学会主席（1951—1952年）和美国实验生物学联合会主席（1952—1953年），1972年，又被选为国际药理联合会（IUPHAR）名誉主席。

程其保（清华1918级，1895—1975），原名深，字稚秋，江西南昌人。教育学家。1914年入清华学校高等科，求学期间，与同学创办周末半日学校，热衷于乡村社会教育。1918年从清华学校毕业。留学美国，1923年在哥伦比亚大学获教育博士学位。回国后，历任东南大学教育系教授，齐鲁大学教育系主任，中央大学教育系教授，中央政治学校教授。他一生致力于教育事业，由乡村教育、社会教育而学校教育。

董修甲（清华1918级，1891—?），江苏六和人。1918年从清华学校毕业，留学美国，获市政经济学学士学位和市场学硕士学位。1921年后，曾在上海、北京等地任教，讲授市政学，并在国民政府中任职。抗日战争爆发后，附汪投敌，在汪伪政府中任职。

董　时（清华1918级），即董任坚，在清华学校时名董时。1918年清华学校毕业后留美。与李济同入克拉克大学（Clark University）攻读心理学。以后学历未查到资料。1922年在南开大学哲学系任教授，1923年在东南大学任教授。

冯肇传（清华1918级，1895—1943），字以行，宜兴人。1918年从清华学校毕业后赴美留学，入佐治亚大学专攻棉作，后转康奈尔大学研究院攻遗传学，获硕士学位，是第一位将遗传学术语译成中文介绍到中国的学者。毕生从事高等教育和棉业科研工作，在棉的遗传和改良、推广方面，都做出了巨大的贡献。

关颂韬（清华1918级），1918年从清华学校毕业，进北京协和医学院，是该校第一届毕业生。长期在协和医院行医，是我国神经外科的先驱，为我国神经外科的发展做出了杰出的贡献。在清华学校时十分活跃，参加文化社、唱歌团、基督教青年会、科学社以及足球、篮球、排球、棒球、网球、田径五个体育队，还是级刊 *The Progress* 的英文编辑，第三届远东运动会代表。1949年定居美国。

洪　深（清华 1916 级，1894—1955），字伯骏，号潜斋，别号浅哉，江苏武进人。剧作家、戏剧批评家、教育家、社会活动家、大学教授。1912 年入清华学校，1916 年毕业。留学美国俄亥俄大学，学习烧瓷工程，1919 年改学戏剧，就读于哈佛大学，获硕士学位。他从中国话剧和电影的草创时期开始，就进行了编剧、导演、表演等全面的理论和实践探索，是中国现代话剧和电影的奠基人之一。

侯家源（1986—1959），字苏民，别号苏生，江苏省苏州市人。我国铁路建设的重要带头人，贡献巨大。1918 年自唐山路矿学堂（今西南交通大学）毕业后，考取清华官费留学，入美国康奈尔大学研究生院攻读土木工程，1919 年获硕士学位。回国后，投身我国铁路建设。1949 年去台湾地区，1959 年于台北病逝。侯家源于 1915—1918 年就读于唐山路矿学堂那段时间，叶企孙与他经常通信，互相交换数学难题，切磋解题方法，日记上常见“片苏民”，意即给苏民寄明信片。

李思科（清华 1918 级，1894—1950），天津市人。1918 年从清华学校毕业后赴美留学，专攻音乐，我国近代音乐教育奠基人之一。上海音乐学院教授。河北省立女子师范学院音乐系创始人，长期担任音乐系系主任。

李权时（清华 1918 级，1895—1982），字雨生，浙江镇海人。1918 年从清华学校毕业后赴美留学，获芝加哥大学经济学硕士学位，哥伦比亚大学财政学博士。1922 年回国，历任上海商科大学、复旦大学、交通大学等学校的教授，复旦大学商学院院长，在经济学和财政学的教育方面做出贡献。抗日战争期间，曾加入汪伪政权。1956 年在长春东北人民大学任教授。1957 年被划为右派。

李　济（清华 1918 级，1896—1979），字受之，后改济之，湖北钟祥郢中人。清华科学社社员。人类学家，我国现代考古学的奠基人和开拓者。1911 年入清华学堂，1918 年从清华学校毕业后赴美留学。入克拉克大学攻读心理学，次年改读人口学专业，1920 年获社会学硕士学位，转入美国哈佛大学，读人类学专业，1922 年获哲学博士学位。1923 年返国，受聘于南开大学，任人类学和社会学教授。1925 年被清华大学国学研究院聘为特约讲师。1926 年，李济发掘山西夏县西阴村新石器时代遗址，此为中国学者最早独立进行的现代科学考古发掘。1929 年年初，任中央研究院历史语言研究所考古组主任，领导并参加了安阳殷墟、章丘城子崖等田野考古发掘，使发掘工作走上科学轨道，造就了中国第一批水平较高的考古学者。1948 年被选为中央研究院院士。同年随考古组去台湾地区。抵台后，任台湾大学历史系教授，并创办了台湾大学考古人类学系。

凌其峻（清华 1916 级，1897—1968），安徽歙县人，生于上海。1913 年考入清华学堂。1916 年从清华学校毕业后赴美留学。1919 年毕业于美国俄亥俄州立大学窑业工程科。回国后，先从事教育，后创办仁立地毯实业公司，在发展民族工业方面做出贡献。曾任北京市工商联副主任委员、全国工商联执行委员会副主席。民主建国会中央常委。1968 年 12 月在北京逝世。

刘崇鋐（清华1918级，1897—1990），字寿民，福建福州人。我国近代西洋史学科的主要奠基人之一。1911年考入清华学堂，1918年从清华学校毕业后赴美留学，入威斯康星大学修西洋史。1921年获哈佛大学文学硕士学位。1923年回国，任南开大学历史系教授，教授西洋通史等课程。1925年8月转清华大学，主讲西洋通史和希腊罗马史。1949年2月赴台，历任台湾大学历史系教授、系主任、教务长，东海大学历史系主任，东吴大学历史系教授。1990年3月因患肺炎不治去世。

刘树墉（清华1918级，1897—?），又名树鏞，广东台山人。清华科学社社员。1918年从清华学校毕业后赴美留学，就读于俄亥俄州立大学制陶专业。1922年回国，在香港的一家制陶公司任工程师，是一名实业家。在清华求学时，于1915年与同级同学叶企孙、余泽兰、郑步青、张广舆、曹明銮、吴士棻、沈诰、李济、唐仰虞等10人聚会，决定成立科学会，叶企孙起草了活动章程，刘树墉担任会长，孙诰担任书记。1916年3月27日，科学会改名为1918级科学社（The Science Club of 1918）。该年秋天，随着社团活动向全校开放，进一步改组为清华科学社（The Tsinghua Science Club）。

楼光来（清华1918级，1895—1960），字昌泰，号石庵，嵊县（今嵊州）人。1918年从清华学校毕业后留美。1921年获哈佛大学文学硕士学位。回国后，曾任南开大学、东南大学、清华大学教授，中央大学文学院院长、外语系主任，南京大学教授。长期从事英国文学的教学与研究，专攻莎士比亚戏剧研究。1960年病逝。

钱端升（清华1919级，1900—1990），字寿朋，生于上海。中国法学家、政治学家、教育学家。北京政法学院（今中国政法大学）第一任院长。1917年考入清华学校。1919年毕业后，赴美国北达科他（North Dakota）州立大学和哈佛大学研究院留学。1924年获哈佛大学博士学位。回国后，历任清华大学、北京大学、中央大学、西南联合大学教授。1947—1948年任哈佛大学客座教授。1948年返回北京大学，被选为第一届中央研究院院士。1949年后，任北京大学法学院院长。1952年院校调整，负责筹建北京政法学院并担任第一任院长。1957年被打成右派，离开教坛。1974年复出，任外交部国际问题研究所顾问及法律顾问。1981年任外交学院教授。历任中国人民政治协商会议第一届会议代表，第二届至第五届全国委员会委员，第二、第五届全国委员会常委；第一届全国人民代表大会代表、第六届全国人民代表大会代表、常务委员会委员、法律委员会副主任委员；中国民主同盟中央参议委员会常委；中国政治学会名誉会长；中国法学会名誉会长。

沈　诰（清华1918级），字舜廷，浙江嘉兴人。清华科学社社员，1918年从清华学校毕业后留美学习戏剧。回国后从事电影事业。1928年在上海创办《电影月刊》。

沈　履（清华1918级，1896—1981），字茀斋。心理学家。1918年从清华学校毕业后留美。1922年获威斯康星大学教育心理学硕士，1923年回国。曾任大同大学教授，中央大学教授，清华大学心理系教授、秘书长，西南联合大学总务长，四川大学教务长等职。

孙延中（清华1918级），冶金化学家，曾任焦作工学院教授。

唐仰虞（清华1918级），清华科学社社员。1918年从清华学校毕业后赴美留学，攻读化学，获得硕士学位。回国后，曾在焦作工学院、武汉大学、北京大学等校任教授。

王荣吉（清华1918级），清华科学社社员。1915年和1916年曾分别在《清华学报》上发表文章《灌溉说》和《浙江杭县近日丝绸茶之状况》。毕业后下落不明。

汪心渠（清华1918级，1896—1977），即汪世铭，字心渠，在清华求学时名汪心渠。安徽桐城人。1918年毕业于清华学校，同年留学美国。1920年毕业于费金尼亚[①]军事学校。1922年毕业于哥伦比亚大学研究院。回国后，曾任东北军团长，国民政府财政部缉私副总指挥、国民政府交通部处长、国民政府军事委员会外事局副局长，湖南大学教授。抗战期间任军事委员会外事局副局长，负责协调中美军队的合作。1932年加入民主社会党，1948年响应中共中央号召，1949年以特邀人士参加新政协会议，此后任政务院参事，全国人大代表，民盟中央常委、组织部长。

温祖荫（清华1918级），1918年从清华学校毕业，留学美国。回国后，从事职业教育，曾在天津私立普育女子学堂担任教务主任。该校培养妇女能够在经济上独立的本领，是我国早期的职业教育学校。

吴士棻（清华1918级），清华科学社社员。1918年从清华学校毕业，在校时为优等生，因循父母在不远游之说，放弃留美名额，执教鄱阳中学，任英文教师。

谢宝添（清华1918级），广东佛山区丹灶村人。1918年从清华学校毕业后留美，于美国詹姆斯大学（James University）获政治学博士。后任驻美国公使，在任职期间身故。

谢家荣（1989—1966），字季华、季骅，上海市人。我国杰出的地质学家，矿床学的主要奠基人，中国经济地质事业的主要开拓者，地质教育家。他在基础地质科学与应用诸多领域都有极其重要的建树。曾创办南京地质探矿专科学校，曾在清华大学、北京大学、中山大学任教，培养了几代人才。他是我国早在1953年就发表论文指出应在华北和东北平原上找石油的第一位地质学家。1948年被选为中央研究院院士。1956年被聘为中国科学院地质学部委员（后改称院士）。1957年被打成右派。1966年“文化大革命”初期被批斗，1966年10月自杀身亡。1912—1913年，谢家荣与叶企孙同在上海制造局兵工学堂附属中学求学。1913年，谢家荣和一批同学考入农商部地质研究班，该班是一所地质专科学校，是我国国内最早培养地质调查人才的基地，1913—1916年，他在地质研究班期间与叶企孙经常通信并互访，叶企孙在日记中常记“地质研究所诸君”，即谢家荣及其同学。

---

① Virginia，今译为弗吉尼亚。——编者

熊正瑾（清华 1918 级，1897—1963），江西南昌人。1918 年从清华学校毕业后留美，1922 年获威斯康星大学教育硕士学位。回国后，曾任厦门大学、北平女子师范大学、河南大学英文系主任、四川大学英文系教授。

杨绍曾（清华 1918 级，1897—1985），即杨石先，在清华求学时名杨绍曾。生于杭州。清华科学社社员。教育家、化学家，1918 年清华学校毕业。美国康奈尔大学硕士，耶鲁大学博士，1923 年回国任教于南开大学。1928 年，任南开大学理学院院长。抗日战争期间，任西南联合大学教务长和化学系主任。中华人民共和国成立后，历任南开大学副校长、校长。1955 年被选为中国科学院数理化学部委员（后改称院士）。

张道宏（清华 1918 级，1898—1976），安徽人。1918 年从清华学校毕业后赴美留学。1920 年获克拉克大学学士，1924 年从西点军校毕业后回国。军人，段祺瑞的女婿。历任税警学校校长，天津市警察局局长。抗战期间主管华中公路运输。1949 年后不担任公职，1956 年获准去香港，后定居澳门。

张广舆（清华 1918 级，1895—1968），又名仲鲁，河南巩义人。清华科学社社员。矿业专家、教育家，曾三次担任河南大学校长。1918 年从清华学校毕业后赴美留学，入美国科罗拉多矿务大学和哥伦比亚大学。回国后历任福中矿务大学（现河南理工大学以及中国矿业大学）校长，清华大学教授兼秘书长，河南大学校长，中央大学（现南京大学）教授兼总务长等职。中华人民共和国成立后曾任燃料工业部计划司副司长，全国煤矿管理总局副局长等职。1957 年被打成右派，“文化大革命”期间受批斗，于 1968 年 10 月去世。

朱世昀（清华 1918 级，？—1931），字星叔，湖南湘乡人。1918 年从清华学校毕业后赴美留学，获哥伦比亚大学采矿工程师学位。学成后，他怀抱实业救国之理念，先后任职于浙江建设厅技正及农矿部设计委员等职，1931 年主持浙江长兴煤矿时，遭匪徒袭击殉职。

余泽兰（清华 1918 级，1893—1956），化学家和化学教育家。福建古田县人。先后在美国约翰·霍普金斯大学和哥伦比亚大学获学士、硕士和农艺化学博士学位。1924 年回国。先后出任厦门大学、中州大学、东北大学、中央大学、北京农业大学等校教授，有专业教材、译作多种，且曾投身化工实业、指导生产多种化工产品。

❶ 1915 年日记

1 月 1 日，星期五（此月日属甲寅年）

上午与幼华乘火车入城至大哥处，午餐后往前门购物（鞋一双，观象历书一册）。日暮而返。

观象台本名钦天监，民国初始改今名。清制：钦天监颁行两种时宪书：一为通行本，除节气交食外，兼载吉凶宜忌等事。二曰七政经纬时宪书，专载行度及交食，逐日测算，列成一表，以便测天航海专家之用。至普通人民，固无需乎此也。清政不纲，司天者怠于其事。故七政经纬时宪书，世不多见。所持为航海之用者，只有江南制造局刊行之航海通书。此清代授时之大略也。改政以来，纯用西法。然历书仍分两种：一为通行本，一为观象历书。观象历书者，犹七政经纬时宪书也。

1 月 2 日，星期六

下午与凌君至古物陈列所参观。毕后访朱廷祐等。又同至北京大学，晤张、沈二君。谈至九时而返。

古物陈列所由国庆日起办。中藏热河行宫宝物。兹分类略述之：

一、花卉：镀金为盆，宝石为花。古人云“金枝玉叶”，帝王诚有是欤。

二、木器：其上雕刻极精。昔读核舟记，常疑其失实，今始恍然。

三、铜器：古代铜器甚多，如唐人宝镒等，皆插于书内，而于对面模一图形以显明之。

四、牙器：牙器有极大者，价值当不资也。

五、磁瓦器：磁瓦器有极古者，如柴窑等是。

六、书画：有苏王真迹及文徵明、董其昌等题款。惜多。

七、文具。

八、锦绣。

1月3日，星期日

上午，与凌、沈、张、陈四君饮于东安市场之沁芳楼。凌君主焉。毕即归校。

收商务印书馆复信一封。论翻译几何学事。

1月4日，星期一，晴

下午考音乐，共二十题，予差误极多。幼时不喜音乐，故终难进步。教育之道当于幼稚时树其基也。

晚间作英文信一封。

1月5日，星期二，晴

晚间阅《通鉴纪事本末》秦灭六国及匈奴和亲两卷。

作书至中华书局，问让归版权事。

1月6日，星期三，雪

阅《通鉴纪事本末》汉通南越一卷。又观法国十九祀[①]初叶大算学家 Laplace、Lagrange，Legendre 三先生行述。

寄几何译稿及信至中华书局（挂号）。

1月7日，星期四

阅《质生数考原》二页，并作几何学详草[②]。

下午张述之伦理演说。题为“青年会对于社会教育之关系”，中间涉及宗教。听者不免厌倦。况张君本不学无术，所说者止得皮毛乎。按“伦理”与“宗教”绝异。伦理为良知的，宗教为神道的。既称伦理演说，自不能讲宗教也。

1月8日，星期五，雪

加里倭[③]（天算学家）卒。

收到张君嘉桦来函。

阅《通鉴纪事本末》汉通西南夷一卷。兹摘要如下：

建议者：唐蒙、司马相如、朱买臣、张骞。反对者：公孙弘、淮南王安。建威者：郭昌、卫广。

西南夷中以夜郎为最大，夜郎之西以滇为最大，滇之北以印都为最大。

---

① 祀，即世纪。——编者

② 解几何题6道。日记中仅有解法、图示，无题，且草稿在1月3—7日的日记中。——编者

③ 今译为伽利略。——编者

又阅《通鉴纪事本末》第十四卷四页（通西域）。摘要：张骞初次循北山而行，为匈奴所得。十余年后，得间逃出，卒至西域。及归，复为匈奴所得。后因内乱亡归。共外出十七年。骞于大夏见蜀布，问其国人。云自身毒购来。身毒去大夏东南数千里，骞由是知身毒与蜀相通，而大夏与身毒相通，故自蜀能至身毒，自身毒能至大夏。此蜀道通西域之程也。后匈奴浑邪王归汉，众东徙。汉因欲迁乌孙于浑邪王故地，以断匈奴右臂，故又遣骞由北道至乌孙。谕乌孙王东迁。王不从，骞乃历至诸国。诸国王及乌孙王均遣其臣下从骞来汉。汉与西域由是通矣。

1月9日，星期六

函张嘉桦论同学会事。

上午十一时本级开选举会。举定谢宝添君为下学期级会会长，程其保副之，李权时为演说部长，关颂韬为体育部长。惟会场程序，太不雅驯。按学校设会之原则，在增进学生办事之能力，岂办事当喧哗而不守秩序者乎。下午一时本级茶会于工字厅，酬辩论员、篮球队及演剧队也。惟秩序太乱，甚至拳声杂作，杯盘倒地。小人无处不闹，信然。晚电影；演讲地质学。高等科者听者寥寥。中等科虽甚多，而不能理解。故趣味索然，不觉倦而鼾睡矣。我们学生之无科学常识，于此可见。其演讲之顺序，先讲地球上石之种类及其生成，卒归于火成岩。然则火成岩自何处来乎。乃讲地球由太阳分裂而成及地球与八卫恒星之关系，即歌白尼[①]之太阳系说，侯勒约失[②]之日气团说也。末讲古代生物递经天演、变成今形。大概变迁之方向，日趋于智育之发达，而爪牙等则日渐淘汰。由是观之，则某国之专重军备，非合于天则。其意盖有微词于德意志也。又谓尔等学生当注重科学之理解，以探天地之奥窍，以谋人群之幸福。庶几国家日进于富强，而种族得免于淘汰矣。

1月10日，星期日

法国十八世纪大算家 Legendre 氏卒。

星期日八时起。上午作生理笔记。下午一时与沈浩、王荣吉两君踏雪至圆明园。三时归。又作生理学笔记。

恶习学生每喜于星期日多食杂物。或近午始起，或围炉戏谑。实则此种习惯，均于体育、德育有害。不若结三四友，往野外旅行。一则吸收新鲜空气，能使身体强健；二则除去心中积虑，能使胸襟廓然。奢侈佚乐，最易消人志气。故会食及游戏等事，偶一作之，则无害也。若成习惯，为害非鲜。学生每以饭菜为恶，自行添菜。师长劝之曰，每人当耐苦。恶衣恶食，君子不耻。虽日言百遍，学生终要添菜。所谓饮食之大欲也。故不如禁止厨房售卖，习惯后自能耐苦矣。

---

① 即哥白尼。——编者
② 即赫歇尔。——编者

1 月 11 日，星期一，大风，极冷

下午作几何详草。

1 月 12 日，星期二，大风，较昨日更冷

阅《通鉴纪事本末》汉武帝伐大宛及宣帝时傅介子刺楼兰王两事。大宛有名马，武帝使使索之，王毋寡不与，且诱郁成王遮杀使者。帝怒。遣李广利率三千人伐宛。乏食败归。帝更发师数万人，牛马粮食无数，出玉门关以伐大宛。大宛因献名马，杀其王毋寡而降。又使上官桀伐郁成。其国王奔车师。汉乃移兵车师。车师惧，出郁成王，汉格杀之。

上午七时，零下八度（均以华氏计）。

上午十时，零上十度。

正午，零上十四度。

1 月 13 日，星期三

上午作英文论一篇，题为 Interscholastic competition in athletics is desirable。

下午阅乌孙大小昆弥互杀事本末及卫霍征匈奴本末。晚阅 Fermat's theorem 及 Wilson's theorem。

1 月 14 日，星期四，晴

上午读本课。读至鲁滨孙造船一节。鲁滨孙造船时，未预计造成后能否下水。故后虽造成，卒无下水之法，不免徒劳无功矣。孔子曰：凡事预则立。吾观于此事，信然。

徐志诚先生云，吾国青年之留学美国者，其不似鲁滨孙之造船者几希。当其在清华中等科时，毫不计及文实二科，于己何者为宜。一旦升入高等，则随声附和，任入一科。甚至当入于文者反入于实，当入于实者反入于文，既至高等亦然。毫不计及他日留美，何种学问于己最宜。光阴如矢，转瞬四年，高等又毕业矣。时送往美国矣，乃始于一月之中决定终身之大事，欲其无误，得耶。况至美国后，投考学校，一科不驭，即改他科。其宗旨之无定，更有甚于以上所云者耶。夫一人有一人最长之能力。惟此种能力，不易发见。欲他人发见之尚易，欲自己发见之更难。古人云，知己较知人更难，即此意也。故欲决定自己何种学问专长，以为将来专究之目的，极不容易。古来大学问家有废十余年以决终身之行止者矣。而今于极短之时间中，遽定终身之大事，无论其遗误终身，则幸而获中，亦非坚定之宗旨。欲其专心于学问，得乎？呜乎，留学生之费，美国退返之庚款也。既退还矣，谓之我国之财亦无不可。祖国以巨万金钱供给留学生，当知何艰难困苦。谋祖国之福，而乃敷衍从事，不亦悲乎。

己之体气，最合宜于何种科学？

己之志意，最倾向于何种科学？

己之能力，最优长于何种科学？

1月15日，星期五，晴

阅汉伐匈奴纪事本末，卫霍漠北之战，去病斩首最多，故受赏亦最多。然大将军与单于战，单于遁走，功亦极大，而无爵户之赏。岂以其属将李广迷道而自杀故欤。

1月16日，星期六，晴

作质生数题十问。

上午级会开会，通过下学期职员。晚往礼堂观五伦图殁字碑二剧。

1月17日，星期日，晴

上午抄英文论说两篇。下午作消化器表一张。晚温习读本，预备大考也。

下午一时与王君荣吉、沈君诰散步至圆明园，约三时而归。

1月18日，星期一，晴

上午十一时小考生理学。布大夫不到，请教务员监考。共出五题，皆极简易。下午温习读本。兹将五题列下：

(1) Name the food principals and discuss the value of each.

(2) What is pancreatic juice? What part does it play in digestion?

(3) State the change of fat in small intestine.

(4) Why should we not take heavy exercise just before and just after the meal?

(5) State the changes which a soft boiled egg undergoes in stomach.

1月19日，星期二，晴

下午温习地文，自第一页至五十六页。地文教习 Wilcox 令诸生轮流登记气候，每二人记一星期。自今日起，予与张君广舆临值。

今日王君荣吉接快信，内称父病速归。王君遂于今午出校南归。予送至校门，惟望天相吉人而已。

收到中华书局回信一封。寄苏民邮片一张。

人生读书之时极不易得。少时游学异乡，设遇家有大故，疾奔回里，不得大考，循至留级，皆人生最可悲之境也。故哲士善于乘时，到一机会，不可轻易过去。庶几虽有挫折，终有成功。本级本学期内，同级生遭挫折者有四人：一、徐世勋，因眼疾不能准期到校，约旷课二月；二、朱肇祥，因肺病回家调理；三、朱翰，因父病回家，现已返校；其第四人即今日出校之王君也。

李达来信中称彼等初至美国时，美学生颇轻视之，有强侮弱之态。且美国人于我国近年之革新毫不留意，以为华人仍垂缠缠足，半开化种耳。后经李君等以近年之新政告之，彼始豁然。呜乎！孰谓席丰履厚之大国民，而亦漠然于大势者乎。

1月20日，星期三，雪

十九世纪末年本日，英大文学家兼美术评论家约翰·勒斯京[①]卒。

---

① 今译为罗斯金（John Ruskin，1819—1900）。——编者

下午温习地文，并阅美国科学杂志中面积论一篇，并观察气候。

收到李达来信一封及贺年片一张。另有一张致父亲。

解弓形求积法数学题。

1月21日，星期四，晴

上午温习地文。下午地文学大考。共出八题，每题中有四五问，限于二时内完卷。惟因题目太繁，多不能完卷，予只作五题半耳。五时观察气候。昨阅亨利长卿[①]“生命真诠”一诗。

A Psalm of Life

By Henry Wadsworth Longfellow

Tell me not, in mournful numbers,
Life is but an empty dream!
For the soul is dead that slumbers,
And things are not what they seem.

Life is real! Life is earnest!
And the grave is not its goal,
Dust thou art, to dust thou returnest
Was not spoken of the soul.

Not enjoyment, and not sorrow,
Is our destined end or way,
But to act, that each tomorrow,
Find us further than today.

Art is long and Time is fleeting,
And our hearts, though stout and brave,
Still like muffled drums are beating,
The funeral marches to the grave.

In the world's broad field of battle,
In the bivouac of life,
Be not like dumb, driving cattle!

---

① 今译为朗费罗（Henry Wadsworth Longfellow，1807—1882），美国诗人，写有 *A Psalm of Life*。——编者

Be a hero in the strife!

Trust no Future，howe'er pleasant!
Let the dead Past bury its dead!
Act-act in the living Present!
Heart within，and God o'erhead!

Lifes of great man all remind us，
We can make our lives sublime，
Foot-prints that perhaps another，
Sailing o'er life's solemn main，
A forlorn and shipwreck brother，
Seeing，shall take heart again.

Let us，then be up and doing!
With a heart for any fate，
Still achieving，still pursuing，
Let us learn to labor and to wait!
收到侯君明信片一张。
曹太姑母寿终，年八十岁①。

1 月 22 日，星期五

上午温习读本，下午大考读本。共出六题，予于一二两题中误处极多，因生字及短句未曾读熟故也。

五时观察气候。毕后至父亲处。阅家信，称太姑母病剧，恐有不测。闻之不胜惊异。惟我侄辈不能到沪侍疾，中心耿耿，何日忘之②。

旧历本日（甲寅年十二月初八癸丑）如来成道纪念日。甲寅为如来诞生之年之甲子。本年为四十九周纪念。

1 月 23 日，星期六

上午考几何，共出八题。下午画几何画，兴味甚好。遂忘观察气候。至晚餐后始秉烛往验。甚矣，专于此必疏于彼也。晚往图书室，观数学几页及希腊故事。

1 月 24 日，星期日

上午抄诸乘方递加说一通，寄至学生杂志社。下午预备修辞学。又观察气候。

---

① 此文字为后加者。——编者
② 因邮信时差，曹太姑母实于 1 月 21 日享年西归。——编者

寄稿至学生杂志社。

1 月 25 日，星期一

上午考修辞。共出五题，其容易出人意料之外。下午预备物理及画生理学图。五时观察气候。夜阅勒斯京 Leoni① 小说一篇，按此为意大利言情故事。

1 月 26 日，星期二

下午画生理图。五时至父亲大人处。惊悉曹大姑母于一月二十一日寿终于吾家。二十二日大殓。殓毕即移柩高行，拟即抬至坟地，以便速葬，不必至祠堂云。又二十二号为显祖考头周年，因有丧事，故佛事改期云。

1 月 27 日，星期三

上午赴医院种牛痘，种毕预备生理学。下午生理学大考，共出十题，尚称容易。晚阅 Charles Lamb's Adventure of Ulysses 四章，多荒诞不经之谈。然阅之颇见解颐。

今日闻王君荣吉之父已于十六日病故，呜乎。王君闻病湍归，而卒不获见面，何蹇运之至此也。王君为长子，环顾诸弟，尚未能十岁，且只有一母，而妇人尤难理家事。同学中谓王君恐从此将不返校，盖因家事累身，已不获专身向学矣。呜乎王君，以英爽之姿，而不克终其学，其不幸也甚矣。离吾良友，亦吾之不幸也。爰记之如此。

又，王君登场演戏之日，即其父缠绵易箦之时，优孟衣冠，其乐何极，而不知父之永离人世也。世间之事，祸福相依常如此。

1 月 28 日，星期四

上午考物理，共出十一题，任作十题完卷。题皆极易。下午考国文，共出四题，皆问答体。四时至父亲处。惊悉旧同学范君瀚增病腰珠而死于美国。为悼惜者久之。晚华君国桢飨予于中等科食堂。本级有茶话，未能分身而去。

范君瀚增，予之旧同学也。范君在敬业四年级之时，予方在二年级。然君年不过十四，其聪敏如此。后范君毕业，转入民立中学，予遂与之分襟。宣（统）三年之春，予与君同学于清华园。因小故而致割席，一时之忿。至今思之，犹有隐痛。武汉起义，同学云散。予入兵工，范君复入民立。民国立，予与君重入清华。虽课余之暇，偶一谈话，然两心介介，旧交终不能复矣。三年之夏，君以幼年好学，派往美国。虽予滞留京师，不克躬送，然谓以君之才学，他日归国，必有大造于祖国也。呜乎，孰知渡美未及半年，而卒以好学之故，遽殒其身也。当其去也，父母兄弟朋友，莫不有厚望于君，乡里为之艳羡，同学为之增光，为君者亦以自豪矣。今乃舆榇而归，使知与不知，咸有人才短命之嗟。呜乎哀哉，君子不幸，亦国家之不幸也。虽然吾有所感矣。少年好速成、当笃志求学之时，不顾身体之强弱，其勇往固可贵，然试思，一旦回也

① 勒斯京之小说名。——编者

短命，学业未成，而身先夭折，则与缓进而晚成者不可同日而语矣。死而有灵，回溯当日之情景，能不废然而返、自伤其初乎。故智者则不然。求速进而夭折者不如缓进而卒晚成。但尼孙者，英之诗人也，年逾八十；帕爱者美之诗人也，年袛而立。试比较其文集，则帕爱不能盈册，而但尼孙盈笥而有余。是知寿长者较寿短者，终多做些事。我辈同学，其先求强固之身体乎。

1月29日，星期五

上午读勒司京金河王一章，寓意甚深。世之兄弟阋墙，读之可以猛省。午时闻中等科一学生病故，名王永龄，系四川人。因患肺炎而殁。说者谓，与考试时之过用功，大有关系。本校四川学者，死者不鲜，岂风土有所不宜欤。

1月30日，星期六

晚，写寄李达信一封，论及中国时事者为多。

1月31日，星期日

上午入城至象坊桥大哥寓中。晚宿大哥处。是日无事可记。

一九一五年一月行事纪要①

一日，购观象历书。

二日，游古物陈列所。

三日，收商务印书馆复函，论版权事。

六日，作书至中华书局，论版权事并寄译稿。

九日，晚电影讲习地质学（美国吸金斯先生），予往听。

十三日，习 Fermat's Theorem 及 Wilson's Theorem。

十九日，本日起与张君广舆观察气候一星期。又收中华书局回信一封。

二十日，读 *School Science and Mathematics* 中 *What is the Area* 一篇。

二十一日，读 *The Psalm of Life* by Longfellow.

二十四日，抄诸乘方递加说一分寄至学生杂志社。无复函。

二十七日，种豆痘。

2月1日，星期一，夜十时起微雪

下午往北京大学访沈君渊儒，遂同沈君访地质研究所诸君，畅叙至六时而返。据季辰云，地质诸君将于春假往唐山调查矿质，并拟乘道访侯君云。

2月2日，星期二，雪全日

下午返校。至父亲处，略饮白酒，论及中文考试事。予意，下学期起，凡一学期

① 本行事纪要在4月24日的中记中。——编者

内所读国文，均须于学期之末大考，不能选择几篇。晚作信与侯家源，并附算题两问。今日中等科出榜。

2月3日，星期三

上午读科学杂志中论文两篇，题曰：*How to square a number mentally* 及 *Graphical representation of an infinite geometrical progression*。晚读金司来《希腊英雄传》第二篇。古代尚武之风，于此可见。

寄信至苏民。

2月4日，星期四，极冷

上午读金司来《希腊英雄传》第三篇。下午习成得氏微积分纲要二小时。今日高等科出榜。予中文分数总平均八十八分，英文分数总平均八十五分。皆出予望外云。晚作算题五问。①

2月5日，星期五，冷甚

上午阅《艺海珠尘》内《学校问》一篇，系毛奇龄所作。兹择要表录如下。下午证平面几何作图难题十问。

今日发表②下学期自修室及寝室号数。又发还几何及英文作文之 note book，只盖教务处一印，未改一字也。此之谓教员。

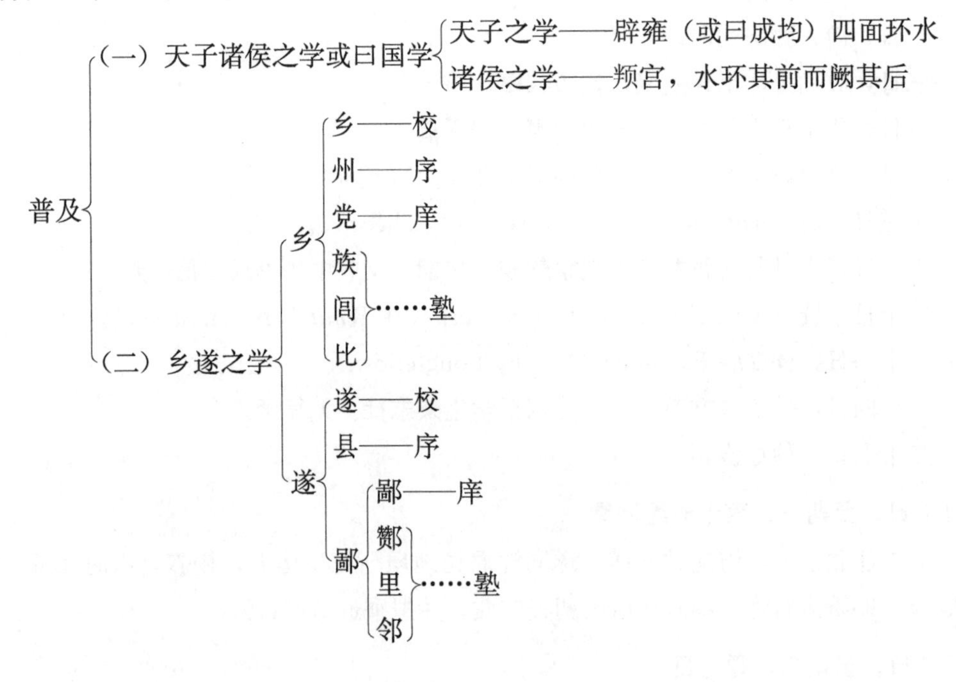

① 算草在2月2日的日记中。——编者

② 即公布。——编者

（三）明堂五学
- 明堂之制，环水四周，故曰辟雍。
- 明堂有东南西北中五学。
- 大学（或曰太学）者，即明堂之中学也。
- 除大学而言，而曰四学，或四门学。

（四）小学
- 小学者，天子诸侯世子之学。
- 与校序庠塾不同

（以上）——贵

（五）三/四代之学
- 三代（夏殷周）之学——即校序庠——普
- 四代（虞夏殷周）之学——皆设在大学中，只一地教一代之学耳。——贵

2月6日，星期六

上午迁自修室，略阅微积分几页。下午迁寝室。毕后理发，晚阅《左传》桓公。

桓公：

元年三月，郑伯以璧易许田。

二年春正月，宋督攻孔氏，杀孔父而取其妻。公怒，督惧，遂杀殇公。召庄公（公子冯）于郑而立之以亲郑。以郜大鼎赂公。秋七月，蔡侯、郑伯会于邓，始惧楚也。九月，公入杞。

三年春，曲沃武公（成师即桓叔，桓叔生庄伯。庄伯生武公。武公生献公。）伐翼。次于陉庭。遂获翼侯。公取于齐。是为文姜。

四年秋，秦师侵芮，败焉。小之也。冬，王师、秦师围魏，执芮伯以归。

五年，陈桓公卒（名鲍）。陈始乱。文公子佗杀太子免而代之。夏，齐侯、郑伯朝于纪，欲袭之，不克。王夺郑伯政，郑伯不朝。秋，王师蔡人、卫人、陈人伐郑，战于繻葛。王卒大败。祝聃射王中肩。

六年，楚武王伐随……

……①

十八年春，与姜氏（文姜）如齐。齐襄②通焉。遂使公子彭生乘公。公薨于车。齐人杀彭生以谢鲁。秋，齐侯师于首止（讨郑弑君）。七月戊戌，齐人杀子亹而轘高渠弥。祭仲逆子仪（昭公弟）于陈而立之。周公欲弑庄王，而立王子克。事泄，周公被诛，子克奔燕。

2月7日，星期日

上午阅《甲寅杂志》③“爱国自觉心”、“铁血之文明”及“啁啾杂俎”三篇。文辞典雅，深得诸子之精英。近世杂志中不可多见。下午阅柏林之围一篇，为法大文豪著

① 此处省略号表示此处为本书编者节略。——编者

② “襄”字为“侯”字之误。——编者

③ 1914年为甲寅年。——编者

书，感慨激昂，发人爱国心不少。

2 月 8 日，星期一

上午八时周校长[1]齐集诸生于礼堂，教训甚多。末赠“知止自爱，有始有终”八字，为吾辈行事之准。如周校长者，诚教育界之热心人也。

自今日起，晨间体操十分点。至强迫体育，虽无条告，然校长今日下午四时逐诸生上操场之。

1819 年本日，英大文豪约翰·勒斯京生。

2 月 9 日，星期二

上午读本无课。下午国文无课。余如常。读《左传》自公子彭生弑鲁桓公至公孙无知弑齐襄公。凡《诗》与《左传》有关系极要者，如晋曲沃之乱，卫宣姜之乱等是。鲁文姜与齐襄之事见《南山之诗》。

接苏民信。

2 月 10 日，星期三

下午自一时至三时温习代数。三至四时阅《左传》桓公入齐始末：长勺之战，乘丘之战，宋南宫长万弑闵公，齐桓会王师及诸侯之师盟于宋，郑厉公复国及楚灭息蔡等事。四至五时与姜家汉及曹权闲谈。晚阅 Charles Lamb 文集。

2 月 11 日，星期四

下午一至三时温习代数。四至六时同姜家汉、曹权小餐。晚习几何、作文、读本三科。惟时间太短，而功课极多，故致双目疲倦，形颇拮据。凡事预则立。盖预则身逸而事易成故也。

2 月 12 日，星期五

晚周校长[1]演说。约分数项：（一）学生须用功外文；（二）学生须尊敬中文师长；（三）中等科生用费，须受斋务处监督；（四）中等一、二、三级生，每星期写家信一封，由斋务处收发；（五）学生宜热心会务、演说辩论，尤为紧要，但以只入一会为宜。

2 月 13 日，星期六（甲寅年除夕）

上午演代数三问，下午作几何详草，及阅学生杂志中诗崇线一节。所谓诗崇线者，即自三角形外切圆上之任一点至三边之高之趾相连所成之直线。英数学家诗崇氏始发明之，故云。

2 月 14 日，星期日，乙卯年春节

日间作生理学杂记。作毕与凌其峻、陈俊、吴士棻、熊正瑾、杨克念等研究学生

---

① 即周贻春。——编者

杂志中数学难题二问。其第一问为平面的。求锯一长 16 寸、阔 9 寸之木为两分，此两分须能合成一正方形；其第二问为立体的，求削立方之木为一体，此体能密切于圆柱、三棱柱及立方体内，而无透光之处。第一问已解，第二问未解。

2 月 15 日，星期一

物理学家、兼数学家 Galileo 加里倭[①]生日。

上午八至十时手工。予偷闲作课外之事，即用实验解昨日之第二题也。经几次失败后，终底于成。惟立体之奇形，以实物验之则甚明。若欲画之于图甚难，笔之于书则更难。故只有用实物验之之一法。

晚讨论辩论事宜。议决辩论题如下：

军国民教育是否能行于今日之中国?

……[②]

2 月 16 日，星期二

下午作信与侯家源及张一麟。张君书中并附难题一问。晚作《左传》笔记，论隐公时诸侯公合之大势：甲党：郑、鲁、齐、邾、虢；乙党：宋、卫、陈、蔡、许。

隐公：

元年，五月，郑庄公克段于鄢。段奔共。段子公孙滑奔卫。卫人为之伐郑，取廪延。郑人以王师、虢师、邾人、鲁人伐卫。

二年，郑人伐卫，讨公孙滑之乱也。

三年，三月，周平王崩（恒王立）。四月，郑祭足帅师取温之麦。秋，又取成周之禾。周郑交恶。八月宋穆公卒，殇公即位。公子冯出奔于郑。

四年，春，卫州吁弑桓公而立（卫始乱）。夏、州吁（为公子冯故）以宋、卫、陈、蔡之师伐郑。九月，卫人杀州吁及石厚。十二月，宣公（公子晋）即位。

五年，曲沃庄伯（成师子）以郑人、邢人伐翼，王使尹氏、武氏助之。翼侯奔随。曲沃叛王。秋，王命虢公伐曲沃，而立哀侯于翼。是年，宋、郑交攻，报东门之役。

六年，翼嘉父逆晋侯于随，纳诸鄂是为鄂侯。五月，郑伯侵陈，大获。秋，宋人取长葛（郑地）。郑伯如周，始朝桓王也。王不礼焉。

……[③]

十一年，夏公会郑伯于时来，谋代许也。秋七月，公及齐侯、郑伯入许。齐侯以许让公，公让郑伯。郑伯乃使许大夫百里，奉许叔以居许东偏。王取邬、刘、苏、邘之田于郑，而与郑人苏忿生之田十二邑。君子是以知桓王之失郑。郑败息

① 今译为伽利略。——编者

② 此处表示开始摘录《左传·庄公》。——编者

③ 此处省略号表示此处为本书编者节略。——编者

师（庄十四年，楚灭息）。十一月，羽父弑隐公。

函侯君。

2月17日，星期三

上午交英文作论一篇，题为“中国旧历新年之风俗”。下午作笔记一条，正“郑公子忽复归于郑下”杜注之误。五时至父亲处。家中无事均安。晚阅报。

中日风云日急。

2月18日，星期四

上午十一时生理学，今日起始讲排泄机关。下午一至三时练习代数。三至四时伦理演说。演说者为本校历史教习狄铁满先生。题为“教育学与心理学之关系”。历引哲理，以妙喻解之，听者讲者咸津津不倦。晚与刘、陆、杨、郑论几何。

2月19日，星期五

下午一至三时演习代数，三至五时作中文论说，题为“楚子观兵于周疆论”。晚往图书室阅数学杂志（*Math monthly*）中问题解答及纳白耳①四世纪纪念会记事。毕后，犹有余兴。因检出 *Encyclopedia* 中纳百耳传读之，极有趣味。

2月20日，星期六

上午生理学，用显微镜观察肾脏即腰子之组织。下午一至二时与冯、刘二君讨论辩论事宜。二时本级茶会。先作三种游戏，后用茶点而散。今日解侯君寄来之难题，惟只能就特别之条件论之，不能立一公例也。

2月21日，星期日

上午早餐后散步河滨，观渔人打网，极有趣味。惟吾国人不图远利，盈寸之鱼即取而沽诸市，以供食料。而不知此盈寸之鱼，数年后利将十百倍于此也。观王制所论之政，不禁慨然。十时后作几何细草。下午同沈诰、曹栋、凌其峻游觉生寺，俗称大钟寺，因有大钟故也。此钟底径约一丈，高约丈有半，居全世界第二。

2月22日，星期一

今日为美国开国伟人华盛顿生日。故美教员一概悬旗，以志纪念。下午音乐。先唱华盛顿赞美歌，次美国国歌，次我国国歌，次校歌，次法美革命及南北美战争时军歌。琴声荣伟，闻者大为歌动。虽然美国有华盛顿，我国之华盛顿尚未知诞生否耶。

……②

2月23日，星期二

上午几何学论相切两圆，切点必在圆心线上一定理。予与吴君士芬辩论至一时之

---

① John Napier（1550—1617），英国数学家，以制定对数闻名。——编者

② 此处表示开始摘录《左传·庄公》续。——编者

久。吴君之法，用内公切线证之。予则谓证明此题，不得用内公切线。因另得一新法证之。至于辩论之结果，则予之证法虽深奥难明，然较吴君精密。

2月24日，星期三

上午几何学重论昨日之题，教师力格题评云：予之证法极为精密，无隙可乘。而吴君之证，则有一处可驳云。十至十二时，英文作论，题为重述 *Hawthorne's the Great Stone Face* 故事，并发还前次作文，予得 A^- 等。

晚阅数学杂志第121号。予前寄美国诸算题，已行登入。

2月25日，星期四

下午一至四时与同学杂论几何及演习代数。五时浴。晚往图书室抄符尼两氏代数杂题及数学杂志第121号中之征答题。盖明日拟作以寄美国也。

2月26日，星期五

下午一至三时作数学杂志上之杂题，二问已有效验。三至五时中文作论，题为"弱固不可敌强"说。五时后至父亲处。

……①

2月27日，星期六

上午生理学，自今日起讲神经系。先讲神经之作用，次讲神经之递衍，次分部细讲。据布大夫云，此系最为复杂，故非半年不能讲毕也。

予今日作数学杂志中四题，除第一题有结果外，余均未解。呜乎，以如海之数理而竭力以穷之，毋乃不自穷耶。人生自有志愿，从其愿而趋之，则常觉快乐。英儒边沁②曰：快乐为人生之至境。读此则知吾人作事，当从其志矣。茫茫众生，约分两派。一、不迫于人而能从其志者；二、迫于人而不能从其志者。前者则为本体之奴隶（人之构造各异。因其构造而志也不同。盖志者适于本体之最宜。力大者愿为壮士，懦弱者愿为文豪。是皆天行之事，由肉体之构造而来，非人力所能强也。虽然，吾之所谓志，非羡慕之谓也。世固有不习戎阵而羡为大将者矣。皇古以来亦安止老泉一人哉），后者则为他人之奴隶。卢梭曰：世人尽奴隶也。诚不谬哉。惟与其奴隶于他人，毋宁奴隶于本体。犹一国之内，受同族之专制愈于受异族之专制也。而为本体之奴隶者又各不同。世之好甚多矣。然吾安能以此而易彼哉。本日作第一题，虽无结果，然题外另得一题。特录于左。

1807年本日，美国诗家亨利长卿（H. W. Longfellow）诞生。

---

① 此处表示开始摘录《左传·闵公》。——编者

② Jeremy Bentham（1784—1832），英国法学家、哲学家、法律和社会改革者，以提倡功利主义闻名。——编者

2 月 28 日，星期日

上午作生理札记。下午作书寄美国数学杂志主笔温克勒[①]先生。此次共寄去已作之一、三两题，及求解之“有三角形之三高，求作三角形”一题。求解之题已有一法（侯君及予各一），惟因此题极有趣味，恐彼中人士尚有好法也。

……[②]

一九一五年二月行事纪要[③]

三日，读 *School Science and Math*，two articles：——How to square a number mentally；The graphical representation of an infinite geometrical progression.

十日，自今日起温习代数，演草一小册。

十二日，习 Simpson’s line

十五日，作一木块能塞满圆窗、方窗及三角窗。

二十日，今日试解侯君寄来之难题。先用解析几何法，因算式太繁，毫无效果。故只能论其特别之形而证明之。

二十一日，游大钟寺。

二十三日，论“两切圆之圆心线必过切点”一题，不当用公切线证之。

二十八日，作数学杂志中问题，共解两问，并征答一题。作就即寄美国。

3 月 1 日，星期一，又转暖

上午生理学讲 Simple reflex arc 一节，即外界之变化（如冷热苦乐等）与神经之感觉是也。下午三至四时作几何札记，共三题。其一题即“二交圆之切点必在圆心线上”之别证也。予此次思出别证。冥思二日而无效。后忽于二月二十日梦中顿悟，晨起后犹历历在脑纹中也。

寄题至美国。

3 月 2 日，星期二

上午考几何共四题，予无误。十至十一时读本。教习徐君缺席。下午一至三时，作《左传》札记论桓公召陵之盟。三至四时国文上“知罃对楚子”及“晋侯见钟仪”两篇。四时后至父亲处。晚作地文札记。

3 月 3 日，星期三，极暖

上午发几何卷，予得百分。次上物理，讲凹凸镜之原理。下午一至三时地文实习。此次出外沿清河而行，沿途遇有关地文之处，教师即指出，学生录于簿上。此种教授

---

① I. L. Winckler。——编者

② 此处表示开始摘录《左传·僖公》。——编者

③ 该行事纪要在 4 月 26 日的日记中。——编者

法最为有益。归后演习代数。晚往图书室，阅科学杂志。

3月4日，星期四，大风沙，暖

上午地文课。教师来兴论及养鸡之法，并云中国人及埃及人为全球最善养鸡者。下午一至二时誊真英文作论。二至三时演习代数，三至四时预备英文。四时后散步。闻王君荣吉已返校，急往访之。暌违二月，又见芝颜，乐何如之。晚阅科学杂志第一期，兹将其要点录下：

平面数学：论正虚数与正真数成直角。自正虚数又转九十度，成负数；又转九十度，成负虚数；又转九十度复于原位成正真数。又曰：正真数之对数为真数（大数之对数为正，小数之对数为负）；负真数之对数为虚数（大数之对数为正，小数之对数为负）。

物理学家加里倭儿[①]传；奈端[②]轶事三则；万有引力之证明（Proof of the universal gravitation）；Fermat 氏之难题；易圆为方。

3月5日，星期五，晴，暖

上午修辞，教习缺席。下午一至三时温习代数。三时中文作论，题为"钟仪论"。予作毕后，往凌君处闲谈。凌君今日已病痊。晚餐后至父亲处。阅家信，悉孟笵[③]哥将与四姐赴黑龙江就事，约阴历月底行。

法国大数学家 Laplace 氏卒。

……[④]

3月6日，星期六

上午八时寄明信片至四姐。下午一时级会开演说比赛会。原定演说者六人，只到半数。散会后至教务处查旧报。昨于食堂聚餐，共七人。予今加演毕符尼代数学杂题。[⑤]

3月7日，星期日，大风沙

上午作信寄侯家源，并寄去难题详草一道，借资研究。下午作生理札记，共绘四图并讲义二页。晚阅读本。今日与郑思聪闲谈，郑君谓予善笑，故志之以待验。

函苏民。

言语时当思此语出口后，他人能否以吾人之行事驳之，庶几能免于失言矣。予语郑君思聪曰：凡劳力之人必寡情欲。因情欲等事，脑之作用，非肉体之作用。常人做事，心力不能并用。劳力时心常清净。劳心时每懒于用力。今既劳力，则心虑必去。

---

① 今译为伽利略。——编者

② 今译为牛顿。——编者

③ 即叶企孙的姐夫。——编者

④ 从美国数学杂志中的几何杂题三题证解稿在此日的日记中。——编者

⑤ 演算代数题，见本日及以下各日的日记中。——编者

心虑去而情欲必自去矣。今日学校盛行体育，虽大效在于练成强有力之身体，以适于生存之竞争。然于德育上能消除情欲，亦未必无间接之效也。近世监狱制度，多使囚人多苦工，亦即此意。予又谓人生无聊之时，每冥然而思，涉于情欲。试观夜不成眠及醒而不起之人，其脑中必百虑交至，而以涉于情欲者为多。故卫生家寝后求速眠，醒后即起床。盖其用意，毋使此身有怠惰之时，而涉于恶念也。予诘时，洪君深适在侧。遽尔曰：子何以知他人之思念。意者足下于夜不成眠及醒而未起之时，未尝不悠悠吾思乎。予答之曰：噫，此言而实也。则吾之思虑，君亦何由知之。假而不实，则吾亦安能自辩。吾不知尔之思，尔亦不知吾之思。人生于世，如此而已耳，如此而已耳。

3 月 8 日，星期一，风

上午读本，教习徐君缺席。下午二至三时半，预备地文及读本。三时半后至五时半休息。五时半后，阅《左传》。晚往图书室，阅数学杂志及抄代数题。

3 月 9 日，星期二，寒

上午修辞小考，教习力格题因神经病缺席，由教务处李君监考。下午一至三时演代数。予今日始练习斯密氏之代数题。晚作地文札记，即记上星期三之旅行也。毕后浴。

3 月 10 日，星期三

上午物理讲远镜、显微镜之原理及用法，十至十二时为修辞及作论，由 Wilcox 暂代。作论之题为“志向与品性之关系”。下午，地文试验，无课。今日除预备正课及运动外，略演代数以资消遣。

接索达由美国来信，述范君海屏病殁事。

3 月 11 日，星期四，寒，晨微雪

下午一至三时往图书室阅读英文地学杂志。三至四时伦理演说。演说者为丁家立，题为“文学与理想及实用之关系”。四时后预备修辞及读本、几何。晚预备物理，因明日小考故也。

3 月 12 日，星期五

上午九时考物理，共出十题。予完卷。十时读本，徐师率诸生至图书室，指示读书及检书方法。下午一至三时，演习代数。三时作文，题为“节用而爱人说”。晚作生理札记。

3 月 13 日，星期六

上午生理学，用显微镜观察脑中之细胞及神经。下午略运动。级会开演说比赛会，予不到会。晚英文辩论比赛，题为“解决英人之民主权大于美人之民主权”。四年级正面，一年级反面。正面胜。

接张一麟来函。

3月14日，星期日

上午作中文札记及证明等分三角为不能作之题。下午与同学散步运动，尽星期日之乐。五时后略读诗歌数篇，以资消闷。

3月15日，星期一

上午八至十时手工。予今日作毕挂衣架。下午二至三时半预备读本及地文。三时半至四时练习掷球及赛跑。晚预备修词。今日至父亲处，父亲新购《梦溪笔谈》。

3月16日，星期二

上午几何，论三分一定角题，即希腊三命题之一也。修词。由手工教习灰脱木暂代。下午一至三时预备英文作论，及与同学讲解几何。三至四时国文。春温催眠。予上国文课时，屡屡眠目也。晚作英文论说。

3月17日，星期三

上午修辞，由地文教习暂代。作文亦然。题为"中国婚姻之风俗"。下午地文试验，无课。四时本级五种运动试验。予量力不逮，不敢试也。是日去者十三人，而只二人及格，即杨克念、林志辙是也。

3月18日，星期四

上午地文考试，共出四题，每题有四五条。予只作三题。

下午布大夫演说，题为"科学对于理想及实用之关系"。先论中国人虽于古时能发明指南车、纸、笔、印刷术、火药及种痘等，然普通人民无科学知识。故虽于文学、美术、哲学及宗教上，代有进步，然于科学及制造上，则执迷不悟，故步自封，卒至毫无进步可言。欧人曾论曰：纸之发明，始于中国汉时，后得传入西土。中国今日所用之纸，犹汉时之纸也。而西土今日所用之纸，则远胜矣。此语虽近于谐，然中国人之好守，则可以见矣。

又曰：中国制造既远逊欧洲，洋货一入，国货之销路自瞠乎其后矣。盖好新厌旧，国民之常性也。至洋货广销之结果，则各国皆争利于中国。中国者中国人之地也。中国人之地，而与他人为争利之天演场，而已犹鼾睡、毫无自振之精神，亦可哀也。惟推厥原因，则由于实业之不振。实业之不振，则由于科学之不发达。

又曰：科学种类繁殊。要而言之，约分二类。一为理想的，一为实用的。理想科学及实用科学之分古矣。惟至今日，学者日广见闻，日辟新奇。昔之所谓理想者，今已成实事。学者乃知理想、实用，本无定限，不过因时为变迁耳。二者实二而一。理想为实用之母，实用为理想之子。此理想科学所以与实用科学平行而相成也。惟近日趋势，学者每颂爱狄生[①]（美国制留声机器者）而忘奈端[②]。一辈脑力薄弱而恶理想

---

① 今译为爱迪生。——编者

② 今译为牛顿。——编者

者，固随声而附和之。于东方亦然。华人视西人学说，似痴人说梦者，亦不少见。此吾（布大夫自称）所以斤斤于此。望诸君毋忽于理想科学也。

3月19日，星期五

上午英文课，时有飞艇过本校。今日修辞教习力格题病痊上课。下午三至四时作文，题为“范宣子数驹支论”。晚高三邀本级茶会，余赴会。散时已鸣钟十一下矣。

3月20日，星期六

上午八至九时预备辩论，十至十二时读《左传》。下午一时赴本级辩论会（另详）。四时至六时作几何札记。晚往礼堂听音乐。奏琴者为施丽女士，歌者为 Miss Crane，Mrs Gibb 及舒大夫。末，加舒大夫舞火把，甚可观。

Programme of Sociel Meeting of Pine Club：

1. Story-telling by 吴宓
2. Solo by 曹懋德
3. Relay Race by 陈俊
4. Shot pot by 陈俊
5. Wireless by 韩晋华
6. “Welcome” by 施济元
7. “Good Night” by 陈达
8. A day without toil by 林振彬
9. Blank Essay by 朱丙炎
10. Greek by 朱丙奎

A debate

Subject：Resolved that the Present China can adopt the conscription system.

Positive side	Negative side
郑　重	刘树镛
孙延中	叶企孙
李恩科	冯肇传

结果反组获胜

a Fallacy

o＝not

can＋o＝can＋not

because equals added to equals the sum are equal

can＝cannot

3 月 21 日，星期日

上午早餐后往校外散步。同人中有发起赴海淀西苑观飞艇者，遂向海淀而行。至石桥时忽闻声隆隆然自远而至。予等知之，乃立于桥上以待，不一分时，则庞然铁鸟已高翔于空中矣。予等察其方向，似将返南苑者，遂决意返校，不欲徒劳往海淀矣。比至校门，见洪君深、杨君克念、朱君世昀及林君志辙出外，询渠何往，答曰至海淀也。问何故？答曰观飞艇也。予遂告以飞艇已往南苑，彼等亦返步矣。惟林君不信予言，仍向海淀独行云。两队遂并为一队。洪深创议往清河镇观剧及旅行，众从之。自清华至清河，步行须一时许。今日天气忽热，地解冻，故甚泥泞。约二时始至春乐茶园。入观则席棚之内臭味熏人，惟予等甚疲，不得不借此息足。遂购券入观。至一时出园返校。途中更参观织呢厂及陆军学校等。至校已三时矣。三至四时，盥洗及膳，四至六时半作几何札记。晚读《鲁滨孙漂流记》及《左传》。

3 月 22 日，星期一

上午读本。今日读毕《鲁滨孙漂流记》。明日起，读霍爽氏[①]之《旧闻重述》。下午二至三时，习读本。晚往图书室，观 Poincare's *Foundation of Science*，名理精深，极难领悟。惟有俟诸后日耳。

德大文学家哥斯氏[②] Goethe Jahann Goethe 卒。

1775 年本日，英大政治家、演说家 Edmund Burke[③] 演说于下议院，论英政府压制美人之非。

3 月 23 日，星期二

上午考几何，共出五题。予完卷。读本自今日起读霍爽氏《旧闻重述》。下午一至三时读威克斐牧师传[④]二章。三至四时国文，读《左传》。四时后休息及浴。晚作英文论说，题为“爱情、求婚及结婚之情形”，只限于中国而言。

3 月 24 日，星期三，晨，天色黄，下午大风

上午物理。今日起讲电学，并发考卷，予得 98 分。下午二时地文试验，论石之构造，并发考卷，予得 80 分。三至四时阅左传。五至六时阅《威克斐牧师传》。晚预备读本，并阅《霍爽全传》。

接张嘉桦来片，即复之。订万牲园日期也。

1882 年本日，美诗人长卿 Longfellow 卒。

---

① 今译为霍桑（Nathaniel Hawthorne，1804—1864），美国作家。——编者

② 今译为歌德（Jahann Wolfgang von Goethe，1749—1832），德国诗人、剧作家、小说家。——编者

③ 伯克（1729—1797），英国政治家。——编者

④ *The Vicar of Wakefield*，爱尔兰作家 Oliver Goldsmith（1728—1774）在 1766 年写的小说。20 世纪初，此书常作为英语教材、补充读本。本书编者之一叶铭汉 1941 年就读于上海大同大学附中高中二年级，英文阅读课本即用此书。——编者

3月25日，星期四

上午几何发考题，予得95分，下午一至四时作几何札记，今日共作四题，皆构图也。四时后至父亲处，读《诗·甫田》。晚读《威克斐牧师传》两章。惟内哲理太多，非深思不能知其故。

3月26日，星期五

上午几何八至九时改在下午二至三时。因力格题病、赴北京医院。请韩利恩代课。而韩上午无暇，不得不改在星期二、四、五之下午二至三时也。修辞教习今日缺课。下午一至二时在图书室读地学杂志中罗斯福游南美洲记。二至三时几何。三时中文作论。题有二：（一）老庄为道家，申韩为法家。史（司马）迁作（史）记，何以并列为一传，试申论之；（二）无恒产而有恒心，惟士为能说。二题中任作一题。予作首题，约五时毕。毕后与沈诰闲谈。昨与杨克念、沈诰、孙瓃会餐，餐毕与杨君散步。八时后读《威克斐牧师传》及《左传》。

3月27日，星期六，雪

上午十至十二时作生理札记。下午精神疲乏。晚往礼堂听布大夫电影演说，题为蝇及病之关系。到者不多，听者亦不信其说。如说蝇有八千小眼时，群情喧哗也。吾国人不好科学，而不知二十世纪之文明皆科学家之赐也。

3月28日，星期日，晴，雪

上午读《威克斐牧师传》及作信至美国，尚未毕。下午作生理札记及书日记。晚读读本及浴。

法国十八世纪大数学家兼天文家 Laplace 生。1775年本日，美国大演说家 Patrick Henry 演说于 Virginia 公会，鼓动美人反对英政府也。按，美洲独立与此演说有关系。

3月29日，星期一

上午手工考试，共出四题，皆为实用上极紧要者。下午音乐考试，共出十题，予自度合八题。四时后至父亲处，闻大哥拍电至上海，劝四姐勿往东三省。晚至图书室阅数学杂志，内载 Duplication of Cube 名题。

3月30日，星期二

上午八至九时在自修室作英文论，及读《威克斐牧师传》第十五章。十至十一时在图书室阅数学杂志中俄都大学名题。下午一至二时作算学论文第一篇，未毕。二至三时几何。三至四时国文。四时后与姜家汉在饭厅吃面。晚休息。

3月31日，星期三

上午读《威克斐牧师传》第十六、十七章。下午头昏晖，痛甚，晚略愈。与同学略论椭圆。九时即睡。

一九一五年三月行事纪要[1]

三日，郊外旅行，为地文之实习，善法也。

四日，阅《科学》第一期内平面数学一篇及物理学家加里倭儿传。兹将平面数学之要点列下：

角度	数名	其对数之数名
原位	正真	真数 整数之对数为正 小数之对数为负
九十度	正虚	
百八十度	负真	虚数 整数之对数为正 小数之对数为负
二百七十度	负虚	

十四日，证明“分一锐角为三等分”一题，为不能作（只用圆规及直尺）

二十日，在级会中辩论。

二十一日，游清河。洪君深邀观剧。

二十七日，听布大夫以电影演讲蚊蝇与病之关系。

二十九日，读 *School Science and Math* 内 *Duplication of a cube* 一篇。

三十日，读 *School Science and Math* 内 *A famous problem in Russian University* 一篇。

4 月 1 日，星期四

上午除正课外，未观他书。恐用脑过度也。下午二至三时几何，论辟氏[2]名理。三时伦理演说，讲师为北洋大学校长赵天麟先生，题为“自修及教习讲授二者利益之比较”。先生语气轻滑，听者多失望。以堂堂校长而自处如此，我国之教育扫地尽矣。毕后略运动，乃至父亲处。读张文虎先生及范瀚增君行述。晚习修辞及读本。予今日并不头痛矣。

4 月 2 日，星期五

上午八至九时读《威克斐牧师传》第十八章。下午一至二时往图书室阅杂志。二至三时几何。三至四时中文作论，题为杨子为我墨子兼爱论，作毕约五时。以余时与同学论中日事。晚作生理札记，已毕十二种脑神经。

收张嘉桦来函。允万牲园改期也。

4 月 3 日，星期六

上午十一至十二时级会开会，议决：

---

① 该行事纪要在 4 月 28 日的日记中。——编者

② 即毕达哥拉斯。——编者

（一）正副会长任期一年，其余职员俱半年；（二）加添书记五人；（三）加添评议员五人；（四）从速择定英文级歌。以上四条，俱经通过。是日并选定评议员五人。下午英文部开会，予到会。

4月4日，星期日

上午作信三封：一至苏民，一寄一麟，一寄美国。寄美者尚未发。下午与同学散步郊外，乘便至成府小学堂参观。归后理发。晚习读本并浴。

发信至侯家源、张一麟。

对数之始祖纳白耳卒日。

4月5日，星期一

上午八至十时手工，予今日作毕木槽。次当做小桌一具，费工必甚大也。下午音乐发还考卷，予得88分。二至四时研究数理，得 $z=\sqrt[3]{\sqrt{h(h+2)}-(h+1)}$ 方程式。四至六时在父亲处检阅《张啸山先生全集》。晚作三日日记。

今日起强迫体育。

4月6日，星期二

上午上地文、读本、修辞三课。下午二至三时几何，论余弦定理。三至四时国文。四至五时休息及运动。五时后阅《威克斐牧师传》。晚在图书室阅读数学杂志，未能尽悟也。

函美国塔克赛斯[①]学校。

4月7日，星期三

上午八至九时读《威克斐牧师传》第二十章。九至十时考物理，共出五题。下午一至三时作左传札记，三至四时阅左传。予今日读毕左传第四本。晚习地文读本。毕后浴。

4月8日，星期四

下午一至三时作算稿，寄美国。

函苏民。

4月9日，星期五

上午除正课外无足记者。下午二至三时几何；三至四时作文，题二：（一）汉高祖入关除秦苛政，汉光武至河北除莽苛政论；（二）范仲淹先忧后乐论。予作第二题。晚作算稿寄美国。

函学孝。

---

① Texas，今译为得克萨斯。——编者

4月10日，星期六

上午八至九时与克念至邮局寄信，并散步一小时。九至十时生理，今日讲耳。十至十一时读《威克斐牧师传》第二十一章。下午一至二时听卜森演讲雄辩术。二时后观野球[①]。晚读《威克斐牧师传》第二十二至二十三章。

寄算稿（第三次）至美国。

法国十八世纪大数学家 Lagrange 氏卒。

4月11日，星期日

上午与父亲同游万牲园，并约大哥及周君福宝，至下午四时返校。晚与孙君瓃预备读本，盖二人同习较一人独习者事半而功倍也。

4月12日，星期一

上午读本课，论中国家族制度与欧美家族制度之优劣。赞成中国者七人，余均赞成西制。下午二至四时作生理札记。晚浴。

接张一麟来片。

4月13日，星期二

上午第一时读地文。第三时读本，徐师命每生写出关于晚日问题[②]之意见。第四时修辞。力格题缺席，灰脱本夫人代课。教法极好。下午一至二时读《威克斐牧师传》第念四章。晚又读念第五章及《辟塔哥拉斯氏传》。

接侯君寄来章程。

4月14日，星期三

上午八至九时、十至十一时作数学论文第二篇。下午地文试验，无课。因用暇时读《威牧师传》第二十六章。晚习地文及往图书室抄希腊大哲学家兼数学家《辟塔哥拉氏传》。效法先哲，后生得益不少。

4月15日，星期四

上午读《威牧师传》第二十七章。下午无伦理演说，晚习读本及抄亚奇美德[③]传。

4月16日，星期五

上午修辞由灰脱本夫人代课。因力女士妹病不能上课故也。下午几何无课。三时惊悉几何教习力格题女士病故，年尚未三十也，哀哉。三至四时中文作论，共出二题：(一) 封建制度与郡县制度孰得孰失论；(二) 孔子为教育家非宗教家辩。予作第一题，约七百字。

上巳节（参阅《诗经·溱洧》之章），古定三月上旬中第一巳时，今则定为三月

---

① 即棒球。——编者

② 晚日问题指近日关于日本的问题。——编者

③ 今译为阿基米德。——编者

三日。

4月17日，星期六

上午因力格题女士新丧，美教习深为惋惜，不能上课。故上午均缺席。下午三时观拳术比赛，学生与赛者十人，并请京津保著名拳师演技，以资观摩。比赛结果，郑重第一，王荣吉第二，均吾级同学也。

4月18日，星期日

上午十时，本校为力格题女士开追悼会，演说者四人：克来恩女士、周校长、斯密司先生及青年会牧师是也。克女士及斯先生演说词，皆悲感动人。而牧师则又借此机会，大讲耶教灵魂归于天堂之旨。盖其意在于传教也。又歌者三，本校音乐队、斯密司夫人及柏爱克女士是也。十一时余散会。下午十二时半力格题女士灵柩出校，学生皆往大门致敬，柩在花马车中，洋教员均乘马车送柩，柩系磁制，形甚扁小，盖西俗无赗，故棺不必大也。又西俗死者为未嫁之女，则使未婚之男平日相爱者导棺。力女士之丧，导者为韩利恩、伯利司、狄铁满、罗卜森四人。亦此意也。女士死于异国，其姐之意以为离家万里，转运为难，不如葬中国为善，因决葬于西便门外教会义塚上。虽然女士之魂，则早已归本雪佛尼矣。二时后游圆明园，共五人。

4月19日，星期一

上午读本无课。生理小考，由王晋斋监考。下午二至三时读《威牧师传》第二十八至三十章。三至四时在图书室抄亚奇美德传。运动一时后至父亲处，悉大嫂新生一女孩。晚作数学札记。

接苏民来片。

4月20日，星期二

上午修辞，仍由灰脱木夫人代课，下午一至二时几何，由庄俊代课。三至四时伦理演说。说者为美国某著名大学历史教习汤姆孙氏。五至六时作信与苏民。晚读John Tyndall's *Forms of Water*。

4月21日，星期三

上午上物理修辞二课。与杨君论杂志中一题。下午一至三时作《左传》札记。四时后至父亲处。晚略作数题。

4月22日，星期四

上午下午除观本校运动会外，读《威牧师传》第三十一及三十二章，已读毕全书矣。又读英美大家文汇中《威牧师略传》，贵得大意也。晚习读本并浴。

今日运动结果

Class Champions：1. 高四；2. 中四；3. 高二。

Individual Champions：1. 黄元道，高四；2. 洪锡骐，高四；3. 凌达杨，高四；4. 郭希棠，高二。

Records：Shot put，37′4″；discus throw，82′；220 yards，26 seconds；5 miles，34 minutes；pole vault，10′；high jump，broad jump。[①]

4 月 23 日，星期五

上午上物理、读本、修辞三课，下午一至二时几何，二至三时习 *Pure geometry chapter* 2，*on harmonic ranges and pencils*。

三至四时作文，题列下：

（一）教之以政、齐之以刑，民免而无耻论；

（二）政府财政支绌，人民生计艰难，有何良法善策，以补救之欤。

余作第二题。作毕后至父亲处，得家事二：（一）大嫂新添一女；（二）家中时有响阁，祁姑母于夜间闻之，心甚疑惧。询之卜人，云：宅神与祁姑母有碍，如不迁出，五月内必有不吉。姑母遂决于月内迁出。甚矣，妇人之迷信也。晚餐后散步工字厅前，饱览湖山胜景、水木清华。至昏始归自修室。爰作英文一篇以记之（The Lotus' Pond）。

4 月 24 日，星期六

上午八时至图书室借司抵文孙氏[②]小说一种。九至十时生理学，用显微镜观察眼之各部。下午一时与其峻至陆秉国处视疾。今日有幼年运动会，予因大风不往观。二至四时画生理学之图。五至六时半习 *Pure geometry chapter* 2；*on complete quadrilateral and quadrangle*。七时与同学聚餐，晚休息。

4 月 25 日，星期日

上午八至十时作生理学插图。毕后乘火车入城至大哥处。午膳后乘车至廊房头条购物，又至先农坛。因徒（途）中人马太挤而返，即归校。约六时矣。

接张君嘉桦来函，论同学会事。

4 月 26 日，星期一

上午手工，由罗卜森先生上课，因灰脱木入城，尚未返校也。第四时生理，用显微镜观耳之各部。下午十二时半于礼堂开会，追悼同学朱君维潘（于昨晨病故），并送其柩出校。三至四时作数学论文调和论一篇，尚未完。

复志清。

4 月 27 日，星期二

下午二时阅数学杂志第 123 号，中有游戏算学宜加入中学课程论一篇，历论游戏算学之沿革及效用。考订精译之作也。又有难题若干问，今演于此书上。

---

① 未记具体结果。——编者

② 今译为史蒂文森（Robert Louis Stevenson，1850—1894），英国小说家、诗人，著有《宝岛》等作品。——编者

4月28日，星期三

上午十至十一时读 *Pure geometry chap*. 3，*on harmonic properties of circle*。三至四时读《左传》战于郯后之情形。

五时浴。

4月29日，星期四

上午生理学，讲嗅觉及味觉。下午二至四时与同学论几何，未知能有益于人否。昨习读本及观游戏算学论。

寄请片至北京大学，邀观运动会。

1854年本日，法国大名学家兼数学家 Henri Poincare 生。氏精于非欧几里得形学。

4月30日，星期五

上午修辞考试，下午作文。暂停一星期。晚剪发。又演算草，预备寄至美国也。

接志请来函，定会期。

一九一五年四月行事纪要

四日，参观成府小学堂。

五日，求得 $z=\sqrt[3]{\sqrt{h\ (h+2)}-\ (h+1)}$ 函数方程式，求三分锐角之结果。

十日，寄第三次算稿至美国。（八日、九日，预备算稿）

十一日，与周君云阶、父亲大人及大哥游万牲园。

十四日，作数学论文第二篇，*On the construction of a quadrant*。

十六日，几何兼英语教习力格题去世。

十七日，侄女生。

二十日，读 *Forms of water* by John Tyndall 一书。

二十三日，习 *Pure geometry*，*chapter*2，*on harmonic ranges and pencils*。

二十四日，续昨日，习 *On complete quadrilateral and quadrangle*。

二十六日，作数学论文第三篇，*On Harmony*，未完。

二十七日，读 *School Science and Math* 内 *Math*. *Recreations* 篇。

二十八日，习 *Pure geometry chap*. 3，*on harmonic properties of a circle*。

5月1日，星期六

观三校联合运动会。

接苏民函，索章程及考试细则。

5月2日，星期日

上午作生理札记，下午与其峻赴万牲园同学会之约，到者共十四人：沈渊儒、葛敬钧、张嘉桦、汪桂馨、项镇藩、刘季人、谢家荣、陈仁忠、余久恒、康在勤、凌其峻、叶企孙……先候于函风堂。待同学齐集后，即至畅观楼旁之来远楼茶叙。

寄题至美（四次）。

5月3日，星期一

上午读本无课。生理讲发声器及言语之天演。下午二至四时读士抵文孙氏游记。五时浴。晚作英文写风景之文及预备地文。

5月4日，星期二

上午考地文共五题，未完卷。又发修辞考卷，予得九十五分。

收庭祜函，复庭祜及大哥。

5月5日，星期三

上午八至九时上拼音课。灰脱木夫人尽义务，而到者不过五人。何学生之不好学耶。下午一至三时在图书室查迈当制①之略史。三至四时劄记。精神甚疲，故不能作也。晚听音乐。

复苏民并寄章程。

5月6日，星期四

下午二至三时作信与孟笾。答询问四条如下：（一）锥体求积，（二）球体求积，（三）平圆求面积，（四）迈当制略史。

5月7日，星期五

上午八至九时续作与姚丈②书，毕后即寄。下午接遵章书，内称美人于中日交涉事，颇形冷淡。三时作文，题为孔子言仁孟子言义说。晚作英文一篇，描写园圻风景。

函孟笾，答询问四条。收李达自美来函。

5月8日，星期六

上午生理学，以显微镜观察蛙足内之血液循环，红白血轮回环于血液之中，新陈代谢，诚奇观也。下午二至三时听级会末次演说比赛。毕后作生理札记。作昨日记。

函嘉桦。附寄李达托书。

5月9日，星期日

上午八至十时读司氏游记，并作信与一麟。毕后乘火车入城，为大哥等理行装，因明日将回南也。四时返校。晚习读本。

今日我政府承认日本条约。国耻日也。

函一麟。

---

① 今译为国际单位制（metric system）。——编者

② 即姚孟笾。——编者

5月10日，星期一

上午八至十一时上读本课。徐师命略述 Mr. Higginbotham's *Catastrophe* 故事。十一至十二时上生理，讲肺病之原因及治法。下午一至二时音乐无课，因今日一甲（班）试验发音力故也。二至三时习修辞。三至四时整理衣服。五时至父亲处整理书籍。昨作读 Stevenson's *On Inland Voyage* 感言。

5月11日，星期二

上午八至九时习地文，自九至十二时上正课。下午二至三时与同学论几何。三至四时读《左传》鞍之战后之情形。晚作生理札记，外耳及中耳两节。

5月12日，星期三

上午八至九时为灰夫人拼音课，夫人不到，岂因上次只到五人故欤。十至十一时研究自底角两中线及顶角求三角形一题，尚无简易结果。下午二至三时读 *Math. Monthly* 第三号。晚习读本。

5月13日，星期四

上午十一至十二时生理，讲疟疾之原因及治法。下午上几何课前，在黑板上乱涂，忽思得有两中线及顶角求作三角形一题之解法。二至四时作生理札记。昨为同学讲几何及作西太后传。

寄招考章程至苏民。

5月14日，星期五

上午除正课外，无足记者。下午一至三时研究关于中线诸题。三至四时作文，题为世界和平说。晚作西太后传。

按侯君函，约来校日期。

5月15日，星期六

上午八至九时作英文论说，九至十时生理，论疟疾之预防。十一至十二时修辞，无课。惟论说仍须交也。下午作威克斐牧师传述略（sketch），草稿已毕。晚阅地学杂志。

5月16日，星期日

上午八至十时至海淀购鞋。归后天阴。待侯君不来，乃作生理札记。下午休息及作生理札记。晚习读本。毕后浴。

1783年本日，美国文学始祖华盛顿·欧文[①]生。

5月17日，星期一

上午生理试验神经之作用。下午二至四时研究求作三角形须使“三同心”成一三

---

① Washington Irving（1783—1859），美国文学家。——编者

等边形一题，尚无终结之效果。晚作 sketch。

5 月 18 日，星期二

下午用解析几何法求昨日之题，卒得二方程式，含三个未知数。乃知此题为不定。然自二方程式可定三未知数之比例，乃仍依法解之，结果则方程式之一边开出虚数，即 $\sqrt{-1}$。乃知此题为不能作。因虚数不能实现故也。

5 月 19 日，星期三

下午一至二时续作数学论文第四篇（*elementary Harmony*）[①]，尚未毕。此篇予起稿久矣，而未毕。足见为学不勤、时有作辍，以后当大戒。向前直进，毋灰心，毋间断。二至三时读《左传》。

1864 年本日，美国教育小说家 Nathaniel Hawthorne 卒。

5 月 20 日，星期四

上午八至九时地文，论地球上生物之散布。十至十二生理，用显微镜观察马拉利亚热[②]病源菌。下午二至四时读《左传》。晚在图书室查调英之度法，预备答孟笾也。

接孟笾函。

5 月 21 日，星期五

下午二至三时在图书室读地学杂志“铝之进步”、“国都问题”两篇。三至四时作文，题为“读史记张仪列传书后”。晚与同学论几何，及浴。

5 月 22 日，星期六

上午八至九时同学论几何。九至十时生理，论痢疾之病源及治法。十至十一时考几何，共七题，甚易，自度无误。下午一至二时至救国储金大会，予捐临时捐十元，又月捐每月一元。到会者约全校生三分之二。临时捐月捐共认一千一百余元，临时捐以二十元为最多，月捐以每月捐五元为最多，其余捐一元者甚多。不知其消费必不止十倍于此也。出会后抄英文作论及作札记。五时理发。晚读《左传》邲之战，研究楚胜晋败之故。今晚有演戏，中三主之，题为“悔过之学生”。予未往观。闻同学云，此戏并无精彩。

5 月 23 日，星期日

上午与王荣吉君散步。后省父亲。下午作数学论文调和论及读《左传》。晚习读本及浴。今日予颇闲适，因欲作生理札记，而札记本为杨君克念锁在桌中。

---

① 在 4 月 30 日行事纪要中，“作数学论文第三篇 *On Harmony*，未完。”不知此处是否即 4 月 26 日作的文章的继续。——编者

② 即疟疾。——编者

5 月 24 日，星期一

上午手工，予之桌将成，已用膠水合之矣。读本课交 sketch。生理讲 Typhoid[①]之病源。下午一至二时音乐，由灰夫人代课。二至四时作信与李达，尚未毕。晚习读本及修辞。

5 月 25 日，星期二

上午八至九时在图书室读数学杂志第 124 号内 *Construction of slide rule* 及 *Graphic solution of quadratic equation* 两篇。第三时读本无课。第四时修辞由索松涛先生上课。下午几何发考卷，予得百分。二至三时作英文记事文，译桃花源记。三至四时国文，读《左传》鄢陵之战。晚韩利恩先生试验 X-ray 及 Crookes experiments，全班往观。

5 月 26 日，星期三

上午八至十时作英文论。下午一至三时作生理札记。三至四时国文劄记，读《左传》鄢陵之战。四时后至父亲处，悉大哥明日将南旋，又打电话请假。晚作信与李达，已加封矣。

函苏民约进城事。

5 月 27 日，星期四

上午九至十时读 *National Geographic Magazine*。下午二至四时作生理札记。昨作信与孟笾，论英美单位六条，已发矣。更以余时研究数学杂志第 124 号内征答题，只解其一。

函李达，论中日交涉。

5 月 28 日，星期五

上午除正课外，不事他事。下午一至二时几何，予研究以下二题：（一）分梯形为三个等积梯形；（二）铁道测量法之一。二题皆已解出。三至四时作文，暂停一星期。晚作信寄北美数学杂志，尚未毕。

函孟笾，论英美单位。

5 月 29 日，星期六

上午作信寄美国数学杂志社。此次予共解三题，自愧能力之绵弱也。下午同其峻进城至地质研究所会晤苏民。后，与其峻、苏民、季人观棒球比赛。同人等于此道素未研究，无兴而出。赴劝业场晚餐而归。晚宿地质研究所。

5 月 30 日，星期日

上午早餐后，侯君即来，论物理学上之调和动法（hamonic motion），极有趣味。

---

① 即伤寒。——编者

午餐后，与其峻、季人、苏民游护国寺，因其峻欲购物故。出寺后，刘、侯归地质研究所。予与凌君亦返校。晚习读本，作生理札记及浴。

5 月 31 日，星期一

上午手工，木桌已作毕矣。生理讲足气病之原理及治法。下午一时音乐，试验各生发音及唱歌之优劣。二至三时在图书室时读陆放翁家训。三至四时作生理学札记。晚习读本及作生理札记。

一九一五年五月行事纪要

二日，旧同学会于万生园。又寄算题至美国。

六日，函孟笆。论（一）锥体求积、（二）球体求积、（三）平圆求面积、（四）迈当制略史。（七日寄）

十三日，解得“有自底角两中线及顶角求作三角形”一题。

十四日，研究关于中线诸题之作图法。

十七日，研究“求作一三角形，须使三同心（three canters of concurrense）成一三等边形”一题。

十八日，用解析法求昨日之题，只得二方程式，含三未知数。故知此题为不定。然依法解之仍可得三未知数之比，不意求得虚根（即$\sqrt{-1}$）。虚根不能实现，故此题为不可作。

二十日，在图书室考证英之度法，预备答孟笆也。

二十五日，读数学杂志 124 号内 *Construction of slide rule* 及 *Graphic solution of the general quadrastic* 两篇。

二十七日，函孟笆论英之度法。

二十八日，研究（一）分一定梯形为 n 个等积梯形；（二）数学杂志内，铁道测量法之一。

二十九日，函美国数学杂志社。

三十日，在地质研究所与苏民论 harmonic motion。

6 月 1 日，星期二

上午除正课外，未作他事。下午一至二时几何，论分梯形为等分一题。已有效果。二至三时在图书室阅 *Tech. wold* 内之 *When should we marry*？一篇。三至四时读《左传》。五时赴已故高二同学余君日明追悼会。晚温习化学。浴。

接苏明函，询凌君婚期。

6 月 2 日，星期三

上午除正课外，未作他事。下午五至六时作调和论，将完。晚在图书室阅 *Amer. Math. Monthly*，1914，No. 9. 内正多边形论一篇。

复苏民。

6月3日，星期四

下午二至四时作调和论，暂作结束。他日更拟续作也。晚预备物理。

6月4日，星期五

上午物理月试（动电学）。下午二至四时读《左传》悼公伐郑。五至六时半抄辟塔哥拉斯行述。晚在图书室录辟氏生平之发明。

6月5日，星期六

上午修辞。开辩论会，题为英绝德之粮道，合理乎，否乎？予被举为临时会长。下午级会选举。晚作英文论说，题为民国成立史。

经济学始祖斯密亚丹 Adam Smith[①] 生日。

6月6日，星期日

今日苏民来校参观，无暇作课。晚浴。

6月7日，星期一

上午手工，予作毕小桌。读本、生理均温习。下午二至四时，作英文论说。五时在中等科，张君人宝请吃点心。晚抄英文论说。

6月8日，星期二

下午一至二时几何。庄俊出题三十四问，预备大考，意即大考之题即在此三十四问之中也，易哉。二至三时作生理札礼。三至四读《左传》至悼公再驾师于向。晚餐后读天笑生译，法嚣俄[②]《铁窗血泪记》。

6月9日，星期三

上午十至十一时在图书室抄美洲数学杂志内论平面几何之名题一篇。

6月10日，星期四

上午九至十时在图书室续抄论平面几何之名题。已毕。

6月11日，星期五

今日起预备大考。上午温习读本。下午作生理札记。地文教习威尔考克斯于今夏回国，另就他职。故本级特于今日下午与威君照相。晚另有茶会，邀请威君。威君有事，不能到，逐改为级会茶会，尽兴而散。

6月12日，星期六

上午温习读本，下午作生理札记及阅清华杂志。今日略有寒热，是当大加休息。

---

① 今译为亚当·斯密（1723—1790），英国经济学家。——编者

② 今译为雨果（Victor Hugo，1802—1885），法国小说家。——编者

函苏民。

6 月 13 日，星期日　阵雨如注

上午作生理图画，下午读英文生字，晚习物理。浴。

读孟笸寄父亲函，论及龙江教育之黑暗，不胜浩叹。函内又称予寄去之函已接到。

6 月 14 日，星期一　雨

上午考物理，十二题内择作八题。皆平日所习闻者。下午预备修辞学及作生理札记。晚，预备修辞学。

6 月 15 日，星期二

上午考修辞。下午温习地文。

1896 年本日，日本大地震，死者 27 000 人，无家可归者 60 000 人。

6 月 16 日，星期三

上午考地文。晚在杨克念房内预备读本。

6 月 17 日，星期四

上午考读本，共五题，多出于意料之外。晚在杨克念寝室内温生理。

（阴历五月初五）屈原投江日。

6 月 18 日，星期五

上午考生理，共出十题，均关于生理学之大要，并无难题。末题命学生制一食物表，需与北地气候相宜。盖校中死于脚气者有二三人，布君欲因此研究。

6 月 19 日，星期六

无考。法国大算学家、哲学家、物理学家 Pascal[①] 于 1623 年本日生，氏始发明高山上气压降低之公式，与法国哲学家笛卡尔[②]同时。

6 月 20 日，星期日

无考。

6 月 21 日，星期一

上午考几何，共六问，予约一时作毕。

德国大教育家佛罗卜尔[③]于 1852 年之本日卒（氏始设幼稚园）。

6 月 22 日，星期二

午时其峻兄离校。

---

① 即 Blaise Pascal（1623—1662）。——编者

② 即笛卡儿。——编者

③ 今译为弗罗贝尔（Friedrich Froebel，1782—1852），德国幼儿教育家，于 1840 年创办世界上第一个幼儿园。——编者

6 月 23 日，星期三

午时同父亲大人，高、张二师，友姜君□离校。乘京张车由清华园至丰台、转京津车至天津。其峻兄来站招呼，询之则船舱皆已定矣。快甚。遂至大安栈略息，即下行李至官升船。时尚早，只晚七时。夜间上岸晚餐，并至集雅楼茶叙。

6 月 24 日，星期四

晨四时开船。白河七十二湾，船行甚迟。今日无浪。午舟泊塘沽，约停二时，即开。

6 月 25 日，星期五

晨八时舟泊大连，下货甚多，故明午始能开船。予等上岸购物，沿路只见日本商店，自拒绝日货以来贸易大减。晚游大连公园，布置甚好，游者多日人。自交涉以来，华人几绝迹矣。大连交通甚便，运人者有电车、马车、人力车三种。马车系市办，自某地至某地，俱有定价。运货者有大车。

6 月 26 日，星期六

午开船，无浪。

6 月 27 日，星期日

下午后风猛浪作，舟中有作呕者。予不敢晚餐，故亦不吐。幸夜间雷雨大作。故明晨风息而舟平。凡行海，雷雨能解大风。

6 月 28 日，星期一

下午四时抵沪。五时至家。行李均无失。今晚家人皆团聚一堂。近年来久无此气象矣。

6 月 29 日，星期二

上午至凌宅，晤其峻及伯华、仲侯两姻伯。下午将董修甲君所托之物送去。

6 月 30 日（未记）

一九一五年六月行事纪要

一日，演“分梯形为若干等分”一题。

六日，苏民来校参观。君，予之数学友也。

八日，读法嚣俄著、天笑生译《铁窗血泪记》。

十一日，地文教习威尔考克司回国，本级与渠摄影以留纪念。

二十一日，几何学大考，题易而繁，予约一时作毕（限二时）以第一人交卷。

二十三日，午（时）侍父亲离校，酉（时）至津（由丰台转），即晚上官升船。

二十五日，泊大连，上岸游历。

二十八日，申（时）抵沪。

7月1日，2日（未记）

7月3日，星期六

大哥离沪。

7月4日，星期日

同家人看淘沙场房子。曹栋来访，遂午餐于家中。下午同曹、凌观新剧于民鸣社。剧名风筝误。剧中描摹妻妾不安于室，惟妙惟肖。惜做工有过火处耳。末三幕奇事破绽，好在从岳母女婿二人层层迫出来，为全剧之最。五时散戏场后，予等三人同至杏花楼小酌。凌君完钞。出酒楼，至哈同花园，因是夜开慈善会，凌君有券三张，故约同观。不意竟因天凉改期，予等遂扫兴而出。至青年会，听金星人寿公司经理某君讲青年之保险。演讲词平平。不过招揽生意耳。九时返。

1826年本日，美两总统约翰亚当①及汤姆其非孙②同日卒。

7月5日，星期一

读《块肉余生记》第二章。读《左传》卷二十八。编书目。函孟笸。量夏布衣裤及长衫。访沈步瀛及曹宅。

7月6日，星期二

编书目。

上午阅《梦溪笔谈》音律二卷。予于音律毫无知识，故阅之茫然。又临澄衷习字范本二张。下午至祁姑母处，归己五时，以余时整理书籍。晚阅左传一卷。

7月7日，星期三

编书目。

晨八时起，检阅去夏算稿，厘定为以下四种：

（一）孙子算经择粹演代；

（二）刘徽九章择粹演代；

（三）九数通考择粹演代；

（四）考正商功。

下午整理书籍。阅《梦溪笔谈》象数二卷，未能尽悟。临澄衷字三张。作书与士强，未毕。

7月8日，星期四

编书目。

---

① John Adam（1735—1826），美国第二任总统。——编者

② Thomas Jefferson（1743—1826），今译为杰斐逊。——编者

7月9日，星期五

编书目

7月10日，星期六

编书目

7月11日，星期日

编书目

7月12日，星期一

下午六时赴凌宅饮妆酒。是晚贡三亦在座。

7月13日，星期二

全日在凌宅摆喜事。是日贡三、国钧、惠荣、遵淮、观林、包君乾元、郑君德墉、张君维藩皆在座。予与包、郑、张三君已久不会，今于无意中遇之，欣甚。

7月14日，星期三

今晚凌宅有说书影戏，邀观未往。

7月15日，星期四

晒书（经部）

7月16日，星期五

晒书（史部）

7月17日，星期六

晒书（子部）

1912年本日，法国大名学家兼数学家 Henri Poincare[①] 卒。

7月18日，星期日

晒书（集部）

7月19日，星期一

安放书籍。

7月20日，星期二

安放书籍

7月21日，星期三

今日书籍放毕。

接大哥片。

---

① 即彭加勒（1854—1912）。——编者

7 月 22 日，星期四

今日将书橱架编号，贴明隶于某部某类。

接苏民函。

7 月 23 日，星期五

上午赴商务[①]晤友。归，陈师少生在家与父亲奕。予遂以考正商功一卷质正焉。下午圈点随园文集。

7 月 24 日，星期六

清理空房子楼上。晚作书与苏民。

苏民兄大鉴：

前日接读手书，悉京中连日霖沛，竟成泽国。弟虽在沪，此心未尝不代为闷闷也。此间炎暑略减，想无去年苦况。虽曰夏日晷长，而弟则当日碌碌。惜所忙者非学业之学，乃一家之政耳。盖近年来，家人尽属旅客，是以乏清理之人。弟既归家，责自难贷。旬日以来，整理书籍旧物，可藏者藏之，可弃者弃之，破者完之，蠹者曝之。即以书籍论，分部编目已需多日，况其余者。此所以终日孜孜而无暇晷也。虽曰家庭琐事，何足介怀，实亦鄙夫硁硁云，何能已此。弟近日状况可告于足下者也。足下在京与地质诸君子常晤否，彼等新迁，起居当略适。前遇兵工旧雨，述及地质诸君子勤俭好学，二载不归，假期中犹聚首讲论，持苦之坚，实深钦佩。足下见时，当为吾道及之。弟于学业可云荒芜，每晚止写大字一张，读数书几页耳。足下孜孜，当有心得语我，弟已渴望久矣。数题一纸，附呈高明，聊备讲坛之资料。

七月廿四日晚企启

附：今有三圆，互相切于 A、B、C 三点。但知三圆之半径为 3、4、5。问三圆间三角形 ABC 之面积几何。

7 月 25 日，星期日

今日在家待售旧物，价尚未合。五时其峻来，邀参观求新机器厂。

函苏民。

7 月 26 日，星期一

上午同幼华参观求新机器厂及同昌纱厂。另有记。下午希民来。

参观求新机器厂及同昌纱厂记

我国自与外人交通以来，屡次失败。国人愍焉忧之。群以为能富强中国者，

---

① 即商务印书馆，当时我国最大的图书出版公司。——编者

莫如制造。于是求新机器厂发轫于十三载前。厂之创始人为朱君志尧，君名开甲，郡之青浦县人，父业沙船数十年，遂致巨富。君少好机械，居家时常以坏钟为游戏，盖君非欲破坏之，实欲观其内容之构造也。君常患磨墨之劳，制一机械以代之。其精心致用有如此者。君既长，受知于故邮传部尚书盛公。当是时，公为招商局总办，君往见，即大器之，遂委君为大德纱厂经理。君任劳任怨，事必躬亲，无论巨细，必悉心筹划。凡物料之来自外洋者，设法易以国产。行之十余年，无或有渝。后君念纱厂之利，欲自立一厂以厚民生。继又思欲立纱厂，必先备新式机械，而皆购自外洋，利未可必，漏卮已不赀矣。故莫如先造机械。因创求新机器厂，资本三十万。由朱君志尧自经理之。洎乎新机造成，乃于求新厂之旁，立一纱厂，名曰同昌。由其弟季霖理之。厂中轧棉者、去核者、纺纱者、合线者、造条子者，条分缕析，丝毫不乱，俨然见泰西分工之制焉。噫，海通以来，吾国人屡受巨创、振兴实业以富国之说，固人人能言之，而求其确有事功者不数数觏。如朱氏伯仲者，诚实业界中之鸿毛麟爪也。惜朱君有志有为而无学识，经济一门，更少研究。故两厂虽历十有余年，而赢余颇少。推源其故，厥有二端：（一）厂基不广而分工太细，故费用多而利息少；（二）各种机械求新厂均能仿造，而不能专精于一件，故材料人工不免滥用。此二端，虽断断于言利，实与工业之盛衰有深系焉。盖百工所以厚生，而厚生非利不可。苟无余利，国家何必岁费巨金以建工厂哉？予参观毕，心有所感，爰泚笔以记之，俾后人之欲建工厂者，可以览于斯文。

7月27日，星期二，夜大风雨

下午游邑庙豫园。

7月28日，星期三

大风雨，至暮始息。天凉，可穿夹衣，有穿棉衣者。

7月29日，星期四

下午往观江苏出品陈列所。因大风损屋，修理三天，故不得入而返。

1815年本日，韦灵吞①，败拿皇②于滑铁路（卢）。

接刘君树墉来函，论科学会事。

7月30日，星期五

今日编书目号数。清理书籍一事，今已全毕。颜曰：乙卯重编书目。示不忘曾祖考所编之书目也。今日又读《块肉余生记》第五章。习字二张半。下午曹宅仁弟来，予赠以二十世纪新读本第三册一本，学生会话一本，习英文字薄三本。

---

① 今译为威灵顿。——编者

② 今译为拿破仑。——编者

7 月 31 日，星期六

抄数学史数章，又作信与树镛。与刘君树镛函稿：

树镛兄大览：

前接手书，如亲肺腑。足下忠恳之诚，不觉形于简牍。当此溽暑，可作寒瓜冰李观也。沪上酷热之后，继以风灾，房屋船货损伤甚钜。环观邻省，如两广、如湘赣，屡有水患。岂天祸华夏、而使民生日困；抑国政不纲、而致阴阳乖谬。实则二说皆非也。水患频仍，由于森林不讲，疏通乏术。森林不讲，则河岸不固，而水道易迁；疏通乏术，则治水适以增水势。然欲讲求森林、疏通二端，非资科学不为功。科学之源委，荒远难求。哲士日求其所以然，而理卒难穷。国工日求其所以用，而用卒无尽。然而世人犹不倦、孜孜于科学。何哉？至境之不可臻，画人知之。然景仰而向往之，日将月诸，功夫累积终能使吾身与至境距离愈近。譬彼蓬莱不可即也。然能极目遥望亦足以自豪；譬彼苦海不可渡也，然能淡薄世事亦足以长生。科学亦然。吾人之设科学会，非欲穷源委，亦使距离愈近耳。奈端[①]曾有言曰："吾之求学如小儿时在海滨拾石子"。成大功者未必有大志，请以勖焉。

附呈鄙见若干条，以备采择[②]并望商诸理卿[③]。因渠无信来，弟亦不另矣。专此顺颂

大安

弟企上，七月抄

一九一五年七月行事纪要

三日，大哥离沪。

四日，看淘沙场房子。

五日至十一日止，共七日，编书目。

十五至十九日止，共五日，晒书。

二十三日，陈师少生来与父对弈。遂以算稿《考正商功》呈正。

二十四日，清理空房子楼上。

二十六日，同幼华参观求新机器厂及同昌纱厂。

三十一日，作函寄刘君树镛，论科学会事。

8 月 1 日，星期日

周君云階来。君为养正毕业生，升入松江中学、苏州高等学堂。辛亥秋，辍学归。历任养正、务本、浦东中学英文、化学教习。然君向学之心犹未衰。去夏考入北京大

---

① 今译为牛顿。——编者

② 稿见 8 月 2 日日记。——编者

③ 即曹明銮。——编者

学理科。君尝亲执教鞭。故其讲听授时，心愈专而学亦愈进。奈家境不裕，不克竞学。下学期又将就教职矣。

函树墉，函大哥。

8 月 2 日，星期一

至寰球学生会，访游美诸生起程日期。归购线袜五双。

1826 年本日，美国最有名之演说家但尼尔韦伯斯（Daniel Webs）演说于布士登，追悼亚当及其非孙[①]两总统也。

七月廿九日论科学会事，今稿如下：

（一）本会定名为〇〇科学会；

（二）宗旨：研究科学；

（三）凡本校同学赞成本会宗旨者皆得入会，暂时不收会费；

（四）科学种类甚多，兹制定以下八种为本会研究之范围：

1. 算学；2. 物理；3. 化学；4. 生理；5. 生物学；6. 地文；7. 应用工业；8. 科学史。

前六科本校所有。余如天文、地质、重力等本校所无，不便列入。盖本会用意于已有科学加以课外之参考，非欲躐等、以求高深也。应用工业注意于实用。科学史足以奖进后学，皆别有用意者；

（五）设理事长一人，理事二人。理事长总理会务，理事分任书记、庶务等职。理事长由会员公举。理事由理事长保荐、会员认可；

（六）每星期六开会一次。会员轮流演讲，但每次演讲至多以二人为限，每人至多以一小时为限。演讲题目需在范围之内。演讲者须于一星期前将题目及大纲报告理事长，由理事长认可。并将大纲印行分发听讲者，使易领悟；

（七）于教员中聘评判一二人，至多三人。若不能到会，由会员中公推临时评判一二人，至多三人；

（八）本会会员当遵守以上规则及以下训言：

1. 不谈宗教；2. 不谈政治；3. 宗旨忌远；4. 议论忌高；5. 切实术学；6. 切实做事。

以上八条鄙见所及杂陈左右，以备采择。尚希教正。

企又上

……[②]

8 月 3 日，星期二

周君增奎来。周君故敬业毕业生，考入南洋公学。颇好科学。今又考入北京大学

---

① 今译为杰弗逊。——编者

② 致树镛信附，见 7 月 31 日日记。——编者

理科矣。

访符阶，不晤。沈君渊儒，字符阶。兵工小学毕业生，升入中学。癸丑秋，海上有战事，遂辄学归。后考取北京大学工科。今尚在肄业中矣。

接苏民函。

8月4日，星期三

今日清理书画，约分三等。第一等画二十幅，第二等画三十四幅，第三等画二十七幅。平均计算，一等每幅十元，二等每幅二元，三等每幅半元，则共值二百八十一元半。予家昔藏有明大滌子真迹，曾有估价四百元者。今已让归杨氏矣。

1870年本日，德法战于维生堡，德军大捷。

范君永增来。君为麟书先生之长子，少习举子业。欧风东渐，君入中西书院习英文，转入约翰大学，考取游美，专习卫生工程。今已毕业归国，特来探望。赠纽约克及巴拿马赛会图二大册。

8月5日，星期四，阵雨

上午将书画装入箱内。下午临醉翁亭苏书十页。袁太史[①]文若干首，及《左传》栾氏之灭亡。

8月6日，星期五

接四姐函。

家中对联录要。

8月7日，星期六

复四姐，接大哥函。

家中对联录要。

8月8日，星期日

家中对联录要。

（甲）维款[②]；周保之八言。

8月9日，星期一

临苏书颇惬意。复大哥。

（乙）梧款[③]。

沈听篁七言。洪观七言。陆震来隶对。高爽泉七言。平翰对。沈云洲单条四幅。汤春韶八言。彭稼生八言（未裱）。黄霁青七言。曹澹持七言。陈敬铁线篆对。汤春韶

---

① 即袁枚。——编者

② “维”指第七世叶绍焯，字维蓁。其名下字画称维款。——编者

③ “梧”指第八世叶予桐，又名宗楷，号梧叔，其名下字画称梧款。录对联。——编者

七言。曹淡持工笔山水一幅。袁怀祖单条四幅缺一。

罗马最好武功之君主 Ceasar 于本日败将军 Pompey 于埃及。

8 月 10 日，星期二

同学潘君仲偕，讳伟堉，三周起座。予往行礼。潘君为敬业毕业生。自予由敬业三年级考取清华，遂与君分襟。不意于民国一年，君以时疫殁，年止十九。君貌蔼然可亲，善书画。盖得家学之深故。亦不见其孳孳于书画也。君文清雅可诵。惜君眼凸而颔短，非福寿器。而卒未竟其学以终。呜乎痛哉。

代仲高[①]函中西图画专门学校索章程。

8 月 11 日，星期三

昨演定列式算稿，已毕。脑中又多一新法矣。按此法或称方维术。创始于英儒钖尔费斯脱。嗣后学者踵事增修，日形美备，至今日则能于代数术外别树一帜矣。谨按，方维术为西土之新法，实则中土之旧法也。盖方维术之端，始于行列，而其用则资乎互乘。行列为天元之根本，互乘为方程之常规。故曰方维术者，中土之旧法也。吾国事事后西人，独于数学则不然。中古之世，且有驾于其上者。惟吾国人喜墨守而恶更新。上等社会又轻视为九九小技。彼西国则家传户诵，视为常识所必需。习者既众，则其进愈速。此近百年来，西算所以大胜于中算也。曾考几何之学始于冉求。史记亦称畴人子弟分散四夷。然则西算亦何曾不起源于中国哉。乃自有明季以来，观象历算，反资乎西士，即清代畴人事业，运驾汉唐，然亦借西算以发明中算。学者多先习借根方，而后再习天元四元。既通天元四元之后，又昌言西算为中算之薪传，西算实不如中算等说，其忘本之罪固不必论，而庐山终无真面目矣。

8 月 12 日，星期四

侍亲往费家行省墓。并树祠屋四止界石。

8 月 13 日，星期五

……[②]

（丙）蔼款[③]：

赖静山七言；扇面一条；沈仁斋对；杨振甫单条四；沈心台诗贺七十寿；贾云阶诗贺七十寿；张佳梅诗贺七十寿；蔼臣小影；王竹候对贺七十寿；陈新之贺寿；朱其镇七言；吴铸生七言；沈心台輓蔼臣公诗两幅；钱辰田七言；邵玉峰贺寿；宗佑字、朱佑曾字、雷文辉字、金昀善字各一幅，共四幅，可作单联挂；冯桂芬、潘遵祁、王竹鸥、杨振甫字各一幅，共四幅，可作单联挂。

---

① 仲高为叶企孙的二哥颂高。——编者

② 清理家中字画。——编者

③ “蔼”指第九世叶和，号蔼臣。其名下字画称“蔼款”。——编者

8 月 14 日，星期六

代仲高函图画学校报名。

1804 年本日，美国教育小说家 Nathaniel Hawthorn 生。

（丁）淡款[①]：

彭讷生八言隶；仇炳台七言；吴唐林对；朱梦庐"白头偕老图祝"七十寿；杨俊臣八言；宋云阶八言；杨见山五言隶；浦文球八言隶；陈方瀛八言；吴唐林八言隶；严城隶书单条四幅（未裱）；朱成熙七言（未裱，尚好）；日本日下东八言；查兰如六言隶；杜小舫隶；杨振甫八言；杨绶臣七言；章鋆八言；洪文卿八言；汪庆激篆书对。

8 月 15 日，星期日

接大哥片。

（戊）烛款[②]：扇面二条；杨见山五言隶；仇炳台八言；王竹鸥贺喜对。

（已）棣款[③]：

谢昌翼八言；王□田八言；胡蓉初对（冢）；曹和浩对；杨钟俊七言，严大经七言；任福英七言；范寅单条四幅；仁玉瑾七言；杨钟俊单条四幅；吴滔山水尺页四幅；任福英单条四幅；马宝瑾七言；汪凤述七言。

（庚）剑款[④]：

洪文卿七言，苏稼秋六言。

8 月 16 日，星期一

清理家中藏帖。

（辛）丽款[⑤]：吴大澂笺金篆；汪子砚七言隶；吴唐林贺进学；杨见山八言贺拔；杨见山五言隶；王海鸥七言；陆凤石七言；曹易轩贺入芹。

慈禧钦点状元

8 月 17 日，星期二

清理家中藏帖。察看凝和桥陈箍桶桥小屋。

8 月 18 日，星期三

晨王玄龄来访。王君敬业毕业生，转民立中学，半年后转南洋中学，明夏可以毕业。拟考清华高等科插班生。故来访也。侍父亲游也是园，并带算稿呈子让年伯[⑥]校正。

---

① "淡"指第十世叶佳镇，字淡人。其名下字画谓之淡款。——编者

② "烛"指第十世叶佳炜，号烛云。其名下字画谓之烛款。——编者

③ "棣"指第十世叶佳棠，号棣华。其名下字画谓之棣款。——编者

④ "剑"指第十世叶佳浏，号剑生。其名下字画谓之剑款。——编者

⑤ "丽"指第十一世叶景澐，字醴文。丽、醴转借。——编者

⑥ 姚子让（1857—1933），字文枏，前清举人，精于算学，教育家。叶企孙的姐夫之父。——编者

8月19日，星期四

读龚杰著《立方奇法》一卷。

Pascal[①] 于1662年之本日卒，适氏四十岁诞辰也。

8月20日，星期五

作《立方奇法》提要四页。

8月21日，星期六

阅龚杰著《求一捷术》一卷。

8月22日，星期日

作求一捷术提要二页。

曝衣。

8月23日，星期一，昨狂风大作[②]

8月24日，星期二

秋祭。函志清。

8月25日，星期三

晚郑君庆喜来。君字心吉，江苏丹徒人。年十七，毕业于敬业，转入龙门师范。约明冬可以毕业。君沉默寡言语，一举一动之微，必循礼而行，至久不渝。在校上课时，端坐而听，无几微动。《礼》所谓足容重、手容恭，又所谓坐如尸者。吾于斯人见之。君于国文一科，专心研究历代名家集，心欲偏得而诵之。而于昌黎集尤深好之，熟读至一百余篇。当兹文敝之时，如吾友郑君者可谓好学不倦、难能而可贵矣。然君于数理化等科学，性非相近，漠然置之。岂天赋固有限耶。近数年来，君屡遭不幸。考妣先后去世，君痛学业未成，遽尔弃养，茫茫身世，反哺无期，容常戚戚然。兄营业不昌，不能养弟，故假期中居姐丈处云。

8月26日，星期四

接志清函。

8月27日，星期五

与郑君心吉同访李君景彭。欲规戒之，惜不遇。君敬业毕业生，转入民立中学。不一年，母氏以君无昆仲，恐好学而不寿，特令辍学。今已居家二年矣。不意恶念生于怠惰。君既闲居无事，其友人某诱之作北里游，一坠溷中，不能自振。今则一日不往一日不乐，虽积久成习，罪在己身。而损友之害，亦可畏哉。近闻君将纳妾，母不

---

① 即帕斯卡。——编者

② 本日无记录。——编者

许，而无力以阻之。拟请父执干涉。予家与君之父祖数世清交，友谊所在，安得辞规戒（诫）之责。因与郑君心吉往访。惜乎其不遇也。归途茫茫，心有未安。爰志于此，聊以自镜也。

8月28日，星期六

理对联。

予家所藏之对联，颇有佳者。如沈云洲、袁怀祖之梧款单条；平翰、汤春韶翁、覃溪之梧款对联；贾云阶、沈心台、张佳梅、王竹鸥之蔼款贺寿诗；沈心台之蔼款辀诗；宗佑、朱佑曾、潘遵祁、雷文辉、王竹鸥、金昀善、冯桂芬、杨振甫之蔼款单条；俞曲园之蔼款贺寿对；杨见山、浦文球、杨振甫、朱成熙、洪文卿、黄漱兰、吴唐林之谈款对联；杨见山、王竹鸥之烛款对联；任卓夫、范虎臣之隶款单条；洪文卿、苏稼秋之剑款对联；杨见山、吴唐林、陆凤石、吴大澂、王海鸥之丽款对联是也。

8月29日，星期日

理对联。

8月30日，星期一[①]

8月31日，星期二

参观同济德文医工专门学校（与瞿君祖望同往）。

一九一五年八月行事纪要

四号，五号，清理书画。

十一号，定列式理论（Theory of Determinants）演毕。

十二号，往费家行省墓。

十六、十七号，清理家中藏帖，看小房子。

十九号，阅龚杰著立方奇法，并作是书提要。

廿一号，阅龚杰著求一捷术，并作提要。

廿八，廿九号，清理对联。

三十一号，参观同济德文医工专门学校。

9月1日，星期三[②]

9月2日，星期四[③]

幞帕司氏之定理。

---

① 本日无记录。——编者

②③ 9月1日和9月2日未记，在此二日日记中做几何证明题。——编者

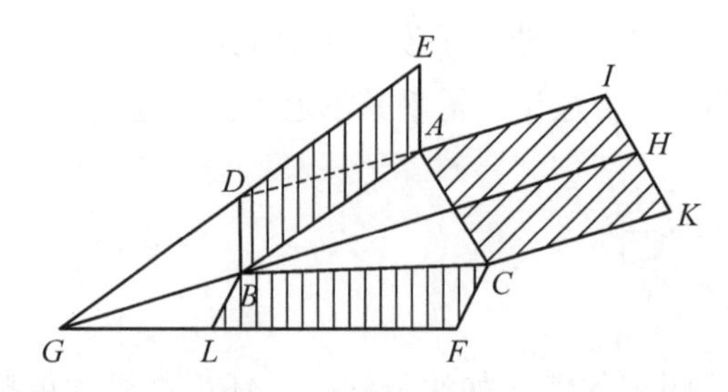

见图，因：ABC为任一三角形，AB及BC上任作两个平行四边形。引长ED及FL，使相交于G。作BG。于AC边上作一平行四边形AK，使AI与BG平行，且相等。

果：AD平行四边形及BF平行四边形之和等于AK平行四边形。

证：

（一）AD与GH平行，故DI为一直线。

（二）$\triangle GDB=\triangle BAD=\triangle EAD$。

（三）故$\triangle GBD$为平行四边形$BDEA$之半。

（四）但$\triangle GBD$又为平行四边形AH之半。

（五）故平行四边形AD及AH相等。同理，平行四边形CL及CH相等。

（六）用加法得所求证明之定理。

按：此理由幞帕司氏发见之。若ABC三角形直角于B，平行四边形皆为正方形。则得此定理之特例即辟塔哥拉司定理也。故此定理或称辟氏定理之幞帕司扩张。

9月3日，星期五

晚十一时乘沪宁车北上。同行者二人，父亲及张君光明。函苏民、心吉、四姐，告行期。接大哥快信悉分发湖北。

9月4日，星期六

清晨抵宁，九时半渡江，换浦津车。晚宿车中。

9月5日，星期日

下午三时抵津，即换四时海京快车。晚七时抵京。宿大哥处。①

赴京述历

凡欲乘津浦寻常快车由沪赴京者，以先乘沪宁夜班快车赴宁为最便。因晚可宿车上，清晨即可达江边故也。到江边后，即可乘飞江小火轮渡江，到浦口，乘九时余寻常快车赴津，晚宿车中。明日下午三时抵津。即乘四时海京快车。约七时可到京。计自上海车站（第一日晚十一时）到北京车站（第三日晚七时）共四十四小时。可谓神速。惟身体太弱，乘火车每头眩或因失眠致疾者，反不若乘轮船之为较适也。

---

① 作《赴京述历》一篇。——编者

乘晚车至江边之好处，因可以不住客店，一则省费，二则省劳。惟由沪到江边之晚车，每星期只有一二次。乘车者需询明日期，以免误会。

沿途旅费，可作四项计之：

（一）车票费：买三联票需交十七元，有找。

（二）行车费：照例，三等车每客能带六十斤，逾额每五斤加钱四元半（可先在家中称好，不得逾限）。然物件之小而重者，尽可使脚夫搬至客车上，不必过磅，则可省费。此亦作弊之一端也。

（三）上下力费：沪宁上站、下站，渡江上船、下船，津浦上站、下站，京津上站、下站，共八次。凡次每件行李平均搬力三十文，则八次每件须钱二百四十文。另加运物车费，约共二元。

（四）小账茶点：津浦小账茶钱，定例每位五角，沪宁约二角，京津约二角，共九角。另加沿路点心、饭食费，约共二元。车中有大餐，价贵而物劣，不若车站上之茶蛋、熏鸡为佳也。凡购食物，需在火车站，如济南、沧州、德州、蚌埠、宿州、福履（符离）集等。

以上三费（除行李不能一律外）约共二十一元。

沿途古迹甚多，足资谈助。如滁州为欧文忠谪居之所。醉翁、丰乐二亭，颓然尚存也。亭碑本欧公书，苏文忠见之，以为不善，乃取已书易之。（有正书局存二记石印本）古人之直道而行，于此可见。又闻竹以滁州为界，州以北无竹。滁州为南唐名胜，自来题咏甚多。惟以王渔洋四绝句最有情致，予有诗云：

车出绕滁州，云阴特地愁。

传闻今年熟，家家酿美酒。

放鹤亭在今徐州，为宋云龙山人放鹤处。苏轼有记。予有诗云：

宋代有畸人，放鹤以娱神；

人鹤今已杳，惟有一亭存。

滁州为古刘邦起兵发祥地，府治下有桃源县。因并放鹤亭典，共作一诗，兴怀所及，不求工也。诗曰：

汉时刘邦起斯州，宋代云龙挟鹤游。

按图东北有桃源，未卜渊明曾往不。

德州、沧州为夏中兴时二国之地。当日遗臣兴复之苦心，车中每为道及，因赋诗以怀之：

寒浞弑君夏道休，谁知兴复在斯州。

师徒一旅且兴国，莫笑文王百里侯。

符离集为宋张浚大败处，浚有志恢复，性刚愎而才疏阔。陕西之役，因微隙而诛曲端，以致失地千里、败归。与金战于符离，又大败。传闻张浚大度，闻败后犹高卧云。予诗曰：

恢复感皇恩，将军仗一人。

奈何兵败日，鼾鼻犹闻声。

（按：此诗连用倒句，故健）

五日晨过黄河铁桥，启窗凝望，不胜今昔之感。因为诗曰：

晨曦日出过青州，河水漫漫日夜流。

空际悬梁飞铁架，谁忆当年古渡头。

予本不能诗，车中无事，苦吟成六首。平仄声韵，恐有未调。急检诗法，录绝律平仄法，以供摩范。

一式绝句

平平仄仄仄平平

仄仄平平仄仄平

仄仄平平平仄仄

平平仄仄仄平平

二式绝句

仄仄平平仄仄平

平平仄仄仄平平

平平仄仄平平仄

仄仄平平仄仄平

两绝句成一律。

9月6日，星期一

游先农坛内国货展览馆。

函家告抵京。

9月7日，星期二

下午游中央公园，晚张君秉之邀饮于大梁春。

9月8日，星期三

进校。

9月9日，星期四

阅秦鲁郡《数书》[①] 第一章大衍。

9月10日，星期五

演大衍第三、第五问。出入《九章》，旁通元代，诚算题之至妙者也。

秦鲁郡《数书九章》大衍类第一

---

① 即南宋秦九韶《数书九章》，以下述及“秦氏九章”等均指此书。——编者

第三问　推计土功[①]

问：筑堤起四县夫，分给里步皆同，齐阔二丈，里法三百六十步，步法五尺八寸。人夫以物力差定。甲县物力一十三万八千六百贯，乙县物力一十四万六千三百贯，丙县物力一十九万二千五百贯，丁县物力一十八万四千八百贯。每力七百七十贯科一名。春程人功平方六十尺。先到县先给。今甲乙两县具毕。丙县余五十一丈，丁县余一十八丈。不及一日全功。欲知堤长及四县夫所筑各几何？

案：原术以大衍求等约。今以代数解无定方程式法。演式如下：

以科一名贯数除各县物力，得

甲县夫　180 名

乙县夫　190 名

丙县夫　250 名

丁县夫　240 名

以各县夫数乘春程人功，得

甲县夫每日筑积　10 800 尺

乙县夫每日筑积　11 400 尺

丙县夫每日筑积　15 000 尺

丁县夫每日筑积　14 400 尺

以阔 20 尺除筑积，得

甲县筑长（每日）　54 丈

乙县筑长（每日）　57 丈

丙县筑长（每日）　75 丈

丁县筑长（每日）　72 丈

今设 x=堤总长

a=甲县所作整日数

b=乙县所作整日数

c=丙县所作整日数

d=丁县所作整日数

则得以下方程式：

$$\frac{x}{4}=54a=57b \quad \cdots\cdots (1)$$

$$=75c+51 \quad \cdots\cdots (2)$$

$$=72d+18 \quad \cdots\cdots (3)$$

$$\therefore x=216a=228b \quad \cdots\cdots (\text{I})$$

① 见《数书九章》卷一。——编者

$$=300c+204 \quad \cdots\cdots (\text{II})$$

$$=288d+72 \quad \cdots\cdots (\text{III})$$

求 216 及 228 之约数，得

216＝18×12；228＝19×12

故 $a=19$，$b=18$，$x=4104$

以 4104 代入（Ⅱ）中之 x，得 $c=13$

以 4104 代入（Ⅲ）中之 x，得 $d=14$

因 a、b、c、d 皆已求得整数，合问。

答曰：堤总长四千一百零四丈。每县筑一千零二十六丈。

甲县工作十九日，乙县十八日；丙县十三日，余七十二丈；丁县十四日，余十八丈。

第五问　分粜推原①

问：有上农三人，力田所收之米，系用足斗均分，各往他处出粜。甲粜与本郡官场，余三斗二升；乙粜与安吉乡民，余七斗；丙粜与平江揽户，余三斗。欲知共米及三人所分、各粜石数几何？

按：文思院官斛八十三升（斛即石）；

安吉州乡斛一百一十升；

平江府市斛一百三十五升。

原术以大衍求等约。今以代数解不定方程式法驭之。演草如下：

设 x＝各人所得石数

a＝甲出粜石数

b＝乙出粜石数

c＝丙出粜石数

则得以下方程式

$$X=0.83a+0.32$$
$$=1.10b+0.70$$
$$=1.35c+0.30$$

以 100 乘之（去小数），得

$$100X=83a+32$$
$$=110b+70$$
$$=135c+30$$

因左式之末二位为零，故 $\underline{83a}$ 之末二位必为 68。∵68＋32＝100

故 a 之末二位必为 96。

---

① 见《数书九章》卷二。——编者

$\therefore\ 83\times\underline{m96}=n68$

因以 $\alpha=\underline{m96}$ 历试三式，得

最小值 $a=296$

$b=223$

$c=182$

均为整数，合问。

答：三人分米各 246 石。

三人共米 738 石。

9 月 11 日，星期六

阅《左传》第二十九卷。

9 月 12 日，星期日

作信两封，函苏民、心吉。

苏民兄雅览：

前接来片，悉已离京。弟本意回京时与足下再晤，而今不能，人生聚散固有定也。清（华学）校明日开课。弟到校已五日，未开课时反觉无味。下学期功课甚轻，只有英文、德文、西史、立体几何、生物学、国文六种。生物学未读过，开卷当别有趣味也。

幼华今日约可到校，大学诸君亦将陆续来，地质诸君出京尚未返，未知足下悉其通信处否？沈君义已考取北京大学文科。弟前晤沈君，沈君扬言曰：前两次考清华不取，今已取大学矣。味其言，颇有白昼骄人之态。君读吾书，当想起宣三在松江馆之趣事，而沈君之态，今犹未改也。

吾辈相识之在美者，范君既殇于前，兹又闻甘君纯启之噩耗。甘君虽有奔走之嫌，然不似夭折者。世事本如梦，不独甘君之忽而诞生、忽而游学，忽而得病，忽而归冥，如在梦中。即吾辈闻甘君之凶报，亦如在梦中也。

国体问题，不幸发生于今日。虽提倡者只曰研究学理，然观各省之电报，颇含势力、兵力两主义。世事波澜不外理势二字。治世，理为主，势为客，故势在理中；乱世，势为主，理为客，故理在势之下。呜乎！今日吾不知为何世也。更有进者，鲁论称乱臣十人。注，乱即治也。然则，治乱固无殊，而理、势亦二而一者欤？吾书至此，吾茫然不得其解。未卜足下能为吾一道破否。秋凉，千万珍重。

九月十二日，企白

心吉兄：

足下在沪晤后忽忽就道，不及走辞。曾有邮片寄足下处，谅已达览。第五号到京，八号进校，明日上课。李君寿耆事，足下曾否往劝。友朋规过为至难为之

事，亦为至当为之事。望足下勉为之。非独足下一人之德，亦李君无穷之幸也。足下等在龙门相聚一堂，评文论时，乐何如之。若弟者咿唔雉舌之不暇，何暇及于国学乎。即有之，不过习其粗者而遗其精微者，等于不习也。天下事不进则日退。弟之国学，此是将日退乎。弟惧其日退也，窃思友朋之能益我者，莫足下若，足下于韩文，深有心得。若能告弟一二，并寄下大作数篇，以供观摩，则感甚矣。

九月十二日　企白

9月13日，星期一

开课。在图书室抄杂志算题，又检得诸乘方递加说，已登于学生杂志。

收苏民片，心吉片。

9月14日，星期二

在图书室抄阅数学杂志。悉美国哈佛大学教授意力呱脱博士新选历代科学著作，编一丛书，名曰《琅玕五尺》，计其高也。

9月15日，星期三

晚全校教职员、学生茶会于食堂。有中四某君背诵前校长唐介人先生之演说词爱国一篇。

收苏民函。

9月16日，星期四

演大衍术第九问。唐代有杨某者以算学选吏，以算学决狱也。

大衍第九问　余米推数①

问：有米铺诉被盗去米，一般三箩，皆适满，不计细数。今左壁箩剩一合，中间壁箩剩一升四合，右壁箩剩一合。后获贼，系甲乙丙三名。甲称当夜摸得马杓在左壁箩，满舀入布袋；乙称踢着木履，在中箩舀入袋；丙称摸得漆碗，在右边箩舀入袋。将归食用。日久不知数。索到三器，马杓满容一升九合，木履容一升七合，漆碗容一升二合。欲知所失米数，计赃结断，三盗各几何？

答曰：甲米三石一斗九升二合，

乙米三石一斗七升九合，

丙米三石一斗九升二合。

以代数无定方程式解法入之。

令 x=每箩原米

a=甲舀入袋次数

b=乙舀入袋次数

---

① 见《数书九章》卷二。——编者

c=丙舀入袋次数

则得以下方程式：

$x=19a+1$　　（Ⅰ）

$=17b+14$　　（Ⅱ）

$=12c+1$　　（Ⅲ）

观察Ⅰ、Ⅲ两式，悉 a 必为 12 之倍数。历以 12、24、36…试Ⅱ式，

得 $a=168$（为甲舀入袋次数），即 14×12

以　　杓满一升九合，得甲米

因 a 已求得，$\therefore x$ 为可知。

$\therefore b$ 及乙米为可知；

c 及丙米为可知。

9 月 17 日，星期五

衍天时第六问，宋代测雨之法于此可见。

接维仁函，询插班事。

天时类第六问　天池测雨[1]

问：今州郡都有天池盆以测雨水。但知以盆中之水为得雨之数。不知器形不同，则受雨多少亦异。未可以所测便为平地得雨之数。假令盆口径二尺八寸，底径一尺二寸，深一尺八寸。接雨水深九寸。欲求平地雨降几何？

（叶）术曰：以比例求得雨面径。次以正截头锥体术入之，求得天池积水之数。以口径自乘除之，得平地雨降。

（叶）说曰：此因天池收水之量以口径为正比例故。式列后：

28寸

+12寸

2|40

20寸=雨面径

$20^2=400$

$12^2=144$

$20\times12=240$

784平方寸

$\frac{1}{3}\times$高$=\frac{1}{3}\times9=3$

$(28)^2=784$ | 2352立方寸

平方寸　　3　寸

---

[1] 见《数书九章》卷四。——编者

答曰：平地降雨三寸。

元和沈氏曰：此倒置方亭术也。

天时类第七问　园罂测雨[①]

问：以园罂接雨，口径一尺五分，腹径二尺四寸，底径八寸，深一尺六寸。并里明接得雨一尺二寸。园法用密率。问平地雨水深几何？

答曰：平地水深三尺五寸又三万三千零七十五分寸之二万三千。

（叶）按：此数与原书答数不符。予屡次复算，结果皆得三尺五寸余，与原答一尺八寸余不合。自问算法合理，不能有误。姑存之。当世君子，或能见予之误也。不然，则俟诸后世。

此题理同前问，式列后：

$$\left.\begin{array}{l}\text{腹径}=24\text{ 寸}\\ \text{底径}=8\text{ 寸}\\ \text{腹下之高为全高之半}=8\text{ 寸}\end{array}\right\}\text{故腹下积水为}=\frac{8}{3}\left(\frac{\pi}{4}\times 8^2+\frac{\pi}{4}\times 24^2+\frac{\pi}{4}\times 8\times 24\right)$$

$12-8=4$ 适得腹以上高八寸之半。故知水面径为口径及腹径之平均数，即 17.25 寸。

$$\left.\begin{array}{l}\text{腹径}=24\text{ 寸}\\ \text{水面径}=17.25\text{ 寸}\\ \text{腹以上水深}=4\text{ 寸}\end{array}\right\}\text{故腹以上积水}=\frac{4}{3}\left(\frac{\pi}{4}\times 24^2+\frac{\pi}{4}\times 17.25^2+\frac{\pi}{4}\times 24\times 17.25\right)$$

腹以上积水＋腹以下积水＝共积水

$$=\frac{\pi}{3}\left(2\times 8^2+2\times 24^2+2\times 8\times 24+24^2+17.25^2+24\times 17.25\right)$$

$$=\frac{\pi}{3}\left(2\times 8^2+17.25^2+24\times 105.25\right)$$

$$\text{口面积}=\frac{\pi}{4}\times 10.5^2$$

平地水深＝口面积除共积水

$$=\frac{4\left(2\times 8^2+17.25^2+24\times 105.25\right)}{3\times 10.5^2}=11\,806.25\div 330.75$$

$$=35\,\frac{23\,000}{33\,075}$$

予作此草数日后，偶检宋氏札记，乃知予答无误。实原答误也。沈氏引馆案云，此问平地雨深，无关圆法密率，句赘。若求罂中雨积数，则当加此语。又云答数误，当为三尺五寸又一千三百二十三分之九百二十（即三万三千〇七十五分之二万三千。与予所得者合）。又云，此法用二误：法实皆当用圆幂，或皆用方幂。今以圆幂乘实，

---

① 见《数书九章》卷四。——编者

方幂乘法，法实不同类，一误也。罌内雨自腹径截之为两圆台体，下高八寸，上高四寸。于下体并三幂以高乘之，于上体只并三幂，未以高乘之，二误也。

天时类第八问　峻积验雪①

问：验雪占年，墙高一丈二尺，倚木去址五尺，梢与墙齐。木身积雪厚四寸，峻积薄、平积厚。欲知平地雪厚几何？

答曰：平地雪厚一尺四分。

馆案云：此数理法皆确，然实用勾股，不曰勾股，而曰少广、曰连枝者，犹有所闭匿而不肯尽发也。

企按：如图 BC 为墙高，BD 为木，DC 为木去址。AB 为墙上积雪，即平地积雪。AX 为木上积雪外面，BE 为木上积雪厚。则因 ABE 三角形与 BCD 三角形直角而同式，得以下比例：

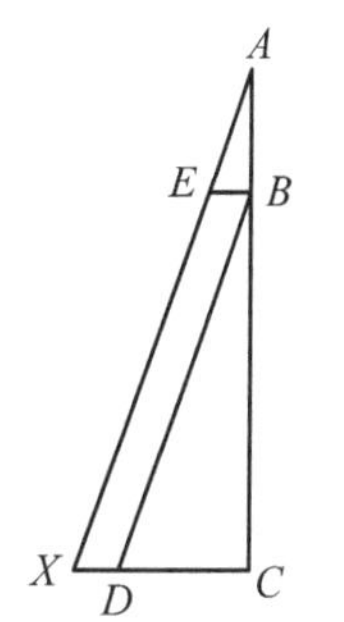

墙上积雪∶木上积雪∶$\sqrt{(\text{木去址})^2+(\text{墙高})^2}$∶木去址

∴地上积雪＝墙上积雪

$$=\frac{\text{水上积雪}}{\text{木去址}}\times\sqrt{(\text{木去址})^2+(\text{墙高})^2}$$

$$=\frac{0.4\times\sqrt{144+25}}{5}=1\text{尺零}4\text{分}$$

天时类第九问　竹器验雪②

问：以园竹罗验雪。罗口径一尺六寸，深一尺七寸，底径一尺二寸。雪降其中高一尺，罗体通风，受雪多则平地少。欲知平地雪高几何？

术用连枝三乘方。

答曰：平地雪厚九寸又二千四百三十九分寸之七百六十四。

馆案曰："箩体通风"一语与算术不相涉。或箩口所降之雪归于箩底，与前天池测雨题相同。然依上步算，平地雪深只七寸余。宋氏曰当为六寸余。今其数又不合，殆故为是语以误人也。

又曰，此法之意不可识。然以数考之，非通法也。设原题改箩中雪深为一寸，余仍旧。以秦氏术算之，得平地降雪二寸余。是平地雪反深箩内矣。

元和沈氏曰：此术于率不通，答数亦误。沈氏改立术草。

又曰：平地雪厚当为六寸六千九百三十六分寸之五千五百四十九。

予按：箩体通风句费解，与下句亦无关，且下句非通理也。若口径小于底径，则平地雪当深于箩内矣。术当与天池测雨相同，答数当从沈氏。

9 月 18 日，星期六

下午一时，与郑步青、张广舆、曹明銮、余泽兰、吴士棻、沈诰、刘树墉、李济、唐仰虞九君商议科学社事，决定为秘密研究团体，举定刘君为会长，沈君为书记。

---

①② 见《数书九章》卷四。——编者

复维仁。

1675 年本日，美人与土酋非力伯激战，后土酋败走。美人遂树殖民之基。

9 月 19 日，星期日

阅数书九章，用翻积、益积求三尖田积法。乃知几何之用有时捷于代数，而屡次开方实截长补短，畴人之不得已也。

田域类第一问　尖田求积[1]

问：有两尖田一段，其尖长不等。两大斜三十九步，两小斜二十五步，中广三十步。欲知其积几何？答曰：八百四十步。

秦氏原术，以少广求之。翻法入之（翻法三乘方）。

馆案云，此术以立天元一法明之。

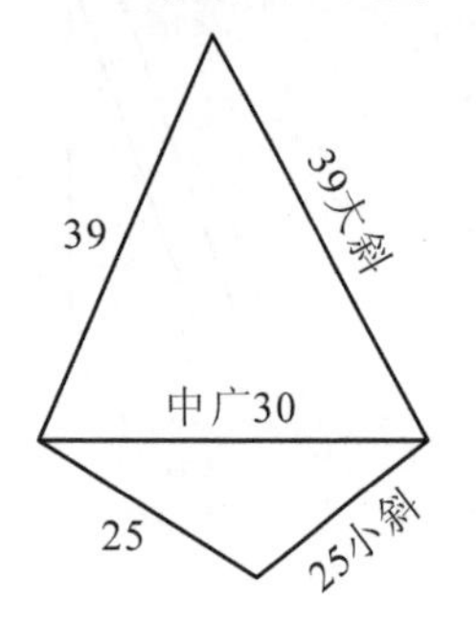

又云，若分为二三角，求得其积，然后并之。其法甚易。所以如此费算者，殆欲用立天元一法。不求分积，即得所问之总积也。

予按：此题简法，馆案已言之，即几何学中有三边求积也。

田域类第二问　三斜求积（法同上问）

田域类第三问　斜荡求积（法同上问）

田域类第四问　计地容民（法同上问）

原答：地积一百四十九顷九十五亩

容民九百九十九户，余地十一亩

元和沈氏答：数误。当作

地积　二百零三顷五十亩

容民　一千三百五十六户

9 月 20 日，星期一

科学社长刘君以章程禀校长立案。校长云：需有某教习为评判员，始能立案。晚同人等议，先请梅先生[2]为评判员。

9 月 21 日，星期二

今日接绥之函，悉已返京。

1870 年本日，德国始围巴黎。

9 月 22 日，星期三

函志清论同学会事。

函绥之。

法兰西第一次宣告共和。

---

① 见《数书九章》卷五。——编者

② 当指梅贻琦。——编者

9月23日，星期四，中秋节

同幼华进城访地质诸君。悉季人将赴南口，绥之将赴三家店，家荣将赴西山，皆调查地质也。

9月24日，星期五

购德文法，价二元七角，西史，价四元。下午四时，王文显先生演说，题为少年与道德。发明哲理，而不蹈空，足见学问。

明末关东都督袁崇焕受清之反间，于本日磔于市。自崇焕卒，而明室真无人矣。

9月25日，星期六

级会开第一次常会。会长程君其保报告本学期政纲，并宣布本级科学会事。按科学会本守秘密，此次宣告，非同人之本意也。

9月26日，星期日

上午作生物学札记，晚读《嵩庵》集。张尔岐作仪礼句读，当时抄读者只顾宁人、刘孔怀二人。足见学问未必见赏于当时也。函苏民。

9月27日，星期一

预备科学会演说稿，题为“几何之哲学”。

今日阴历为乙卯年八月十九日辛酉，武昌起义日。

9月28日，星期二

孔滋涵著《同度记》，罗茗香著《增广新术》，王筠著《教童子法》。均见《积学斋丛书》。有暇拟读之，书此以志。

9月29日，星期三

暮习《数书九章》田域类五问，并改正第五问之答。

接志清片。接莲章自美函。复志清片。

田域类第五问　蕉田求积[①]

问：蕉叶田一段，中长五百七十六步，中广三十四步，不知其周。求积亩合几何？

答：田积四十五亩一角十一步六万三千七十分步之五千二百一十三。

馆案云：此题中广甚小，故得数较古法多七百余。较密法少二千七百余。若设长为七百零七，广为二百九十三，亦以秦氏法术之，得三万零四百二十六步余为田积；依密法求之，实十四万四千九百余步。所差甚远。其术之不合，显然矣。盖数必三乘而后可以平方求之。今再乘之后，仅以十进之，宜其不可用也。

予按蕉叶曰可以椭圆求积术人之。法以半中长乘半中广，再以圆率乘之(3.1416)，得积一万五千三百八十一步余。较原积多四千五百十步余。收为亩，得六十四亩二十一步，较原积多十八亩一百九十步。又此数与馆案答亦不合。因圆率不同

---

① 见《数书九章》卷五。——编者

故也。

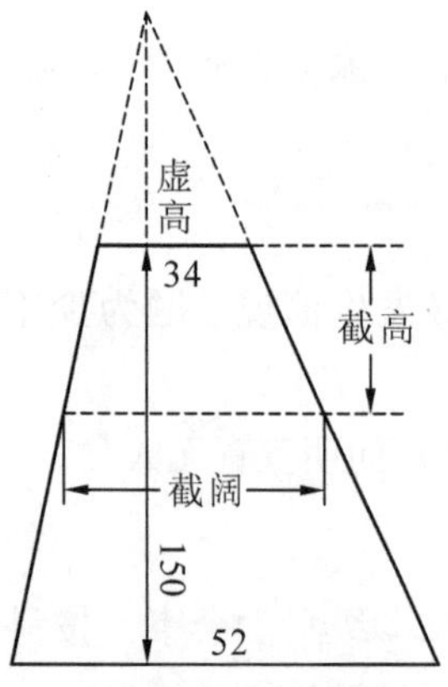

田域类第六问　均分梯田①

问：户业田一段，若梯之状。南广小三十四步，北广大五十二步，正长一百五十步。合系兄弟三人均分其田。边道各欲出入。其地难分。经官乞分定：南甲、中乙、北丙。欲知其田共积，各得田数及各段正长大小广几何？

如图。

虚高∶34＝（虚高＋150）∶52

∴虚高＝……（已知）

虚积＝……（已知）

今　（虚积＋截积）∶（虚积＋全积）≈（虚高＋截高)^2∶（虚高＋全高)^2

亦若　截阔^2∶北广^2

由上二式求得截高及截阔，演草如下

x∶34＝（x＋150）∶52

$34x+5100=52x$

$\therefore 18\,x=5100$

```
  x=282.2               34                 282.2
       17             + 52               + 150
  ─────────           2⌊86              ──────
    19754               43                 432.2
   2822              ×150               ×432.2
  ─────────          ──────             ──────
   4797.4  虚积        2150                864 4
                       43                  8644
                     3⌊6450  全积         12966
                       2150  截积        17288
                    +4797.4             ──────────
                    ────────            186796.84 (四率)
                      6947.4  首率

     6450                  186797        115379⌊339.6  虚高截高和
  + 4797.4 (次率)        ×    6947              282.2  虚高
  ─────────              ──────────             ─────
   11247.4                 1307579               57.4  截高
                          747188
                         1681173
                        1120782
               11247)1297678759(115379 (三率)
                     11247
                     ──────
                      17297
                        ⋮

     115379
      9
   ──┬──────
   63│  253
     │  189
   ──┼──────
  669│  6479
     │  6021
   ──┼──────
 6786│ 45800
```

① 见《数书九章》卷五。——编者

倍截积，以截高除之，得商，减去南广，即得截广。

若求乙田，则取全积。

三分之二并入虚积为首率，余同。

田域类第七问　漂田推积①

问：三斜田被水冲去一隅，而成四不等田之状。元小斜一十六步，水直五步，水直与元小斜平行。残小斜一十三步，残大斜二十步。水直与元小斜距一十二步。欲求元积、残积、水积，元大斜、元中斜、二水斜各几何?

此题非独答术草有误，即问亦有误。今依元和沈氏校本改之。图见宜稼堂本，无误。

勉之宋氏曰，此条有三误：一曰命名误，凡三斜皆以最长者为大斜，其次为中斜，其次为小斜。今中斜反短于小斜，一误也；一曰布算误，元小斜内减残小斜，余五步一十一分之一十，今“分”字误作“单一”，二误也。一曰立术误，求水实当用三斜求积术，今用勾股求积术，三误也。

答从沈氏。

术曰：先以比例求元中斜、元大斜、二水斜，次用开平方求元积、水积、残积。

田域类第八问　环田三积①

按此题所用只比例、平方耳。而秦氏开三乘方至二十变，其繁如是者，因圆率不同故也（秦氏用$\sqrt{10}$为圆率，今用3.1416或355/113）

田域类第九问　围田先计①

题意晦塞。馆案，沈氏、宋氏均以意明之。虽合于今制，恐未必合于古制也。阙之以候博古。

9月30日，星期四

午与杨君克念谈，敦劝其进科学会。又作札记，论子产放游楚于吴事。

10月1日，星期五

晚作英文论一篇，题为《富兰克林之少年》。

接贡山由美寄来巴拿马赛会照片。

10月2日，星期六

下午级会开常会，请徐志诚先生演说，题为爱国及学生之事业。晚，本级前五名论茶会事，予与焉。

10月3日，星期日

晚，科学会开第一次常会。演讲者共三人：刘君树镕，题为“天演学说之证据”；余君泽兰，题为“苹果之接种”；予以“几何学之基础”为题。是晚，除发起者十人外，克念亦到会。

---

① 见《数书九章》卷六。——编者

10 月 4 日，星期一

上午读赫胥黎《生物学论》一篇。其说曰：生物学介于理化及社会学之间。理化可以明生物学之一部，而不可以明其全；生理学可以明社会学之一部，而不可明其全。……①

测望类第一问　望山高远

予按，此勾股重差术也。魏刘徽《海岛算经》中已详载之。此题之意，与《海岛》中题相同。而秦氏之术则误。岂道古未曾见《海岛算经》耶。又按，此题以平面三角术解之，亦合。

测望类第二问　临台测水

问临水城台。立高三丈，其上架楼，其下址侧脚阔二尺。护下排沙下椿，去址一丈二尺。外椿露土高五尺，与址下平。遇水涨时浸至址。今水退不知多少。人从楼上楼杆腰串间，虚架一竿，出外斜望水际，得四尺一寸五分，乃与竿端参合。人目高五尺。欲知水退立深涸岩斜长、自台址至水际各几何？

术曰：以勾股明之，再用比例术之。草如后。

```
        12
         5
4.15 ) 6000 ( 14.45
        415
       ----
       1850
       1660
       ----
        1900
        1660
        ----
         2400
         2075
         ----
         ……
```

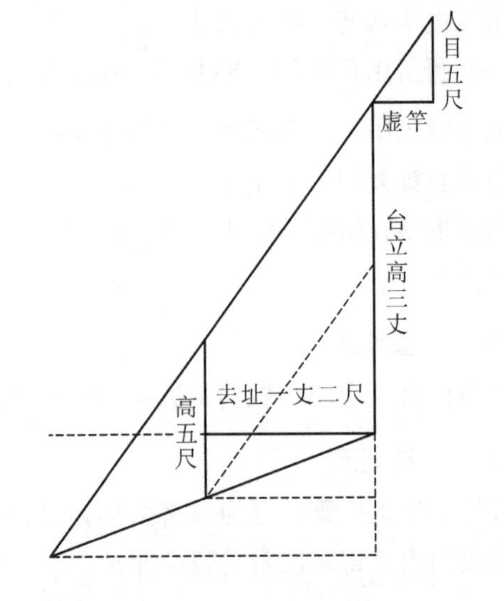


```
                      12
                      12
                     ---
   14.45             144
 －  5             +  25
 ------            -------
    9.45        13 ) 169 ( 13
                     169
                     ---
                       0
```

13∶9.45＝x∶30

x＝13×30÷9.45＝41.2（斜长）

12∶x∷13∶41.2②

x＝12×41.2÷13＝38.03

```
水退尺数
   ↓        79.23
          × 3.17
  15.8 ) 251.1591
          1
         ------
         151
    25 | 125
         ----
          2615
   308 | 2464
         ----
          151
```

① 笔札《数书九章》卷七、卷八，测望类位于此日的日记中。——编者

② 演草中，符号“∷”今为比例之意。——编者

宋氏曰：凡算之道，省约为善。

秦氏原术，故为繁难。馆案已言之。宋氏术通分纳子，于今亦不合。右草乃近世之新式也。十月四日，企孙识。

测望类第三问　陡岸测水

术曰：以勾股重差术求之。

测望类第四问　表望方城

术曰：以勾股重差术求之。

原术于比例有误。故答亦不合。原答曰：城方广各一十二里三百二十步，城去木九里三百二十步。馆稟云，当作城方广各一十一里二百二十步又三十一分步之二十，城东南隅至北木一里九十九步又三十一分步之一十一。然馆案只有答数，而未详其法。为此题补术草者，宋氏之功也，参观《札记》卷三。[①]

测望类第五问　遥度圆城

问：有圆城不知周径，四门中开，此外三里有乔木。出南门便折东，行九里，乃见木。欲知城周径各几何。

原答径九里，周二十七里。

原术曰以勾股差率求之，开玲珑九乘方。园用古法。馆案云，元李冶《测圆海镜》一百七十问，仅一题取至五乘方，犹自以为烦。此题非甚难者，乃取至九乘方，盖未得其要也。爰立新术，以带从三乘方驭之。

馆案新术，固甚密矣。然秦氏化简为繁，变法深微，学者莫知其理。开云雾而见青天，则元和沈氏[②]之功也。

草如下：

$\frac{(c-a)(a+b-c)}{2a}=3$（明股）……………………（1）

$\frac{a-b+c}{2}=9$（底勾）……………………（2）

$a^2+b^2=c^2$（公式）……………………（3）

从（1），$(c-a)(a+b-c)=6a$ ……………………（4）

从（2），$b=a+c-18$ ……………………（5）

从（4）、（5），$(c-a)(2a-18)=6a$

即 $(c-a)(a-9)=3a$ ……………………（6）

从（3）、（4），$a+c-18=\sqrt{c^2-a^2}$

$a^2+2ac+c^2-36a-36c+324=c^2-a^2$

---

① 此处以及之前日记中述及的“宋氏”及其“札记”，指清道光年间宋景昌（生卒年不详）撰《数书九章札记》，见《宜稼堂丛书》。——编者

② “元和沈氏”，指道光初沈钦裴（生卒年不详）校勘《数书九章》，见《宜稼堂丛书》。——编者

$$c=\frac{2a^2-36a+324}{36-2a}$$

代入（6） $\left(\frac{4a^2-72a+324}{36-2a}\right)(a-9)=3a$

$4a^3-102a^2+864a-2916=0$

$2a^3-51a^2+432a-1456=0$

解上三次方程式可得 a 之值（by Cardan's method）。

从 a 可得 b 及 c，从 a、b、c 可得圆径。

测望类第六问　望敌园营

原术开连枝玲珑三乘方。

馆案云，此术开方廉隅误。故得数不合。然立术已误，虽开方不误，仍不合也。别立术草，用连枝平方。

$(\text{半径})^2:\{\text{半径}+(360\times7+12)\}^2::2^2:2^2+12^2$

解此二次方程式，即得半径，倍之得营径一里三百五十四步余。

测望类第七问　望敌远近

以勾股重差驭之。

测望类第八问　古池推元

问：有方中圆古池，堙圮止余一角，从外方隅斜至内圆边七尺六寸，欲就古迹修之。欲求圆方、方斜各几何？

原术开投胎平方。今以二次方程解之，列式于下。

设 x＝圆半径，则

$x^2+x^2=(76+x)^2$

即 $x^2-152x=76^2$　　答得 x 值为 366.96

答曰：圆径三丈六尺六寸九分六厘。

测望类第九问　表望浮图

以勾股重差术驭之。

10 月 5 日，星期二

晚，预祝孔诞。演说词不足取。爆竹及茶点，似失尊敬。吾所望者，同学于孔诞日始日求自新耳。不然，外教之势将日盛一日，危莫大焉。

10 月 6 日，星期三

晚，本级前五名请同级诸君茶会。予主人之一也。五人者刘崇镕、杨绍曾、程其保、刘延冕、叶企孙。共费六元余，计每人约一元三角。

接志清片，论同学会事。

先师孔子生日。

10月7日，星期四

阅《数之史》一章：（一）古代之结绳纪数法：（二）巴比伦之纪数法；（三）希腊之纪数法；（四）罗马之纪数法；（五）天竺之纪数法；（六）算器之进步。

阅《数之史》札记[①]

（一）由整数而至分数，由正数而至负数，由通常之数而至高深之数，适与人群之进化相同。故曰，未开化人之识数犹孩提之识数也。

（二）何言乎太古人之识数犹近今未开化之人识数也？曰：数之发源先于文字之发源。未有文字之先，已有纪数之法矣。据史书所载，太古人民，多以实物纪数，如结绳时代，作一事则加一结，大事则大结，小事则小结。

思议者，数千百年后之人或亦能思议之也。故负数至代加德（Descartes，十七世纪中）而始明，虚数至亚刚（Argand，十八世纪初叶）而始明，四元数至汉米登（Hamilton，十九世纪中叶）而始明，诸元素至格拉斯门（Grassmann，十九世纪中叶）而始明。自埃及至今六千余年，而数始大备。岂偶然哉。

以上所论者，皆大略之进化。然，证之于一人之身，自孩提以至于成学，亦莫不然。儿童自初生至周岁，此一年之中昏昏无知。周岁以后，知渐有无，而犹未知多寡也。试以李一堆置于其目前，彼若见有人取之，则必知之。若有人于彼不见之时，窃去数个，仍留数个，则彼虽后见之，亦不知李之已少。若有人尽窃去之，则触目异景，茫无存者，儿一回顾，必知之矣。故曰，知有无而未知多寡也。俟后智识日开，其识数之程序由一而二，由二而三，由三而四。数之始于何时，吾不得而知也。然其发达之程序，有可得而言者三：一曰未开化人之识数犹孩提之识数；二曰太古人之识数犹近今未开化人之识数；三曰数之发达关系于言语之发达。

何言乎未开化人之识数犹孩提之识数也。曰，数始于一，此天下所同也。由一而二，二而三，三而四，以至于十百千万，虽不外乎一之递加，然其发达甚迟。试以美洲未开化人验之，其种族中有但知一者，多于一之数，但知其为多，而不知其为多若干。此其最下者也。其稍进者，识一二两数，一二以外，概以多称之。又稍进者，识一、二、三三数，此外皆以多称之。所谓多者，犹中算中之不可思议，西算中之无穷大也。凡文化愈进，则识数之范围亦愈广，未开化人所不可思议者。今已能思议之，则今之所不可……

不成立之一形学定理[②]

有甲乙丙丁正方形，任作丙戊等于丙丁，使丁甲、戊甲之垂直二等分线遇于已。

因，甲乙＝丙戊，已乙＝已丙，已甲＝已戊；

---

① 该笔札记在12月28—30日之日记中，无题目，也无结语。省略号为编者所加，不知日记主人又笔札于《数之史》之何章节。题目为编者所加。——编者

② 此题目为编者所加，内容见12月30日之日记中。——编者

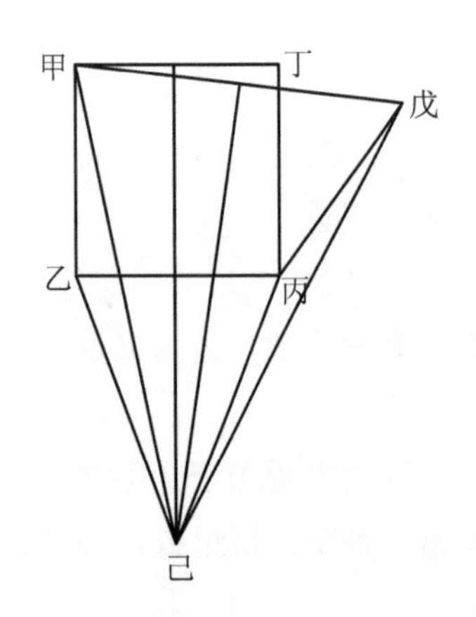

故，△甲乙己≌△戊丙己

故，甲乙己角＝戊丙己角　甲乙己角＝丁丙己角

故，戊丙己角＝丁丙己角

故一角之全部等于其一部分。

叶企孙曰：此詟词也，形学之定理本于观察，故以观察所得者证定理则可。若以定理证观察，每得相反之结果，且从正确之观察（即全大于一部分）用反证法，即可证明戊丙己为一直线，而此题不能成立矣。

10 月 8 日，星期五

下午五时年报开选举主笔会。到会者约八十人。孙君克基提议，年报主笔由校长派定，不必由学生选举。付表决。大多数通过。遂不选举，散会。

10 月 9 日，星期六

晚，预祝国庆。秩序中有幻术一项，似失体统。余同去年。然，学生之高兴，颇为减色。岂国体问题使之然欤。

10 月 10 日，星期日

晨，同其峻兄及谢、顾二先生入城。天雨阻游，止群贤旅社。晚，同其峻、谢、顾、张恺臣、李仲华、曹栋、朱季胜七君在大观楼观影戏，十一时归，宿群贤。

10 月 11 日，星期一

晨，同其峻及顾先生游国货展览会。出品不多，恐内地数省尚未到齐。出至中央公园。下午四时归校。晚级会周年纪念会。

10 月 12 日，星期二

晚与李君权时论辩论事。今日抄毕上次科学会演稿，即交书记沈诰。洪深以小说一篇，托父亲改削。

惜光阴，习勤劳，节嗜欲，慎交游，戒饮酒。

10 月 13 日，星期三

下午二至三时在图书室搜集论捕蝗法之材料。因下次科学会以此题为研究之资也。

接维仁片，询招考事。

惜光阴，习勤劳，节嗜欲，慎交游，戒饮酒。

10 月 14 日，星期四

今日历史课作一表，比较埃及、苏密里亚、前巴比伦、亚叙利亚、后巴比伦、波斯及希伯来之美术、科学、实业、疆域及宗教。此法甚有益。

惜光阴，习勤劳，节嗜欲，慎交游，戒饮酒。

10 月 15 日，星期五

晚作历史论文一篇，题为《中国古代之天文》。

惜光阴，习勤劳，节嗜欲，慎交游，戒饮酒。

10 月 16 日，星期六

晚电影。由罗卜森先生演讲英国风俗及古迹。

十九世纪中叶某年[1]之本日，英国大算家罕米登（Sir William Rowan Hamilton）先生策骑桥上。忽旋风顿起，因悟 $i^2=j^2=k^2=ijk=-1$ 公式。树四元之基础。

10 月 17 日，星期日

晚科学会开会，题为蝗虫之研究。调查员七人：王荣吉、刘崇铉、李济、余泽兰、郑步青、杨克念及予。予因京话不好，以材料请杨君代讲。毕后，举李济、余泽兰二君总辑诸人之材料。

片志清，片苏民，函心吉。

10 月 18 日，星期一

抄录捕蝗材料，呈总编辑选定。

10 月 19 日，星期二

天寒恐手冻，在嘉华购手套一双，价一元二角五分。

下午在图书室阅《楼山堂稿》。

10 月 20 日，星期三

付捐体育费二元，请同级费一元三角。

10 月 21 日，星期四

下午五时丕女士请高二茶会，予与焉。座中有丕氏姐妹二人，灰脱木夫妇及麻伦博士。五时又有潘利先生演讲（在高三科学会），予因无暇未往。

10 月 22 日，星期五

阅《数书九章》卷九、十。

按志清片，即复之，论同学会事。

《数书九章》卷九、十，

赋役类第一问　复邑修赋

此差分法也。题繁不备录，然算之甚易，只费工夫耳。

赋役类第二问　围田租亩

（题不录）。馆案云：以三分为上田衰数；加弱半三分之一，得四分为中田衰数；

① 即 1835 年。——编者

三倍之得十二，为下田衰数。并之得十九，为总衰数。其法本属显明。秦氏参入母子副泛等名目，其意反晦矣。

赋役类第三问　筑埂均功

（题不录）术以各县应出人数并之，以除长三十六里半，得每夫应筑之数，以乘甲丙两县先到夫数，即得所求。

赋役类第四问　宽减屯租

叶企孙曰：秦氏演此题，有“如雁翅列之”一语。所谓“雁翅”者，即今连锁比例也。《九章》中之粟米差分，西人以“比例”总名之。实则粟米为四率比例，差分为和较比例。其间自有分别。而此题则粟米差分皆用之。

赋役类第五问　户田均宽

叶企孙曰：此亦粟米差分合用题也。

赋役类第六问　均科棉税

问：县科棉有五等户，共一万一千三十三户。共科棉八万八千三百三十七两六钱。上等一十二户，副等八十七户，中等四百六十四户，次等二千三十五户，下等八千四百三十五户。欲令上三等折半差，下二等比中等六四折差。科率求之，各户纳及各等几何？

馆案云，题言下二等比中等六四折差，是次等为中等六分之四，下等又为次等六分之四也。乃术草中皆以十分之四收之，是四分折差，而非四六折差也。集中题与术不相应者多类此。岂成书之后未能重加校正欤？

下草依四六折差算之。

上	副	中	次	下
1	$\frac{1}{2}$	$\frac{1}{4}$	$\frac{1}{6}$	$\frac{1}{9}$
⋮	⋮	⋮	⋮	⋮
36	18	9	6	4

73棉总差

上棉差×上户数＝36×12＝432 上总差

副户数×副棉差＝87×18＝1566 副总差

中户数×中棉差＝464×9＝4176 中总差

2035×6＝12 210 次总差

8435×4＝33 740 下总差

以上求和，得　52 124 大总差

共科棉数×上总差＝88 337.6×432＝38 161 843.2

38 161 843.2÷52 124（大总差）＝732.136（上户共棉）

732.136÷12（上等户数）＝61.011（每上户供棉）

答：每上户该科棉六十一两一分一厘。余户求法同，不赘。

十二月二十三日　企孙校订

赋役类第七问　户税移割

术曰：以粟米及差分求之（有抽分及连锁比例性质）

赋役类第八问　移运均劳

术曰，以均输求之。（可见宋代制度）

赋役类第九问　均定劝分

问：欲劝粜赈济。据甲民物力亩步排定，共计一百六十二户，作九等。上等三户，第二等五户，第三等七户，第四等八户，第五等十三户，第六等二十一户，第七等二十六户，第八等三十四户，第九等四十五户。今先劝谕第一等上户，愿粜五千石；第九等户愿粜二百石。问总认米几何？

答曰：二十三万七千六百石。

叶企孙曰：观术草答，乃知诸差数之关系为级数，非比例也。《九章》差分中含级数比例二种进退法。以加减为进退者，级数也（或曰等差级数），以乘除为进退者，比例也（或曰等比级数）。虽然，高等代数中有合用四则以为进退者矣，然则差分之或繁或简，因不可同日语也。

粟米……正比例

均输……{正/反}比例

差分……{以加减为进退（等差级数）/以乘除为进退（等比级数）（正比例之一种）}

上表足以明三章之大略。粟米以物价为正比例；均输以物力为正比例，以远近为反比例。至于等差等比，则于《九章》之差分中，未必常等。

上题之式如下：

5000－200＝4800

4800÷（9－1）＝600（等差）

3×5000＝15 000

5×4400＝22 000

7×3800＝26 600

8×3200＝25 600

13×2600＝33 800

21×2000＝42 000

26×1400＝36 400

34×800＝27 200

45×200＝9000

合计为 237 600（石）

10 月 23 日，星期六

下午一时级会开会，予到会。散会后与李君权时论辩论事。

10 月 24 日，星期日

上午作生物札记。下午阅数学史。

接心吉函。

10 月 25 日，星期一

上午在工字厅练习级歌及德文诗歌。

1854 年本日，英军六百人与大队俄军激战于布拉克拉完（Balaklava）。即克里米亚战争之一部。

10 月 26 日，星期二

阅数学史、三角及《代数几何》。

10 月 27 日，星期三

下午省父亲，悉大哥已赴鄂，觉触甚深。不愿做官，拟即返沪。就青年会事。

接苏民片。

10 月 28 日，星期四

植物教习虞先生率本级往外观察树木。

10 月 29 日，星期五

晚作英文一篇，题为诸葛亮传。

10 月 30 日，星期六

下午一时级会辩论，题为“解决中国之今日，科学人才较他种人才为尤要”。正面主辩汪君心渠，助辩温祖荫、黄受权。反面主辩李君权时，助辩曹君明銮及予。以团体论，正面获胜。以个人论，汪君第一，予次之，温君、李君又次之。

10 月 31 日，星期日

昨科学会开会。张君广舆演说，以煤为题。吴君士芬报告，以“交通传习所无线电报班之成绩”为题。是晚到会十二人。顾问梅师亦到会。予愿担任印大纲事。

11 月 1 日，星期一

演数学杂志 226 号内征答之题。未能尽解也。

11 月 2 日，星期二

今日寄 441，442，443 三问草至美。444，445 二问尚无解法。予于解析法公式未能熟记，他日当编一表，以备检查。

接苏民函。寄数草至美。

11月3日，星期三

下午五时本级照相。予与焉。

11月4日，星期四

函心吉，论文实宜并重。

11月5日，星期五

晚阅美洲数学杂志[①]，中有一题甚佳。节录如下：

有平行六面立方体之自一点三棱线及每二棱线所成之三角，求体积。法以三角相加折半得一数，以此数减各角得三数，以此四数之正弦连乘，得数开方，再以三棱线连乘之，倍之得体积。

11月6日，星期六

下午读《左传》。

11月7日，星期日

小谢来，与渠及其兄、及人杰同饭于学务处。

11月8日，星期一

上午作函寄苏民。下午草意见书一篇。晚读 *The Trojan War in the Myths of Greece and Rome*.

11月9日，星期二

作秦氏《九章》推知籴数、分定纲解二问。

《数书九章》卷第十一、第十二，钱谷类。

第一问　折解轻赍

(题不录）术以均输驭之。馆案云，此题贯数分三项，其一足数，每千文为一贯。其一旧会数，如甲以五十四文为一贯，乙以五十九文为一贯是也。其一新会数，为旧会数之五倍。如甲为二百七十文为一贯，乙以二百九十五为一贯是也。四郡或言足数，或言旧会数，或言新会数，并折新会数。佣钱原以银五百两或绢六十匹各为一担。今皆折新会数，以五千贯为一担。故有宽余钱。

第二问　算回运费

术曰，以粟米互易求之。

叶企孙曰：其实则差分也。

第三问　课粜贵贱

术曰，以粟米互换求之。

---

① 即美国的《中学科学和数学》(*School Science and Mathematics*)。——编者

叶企孙曰：实则贵贱差分也。

宋代量米，官用文思院斛，每斗八十三合。

第四问　囤积量容

原术以商功少广求之，开连枝平方。今以圆周密率及二次方程式驭之。先求圆屯总积立方尺数，再求每石积立方尺数。以每石积尺除总积尺得石数。

求五斗斛之正深口径，原术如意定正深及口径之一，故求他口径须用开方。若如意定二口径，则求正深，可不必开方。

第五问　积仓知数

术曰，以商功求之。斛法二尺五寸，即二立方尺五百立方寸。

第六问　推知籴数

问：和籴三百万贯，求米石数。闻每石牙钱三十，籴场量米折支。牙人所得每石出牵钱八百。牙人量米四石六斗八合折与牵头。欲知米数、石价、牙钱、牙米、牵钱各几何？

答曰：米数十二万石；石价二十五贯文；牙钱三千六百贯文；牙米一百四十四石，牵钱一百十五贯二百文。

设 x 为石价，则

$\frac{3\,000\,000\text{贯}}{x}$ ………………………… 石数

$\frac{3\,000\,000}{x}\times 0.03$ ………………………… 牙钱

$\frac{1}{x}\times\frac{3\,000\,000}{x}\times 0.03$ ………………………… 牙米

$\frac{1}{x}\times\frac{3\,000\,000}{x}\times 0.03\times 0.8$ ………………………… 牵钱

$\frac{1}{x}\times\frac{1}{x}\times\frac{3\,000\,000}{x}\times 0.03\times 0.8$ ………………………… 折米与牵头

但折米与牵头＝4.608

故，$\frac{1}{x}\times\frac{1}{x}\times\frac{3\,000\,000}{x}\times 0.03\times 0.8=4.608$

$4.608x^3=72\,000$

$x=\sqrt[3]{\frac{72\,000\,000}{4608}}=15.625$ ………………………… 25贯（石价）

$\frac{3\,000\,000}{25}=120\,000$ ………………………… 米数

$120\,000\times 0.03=3600$（贯） ………………………… 牙钱

$\frac{3600}{25}=144$ ………………………… 牙米

$144 \times 0.8 = 115.2$ …………………………………………… 牵钱

原术云：以商功求之，变率入之。置籴本牙钱、牵钱相乘为实，以牵米为隅，开连枝立方得石价，以价除本得籴得米，以牙钱乘米得总牙钱，以价除之得牙米。以牵钱乘牙米，得共牵钱。

原术并无说明，宋氏补之，而不知此题，以正立方驭之即可，不必若是之繁也。兹补新术。新术曰：置籴米、牙钱、牵钱相乘为实，以牵米为法，除之，得数开正立方，得石价。以下同原术。

第七问　分定纲解

术曰，以衰分求之（原题不录）。

第八问　景收库本

问：有库，本钱五十万贯，月息六厘半。令今掌事每月带本纳息，共还一十万。欲知几何月而纳足并末后畸钱多少？

答曰：本息纳足共七个月。

末后一月钱二万四千七百六贯二百七十九文，下尚有小数分、厘、毫、丝、忽、微、杪、莽、轻、清、烟十一位。

术曰：先求五十万贯之出利“共”，减去十万贯。次求余数之本利“共”，又减去十万贯。如是屡乘屡减，至本利“共”小于十万，即为末后一月钱。计乘本利“共”之次数，即得本息纳足月数。

第九问　米谷粒分

问：开仓受纳。有甲户米一千五百三十四石，到廊验得米内夹谷。乃于样内取米一捻，数计二百五十四粒，有谷二十八颗，凡粒米率每勺三百。今欲知米内杂谷多少？以折米数科责及粒各几何？

术曰：以一捻内谷数为谷差，总数减谷数为米差，各乘甲户米，以总差除之，得米数及谷数。因每谷一石折米五斗，故将谷数折半，即得折米数。并米数及折米数，以每勺三百粒乘之，即得总粒数。

按此题为差分而兼粟米。

11 月 10 日，星期三

晚读 *Life of Themistocles in Plutarch's Lives*。

意见书脱稿。

阅毕秦氏《九章》卷十二。

11 月 11 日，星期四

晚在礼堂赴韩缙华君追悼会。

11 月 12 日，星期五

阅秦氏《九章》卷十三。

秦氏《九章》卷十三、十四，营建类。

第一问　计定城筑（商功）

馆案云，题意掘土为濠以筑城，城身及羊面墙身积即濠身积。语中未详。羊马墙及濠周绕城外，当长于城周。题中未载距城尺数。城墙用砖包砌，当计三面，题中只计一面，皆属疏漏。护险墙应以砖长为阔，题中复言阔之尺数。柱木绳橛等径方长短，术草不用其数，题中亦皆开载，未免冗繁。然古商功之略，犹可见焉。馆案又依旧草，正其舛讹。至立法之疏密，未暇论也。

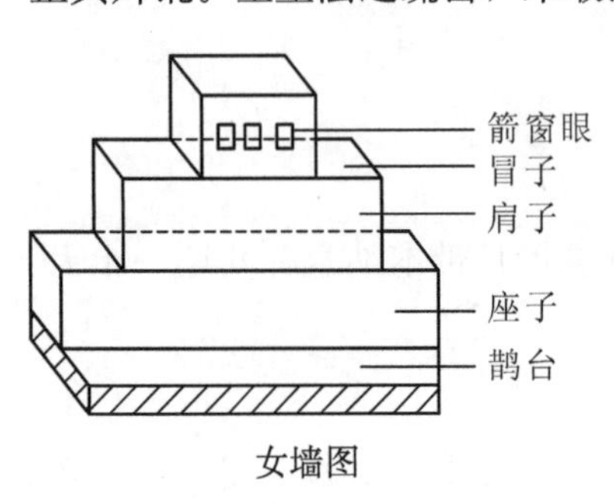

女墙图

女墙图附，或曰女头鹊台。

箭窗三眼，外眼比内眼斜低。

第二问　楼橹功料（商功）

是题亦关于筑城者。

第三问　计造石坝（商功）

第四问　计浚河渠（商功）

术曰：以商功求之，并河上下广于上，并河上下流深乘之。又以长乘为实，以四为法除，得河积。三乘四除得堤积。并堤上下广乘堤长半之，为法除堤积得堤高（以下有误见馆案）。

馆案云，草中求堤积至密至捷，诚数家之要法也。至减功子母乘除而下，则法与数皆有误焉。馆案另拟一法，作札记。然亦不见其合也。

叶企孙曰：此题之堤为柱体，底为梯形（堤之上下广即梯之二底，堤高即梯之高）。高即堤之长。故

$$\text{堤积}=\underbrace{\frac{1}{2}（\text{上广}+\text{下广}）\times\text{高}}_{\text{梯形底之面积}}\times\underset{\text{高}}{\text{长}}$$

故术曰，并堤上下广乘堤长半之，为法除堤积得堤高，此精密之至，无可议也。但河之形为截头锥体，两端皆为梯形，二梯形之二底，皆为面广及底广。但一梯形之高为上流之深，一梯形之高为下流之深耳。长四十八里即为截头锥体之高，按梯形定理，即

$$\text{体积}=\frac{1}{3}（\text{上底}+\text{下底}+\sqrt{\text{上底}\times\text{下底}}）\times\text{高}$$

$$=\frac{1}{3}（4+8+\sqrt{4\times8}）\times48（\text{里}）\times180\text{ 丈/里}=50\,851.584\text{ 立方丈}$$。体积为50 851.584立方丈，原答河积六千二百二十万八千尺，即62 208立方丈，较前答多万余立方丈，非小失也。而馆案曰“至密至捷”，实所不解。至于上法之证明，习形学者自知之，无繁赘矣。

既得河积，三乘四除，得堤积为实；并堤上下广乘堤长半之，为法除实得堤高。

并堤积河积，半之。各置左右行。左行以六十尺除之；右行以六十尺之五分之四除之，得商，相加即共用功。以日数除之，得日役功。

按以上比例之理较原术及馆案之术显明。

11月13日，星期六

下午到本级辩论会。毕观足球。四至六时誊正意见书。晚到音乐会。

1850年本日，英文豪士抵反孙[1]氏生。

11月14日，星期日

上午誊毕意见书，即寄。下午作生物札记及阅书札记。又读亨利长聊[2]言情诗一种，词婉而意挚，其动人处，真欲令人泪下也。晚到科学会，有唐君仰虞之演说，以水准图为题；曹君明銮之演说，以力为题；李君济之报告，关于森林、卫生者有多种。毕后予发表对于力之意见。

函商务印书馆。

11月15日，星期一

（阅秦氏《九章》）

第五问　计作清台（商功均输）

此亦求截头锥体体积之也。术草中比例有纷乱不明之处。馆案已改定之。抑原书之误，抑宋代之情形固如是。此则不可知矣。

第六问　堂皇程筑（商功）

问：有营地基长二十一丈，阔一十七丈。先令七人筑坚三丈，计功二日。今涓吉立木有日，欲限三日筑了，每日合收杵手几何？

按，此比例也，以式演之如下：

$\frac{21\times17}{3}=119$（每日应作共数）

$\frac{3}{2}\times\frac{1}{7}=\frac{3}{14}$（每人每日能作丈数）

$119\div\frac{3}{14}=555\ \frac{1}{3}$（人数即功数）

第七问　砌砖计积（计物料）

（录题，列式解答，本编从略，可参见秦九韶《数书九章》原著。——编注）

答曰："见有"一十八万七千五石片；

"今用"二万六千一百五十六片又四分之一；

"外余"十六万一千三百四十三片又四分之三。

---

① R. L. Stevenson，今译为史蒂文森。——编者

② Henry W. Longfellow，今译为朗费罗。——编者

叶企孙曰："见有"之数与原答合，"今用"之数与原答不合，故"外余"之数亦与原答不合。至于今用之数所以与原答不合者，以原草及答有误故也。堂屋三间，则得每间所占地面后，当以三乘，始得全数。草中忘以三乘，故答异。

11 月 16 日，星期二

阅秦氏《九章》第十三、十四卷。又借 *Science History of the Universe*，Volume Ⅷ，Math.，二星期。

第八问　竹围芦束（计物料）

问：受给场交收竹二千三百七十四把。内笙竹一千一百五十一把，每把外围三十六竿；水竹一千二百二十三把，每把外围四十二竿。芦三千六十五束，每束围五尺，其芦元样五尺五寸。今纳到围小，合准元芦几束及水笙竹各几何？

原术，求水笙竹数不简明。新术见下，但须先明算式。

依实际论，六等边形与圆相差无几，故将外围六除之，即得每边。因围中央一竿，及六个三等边形，故得总数。设甲为每边（长），则

$$6\times\frac{1}{2}\text{甲}(\text{甲}+1)+1=3\text{甲}(\text{甲}+1)+1$$

新术曰：以六除外围，得数置左，加一置右，左右相乘三倍之，得数加一，即每把竿数。

原术求所准芦束数曰，置芦围尺数自乘，以乘芦束数为芦实，以芦元尺数自乘芦法，除实得所准芦束数。

企孙按：此反比例也。圆面积比若外围之自乘比，而圆面积比又若束数之反比。故束数之反比若外围之自乘比。故术云云。

```
6|36
   6
×  7   (6+1)
2|42
  21
× 6
 126
+  1   (中心)
 127
× 1151 (把数)
146177 笙竹

6|42   外围
   7   每边
×  8   (7+1)
2|56   每三角积
  28
× 6
 168
+  1   (中心)
 169   (总数)
× 1223 (把数)
206687 (水竹)
```

第九问　积木计余（计物料）

问：元管杉木一尖垛，偶不记数。从上取用，至中间，见存九条为面阔。元木及见存各几何？

以级数求之，尖垛全积为$\frac{17\times(17+1)}{2}$，即 153，为元木条数。尖垛虚积为$\frac{(9-1)(9-1+1)}{2}$即 36，为用去条数。元木减用去，得一百十七，为见存条数。（梯形垛积）

顶层一
⋮上八层
000000000　尖垛
⋮下八层
底层十七

11 月 17 日，星期三

历史教习丕珠利云，希腊故事于德育上多有缺憾。择善而从，是在读者。不可以

词废也。

11 月 18 日，星期四

近日上几何课时，每以暇研究圆、椭圆及其内容多等边形之关系。此学自高乌斯[1]以来已将百年，未有光明之一日。未卜予之研究有效果否？书以勉之。

11 月 19 日，星期五

晚读 *Evangeline*[2]，娓娓动人。愈读而愈不思释手。

1863 年本日，林肯演说于 Gettysburg，论调和南北美战争事，寥寥数语，听者无不动容。

11 月 20 日，星期六

下午到级会听辩论，题曰解决战争有益于国家。反方获胜。毕后作中文论，驳吕相绝秦。晚演秦氏《九章》。

接瑞升函问招考事。

11 月 21 日，星期日

午后往谢师处。

寄维仁章程片，维仁寄一麟月报，函钱瑞升。

11 月 22 日，星期一

上午作札记（生物）。

11 月 23 日，星期二

近日读 Carlyle's *Life of Schiller*。

11 月 24 日，星期三

晚，李济交来科学会演讲要目。

11 月 25 日，星期四

郑步青交来演讲要目。

11 月 26 日，星期五

下午请顾人杰君印会序。校长室内晤周君辩明[3]，嘱晚往彼处，不知何事。至，则嘱予作算盘之历史一篇，登入月刊，限十二月二十日交卷。

11 月 27 日，星期六

父亲新购《春秋大事表》二十本。今日下午嘱予往校阅此书是否有漏页。晚级会

---

① 今译为高斯。——编者

② 为朗费罗所写的叙事长诗《伊凡吉林》。——编者

③ 即周诒春。——编者

开俱乐会演剧，予招待顾人杰及布大夫。

11 月 28 日，星期日

晚科学会开第五次常会。有李济君演讲，以中国之音乐为题；郑步青演讲，以体育之利益为题。又有沈君诰之报告。李济深明乐理，善于鼓琴。沈诰之报告，亦有兴味。会序毕后，由会长请梅先生拟调查题三种。梅师拟（一）造纸；（二）中国之矿产；（三）中国之森林。当于下次会时议决。

11 月 29 日，星期一

函寿先生；函苏民。

11 月 30 日，星期二

演秦氏《九章》军旅首二问。似较从前为难，因题意晦塞故也。

秦氏《九章》卷十五、十六，军旅类。

第一问　计立方营（方束）

问：一军三将，将三十三队，队一百二十五人。遇暮立营，人占地方八尺，须令队间容队，帅居中央，欲知营方几何。

答曰：营方一百七十一丈，队方九丈。

（叶解）：设 x 为营方丈数，则得以下方程：

```
   125              33          19
 ×0.64            ×  3        × 21=19+2
 ------           ------      ------
 8000               99         399
    1  增一丈      ×  4
 ------           ------
  81               396
    开方得九丈      +  3
                  ------
                   399
```

以三百九十九开带纵方，以二为正较，得十九，即每边所容队数。以乘每队九丈，得一百七十一丈，即营方。

别解：予意队间容队，谓二队之间，须空一队能占之地位。如每边实有九队，则队间经有八空位，八九相并得十七，即总数。今每将将三十三队，则三将当将九十九队。设三将共占约一队之地位，并入九十九队得一百队，开平方，得一十。即每边实有队数，又并空位九，即得所求。

第二问　方变锐阵（尖堆）

问：步兵五军，军一万二千五百人，作方阵。人立地方八尺。欲变为前后锐阵，阵后阔。今多元方面半倍，阵间仍容骑路五丈以上。顺锐形出入。求方阵面、锐阵长，及前后锐阵各布兵几何？

```
           12500
               5
      ___________
  250 | 62500
方面布兵  250 (开平方)
        ×0.8
      ______
         200 (丈)(方面)
```

$$200\times\frac{3}{2}=300 \text{ 锐后广}$$

```
     3000   锐后广
  -   104   骑路
  _________
 8 | 2896
      362   锐后广列兵
```

设 x＝内锐阵列兵
　 y＝外锐阵列兵

$$\begin{cases} x+2y= \\ \dfrac{x\ (x+1)}{2}+\dfrac{2y\ (x+13)}{2x\ (y+13)}+\dfrac{2y\ (2y+1)}{2} \end{cases}$$

整顿之，得

$$x^2+x+4xy+52y+4y^2+2y=62\ 500$$

$$(x+2y)^2+\ (x+54y)\ =62\ 500$$

$$(362+y)^2+\ (362+53y)\ =62\ 500$$

$$362^2+\ (362+52y)\ =62\ 500$$

馆案云，置五丈二尺，倍之，得一百〇四尺，以每人八尺除之，得十三人，拼入三百六十二，得三百七十五。加一以乘之，折半，得七万零五百，为总三角数，减去兵数六万二千五百，得八千。设骑路之阔当二十人，则小三角积等于四十乘四十一，折半，即八百二十。以减八千，余数以四十除之，商百七十九人，为内锐阔，余二十人。依术，不尽者为补队兵。次置总阔三百七十五减去内锐阔一百七十九，余一百九十六。又减去骑阔四十，余一百五十六，折半得七十八人，为外后阔。如有疑，请复核之如下。

内锐阔＝179

故内三角$=\dfrac{179\times180}{2}=16\ 110$ 人

$179+2\times20=219$

故中三角$=\dfrac{219\times220}{2}=24\ 090$ 人

```
总三角＝  70500
中三角＝－24090
        ________
          46410   骑路外之兵
        + 16110   骑路内之兵
        ________
          62520
        -    20   补队兵
        ________
          62500   与题合
```

叶企孙曰：题中限走全阔，又限定为正三角，互相牵累，必不能有之事实。草中以四约之云，无本，故答亦不合。依答论，锐阵所容之兵较方阵多 5543（见馆案），其疏可知也。然馆案新术，求总三角数时以十三人当骑路，求内锐阔时，以四十人当骑路。若只能容十三人，何以又能容四十人。若能容四十人，则容十三人时其疏亦必数千。馆案实自相矛盾。故意支捂，以牵合题中之数，而不能指出此题之误，惜哉。

12 月 1 日，星期三

读 *Life of Harvey*，*Philosophy of Arithmetic*，chap. 2；*School Science and Math.*，127.

12 月 2 日，星期四

读 Carlyle's *Life of Schiller*，*School Science and Mathematics*，number 127，Nine Chapters Book Ⅷ.

接一麟、苏民函，维仁片。

12 月 3 日，星期五

晚习《数书九章》卷十五、十六。毕。

第三问　计布圆阵（圆束）

问：步卒二千六百人为圆阵，人立圆边九尺，形如车幅鱼丽布陈。陈重间倍人立圆边，尺数需令内径七十二丈。圆法用周三径一之率。欲知阵重几数及内外周通径、并所立人数各几何?

答曰：内周 216 丈，立 240 人；外周 30214 丈，立 336 人。通径 100.8 丈，阵计九重，不尽八人。

草曰：以圆率三因内径，以人立圆边除之，得二百四十，为内周人数。次依级数法求外周人数。式如下：(此圆束法也)

总数 $=\frac{2600}{6}=433$（余二人）

项数　x

首项 $=\frac{240}{6}=40$，

末项 $=40+x-1$

$\frac{\text{项数}}{2}$（首＋末）＝总数

故　$\frac{x}{2}(79+x)=433$

$x^2+79x=866$

取约数　$x^2+80x=866$

$(x+40)^2=2466\cdots$

解 x 在 9 与 10 间 ……………………………………

$$\begin{array}{r|r|l} & 2466 & 49 \\ & -1600 & 40 \\ \hline 89 & 866 & 9 \text{ 重数} \\ & 792 & \\ \hline & 74 & \end{array}$$

外周人数＝6×（40＋8＋8）＝336 人（阵重间倍）

外围＝0.9×336＝302.4 外周

```
         302.4
           216     内周
圆率3 │ 86.4     周较
          28.8     重厚之倍
          72       内径
        ─────
        100.8      通径
```

```
复核   336
       240
    2 │576
       288
         9
      ────
      2592  (不尽八人)
```

第四问　圆营敷布

问：周制一年，欲布圆营九重，每卒立圆边六尺。重间相去比立尺数倍之。于内摘差兵四分之一出奇，不可缩营示弱。须令仍用圆营布满余兵。欲知圆营内外周及立人数，并出奇后每卒数、立尺数、外周人数各几何？

答曰：周制一军一万二千五百人。出奇三千一百二十五人。圆内周八百四丈，立一千三百四十人。圆外周八百六十一丈六尺，立一千四百三十六人。出奇后，内周一千一十六人，外周一千八十九人，人立七尺九寸一分。

术以甲为圆内周人数，则得以下方程：

$\frac{9}{2}$（2 甲＋2×6×8）＝12500

9 甲＋432＝12500

甲＝$\frac{12500-432}{9}$＝1340……内周人数，余 8 人

1340×6＝8040 尺＝804 丈（内周丈数）

```
     1340
  ＋   96＝2、6、8
  ────────
     1436   外周人数
  ×     6
  ────────
    861.6   外周丈数(尺化为丈、进十位)

 4│12500
  ────────
     3125   出奇
        3
  ────────
     9375   余兵
  ＋  432— 差数，6×8×9得之，“不可缩营示弱”一语中悟之
 9│ 9807
  ────────
     1089   外周人数，余六人。
```

求以圆外周尺数为实，以外周人数 1089 除之，得 7.91 尺不尽；次置圆内周 8040 尺为实，以人立 7.9 尺余除之，得 1016，为内周人数，不尽为宽地。

叶企孙曰：此题之后半术语，须由“不可缩营示弱”一语中体味出。

第五问　望知敌众（重差，圆束）

问：敌为圆营在水北平沙，不知人数。谍称彼营布卒，占地方八尺。我军在水南山原，于原下立表，高八丈，与山腰等平。自表端引绳虚量，平至人足三十步。人立其处，望营北陵与表端参合，又望营南陵，入表端八尺。人目高四尺八寸。以圆密率

入重差，求敌众合得几何？

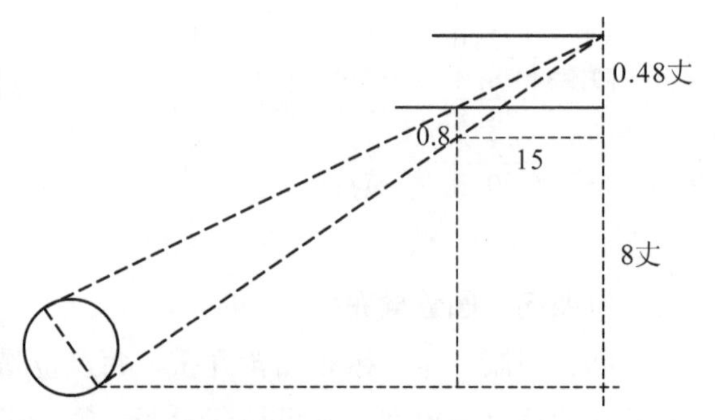

$x:15=0.48:1.28$

$x=5.625$

$15\times5.625=9.375$

$y:9.375::8.48:0.48$

$y=165.625$

按，原术求径法误。宋氏已改正之。上草依宋氏术求得圆径一百六十五丈又六尺四分尺之一。用密率，二十二乘，七除，得周。又以人立八尺除之，得六百五十人为外周。敌众$=6\times\frac{1}{2}\times\frac{650}{6}\left(1+\frac{650}{6}\right)=\frac{650}{12}(6+650)$置外周并六，以外周乘之，如十二而一，得三万五千五百三十三人为敌众，不尽弃之。原术用勾股一次，比股又误，故答止八百四十九人，非小误也。

第六问　均敷徭役（差分）

第七问　先计军程（均输，实则除法耳）

第八问　军器功程（粟米，实则连锁比例）

第九问　计造军衣（盈朒）

1894 年本日，苏格兰文豪士抵反孙氏①殁于南太平洋中之 Samoa 岛。

12 月 4 日，星期六

级会开会，论演剧比赛事。取缔太严，事反棘手。此等游戏之事，原可省略；不能省略而徒吹毛求疵，无谓甚矣。

12 月 5 日，星期日

作生物札记。

12 月 6 日，星期一

下午北京英文日报载上海有乱事。闻之不胜家乡之感。

12 月 7 日，星期二

今日报载乱事已平。暴徒中有人力车夫约万人，迫于生计，铤而走险。今虽平复，终为后虑。政府若能从生计上着想，斯治本之道也。

接苏民函。

12 月 8 日，星期三

晨起见雪。天特寒甚，下午无体操。晚作数学杂志中题二问。

---

① 今译为史蒂文森。——编者

今日与沈诰、王荣吉、李祥亨、曹明銮组一朗诵英文团体，即于今日成立。本星期六第一次常会。

12 月 9 日，星期四

演《数书九章》市物类题。

《数书九章》卷十七、十八，市物类。

第一问　推求物价（方程）

企孙按：此古方程之遗，即今之代数多元一次方程式是也。古不用记号代物名，易于纷误，故重在行列，所谓各对本色是也。若代数则用字母以标明之，可以不论行列。此古之方程今之代数，二者之大较也。数之无者，必存空位，以别行列。或作一圈。

第二问　均货推本（方程、差分）

问有海舶赴务抽毕，除纳主家货物外，有沉香五千八十八两，胡椒一万四百三十包（包四十斤），象牙二百一十二合（大小为合，斤两俱等），系甲乙丙丁四人合本博得。缘昨来凑本，互有假借：供称甲本金二百两，盐四袋钞十道；乙盐三袋钞八十八道，本银八百两；丙本银一千六百七十两，度牒一十五道；丁度牒五十二道，本金五十八两八铢。已上共值四十二万四千贯。甲借乙钞，乙借丙银，丙借丁度牒，丁借甲金。今拨各借物归元主名下为率，差分上件货物。欲知金银每两、盐每袋、度牒每道各值若干贯文，又四人各得沉香、胡椒几斤，象牙几合？

原题文义晦塞，兹依术意显明之。欲观原文者，见宜稼堂刻本。

术曰：以方程求之，差分入之，正负入之。

馆案云：题意谓甲金、乙盐、丙银、丁牒。原本不同，互借为用。买得香椒牙三色。今有互借各物及同本贯数，求原本以分所买之物。盖方程而兼差分之法也。李氏锐曰：四袋钞三袋钞，必当时盐钞有此名目。题中盐四袋钞一十道，当以七字为句，校者误以为四袋、三袋绝句，遂误认盐、钞为二色，而疑其故为隐晦。非也。案原本两盐字皆脱，是明人亦以四袋钞三袋钞为句。与李氏说合。

是题饶有意味，兹以代数演之以后。

立 x 为金每两值贯数，y 为盐每袋值贯数，

z 为银每两值贯数，w 为牒每道值贯数。

则得以下方程式。

$$424\,000 \div 4 = 106\,000$$

$$\begin{cases} 200x + 40y = 106\,000 \\ 264y + 800z = 106\,000 \\ 1670z + 15w = 106\,000 \\ 52w + 58\dfrac{1}{3}x = 106\,000 \end{cases} \quad 即\begin{cases} 5x + y = 2650 \\ 33y + 100z = 13\,250 \\ 334z + 3w = 21\,200 \\ 156w + 174x = 318\,000 \end{cases}$$

解此，答曰：金每两四百八十贯文。

银每两五十贯文。

盐每袋二百五十贯文。

牒每道一千五百贯文。

依四人原有差分之，即得各人合得沉香、胡椒、象牙数。式从略。

第三问　互易推本（粟米）

此连锁比例也。原书曰粟米互乘易法。①

第四问　菽粟互易

术同前题。

第五问　推计互易

问：库率糯谷七石出糯米三石，糯米一斗易小麦一斗七升，小麦五升踏曲二斤四两，曲一斤酝糯米一斗三升。今有糯谷一千七百五十九石三斗八升，欲出谷做米、易麦、踏曲，还自酝余谷之米，须令适足，各合几何？

术曰，此粟米互换求之。馆案云，此术曲尽其妙。企孙案：此题不出比例，兹以比例演之如后。②

$0.1:3=0.17:(\quad)$　　则$(\quad)=5.1$

$0.05:5.1=2.25:(\quad)$　　则$(\quad)=229.5$

$11:229.5=0.13:(\quad)$　　则$(\quad)=\frac{29.835}{11}\approx 2.71$（不尽，故用分数）。此为糯谷七石能酝米数

立x为出谷数，则得以下等式：

$$x:(1759.38-x)\frac{3}{7}=7:\frac{29.835}{11}$$

$$33(1759.38-x)=29.835x$$

$$x=\frac{33\times 1759.38}{62.835}=924\text{（石）}$$

答曰：出谷九百二十四石。

第六问　炼金计直

问库有三色金，共五千两。内八分金一千二百五十两，两价四百贯文；七分五厘金一千六百两，两价三百七十五贯文；八分五厘金二千一百五十两，两价四百二十五贯文。并欲炼为足式，每两工、食、药、炭钱三贯文，耗金九百七十二两五钱。欲知色分及两价各几何？

答曰：色一十分；两价五百三贯七百二十四文又$\frac{212}{537}$。

---

① 以下各题为何日所演算，日记中无记载。——编者

② 演示略。——编者

求色分式如下：

$$色分=\frac{1250\times0.8+1600\times0.75+2150\times0.85}{5000-972.5}=1（足式十分）$$

求两价式如下：

$$两价=\frac{1250\times400+1600\times375+2150\times425+5000\times3}{5000-972.5}$$

$$=503.724\frac{212}{537}$$

企按：此均中比例（或称比例合法）也。成色之不齐者，均而齐之；价之不齐者，均而齐之。

第七问　推求本息

问三库息例。万贯以上一厘，千贯以上二厘五毫，百贯以上三厘。甲库本四十九万三千八百贯，乙库本三十七万三百贯，丙库本二十四万六千八百贯。今三库共纳到息钱二万五千六百四十四贯二百文。其典率甲反锥差，乙方锥差，丙蒺藜差。欲知元典三例本息各几何？

企孙案：题意与术草不同。兹依术草，拟题如左，未必鲁郡之本意也。今有甲乙丙三库，各有钱若干数（见前），每库出息，分上中下三等，但其差不同，甲反锥，乙方锥，丙蒺藜。上等一厘息，中等二厘半息，下等三厘息。问各库各等息该几何？

又依原书术草大意，演草于下。

反锥差　3+2+1=6

方锥差　1+4+9=14

蒺藜差　1+3+6=10

依反锥差求甲库本息：

$$493800\div6=82300\ \text{下等本}$$
$$82300\times2=164600\ \text{中等本}$$
$$164600\times0.025=4115\ \text{中等息}$$
$$82300\times3=246900\ \text{上等本}$$
$$246900\times0.01=2469\ \text{上等息}$$
$$82300\times0.03=2469\ \text{下等息}$$

2469	上等息
4115	中等息
2469	下等息
9053	共息

依方锥差求乙库本息

370 300（乙库共本）÷14（方锥差总数）=26 450

26 450×0.01=264.5（上等息）

26 450×（0.025×4）=2645（中等息）

26 450×（0.03×9）=7141.5（下等息）

264.5+2645+7141.5=10 051（共息）

依蒺藜差求丙库本息

246 800（丙库共本）÷10（蒺藜差总数）＝24 680

24 680×0.01＝246.8（上等息）

24 680×（0.025×3）＝1851（中等息）

24 680×（0.03×6）＝4442.4（下等息）

上、中、下三等息相加得共息为 6540.2

馆案云，此即衰分题也。其差有反锥、方锥、蒺藜之名。盖以一、二、三递减，如立锥为反锥；以一、二、三的平方即一四九递加为方锥；以一三六递加为蒺藜。是必古有其名也。至以各差求各本，原以各差入之也。案：反锥即平三角形，于《四元玉鉴》为茭草形，今反用之，故名反锥。方锥于《四元玉鉴》为四角垛；蒺藜即立三角形，于《四元玉鉴》为三角形，又为茭草落一形。[1]

第八问　推求典本

此有本利共月利率及日数。求元本也。理不过比例，法不过乘除。而原术“取径迂回，义法隐晦”。鲁郡用意，不知如何。

参观[2]宋氏札记卷四第三十三页。

第九问　僦直推原

企按：题意“累经减者”，谓三分减一次，二分减二次也。术草用比例乘除，不赘。

秦氏原书已完。宜稼堂本末附九韶历史二种：一取于焦氏里堂《学算记》；一取于周密《癸辛杂识续集下》。最后又有赵琦美记。

12 月 10 日，星期五

读 Schiller's *Wallenstein Important Characters*：——1. Wallenstein-jeal.[3]，2. his rival general-jeal.，3. der Kaisen-mean，4. Max-love，5. Thekla-love.

12 月 11 日，星期六

下午到级会。收到顾君送来会序。朗读英文会第一次集会。晚访谢师，谈至九时半而反。又与洪深论编辑几何事。

12 月 12 日，星期日

晚科学会第六次常会。王君荣吉演说，因病不到。郑君步青读演稿。余君泽兰演说，以菌为题，收罗宏富，即小见大，不愧生物学专家。末唐君仰虞报告，十时余散会。

接端升函。

---

① 馆案原抄件有误，今已改正。——编者

② 即阅读。——编者

③ jeal. 为 jealous 的简写。——编者

12月13日，星期一

下午一时与同学七人商议最后辩论事。读 Schiller's *Maid of Orleans*。今日起读《春秋大事表》。

函赫斯来博士。

12月14日，星期二

听余日章中国教育状况之演说，尚足动人。若能不惮口舌之劳，为下等社会演讲，则更佳。

美利坚开国元勋第一任大总统华盛顿卒日。

12月15日，星期三

午后五时半 Conference with Y. L. Tany on the class final debate.

晚读 Schiller's *Wilhelm Tell*，act Ⅳ，Death of Gessler the tyrant。

12月16日，星期四

读 *Life of Schiller*：*His Death*。

今日眷毕珠算盘之历史一篇（英文），是篇自上月二十七日起稿，时作时辍，材料又不易得。函询寿先生，答云不知。至今已二十日，材料尚未惬心，亟毕之，聊以塞责也。

12月17日，星期五

访周君辨明，不晤。

Finish Life of Schiller.

12月18日，星期六

Conference on the final debate.

予年来沉湎于数学。计今一年中，梅程之外，所作之数学杂著，多散见于日记，随作随忘。今特编一目录，附著日期，以便查考，亦畴人之多事也。

（一）证明圆内容五等边形之作法，一月三日。

（二）三角形内自角尖各作一线交于一点，求证分线与全线之三比，其和为一。一月四日。

（三）弓形（古名弧矢）求面积法之证明，一月二十日。

（四）一三角形容于圆内，于各角尖作切线，各交对边于一点，求证如是之三交点在一直线上。一月二十六日，三十日。

（五）Tait 代得之名题及其证明。

（六）Euler 尤拉之名题及其证明。上二例均见一月三十一日。

（七）圆内容四边形之求积。

（八）人目所见之地平之远（Visible horizon)。上二例均见二月一日。

（九）用几何图，以一直线表一圆周（约数）。二月三号。

（十）普通椭圆之量法，一用方形，一用圆形（Oval）。二月三号，四号。

（十一）螺旋之量法（Spiral）。二月四号。

（十二）宇宙间之数。三月四号。

（十三）有 ABC 三角形，于每边各取一点，连为三角形 xyz。若知三点分三边之比例，求小三角与大三角之比例。系五：1. 若三点为分角线之趾；2. 垂线之趾；3. 中线之趾；4. 若有二比相比；5. 若有三比相等。三月九日。

（十四）古百亩当今三十八亩四分。三月十日。

（十五）测望难题。三月二十五日。

（十六）形学谬论：线之一部等于全线。三月二十七日。

（十七）调和分法论（译胡倪二氏几何学）。另录。

（十八）与顶角及自二底角之二中线，求作三角形。五月五日。

（十九）三角形之三中心（centroid，circumcenter，orthocenter）论。五月八日。

（二十）英美之度法（答姚孟笹先生）。五月二十日。

（二十一）有两边及其夹角之分角线，求作三角形。五月二十四日。

（二十二）帹帕司氏（Pappus）之定理。九月一日。

（二十三）秦氏数学大略札记。九月，十月，十一月，十二月。

（二十四）珠盘论（从周辨明先生之请），另录。

（二十五）投稿于美洲学校科学及数学杂志，见杂志。

（二十六）阅龚氏算书提要。另录。

12 月 19 日，星期日

函瑞升。

……①

12 月 20 日，星期一

Bacon's *Essays*，自今日读起。

12 月 21 日，星期二

接瑞升片，索复。

予素好阅书，此一年内涉猎颇多，然难记忆。作一表，以当温习。

表如下：

1. *A Psalm of Life*；by H. W. Longfellow

2. *Adventure of Ulysses*；by Charles Lamb

3. *Leoni*：*A legend of Italy*；by John Ruskin

---

① 此处作上述一年数学学习总结，本书编者节略。——编者

4. *The King of a Golden River*；by John Ruskin
5. *The Heroes*；by Kingsley
6. *Robinson Crusoe*；by De Foe
7. *Twice Told Tales*；by Hawthorne
8. *The Vicar of Wakefield*；by Olive Goldsmith
9. *An Inlad Voyage*；by Stevenson
10. 铁窗红泪记
11. *David Copperfield*；by Charles Dickens
12. *The Forms of Water*：by John Tyndall
13. *Life of Schiller*：by Thomas Carlyle
14. *Franklin's Autobiography*
15. 《左传》
16. 秦九韶《数书九章》

12月22日，星期三

午后五时，访周君辨明，论珠算一篇。谬承推许，并嘱加入小学校之珠算教授一节。予允于下星期一补入。

接心吉片问候。

1620年本日英人始至美洲，建殖民地之基（landing of pilgrims）。

12月23日，星期四

同学王君锡纯殁。同学朱君延寿得狂疾。

12月24日，星期五

同学贾君观林殁。

12月25日，星期六

耶稣圣诞，美教员一律停课。

12月26日，星期日

下午三时与谢、楼二君论辩论事。晚科学会开第七次常会，曹栋君演说，题为“磁器”；曹明銮君报告。

函寿先生。

12月27日，星期一

周君辨明嘱增材料，于晚六时补入。

读培根《论伪》、《论父母与子女之关系》、《论不婚之利害》、《论妒》。

片心吉、苏民。

12 月 28 日，星期二

读培根《论爱》，曰钟情一物，性之弱点。若扩之而为博爱，则古圣贤不是过也。《论在上之职》，曰在上有三役：役于国，役于名，役于事。《论勇》，曰去愚就智，勇也；山不能行，人必就之，心向往善者需有勇。

12 月 29 日，星期三

下午五时半与谢、楼论辩论。晚读培根《论善》。曰善莫大于爱人。爱人之德，可以配天。惟人性不同，可亲者亲之，可敬者敬之，余则泛爱之。此爱人而又兼慎择者也。《论贵》，曰贵族足以减暴君之熖，然共和各则以职论，安所用贵哉。

12 月 30 日，星期四

下午二至三时解"纳对"一题，无效果。

十九世纪德人莫母孙者，专精于罗马开国史，著述宏富，其译成英文者，本校有一种。

12 月 31 日，星期五

下午二至三时与谢、楼商辩论事。将理由分派。晚观第三次演剧比赛。高四"卖梨人"一剧最佳。

② 1916年日记

1月1日，星期六（此月日属乙卯年）

下午作辩论稿。论斯巴达主义与社会之关系。

片幼华。

最小二乘法要义[1]

是书共分十一编。前四编论理，专备数学家之研究；后六编言法，专备测量家之应用。末附补遗及表一编。理论应用，二者皆具。

最小二乘法之用，不仅可施于天文、地理、射击、航海等科，即物理现象、政治现象，亦无不可以之推测。

寻常数学，只能驭确定之数，范围尚狭。自概率学兴，事之不确定者，均可以数驭之。而自然现象，悉能入算矣。

最小二乘法为概率学进步之极轨。

斯学之于政治法律，不尚明法而尚明理。其理苟明，大则可据历代政法所生之结果，及各国政治所生之现象，与夫各处人民之性质，比较研究，改良政体，以艺至善之，因而获至善之果。小则听讼折狱，难于判决者，可合所有证供，缘是以断。

算术中数之法，已普行久矣。然后世研数之士，不考其是否真确，而率然用之，非所愿也。一七五〇年之际，天文学中，解观测方程式之问题起，星氏在英，拉氏在法，尤氏在俄，薄氏在意，迈氏兰氏在德，皆致力于是。悉心研究算术中数之原因，误差发起之定律，各有所献于学界。至一七五七年，星氏首倡正负误差等概之公理。

① 今日始，读《最小二乘法要义》一书。——编者

一七七四年，拉氏首以概率原理讨论观测之误差，而立从 n 观测方程式，求 q 未知量之法，斯学之基立矣。

一千八百〇五年，来氏提议最小二乘法，为均匀观测便益之法，并示算术中数为此法之特例。又创规则方程式之法。来氏虽无此法之结果为最概之证明，而曾言以此法均匀误差，必有利益。

一八〇八年，埃氏首以误差之概率推定法献于世，并以此律示算术中数即从之而出。

一八〇九年，戈氏之书出，氏于斯学之功为最大。其发明实于一七九五年，较来氏为前，不过书刻于一八〇九年耳。

厥后五十年中，恩氏、戈氏、赫氏、埃复氏、拉氏以严密之解析加入理论。倍氏、裘氏、哈氏、泊氏以此应用于天文测地。

一八五〇年后，有功于此学者，英有埃来氏、棣么甘氏；比有李氏、奎氏；法有皮氏；意有司克氏；丹麦有埃恩氏；德有海氏、局氏；美有酷氏、司各氏。

一八七七年，摩立门氏总计关于此学之著作，有四百〇八种，百九十三人。最早之书，刊于一七二二年。

最小二乘法之“二乘”二字，意即平方。惟平方以形言，二乘以数言耳。概率二字，金匮华氏曾译为“决疑数”。

……①

1月2日，星期日

下午作辩论稿，同昨日。

今日读毕佛兰克林②格言汇录。是书系同学刘君崇铉所赠。

函海斯来博士。函沈渊儒。

1月3日，星期一

片苏民。片心吉。

1月4日，星期二

近日有事在身，心常不宁。当求养心之道。

1月5日，星期三

下午五时半与谢、楼演习辩论词。

1月6日，星期四

读赫胥黎《粉笔之历史》。赫氏演说之目的在证明粉笔（即碳酸石灰）由海中古介

① 以下摘抄《最小二乘法要义》一书十一编之要点，占日记中52之篇幅，即从1月1日至2月21日止摘抄完毕。——编者

② 今译为富兰克林。——编者

壳生物构成。

1 月 7 日，星期五

读赫氏文。句云：天地之构造较希腊之神话为尤奇；生物之竞存较海斯丁之大战为尤剧。儒者之史，不过五六千年。若就海底地层而考之，则数百万年之事可知也。

1 月 8 日，星期六

下午级会末次辩论。予与焉，获奖。

收瑞升函，元龄挂号。

1 月 9 日，星期日

上午同曾君清理凌君物件。

片幼华、端升、苏民，函元龄。

1 月 10 日，星期一

读赫胥黎《发酵论》，曰：糖液变而为酒，必有大力焉。孰知施此大力者，为至渺之微生，非显微镜不足以目之，非巴士端之智不足以明之耶。

参考《史记·历书》。

收范海屏哀思录一册。

1 月 11 日，星期二

读赫胥黎“发酵论”，曰：近今学者，好为万物源于一说。不知物之繁杂，决不可以哲学之见解观之，而以为同源。吾党之事，就实验以观其同异，同固可喜，异亦自然。源生质岂必同哉。

接心吉片。

1 月 12 日，星期三

参考[①]《史记·天官书》。

寄幼华周刊。

1 月 13 日，星期四

读赫胥黎《动植物异同论》。驳克非儿氏动植物异同四大点。甚畅。

寄元龄、端升考章。

1 月 15 日，星期六

晚听哈德劭电学演讲。

科学会开选举会，予被选为会长，刘君崇鋐为书记，并通过新章数条。

---

① 即阅读。——编者

1月16日，星期日

晚董君修甲、谢君宝添、楼君光来及予请全级同学茶敍。

1月18日，星期二

参观《前汉书》天文志。

读赫胥黎《动物学大义》，曰：天下之生物，迹其大者则皆同，察其微者则互异。

收孙君瓃喜帖，收郑心吉来函。

1月21日，星期五

上午考英文。

读赫胥黎《原生论》，曰：古人谓生物能起于无生物之中。经数百年至十八世纪，而此说遂破，真理遂明。

接瑞升函。

1月22日，星期六

上午考上古史。

接四姐函及姐丈函。

1月23日，星期日

函瑞升答招考事，函心吉答更名事。

1月24日，星期一

上午考几何，下午口试生物学。

1月25日，星期二

下午考德文。最后之考试也。

昨科学会开茶话会。除会员外，有来宾二人，梅师月涵及程君稚秋。

1月26日，星期三

函孟笾，论圆球皮积之证明。

1月27日，星期四

进城访绥之、星聚、学培、亮钦、珊若。参观北京大学图书室。

1月28日，星期五

参观北京通俗图书馆及图书分馆。设备不周。阅者寥寥。

下午访陈君泽民。

1月29日，星期六

游中央公园。五时返校。

接心吉片。

1 月 30 日，星期日

与王君荣吉及汤君承祐游圆明园，并观拱卫军操。

接幼华函。

1 月 31 日，星期一

观清河陆军学校操。

接孟笣片。

2 月 1 日，星期二（乙卯年除夕）

上午至父亲处。父亲适阅魏默深[①]《古微堂诗集》嘱予演算古百亩当汉二十四亩五分有奇。

下午研究同轨五等边形之整数解法。

函幼华。

2 月 3 日，星期四（丙辰年春节）

2 月 4 日，星期五

虞、灰二先生请客。

片寄人。

2 月 5 日，星期六

上午作信寄美海斯来博士，论三题。

接端升函，函美海博士。

2 月 7 日，星期一

函孟笣，论三边求积。

2 月 8 日，星期二

日来同级初学三角，颇有困难有问者。予每厌之。然教人即是自学，非虚弃光阴也。

代复汪兆桐片。

2 月 9 日，星期三

昨同杨君克念在图书室习历史。语曰：至诚动金石。余之交友，每持此义。

接其峻函，请续假。接汪兆桐片。

2 月 10 日，星期四

接稚秋函，请任级会干事；函稚秋受职。

---

① 即魏源（1794—1857），字默深，晚清思想家、文学家，主张变法革新。——编者

2 月 11 日，星期五

Lecture on “Patriotism” by Ross of Wisconsin.

函梅先生请开译书名。

2 月 12 日，星期六

Lecture on “Expansion of Commerce to Foreign Nations”.

Illustrated Lecture on “Scenes of China”.

片其峻。

2 月 13 日，星期日

晚八时科学会本届第一次常会。刘君崇铉、沈君诰报告造纸法及其发达。毕后讨论翻译事宜，决定明日起实行。

函幼华，接贡三、元龄函。

2 月 14 日，星期一

今日作毕《中国算学史》第一节稿。

上午十一时级会，宣布本学期职员。余与于干事部。

接心吉片。

2 月 15 日，星期二

晚七至八时，同程君其保、李君权时、刘君崇铉讨论并科学会事。

2 月 16 日，星期三

晚七至八时，集科学会特别会议，讨论归并事，多数赞成。

2 月 18 日，星期五

昨级会职员会，讨论本届组织法。

第一次算学历史誊毕，即呈周辨明先生。

2 月 19 日，星期六

下午往协和医学校杨大夫，看验微生物。

接商务赠书券函。

2 月 20 日，星期日

片心吉、端升、敬钧、严子嘉，函元龄。

2 月 21 日，星期一

阅《五曹算经》。

2 月 22 日，星期二

阅《夏侯阳算经》。

2月23日，星期三

平弧异同论，比至《斯氏几何》第三十三页。[①]

2月25日，星期五

下午五时梅师率科学会员七人观电灯厂。

2月26日，星期六

下午一时级会开会，宣布本学期方针。

今日凌君带来《畴人传》十二本。余可不患矣。

接孟笹片。

2月27日，星期日

晚科学会不开会。一切仍进行如常。

接志清函。

2月28日，星期一

比较平弧至《斯氏书（平面）》第六十八节。

读毕《五经算术》，甚好。

2月29日，星期二

复志清片。

3月1日，星期三

晚至周辨明先生处闲谈。

3月2日，星期四

读《益古演段》上卷。

3月3日，星期五

读《益古演段》中卷。

3月4日，星期六

绘春秋时当今河南省地图。

3月5日，星期日

读《益古演段》下卷。

3月7日，星期二

读李之藻译《算书》，即世所传《同文算指》。李氏师利先生[②]。先生意人也。故

---

① 读《平弧异同论》一书之摘要及其中例题演习，占从2月22日至3月16日之日记篇幅。其间，在3月5日之篇幅内，叶企孙注曰："予作至此，觉比例一门，为平面几何之根要，今颇难用于弧面。故弧面之互术，必求诸比例之外。所以予心又转于解析矣。"——编者

② 即利玛窦。——编者

书中除法式用意大利长除法。

3月9日，星期四

读加来尔《弗利特立黑传》。是书先叙生年月日，乃及光世勋阀。读之可以知由野族而进于大国之情形。德有烈祖烈宗之余勇，所以能支持于欧战也。

寄瑞升章程。

3月10日，星期五

下午伦理演说，讲择业之要道，谓 vocation 根于 call，gifts 根于 give。帝[①]心时见于人心。择业自正，帝施与人以才艺，得必再施。

寄绥之片；接志清章程，哲学会邀函，即复。

3月11日，星期六

昨音乐会，Mrs Ross and Miss Scelye，accompanist，Fairy Pipes 为最佳。

3月12日，星期日

昨科学会，请虞先生演讲，题为农夫之责任。听者约三十人。其讲词另载纪事簿。

3月13日，星期一

昨麻伦以电影演讲巴拿马赛会。

函达虞（郑思聪）。

3月18日，星期六

晚演剧兴学。一“卖梨人”，一“贫民惨像”。

3月19日，星期日

进城访地质诸君。观地质标本及专门学校展览会。晚级会茶会，请体育诸君。

3月20日，星期一

读《国语·齐语》。

3月21日，星期二

接杨真函，予旧友也。

科学社大事记[②]

1915年

9月18日

下午一时，通过草章，呈请校长批准，并拈阄定演说调查次序，到会十人。社长

---

① 即上帝。——编者

② 叶企孙在3月21—24日的日记中记录了“科学社大事记”。——编者

刘树墉，书记沈诰。

9月21日

临时会。报告批准情形。校长云：宜请梅贻琦先生襄助。到者十人，以多数通过。

10月3日（社员报告）

几何学之根本，叶企孙；天演说之证据，刘树墉；苹果之选种，余泽兰。介绍新社员刘君崇铉，曹君栋；杨君克念。过半数通过。到会十一人。

10月17日

讨论捕蝗之法，介绍新社员王荣吉。

10月31日（社员报告）

煤，张广舆；北京交通传习所无线电报班之设备，吴士棻。通过临时会费每人十枚。到十二人。

11月14日（社员报告）

水准图之测绘法，唐仰虞；何谓力，曹明銮；关于杂志之调查，李济。到会十四人。

11月28日（社员报告）

中乐，李济；运动之功用，郑步青；废物利用，沈诰。到会员十三人，旁听二人。

12月12日（社员报告）

生物与其境遇之关系，王荣吉；菌，余泽兰；通空气之善法，唐仰虞。到十二人。

12月26日（社员报告）

江西之磁业，曹栋；关于杂志之调查，曹明銮。到会十三人，又旁听二人。

1916年

1月9日（社员报告）

湖南水口山之锌铅矿，杨克念；珠算之原理，吴士棻；森林之重要，郑步青。到会十人。

1月15日

选举。会长叶企孙，书记刘崇铉。到会十三人。通过：（一）下学期办法，改为译书、研究、讨论三种，不得任社友自由选择，译法续论；（二）员额不扩充，新友入会，需经旧友一人介绍，过半数承认；（三）社友每学期五次不出席者出社；（四）常费每学期每人十枚。如有茶会，不得过四元。

2月13日

叶会长第一次主席。社员报告：中国造纸法及历史，沈诰；泰西造纸法及历史，刘崇鋐。议决，分翻译，研究二种，均自明日始。到会十三人，又来宾二人。介绍新会员杨君绍曾（全体通过）。

3月11日

虞谨庸先生演说学农者之责任。

……[①]

3月22日，星期三

晚请虞先生茶会，共十六人。

3月24日，星期五

下午伦理演说。语涉宗教，何以云伦理？

3月25日，星期六

下午（北京各大学）联合辩论，吾校胜。

3月26日，星期日

昨科学会开会。余君泽兰演讲，题为森林。

3月27日，星期一

读 *School Sci. and Math*。

……[②]

科学社草章[③]

（一）定名：本社定名科学社（The Science Club of 1918）

（二）宗旨：本社宗旨在集合少数同志藉课余之暇研究实用科学。

（三）社友：定额十五人。凡同级者经社友一人之介绍，皆得入社。

（四）办法：进行办法分演说、调查两种。

（五）会期：两星期开会一次，定星期日晚八时。

（六）职员：社长一人，书记一人。投票公选，期限半年。

（七）修正：得以过半数之同意修正之。

3月28日，星期二[④]

3月31日，星期五

晚同沈君诰，杨君克念商会序。极不惬心。子曰：凡事预则立。会序之不佳，予之过也。

4月1日，星期六

晚作植物学札记。

---

① “科学社大事记”完。——编者

② 拟科学社草章。——编者

③ 新章，拟替代已有的章程，后于6月3日通过。——编者

④ 摘抄“英文学第二时期概论”，抄于本日至3月31日日记内。——编者

……①

4月2日，星期日

下午译书四页。晚级会开会，由科学会担任会序。予处事失方，以后当自谨慎。十五人之小会办不好，何以事大?

4月5日，星期三

十一时起放假，为植树节。十分午餐，四十五分校长讲植树之要。十二时出校，至红石山，足力强者再至望儿山。予只在红石山植树一枝，与赴望儿山者同归，约五时半。

4月8日，星期六

接耀德函。

4月10日，星期一

……②

4月11日，星期二

作算史，极困难。《畴人传》多空言而无实际，其述行言尤少精神。

余有志作算史，然非数十年不成。

复耀德。

……③

4月19日，星期三

接心吉诗一章。

4月20日，星期日

接伯素函。

4月21日，星期五

I wrote a composition on “Land Transportation in China” in accordance with (1) historical sketch，(2) national roads，(3) local roads，(4) railroads.

收瑞升片。

4月22日，星期六

Late day afternoon，I also attained the intercollege debate；between Tangchow and Tsing Hua. We beat our enemies by a broad margin.

---

① 摘抄《管子政略》，自本日至4月9日日记内。——编者

② 笔札《国语·晋语》，至4月22日日记内。——编者

③ 读《国语·晋语》札记，在4月10—21日日记内。——编者

4月23日，星期日

Evening，meeting of the Science Club，discussing the future work with the words of encouragement from the president.

……①

4月24日，星期一

函张永平先生。

4月25日，星期二

Afternoon 5 o'clock，I announce the result of the debate between 尚志会 and 童子模范团 which took place on 23 and I was one of the judges。

4月26日，星期三

My essay *The Hist. of Math. in China* is finished and handed to Mr. Benjamin Chiu.

接灰木耳函，张永平函。

4月28日，星期五

I spent the whole day as a spectator in our home meet. The day is very enjoyable though a little windy.

……②

4月29日，星期六

Mr. Whitmore's lecture to the Sci. Clube of 1918，the Members of the Philosophical Junto and classmates are all invited. His subject is "The machines of war". The meeting closes at 10 o'clock.

……③

4月30日，星期日

The social gathering in honour of our athletes took place on the evening under the auspice of the class association of 1918.

5月3日，星期三

I am researching in the history of trigonometry.

接一麟函。

---

① 读《国语·郑语》札记，至4月26日日记内。——编者

② 笔札《国语·楚语》。——编者

③ 笔札《国语·吴语》《国语·越语》。——编者

5月4日，星期四

I received the long-wished-for letter from Mr. Li Da in America.

……①

5月7日，星期日

Trip to the zoological garden with my father.

5月11日，星期四②

In the last meeting, it has been proposed that if anyone is interested in the work of investigation, he may investigate his surrounding country in respect of following considerations:

Industrial: visit as many factories and manufactures as you can and make a comparison of their good points and bad points. How can you improve them? Compare the principles and interests of each industry. Whether it is gaining or losing; give reasons for each case. If losing, how can you make it gaining? How many industries have already been developed? What others are necessary to be developed? If each new industry is to be developed, how many money is needed? Can the people support it? After you return from America and suppose you are to develop industry in your native city, what industries do you think most necessary? Imagine your great future and draw a scheme beforehand.

Educational:

(1) Elementary schools
(2) Middle schools
(3) Vocational Schools

1. numbers
2. criticism
3. what improvement can you suggest?
4. how many more are needed?

(4) Institutions for advanced or technical studies.

(5) Are there any public libraries?

(6) Are there any organizations for learning?

(7) Are there any public lecturers?

(8) Make a general survey of the people, morally, intellectually, and physically.

Social:

(1) Discuss the social evils, if there are any.

---

① 演算数学手稿，在5月1—10日的日记内。——编者

② 5月11—15日的日记中记录了一篇英文稿，没有标题，内容是给与他同一社团的同学提的建议，包括怎样做乡土社会调查，建议应该调查的主要内容。计有工业、教育、社会情况、天然物产四大项。可以体会到，叶企孙在青年时代就在考虑重大的社会问题。——编者

(2) Investigate the standard of living of each important trade.

(3) Are there any banks?

(4) Are there any political or economical societies? If any, secret or open?

(5) Discuss the social vitality seriously: what was the condition in the past? Was it dangerous? What is the condition at the present? Is it dangerous? What will be the condition in the future? Is it dangerous? Will it be dangerous? Suggest some remedies.

Natural products:

(1) Make a list of important agricultural products and give the quantity and value of each. Is there any chamber of agriculture? Discuss irrigation, drainage, and the hereditary knowledge of the farmers. Visit some true Chinese farmers, and sketch their course of a day. Suggest some easy improvements.

5 月 13 日，星期六

游长城，另记。

接志清片。

5 月 14 日，星期日

读毕《兵法史略学》课程二册，陈庆年著。

5 月 15 日，星期一

Continue on my translation work this morning. I am thinking on my society business, a failure or a success?

接端升函，复端升。

5 月 16 日，星期二

Study in the Botanical Garden under Mr. New the whole afternoon.

5 月 17 日，星期三

I am interested in the higher equations in these days. The rule of Descartes is the same as that of 李锐。

5 月 18 日，星期四

Research on the life of Zwingli① in library.

I was asked by Mr. Chen Da to choose some good mathematical books written in Chinese.

5 月 19 日，星期五

晚科学会开会，到十一人，过四分之三。选举下学期会长。余君泽兰以过半数之

① Ulrich Zwingli (1484—1531)，瑞士宗教改革家，反对天主教，创建新教派。——编者

票当选。又选下学期书记，杨君绍曾以过半数之票当选。选毕后王君荣吉演讲灌溉法。最后讨论会务。

5 月 20 日，星期六

宿信皆复矣。函孟笸、于伟；片苏民，心吉。

5 月 21 日，星期日

旅京兵工同学会在中央公园开会。摄影。

……[1]

5 月 27 日，星期六

级会选举，谢宝添正会长，刘树墉副会长。

5 月 28 日，星期日

晚欢送四年级诸同学，每人公分四角。予不好电影，未往。

6 月 2 日，星期五

晚清华学报会。嘱于暑假中调查乡土情形。[2]

6 月 3 日，星期六

下午一时科学会通过新章。会员全到，精神甚好。

6 月 4 日，星期日

上午作植物分类。下午为兵工同学会写钢笔版。

接大哥函。

6 月 5 日，星期一

复大哥函。

6 月 8 日，星期四

下午往梅贻琦先生室内，告借书籍。

6 月 9 日，星期五

解高等方程式。[3]

6 月 10 日，星期六

问谢师兵工同学会简章已印寄否？答已印寄。

6 月 11 日，星期日

接大哥函，即复；片苏民。

---

① 演算数学问题，摘抄陈庆年著《兵法史略学》，于 5 月 21—31 日之日记中，本书未摘录。——编者

② 5 月 11—15 日的日记中，记录了叶企孙关于乡土调查的主要内容的建议。——编者

③ 解题草稿见于 6 月 1—30 日的日记中。——编者

6 月 12 日，星期一

生物学考试，变种一题。余以数理演之，得最小数七、八，纯粹种四。

6 月 17 日，星期六

放假典礼。有陈锦涛、王景春、曹汝霖演说。

上午周厚坤讲中国打字机。

6 月 19 日，星期一

晨出校，晚宿松江会馆。

6 月 20 日，星期二

下午八时到津，晚宿大安栈。

6 月 21 日，星期三

晚下景星船。

6 月 22 日，星期四

晨开船。

6 月 23 日，星期五

晨到烟台，泊半日。

6 月 24 日，星期六

晨到大连湾，泊一日。

6 月 26 日，星期一

晚到吴淞口外。不进口，远视俨然一吴淞烟雨景也。

6 月 27 日，星期二

晨九时到家。行李仍托大安栈。

收苏民片，昨日到。收杂志三册，昨日到。

6 月 28 日，星期三

收叔铭函，内附于伟函。

6 月 29 日，星期四

收鼎三片，报考绩。

6 月 30 日，星期五

访商务馆诸同学。并换书券，购文具。

收苏民片托购书。寄科学会会员信共十三封。

据地学杂志，本年六月北京平均温度华氏 68 度。

7月1日，星期六

到别发买书，即侯君所托者。

7月2日，星期日

寄苏民书并片，寄叔铭、鼎三片。

7月3日，星期一

晨，果斋来。下午访寿孝天先生，并参观商务印书馆印刷部。出访寿民，在家。访寿田不遇，留片。收古强函。

7月4日，星期二

晨，迁移书架。观察凤仙、益母草及野花一种。圈《几何原本》第三册，收述先函。

凤仙

叶两端锐，中阔约寸，长四寸。单花。被五稜，能裂开，将种子弹出。包子小瓣亦五片。胚轴上有珠状突出，将种子抱住。每子房约有子十八棵。

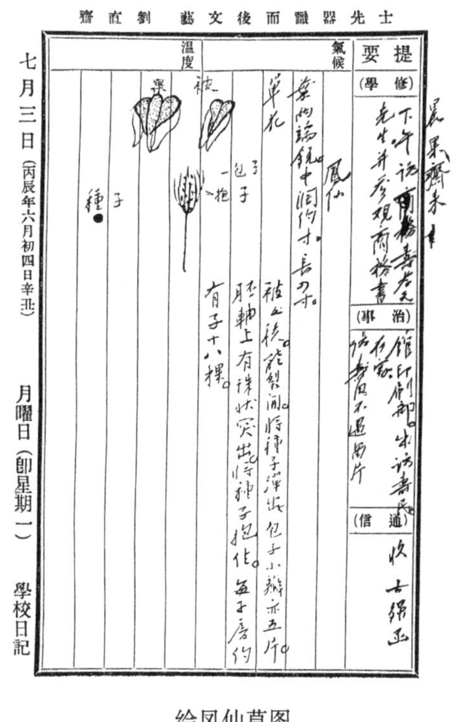

绘凤仙草图

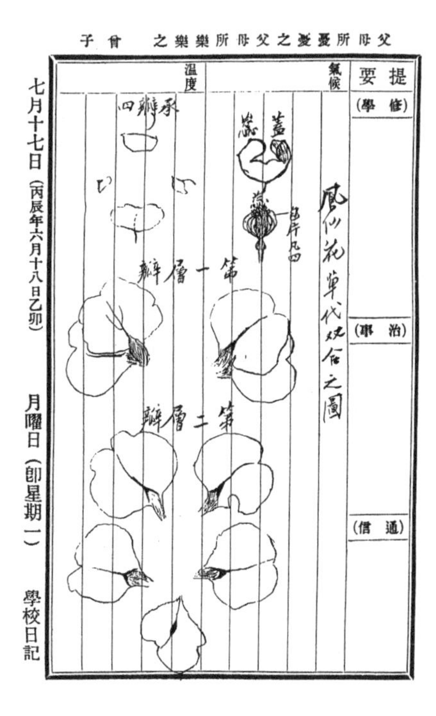

绘凤仙花图

益母草

叶对生，狭而长。茎四棱。花伞形，每朵五瓣，四瓣合在一面，一离在一面。雄蕊四，每蕊放粉二粒。雌蕊一，头如丫形。白色。

草花一种

叶对生，下端阔约半寸，上端锐，大脉平行，小脉网状，长约寸。

茎园，空心。

花托为鳞形瓣，花红色。成形花瓣约四十，上只见雌蕊一，如丫形。内有含苞花瓣，每瓣上雄蕊三，粒作斜长形。雌蕊一，头如丫形。

7 月 5 日，星期三

观察潮来花。读《几何原本》第四册。

潮来花

潮来花，亦曰晚来花，因每日晚开也。

叶底阔上锐，全枝圆锥形，对生。每节纵横间生。脉网状。

花白色，有花萼、花托、花瓣。萼瓣俱五出。离萼合瓣。雄蕊五，雌蕊一，俱生子房上。子房在花托内。花口径约 3/4 寸。花瓣之下端环成长细管。

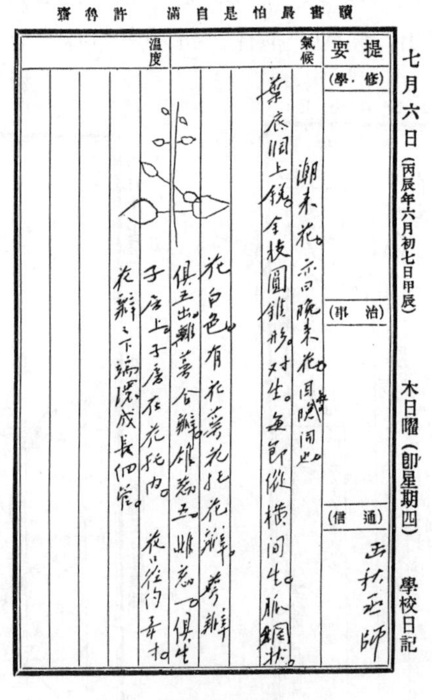
讀書最怕是自滿

七月六日（丙辰年六月初七日甲辰）

木日曜（卽星期四）

學校日記

提要 氣候 溫度

（修學）

潮來花。亦曰晚來花。因晚開也。

葉底闊上銳。全枝圓錐形。對生。每節縱横間生。脈網狀。

花白色。有花萼花托花瓣。萼瓣俱五出。離萼合瓣。雄蕊五。雌蕊一。俱生子房上。子房在花托內。花口徑約3/4寸。

花瓣之下端環成長細管。

（治事）

（通信）

函秋丞師

绘潮来花图

霍香

花穗状，有总托、花萼、花瓣。雌雄同花。萼五出，瓣亦五出。雄蕊四，雌蕊一。花口径一分，紫色。

黄瓜

大叶藤生，花黄色，六出合瓣，中有白头，花口径半寸。花柄上即生花者不结果。

花柄及花之间有隆起延长，而外有刺者，即后日之瓜也。

淡竹菜

茎落地。即能生根。（二）图甲为深蓝色，中含蓝汁①。

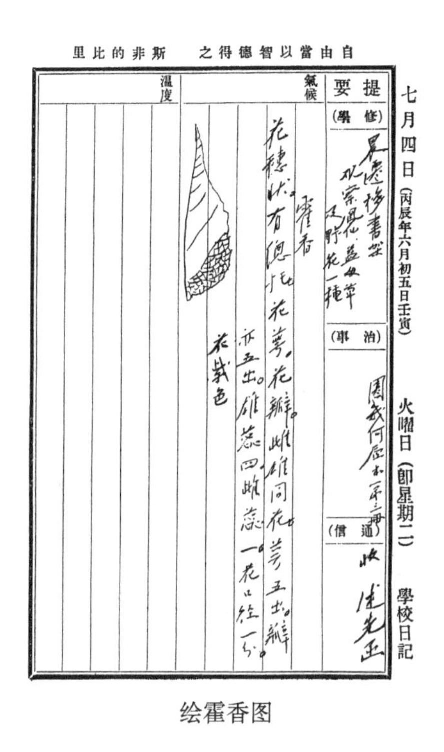

绘霍香图

绘淡竹菜图

7 月 8 日，星期六

读毕《几何原本》第七册。作送凌君颂尧游美序。

收仲弥函，函理卿。

7 月 9 日，星期日

论静远②，论大北电报事。

收苏民片，心吉片。

7 月 10 日，星期一

晨到祁宅、潘宅。照相于邑庙品芳，七、八日（后）领物。访心吉。

片苏民、仲弥，收受之快信。

7 月 12 日，星期三

也是园商议修志事。

---

① 在“绘淡竹菜图”上，叶企孙以“（二）图甲”标出“已长成之花”。——编者

② 即宁静以致远。——编者

……①

7 月 13 日，星期四

观察豇豆。

豇豆

此豆科豇豆属也。Legum，Dolichos.

西瓜

幼根下生，子叶上生（图）。

珍珠米②

花为穗状聚花，开时花蕊下垂。

毛豆

此放大图，原形极小。花瓣五片中，一在后位；二四相重，在前左位；三五相重，在前右位。

萼五出，后二萼裂浅，应与四五相当；前三萼裂深，应与一、二、三相当。一之萼也应最大。

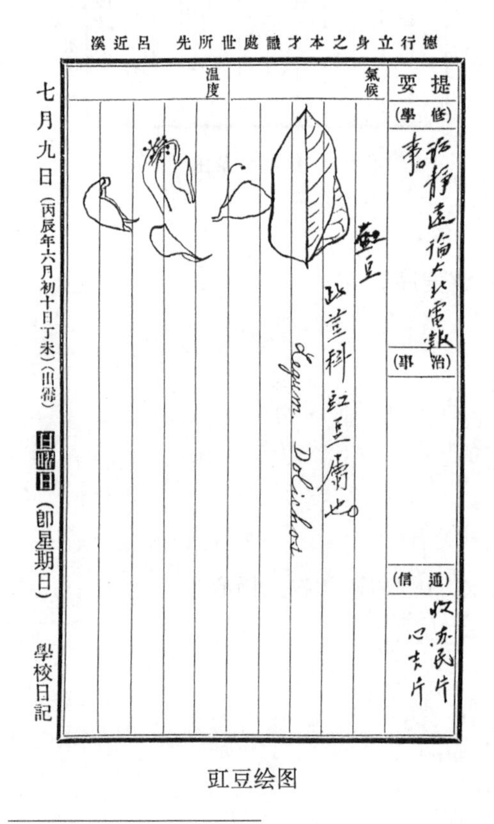

豇豆绘图　　　　西瓜绘图

① 记录了两种植物，但未书写其品名。本书未摘录。——编者

② 珍珠米即玉米，在上海俗称为珍珠米。——编者

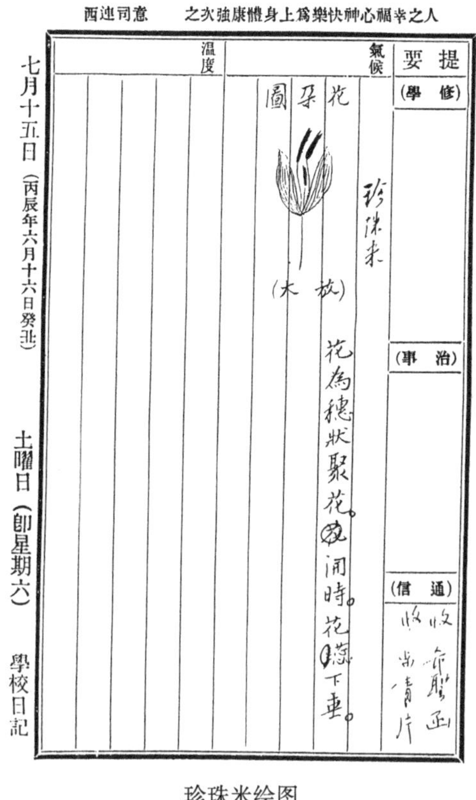

珍珠米绘图

毛豆绘图

7 月 16 日，星期日

下午赴敬业校友会，与王君曾泽、俞君宜范、汪君钧材畅谈。余泛泛也。聚餐毫无秩序，饮酒过节，拳声大作。欲求社会之改良如何如何，吾当深思之。

7 月 20 日，星期四

……①

“说时”，见《科学》杂志第二卷第六期，中有（一）阳历二十四节表；（二）制闰详法；（三）万国时刻对照表；（四）太平洋中 180°之实用标准线。

《植棉疏密之试验》，钱崇澍辑译，见《科学》杂志第二卷第六期。其结论曰：收获之多寡在于（一）每穴所占之地位；（二）每穴之株数；（三）排列法。依实验之结果，得最良之配合如下：（一）每穴占 34%平方米突；（二）每穴种二株；（三）排列愈均愈佳。

《代数学之基本理论》，美国亨丁顿原著，何运煌译。见《科学》杂志第二卷第一、四、六期。共分五章。第一章序言，论代数学公理之择定较几何学公理之择定为难；第二章论角之加法与距离之乘法；第三章论第二章之抽象，共设八理；第四章论平面

① 此处记录了近日阅读书报。——编者

上任二点之加法及乘法，即复数代数之几何上例；第五章论第四章之抽象二十七理，即复数代数学之设理也。20 至 27 各理专用于复数，故 1 至 19 各理为实数代数学之设理。

近今论蝗之著作：

1915 年十二月美国《国家地理杂志》Jerusalem's Locust Plague。

1916 年七月《科学》杂志，耶路撒冷蝗祸记。

1915 年十一月《科学》杂志。

《农商公报》第二卷第一册，西法治蝗谭。

《英皇乔治第三时代之欧美名人》，是书出于 1845 年，为皇家学会会员贵族 Henry Lood Brougham 所著。余只获其一册，中传十人（Voltaire，Rousseau，Hume，Robertson，Black，Watt，Priestley，Cavendish，Davy，Simson），皆以化学、数学、文学或历史学名。叙事详赡，共 280 余页。

《上海市自治志》，其编制法：首图表，次大事记，次公牍。记事自初办之年（光绪三十一年）至袁氏停止自治之年（民国三年三月）。

大事记分三编：曰总工程局大事记（光绪三十一年至宣统元年终）；曰城自治公所大事记（宣统元年至上海光复）；曰市政厅大事记（光复至停止自治）。三者虽异其名，其为自治则一也。停止自治后，由中央设立工巡捐局于上海。

《清朝全史》，中华书局出版，定价五元。

予曾阅其二章。其一论康熙大帝，其一论西学东渐。欲知耶稣会社在东方布道之事业及汤（若望）利（玛窦）诸公之言行，及其所传来之学术者，不可不读是书。其赞康熙也，一则曰体内圣外王之道，乾乾夕惕；再则曰制历测地为帝时代文化之双璧，可谓当矣。

书为日人原著，内有明末清初教士表，足供参考。

《基督教青年会年报》，自民国三年起，年出一册。欲知欧洲新教在中国之势力者，不可不阅是书。其编辑法，首大事记，次宗派，次论著，次事业，次图表。而图表尤为明了。事业门下分布道、教育、工艺、慈善诸项。

7 月 22 日　星期六

观察贝麻子果实。

观察贝子莲：

花如图形者五瓣，皆离。下有细长变形叶，七根，成环形，盖叶而兼为花萼者。雌蕊一，上端六出；雄蕊数，在三十以上。花粉甚富。蕊间有蜜。雌雄蕊均生在子房上。予见时胚珠已晰为极小之白色粒矣。白色者，子未熟者也。亦有黄色，双代，而中有红色小瓣者。

观察贝子莲之生殖期：

7月22号　含苞

23号　开花

24号　花焦

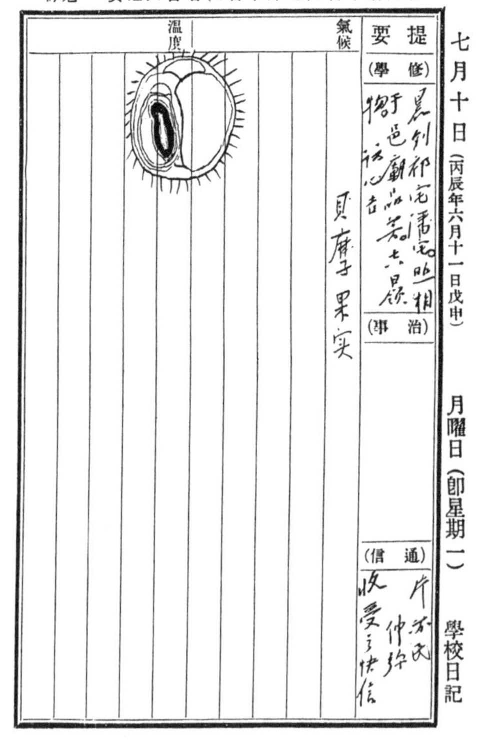
善人者不善人之師不善人者善人之資　老聃

七月十日（丙辰年六月十一日戊申）月曜日（卽星期一）學校日記

溫度　氣候　提要（修學）（治事）（通信）

贝麻子果实

贝麻子果实绘图

贝子莲绘图

7月24日，星期一

环行城濠路。出小西门，右行经西门、小北门、老北门、新北门、新东门、小东门、大东门、小南门、大南门，复入小西门。自小北门至小东门，曰法华民国路，余为完全华界。自西门至大东门，市肆殷园，余仍清凉。①

7月26日，星期三

参观内地自来水厂及电灯厂。二厂具华商办。规模不大，不足供城厢各户全数之需。自来水厂有水池、汽机、发水池、水塔等。民国五年新增机一，现在增筑水池。

电灯厂只电机数具，较清华略大耳。

又参观制造局，禁令森严，不易考察。予闻之某司事云，昔经费年有一百廿万，今减至六十万，制出军货亦减半。每年须解中央若干军械。若各省将军定造者，则由各省自付价。炼钢厂最完备。先制成粗大之钢条，次递次轧成细长之条，次切断之，

① 本日记文字在8月6日的日记中。——编者

次展为钢片，愈薄而仍坚韧最好。（火力极难）次在电池内镀镍，次制成子弹之帽，次拣取其精者，不精者再炼。

钢条销行中国，甚畅。

汉冶铁厂为炼矿石生成铁处。制造局炼钢厂更以生铁炼成钢。机器厂修理机器，并制炮车，炮之外壳由炼钢厂制，内之机件由炮厂制。子弹由炮弹厂制。[①]

7月28日，星期五

参观徐家汇各地。

（一）新教堂为 Gothic 建筑，偶像森严，一望而知为旧教也。

（二）教育：徐家汇子弟之教育，几尽为法教士所掌。年最幼者入慈母院，由女教士训导。稍长入蒙学校，专授中文及科学大要。蒙学校读毕后，择其秀者入类思小学，升徐汇公学、震旦公学，及日本东京之尚志大学亦为该教会所设，与徐汇公学程度略等。徐汇公学学生科学上之实验及参考，有图书馆、博物院、天文台等。分述如下：

（甲）图书馆，分华文、西文两部。西文在楼上，华文在楼下。西文书以神学、拉丁文、法文书籍为多。华文书依四库分类，而以杂志、教科书附焉。各省通志，收集至十七省，州县府志亦富。历史中有安南史一种，计二十四本，秘本也。此书乃黎姓王钦定，由安南总督送徐家汇教会者。碑帖有一千余种。古钱邮票也在收集中。又有禁书若干箱，闲人不得阅。吾意此必仇教之书，如杨光先之《不得已》是也。

（乙）博物院，未往观。

（丙）天文台。此台观测气候时刻，非观测星象，故所备之远镜不过长二尺，只以定星之方位以验时刻耳。钟有二：一授普通时，则依法京天文台为准；一授天文时，则以日高度为准。凡报告时刻，用无线电。此台与北京观象台、通州张謇设观象台、佘山天文台相通。而授时皆以徐家汇为准，盖经营三十年，规模虽小而运用已精，于中国固巨擘也。

报告气候。上海轮舟辐辏，不知海上有巨风而驶，或虞危险，故风位风力为测气候之要点。每日下午四时推毕明日之气候，将风向风力等绘于一黑板上，然后以普通词句说出，大书牌上，悬于二洋泾桥，此约五时。各船主即派人阅牌上所书，而以戒备不虞焉。

报告正午。此用电话。徐家汇天文台有电话机，正午时则动之。二洋泾桥柱上有一铁球，若徐家汇正午所发之电流来，球即落下。故每将午时，候于洋泾桥以对准钟表者甚多。

予闻领导之张神父言，精别之，测气候者曰观象台，测量辰者曰天文台。徐家汇、北京所设为观象台，而非天文台。若佘山上者，则可称天文台，于中国为规模最巨。

---

① 本日记文字在8月7日的日记中。——编者

闻将移入震旦学院内，以便学生实习。台长为田教士。

天文台内设有图书室及会客室。图书室收藏甚富。但天文学书，多学会交易者。会客室中悬徐（光启）利（玛窦）谈道图。两旁有四像。其二则南怀仁、汤若望也，余二无中国名。

（三）工艺

凡自蒙学校出而其质下者，则令习工艺。工艺分数种：1. 印刷；2. 择铅字；3. 铸铜版；4. 雕偶像；5. 造风琴；6. 制木器；7. 电镀；8. 制铜器及镀银器；9. 铸铁器；10. 绘像。各工室宇隅皆悬圣母像，工人有肃静之气。

印刷现新用电机。旧有汽机，售于某外人，为装于其船上。雕偶像即为教中之用。风琴之簧仍购自外洋。木器、铜器出品甚佳，曾得巴拿马一等奖。铁器则机件之零件者。绘像各工亦绝精，利汤诸公[①]像，以西人面，而作清衣冠、马蹄顶帽，甚异观也。盖采华俗、服华衣，以便传教以灭仇外之心者，利公之教也。

此二厂设立有年。学成之后，为他厂聘者甚众，如商务书馆印刷工及绘工之良者，皆出身于此。

此次参观，伴者凌君颂尧，介绍者慈善界中凌、艾、陆三先生。领导者朱医士问陶。售书所某君及张教士，皆挚人也。[②]

7 月 31 日，星期一

访友琴先生。

8 月 1 日，星期二

晨，乘八时车赴杭州。十二时车到落湖山新旅社，晚即迁士强家中。夜看湖山大势。

8 月 2 日，星期三

晨访颂阁。下午游宋庄、岳坟、三潭印月、公园、西泠印社及祠庙甚多。

8 月 3 日，星期四

晨游高庄。船停毛家埠。午饭于灵隐石门前。下午游灵隐韬光。下山又越三天竺棋盘山，至龙井，住戚光廷家。

8 月 4 日，星期五

晨游龙井寺、烟霞洞、吸江亭、卧狮亭、陟屺亭等。下午回士强家。

8 月 5 日，星期六

晨游羊市街清和坊。购地图、茶叶、扇、笔等物。下午乘特别快车返沪。

---

① “利汤诸公”：“利”指利玛窦（Matteo Ricci，1552—1610），“汤”指汤若望（Jean Adam von Bell，1591—1666），二人皆为明清时来华之传教士。——编者

② 本日记事文字撰写在 8 月 8—12 日的日记中。——编者

8月6日，星期日

晨访幼华，又至亡友沈君肤侯（敏儒）前致敬。肤侯精书法及机器画。与予同班于敬业，后肄业于杭州，成痨病，竟于上月以此终。

《西学东渐记》[①]

容纯甫先生英文原本，商务印书馆译。

按先生名闳，生于一八二八年。自幼受西士教育，居香港。后某西人携之游美，时止十二三岁。屡作屡辙，惨淡经营，卒毕业于耶鲁大学而归。先生鉴国事之不振，以为欲兴中国，非派遣留学生不可。数干太平军帅，度其无可为，闲居沪上。为西商经理绿茶以糊口。时曾文正总督诸军，驻安庆。凡国内才学之士，皆思罗致之。遂招先生往。先生不敢，后由李壬叔（即李善兰，别号壬叔——编注）二次函劝，乃允之。见文正公，公询以兴国之策，先生以开机器局对。盖承公意，得之于幕友华若汀辈者也。文正公知人善任，即派先生赴美采办机器。逾年归。设机局于江苏上海县高昌庙地方。并于局内设立兵工学校。事成，文正公专析荐于朝，诏授五品实职，帮办江南洋务。时发贼已平。文正公北师淮上，调度征捻之师。既而中法有交涉，朝命文正公及丁抚日昌赴津开议，丁抚电招先生。至则议将毕矣。遂因丁抚，以派遣留学生事于文正公。公悦之，领衔奏请。朝旨准之，派先生为留学事务所监督。先生定额百二十人，年遣三十人。选国中俊秀自年十三至十五者充之。先设预备学校于上海。惜乎第一批出洋时，文正公已不及见矣。先生尽力经营，卒成文正之意。至第四批出洋后，朝命先生为驻美公使。先生恐留学事将有波折，辞出使事，不获已。而先生去后，奸人吴子登竟奏留学之非法。李文忠惑之。立召留学生全数回国。先生深痛之。及公使任满，照例赴京销差，见文忠于津署，面陈召回留学生之失。文忠大悟，与吴子登绝。然事已无及矣。

先生乃以设立国家银行干张公荫桓。张公悦之。即领衔入奏。朝廷已有允意。将以千万元组织银行。不意盛宣怀从中阻止，议卒不行。时康梁方言新政，先生乃组织强学会于上海，身任会长。后康梁事败，强学会亦被封禁，先生乃避地至香港，而绝迹于政治矣。

《上海实业丛抄》[②]

总商会接七省茶叶代表意见书，拟组织中华植茶场有限公司，招股二十万元，总公司设上海。

简章：（一）定名中华植茶公司

（二）公司种植、制造、运销茶叶及副产品

---

① 读札《西学东渐记》抄录在7月28—31日的日记中。——编者

② 读札《上海实业丛抄》抄录在8月1—6日的日记中。——编者

（三）四百股，每股规银五百两

预算：

（一）开办费（支出）

购茶山，12 000 亩，每亩 5 两，共 6000 两；

购茶秧，除道路沟渠，以一万亩计，亩 1.2 两，共 12 000 两；

种茶工资，亩二千两，以一万亩计，共 24 000 两；

道路沟渠建筑费，共 6000 两；

茶厂建筑费，共 12 000 两；

购机器，共 35 000 两；

以上共计　149 000 两。

（二）常年费（支出）

购肥料，亩 1.4 两，共 14 000 两；

施肥除草工费，亩 0.7 两，共 7000 两；

修剪驱虫费，亩 0.5 两，共 5000 两；

修理机器费　共 1000 两；

采茶费（每亩产青茶 160 磅，共产 1 600 000 磅，每磅 0.009 两），共 14 400 两；

稽查三人，人 180 两，共 540 两；

工人三十八人，人 72 两，共 2736 两；

箱板铅片工料，共 3750 两；

税厘运费［青茶、华茶，每四斤制净茶一斤，共制 300 000 斤，每百斤（税）3.8 两］共 11 400 两；

煤炭纸张印刷广告邮电费等　共 2400 两；

以上共计　62 226 两。①

（三）常年收入

卖茶，净茶 300 000 斤，每斤 0.35 两，共 105 000 两；

卖副产品，亩可得 3.5 两　共 35 000 两；

上计收入　140 000 两。

常年收入与常年支出比，每年盈余 77 774 两，原文作 75 374 两。依原文算，计每股盈余 188.435 两。如只取 150 两，则每年可增资本 15 374 两，可添种地 922.44 亩。

每亩资本 $16\frac{2}{3}$两，每亩盈余 6.281 6 两。

航业之兴替，以码头栈基最关紧要。浦东一带除杨树浦为招商局产业外，其余均为外人所有。巨商虞和德爰组织鸿升公所，计基本金三十万两。专以码头栈房为营业。

① 原文为 64 626 两，多出 2400 两，不知其故，恐为特别费也。——编者

前年于浦东烂泥渡购到沿浦地二十余亩，现正在兴工。

华商电车现行路线：（一）高昌庙、杭车站、南码头，黄浦滩、十六铺、小东门。（二）小南门、大东门、小东门、福佑门、新北门、老北门、拱宸门、老西门。

共有电车二十辆。每日可售车资约五百元。利尚厚。总经理陆伯鸿君拟添增电车六辆，添二路线：（一）老西门，城濠新马路、利涉桥，沪杭车站。计长 2250 密达[①]；（二）小南门，尚文门、老西门。计长 835 密达（与原有第二线合成环路）。

电车每辆需银五千两。合轨道等费共需八万金。材料原采于德，因欧战，改购于美。

龙章造纸厂。

华章造纸厂。

商务印书馆拟自设造纸厂。现派员赴各省调查原料。

8 月 12 日，星期六

定科学杂志第二卷全年。

8 月 13 日，星期日

上午陶善钟来。下午张光明来。约明晨有新取三年级生姚醒黄君来舍谈话。

中国科学社社员之成分（据二卷七号以前所载者，共 151 人）：

采矿工程 20 人；冶金 4 人；机械工程 15 人；土木工程 11 人；
电力工程 10 人；铁路工程 3 人；化学工程 3 人；造船 2 人；
卫生工程 1 人。

上关于工程者 69 人。

农 14 人；气象 1 人；森林 1 人。

上关于农林者 16 人。

医 1 人。

上关于医药者 1 人。

化学 16 人；昆虫 4 人；算 4 人；物理 2 人；普通科学 3 人；
生地 1 人；植物 1 人；地质 1 人。

上关于纯粹科学者 32 人。

银行 2 人；生计 1 人；商 1 人；经济 1 人。

上关于经济者 5 人。

教育 3 人；哲学 2 人；心理 1 人；文学 1 人；历史 1 人。

上关于文学者 8 人。

共有学科者 131 人，余 20 人无学科。

---

① 即米。——编者

8月31日，星期四

……[1]

吴廷璜编，算术教科书。发行所，中华书局。

民国六年历书：通行大本，每册二角五分；单行小本，每册八分。北京崇文门内泡子河中央观象台（编）。

博物学杂志。预定全年四册，大洋九角，零售每册二角半。总经理处，（上海各省）中华书局；编著者，中华博物研究会。

编者按：

自九月起，叶企孙改变了日记形式：不遵从日记本格式每日记事，而是分类每月记事。其类别包括：学堂大事记，读日志，起居健身志；气象日志，往来信函录；日常开支录。

起居健身志，包括早晚作息时间，沐浴更衣，体育锻炼，事亲等细目。本编对此及往来信函录，日常开支录三项内容，除有文化、历史价值外，作删略处理。

九月

自沪返京路程记[2]

一号下中午十二时一刻开船；下午五时三刻过佘山。经五小时半。

二号下午九时见灯火；三号上午五时见烟台口外诸岛，七时到烟台。自佘山至烟台计三十八小时。

三号上午九时三十分由烟台开往芝罘岛避风，四号上午六时回烟台出货，停烟台共二十八小时。

四号下午一时半开向大沽，五号中午到天津。自烟台至津二十二小时半。共计行六十六小时，约距离二千四百华里。

学堂大事记

五号，新生第一日报到。

六号，新生第二日报到。发表除名学生：中等科二十余人；高等科十余人。

七号，新生第三日报到。

八号，选定科目。图书室始展览。

九号，选定科目。

十号，夜发表课程表。中等科教令增“思过”一条。全校教令：禁添菜、早婚。

---

① 抄录三书。——编者

② 题目为编者所加，后同。——编者

十一，英文开课。发表新生中文班次。

十二，中秋放假。晚开欢迎会。

十三，中文开课。下午四时，校长报告兵式体操事。

十四，下午四时，礼堂上选举体育会职员。

十五，晚高二、高四开欢迎新生会。

十六，高一，高三青年会均开欢迎会。

十八，兵式体操第一次队官演习。

十九，下午强迫体育，第一次点名。

二十，布告借会场需于星期五下午与教务处接洽。

廿一，布告各级级长及科长。下午麦克罗演说，题为代议政治之来历。

廿二，晚孔诞庆祝会。教员赵先生演说尚可，学生蒲某演说，诋韩愈、朱子。

廿三，晚清华科学会开会，到者十一人。

廿六晚，开会，论筹备国庆事。从赵校长意得任意嬉戏。

廿七，上午赴总统府学界游园会者报告。

廿八，周刊第 80 期出版。（内有）福泽谕吉传，中村正直传，成府贫民小学调查记。麦克罗博士第二次演讲“代议政治”。

廿九，晚高二、三、四三级开联合会，欢迎高一同学。

三十，Novice Meet[①]。

读书日志[②]

天算日进表

九号，摘抄《畴人传》卷首。

十号，摘抄《畴人传》卷一。

十一，十二号，摘抄《畴人传》卷一至商高。

十四，续昨，卷一至荣方。

十五，续抄荣方、陈子。

十六，续昨。

十七，解算题第 485 问。

十八，续前《畴人传》一小时。

十九，续前，一小时。

二十，续昨，一小时。

廿一，不进。

---

① 即迎新会。——编者

② “读书日志”之题为编者所加。叶企孙日记中记有“天算日进表”，为读各类书籍日进表。这些表格相当于读书日志，记述某日读书、抄书之事。——编者

廿二，续前，一小时。

廿三，读天文史三章。

廿四，读天文史三章。

廿五，读天文史三章

廿八，续天文史一章。

三十，续天文史二章。

读书日进表

日期	读经	中史	西史	化学	杂志
1至5日	在舟中读《诗》陈风、桧风、曹风、豳风；小雅鹿鸣、白华、彤弓三什；桑扈、都人士二什				
11日					本年五月、六月美国学校科学及数学杂志（代数学于各方面之价值）
12日	诗·周南				本年科学第八期，地理与文化之关系，有文化等地图极佳
13日				试验准备二小时	本年美洲数学杂志第四期论二倍立方积问题
14日				化学演讲一，主旨	
15日	诗·召南			化学演讲二，历史	
16日		文献通考·田赋			美洲数学杂志第五期
18日				化学实验一，度量	
19日				化学演讲三，历史	
20日	诗·邶风			化学实验二，制玻璃管	
21日	诗·鄘风				
22日	邶鄘卫三风篇次			化学演讲四，要律	
24日					地学杂志第七年四五期合刊，有自北京至稚州游记，泰山游记，西湖沿革考
25日				化学试验三，烧小银化养	
26日				化学演讲五，原子理论	
27日	诗·王风			化学实验四，容养	
28日	诗·郑风				江苏教育行政公报五年第三期载省立各校经费职教员表
29日		文献通考·水利屯田		化学演讲六，原子量，原质	
30日					Science：a Review on Meteonits

往来信函表

日期	来信	去信
9 日	幼华寄来苏民照相	
11 日	兵工同学会开会启一纸	
12 日		致筹办兵工同学会诸君书
13 日		呈斋务处科学社职员名单
14 日		寄屏翰托汇洋事
15 日	大哥函一封	
16 日	李达函一封	苏民函、心吉片，元龄片
17 日	苏民片询汇洋已收到函	寄侯教士问大哥留美事
18 日		寄于伟论科学促进社事
19 日	幼华自日本来函	
21 日	屏翰寄来汇票	
23 日	中华科学促进社寄来章程	
24 日		谕二哥书
25 日	苏民片，心吉片，丁文显函邀往谈	
26 日	季人片（物已收得）	
27 日	端升函（询招考）	
30 日		致促进社报告挂号信。谢屏翰函

起居健身志①

（内容包括日期、夙兴、夜寐、清洁、健身、养性、疾病、节欲、慎食、处世）

十二号，掷铁球。

十九号，拳术。

二十一，拳术。

二十二，拳术。

二十四，游圆明园。

二十六，射箭，拳术。

二十八，射箭，拳术。

二十九，拳术。

气象日志

六号，晴。

七号，晴。

八号，上午晴，下午阴。

九号，午晴。

---

① 本月记夙兴夜寐，多为早起七时左右，晚息十时半左右。本书不再列每日夙兴夜寐时刻。沐浴、更衣、理发日期也从略。虽列出诸多内容，但大多未有记录。——编者

十号，晴，二等风。

十一号，晴。

十二号，晴，三等风。

十三号，晴，三等风。

十四至十六，晴。

十七，阴，风沙，微雨。

十八，晴。

十九，阴。

二十，阴，雨。

二十一，晴，二等风。

二十二至二十七，晴

二十八，阴，骤寒，微雨。

二十九，阴，雨。

三十，晴。

十月

学堂大事记

三日，发表医院新章；游艺社发起宣言。

五日，麦克罗博士第三演讲。周刊第 81 期出版：有雪特乃教子书，记耶罗大学，记西山消夏团之社会服务。同学林君兆儒追悼会。练习新国歌。

七日，邢契华先生用幻灯演讲国防问题；科学会常会；高三周年纪念。

八日，总统府学界游园会，因雨去者不多。

九日，国庆预祝，有王儒堂先生演说，略谓共和国从困苦艰难中得来，必以坚忍之力保之。

十日，本日起放假三天。

十三，周刊第 82 期出版。

十四，高三级会开会，提议暂停常会，不通过。科学社开会，通过新会员八人。予被选为六校联合辩论理事，科学会记录书记。

十五，清华孔教会宣言。

十七，校令教务，斋务查察学生清洁问题。

十八，哈爱寿博士演讲卫生之重要。周刊第 83 期出版，罗隆基生于忧患论。

十九，黎总统寿辰放假。

二十，白雅礼先生用幻灯演讲毛织物之制造。

廿一，晚第一次全校俱乐会。白雅礼率科学社员参观呢革厂。

廿二，总统府学界游园会，清华去者三百八十人，用专车。

廿五，校中有拟发起国内状况调查会者。

廿六，周刊84期出版，（内有）天学述略，清华学会建议，达尔文传。麦克罗博士第五演讲：美洲共和之由来。

廿八，与汇文赛篮球，不分胜负，又与赛足球，吾校胜。

廿九，成府小学校开第二周年成绩展览会。

卅一，宣告联合辩论于十一月十一日预赛。

读书日志

日期	读经	中史	西史	化学	杂志	天算
1日		通鉴纂要至帝尧				读天文史一章
2日				演讲7，试验5		读天文史二章
3日		通鉴纂要至周幽王				读天文史一章
4日	郑风；齐风：南山			试验6		天文史一章，自上月廿三日起共读十七章（毕）
5日	魏风			演讲8		阅Ball谈天诸图，预备科学会演讲
6日	唐风：蟋蟀，扬之水，秋杜					演奈端吸力证，预备科学会演讲
7日						科学社演讲天文
8日	复习王风，作札记					抄《畴人传》一小时，毕孙子
9日				演讲9，气之定律试验7，硫化铁		
10日			复习中古情状	读地质研究所一览及镭之作用		
11日					读唐蔚芝论语读本及人格	欲作中国算学史，终觉困难
13日	秦风：小戎，驷铁，黄鸟，渭阳，无衣	通鉴纂要至周威烈王			读科学杂志第八期科学分类一篇	
14日		从父亲处取得齐召南、历代年表				读叶青古今月食表
15日		阅年表至晋太康				
16日				演讲10，试验8		阅《畴人传》半小时（司马迁）
17日	复习诗六月、采芑					阅《畴人传》一小时（刘歆）

续表

日期	读经	中史	西史	化学	杂志	天算
18日				试验9		同昨
20日	祈父之什前五篇				美洲地学杂志论秘鲁诸篇	读《畴人传》一小时（四分术论）
21日					英文科学杂志Ludwig传	读包尔天文史一小时
22日						同昨
23日				演讲11，轻气；试验10，定量		读《畴人传》二小时（贾逵，王充）
24日	祈父之什后五篇					读《畴人传》一小时（张衡）
25日	小旻之什前四篇			试验11		读《畴人传》一小时（虞恭）
26日	小旻之什中二篇			演讲12		绘星图二小时
27日						读《畴人传》一小时（刘洪）
28日					读 Amer. Sci. Math. 135期	
29日			法兰西革命及大仲马历史小说			抄天学述略呈周刊
30日				演讲13，实验12		读《畴人传》一小时（蔡邕）
31日	小旻之什读毕					读《畴人传》一小时

十月用力于《畴人传》十一小时半，于星图二小时。

信件往来、健身事亲表①

叶企孙按：夙兴夜寐，清洁健身仍旧，余五项（见九月“起居健身志”）改先儒论孝及事亲两项。

日期	来信	去信	健身	事亲	先儒论孝
一		寄周刊至家	篮球	阅家信悉新添一女孩	和
二	陈泽民片，告将迁鲁	寄算稿至海博士	诊眼，医院验身		顺
三			诊眼；拳术		爱
四	谢师函告同学会期；苏民函询建筑；上海同学会寄来印刷品二张	复谢师	诊眼		敬

① 本书将叶企孙原日记中“信件往来”与“健身事亲”二表合二为一，省略其中夙兴夜寐与清洁沐浴的记事。——编者

续表

日期	来信	去信	健身	事亲	先儒论孝
五		寄大门照相至苏民	诊眼；拳术		思
六			拳术	阅家信悉幼华生一子	
七	校长处任编辑函				
八		寄端升函，泽民片，周刊至家			
九				赴古月堂①	
十一	学孝片	复学孝			
十二			诊眼	赴古月堂	
十三			诊眼，拳术		
十四	范九信	寄周刊至家		赴古月堂，为范九事	
十五		为谢师草报告及叙餐会启			
十六	苏民函，善言片，于伟函			赴古月堂，还书	
十七	兵工同学会叙餐函		拳术		
二十			拳术		
廿一			旅行	省亲	
廿二		寄周刊至家，寄苏民片，幼华函	旅行	大哥来校	
廿四	科学二卷第九期寄来		拳术		
廿五	苏民函，谢师函	复谢师			
廿七			拳术	省亲	
廿九			往成府，海甸		
三十	寄周刊至家				
卅一			拳术		

气象日志

风雨雪三项并，温度删，杂记改乾象②。以后拟渐用符号。本月气象符号为：晴△，阴○，风●，雨▽，雪ㄨ。

日期	晴 阴 风 雨 雪 △ ○ ● ▽ ㄨ	乾象
一	△ ●	☽ 阴九月初五，观时约六时半，高三十度
二	△ ●	
三	△	◐ 日未落时即见。高约五十度
四	△	◐ 六时半约在天中，十时将向西落
五	△	◐ 四时半约在树梢间，十时尚未落

① 叶企孙之父叶景澐时任清华学校国文教师，住在古月堂。日记中所写“赴古月堂”即到古月堂省亲。——编者

② 乾象主要观察月亮形状与其高度或视角。——编者

续表

日期	晴　阴　风　雨　雪 △　○　●　▽　⧖	乾象
六	△	◐ 阴九月初十
七	△	
八	○　▽	◯ 晚餐时方在树间
九	△	
十	△	夜十二时在天中，阴九月十四。但晚五时已高十度
十一	△	晚五时一刻出
十二	△　晚●▽	晨尚见。阴 9 月十六。晚六时一刻约高十度
十三	△　●	晨七时月尚未落，在西方。阴历九月十七
十四	△　●	晨见。十时半约高四十度，在东方
十五	△　●	晨见。十时半约高三十度
十六	△	晨见。十时半约高二十度，阴九月二十
十七	△	晨见。十时半约高十度。阴九月二十一
十八	△	晨见在天中
十九	△	晨见。午饭毕时尚能见，将落。阴九月二十三
二十	△	日中尚见
廿一	○	天阴不见
廿二	△	不见。阴九月二十六
廿三	○	不见
廿四	△　大风沙	晨五时半见。阴九月二十八
廿五	○	今日起忽思观察行星与恒星
廿六	○	
廿七	△	阴十月一日
廿八	△	
廿九	△	阴十月初三，未见月
三十	△	
卅一	△	见月如本月一号（阴十月初五）

十一月

学堂大事记

一日，布告厕所清洁问题。

二日，麦克罗讲美国宪法。周刊 85 期出版。

四日，陈焕章演讲孔教；孔教会成立。文友会演 Mock Trial。

五日，科学会请席德柄先生讲自来水问题。

六日，因与学生现钱交易，罚厨房五十元。

七日，宣布以现钱与厨房交易七人，各记小过二次。

八日，宣布本学期第一次分数。

九日，宣布宿舍新章。选举各生（班）之顾问教员。

十一，中文辩论第一次预赛。

十三，全体第一次兵操。

十五，闻有学生自己作路事，甚怪之。

十六，各会长合商开会时间。

十七，物理研究社讲热空气机。

十八，晚，校中俱乐会，活动影戏。通过学生捐款并入成府小学。

十九，科学社请腾思博士讲字学。

廿一，高等科学生参观参众两院。

廿四，宣布修路条例，廿六日筑。晚宣布廿三、廿四日各级辩论比赛结果，高四、高一获选。

廿八，学生陶善钟除名。晚宣布英文辩论试讲条例。有国语辩论团发起。

廿九，宣布各级比赛辩论员需重试过。

往来函件表

时日	来信	去信
二日	心吉片，一麟函	
三日	心吉瀛泉照相	
四日	达虞自美来函论美洲天算状况甚详	周刊至家
五日		寄善言土木工程考题四纸；寄莲章函，与孙礵同寄
六日	苏民来函，述符阶不德	
七日	端升片	
九日	同学会来函	复寄人片
十一	四姐信	
十二	子嘉信，于伟片	函心吉，杨真；函一麟；函于伟；周刊寄家
十四	顾元信	函谢师
十七	接谢师函	
十八		寄子嘉考题二十一纸，片子嘉
二十	接顾元片	函谢师
廿三	科学杂志	
廿五		寄周刊至家，函海博士
廿八	接二嫂函	
三十		函郑思聪

读书日志

日	诗	史	化学	天文
1日	复习“小旻”、“祈父”二什		13 试验	读《畴人传》一小时，杨伟
2日	读“北山之什”首五篇		14 演讲	同上，一小时，王蕃

续表

日	诗	史	化学	天文
3 日	“北山之什”后五篇			Ball 天文一小时
4 日				Ball 天文一小时，第二章毕
5 日				《畴人传》半小时，杜预
6 日	叙次《小雅》七十四篇		15 演讲	
7 日	《大雅・文王》一篇			
8 日	《大雅・大明》和《绵》二篇		15 试验	
9 日	《大雅・文王之什》		16 演讲	《畴人传》二小时，虞喜
10 日				《畴人传》一小时
12 日				《畴人传》二小时，何承天
13 日			17 演讲，16 试验	
15 日	毕《文王之什》		17 试验	《畴人传》一小时，祖冲之
16 日			18 演讲	
17 日	读《生民之什》（大雅）首章			《畴人传》一小时，祖暅之
18 日				《畴人传》一小时
20 日			19 演讲，18 试验	《畴人传》二小时，张胄元
21 日	《生民之什》至“洞酌”			
22 日			19 试验	《畴人传》二小时，刘炫
23 日			20 演讲	《畴人传》一时，复习元嘉算
27 日			21 演讲，20 试验	读观象丛报
28 日	《生民之什》毕			读观象丛报
29 日	《大雅・荡》余篇		21 试验	读观象丛报
30 日			22 演讲	

散存日记

11 月 13 日，星期一

美天学家罗威尔 Lowell 逝世。氏生于一八五五年，曾观察火星，见有人类。氏生于波士顿，于 1907 年建罗威尔天文台。1883 至 1893 十年中，氏居日本，闻名东方。氏为皇家东方协会会员。氏死诊为血积于脑。

11 月 21 日，星期二

清华遣派出洋生择科分类表（首[①]至 1916，以人数多少为次）

理财（财政、经济、商业、银行、管理） …………………………… 38 人

化学（化学、制造、化学工程） ………………………………………… 31 人

① 首即 1909 年。——编者

文学 …………………………………………………………………………… 29 人
土木工程（建筑、卫生、铁道） ………………………………………… 28 人
法政 …………………………………………………………………………… 22 人
矿（冶金） ………………………………………………………………… 16 人
机械工程（造船） ………………………………………………………… 14 人
医 ……………………………………………………………………………… 13 人
农（林、生物、病理） …………………………………………………… 13 人
教育 …………………………………………………………………………… 10 人
电机工程 ……………………………………………………………………… 7 人
天文算学 ……………………………………………………………………… 4 人
哲学 …………………………………………………………………………… 3 人
物理 …………………………………………………………………………… 2 人
兵 ……………………………………………………………………………… 1 人
气象 …………………………………………………………………………… 1 人

以上共 232 人。其中

化学及工程 ……………………………………………………… 97 人，42%
文学及政法 ……………………………………………………… 89 人，38%
纯粹科学及教育 ………………………………………………… 19 人，8%
农 ……………………………………………………………………… 14 人，6%
医 ……………………………………………………………………… 13 人，6%

My ideal distribution：

工	农	教	医	法
40%	25%	25%	5%	5%

11 月 27 日，星期一

《诗》内容分类[①]

小雅共八十篇，缺六篇。

闵乱；穆王；鼓钟（刺游怠）；鸿雁（哀流民）；

渐渐之石（将士苦东行）；青蝇（忧谗）沔水（宣王信谗，杀杜伯），

祈父（刺宣王败于姜戎）；白驹（饯贤）；黄鸟（客卿归）。

幽王：我行其野（申侯怨）；十月之交（刺用皇父）；小弁（宜臼怨慕）；菀柳（忧乱之已伏）；白华（申后思幽王）。

平王：节南山（用人失当）；正月（忧乱）；两无正（伤无臣）；小旻（忧世）；谷

① 本题目为编者所加。以下所作笔记，是叶企孙于 9 月—11 月 27 日读《诗》的总结。——编者

风（?）（友道衰）；巧言、何人斯、巷伯（刺谗）；大东（东国告困）；四月（大夫告困）；北山（刺时）；无将大车（解忧）；小明（劝择文）；采绿（怀才不用）；苕之华（悯贫）；何草不黄（悲行役）。

周宣中兴：

猃狁：采薇（遣戎役也），出车（劳还师也），杕杜（劳还役），六月（北伐）。

南征：采芑（南征）。

复古：车攻（巡狩），吉日（自田畿内）。

勤政：庭燎。

营谢：黍苗（行役之人美召伯）。

求贤：隰桑。

伦理风俗：

常棣（燕兄弟），斯干（考室），頍弁（功睦），角弓（刺不睦），伐木（燕朋友），鹤鸣（讷诲），南陔（孝子相戒以养），小宛（孝子继志），蓼莪（思养亲），白华（君子之洁白），都人士（思旧俗）。

产业：

无羊（考牧），甫田（劝农），大田（农夫报祀）。

周初之盛：

鹿鸣（燕群臣嘉宾），四牡（劳使臣之来），皇华（君遣使臣），鱼藻、桑扈（燕诸侯，飨诸侯），采菽（赐诸侯），天保（下保上），蓼萧（泽及四海），湛露（燕诸侯），彤弓（赐有功诸侯），瞻彼洛矣（诸侯美，天子于东都朝会），裳裳者华（天子美诸侯），华黍（时和年丰），崇邱（万物极高大），由仪（群生得宜），由庚（万物得由其道），南山有台（宾乐主人）：鱼丽（美能备礼）；南有嘉鱼（乐与贤）。车舝（燕新婚），瓠叶（燕宾示俭），菁菁者莪（乐育才），緜蛮（诸侯贡士），楚茨（天子祭祀），信南山（诸侯祭祀），鸳鸯（大婚），宾之初筵（卫武公饮酒悔过）。

1915 年 9 月至 1916 年 6 月费用开支明细表[①]

收父亲大人	155 元	
支出项目：	支出金额	占开支百分比
交校费	36.4	26
书籍费	18.4	13
文具费	4.4	3
车费	11.5	9

① 此表列在 8 月 15—16 日两天的日记中，题目为编者所加。——编者

会费	26.4	19
必需零用	11.7	9
可省零用	4.6	4
慈善	2	2
邮票	3.9	2
友借	15	11
借书预存	3	2
计支出	137.3 元	
余	17.7 元	

1916 年 11 月开支表[①]

旧管（即原有的钱）：六元五分二百八十文。

新收：收兑二千六百四十文（当时一元银洋兑 1300 文左右——编注）；收洋五元，其中兑出一元计为一千三百六十文。

开除：付剃发 100 文；付牙粉五枚、水果五枚（约合共 100 文）；付兑洋二元；付图画纸 470 文；付赴两院车力 810 文；付帽一元 840 文；付水果 180 文；付施医院二元，周刊 440 文，点心 80 文，剃发 100 文。

1916 年 9 至 11 月费用开支明细表[②]

收入：九月七号收父亲廿三元

十号收父亲二十元

十月十二号收父亲五元

十一月廿九号收父亲五元

共收	53 元	
苏民还款	4 元	
旅费余额	11 元	
收入合计	68 元	
支出：		
入校费	33 元	
书籍	7 元	1320 文
文具	2 元	850 文
车费	3 元	1090 文

会费（级会 1 元，科学社 1 元，促进社 3 元，同学会 1 元，明德社 1 元）

7 元

① 此表列在 11 月 19—20 日的日记中，题目为编者所加。——编者

② 此表列在 12 月 2—4 日的日记中，题目为编者所加。——编者

必需零用费	3元870文	
可省零用费	930文	
慈善费（施医院）	2元10文	
邮费	1元220文	
支出合计	61元1210文	计67元770文
现余	2元920文	
友人借	3元(后皆还清)	

叶企孙注：一元＝1360文，应有遗漏之款590文。

（1916年）12月用度记[1]

旧管：二元920文

支出：四号付信封120文；七号付科学社捐款650文，付天地新学说一元，付牙粉30文邮票90文；十五日付邮费一元；十七日付邮费30文；廿五日付剃发100文，付文具140文；廿六日付黎100文；卅一日付清太和550文，付黎100文。

十二月共用三元630文。

连前共用六十五元540文。

又友借二元（后还清）

余：290文。

附：1917[2] **年暑假（7月1号至9月2号）用度表**

收前余17.7元[3]

支出：书籍合银0.3，文具合银0.5，车费3.8元，必需零用2.1元，可省零用3.0元，邮政1.6元，饭食3.0元，仆役1.30元，共支用15.6元。

应余2.1元。

实余1.7元。

遗漏0.4元。

12月9日，星期六

星期六晚追思本星期学业：

《化学》22、23试验，23、24演讲。现实验至轻气[4]，讲至绿气[5]；

《诗经》：读至《大雅·常武》，复习《小雅·鹿鸣之什》。比较诸家诗说。

天文：作英文《中国天文学史》，未完；已作九页，送登月刊。读纽孔《天文学》

① 本用度记在12月5日的日记中。——编者

② 当为1916年，此处恐系叶企孙笔误。——编者

③ 指1915年9月—1916年6月费用开支明细表内之余额。——编者

④ 即氢气。——编者

⑤ 即氯气。——编者

至32页。比较自上古至唐初诸家历法。听苏中宣君“地为平地论”。深惑不解。拟作论辩之。

算学：读包尔《算学史略》四十页①。

The First Period

1. The Ionian School

Founder：Thales（640—550 B. C. ）

Successors：Anaximander（611—545 B. C. ）

Anaximenes

Anaxagrras（500—428 B. C. ）

2. The Pythagorean School

Founder：Pythagoras（569—500 B. C. ）

Successors：Archytas 400 B. C. first offered a solution on the duplication of a cube.

Theodorus，studied incommensurable numbers.

3. The School of Chios

Aenopides，500—430 B. C.

4. The Eleatic school

Founder：Xenophanes

Successors：Zeno 495—435 B. C. ，noted for Achilles Problem.

5. The Atomistic School

Founder：Leucippus

Successor：Democritus，460—370 B. C. ，knew that in a pyramid $V=\frac{1}{3}B\times H$.

6. The Sophists：Hippias，420 B. C. ，inventor of quadratrix.

Antiphs，420 B. C. ，evaluation of π.

Meton，the great astronomer.

7. The Schools of Athens and Cyzicus

Founders：Hippacrates of Chios 470—? B. C.

Eudoxus 408—355 B. C.

Successors：Plato 429—348 B. C.

Menaechmus 375—325 B. C. studied conic sections

---

① 阅读笔记如下。——编者

8. The First Alexandrian School

Euclid 330—275 B. C.

Aristarchus 310—250 B. C. found that d①from sun>18 times of d from moon.

Archimedes 287—212 B. C.

Apollonius 260—200 B. C. wrote a classical work on conic sections.

Eratosthenes 275—194 B. C. "sieve out primes".

Hipparchus 2nd century B. C. founded trigonometry.

Hero derived $F=\sqrt{s(s-a)(s-b)(s-c)}$.

9. The Second Alexandrian School 30 B. C. ~641 A. D.

1st century A. D.

2d century A. D., Ptolemy, "the Almagest".

3d century, Pappus, "the Collection of Greek Works".

4th century, Diaphantus, "the founder of algebra".

Theon, the Commentator on Elements, Almagest.

Hypatia, the daughter of Theon, the Commentator on the conics of Apollonius, murdered in 415 by the eastern Christians.

The End: the fall of Alexandria 641.

10. The Athenian School in the 5th Century

Proclus. the commentator on "Elements".

11. The Byzantina School, 641~1453

Served as a link from the Greek to the Continental.

The Second Period

Background: The great Hindoo mathematicians.

1. Arya-Bhata, 476—?, wrote "Aryabhathiya", gave a table of sines.
2. Brahmagupta, 596—?, Solved the equation $nx^2+1=y^2$, giving $x=2t/(t^2-n)$ $y=(t^2+n)/(t^2-n)$.
3. Bhaskara, 1114—?, found a "Symbolic algebra".

The Arabians were influenced by the Greek writers and Aryabhata and Brahmagupta.

The Algebra of Alkarismi, written about 830 influenced the later Arabs and the Continent.

---

① 即 distance。——编者

The Continental Europe

A. 6th. 7th. 8th centuries Texts of Boethius，Cassiodorus and Isidorus.

9th century Alcuin.

10th century Gerbert.

11th，12th centuries，Foundations of Universities.

B. The Introduction of the Arab Works，1150—1450.

12th century，Adelhard of Bath translated “the Elements” into Latin about 1120.

13th century Leonardo of Pisa won the challenge offered by Frederich Ⅱ in 1225，Disseminated the Arab mathematics.

Roger Bacon，1214—1294.

14th，15th centuries，mathematics was not much studied in the universities yet.

C. The Renaissance，1450—1637.

1) Regiomontanus，the father of modern trigonometry.

2) Recorde，1510—1558 (English)，first used the sign “=” for equality.

3) Stifel，1486—1567 (German)，introduced “AA” for A^2，“AAA” for A^3 etc..

4) Tartaglia，1500—1557 (Italian)，effected the solution of $x^3+qx=r$ (later stolen by Cardan).

5) Cardan，1501—1576 (Italian)，first discussed negative and imaginary numbers. Gave no explanation.

6) Vieta，1540—1603 (French)，Solved an equation of 45th degree before HenryⅣ.

7) Napier，1556—1617 (English)，invented logarithms，discovered “Analogies”.

8) Briggs，1561—1631 (English)，improved logarithms.

9) Harriot，1560—1621 (English)，studied the theory of equations. His work was widely read in England，thus revealing the power of analysis.

10) Stevenius，1548—1620 (Belgian)，the father of modern statics.

11) Galileo，1564—1642 (Italian)，the father of modern dynamics. (*Galileo*，*His Life and Work*，by J. J. Fahie，London，1903.)

12) Bacon，1561—1626 (English).

13) Wright，1560—1615 (English)，the father of the science of navigation.

14) Kepler，1571—1630 (German)，used the method of infinitestimals

in finding areas.

15) Desargues, 1593—1662 (French), founded a system of projective geometry.

The Third Period

The Middle of 17 Century

Descartes, 1596—1650, father of analytic geometry.

Cavalieri, 1598—1647, father of calculus.

Pascal, 1623—1662, his triangle

Wallis, 1616—1703, $\pi=2\cdot\frac{2^2\cdot4^2\cdot6^2\cdot5^2\cdots}{1\cdot3^2\cdot5^2\cdot7^2\cdot9^2\cdots}$

Fermat, 1601—1665, his last theorem.

Huygens, 1629—1695, work on optics

Newton, 1642—1727

The Continental School at the first half of 18th Century

Leibnitz, 1646—1716

1672 met Huygens at Paris

1676 visited Spinoza

1700 plan the Berlin Academy

Newton used the method of fluxions

Leibnitz used the method of differentials

The bitter controversy between Newton and Leibnitz

James Bernoullis, 1654—1705

John Bernoullis, 1667—1748, introduce the notation φx, popularize the method of Leibnitz.

Clairaut, 1713—1765

D'Alembert, 1717—1783, the great French Encyclopedia.

Daniel Bernoullis, 1700—1782

The three memoirs, by Euler, Maclaurin and Daniel Bernoullis presentid to the French Academy contained all the important contributions between Newton and Laplace.

The English School in the First Half of 18th Century

Halley, 1656—1742, his comet.

Taylor, 1685—1731, his theorem.

Demoivre，1667—1754，his theorem.

Maclaurin，1698—1746，his series.

Simpson，1701—1761，his line.

Defect：no touch with the continental methods.

Result：decline of mathematics in the second half of 18th Century.

The Continental School in the Second Half of the 18th Century

Euler，1707—1783，“extended，summed up，completed the work of his predecessors”，introduced the symbols e and π.

Lambert，1728—1777，first expressed Newton's second law of motion in the notation of differential calculus.

Lagrange，1736—1813

1758 Established the Turin Academy.

1766 Euler left Berlin. Frederich the Great invited Lagrange to reside at Berlin which he accepted. At Berlin he wrote his monumental work “Mécanique Analytique”，1772—1785 created the science of “differential equations”.

1787 left Berlin，went to Paris.

1797 lectured in the Ecole Polytechnique.

Laplace，1749—1827

1796 “Exposition du système du monde”.

1799 “Mécanique céleste”.

1812 “Théorie analytique des probabilités”.

Legendre，1752—1833

Proved that the number of primes less than n is approximately

$$\frac{n}{\log_e n - 1.08366}$$

Monge，1746—1818
Carnot，1753—1823　} Created modern geometry.
Poncelet，1788—1867

The development of Math-Physics

Name and Date	Work
Cavendish，1731—1810	the density of earth
Young，	the theory of light

Rumford,	convertibility of heat and work
Dalton,	the atomic theory
Fourier,	the theory of heat
Poisson,	electrostatics
Ampère,	electricity
Arago, 1786—1853	polarization, magnetism

From Continent to England

Woodhouse, started the movement. His three pupils, Peacock, Babbage and sir John Herschel carried on further. By 1830 the differential methord was in general use in England.

The 19th Century

Gauss, 1777—1855, the most effective mathematician of the 19th century. Suggested many new branches.

1. The Theory of numbers: (1) Gauss, (2) Henry Smith, (3) Eisenstein, (4) Cantor.
2. Elliptic functions and higher trigonometry: (1) Abel, (2) Jacobi, (3) Riemann, (4) Weierstrass, 1815—1897.
3. The Theory of functions.
4. Higher Algebra: (1) Cauchy, (2) Argand, (3) Hamilton, (4) Grassmann, (5) De Morgan, (6) Boole (mathematical logic), (7) Cayley, (8) Lie, (9) Sylvester, (10) Hermite, 1822—1901.
5. Analytical geometry.
6. Analysis.
7. Pure geometry.
8. Non-Euclidean geometry.
9. Foundations of mathematics.
10. Kinematics.
11. Mechanics: (1) graphics, (2) analytic mechanics, (3) Theoretical statics, (4) theoretical dynamics.
12. Theoretical astronomy.
13. Mathematical physics.

③ 1949—1951年日记

1949年8月大事记

8月5日：美国公布白皮书。

程潜、陈明仁起义。

8月9日：北平市各界代表会议开幕。

8月10日：八月份折实储蓄牌价777.7。

8月12日：解放长山八岛的南部数岛。

8月17日：解放福州。

8月26日：解放兰州。

1949年北大入学考生情况统计表

报考人数　4402

实考人数　3705

数学系：实考人数20，满300分者7人，录取人数18

物理系：实考人数41，满300分者17人，录取人数34

化学系：实考人数62，满300分者16人，录取人数35

动植两系：实考人数35，满240分者10人，录取人数27

地质学系：实考人数42，满240分者9人，录取人数17

1949年9月大事记

9月5日：解放青海省会西宁。

9月19日：绥远董其武将军等通电起义。

9月21日：人民政治协商会议开幕。

9月25日：新疆陶峙岳、鲍尔汉等起义。

1949年11月大事记

11月1日：政务院各部分宣告开始办公。

11月3日：苏联防鼠疫专家四人抵平。

11月16日：亚澳工会会议在平开幕。

11月21日：解放遵义及镇宁。

11月22日：解放桂林。

11月22日：北平市代表会议选举市长、副市长。

11月23日：解放桐梓。

11月25日：解放南川及柳州。

11月26日：苏联防鼠疫专家离平返国。

11月30日：解放重庆。

1949年12月大事记

12月9日：卢汉、刘文辉、邓锡侯通电起义。

12月26日：成都解放。

12月30日：印度承认中央人民政府。

11月、12月之物价波动

日期	折实储蓄	美钞
11月4日	1 181	5 040
11月27日	2 964	10 800
12月23日	3 306	20 700

1950年1月大事记

1950年1月6日：不列颠王国承认新中国。

1月13日：芬兰承认新中国。

1月14日：瑞典承认新中国。越南民主共和国政府主席胡志明向全世界声明愿与各国建立邦交。

1月15日：越南民主共和国承认新中国。

1月15日：毛主席游列宁格勒。

1月17日：瑞士承认新中国。

1月19日：中央人民政府任命张闻天为出席联合国首席代表。

1月19日：美政府进行关于生产氢原子弹之初步试验工作。

1月20日：人民银行发行五千元券及万元券。

1月20日：周恩来、李富春等到莫斯科。

1 月 26 日：苏联承认印尼共和国；印度共和国正式成立。

1 月 27 日：美国与大西洋公约签字国所订之双边协定在华盛顿签字。

1 月 30 日：新疆省政府副主席赛福鼎到莫斯科。

美总统命令发展超级原子弹（氢原子弹）。

1 月物价波动

日期	折实储蓄	薪金小米	美钞	公债分
7 日	3 383	822	20 700	
17 日	3 493	823	20 700	
18 日	3 502	835	22 500	14 843
21 日	3 591	886	22 500	16 077
22 日	3 657	918	22 500	16 077
26 日	4 109	994		16 077
28 日	4 170	991	24 750	16 077
30 日	4 264	986	24 750	16 077

1950 年 2 月大事记

2 月 1 日：英外部声明：代办胡阶森即来华。

2 月 1 日：苏联照会中英美法等国，提议设国际特别军事法庭，审判日本细菌战犯。(包括天皇裕仁在内)。

2 月 2 日：人民政府任命冀朝鼎为出席联合国经济及社会理事会代表。

2 月 4 日：斯大林被提名为莫斯科斯大林选区之苏联最高苏维埃联盟院代表的候选人。

2 月 6 日：北京市总工会成立，彭真当选为主席，刘仁为第一副主席，萧明为第二副主席。

上海被炸死伤千余人。

王陵基在江安就擒。

毛主席参观苏联之第二十三飞机工厂。

2 月 7 日：联合国经社理事会第十届会议开幕，苏、波、捷三国代表到会后即退出。英、美、澳承认保大的越南政府。

2 月 8 日：人民政府李副外长答复苏联照会，同意审讯日细菌战犯。

2 月 9 日：最高苏维埃主席什维尔尼克设宴款待毛主席及周总理。

2 月 9 日：松潘被解放。

2 月 11 日：MacArthur① 没收中国招商局在日本港口之轮船九艘。

东德贸易部长韩克奉命与中国代表在莫斯科谈判一项商务协定。

---

① 即麦克亚瑟。——编者

2月14日：中苏友好新约在莫斯科签字。（同日签字者有长春铁路及旅大协定，及借款协定。）

2月15日：美之远东外交人员在Bangkok①所举行之防共会议闭幕。

东北人民政府颁布发行1950年东北生产建设折实公债三千万分条例。

2月17日：毛主席周总理离莫斯科返国。

2月19、20日：南京发电厂被轰炸。

2月20日：上海闸北水电厂被轰炸；陈赓、宋任穷两将军率领解放军入昆明。

2月21日：杭州发电厂被轰炸。

2月22日：香港最高法院解冻中央及中国航空公司之飞机71架，交与中共。

2月23日：英国选举下议院议员，工党得314席，保守党得294席，自由党得8席。

投工党票者1321万人，投保守党及自由党票者1498万人。

2月24日：毛主席、周总理到Irkutsk②，了解少先宫的工作，参观茶叶包装工厂。

2月25日：毛主席、周总理到赤塔，参观一所中学。

2月26日：苏联最高苏维埃主席团决定将武装部队部更名为苏联陆军部，另成立苏联海军部，并任命海军上将尤马谢夫为海军部长。

印尼游击队领袖威斯特灵在新加坡被捕。

2月27日：政务院成立中央救灾委员会，以董必武为主席。

2月28日：政务院发布关于新解放区土地改革及征收公粮的指示。

泰国承认越南之保大政府。

苏联改订卢布之兑换率，从一美元值五卢布30哥比改为一美元值四卢布。

苏联减低国营贸易之物价。

2月物价波动

日期	折实储蓄	薪金小米	美钞	公债分
4日	4 300	1 035	24 750	19 139
5日	4 339	1 082	24 750	19 139
6日	4 411	1 095	24 750	19 139
8日	4 537	1 120	24 750	19 139
10日	4 697	1 174	29 000（汇）	19 139
13日	4 999	1 337*	29 000（汇）	23 256
14日	5 133	1 403	29 000（汇）	23 256
15日	5 283		29 000（汇）	23 256

① 即曼谷。——编者

② 即伊尔库茨克。——编者

续表

日期	折实储蓄	薪金小米	美钞	公债分
16日	5 411		29 000（汇）	23 256
17日	5 518		29 000（汇）	23 256
18日	5 572			
19～20日	5 606			23 256
21日	5 606			26 835
26日	5 900	1 580	34 500	26 835
27日	6 031	1 598	34 500	26 835
28日	6 157	1 590	34 500	26 835

*2月14日照此价发薪。

1950年3月大事记

3月1日：蒋介石复任伪政府之总统职位。李宗仁声明反对蒋介石复职。

3月2日：苏联教授生物学博士努日金，史学博士吉谢列夫，及经济学硕士马卡洛娃，法国共和青年联盟总书记斐盖尔（世界民主青年联盟代表）到京。

3月3日：政务院发出关于统一国家财政经济工作的决定。决定包括十点。第一，成立全国编制委员会，薄一波主任，军委会派聂荣臻为副主任；第二，成立全国仓库物资清理调配委员会，陈云为主任，杨立三副主任。

3月4日：今日起英美海空军在菲律宾群岛西部近海联合举行海空演习，有美国F180型超音速喷气式战斗机参加（速度为700km/hour）。

3月6日：［法新社华盛顿电］美将定制新式的B—36型轰炸机，平均速度800km/hr，能飞行16 000km，能在空中维持35hr，能飞高至13 000m。

3月7日：MacArthur使所有在日的日本战犯（包括已在东条等案中被判决者）能宣誓获释。

3月8日：台湾伪政府立法院同意陈诚组阁。

3月9日：英下议院中，保守党要求对钢铁国有化计划作考验性表决。结果工党政府以十四票的多数渡过难关。

3月10日：政务院会议通过任命吴玉章为中国人民大学校长，胡锡奎、成仿吾为副校长；侯外庐为西北大学校长。

3月11日：法参议院以279票对20票通过法案：凡犯破坏国防之怠工行为者应予处罚。

3月12日：联共中央政治局委员斯大林等十二人被重选。

3月13日：蚌埠被炸。

3月14日：上海龙华飞机场被炸。

3月15日：金华、衢州被炸。

美国国务卿艾奇逊发表演说，声明美国对于亚洲之政策。

英轮“帝国宝剑”号载运中航、央行两公司之飞机器材5777箱潜离香港北来。

越南学生五千余人在西贡游行示威，抗议法国当局迫害越南知识分子。

3月16日：美国国务卿艾奇逊发表演说，提议七点方案，作为接受和苏联和平共存的基础。

伦敦泰晤士报载香港电，谓中国正遭遇1878年（光绪四年）以来最大的饥荒，该年有饿死者九百余万人。

3月17日：截至今日，已有北京市三轮车工人625户，2483人安抵绥远。

3月22日：英下议院通过空军预算二亿二千余万英镑。

人民政府派南汉宸、马寅初、胡景沄、沙千里、章乃器、冀朝鼎、郑铁如等十三人为中国人民银行官股董事，陈嘉庚、司徒美堂等五人为官股监事。

3月24日：政务院通过统一管理1950年度财政收出的决定。

政务院通过改变粮食加工标准的决定。全国一律制用0.92米及0.81面，俾全国一年可节粮八亿斤。

3月25日：土耳其和意大利签订友好条约。

3月27日：荷兰承认我人民政府。

3月27日：台湾伪政府海军配合两栖部队攻击南汇，并销毁中共船只。

3月27日：人民解放军攻克西昌。

3月27日：中苏两国在莫斯科签订了关于创办中苏民用航空股份公司的协定。航线规定三条：北京至赤塔，北京至Irkutsk，北京至阿拉木图。

同日：中苏两国在莫斯科签订了创办两个联合的中苏股份公司的协定，一为石油公司，一为有色金属公司。此两公司之活动区域均为新疆省①。两协定之有效期限均为三十年。

3月28日：包括十二个签字国家的参谋总长之北大西洋公约军事委员会通过北大西洋地区全面防卫计划。

3月31日：Brussels②公约五国（英、法、比、荷、卢）在南英格兰举行陆空军会议，今日闭幕。

1950年3月物价波动

日期	折实储蓄	薪金小米	美汇	公债分
1日	6 198	1 583	34 500	31 628
4日	6 211		39 000	31 628
11日	6 462	1 652	39 000	31 310
14日	6 622	1 598	42 000	31 310

① 新疆维吾尔自治区成立于1955年，其时新疆尚称省。——编者

② 即布鲁塞尔。——编者

续表

日期	折实储蓄	薪金小米	美汇	公债分
22 日	6 574	1 526	42 000	29 682
27 日	6 338	1 437	42 000	29 682

铁路客票价

三月一日起，京沪直达快车三等票 181 000 元

京津直达快车三等票 22 300 元

$$\frac{1950.3.4\text{之折实储蓄}}{1949.11.4\text{之折实储蓄}}=\frac{6211}{1181}=5.26$$

$$\text{全年倍数}=(5.26)^3=146$$

1950 年 2 月英国出入口概况

2 月出口值　　15 580 万镑

2 月入口值　　18 170 万镑

2 月入超　　2590 万镑

1 月入超　　1950 万镑

北京市职工人数

产业工人　　97 643

手工业工人　　42 318

店员工人　　109 708

搬运工人　　35 498

教育医务工作者　　25 438

机关工作者　　80 000（估计数）

合计　390 605

1950 年 4 月大事记

4 月 1 日：海口（海南岛）闻炮声。上海之江湾大场西机场被炸。

4 月 2 日：在香港之已起义飞机七架被匪徒炸毁。

4 月 3 日：美新社华盛顿电：美空军成立空中添油队。有此帮助，从英国航空基地起飞的 B-50 型轰炸机可以展长它们现在的 3680km 的航程到 Ural① 山那面的地方。

4 月 6 日：印尼共和国政府与中华人民共和国政府建立外交关系。

北京市军管会军法处处决妓院老板两人。

4 月 8 日：沪上空有空战。

合众社台北电：台北有 1980 人在被盘问中；

---

① 即乌拉尔。——编者

美军用机一架飞越苏联领土 Latvia[①] 上空。

印度总理尼赫鲁和巴基斯坦总理阿里·汗签订印回少数民族协定。

4 月 10 日：乍浦玉盘洋面之上空发生空战。

4 月 11 日：北京军管会以征用名义接收北京之前英驻军兵营。

中央人民政府委员会举行第六次会议，批准中苏条约及协定，通过任命李富春为中央政务委员兼财经委员会副主任兼重工业部部长，杨秀峰为河北省人民政府主席，杨扶青、裴文中、刘仙洲、刘清扬等为委员。

苏最高苏维埃主席团批准中苏条约及协定。

苏联对“美机飞越苏联上空，与苏机对战事件”向美国抗议。

4 月 12 日：瑞典为美机在搜寻失踪飞机时飞越瑞典海军基地 Karlskrona[②] 事向美政府抗议。

4 月 13 日：中央人民政府会议批准财政和粮食状况报告，通过婚姻法。

4 月 17 日：人民解放军在海南岛北岸临高角等处登陆成功。

4 月 18 日：中共中央号召在报纸刊物上展开批评和自我批评。

4 月 20 日：全国总工会号召救济失业工人。

4 月 23 日：海南岛之海口市解放。

4 月 24 日：中国人民救济代表会议开幕。

4 月 25 日：中国长春铁路公司正式成立。

4 月 28 日：法国内阁会议决定解除 Joliot-Curie[③] 的原子能高级专员及原子能委员会委员职务。

4 月 29 日：上海与莫斯科间开始通无线电话。

4 月 30 日：解放海南之榆林，三亚及北黎；海南岛全部解放。

1950 年 4 月物价波动

日期	折实储蓄	薪金小米	美汇
4 日	6 035	1 311	41 000
7 日	6 078	1 321	41 000
14 日	5 673	1 158	40 000
17 日	5 376	1 080	
28 日	5 373	1 149	37 500

$$\frac{1950.4.4\text{之折实储蓄}}{1949.11.4\text{之折实储蓄}}=\frac{6035}{1181}=5.11$$

① 即拉特维亚。——编者

② 即卡尔斯克鲁纳。——编者

③ 即约里奥·居里。——编者

$$全年倍数＝(5.11)^{2.4}＝50.1$$

$$\frac{1950.4.7之薪金小米}{1950.1.7之薪金小米}＝\frac{1321}{822}＝1.61$$

$$半年倍数＝(1.61)^{2}＝2.59$$

$$全年倍数＝(2.59)^{2}＝6.71$$

$$\frac{1950.4.17之薪金小米}{1950.1.7之薪金小米}＝\frac{1080}{822}＝1.31$$

$$全年倍数＝(1.31)^{3.65}＝2.68$$

$$\frac{1950.4.28之薪金小米}{1950.1.7之薪金小米}＝\frac{1149}{822}＝1.4$$

$$全年倍数＝(1.4)^{3.26}＝3.03$$

收支杂记

1950年3月1日收2月份下半月薪，扣去公债、救灾、折实储蓄、房租、食粮等，共得69 564元。假设一公债分之价值等于战前一银元，则69 564元人民币等于$\frac{69\ 564}{31\ 628}$＝22银元。

1950年3月29日收3月份下半月薪，扣去公债、救灾、折实储蓄、房租、食粮牛奶等，共得571 070元（合小米405斤，薪给小米为1409），约等于$\frac{571\ 070}{29\ 682}$＝19.2银元。

1950年4月15日收4月份上半月薪，扣去救灾、折实储蓄、房租、食粮等，共得545 970元，合小米471斤（薪给小米价为1158）。

1950年4月29日收4月份下半月薪，扣去救灾捐、房租、牛奶、食粮、乡村捐、婴园捐、医药互助等，共得约56万元，含小米约487斤（薪给小米价为1149）。

1950年5月大事记

5月3日：盟国对日管制委员会苏联委员向美提出严重质询，问在日本建立军事基地的消息是否确实。

5月6日：美国同情中共之作家与记者Smedley① 女士病逝于英国牛津。

5月8日：人民解放军山东军区司令员许世友将军发表关于释放美俘（1948，10.19）在胶东海阳县被俘之飞机驾驶员班德尔与史密斯之声明。

人民政府外交部对于香港政府限制我国人出入事向英提出抗议，并表示英政府应采取必要措置，立即撤销此项限制。

美制飞机在福州市西郊投掷米40包。

5月9日：美制飞机滥炸福州，在闽江北岸商业区投弹16枚，重伤不能医治和压

① 即史沫特莱。——编者

死等 70 余人。

新华社讯，谓中国与瑞典之谈判已结束，中国派耿飙为驻瑞典大使。

5 月 11 日：新华社讯，谓中国与丹麦之谈判已顺利结束，人民政府派耿飙为驻丹麦公使。

蒋政府之轰炸机侵犯上海，被击落一架。

苏联向美国提出照会，抗议麦克阿瑟擅自规定提前释放日本战犯。

联合国秘书长赖伊抵达莫斯科。

5 月 12 日：政务院批准中苏贸易协定。

5 月 15 日：周恩来发表声明，谓 MacArthur 擅释日本战犯，严重损害中国人民的基本权利与利益。

5 月 16 日：蒋政府广播，谓海陆空军已自动退出舟山群岛。

5 月 17 日：人民解放军第三野战军登陆舟山本岛，解放定海县城。

中央人民政府外交部对于英政府于五月十日命令香港当局扣押我留港飞机事提出严重抗议。

5 月 18 日：舟山群岛全部解放。

中国新民主主义青年团中央委员会发出决定：今后不再继续发展团友的组织。

5 月 20 日：新华社重庆电：四月份歼匪八万五千余。

5 月 21 日：联合国亚洲暨远东经济委员会在曼谷召开，苏联因中国代表问题离开会场。

5 月 22 日：我中央人民政府外交部发言人就中英两国建立外交关系谈判事，发表谈话。

塔斯社柏林讯：东德再度削减物价。

5 月 23 日：天津市二届三次人民代表会议开幕，黄敬市长报告中称全市失业工人约三万人，连家属在内约十万人。

5 月 24 日：颜惠庆逝世，享年 74 岁。

我人民政府代表苏幼农出席在瑞士举行之万国邮政会议。

5 月 25 日：今日之《人民日报》载：贸易部决定以东北粗粮 3.87 亿斤运入关内，与河北、平原、河南、山东及皖北之小麦交换，目的在解决灾区农民对粗粮的需要。

5 月 26 日：柏林东区各报刊载东德新闻局的声明，指出美国飞机曾于二十四日夜间在东德境内投下大量马铃薯甲虫（农田害虫）。

5 月 27 日：全德青年和平战士大会在柏林新落成之体育馆中开幕，我青年团代表许立群等出席参加。

5 月 28 日：北京市文艺工作者代表大会开幕。

5 月 30 日：周恩来电联合国秘书长，谓已任命孟用潜为代表，出席联合国托管理事会。

属于日本二百个团体的工人和学生十万人在东京的皇宫前广场开人民大会。

5月31日：财经委员会发布决定：自六月一日起将现行食盐税额减半征收。减后之华北税额为每担七万元。

$$\frac{5.7\text{之折实储蓄}}{1.7\text{之折实储蓄}}=\frac{5159}{3383}=1.53$$

$$\text{全年倍数}=(1.53)^3=3.58$$

1950年北京开花消息

3月25日：城内桃花初开。

3月28日：颐和园中玉兰初开。

3月30日：万牲园中昼间闻蛙声。

3月31日：颐和园中玉兰盛开，有一株丁香已开。柳树已现嫩绿色。

4月1日：清华之黄刺梅盛开，紫荆有已初开等。

4月2，3日：天气转变为阴寒。

4月8日：榆叶梅盛开。

4月11日：梨花，紫玉兰盛开。二月兰盛开。

颐和园中有丁香三株已盛开。

清华园中之紫荆有已盛开等。

4月14日：颐和园中海棠半开。

4月15日：竟日畅雨。

4月16日：畅雨至午后方止。两日之雨量共为10.8cm。

4月17日：清华园中，丁香紫荆盛开。

4月20日：清华园中，海棠盛开。

4月22日：中山公园中，丁香盛开。

4月27日：颐和园中，牡丹紫藤初开，海棠已谢，丁香半谢，榆钱满地。

4月29日：中山公园中，牡丹初开。

5月1日：昨夜及今日之降雨量约共3cm。

5月2日：清华园中，紫藤盛开，杨花盛飘。

5月3日：中山公园中，牡丹盛开。

5月4日：大风清华园中之树有被风折倒者。

5月5日：大风清华园中之树有被风折倒者。

5月12日：清华园中槐花盛开。

5月13日：中山公园中，芍药初开。

5月20日：中山公园中，芍药尚盛开，太平花初开。

5月23日：颐和园中，白芍药盛开。晚开花的紫藤尚有一棵在开花。

1950 年 6 月大事记

6 月 1 日至 9 日：全国高等教育会议。

6 月 20 日至 26 日：科学院会议。

6 月 25 日：南韩与北韩开战。

6 月 27 日：美总统发表声明，谓美国决定：1）军事援助南韩，2）令第七舰队阻止中华（国）人民解放军攻占台湾。

6 月 28 日：北韩军占领汉城。

6 月 28 日：周恩来发表声明，谓美国海军的行动是对我侵略，我人民必将从侵略者手中解放台湾。

中央人民政府委员会举行第八次会议，通过土地改革法，工会法及国徽。

1950 年 7 月大事记

7 月 4 日：苏副外长葛罗米柯发表声明，严斥美国侵略朝鲜。北朝鲜攻入南朝鲜之水原市。

7 月 6 日：周外长向联合国安理会发表声明，谓安理会关于朝鲜之决议破坏了联合国宪章。

北朝鲜军攻入南朝鲜之平泽市［汉城至釜山铁路线上的重要据点，距大田（?）八十公里］。

北朝鲜军攻入南朝鲜的安城县所属安平邑及附近地区，俘虏美军甚众。

7 月 7 日：北朝鲜军攻入南朝鲜忠清北道的忠州市。杜鲁门下令，将平时征兵法延长至 1951 年 7 月；为建立用于朝鲜的最大作战力量起见，令陆海空三军有权超出军事人员全部预算的最高限度。

7 月 8 日：北韩军突破美军防线，攻入天安县城（距大田五十余公里）。在此战役中，北韩军毙伤美军三百余名。北韩军攻入镇川县城。

7 月 9 日：在天安以南，北韩军消灭美军一营。

7 月 11 日：在大田以北，美坦克部队被歼灭殆尽。较详的报告如下：在忠清南道鸟致院以南地区，北韩军歼灭美军七百余名，活捉近五百名，击毁美军坦克十五辆，装甲车五辆；缴获坦克车四辆，自动步枪一千余支，反坦克炮数门。（鸟致院在北纬 36.5°）

7 月 17 日：北韩军在大田西北展开围歼战，击毙美军 2500 余名，生俘 100 余名，缴获坦克八辆，各种炮 86 门。

7 月 19 日：美总统向国会提出咨文，请求增拨军费约一百亿元。

7 月 20 日：北韩军攻克大田。

7 月 23 日：北韩军攻克全罗南道的省会光州。

政务院及最高人民法院发布关于镇压反革命活动的通知。

7月26日：北韩军攻克顺天及丽水。

7月27日：北韩军攻克求礼（在全罗南道东北）。

7月28日：政务院会议，修正、批准全国高教会议通过的各项决定、规程及办法。

1950年8月大事记

8月1日：苏联代表马立克恢复出席联合国安理会并担任主席。

8月2日：北韩军攻克金泉、陕川及尚州。（金泉、陕川各距大邱约五十公里）

中华全国教育工作者工会第一次代表会议在清华大学开幕。

8月3日：苏联代表马立克在安理会指责美国协助南韩侵略北韩。

京津地区大雨，清华气象台所记录之一天雨量为16.4cm。

8月4日：卢沟桥一带，永定河猛涨，长达100公尺的分水堤全部冲去，溢水流入小清河。

8月6日：北韩军在数处突破美军之洛东江防线。

8月7日：全国卫生会议在燕大开幕。

8月17日：香港附近有英舰一艘侵入我国之领海范围。

8月18日：全国自然科学工作者代表会议在清华开幕。

8月19日：南韩政府自大邱迁往釜山。

8月20日：周外长电马立克和赖伊，支持苏联所提和平调处朝鲜问题方案，坚决反对美空军对朝鲜之野蛮轰炸。

8月24日：周外长致电安理会，要求制裁美国武装侵略台湾之罪行。

叶剑英就英舰侵入我国领海事发表声明。

8月27日：美军侵入我国领土，扫射安东机场。

8月31日：北韩军开始横渡洛东江，十七处地方突破了美军第二师所防守的阵地。

1950年9月大事记

9月4日：美空军击落苏联飞机一架，地点在朝鲜海岸外140公里的海洋岛地区。

9月5日：中央人民政府委员会通过新解放区农业税暂行条例，增设人事部及华北事务部。

9月6日：苏联对于九月四日事件向美国政府提出抗议。

9月8日：北韩民族保卫副相兼人民军总参谋长姜健在前线阵亡。

9月10日：周外长致电安理会，要求当该会讨论美机侵我领空案时，必须有我国代表出席。

9月12日：安理会表决关于中华人民共和国控诉美国轰炸中国领土案之两个决议草案：1）苏联提出：谴责这些非法行动并要求美国予以禁止。2）美国提出：成立调查团，调查轰炸事件。

这两个决议草案均被否决。

赵忠尧、罗时钧、沈善炯在横滨被美国驻日本占领第八军扣留。

9月15日：美军四万人在朝鲜之仁川港登陆。

9月16日：周外长致电安理会，谓该会讨论我控美侵略台湾案时必须有我国代表出席。

9月17日：周外长致电联合国，谓必须立即驱逐国民党非法代表，由我国人民政府代表团出席本届联大，否则其一切有关中国的决议均属无效。

沈阳市举行35 000余人盛会，欢迎世界民主青年联盟代表团。

9月19日：联合国第五届大会开幕。苏联、印度提议邀我国人民政府代表出席。遭否决。

9月20日：全国工农教育会议开幕。（教育部及总工会联合召集此会议）

留美学生111人返抵广州。

9月22日：我外交部发言人发表声明，谓留中国的朝鲜人民，有权回去保卫祖国。

美国军用飞机侵入安东市上空，投掷重磅炸弹十二枚。

9月24日：周外长致电联合国，抗议美机再度侵我领空。

9月25日：全国战斗英雄代表会议开幕。全国工农劳动模范代表会议开幕。两会议之开幕典礼联合举行，毛主席莅临，代表中共中央致祝词。

9月27日：周外长致电联合国，控诉美军舰于九月二十日在成山角附近袭击我商轮“安海21号”。

9月29日：安理会通过厄瓜多尔的提案：——于十一月十五日以后，举行会议讨论台湾问题时，邀请我人民政府之代表参加。

9月30日：北韩军退出汉城。（美军及南韩军约于九月廿六日攻入汉城市中心后，发生巷战四日。）

1950年10月大事记

10月1日：北京市兵、工、农、学、商等各界市民四十余万人之行列游行过天安门前，受毛主席之检阅。

10月3日：中国人民大学举行开学典礼，刘少奇、朱德莅临致辞。

10月4日：联合国大会第一委员会通过澳大利亚等八国对于朝鲜问题之提案。

10月5日：联合国大会总务委员会通过将以下两案列入议程：

1）美国空军侵我领空案；2）美国所提所谓台湾问题案。

10月7日：联合国大会通过澳大利亚等八国对于朝鲜问题之提案。

10月8日：美机扫射苏联的苏卡亚—华契卡地区的海滨飞机场。（距苏韩国界约一公里）。

10月9日：美、英、法等国在联合国大会提议：联合国须用武力以阻止侵略时，无须因某国坚持否决权而停止执行。

越南解放军之高平、谅山战役胜利完成，歼灭法军5500人。

10月9日：苏联对美机扫射苏机场事提出抗议。

10月10日：我外交部发言人发表声明，谓中国人民坚决反对美国扩大侵朝战争。美军企图把侵略的火焰延烧到中国边境，中国人民对此严重状态不能置之不理。

10月11日：金日成将军发表告朝鲜人民书，号召继续抵抗美国侵略者。

10月11日：解放军进抵宁静（在西康中部），藏军第九团团长桑格旺堆起义。

10月12日：中央教育部接办辅仁大学，任命陈垣为校长，并成立接办小组，由张宗麟任组长，陈垣为副组长。

10月13、14日：美机又侵犯我国领空。

10月13日：维辛斯基在联大政治委员会上，就“保障和平的联合行动”案发表演说。

10月14、15日：MacArthur 及 Truman[①] 在威克岛会谈。

同日：在开城地区之北韩军向北撤退。

10月15日：朝鲜人民共和国向联大抗议，指出南韩军队中有日本军人参加，并说“美国的侵略计划不仅是要反对朝鲜人民，而且要反对亚洲全体人民”。

10月16日：“公教报国团”特务组织主犯四人在石家庄（被）枪决。（内中之吴雅阁及赵雅客均系天主教正定教区之神父。）

10月17日：周外长电联大，坚决要求两事：1）讨论对美两控诉案时，必须有我代表参加。2）将“Formosa”[②] 问题列入议程的决定应即取消。

10月18日：周外长电联合国，抗议美机多次侵我领空，再次要求安理会制止美国扩大侵略行为，并立即撤退美国侵朝军队，以免事态扩大。

10月18日：Truman 在旧金山演说，扬言美国必须以实力来反对实力。

10月19日：解放军攻占昌都（又名察木多，为西康西部之重镇）。

10月19日：联大政治委员会通过澳大利亚等七国提案［50票赞成，5票反对，3（票弃权）］。

10月21日：南韩军及美军占领平壤；驻越南之法军撤出谅山。

10月22日：全国人民武装工作会议闭幕，张经武部长总结中说：全国民兵已达550余万。

10月23日：周外长通知联合国，谓我国已任命伍修权为特派代表，乔冠华为顾

① 即杜鲁门（1945—1953），美国第33任总统。——编者

② 即台湾。——编者

问，出席安理会讨论美国侵略台湾案之会议。

10 月 27 日：中共中央委员任弼时逝世。

10 月 28 日：周外长致电联合国，控诉美机于十月七日及十四日犯我山东沿海。

10 月 30 日：参加第二届世界保卫和平大会的中国代表团离京赴欧。

联大政治委员会否决苏联所提出的“制止新战争威胁，巩固世界和平与安全”等。

10 月 31 日：朝鲜人民军击退楚山地区的敌军，（奉）令向温井方向退却。

苏联的伟大水电站

1. 第聂伯水电站　558 000kW
2. 古比雪夫水电站（1950 年开工，1955 年完成）　2 000 000kW
3. 斯大林格勒水电站（1951 年开工，1956 年完成）　1 700 000kW

古比雪夫水电站之供应计划：

供应莫斯科　61 亿 kW・hr

供应古比雪夫区、萨拉多夫区　24 亿 kW・hr

供应外 Volga[①] 区农田灌溉　15 亿 kW・hr

合计 100 亿 kW・hr

$$\frac{100\text{亿 kW}\cdot\text{hr}}{200\text{万 kW}}=5000\text{小时}$$

$$\frac{5000\text{小时}}{365\text{天}}=13.7\text{时/天（每日供电数）}$$

1950 年报考统计

上海区第一志愿投考清华甲组者

电机	747	数学	44
机械	592	物理	182
化工	456	化学	124
航空	371	地质	45
土木	338	气象	29
营建	105		
采矿	97	理五系共 424	

工七系共 2706

理工十二系共 3130

第一志愿投考北大甲组者　494

3130∶494＝6.34∶1

---

① 即伏尔加。——编者

以北京论，两校之甲组第一志愿为：1651∶594＝2.78∶1

总计京沪，两校之甲组第一志愿为：4781∶1088＝4.4∶1

北京、上海两地投考北大、清华第一志愿乙、丙组人数比较

乙组	北大	清华
上海区第一志愿	282	322
两地共	610	500
丙组	北大	清华
北京区第一志愿	21	64
上海区第一志愿	10	94
两地共	31	158

1950 年北京文科投考统计（第一志愿）

	北大	清华	师大	南开	燕京、辅仁	其他
中文	57	9	17	6	18	
外文	70	62	19	5	51	3
哲学	14	7			10	
历史	22	11	14	1	10	6
四系合计	163	89	50	12	89	9

共投考人数 412 人，北大占 39.6%。

投考冀师文史系者	5
投考教育系者	110
投考燕京新闻系者	22
投考美术、美术工艺、音乐、戏剧者	63
投考北大三专修科（博物馆、图书馆、东方语文）者	20
投考北京交大俄文专修科者	9
合计	229

1950 年北京理科投考统计（第一志愿）

	清华	北大	师大	燕京、辅仁	北洋	南开
数学	22	16	9	2		2
物理	82	25	15	17	1	5
化学	79	37	12	18		11
地质	27	61			12	
气象	36					
生物	54	21	21	83		10
心理	2			7		
地理	8		10			
八系合计	310	160	67	127	13	28
共投考人数 705 人，清华占 44%。						

续表

投考山西大学生物系及化学系者	8
投考冀师数理系者	1
投考燕大家政系及制革专修科者	6
投考农大农化系者	18
合计	33

1950年北京工科投考统计（第一志愿）

	清华	北大	唐山	北洋	南开	其他
土木	161	75	69	58		16
机械	301	125	60	35	14	29
电机	419	85	35	21	19	20
航空	195			33		
化工	222	124	21	22	56	17
建筑	72	46	19			
采矿	35		14	19		17
七系合计	1405	455	218	188	89	99
共投考人数2454人，清华占57.3%。						
投考矿冶及冶金者					50	
投考纺织及织染者					80	
投考农田水利工程者					6（冀农）	
投考农业机械者					99（农大）	
投考北京交大铁道三系（运、材、电）者					133	
投考唐山交大铁道六专修科者					29	
合计					397	

1950年京郊麦收

麦地335 784亩，共收麦2434万斤，合17.38万石（1石=140斤）。每亩平均产量在五斗左右（最好的年成，每亩可收麦1.8石）。

全国战斗英雄代表会议

正式代表350人：1. 人民解放军英雄代表307人；2. 人民武装英雄代表43人。第一类307人中有共产党员301人，18～25岁118人，占38.4%；26～30岁125人，占40.7%。30岁内年轻人共243人，占79.1%。

苏联的十年制中学

年龄7～16岁

十年之上课总时数9547小时。其中，俄语、外文和文学3791小时，自然科学（从第四年学起，每年约458小时）3206小时。

每年上课时间955小时。

每周上课时间27小时。

以每学年照35周半计算，全年学习日数为213天。

每日上课时数为4.5小时。

中央财经委矿产地质勘探局等单位领导

局长：谭寿畴

副局长：李春昱，喻德渊

中央卫生部技术室主任：金宝善

东北工学院（包括前沈阳工学院、鞍山工专，抚顺矿专。院本部设沈阳，鞍山、抚顺设分院）院长靳树梁，副院长汪之力、张立吾。

付款记录

1950年8月19日，汇款40万给铭梯。

公债券号码

1分券八张：19330101～8

十分券一张：4828704

1950年11月大事记

11月1日：联合国大会继续辩论任命联合国秘书长的问题。

11月2日：英文豪Bernard Shaw[①]逝世，享年九十四岁。

朝鲜人民军克服云山。

11月3日：苏联照会美英法三国政府，建议召开四国外长会议，讨论肃清德国军国主义问题。

联合国大会通过指责保、匈、罗三国破坏人权案。

11月4日：我国各民主党派联合宣言，拥护全国人民在志愿基础上为抗美援朝保家卫国而奋斗。

11月6日：MacArthur向安理会报告，诬指我国人民志愿援朝为“外国干涉”。

11月7日：印度妇女会议在尼赫鲁压力下封闭在孟买的中国儿童展览室，不让印度人民看见日、美屠杀我儿童罪行。

11月8日：安理会通过决议案，邀请我人民政府之代表出席该会讨论MacArthur报告之会议。

保卫世界和平反对美国侵略委员会北京市分会正式成立。

至本日止之半个月中，朝鲜人民军毙伤美军2894人，俘虏美军497人。

11月9日：大批美国机群轰炸新义州。

11月10日：安理会通过决议，尽先讨论朝鲜问题。

西南军政委员会和西南军区司令部宣布和平解放西藏政策。

---

① 即萧伯纳。——编者

11月11日：周外长电复安理会，声明我国政府不能接受八日会议所决定的邀请，并要求将我控美侵台案与朝鲜问题合并讨论。

11月14日：我特派代表伍修权、顾问乔冠华等起飞赴成功湖。

11月15日：联大政委会通过国民党代表所提出的程序建议（审议国民党控告苏联案），14票赞成，8票反对（苏、波、捷、乌克兰，白俄罗斯，缅甸，黎巴嫩），36票弃权。

11月16日：安理会继续讨论朝鲜问题，辩论集中在MacArthur所提出的特别报告。

11月16日：我政府答复印度政府十一月一日的照会，声明解放西藏是我坚定方针。

第二届世界保卫和平大会在Warsaw[①]开幕，并决定设立下列各委员会：（1）政治委员会；（2）禁止原子武器，普遍裁减军备及其监督办法委员会；（3）禁止战争宣传问题委员会；（4）建立国际正常经济关系问题委员会；（5）建立国际正常文化关系问题委员会；（6）侵略概念定义委员会；（7）组织委员会。

安理会继续讨论朝鲜问题，辩论集中在MacArthur所提出的特别报告。

11月17日：从11月9日至今日，朝鲜人民军毙伤美军48名，俘虏美军44名。

燕大新闻系建议政府，请宣布听“美国之音”为非法。

11月18日：郭沫若在和大发言，代表中国人民向大会提出五项纲领。

11月22日：第二届世界保卫和平大会通过：（1）告全世界人民的宣言，（2）致联合国组织的呼吁书，后闭幕。

11月23日：我外交部发言人为中越边境法国陆空部队对我挑衅并屡次越境轰炸扫射事发表声明。

天津公安局破获反动分子之组织“世界新佛教会”。

11月24日：我代表伍修权等到纽约。

MacArthur在北韩发动总攻。

11月28日：我代表伍修权向安理会提出控诉美国侵略台湾、朝鲜案。

北韩军及我志愿军大败南韩军及美军。

11月30日：安理会否决苏联控诉美国侵略台湾、朝鲜案。

1950年12月大事记

12月1日：我军委会及政务院发布联合决定，招收青年学生、青年工人参加各种军事干部学校。

美总统向国会提出咨文，要求增拨180亿美元补充军费，包括扩大原子武器生产

---

① 即华沙。——编者

费用 10.5 亿美元。

12 月 2 日：法总理普利文与外长舒曼飞往伦敦，与艾德礼及贝文举行商谈，讨论国际形势。

12 月 4 日：英首相艾德礼飞到华盛顿，与杜鲁门举行会谈。

12 月 6 日：朝鲜人民军和我国人民志愿军的正规部队入平壤。联合国大会通过将所谓“中华人民共和国中央人民政府干涉朝鲜”问题列入议程，交政委会审议。

12 月 7 日：联合国政委会开始讨论所谓“中华人民共和国干涉朝鲜”问题，我代表伍修权即离开会场。

12 月 8 日：朝鲜金日成将军发表告人民书，向人民军、游击队和中国人民志愿部队致谢，并号召加速进攻，以争取胜利。

军委会总政治部颁布各种军事干部学校学员条件。

杜鲁门与艾德礼之会谈结束，并发表公报。

12 月 9 日：北京市军事干部学校招生委员会成立。

北京市工商界举行抗美援朝示威游行。参加游行者为全市 136 个行业公会的代表约五万人。

人民日报公布朝鲜西线战事之统计：

	毙伤	俘虏	投降
美军官兵	8085*	2272*	143
南韩军官兵	7847	5353	

*包括英军及土耳其军在内。

12 月 13 日：北京市教会学校师生、清华师生及留美学生举行抗美游行。

12 月 14 日：沪大学教师举行抗美游行。

12 月 14 日：联合国大会全体会议通过成立三人小组，寻求在朝鲜停战的基础。

12 月 15 日：联合国大会全体会议决定无定期休会。东德人民议会二读通过保卫和平法案，决定欢迎世界民主青年联盟于 1951 夏在柏林举行第三届国际民主青年日庆祝大会。

12 月 16 日：美政府冻结我人民政府在美资金，并禁止美国船只驶往我国港口。

伍修权在纽约举行记者招待会，分发庄严文件。

苏外交部长维辛斯基离开纽约。

上海工商界十五万人举行抗美游行。

12 月 18 日：联大政治委员会决定无定期休会。

12 月 18、19 两天，北大西洋联盟在 Brussel 举行会议，通过任命 Eisenhover① 为西欧盟军总司令。

---

① 即艾森豪威尔。——编者

12 月 19 日：伍修权、乔冠华等离美。

12 月 20 日：伍修权、乔冠华等飞抵伦敦。

Hoover① 发表论文，主张美国陆军应退出欧亚大陆，只能加强海军及空军以固守太平洋及大西洋。

12 月 22 日：周外长对朝鲜、台湾等问题发表声明。

闻傅斯年逝世。

12 月 25 日：财经委员会发布：（1）货币管理实施办法；（2）货币收支计划编制办法。

12 月 26 日：中央人民政府委员会通过明年度财政总概算。

12 月 27 日：政务院发布关于 1950 年年终清理决算的指示。

12 月 28 日：政务院发布命令，管制清查美国财产，冻结美国公私存款。

12 月 29 日：政务会议通过处理接受美国津贴的文化教育救济机关及宗教团体的方针。

12 月 30 日：伍修权、乔冠华等返抵北京。

1950 年清华用电表

月份	总度数	总电价*	每度之电价
1	32 100	24 075 000	750
2	25 388	27 926 800	1 100
3	28 612	31 473 200	1 100
4	31 838△	35 021 800	1 100
5	24 150	22 942 500	950
6	26 363	24 293 500	921.5
7	21 908	20 188 200	921.5
8			
9	25 950	21 395 800	$824\frac{1}{2}$
10	31 950	26 324 200	824
11	30 863	25 446 500	$824\frac{1}{2}$
12	37 275	30 495 200	818.1

*校外住宅之电费未算在内。

△五月头四天之用电亦在此数内。

1951 年 1 月大事记

1 月 1 日：中共中央委员会发布“关于在全党建立对人民群众宣传纲的决定”。

1 月 3 日：美机 82 架空袭平壤，投下数百吨爆炸性和烧夷性的炸弹，至四日全市尚在燃烧，约共烧毁了 1800 余所房屋。

---

① 即胡佛（1929—1933），美国第 31 任总统。——编者

1月4日：朝鲜人民军及中国人民志愿军光复汉城。

财经委员会发布统购棉纱令。

1月7日：朝鲜人民军及中国人民志愿军从去年除夕发动新攻势后，至今日止，约已消灭敌军万余人，前进达三百余华里。光复汉城后，又解放了水原、原州、龙仁、利川、杨平、川杨（黎浦里）、骊州、横城等城市。

1月8日：朝鲜人民军光复仁川港。联合国大会政治委员会继续开会。

1月10日：保卫和平，反美侵略委员会主席郭沫若电吉田茂要求释放因松川事件被捕工人。

1月11日：太平天国起义百年纪念。

世界和平理事会执行局议决于二月二十一日召开理事会会议，讨论如何以和平方式解决德、日问题。

1月13日：联大政委会通过“三人委员会”提出的关于解决朝鲜问题的基本原则的补充报告。又通过挪威提案：立即将上项报告转达中国人民政府，要求该政府说明是否承认以报告中所列举的原则作为解决远东问题的基础。

1月15日：杜鲁门向国会提出1951—1952年度预算：716亿＋新签合同项下的228亿，共944亿。军费占489亿，即716亿之69％。

西德广播称，总理阿登纳拒绝东德之统一提议。

1月17日：周外长答复联大政委会。

北京市枪决反革命一贯道首六名。

1月21日：印度大使向我人民政府外交部提出备忘录一件。

1月22日：我外交部答复印度大使。

教育部处理外国津贴的高等学校会议闭幕。

1月25日：苏联科学院院长Vavilov[①]逝世。

印度等十二国向联合国政委会提出提案，主张召开七国会议，讨论朝鲜及远东问题。

1月26日：教育部审查高等学校教学计划会议闭幕。

1月30日：联大政治委员会通过美国所提的所谓“谴责中华人民共和国为侵略者”案。

人民银行收兑美钞率

1951. Jan. 11，23660

1951年2月大事记

2月1日：联合国大会举行全体会议，通过美国所提的所谓“谴责中华人民共和

① 瓦维洛夫（S. I. Vavilov，1891—1957），1945—1951年任苏联科学院院长。——编者

国为侵略者”案。

2月2日：周外长发表关于联大非法通过污蔑我国的决议的声明。

2月4日：周外长电复联大政委会，指出该会未事先通知我国，以致我代表不能出席参加讨论苏联控诉美国侵略我国案，这是不合理的；并提出应把这一复电和伍修权的发言词作正式文件印发。

政务院发出关于没收战犯、汉奸、官僚资本家、反革命分子财产的指示。

迪化市政府枪决美国武装间谍分子贾尼木汗。

2月5日：印度和加拿大代表拒绝参加联大之斡旋委员会。

2月7日：联大政委会否决了苏联所提的控诉美国侵华案。

2月10日：杜勒斯与吉田对于美日非法协议重新武装日本公开发表声明。朝鲜外相朴宪永电联大与安理会，抗议美军在汉城暴行。

2月11日：朝鲜人民军及我志愿军发动强大反攻。

2月12日：中央教育部接收燕京大学。

2月13日：联合国大会举行全体会议，否决了苏联所提出的控诉美国侵略中国案。

2月14日：签订中苏友好同盟条约一周年纪念。

2月18日：北京市军委会枪决蒋匪特务杨守德、傅叔平、苏梦华、谢厥成、李永明等27人，及一贯道等反动会道门首恶王维忠、王勋臣、王维山、米国权等31人。

柏林大学校长致电西德总理，抗议西德政府阻挠 Joliot-Curie 前赴柏林，主持世界和平理事会会议。

2月19日：西北我军在青海柴达木盆地以北生擒阿山区哈萨克匪首乌斯满。

2月20日：中央人民政府委员会举行第十一次会议，由副主席刘少奇主持，听取了高岗、饶漱石、邓子恢、邓小平、习仲勋等所作的大行政区工作报告，并通过了惩治反革命条例。

2月中旬，山东省沿海掖南县，在海潮退后发现一搁浅大鲸鱼，长15丈，高2丈3尺，重约十余万斤。

2月21日：中央人民政府公布惩治反革命条例。

世界和平理事会首届会议在柏林开幕，由执行局副主席南尼主持（主席 Joliot-Curie 因受西德阻挠无法出席）。我国出席者为执行局副主席郭沫若及委员萧三。

2月23日：南开中学创办人张伯苓在津逝世，享寿76岁。

政务院会议通过劳动保险条例。

2月24日：苏联政府第三次照会英国政府，指责英政府破坏英苏合作互助条约。

1951年3月大事记

3月1日：苏联决定自今日起减低食品及制成品的国家零售价格。这是苏联第四次减低物价。

3月4日：新华社朝鲜汉江前线电：谓侵朝美军曾于二月二十三日使用窒息性毒气炸弹。

德意志民主共和国 Leipzig[①] 春季博览会开幕，德国各地及16个外国的8352单位参加。

中国土产公司经理会闭幕，议决开展全国性土产交流，各地协议交换土产达18 000余万斤。

3月5日：苏美英法四国外长会议预备会在巴黎开幕。

3月6日：政务院公布禁止国家货币出入国境办法。

新华社广州电：广州加拿大圣婴院残害我国儿童，从解放前至目前死亡婴达二千余。

3月7日：中央财经委员会发出关于保证棉粮比价的指示。河北省之比价为每斤$\frac{7}{8}''$中级皮棉换小米八斤半。

3月14日：朝鲜人民军和中国人民志愿军在汉江两岸抗御侵略军北犯，在历时四十九日，给予进犯军沉重打击后，于本日撤离汉城。

中苏两国签订铁路联运协定，从四月一日起实行两国间旅客、货物、行李联运。

3月19日：全国中等教育会议开幕。

3月20日：政务院发布命令：（1）从四月一日起，收回东北及内蒙古地方流通券；（2）四月一日起，东北银行和内蒙古人民银行改组为中国人民银行分行。

3月21日：今日《人民日报》载，天津公安局于最近破获中外籍间谍21名。

新华社讯：驻苏大使王稼祥已奉调回国，专任外交部副部长职。已命张闻天为驻苏大使。

3月24日：MacArthur 从东京赴朝鲜之前发表狂妄声明，叫嚣要把侵略战争扩大到我国。

北京市政府召开市代表及区代表扩大会议，讨论如何处决反革命罪犯及恶霸。

3月25日：北京市军管会枪决反革命罪犯及恶霸共199名。

3月30日：财经委员会公布私营企业暂行条例施行办法。

3月31日：《人民日报》登载：在今年一月二十五日至三月十四日的四十九天内，美英等国侵略朝鲜军和李伪军共损失兵力五万人。（倘从去年十月廿五日算起，则损失总数为112 000人，内有美军约45 000人。）

天津市军管会枪决一批反革命罪犯。

第一次全国中等教育会议闭幕。

---

① 即莱比锡。——编者

1951年4月大事记

4月1日：中国人民抗美援朝总会发出通知，规定所有市和县以上各级均应建立抗美援朝分会。

4月2日：Eisenhower在巴黎正式就“欧洲北大西洋公约军最高统帅”职。(上月二十日已任命英国陆军元帅Montgomery①为Chief Deputy，英国空军总监桑德斯上将为Air Deputy，并把西欧划分为北中南三个战区，任命了三个战区指挥官)。

4月5日：合众社发表美国片面拟议的“对日和约草案”。

法国反对派在国民议会中以十二票的多数通过修改选举制度法案。

4月7日：香港政府无理下令，征用留在香港业已修竣的我国油轮“永灏”号(载重15 000吨)。

4月8日：英中友好协会全国会议在伦敦开幕。中国人民代表团则因英政府拒绝发给入境签证，无法参加。

4月9日：塔斯社讯，法政府命令，禁止世界和平理事会在法境内活动。

4月11日：Truman公布命令，撤销MacArthur各项职务(盟军最高统帅，联合国军总司令，远东总司令，远东美国陆军统帅)，并派第八军军长Ridgeway②代替之。美机二百余架侵扰我福建沿海，并在福州西郊扫射。

4月12日：美机卅一架轰炸安东市区，投弹一百余枚。

在巴黎，Prague③同时举行的世界科协第二届代表大会选出Joliot-Curie为执行委员会主席，李四光、Bernal、Powell为副主席，并议决在伦敦、Prague及北京分别设立总部。

《人民日报》载：中南区一月份消灭匪七万余。广西七十一县已基本肃清股匪。

4月13日：敦煌文物展览在午门历史博物馆开幕。

4月15日：我国新任驻苏大使张闻天飞抵莫斯科。

4月16日：文委会宗教事务处所召集的“处理接受美国津贴的基督教团体会议”开幕。

4月18日：新华社新德里电：我政府最近同意再供给印度100万吨粮食。

政务院公布“暂行海关法”，从五月一日起施行。

Dulles④在东京与吉田会谈，商讨如何重新武装日本。

4月21日：“处理接受美国津贴的基督教团体会议”闭幕，通过处理办法及联合宣言。又议决组织“中国基督教抗美援朝三自革新运动委员会”。

---

① 即蒙哥马利。——编者

② 即李奇微。——编者

③ 即布拉格。——编者

④ 即杜勒斯。——编者

4 月 22 日：华北区抗美援朝代表会议闭幕。北京市抗美援朝代表会议闭幕。

以阿沛为首席代表的西藏地方当局谈判代表团到京。

4 月 24 日：国际学联执委到京。

4 月 26 日：国际学生联合会执行委员会会议在北京开幕，主席格罗曼，中国委员杨诚。

4 月 27 日：班禅额尔德尼到京。

4 月 28 日：参加我国五一典礼的英国人民访问团到京，团长为煤矿工人约克·凯恩。

4 月 29 日：美帝国主义武装间谍乌斯满匪首在迪化伏法。

4 月 30 日：上海市军事管制委员会枪决反革命罪犯 285 名。

新华社朝鲜前线电：朝鲜人民军和中国人民志愿军于四月廿二日开始反攻，到卅日为止已歼灭了美英侵略军和李伪军 15 000 余人。

政务院发布命令：征用英国在我国境内的亚细亚火油公司的全部财产，并征购其全部存油。总公司及分支机构之办公处及推销处除外。

1951 年 5 月大事记

5 月 1 日：首都 80 余万人游行示威；上海 243 万人游行示威。其他城市游行人数：沈阳 80 万，天津 61 万，重庆 60 万，广州 50 万，武汉 40 万，西安 30 万。马叙伦、吴玉章发表谈话，谓从本年起，五一同时定为教师节。

Ridgeway 擅自批准吉田政府重新审查被列入整肃名单的日本军国主义分子，以便将名单修改。

美政府公布 Wedemeyer① 于 1947 年给杜鲁门的关于朝鲜问题的秘密报告的一部分。Wedemeyer 在报告中建议美国在朝鲜采取现实的行动方针，以保护美国的战略利益。

5 月 2 日：美国务卿 Acheson② 对于公布 Wedemeyer 报告事发表声明，承认美国在朝鲜的方针是和 Wedemeyer 的建议相同的。

5 月 4 日：全国篮球排球比赛大会在北京开幕。

5 月 5 日：冰岛政府与美国签订军事协定，允许美军留驻冰岛，并建军事基地。

5 月 6 日：北京市抗美援朝分会举行东北人民控诉美帝侵略暴行大会。大会进行时有 728 处收听广播。

中国人民之友、美国革命作家 Smedley 女士追悼大会在北京举行，会后将其骨灰安葬于西郊八宝山革命公墓。

《人民日报》文章：新中国的海关对于保护我国的经济发展起了巨大作用。1950 年的出超占进口总值 9%，表现出 73 年来未有的新情况。

---

① 即魏德迈。——编者

② 即艾奇逊。——编者

5 月 7 日：美军在距冰岛首都雷克雅未克 50km 的凯夫拉维克机场首次登陆。法国国民议会在右翼党派操纵下，通过了反民主选举法。

5 月 10 日：英政府在下院宣布，完全停止输出橡胶至中国。

5 月 11 日：英外相 Morrison[①] 宣布，工党政府充分支持美国对台湾政策。

5 月 13 日：我国邮政总局苏幼农局长致电万国邮政联盟，抗议该联盟在美国操纵下非法征求各会员国对我国在该联盟中代表权的意见。

5 月 14 日：《人民日报》登载：中国人民赴朝慰问团中有下列四人光荣牺牲：廖亨禄，平原军区干部管理部部长，福建永定县人，年三十九岁；常宝堃，天津著名相声艺术家“小蘑菇”；程树棠，天津著名琴师；王利高，中国人民志愿军指派参加慰问团工作的某汽车运输部队副连长。

5 月 15 日：中国人民赴朝慰问团返抵天津。

5 月 16 日：北京市第九区各界人民在天坛举行控诉反革命分子罪行大会。被控诉者为：恶霸孙永珍（南霸天孙五），恶霸福德成（西霸天福六），恶霸张德泉（东霸天张八），恶霸林文华（林家五虎之一）。

人民政协全国委员会参加与参观三大运动筹委会所组织的前往西南参加土改工作团由北京出发，飞重庆。团长章乃器，副团长胡愈之，陆志韦。全国篮排球比赛闭幕，历时十三天，比赛 130 场。

5 月 18 日：因慰问人民志愿军而牺牲者常宝堃及程树荣在天津安葬，各界代表 15 000 人送殡。

今日之华北批发物价指数为：食品类 21 420（1936 年 6 月至 1937 年 6 月＝1）；燃料 24 899；纺织品类 28 357；建筑材料类 37 290；化学品类 40 884；金属品类 45 471；总指数 28 263。

北京市人民代表会议协商委员会开会讨论如何制决恶霸及反革命罪犯 519 人。

政务院举行第 85 次会议，批准教育部关于 1950 年工作总结及 1951 年工作方针与任务的报告。

联合国大会举行全体会议，通过了对中华人民共和国实行禁运的美国提案。（赞成此提案者 47 票）

北韩外相朴宪承向联合国声明，指出侵朝美军司令部在五月初向联合国提出的两个文件是伪造的。

英美法三国高级军事代表在新加坡举行极秘密会议，于今日结束。美国务院声明，要求伊朗政府考虑石油国有化的实际困难，避免采取“片面行动”。

5 月 19 日：英政府向伊朗提出措辞强硬照会，指责伊朗石油国有化法案系片面，非法的。

---

① 即莫里森。——编者

5 月 20 日：《人民日报》发表社论：《共产党员应当参加关于〈武训传〉的批判》。

北京市人民政府召开对特务及恶霸的控诉大会。

5 月 21 日：上海《文汇报》发表《关于本报报道电影武训传的检讨》。

我国与巴基斯坦外交谈判顺利结束，双方同意互换大使。我国将派韩念龙为驻巴大使。

伊朗外交大臣向美驻伊大使提交备忘录，指出美国声明干涉伊内政。

政务院公布“关于政法工作的情况和目前任务”。

5 月 22 日：北京市枪决反革命罪犯 221 人。

周恩来部长照会苏联驻华大使，支持“苏联关于美国对日和约草案的意见书”。(此项意见书系于五月七日由苏外交部向美驻苏大使提出，至五月廿五日方在《人民日报》发表)

莫斯科讯：苏波两国缔结条约，以波兰边疆的卢布林地区交换乌克兰边疆的德罗荷彪赤洲。

5 月 23 日：北京今春缺雨，至今方得雨。

关于和平解放西藏的协议在北京签字。

5 月 24 日：北京继续畅雨。

《人民日报》载，住南京的 Monaco① 侨民、帝国主义分子黎培里于三月三十一日写信给中国天主教各区主教，反对中国教徒们的爱国运动。

5 月 25 日：新华社朝鲜前线电：在四月廿二日至五月廿一日的一个月中，朝鲜人民军和中国人民志愿军共歼敌 46 000 人。

英国防部宣布，英伞兵第十六独立旅将开往地中海，加强该地区警卫。

5 月 26 日：英政府向海牙国际法庭提出控诉书，要求仲裁伊朗石油问题。

美驻伊大使向伊朗外交部提出照会，声明美国反对伊朗政府采取带有没收与夺取性质的措施。

5 月 28 日：天津市公安局驱逐法籍主教文贵斌（从 1923 年起任天主教天津代牧，1949 年起任天津主教）出境。

新捷克斯洛伐克展览会在北京开幕。

5 月 31 日：中央文教委员会通过新学制。

1951 年 6 月大事记

6 月 1 日：全国抗美援朝总会决定号召全国人民做以下三事：1）推行爱国公约，2）捐献飞机大炮，3）优待军属烈属。

马寅初就任北大校长职。

6 月 4 日：中央教育部指示教育机关讨论批判电影《武训传》和“武训精神”。

---

① 即摩纳哥。——编者

6 月 5 日：首都人民四万余人在先农坛体育场举行大会，欢迎中国人民赴朝慰问团。天津之仁立实业公司启新洋灰厂开滦矿务局及耀华玻璃公司决定各捐献飞机一架，又永利化学公司与久大盐业公司决定合献飞机一架。

6 月 6 日：《人民日报》开始登载吕叔湘、朱德熙之《语法修辞讲话》。

6 月 7 日：《人民日报》登载郭沫若的《联系着武训批判的自我检讨》及胡绳的《为什么歌颂武训是资产阶级反动思想的表现》。

西藏工作队由京出发（队员 47 人）

6 月 8 日：政务院公布“关于加强防汛工作的指示”。

6 月 9 日：英国和平委员会所组织的“要谈判还是要战争”全国会议在伦敦开幕。

6 月 10 日：《人民日报》发表李维汉在第一次全国秘书长会议上的报告：“进一步加强政府机关内部的统一战线工作。”

苏联外交部再度照会美国政府，坚持对日和约必须是全面的。

6 月 11 日：中央民族学院举行开学典礼。

6 月 12 日：全国中等技术教育会议开幕。

美法谈判结束，对于单独对日构和问题，法国向美国屈服。

6 月 14 日：英美关于对日和约的谈判今日结束，英国接受美国单独对日构和办法。

6 月 15 日：上海市枪决反革命首恶 284 人。

中苏两国在莫斯科签订了 1951 年贸易议定书。

6 月 21 日：朝鲜人民访华代表团到京。

6 月 22 日：《人民日报》登载：朝鲜人民军和中国人民志愿军在五月廿一日结束了春季反击战，主动转移到 38°N 以北有利地区，展开阻击。从五月廿二日到六月十日，敌军损失兵力 36 000 人。

1951 年 7 月至 10 月大事记

7 月 1 日：中共建党三十周年纪念。

9 月 4 日：美国所召开的旧金山会议开幕。

9 月 8 日：美国及其仆从国家在旧金山会议上签订了对日单独和约后即闭幕。

美日两国在旧金山会议后即日签订双边安全条约。

9 月 9 日：人民解放军进抵拉萨。

9 月 18 日：“九一八”事变二十周年纪念。周恩来发表美国及其仆从国签订对日和约的声明。

9 月 29 日：周恩来总理在怀仁堂向京津高等学校教师做大报告，讲以下七个问题：1）立场问题，2）态度问题，3）为谁服务的问题，4）思想问题，5）知识问题，6）自由问题，7）批评与自我批评。

10 月 3 日：《人民日报》登载“政务院关于改革学制的决定”。

4 日 记 附[①]

附1 1952年日记数则

1952年气象略记

一月十日 平均气温 －14℃（数日前降大雪）

一月十一日 平均气温 －15℃

一月十二日 平均气温 －15℃

一月十四日 平均气温 $-11\frac{1}{2}$℃

一月十六日 平均气温 $-7\frac{1}{2}$℃

一月十七日 平均气温 －8℃

一月二十日 平均气温 －7℃（烈风寒厉）

一月廿六日 平均气温 －1℃

二月中旬，天气曾一度温和，平均气温在0℃左右。

二月廿六日 上午降雪

二月廿七日 上午降雪

① 叶企孙后来的日记越来越少，至1952年仅有数则如下，且只记气象、卫生和中学统招事。然，自1951年下半年起，他读了许多书，并做了笔记。尤其是搜罗宋代科学家沈括的生平史料，为其作年谱，费力甚多。编者将它们作为附录，供读者参阅。——编者

二月廿八日　烈风寒厉
三月一日　烈风寒厉，平均气温为−8℃
三月二日　烈风寒厉，平均气温为−6℃
三月七日　平均气温＋4℃
三月十五日　平均气温＋11°
三月十六日　平均气温＋11°

1952年七月五日，防疫讲演第一讲。
演讲人，赵以炳
题目：医学昆虫（蚊、蝇、虱）
1. 总论：
传染急病：生物性传染（咬人而送入病原体），昆虫粪中含病原体；机械性传染。
蝇每次产卵100～150个，年可传十二代。
学习要点：防治与捕灭方法；昆虫生活习惯；昆虫生活史（卵化为幼虫→蛹→成虫）。
完全变蜕与不完全变蜕。
春初或秋末是灭蝇好时期。
2. 蚊：
四月下旬，开始孵化。
家蚊，黄黑色，传染Elephantis①。
疟蚊，灰色，咬人时下部向上。清华在一个半月中，有50人患疟疾。
黑斑蚊，白天咬人，传染脑炎。
防治方法与生活习性：挂蚊帐（雄蚊不咬人），烧蚊香，用DDT及666，清积水，撩孑孓。
百灵子：有毛，拱背，两翼直立，传染黑热病。
3. 蝇：
传染痢疾，肠炎。一个蝇上有80万～50 000万个病原体。
家蝇，厕所中加生石灰，可灭蛆。
4. 跳蚤：可跳高七寸，跳远九寸。
猫蚤；狗蚤；鼠蚤，可传染鼠疫，斑症伤寒。
灭鼠办法：一绝鼠粮，剿鼠窠，堵鼠洞。
灭蚤办法：火烧，水淹。
5. 虱子是人身上长的：头虱、衣虱、阴虱。
虱子传染回归热。

① 象皮病，由蚊子传播的丝虫所引起的一种疾病。——编者

6. 臭虫：不传染病，可长期抗饥。

总结：注重环境卫生；个人卫生；寻找卵、幼虫及蛹所在地，就地消灭。

1952 年七月十八日，防疫第二讲

讲员：

题目：公共卫生

清华捕蝇成绩：杀蚊 352 000，杀蝇 146 000，杀孑孓 45 面盆。

1. 爱国卫生运动三个目的：

a. 预防为主（消灭细菌，打预防针）

1950 年种痘者 6000 余万人，85 万儿童打卡介苗；改造接产婆，以减少破伤风。

b. 提高卫生建设及健康水平；

c. 彻底消灭细菌武器。

2. 传染病：肠胃；呼吸；昆虫媒介；皮肤破裂；

痢疾：易得性甚大，很普遍，易传染，苍蝇是主要传染者。

霍乱：大便及吐出物均似米汤；死亡率甚高；病菌都在水中；海港检查甚为重要。

伤寒：对青年影响特重。

呼吸系统传染病：天花；流行性感冒。

昆虫媒介传染病：鼠疫，先攻击淋巴腺，次入血液，攻入肺时最危险。1920—1921 年，东北死亡六万人。

流行性脑炎，黑斑蚊为媒介，死亡率为 45%。

皮肤外伤传染病：破伤风。

1952 年八月十六日，卫生讲演

讲员：卫生局副局长张文琦

数月中全市共清除 20 余万吨垃圾。故宫内尚有明代垃圾。

全市灭蝇 1 亿 4 千余万只。

1949 年北京捕鼠 5 万只，近数月北京捕鼠 58 万只。陶然亭某僧曾于一夜灭蚊万只。

四至六月，传染病患者只有 70 余人。

机关的卫生工作较差。

成功的关键：1. 领导动手；2. 依靠群众；3. 互相检查（机关最怕登报）；卫生运动应与生产相结合。

清华的卫生工作有一定收获。但工地、厕所仍有蝇，宿舍中多旧鞋，房屋后面不够清洁。

流行性大脑炎仍是一种威胁。八月下旬大脑炎趋势……

朝鲜战争不停止，卫生运动就不停止。即使朝鲜战争停止了，卫生运动仍需坚持。

清华的卫生分区与各区间的竞赛办法是好的。卫生运动也是一种文化运动。

1952 年北京公立中等学校统一招生

北京市师范学校取新生 80 人

北京市工业学校取新生 465 人（电机、机械、化工三科各 155 人）

北京市建筑专科学校中级技术部取新生 440 人

北京市财经学校取新生 330 人（经济计划科 111 人，会计科 109 人，统计科 110 人）

北京市助产学校，中国红十字会北京市分会助产学校共取 77 人

北京市卫生局医士学校取 88 人

北京市第一、三、六医院护士学校取 127 人

北京市仁光护士学校取 50 人

附 2　读书笔记

二十八宿

阿拉伯星占术中有 28 Judges of the Fates whose names are the Arabic designations for the 28 divisions of zodiac，名称详见 ThorndikeⅡ，pp113－114。

阿拉伯科学家

发明代数者 al-Khowarizmi，他的主要工作在 Caliph al-Mamum 时代（813—833）。

大观算学（见《容斋三笔》卷十三）

宋大观中（1107—1110）置算学，如庠序之制。三年（1109）三月诏以文宣王为先师，兖、邹、荆三国公配飨，十哲从祀，而列自昔著名算数之人绘像于两廊，赐五等爵，由中书舍人张邦昌定其名。

风后、大桡、隶首、容成、箕子、商高、常仪、鬼臾子、巫咸九人封公。

史苏、卜徒父、卜偃、梓慎、卜楚邱、史赵、史墨、裨竈、荣方、甘德、石申、鲜于妄人、耿寿昌、夏侯胜、京房、翼奉、李寻、张衡、周兴、单飏、樊英、郭璞、何承天、宋景业、萧吉、临孝恭、张曾元、王朴二十八人封伯。

邓平、刘洪、管辂、赵达、祖冲之、殷绍、信都芳、许遵、耿询、刘焯、刘炫、傅仁均、王孝通、瞿云罗、李淳风、王希明、李鼎祚、边冈、郎巅、襄楷二十人封子。

司马季主、洛下闳、严君平、刘徽、姜岌、张立建、夏侯阳、甄鸾、卢太翼九人封男。

考其所条具，有于传记无闻者。而高下等差，殊为乖谬。如司马季主、严启平止

于男爵；鲜于妄人，洛下闳同定太初历，而一伯一男，尤可笑也。

十一月，改以黄帝为先师。

《容斋随笔》系洪迈著。谢序曰："宋南渡后，洪氏忠宣著。冰天之节，与苏武争光。其子文惠、文安、文敏先后立朝，名满天下。文敏（名迈，字景卢）尤以博洽受知孝宗。"文敏于徽宗宣和五年（1123）生，宁宗嘉泰二年（1202）卒。

天文表在欧洲

1126 年，Adelard of Bath（Englishman）翻译 al-Khowarizmi 的天文表（见 Thorndike Ⅱ，p21）（在欧陆各地留学后，约 1107 年回到英国）。

在 1107 到 1112 年间，Walcher（英吉利人）编 Lunar tables（Thorndike Ⅱ，p68）。

Gerard of Cremona（1114—1187）约 1175 完成翻译 Ptolemy 的 Almagest（从阿拉伯文译为拉丁文）（但在 1160 年后不久，另有一本从希腊文译出的 Almagest 在 Sicily 出现，译者并未署名。现在通用的译本是 Gerard 的）。他也翻译了 Euclid 的 Elements，Archimedes 及 Aristotle 的著作。还翻译了下列阿拉伯科学家的著作：

Alkindi，Alfarabi，Albucasis，Alfraganus，Messahala，Thebit，Geber，Alhazen，Isaac，Rasis，Aricenns（?）。

约 1140 年，Marseilles 出现计算该城行星位置的表，并附仿照 Azarchel 的天文表。此稿本现在巴黎。英国剑桥大学藏有下列稿本：Marseilles 的 Raymond 编的 *Book of Courses of Seven Planets for Marseilles*。

Astronomical Tables of 1232 for London. 这本表中也讲到巴黎、马赛、Pisa，Pamerlo，Constantinople，Genva，Toledo 的天文表。

1252 年 Alfonsine Tables 出版。但 Roger Bacon 用的天文表仍是 old Toletan astronomical tables of Arzachel（Thorndike Ⅱ，p638）。

1285—1321 年，William of St. Cloud 观察星位，发现 Thebit，Toulouse 及 Toled 表中的差误。他根据自己的观测，编了新表。（Thorndike Ⅱ，p668）。

参考书

L. C. Karpinski，*Robert of Chester's Latin Translation of the Algebra of al-Khowarizmi*（New York，1915）

Alexander Neckam

1157 年生，英吉利人。

主要著作：*The Natures of Things*（完成于 1200 年之前，书中说：If the earth were perforated，an enormous weight of lead would fall only to the center）。此书中有 perhaps the earliest referencs to mariner's compass and to glass mirrors（Thorndike Ⅱ，p190）。

1217 年卒。有一篇向他的著作告别文，甚有趣：

Per chance，O Book，you will survive Alexander...you are the mirror of my soul，the interpreter of my meditations，the surest index of my meaning，the faithful messenger of my mind's emotions，the sweet comforter of my grief，the true witness of my conscience...（Thorndike Ⅱ. p203）

刘孝荣论日月食（《容斋五笔》卷二）

洪迈此条之标题为“月非望而食”。文曰：

历家论日月食，自汉太初以来，始定日食不在朔则在晦，否则二日，然甚少。月食则有 14、15、16 之差，盖置望参错也。天体有二道，曰交初，曰交中。交初者，星家以为罗睺；交中者，计都也。……顷见太史局官刘孝荣言：月本无光，受日为明。望夜正与日对，故一轮光满。或月行有迟疾先后，日光所不照处则为食。朔旦之日，则日月同宫，如月在日上，掩日而过，则日光为所遮，故为日食。非此二日，则无薄蚀之理。其说亦通。

阿拉伯点金术传到西欧的年份

1144 年，Robert of Chester 将下书从阿拉伯文译为拉丁文：

A Treatise on Alchemy edited by Morienus Romanus，a hermit of Jerusalem，for “Calid，king of the Egyptians”（Thorndike Ⅱ，p. 215）；

p. 214 说：

al-Mas'udi，who lived from about 885 to 956，preserved a recipe for making gold from the alchemical poem “the paradise of wisdon”，originally having 2315 verses and written by Ommiad prince khalid ibn Jazid（635—704）.

Aristotle 的气象学著作

Gerard of Cremona 翻译了 first 3 books of *meteorology*；4th book 是 Aristippus（？—1162）翻译的。

这 4th book，倘是后人附加的，至少是公元前三世纪的作品；有时被称为 *A manual of chemistry*，显然是这类书中最古的书。这书的见解对于点金术的发展颇有影响。

这 4th book 后，附加三章，是 Alfred of England or of Sareshel 从阿拉伯文译出的。显然是 Avicenna 的作品。这三章讨论了金属的形成，但攻击了点金术家。

所谓 Aristotle 的 *Treatise on conduct of waters*

这稿本讨论一连串关于 Siphon 及类似现象的实验，并附有 *lettered-colored figures and diagrams*. 这稿本现有两件，一件在 Sloane Collection 内，一件在教庭图书馆。后者认 Philo of Byzantium 为作者，也许比较对些。

Aristotle 与星占术

His opinion that the four elements were insufficient to explain nature and his theory of a fifth essence were favorable to the belief in occult virtue and the influence of stars upon inferior objects. In his work on generation, he held that the elements alone were mere tools without a workman; the missing agent is supplied by the revolution of the heavens. In Book Ⅻ of metaphysics, he considered stars and planets as eternal and acting as intermediaries between the prime Mover and inferior beings. Thus they are the direct causes of all life and action in our world.

Charles Jourdain (*Excursions historiques*, etc. p. 562) regarded the introduction of "metaphysics" into western Europe at the opening of 13th century as a principal cause for the great prevalence of astrology from that time on, the other main cause being the translation of Arabian astrological books. Jourdain did not duly appreciate the great hold whish astrology already had in 12th century. It is nevertheless true that in the new Aristotle astrology found further support. (Thorndike Ⅱ, pp. 253 - 254).

"二十八宿"的阿拉伯名称

28 "Judges of the Fates", whose names are the Arabic designations for 28 division of circle of zodiac or mansions of moon.

These names, seldon spelled twice alike in the manuscripts, are some what as follow:

Almazene*, Anatha, Albathon, Arthura, Adoran, Almusan, Atha, Arian, Anathia, Althare, Albuza, Alcoreten, Arpha, Alana, Asionet, Algaphar, Azavenu, Alakyal, Alcalu, Aleum, Avaadh, Avelde, Cathateue, Eadabula, Eadatauht, Eadalana, Algafalmar, Algayafalui. (Thorndike Ⅱ, p. 113).

* 与 belly of Aries 相当。

Roger Bacon 不是火药的发明者

Colonel Hime 曾主张 Roger Bacon 发明火药（见 Little 编的 *Roger Bacon Commemoration Essays*）. Hime 以为 Bacon 发明火药在 1248 年之前。

Thorndike 反对此说。主要理由是：

(1) Bacon 在他的第三部著作（*Opus Tertium*，1267 年出版）中，并未说火药是他的发明，只说那时儿童玩的炸药已甚通行。

(2) Hime 所根据的所谓 Bacon 的著作 *De Secretis* 大约系后人的伪作。

(3) Hime 所根据的是 De Secretis 中的一段秘文（cipher, cryptic writing）。Hime 说：Bacon 怕 inquisition，所以用秘文写。Thorndike 驳之曰：不能证明在十三世纪中教会是迫害科学工作者的。(Thorndike Ⅱ, p. 688)

Michael Scot

他的生平，所知甚少。

主要著作：*Introduction to Astrology*，卷数甚多，内中有三部分是在教皇Innocent Ⅲ（1198—1216）时代写的。在这著作中，他讲到magnet and iron used by deep-sea sailors。

1210（?）年奉Frederick Ⅱ[①]。

有关宋代科学家沈括的生平及资料

沈括年谱

宋仁宗天圣八年（庚午，公元1030年）生，是年曾巩十二岁，王安石十岁，张载十一岁，司马光十二岁。

天圣九年

明道元年　程颢生

明道二年

景祐元年

景祐二年　曾布生

景祐三年　苏轼生

景祐四年

宝元元年（戊寅）

宝元二年　苏辙生；李元昊反

康定元年

庆历元年

庆历二年　王安石任淮南判官

庆历三年

庆历四年　欧阳修、蔡襄任谏官（庆历初，杜衍、韩琦、富弼、范仲淹在朝，欲有所为，欧阳修为谏官协佐之）

庆历五年（乙酉）　沈括十六岁；欧阳修等去职；黄庭坚生

庆历六年

庆历七年

庆历八年　苏舜钦卒

皇祐元年　曾巩撰《本朝政要策》五十篇；秦观生

皇祐二年

皇祐三年　米芾生；沈括之父沈周卒，年74

① 以下无记录。——编者

皇祐四年　张耒生；范仲淹卒

皇祐五年　陈师道、晁补之、杨时生

至和元年

至和二年　晏殊卒

嘉祐元年

嘉祐二年　欧阳修知贡举；曾巩、曾布、王元咎、苏轼、苏辙中进士第；杜衍卒

嘉祐三年

嘉祐四年　胡瑗卒；三馆祕阁各置官编校书籍

嘉祐五年（庚子）　沈括三十一岁；欧阳修荐曾巩、王四等任馆职，又荐苏洵所撰《权书》《衡论》《机策》二十篇；欧阳修任枢密副使；梅尧臣卒

嘉祐六年　沈括（三十二岁）任宣州宁国县令，筑万春圩（详见《长兴集》卷二十一）；欧阳修参知政事；宋祁卒

嘉祐七年

嘉祐八年　贺铸生；沈括成进士

英宗治平元年

治平二年　沈括（年三十六岁）参扬州军事（见《长兴集》卷二十一，扬州九曲池新亭记）

治平三年　苏洵卒；沈括与吕惠卿等谈诗（见《冷斋夜话》）

治平四年　蔡襄卒

神宗熙宁元年　王安石在京师，任翰林学士

熙宁二年　王安石参知政事；沈括任馆阁校勘

熙宁三年

熙宁四年（辛亥）　欧阳修致仕归颍

熙宁五年　沈括四十三岁；欧阳修卒

熙宁六年（1073）　周敦颐卒

熙宁七年（甲寅）　沈括（四十五岁）上浑仪、浮漏、景表三议。朝廷用其说，令改造浑仪、浮漏。既成，以括为右正言司天秋官正（据《宋史·天文志》）（三议见《长兴集》卷三，原阙今补，亦见《宋史》、《宋文鉴》）

熙宁八年　韩琦卒；卫朴造奉元历成。沈括（文）集中有“奉敕撰奉元历序进表”。

熙宁九年　沈括奉旨编修天下州县图（见《长兴集》卷十六“进守令图表”）

熙宁十年　叶梦得生；张载卒（年五十八岁）；邵雍卒（年六十七岁）

元丰元年（戊午，1078）

元丰二年　沈括五十岁；沈括谪守宣州，约在此年或下一年。
元丰三年
元丰四年　赵明诚、李清照生
元丰五年（壬戌）　沈括年五十三岁
元丰六年（1083）　曾巩卒；富弼卒（年八十岁）
元丰七年
元丰八年　沈辽卒（年五十四岁）
哲宗元祐元年　沈括任秀州团练副使
元祐二年　沈括始经营“梦溪”
元祐三年
元祐四年
元祐五年
元祐六年
元祐七年（壬申）　沈括年六十三岁
元祐八年（1093）
绍圣元年（1094）　沈括卒，年六十五岁

沈括家系

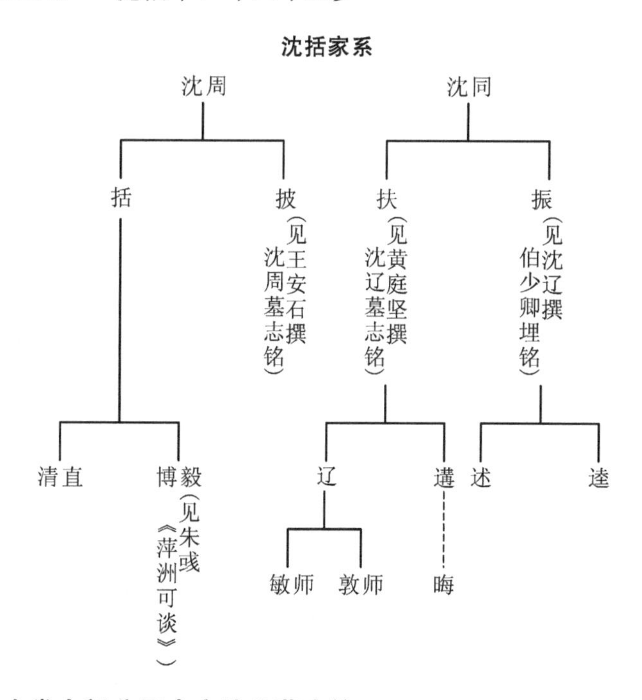

王安石撰　太常少卿分司南京沈公墓志铭

皇祐三年……钱塘沈公卒，明年，子披、子括葬公钱塘龙居里先公尚书之兆。……沈氏……武康之族尤独显于天下，至公高祖，始徙钱塘。……公讳周，字望之，少孤，与其兄相踵为进士（钱塘志：沈同咸平三年进士；沈周大中祥符八年进士）。……监苏

州酒……自封州守佐苏州……为侍御史……居顷之，出刺润州，又刺泉州（守泉在康定元年）。其为治取简易，讼有可已者辄谕以义，使归思之，狱以故少。泉州旧多盗，日暮市门尽闭，禁民勿往来。公至，除其禁，而盗亦以止。

佐开封讼（欧阳修集中有祠部郎中沈周可开封府判官制）。数年不遣者以百数，公断治立尽。尝代其尹争狱于上，大臣为公自绌。……天子闻公宽厚，使按察江东，尽岁无所劾，而部亦以治称。然公已老，不乐事权，自请得明年。明年遂以分司归第，三月卒。

夫人许氏，六安县君。……公廉静宽填，貌和而内有守。春秋七十四，更十三官而不一挂于法。乡党故旧闻其归则喜，丧哭之多哀，而无一人恨望者。……

曾巩撰　寿昌县太君许氏墓志铭

夫人许氏，苏州吴县人。考仲容，太子洗马；兄洞名，能文，见国史。夫人读书知大义，其见所为文，辄能成诵。……其夫（沈周）为吏有名称，夫人实相之。及春秋高……而慈幼字微，愈久弥笃。……夫人嫁沈氏，其夫讳周，太常少卿，赠尚书刑部侍郎。……夫人封六安县君，寿昌县太君，年八十有三。熙宁元年卒于京师。二年，合葬杭州钱塘县龙车原（即龙居里）。子曰披，国子博士，有吏材（刘敞集中有常州团练推官沈披可卫尉寺丞制）；曰括，扬州司理参军，馆阁校勘；其幼皆夫人所自教也。……

《宋史·沈括传》[①] 录要

沈括的著作

除《梦溪笔谈》及《长兴集》外，尚有《春秋机括》、《志怀录》、《诗话》及《灵苑方》[②]。

黄山谷论沈括

存中[③]博极群书，至于左氏春秋传、班固汉书，取之左右逢其源，真笃学之士也。（山谷题王观复文后）

沈括论韩退之诗

沈括、吕惠卿（吉甫）、王存（正仲）、李常（公择）治平中在馆中夜谈诗。存中曰：“退之诗，押韵之文耳。虽健美富赡，然终不是诗”。吉甫曰：“诗正当如是，吾谓诗人亦有如退之者。”正仲是存中，公择是吉甫。于是四人者相交攻，久不决。（《冷斋夜话》）

---

① 《宋史·沈括传》见《宋史》卷三百三十一。中华书局校点本，1977 年，第 30 册，第 10653 页。《沈括传》前为《沈遘传》《沈辽传》，可一并参阅。本书不再详录。——编者

② 据《中国丛书综录》载，沈括著作有十种左右。——编者

③ 沈括字存中。——编者

朱彧《可谈》载沈括事

存中晚娶张氏，悍虐。存中不能制，时被箠骂，捽须坠地。儿女号泣而拾之，须上有血肉者，又相与号恸。张终不改。余仲妹嫁其子清直，张出也。存中长子博毅，前妻儿，张逐出之。存中时往赐给，张知辄怒，因诬长子凶逆暗昧事。存中责安置秀州，张时时步入府中，诉其夫子。家人辈徒跣从劝于道。先公闻之，颇怜仲姊，乃夺之归宗。

存中投闲十余年。绍圣初复官、领宫词（传中不载）。张忽病死。人皆为存中贺，而存中自张亡恍忽不安。舟过扬子江，遂欲投水。左右挽侍之，得无恙。未几不禄。

沈括《浮漏议》、《浑仪议》[①] 录要

《浮漏议》录要[②]

播水之壶三。一曰求壶，其食二斛，为积 4 666 460 立方分。二曰复壶，如求壶之度，中离以为二元，一斛介八斗而中有达。三曰废壶。

受水之壶一，曰建壶。方尺，植三尺有五寸，其食斛有半。

求壶之水，复壶之所求也。壶盈则水驰，壶虚则水凝。复壶之胁为枝渠，以为水节。求壶进水暴，则流怒以摇。复以壶，又折以为介，复为枝渠，达其滥溢。枝渠之委，所谓废壶也，以受废水。

自复壶之介，以玉权酾于建壶。建壶所以受水为刻者也。建壶一易箭，则发上室以泻之。

玉权下水之槩寸，矫而上之然后发，则水挠而不躁也。复壶之逵半求壶之注，玉权半复壶之逵。

枝渠博皆分，高如其博，平方如砥，以为水渠。

壶皆为之幂，无使秽游。

冬设温燎，以泽凝也。

建壶之执窒旒涂而弥之以重帛，窒则不吐也。

注水以龙噣，直颈附于壶体，直则易浚，附于龙体则难败。

复壶玉为之喙，衔于龙噣，谓之权，所以权其盈虚也。……非玉则不能坚良以久。权之所出，高则源轻，源轻则其委不悍，而溲物不利。箭不效于玑衡，则更权，洗箭而改画。覆以玑衡谓之常不弊之术。

今之下漏者始尝皆密。久复先大者，管泐也。管泐而器皆弊者，无权也。弊而不可复寿者，术固也。

---

① 沈括的《浮漏议》《浑仪议》《景表议》合称“三议”，同载于《宋史》卷四十八《天文志一》。中华书局校点本，1977 年，第四册，第 954—965 页。然，此校点本虽有权威，而标点、分段等不如叶企孙之“录要”。特全录之，以供研究者参阅。——编者

② 各句之次序已略加改动。——叶企孙

察日之晷以玑衡，而制箭以日之晷，迹一刻之度以赋余刻。刻有不均者，建壶有眚也。赘而磨之，创者补之。百刻一度，其壶乃善。昼夜已复而箭有余“才”（疑是“寸”）者，权鄙也。昼夜未复而壶吐者，权沃也。如是则调其权。此制器之法也。

下漏必用甘泉，恶其垽（鱼仪切，银去声，滓泥也）之为壶眚也。必用一源泉之洌者，权之而重，重则敏于行而为箭之情慓。泉之卤者，权之而轻，轻则椎于行而为箭之情驽。一井不可他汲，数汲则泉浊。陈水不可再注，再注则行利，此下漏之法也。

箭一如建壶之长……镣匏，箭舟也。其虚五升，重一镒有半。（下一段说锻金，此镣匏恐系金属薄片做成）

《浑仪议》录要

五星之行有疾舒，日月之交有见匿，求其次舍经劘之会，其法一寓于日。冬至之日，日之端南者也。日行周天而复集于表锐，凡 365 日四分日之几一，谓之岁。

周天之体，日别之谓之度。度之离，其数有二。日行则舒则疾，会而均别之，曰赤道之度。日行自南北升降四十八度而迤别之，曰黄道之度。

度不可见，其可见者星也。日月五星之所由，有星焉当度之画者凡 28，谓之舍。舍所以挈度，度所以生数也。度，在天者也；为之玑衡，则度在器。度在器，则日月五星可以搏乎器中而天无所豫也。天无豫则在天者不为难知也。

自汉以前，为历者必有玑衡以自验迹，其后，虽有玑衡而不为历作。为历者亦不复以器自考气朔星纬，而皆莫能知其必当之数。至唐僧一行改步天大衍历法，如复用浑仪参贯，故其术所得比诸家为多。

臣尝考古今仪象之法。虞书所谓璿玑玉衡，惟郑康成粗记其法。至洛下闳制园仪，贾逵又加黄道，其详皆不存于书。其后张衡为铜仪于密室中，以水转之，盖所谓浑象，非古之璿衡也。

孙吴时，王蕃、陆绩……绩之说，以无形如鸟卵，小椭，而黄、赤道短长相害，……晁崇、斛兰皆尝为铁仪……唯南北柱曲抱双规，下有纵横水平，以银错星度，小变旧法，而皆不言有黄道，疑其失传也。

唐李淳风别为园仪，三重。……中为游筒，可以升降游转。别有月道，旁列 249 交，以携月游。一行以为难用，而其法亦亡。

其后，梁令瓒……

Maspero 所引的关于漏壶的资料

近代资料：《大清会典》第 81 卷

古代资料：

苏颂《新仪象法要》，守山阁丛书。作者 1020—1101，从 1086—1088 年奉命造仪。于绍圣（1094—97）中成此书。

《漏刻经》，于 938 年奉诏成书。此书现已佚，在当时是用来代替一连串在唐末几已全佚的古籍的（《五代会要》卷十）。

五世纪有何承天的《漏刻经》，只有一章。此书有时与后汉霍融（102A. D.）的同类著作合在一起。霍著在《后汉书》中保存一部分（《隋书》卷 34，《后汉书》卷 12）。

梁大同元年改漏法，先令祖暅之为漏经（506. A. D.）。详见《畴人传》卷 9 祖暅之传。

陈文帝天嘉中（560—565A. D.）命朱史造漏，恢复古百刻法。（《隋书·天文志》）

皇甫洪泽收集各家漏法，著《杂漏刻法》共十一章。

《隋书》卷十九，总论历朝漏法之变迁，但未详仪器。

关于古代刻漏的做法，这些古籍所遗下来的只有两条：

1. 李兰（Wei Septen trionaux 时人）的漏刻法，这可看作五世纪华北的漏法。（见沈约《袖中记》），收集在《说郛》卷十二内；亦见《初学记》卷 25。这两个出处所载都有误差，但它们可互相校正。这种漏刻包括一个青铜造虹吸管，即《后汉书》所谓“渴鸟”（《后汉书》卷 108）。

2. 梁朝殷夔漏刻法，这可看作六世纪华南刻漏法。但与李兰无多少区别（见《文选》卷 56，陆倕《新漏刻铭》）。

《隋书》卷 19 载“马上漏刻”，这是一种约 605 年 Keng Siun 做的好的漏刻。

《周礼》卷 30：“挈壶氏掌挈壶以令军井……”。郑司农云，“悬壶以为漏，以次更聚，击欜备守也”。郑玄云，“击欜，两木相敲，行夜时也”。贾公彦疏曰：“悬壶于上，以水沃之，水漏下入器中，以没刻为准法。”郑司农云：“冬水冻，漏不下。故以火炊水，沸以沃之。”

关于司南

《韩非子》卷二《有度》：“故先王立司南，以端朝夕。”

《鬼谷子》中“反应”篇：“其察言也不失，若磁石之取针。”

《鬼谷子·谋篇》：“故郑人之取玉也，载司南之车，为其不惑也。”乐壹注曰：肃慎氏献白雉于文王，还，恐迷路。问周公，作指南车以送之。俞棪注曰：和璞出于荆山，见《意林》引《抱朴子》。郑在荆北，故取玉必载司南之车。

周汉尺度

周镇圭尺＝197mm（据吴大澂《权衡度量实验考》）

周黄钟律管尺＝219mm（吴大澂说，此尺九寸＝镇圭尺一尺）

曲阜孔氏所藏汉尺，“虑傂”（县名，属并州太原郡）建初六年（82A. D.）尺＝234. 8mm

Sir Aurel Stein① 发现敦煌木尺＝230mm

① 即斯坦因。——编者

始建国元年（王莽时代，9A. D.）青铜尺＝250mm

古代尺度

唐李淳风撰《隋书·律历志》，以彼所谓第一等尺校诸代尺。彼谓第一等尺包括以下五种：

1. 周尺

2. 汉志，王莽时刘歆（B. C. 33—23. A. D）铜斛尺

3. 后汉建武（A. D. 25—56）铜尺

4. 西晋泰始十年（A. D. 274）荀勖律尺

5. 祖冲之所传铜尺

宋皇祐中（1049—1054），高若讷根据王莽时四种实物（大泉、错刀、货布、货泉）的尺度，拟定了刘歆铜斛尺的长度（以下称汉钱尺），更以汉钱尺定诸代尺，上之，藏于太常寺。今所传宋王复斋拓本之晋前尺（见阮元《积古斋钟鼎彝器款识》及王复斋《钟鼎款识》），据王国维考定，即高若讷所造十五等尺之一。

《西清古鉴》卷34载有汉嘉量，五量备于一器。《汉书·律历志》有述其制。班固作律历志，自言取刘歆之义。颜师古谓备数、和声、审度、嘉量、权衡五篇皆歆之辞。故《汉志》正言歆为莽所作之制度。故以此器证汉志，殆无一不合。惟五量之铭，汉志未载。

嘉量斛铭：律嘉量斛，方尺而圜其外，庣旁九厘五毫，冥（同幂）百六十二寸，深尺，积千六百廿寸，容十斗。（马衡说，刘徽曾解释此铭文）

据此铭文，则1斛＝1620立方寸。

又据斗铭、升铭、合铭、龠铭，则

1斗＝162立方寸

1升＝16.2立方寸＝16 200立方分

1合＝1.62立方寸＝1620立方分

1龠＝0.81立方寸＝810立方分

又有铭辞八十一字：“……同律度量衡，稽当（意即考合）前人。龙在己巳，岁次实沈（始建国元年，太岁在己巳，岁星次于实沈），初班天下，万国永遵。……”

《汉书·律历志》：“征天下通知钟律者百余人，使羲和刘歆典领条奏。”

《汉书·王莽传》：“莽策群司曰：太白司艾，西岳国师。典致时阳，向炜向平，考量以铨。”国师者，刘歆也。故新嘉量世传为刘歆铜斛。

按斛铭33字，见于《隋书·律历志》。晋刘徽注《九章算术》（注年为A. D. 263，西晋开国前二年），亦屡言晋武库中有王莽铜斛，所言形制同汉志。“方田”篇引斛铭，“商功”篇引斛铭斗铭，并言升、合、龠皆有文字，其后又有赞文（即指81字铭）。所引斛、斗铭字句与此小有异同，要当以此为正。《隋书·律历志》载后魏景明中（A. D. 500—504），王显达献古铜权，上铭81字，与此正同。

根据上述理由，《西清古鉴》所载之嘉量，谅非伪器。是则刘徽及苻秦时释道安（《高僧传》卷五有传）所见之器之外，世间尚有此存，诚瑰宝也。

马衡曾效高若讷之所为，以首足长广比例合度之货布四枚制一尺，以度王莽时诸货币，其尺寸乃无一不合。

民国十三年冬，溥仪出宫后，点查故宫物品时发现此嘉量。器一如《西清古鉴》所图，而文字为铜锈所掩，不如端方所藏残器之清晰（陶斋吉金录卷四载新篇残量，仅存残铜一片，而81字铭完好无缺，闻系清末孟津所出）。以马衡所造之货布尺置斛中，尺与口平。乃知"深尺"之文可据。又以此尺度他部，悉与铭合。于是，此器之为刘歆铜斛，以及货布尺可看作刘歆铜斛尺，皆确然可信矣。

今以此尺为本，并根据李淳风所校，将十五等尺之长度以公尺列出于下：

1. 周尺汉尺（详见前）	1尺＝231mm
2. 梁法尺	1尺＝233mm
3. 表尺	1尺＝236mm
4. 汉官尺	1尺＝238mm（晋始平掘地，得古铜尺）
5. 魏尺（杜夔用以调律）	1尺＝242mm
6. 晋后尺（晋氏江东所用）	1尺＝245mm
7. 后魏前尺	1尺＝279mm
8. 后魏中尺	1尺＝280mm
9. 后魏后尺	1尺＝296mm（后周市尺及开皇官尺同此）
10. 东后魏尺	1尺＝300mm
11. 蔡邕铜籥尺	1尺＝267mm（后周玉尺同此）
12. 宋（刘宋）氏尺	1尺＝246mm（钱乐之浑天仪尺，后周铁尺、隋开皇初钟律尺，平陈后调钟律水尺同此）
13. 开皇十年万宝常造律吕水尺	1尺＝274mm
14. 赵刘曜浑天仪土圭尺	1尺＝243mm
15. 梁俗间尺	1尺＝247mm

马衡论文之福开森英译本出版年为1932。

1931，1932两年，洛阳金村周墓出土古物中有一铜尺，于1932年12月为福开森购得。此尺与汉铜斛尺相等（详见福开森1933年论文）。同墓中有驫钟（庐江刘晦之得12枚，Bishop White得两枚）。据驫钟上文字，可考订器物年代。刘节、吴其昌、唐兰、徐中舒认为周灵王（B. C. 550）时，郭沫若认为周安王（B. C. 380）时。

钱宝琮评刘朝阳著"关于武王伐纣这一战役的天象记录"

"关于武王伐纣这一战役的天象记录"，作者有坚强理由驳斥王国维的一月四分说和董作宾的殷历谱。作者认为，周初通用历法和殷历一样，固定一年为360日，每月整30日。作者选取《逸周书·小开解》所记的一个年月日具备的月食，和懿王元年的日中心食作为基点，因而排出从 1137B. C. 到 926B. C. 的历日。这样，断定伐纣是胜利完成于武王十二祀三月一日甲子，就是 1112B. C. 阳历十一月一日。这些结论都可以认为是正确的。

关于《国语》所载武王伐纣时的天文现象，可以有下列几种解释：

1. 据史官的观测报告，这个记录流传到 600 年后，被伶州鸠发现。但周初史官已有日月五星所在星次的实录，似有可疑，而且幽王亡国，平王东迁，天文记录居然保全无缺，也是疑问。

2. 周初的天象记录到 600 年后周景王时还存在，但伶州鸠为了要证明星占理论，硬把“岁在北方”改为“岁在鹑火”。虽可根据《荀子·儒效篇》和《尸子》，说“岁在鹑火”不可靠，但并无《国语》以外其他书籍可证明伶州鸠所说的日、月、水、金的位置是依据实录。

3. 春秋时史官已了解日月五星有周期性运动，但不能精密地上推几百年前的天文现象。伶州鸠根据他的天文知识上推到伐纣时某一天应有的天文现象可能有误差。“岁在鹑火”也许是据岁星十二年一周天推算出来的。

4. 伶州鸠或是依据前代天文家的推算结果。编《国语》者又可把伶州鸠的话增改一些。

刘君用上述第二解释，理由不够充分。周初史官为什么把那年三月二十五日戊子（甲子胜利天二十四天）的天象实录保存下来？伶州鸠为什么用那一天的天象来发挥“五位三所”论，刘君没有说明。

总之，《国语》所载，可疑处很多。刘君信伶州鸠所说的天象（除岁在鹑火一句外）是周初的记录，因而断定十二次和二十八宿的区分当起源于武王伐纣以前的时代。这是可怀疑的。

《物理小识》读札

方以智（自称宓山愚者智）集

长白瓜尔佳氏嵩崑书农校刊

编录缘起：

宋赞宁禅师有《物类志》十卷。陶九成载东坡《物类相感》百数十条，得毋东坡阅赞宁而取用者乎。邓潜谷先生作《物性志》，收函史上编。王虚舟先生作《物理所》，崇祯四年（辛未），老父（以智）为梓之。自此每有所闻，分条别记。如山海经，白泽图，张华、李石博物志，葛洪抱朴子，本草，采摭所言，或无征，或试之不验。此贵质测，征久确然者耳。然待征实而后汇之，则又何日可成。沈存中、嵇君道、范至能诸公随笔不倦，皆是意也。老父《通雅》残稿携归，《物理小识》原附文后。老父庚寅（清顺治七年，1650）苗中寄回一簏，小子分而编之。……男中通百拜言。

自序

……寂感之蕴，深究其所自来，是曰通几。物有其故，实考究之。大而元会，小而草木螽蠕，类其性情，征其好恶，推其常度，是曰质测。质测即藏通几者也。有竟扫质测而冒举通几者……流其遗物。……万历年间，泰西学入。详于质测而拙言通几。……智因虚舟师《物理所》，随闻随决随时录之。……岁在昭阳协洽[①]（即崇祯四年辛未，1631）日至箕三（此四字指冬至）浮山愚者记。

总论

……宓山子曰……气形光声，无逃质理。智者每因邵蔡为嚆矢，征河洛之通符，借远西为郯子，申禹周之矩积。……或质测，或通几，不相坏也。

总论中论药性一段：……宓山愚者曰：自唐宋以天子力收天下图上者，令名医史官编之，宜乎详备。然万历中李濒湖本其父言闻之学，辄改正其十五六。而后此又有缪仲淳（恐即缪希雍）之简、李士材之摭。甚矣，物理差别之难穷也。……崇祯辛巳（十四年，1641）浮山愚者方以智识。

方中通曰：先曾祖廷尉野同公命老父之名曰：蓍园而神，卦方以智。藏密同患，变易不易。故老父别称宓山氏。浮山有此藏轩，故称浮山愚者。此篇（论药性一篇）乃庚辰（崇祯十三年，1640）释褐曼寓所记者也。后又发明运气、经臟、脉理、病症、药性、医方六种之常变，别具成书，此不及详。

神鬼变化总论：方中通曰：此篇盖老父苍梧冰舍所书，寄回龙眠者也。——此篇毫无价值。

卷一·天类（气、光、声、律、五行）

良孺熊公曰：传天文者，多祖裨灶，甘公、唐昧、尹皋、石申之遗，课验凌杂米盐。史迁世掌天官，所云“河鼓不欲曲，心星不欲直；老人见、治安，不见、兵起。”班固沿之。

转光：今术家使人见光之法，暗悬一镜于衣襟或袖口，列灯烛香烟于地，引人拜祀。烛照镜，摇镜则光见于壁。或悬猫精与大金刚石，则能成五色光。万历戊午（四十六年，1618）老父（谅系以智之父方孔炤，1616年成进士，号潜夫，其随笔稿曰潜草）在蜀，为闵梦得公献一魔术，知其转光梁上，射入暗室之镜，使男女自照镜中，见其前身，以惑人云。

声异：1.《遁斋闲览》言，欧公过高唐驿，闻空中人畜声。父老云，曾昼过。此谓之海市。

2.《酉阳杂俎》言，掘井闻下车马人物喧闹声。

3. 曹能始《名胜志》云，蜀中江县宁国寺有响壁，若人处者。按手而应，则丝竹管弦声达于外。

4. 太姥有空谷传声处，每呼一名，凡七声和之。

5. 若作夹墙，连开小牖，则一声亦有数声之应。

---

① 另为“岁在昭易计洽”。——编者

6. 隔声：私铸者匿于湖中，人犹闻其锯锉之声。乃以瓮为甃，累而墙之，其口向内，则外过者不闻其声。揭暄曰：姚广孝曾用此法造器械。

7. 烧空瓦枕，就地枕之，可闻数十里外军马声。

七调　方中通曰：今之七调，自极低以至极高，计十九字。然于高工字之上亦不多用，故最下为凡字调，所用只十三字：合四乙上尺工凡六五亿仩伬仜是也。渐而升之，则每高一调，低除一字，高增一字也。箫笛六孔为六调，后一孔与前之一孔相合，又成一调，故为七调也。南曲遇乙凡字皆闭，用则应北曲矣。

其他

麻知几[①]《水解》曰：九畴昔访灵台，见铜壶。铜之漏水焉，马太史召司水曰：此水已三周环。水滑则漏迅，迅则刻差，当易新水。

瘿消于藻带之波。

痰破于半夏之茹。

碱水濯肌而疮干。

楞严七大：地、水、火、风、空、见、识。

邵子举水火土石而不言金木。

炼剑淬水而刚。

岁差

Hipparchus 比较自己测得的恒星位置及 Timocharis、Aristillus 所测得的恒星位置，发现岁差。

古史纪年

夏代共 432 年

殷商共 629 年（夏、商殷据刘歆推算）

武王伐纣之年：

B. C. 1122 根据刘歆

B. C. 1066 根据新城新藏

周共和元年　B. C. 841

鲁隐公元年　B. C. 722

晋文公奔狄之年　B. C. 655，岁星在大火

鲁宣公九年　B. C. 600

新城新藏以为春秋时修改历法约在本年。从本年到 B. C. 443：插闰法，系依据以 B. C. 595 为章首点，十九年七闰法。连大月配置法，系据每 17 个月、17 个月、15 个月间隔之循环法（29.530 59×49＝1447 日－0.001 09 日；26×30＋23×29＝1447 日）。

---

① 即麻九畴（1183—1232），字知几。——编者

在西洋，metonic cycle 约从 B. C. 430 起施行。根据新城新藏说，则中国早于西洋约 170 年。

新城新藏以为：

① 以 28 宿步月行之法系创于中国周初时代，以后传到印度；

② 以周髀测影法定冬至，约从 B. C. 600 开始；

③ 以食有冬至之月为正月，约从 B. C. 600 开始。

鲁哀公十四年春获麟，B. C. 481

孔子所著述之春秋终于此年。

鲁哀公十六年，孔子卒，B. C. 479

春秋经文续至此年止。

战国　B. C. 443

新城新藏以为，约从此年起，连大月配置法改用以 B. C. 443 为历元之七十六年法。

$$365.2422\times\underbrace{19\times4}_{76\text{年}}=27\ 759\text{ 日}$$

$$29.530\ 85\times235\times4=27\ 759\text{ 日}$$

（严格说，$=27\ 759-0.001$ 日）

在 76 年中有 499 个大月，441 个小月［也就是 19 个（26 个大月，23 个小月）循环，另加五个大月，四个小月］

西洋的 Callippus 历法也是一种七十六年法，约从 B. C. 330 起施行。

新城新藏以为中国施行 76 年法约早于西洋 100 年。

战国　B. C. 367（孟子于 B. C. 372 生）

新城新藏认为，用周髀法观测冬至约在此年前后，因观测法较前精确，遂致发现实际之冬至与历书上的冬至有四、五日之差。

战国　B. C. 351

新城新藏认为，从本年起，插闰法依据以本年为历元之十九年法。迄秦及汉初，则基于一种简便法，置闰于岁终。

战国　B. C. 335

列国称王，约在此时，新城新藏认为，藉此时机，一年插置两个闰月，遂改以含立春之月为正月。因改历时需示民众以适当之理由，遂自约 B. C. 335 造作三正轮以资宣传。

迄秦代，更受三正轮与五行说之累，虽仍以含立春之月为正月，但以十月为岁首，称之曰顺从水德之颛顼历。

但饭岛忠夫之意见与新城新藏不同。B. C. 330 年间，亚历山大远征东方。饭岛氏认为，西方的天文学知识约在此时传入中土，五行说亦因受西方文化而起。所谓颛顼历者，仅为从西方传入的 Callippus 历法的一种翻版。新城氏指出颛顼历决未行于汉初及其前，饭岛氏之说全属架空。

战国　B. C. 239（秦八年）

《吕氏春秋》载，“维秦八年，岁在涒滩”。

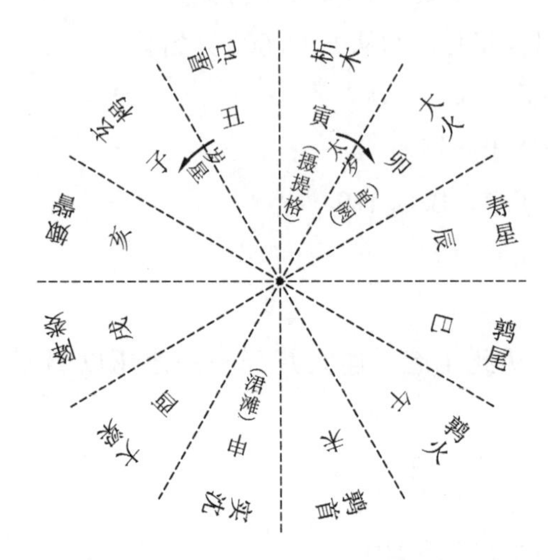

《左传》及《国语》中“岁星”纪事，恐非基于实测天象，似皆以 B. C. 365“岁星”曾在“星纪”之事实为基础，以岁星每十二年一周天之比例，按推算插入。岁星纪年法显然始于 B. C. 356 年间。

不幸在岁星纪年法之前，以冬至夜半所见天象之方位为标准，并对照地上之方位，已将周天自东向西（与岁星运行方向相反）配以十二支，斯为分野的原始思想，恐亦起于战国。

以岁星自寅至丑等逆行纪年，当时似感不便。于是假想一岁星的虚位，其远行方向与岁星相反，名此虚位曰“太岁”或“岁阴”（或太阴）。

当岁星在星纪（丑），则以太岁在寅；其翌年，岁星在玄枵（子），则太岁在卯；如此依十二支顺行次序进行，以各年太岁之所在名其年，可称为太岁纪年法，实即干支纪年法之前身。

《吕氏春秋》所载“维秦八年（B. C. 239），岁在涒滩（申）”，系据 B. C. 365 太岁在寅而来。

因岁星的周期实为 11.86 年，故 83 年当差一次（指星次）。（说明：11.86×7＝83.02，倘第一年岁星在星纪，则第 84 年岁星亦在星纪。倘照 12 年一周天推算，则第 84 年岁星尚在析木。实际的位置比推算的位置超过一次，故曰“超辰”。）

B. C. 365 太岁在寅，则太初元年（B. C. 104）太岁当在亥（照十二年一周天算）。但汉初通用之纪年法以此岁为丙子。该年因欲制定历法而观测天象，知岁星正在星纪，以致不得不称该岁为寅岁（焉逢摄提格）。太初制定历法时，曾受顿挫，其原因之一即在此。

刘歆创始所谓“超辰”法，以岁星凡144年超辰一星次（就是说，144年行145×30度，即每年行30.21度）（准确的行度是每年行30.35度）。刘歆发见超辰法后，以该法为千古可通行之纪年法。实则该法复杂，不适宜纪年。刘歆没后，东汉人已不采用。建武三十年（A.D.50），当超辰而未使超辰。以后则纪年法与岁星之运行无关，只按干支顺排，如今日仍通用者。倘以干支纪年法溯前推算，则太初元年应为丁丑（但当时称为丙子），秦八年应为壬戌（但当时称为申岁）。

新城氏认为，战国时代至少有制定历法、创始纪年法，观测五星之运行、倡导五行说，测定恒星界，编纂星经，创始用于星占之分野法等史迹。

《左传》中之岁星记事，新城氏认为，系根据B.C.365岁星在“星纪”并照十二年一周天推算记入者。为此，则著作《左传》之年代当在战国中叶（即B.C.350年间），且关于战国中叶之历法、纪年法、五行说，分野说等资料，实均在《左传》中。

《尚书·甘誓篇》载“有扈氏威侮五行，怠弃三正”。新城氏因此以为，甘誓系战国时代造作三正论后之伪作。

五行说亦见《尚书·洪范》。

刘向《七录》载有“甘公，楚人，战国时作天文星占八卷”；“石申，魏人，战国时作天文八卷”。

邵康节《皇极经世书》载“五星之说，自甘公、石公始”。

汉魏丛书中有《甘石星经》，显系伪作。

《开元占经》中，引有甘石之言，并载约120恒星之距离黄道及离北极度数。京都帝大教授上田穰曾研究此资料，得复原所谓石氏星经之一部分。上田氏认为，有约90个恒星之位置，显系B.C.300—360年间所测定。

《汉书·天文志》载有：“太岁在寅，曰摄提格。岁星正月晨出东方。石氏曰：名监德，在斗牵牛，失次杓，早水晚旱。甘氏在建星婺女，太初历在营室东壁。”新城市以此为资料，推得甘石之时代约为B.C.360年间。

Ptolemy之恒星表传谓系根据B.C.二世纪Hipparchus之观测结果，载有1020恒星之位置，较之甘石星经所载者为数固多，但其观测年代则迟二百年。且甘石星经中之测定精确度，略与Ptolemy之恒星表相埒。[G. Forbes说，希腊人的系统观测从亚历山大学派开始。Aristillus及Timocharis装置仪器以测定黄道附近的恒星位置。]

水在植物中的上升

（Victor A. Greulach，*Scietific American*，oct，1952）

在最高的树中，水能上升450ft。

1727年英国的Stephen Hales出版*Vegetable Statics*，这本书已讨论了这问题。

要水上升450ft需要压力（或拉力tension）210 lbs/inch^2；因上升时需克服植物

纤维的摩擦力，需要的压力恐需两倍于此，即约 420 $lbs/inch^2$。

新出版的书[①]

苏联的发展及科学

Dr. S. M. Manton（Mrs. J. P. Harding），F. R. S 见 *Nature*，May 3，1952，作者于 1951 年夏考察苏联。

在苏联，沙漠及草原（steppe）占 100 万平方英里。在南 Ukraine[②] 三年中一年旱。在中亚的 Kazakhtan[③] 及 Uzbekistan[④]，土地的一半是沙漠。在 Turkmenia[⑤]，85％是沙漠。造林始于 1948 年，将于 15 年内完成。大建设始于 1950 年，到 1957 年可灌溉 7000 万英亩（等于不列颠、比、荷、丹麦、瑞士的总面积，亦即全球已灌溉地的 1/3。）这面积大部分是好土壤，且一年中有 300 天阳光，所以得灌溉后可供给一亿人的食物。预计每年生产量是 800 万吨小麦，600 万吨 Sugarbeet[⑥]，300 万吨棉花，50 万吨米，200 万头牛，900 万头羊。被风吹干及沙的行动将被阻止。这面积的灌溉将改变的面积达三亿英亩上（大于欧洲）的气候。

苏联的 33 个大学及其他高等学校有 120 万学生。莫斯科大学的新建筑费了 7000 万英镑［照一镑＝50 罗比（今称“卢布”）估计］。main block[⑦] 高 850ft，有 37 层。每两间寝室有一浴室。main block 的周围为 1.7 英里。天文台、玻璃房、植物园、运动场、游泳池及公园将占 445 英亩，并将种 7 万棵树。家具及设备将值 1000 万镑。完成期为 1952 年 9 月。

在农业方面，研究站所建立的方法交给 72 个植物育种站去实行。每个育种站有 4000 或 5000 英亩土地。

苏联的工作者对于别国的育种学工作是很留心的。苏联的生物学研究员虽是大部分属于应用性的，但因研究的总量是这样多，纯粹研究的数量还是可观的。

作者看到带 rye[⑧] 穗的小麦（wheat which bore tillers ending in an ear of rye），又看到若干小麦穗中有孤立的 rye 粒。Olshansky 教授说：生产在小麦上的 rye 子，下种后只能生产 rye，并且这样产出的 rye 所特有的 14 个染色体。

在建设中的五个主要水电计划将产生总电力 425 万 kW。其中最大的在 Kuibyshev

---

① 叶企孙记录了近 30 种 1947—1951 年出版的物理学著作，及它们的出版年份、出版社及定价。本书从略。——编者

② 即乌克兰。——编者

③ 即哈萨克斯坦。——编者

④ 即乌兹别克斯坦。——编者

⑤ 即土库曼斯坦。——编者

⑥ 即甜菜。——编者

⑦ 即主楼。——编者

⑧ 即裸麦。——编者

将产生 200 万 kW；其次在 Stalingrad[①]，将产生 170 万 kW。这两个水电站将造成全世界的新纪录。八个伟大的蓄水池在建筑中，另有 44 000 个 water basins[②]。几百英里长的运河将灌溉草原及沙漠。

约 3300 英里长的主要造林带已在种树了。这林带的面积大于不列颠的可耕地。沿着 Volga 及 Ural[③] 河的分水岭，在 Volga 之西，从 Stalingrad 到高加索山，以及跨过 Don 及 Donetz 河[④]，均有成行的树，甚而长达 370 英里。树林是分为三条或四条种的，每条宽 65 码，两条间的距离为 325 码。效果将切断较低大气的流线型气流，而代之以紊流（turbulance）。这样就可以减少从沙漠西吹的干热风的力，也可以减少它的吹干本领，用于开始造林的主要树是 oak[⑤]，因为它能在干燥土壤中发展深根。

在 Ural，Volga，Don 及 Donetz 诸河的两面都种上了成行的树，沿每条河可长至 670 英里。环绕每个小的泄水系统，侵蚀的现象是很明显的。现在都有成行的树环绕它们。

英国的 National Research Development Corporation

Inventions communicated during the year Jul，1950—June 30，1951

752	来自政府部门
81	来自大学
13	来自 industrial research associations
442	来自 private sources
1288	

Corporation 的主要功用：

① redress the balance of research and development effort.

② assist to shorten the period between discovery and practical application.

Graduate Science Fellowships of U. S. National Science Foundation

总数：624 for 1952—1953

程度的分配：

毕业后第一年：169

毕业后第二年：170

advanced predoctoral 230

postdoctoral 55

---

① 伏尔加格勒，1961 年前的名称为斯大林格勒。——编者

② 即蓄水池。——编者

③ 即伏尔加及乌拉尔。——编者

④ 即顿及顿涅茨。——编者

⑤ 即橡树。——编者

学科的分配：

数学及天文 68（天文仅 6 人）
物理 137
化学 140
工程 75
地球科学 36
（以上合计 420）

生物科学 158
农 7
人类学 3
（以上合计 168）

水、煤气

1613 年 Sir Hugh Middleton 始用水管供给伦敦用水。

1802 年 William Murdoch 始在 Soho 利用煤气。

Manchester 大学将装置 Radio-Telescope

估价：336 000 镑

大小：Paraboloid[①] 天线，全径 250ft，转台的全径 310ft。天线高为 185ft（到地平轴的顶）。当天文镜向地平时，总高为 300ft。轨道上所载的天文镜总重为 1270 吨。将利用兵舰上拆下的升高机件。

完成时间：约 1956 年底

主持人 Prof. Lovell

现有的固定 Paraboloid 天线，全径为 220ft。

刘朝阳论周懿王元年之日蚀

（摘录 1951 年 8 月刘朝阳再评章鸿剑的“中国历学析疑”）

《竹书纪年》在周懿王元年下记“天再旦于郑”。《开元占经》引作“天再启于郑”。刘氏以为“天再启”正可解作日食后再见天日，有甲骨卜辞为证。卜辞库 209：“丁明暈，大食日，启”。

懿元年，据章氏推算，应为 B. C. 895。章氏主张，武王伐纣之年应为 B. C. 1051。

Hartner 所谓见食的可能性乃颇广泛，不必为中心地带在中国北部。而《竹书》所记一定是中心地带经过郑国。可注意的是，B. C. 894—895 年恰无中国北部可见的日全食或环食。

刘氏以 B. C. 1111 年为武王伐纣之年（唐僧一行亦如此主张），则懿元年将为 B. C. 926，是年适有一日环食。经刘氏推算，知此环食的中心地带经过郑国南部。

《逸周书・小开解》记载：文王三十五祀正月丙子望月食。刘氏认为此项记载为中

① 即抛物面。——编者

国古史年代学上的一个重要基点。

W. Hartner（T'oung Pao，vol. 31，p. 188，1935）

此文就 Oppolzer 蚀经中所载的日全食及环食，就 B. C. 1122 至 B. C. 441 年间，录出在 30°N—40°N 的中国北部所能见到的共 224 次。兹摘录一部分如下：

Opp. 序数	B. C. 年	月	日	蚀型
650	936	4	10	环
666	929	5	22	全
672	926	3	21	环
675	925	9	3	环
681	922	7	3	全
689	919	10	26	全
697	915	8	13，14	环
720	904	1	18	环
723	903	7	3	全
731	900	10	26	全
732	899	4	20，21	环
737	897	8	24	环
738	896	2	18	全
746	893	12	6	环

六历要点

1. 六历系指西汉人所假想之古历六钟（黄帝、颛顼、夏、殷、周、鲁）。

2. 岁实为 $365\frac{1}{4}$，与今测 365.2422 相较，则每过 128 年，节气将迟误一日。

3. 朔策为 $29\frac{499}{940}=29.530\ 851$，与今测 29.530 588 相较，则每过 3802 月，合朔将迟误一日。

4. 一章＝19 年＝$6939\frac{3}{4}$日

235 月＝19×12＋7（235 月中有七个闰月）

235 月倘分配为 125 个大月，110 个小月，适得 6940 日

235×朔策＝$235\left(30-\frac{441}{940}\right)=7050-110\frac{1}{4}=6939\frac{3}{4}$日

5. 一蔀＝四章＝76 年＝27 759 日

一蔀有940个月。倘分配为499个大月，441个小月，适得27 759日。

$$940\times朔策=940\left(30-\frac{441}{940}\right)=27\ 759\ 日$$

$$\therefore 朔策=\frac{一蔀的日数}{一蔀的月数}=\frac{76\times岁实}{940}$$

6. 十五蔀=1140年=19个周甲

$$15\times940=60\times235$$

∴过了1140年，年及月都回到原来的甲子。

7. 一纪=20蔀=20×27759日=1520年=60×9253日

∴过了1520年，朔旦冬至（或朔旦立春）的甲子又回到历元年朔旦冬至（或朔旦立春）的甲子了。

8. 一元=三纪=60蔀=3×20蔀=4×15蔀=4560年

∴过了4560年，年、月及朔旦冬至的三个甲子都回到历元年的相当甲子了。

《淮南子·天文训》的五星周期

木星：日行十二分度之一，岁行三十度十六分度之七，十二岁而周（木星之准确周期为11.86 Julian年）

$$\frac{30\frac{7}{16}}{\frac{1}{12}}=\frac{487\times12}{16}=121.75\times3=365.25$$

火星：未说

土星：日行二十八分度之一，岁行十三度百一十二分度之五，二十八岁而周。

$$\frac{13\frac{5}{112}}{\frac{1}{28}}=\frac{1461\times28}{112}=\frac{1461}{4}=365\frac{1}{4}日$$

$$13\frac{5}{112}\times28=\frac{1461}{4}=365\frac{1}{4}度$$

（土星之准确周期为29.46 Julian年）

金星：元始以正月甲寅与火星晨出东方，240日而入，入120日而夕出西方，240日而入，入三十五日而复出东方。出以辰戌入以丑未。（金星之准确周期为224.7日）

水星：辰星正四时，常以二月春分效奎娄，以五月夏至效东井、舆鬼，以八月秋分效角亢，以十一月冬至效斗牵牛。出以辰戌，入以丑未。出二旬而入。晨候之东方，夕候之西方。

（水星之准确周期为87.97太阳日）

西宫白虎	北宫玄武
奎	斗
娄	牛
胃	女
昴	虚（虚为哭泣之事）
毕	危（危为盖屋）
觜（虎首）	室
参（参为白虎）	壁

东宫苍龙	“九野”（见《淮南子》）
角、亢、氐	中央曰钧天（韩郑之分野）
房、心	东方曰苍天
尾、箕	名析木，燕之分野　东北曰变天

南宫朱鸟		“九野”（见《淮南子》）
井（东井）		西南曰朱天
鬼（舆鬼）		南方曰炎天
柳（柳为鸟注）、星（七星）、张	周之分野　一名鹑火	南方曰炎天
翼、轸	楚之分野　一名鹑尾	东南方曰阳天

甲	焉逢
乙	端蒙
丙	游兆
丁	疆梧
戊	徒维
已	祝犁
庚	商横
辛	昭阳
壬	横艾
癸	尚章

子	困敦
丑	赤奋若
寅	摄提格
卯	单阏
辰	执徐
巳	大荒落
午	敦牂
未	协洽
申	涒滩
酉	作噩
戌	淹茂
亥	大渊献

三、教材：初等物理实验

编者前言：

叶企孙和郑衍芬合作编著《初等物理实验》，由清华大学刊行于1929年。其初稿为叶企孙在清华大学执教所用的实验讲义。自叶企孙从1925年调入清华大学任教，积数年教学经验而成此教本。

20世纪20年代，中国的中等教育甚为落后。大部分中学缺理化课，因为没有教理科的教师。有些中学开理化课，但基本上无实验课。教师偶尔自制几件教具在课堂上表演而已。学物理的学生如同学国文，仅仅背课文、背公式。且不说做实验，连实验器材也少有见之者。中学学物理的学生极少，大学里物理系的学生也就凤毛麟角了。大学物理系教师甚而要亲自到某些中学去寻觅那些可以学物理、可以造就的学生，动员这些人到大学学理化科。正如叶企孙在该书“编者自序”中所言，高中毕业生“仍不能满足理科大学应有之入学标准”“入学学生中对于高中物理知识——尤其对于实验之训练——颇多缺憾，故每年仍须开高中物理一班，以补不足”。这本《初等物理实验》教材由是背景而生。

时至今日，乍一看此教材之纲目，或有人以为粗浅、过时，无须一阅。殊不知，正是这本实验讲义，培养了学生的最基础的物理概念和物理意识，养成了学生动手的习惯，并由此而入深，经过四年大学训练，而造就了如王淦昌、施士元、周同庆、冯秉铨、龚祖同、赫崇本、赵九章、傅承义、王竹溪、周长宁、翁文波、张宗燧、王遵明、钱伟长、彭桓武、钱三强、何泽慧、谢毓章、王大珩、郁钟正（即于光远）、葛庭燧、林家翘、戴振铎、陆学善等一批又一批物理俊才。他们或是中国科学院院士，兼有“两弹一星”功勋，或在其专业上有一份曾经惊世骇俗之成就。

该书40个物理实验，从最简单的长度测量起，依次为力、热、电、磁、光。每个实验有明确的目的，讲清理论概念，道明所用仪器、实验方法、实验记录，提醒在制图、计算和得出结论上的注意事项，从而引领学生走过并体认千姿百态的一个个物理花园。作为编者的叶企孙，处处为学生设想，就实验报告和习题也不忍掏取学生有限的学习时间。叶企孙擘画课程、精心教学的风貌由此可见一斑。

就物理实验讲义而言，叶企孙的《初等物理实验》可能并非最早的一本。此前，丁燮林、李书华在北京大学也编过实验讲义，但未曾公开出版；谢玉铭在燕京大学编写了实验讲义。20世纪30年代初，有萨本栋、戴运轨分别编著的《普通物理实验》。

而叶企孙的这本教材，不仅在20年代独具特色、为众多院校所欣赏，且又是保存至今的难得的一本实验教本。它既为物理教育史、实验史、科学史提供了珍贵素材，又为经济史、工业史（仪器仪表业）提供了难能可贵的原始数据，因为该书最后部分述及各类实验仪器的价格及采购地点等内容。

目睹今日社会与科学之进步，耳闻种种教学改革、教材重编之声浪，不能不令人想到，培养人才靠基础科学，而基础科学中的基本知识永远不能变的道理。叶企孙的《初等物理实验》及其培养之人才就是一个典型事例。深厚的基础知识、扎实的基本功仍需日积月累，而投机取巧可以休矣。这或许正是叶企孙《初等物理实验》的恒久价值所在。

本书中保留了该书原有的一些体例和名词术语，以使读者了解该书原貌。如氧气和氧化物一类写作“养气”和“养化某”，氢气写作“轻气”，等等。

初等物理实验

（原）编者自序

自然科学以实验为基础。学生在中学时代即应对于实验方面得一良好之初步训练，倘徒恃课本，则既不能引起学生对于科学之兴趣，又不能使学生对于基本观念得一真切之了解；与其徒设此科，实不如暂缺之为愈。

物理学之实验教材，可分两类：其一为教员上课时做的表演，又一为学生自做的实验。此两类均属必需，而后者之训练价值为尤大，我国之通常中学中，对于前者尚能差强人意，对于后者则因限于设备，多未能顾及，或略有而未备，仍不能满足理科大学应有之入学标准。编者任教职于清华大学，因入学学生中对于高中物理之智识——尤其是对于实验之训练——颇多缺憾，故每年仍须开高中物理一班，以补不足。三年以来，曾将高中物理之实验讲义，屡次修改；材料务求其适用；分配务求其均匀；文字务求其确实而明显，使读者能得其真意；一再迁延，今始付印，盖欲力戒敷衍草率以求速成之弊也。

本书之特点，详见编辑大意，兹不赘。本书取材于他书之处甚多；因此种材料已属物理学界之公共智识，故无须分别注明其出处。编者承何增禄陆学善两先生担任校对，极为感激；并盼国内物理学教师随时指出应修改之处，俾此书得逐渐臻于完善，则编者所深幸也。

民国十八年七月编者自序

编辑大意

一、实验分配　本书包含四十个实验，重要者凡三十个。每星期实验一次，每次两小时做完一个，一学年约可做三十个。三十个之内，十个注重于实验各种现象，寻求其因果。十个证明有数量关系的公例。其他十个则注重应用。此外尚有十个，则因各校设备不同，故加入以便更调。

二、仪器　务求简单而价廉，其能自制者，希望教者能设法自制，不购舶来品。仪器项下，详注尺寸，非仅使学生详明构造，亦以备教者自制此仪器也。其必需之仪器及其约价，附录书后以供参考。

三、报告及习题　据编者经验，与其使学生费时间于冗长之报告，不如使多用时间于实验及自修。此书内每实验之记录均列成表格，学生可依表填注。问句及习题之后，均留空白，以备答案，故学生不必用另纸写报告，以省时间。

本书用活装法装订。学生做完任一实验后，即可取出几页，作为报告，送交教员评阅。

每实验后所列习题，不过举例而已。望教者能随时随地改易之。

四、三版校正要点　（1）译名均依据民国二十三年一月教育部公布之物理学名词。（2）仪器装置图大半改书，稍求清晰美观。（3）实验二十四中，干电池制法一节，重行编订，据编者经验，此法殊较前灵验。（4）仪器价目及购置表，亦大经修改。美国中央仪器公司出品仍有列入者，则或因其定价较廉，或因本国仪器工场，尚未制此品。倘教者能托本国公司定购定制，而价能不比舶来品贵，则编者亦甚望能不用舶来品也。

实验目次

实验一	长度之度量
实验二	固体之密度
实验三	阿基米德原理
实验四[*]	液体压力
实验五	唧筒之构造
实验六	波义耳定律
实验七	虎克定律
实验八	力之合成
实验九	单摆
实验十	称
实验十一	斜面
实验十二	滑车，工作及效率
实验十三	露点及相对湿度
实验十四	线胀系数
实验十五	查理定律
实验十六	比热
实验十七[*]	熔解热
实验十八	汽化热
实验十九[*]	热之功当量
实验二十[*]	压力对于沸点之影响
实验二十一[*]	热之绝缘
实验二十二	磁场及磁性
实验二十三	静电作用
实验二十四	湿电池与干电池
实验二十五	电流之磁效
实验二十六	电铃与电报
实验二十七	导电体之电阻
实验二十八[*]	惠斯登电桥
实验二十九	串联及并联电路
实验三十[*]	电镀及蓄电池

* 表示可以更调之实验。

实验三十一	应电流
实验三十二*	电动机
实验三十三	无线电接收机
实验三十四	开管内之空气振动
实验三十五	光之反射
实验三十六	水及玻璃之折射率
实验三十七	凸透镜
实验三十八	望远镜及复显微镜
实验三十九*	棱镜之分光作用
实验四十*	电灯之光度

导言

Ⅰ. 关于实验之普通规例

（1）进实验室前，须将实验教本仔细看过。

（2）每个实验之仪器，均预置桌上。做实验之前，宜先检点之，遇有破损或缺少，即须向教员声明。否则须负赔偿之责。

（3）对于仪器装置有不甚明了处，宜先询问教员。

（4）报告上姓名及日期必须填明，记录及答案务求整齐清洁。文字务求简明，缮写须用钢笔或墨笔。

（5）出实验室前，须将记录缴教员审核并签字。并将仪器收拾安置桌上。

（6）每次实验之报告，至迟须于下次实验以前，缴与教员。

Ⅱ. 估计　用仪器量物，其精密程度常有限制。例如米尺之最小刻度，通常为一毫米，故米尺能量长至毫米。若欲量至十分之一毫米，即须估计得之。稍具经验者对于比最小刻度之零余长度，不难估计为最小刻度之十分之几。欲量度稍精确，此估计必不可少。但倘欲估计至最小刻度之五十分之几或百分之几，则反不可恃矣。

Ⅲ. 有效数字（Significant figures）

如前所述，由量度而得之记数，其末位数字，倘由估计而得，则不如其余诸位数字之可恃，吾人可称为估计数。凡一数只有末位为估计数者，则此数之数字均称为有效数字。在科学的记录上，估计得的末位，必须写出。例如记录为 42 厘米，其意即谓估计数，在第二位，且有效数字共两位也。又如记录为 53.56 厘米，其意即谓估计数在第四位，且有效数字有四位也。

记录中之数，只应写有效数字，数末的几个 0 字，尤应特别注意。例如 52 厘米与 52.00 厘米之意义不同，前者只有两个有效数字，后者有四个。又如测得某距离，知其长约五千七百米。但倘用此种测法时，只能得两个有效数字，则应写作 57×10^2 米，不应写作 5700 米，倘写作 5700 米，则意谓有四个有效数字也。

又如三数 36.79，43.374，55.8 相加，其和为 135.964。但吾人细察三数其中之 55.8 可恃数位至第一小数而止，故三数和之可恃数位，亦只至第一小数位，其余均不可靠。故 135.964 内，6 与 4 两位数字，实可弃去不写。但依 4 舍 5 入法，可写作 136.0。两数相减时，亦可照样类推。

乘法规则：两数相乘积之有效数字，至多等于此两数中之较少有效数字。但此积倘非最后结果，且须用以与他数加减乘除者，则为计算准确起见，应留下之位数，须比两数中之较少有效数字多一位。举例如下：有一长方体。量其长为 34.56 厘米，宽为 7.39 厘米，高为 384 厘米，欲求其体积。

$$34.56\times7.39=255.4$$

（34.56 乘 7.39 得 255.39，但因此积只应有三位有效数字，并因其非最后结果，故应留四位）

$$255.4\times3.84=981\text{立方厘米}$$

（255.4 乘 3.84 得 980.736，但因此最后结果，只应有三位有效数字，故写作 981）

Ⅳ. 百分误差　任何实验结果必有不能免之误差。此不能免之误差，随实验仪器及情形而定。实验者所得结果之实在误差，非特包含不能免之误差，且随实验者之本领而定。在普通情形下，实在误差必大于不能免之误差。

欲算此实在误差须以实验结果与公认值比较。所谓公认值者，乃多数有经验之实验者，用精确仪器及方法，所测得之平均值也。

欲求实在之百分误差，可照下式计算。

$$\text{百分差}=\frac{\text{实验结果与公认值之差}}{\text{公认值}}\times100=\frac{\text{实在误差}}{\text{公认值}}\times100$$

例如声音在空气中速度之公认值为每秒 331.2 米。实验结果为每秒 330.2 米，其实在误差为 1 米，

$$\text{百分误差}=\frac{1}{331.2}\times100=0.30\%$$

所以欲求百分误差之理由，盖因结果精确程度，常不易仅从实在误差看出。如前例求声音速度时之实在误差为 1 米（即 100 厘米）此差数似甚大，但百分误差为 0.30%。又如一桌之长为 290 厘米，量得结果为 287 厘米，其实在误差为 3 厘米，此差数似不算大，但其

$$\text{百分误差}=\frac{3}{290}\times100=1.03\%$$

故由百分误差方可看出两种结果精确之程度。

Ⅴ. 坐标图　凡二量中，一量改变他量亦随之改变时，常可用坐标图表示此二量改变之关系。物理学上公例，多可用此种图表示。例如据实验记录，50 克之力能使一螺簧延长 1 厘米；100 克之力能使同一螺簧延长 2 厘米；150 克时 3 厘米；200 克时 4 厘米；250 克时 5 厘米；300 克时 6 厘米。用此诸数，可作一坐标图。其法如下：

在一方格纸上，作一横轴 XX'，又作一纵轴 YY'，与 XX' 垂直，两轴相交之点 O，称为原点。从纸上任何一点 P，（见图 1）至纵轴之垂直距离称为 P 之横坐标或 X 坐标，从 P 至横轴之垂直距离，称为 P 之纵坐标或 Y 坐标。P 点在纵轴之右时则横坐标为正，在左则为负。P 点在横轴之上时则纵坐标为正，在下则为负。

今以横坐标代表螺簧之延长（以一格代表一厘米），以纵坐标代表所施之力（以一格代表 50 克），如图 2，A 点即代表两坐标 1 厘米与 50 克，B 点即 2 厘米与 100 克，依此类推，可得 C，D，E，F 等点。于是连结此诸点。依此记录，适得一直线。此直线即表示螺簧之延长与所施之力适成正比例也。

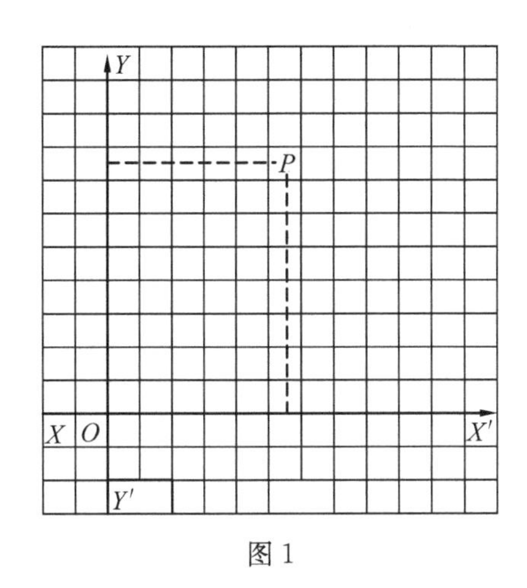

图 1

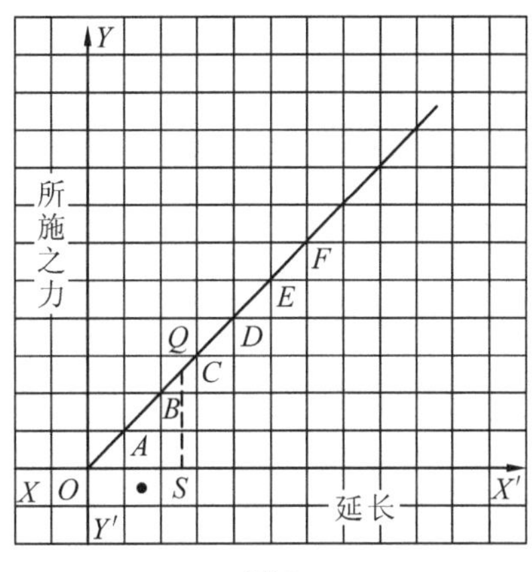

图 2

从此坐标图，知其一量即可推求他量。譬如欲知能使此螺簧延长 2.5 厘米之所施力，其法即在 XX' 上，自 O 起 2.5 格处（S），作一与纵轴平行之直线，与弧线相交于 Q 点，则 QS 即代表所施力。今知 QS 为 2.5 格且每格代表 50 克，故施力为 125 克。

Ⅵ. 电学用仪器　电学仪器，价值颇贵。用时须格外谨慎，切勿通过大之电流。欲防止过大之电流，最好在电路上加入一相宜之保险丝。①

伏特计　接法（1）　有一电流已通之电路欲量其 A，B 两点间之电位差，可即以伏特计之两端连于 A，B 两点，但不变原有电路（如图 3）。此种接法，以后称作“以伏特计平行接于电路 AB”。

接法（2）　伏特计有时可如图 4 连接。此时伏特计所示之数即伏特计以外之电路上之总电位差。

无论接法（1）或（2），伏特计之有（+）号一端，应连于电路上电位较高之一端，有（−）号一端，连于电位较低之一端。

欲得精确之示数，须择用一有最低相当刻度之伏特计。例如电源倘仅干电池二个，则宜用一最大示数为 3 伏特之伏特计，若用与室内电灯同一电源，则宜用一示数 0～150 V 或 0～250 V 之伏特计。（若同一伏特计有几种刻度，则用其相当者。）

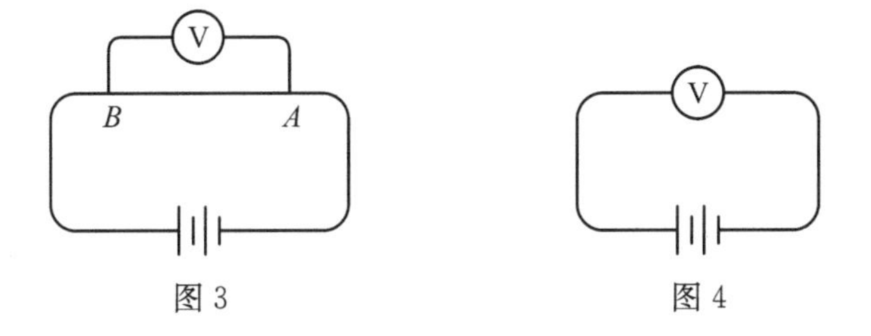

图 3　　　　图 4

① 保险丝（fuse wire）通常系一易烧去之铅丝。电流过大时，此丝即先烧断，电流遂即不通，使仪器尚不致受损，故曰保险丝。

安培计　欲量任何电路上之电流，可即以安培计串联插入该电路。用安培计时，最宜当心。与安培计同一电路上，务须接入一便于改变之电阻，与计串联；从最大电阻起，逐渐减少至得所欲用之电流而止。无论如何，通过之电流不可超过安培计之最大刻度。

倘一安培计上有数种刻度，则先试用其最大者。例如一种为0～25 A，他种为0～5 A，则先试用0～25 A之一种。若电流小于5安培，然后再改用0～5 A之一种，以得稍精确之读数。

电流计（Galvanometer）　普通电流计，只能通入极小之电流。用时应先问教员，接入相当之电阻或分流器（Shunt）。

实验一　长度之度量

【目的】

（一）求英制长度单位与米制长度单位之关系。

（二）证明直角三角形斜边之平方等于其他两边平方之和。

（三）求 π 之值。

【仪器】　米尺（一边刻英寸），圆柱体（木制，直径约 6 厘米高约 5 厘米），细针，纸条，白纸，三角板一副。

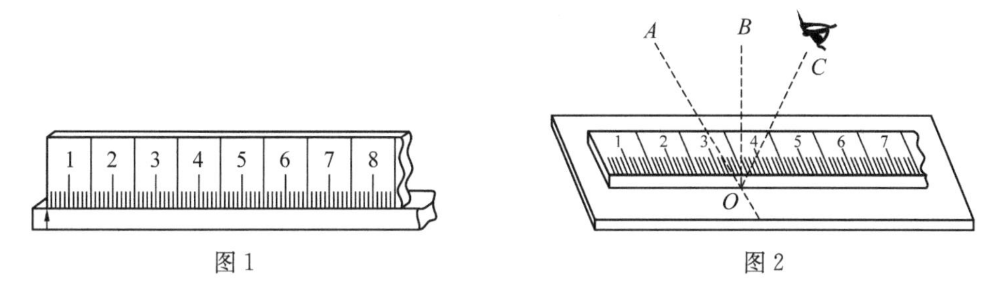

图 1　　图 2

注意　量长时欲免去视差，尺宜横竖，其边与欲量之物恰合（如图 1），不宜将尺平置（如图 2），何故？

【实验法】

（一）从全尺刻度，看全尺之长为若干英寸，又为若干厘米，从此计算一英寸等于若干厘米。

（二）在白纸上画一不等边之直角三角形 ABC。以 AB 为其斜边，其每边之长均大于 10 厘米。以厘米计，每边量二次。以英寸计，每边亦量二次。量时应记尺上与线各端相合之刻度，不必即记边之总长。其数均须估计至$\frac{1}{10}$毫米，或$\frac{1}{80}$英寸。每次量时，宜择尺上另一刻度为起点，何故？

（三）取圆柱体。量其直径三次，每次在尺上另择一刻度为起点。再以纸一条，紧绕圆柱体一周。在纸相叠之处，以细针作三孔。平铺纸条于桌上。量每相关两孔间之距离。此即圆柱之圆周。

【记录】

（一）全尺之长＝　　　英寸

全尺之长＝　　　厘米

∴1 英寸＝　　　厘米

公认值 1 英寸＝2.54 厘米

误差＝……

$$百分误差=\frac{误差\times 100}{公认值}=\cdots\cdots$$

（二）量直角三角形每边之长

单位	两端之记度		长	两端之记度		长	两端之记度		长
	A	B	AB	B	C	BC	A	C	AC
厘米									
	平均长			平均长			平均长		
英寸									
	平均长			平均长			平均长		

单位	AC	$\overline{AC^2}$	BC	$\overline{BC^2}$	$\overline{AC^2}+\overline{BC^2}$	AB	$\overline{AB^2}$	$\overline{AC^2}+\overline{BC^2}$与$\overline{AB^2}$之百分差
米制								
英制								

（三）求π之值

单位	米制（厘米）				英制（英寸）			
次数	1	2	3	平均	1	2	3	平均
直径								
圆周								
π之数值					π之数值			

π之平均数值=……；公认值=3.1416

误差=……百分误差=……

【习题】

（一）关于长度之度量，英制与米制孰优，试言其故。

（二）用实验者量圆柱体直径时每次所得之值，并以平均直径作标准，试算每次量得值之百分误差。

实验二　固体之密度

【目的】

（一）学习天秤[①]游标测径器及螺旋测径器之用法。

（二）求铜及钢之密度。

【仪器】　天秤，游标测径器，螺旋测径器，铜或铅圆柱体，钢球，砝码一副。

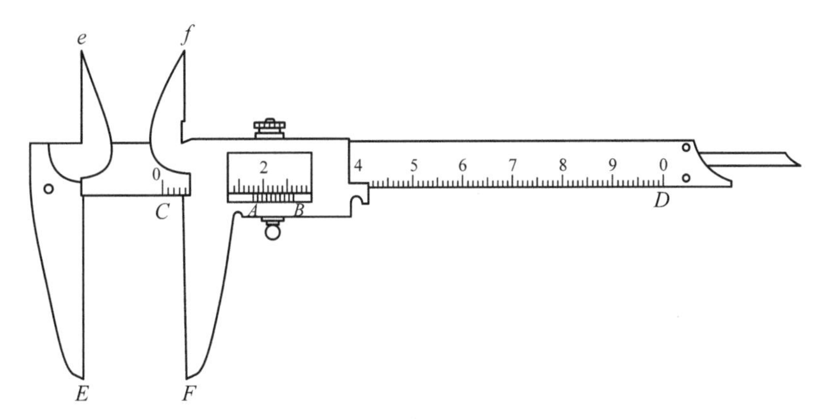

图 1

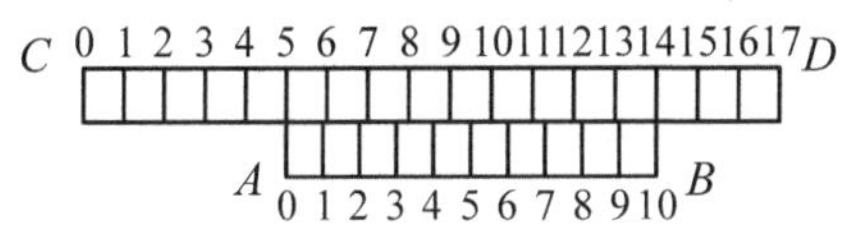

图 2

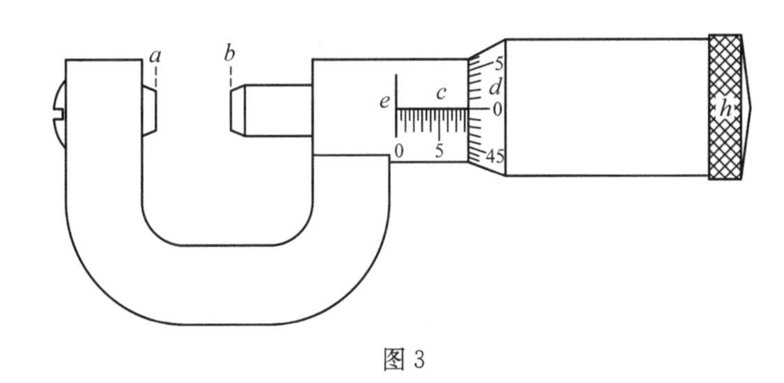

图 3

【实验法】

（一）称法　用天秤时应注意：

（1）细察天秤是否平稳，两盘是否洁净。

（2）细察天秤上各部分之用处。

---

① 即天平，后同。——编者

（3）如天秤杆上有游码，则物品须置于左盘内，砝码置于右盘内。（何故?）

（4）称物前须查看砝码盒内是否齐全。

（5）称物时务须扶持盛物盘，渐置或渐取砝码于他盘，使失平衡时不致有倾碰之患。

（6）砝码不宜乱加。须先取一较物品稍重之砝码试之，知其过重，然后择其次者。如此由大而小，递次增加小砝码，至两边平衡而止。

（7）计盘中砝码之总重而后将砝码还置盒内原位。

（8）凡潮湿或有损于秤盘之物体，不可直接置于盘上。

依上述，称铜圆柱体之重及钢球之重，各记录之。

（二）游标测径器之用法，游标测径器，用以量一刻度之一小部分。其构造分为两部。如图1，CD为总尺，AB为游尺。AB可任意游动于CD之上。CD上每一等分为1毫米。AB上另有一刻度，总长9毫米，但分为十等分。故AB上每一等分，等于0.9毫米，见图2（1）自明。总尺及游尺各有一夹E与F。当EF相接触时，游尺之第一刻度O，适与总尺之第一刻度O相对。今若有一物置于EF两夹之间，而适如图2（1）所示，游尺之O适与总尺五毫米之刻度相对。由是可知是物之长为五毫米。又因游尺上之每一等分，与总尺之每一等分相差为0.1毫米，故游尺上1与总尺上6相差为0.1毫米。游尺上2与总尺上7相差为0.2毫米。依此类推，游尺上5与总尺上10相差0.5毫米。游尺上8与总尺上13相差0.8毫米。故若AB向右移动，至AB上1与CD上6相对，则AB上O与CD上5相距0.1毫米。若AB移动至AB上5与CD上10相对，则AB上O应与CD上5.5毫米相对。以此理推之，欲知AB上O与CD上最末一刻度之距离，即视AB上第几刻度与CD上任一刻度适相对而定。如图2（2）应读为3.7毫米，因AB上O已过CD上3，而AB上7适与CD上之刻度相合。

用游标测径器，量铜圆柱体之高，及其直径各四次。但每次须量圆柱体之不同部分。柱体放在两夹之间，不宜太紧，亦不宜太宽。所得结果均记录之。

（三）螺旋测径器之用法　如图3，C尺之每一等分，通常为$\frac{1}{2}$毫米，即等于螺旋S之螺距。故转动h头一周，则两夹ab间之距离，改变$\frac{1}{2}$毫米。h转动$\frac{1}{50}$周，则ab间距离必改变$\frac{1}{50}\times\frac{1}{2}=0.01$毫米。故若$d$圆周上刻成50等分，则其每等分即代表$ab$间距离0.01毫米。

量物前，先轻轻的旋转h头，至ab适相接触，但不过紧，此时d上之O应适与ec线相合。倘不相合，则须视察d周上之第几度，正与ec线相合，即以此度为零差。

旋转螺旋，使指以下毫米数：—3.47，5.64，4.79，8.35，9.78，请教员校正之。若有零差，应如何补救?

用螺旋测径器量钢球之直径 5 次，但每次须量球之不同部分。所得结果均记录之。

注意：——两夹 ab 接触球面之两点，以直线相连时，应通过球之中心。

【记录及计算】

次数	圆柱体高（毫米）	圆柱直径（毫米）
1		
2		
3		
4		
平均		

铜圆柱体积$=\frac{\pi D^2}{4}\times L$……立方厘米

铜圆柱体重=……克

铜之密度$=\frac{M}{V}=$……克/立方厘米

次数	钢球之直径（毫米）
1	
2	
3	
4	
5	
平均	

钢球之体积$=\frac{1}{6}\pi D^3=$……立方厘米

钢球之体重=……克

∴钢球之密度=……克/立方厘米

【习题】

（一）问在上列量度中，何一量度之误差，最有影响于密度之数值？

（二）若本实验所用之铜圆柱，其直径及高之平均各差 0.01 厘米，其重差 0.1 克，则铜之密度之百分误差若干？

（三）今有钢圆柱，长 12 厘米，直径 3 厘米，试求其重。

实验三　阿基米德原理

【目的】

（一）证明阿基米德原理。

（二）求石或金属及木块之比重。

【仪器】　天秤，砝码，溢罐，石（石之重须能带木块使全没入水中），或金属数块，木块（宽高厚均约3厘米木质须坚好，外面宜涂蜡一薄层），金属小杯，大杯，玻璃（或金属）杯，线。

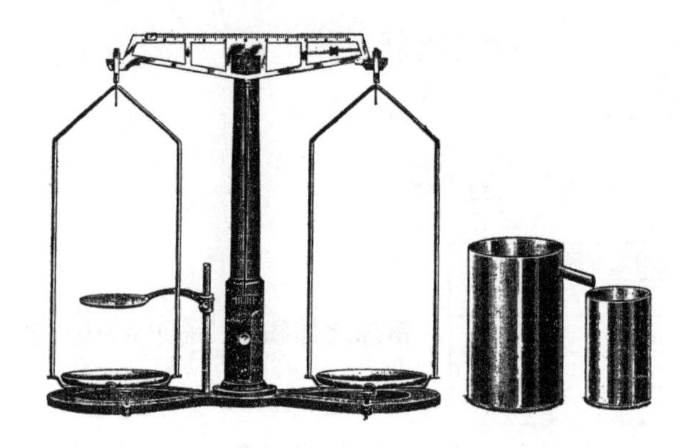

【实验法】

（一）密度大于水之固体。悬石于秤之左盘。求其在空气内之重 M_1。浸入水内，尽去附着石上之空气泡，再称之，得其重 M_2。石在水中所失之重为 M_1-M_2。

次求为石排开之水重。其法先以水满注溢罐，直至水自管口流出而止。擦干金属小杯，称之得其重 m_1。放于溢罐管口下。逐渐将石完全没入溢罐中。至水不再自管口溢出时，称杯及水，得其重 m_2。则 m_2-m_1 即为石所排开之水重。试与 M_1-M_2 比较之。

（二）密度小于水之固体。先称木块之重 W_1。浮木块于溢罐内，如前法定为木块所排开之水之重。试以所得结果与 W_1 比较。根据前节及本节之实验。作一结论。

（三）密度大于水之固体，求其比重，密度及容积。可从第一节记录求之。

（四）密度小于水之固体，求其比重，密度及容积。系石及木块，同没于水中，称之，得其重 W_2。由 W_2 与前所得之 W_1 及 M_2，求木块之比重及容积。

写出前节及本节所需要之公式并加以说明。

【记录及计算】

（一）石在空气中之重，$M_1=$……克

石在水中之重，$M_2=$……克，$M_1-M_2=$……克

金属小杯之重，$m_1=$……克

金属小杯与水之重，m_2＝……克，m_2-m_1＝……克

差数＝……克

百分差$=\frac{差数\times 100}{M_1-M_2}$＝……

（二）木块之重，W_1＝……克

金属小杯之重，m_1＝……克

金属小杯与水之重，m'_2＝……克，m'_2-m_1＝……克

差数＝……克

百分差＝……

（三）石之比重$=\frac{M_1}{M_1-M_2}$＝……

石之容积＝……立方厘米

石之密度＝……克/立方厘米

（四）木块及石同在水中之重，W_2＝……克

木块在水中之重，W_2-M_2＝……克

木块在水中所失之重，

$W_1-(W_2-M_2)$＝……克

木块之比重＝……

木块之容积＝……立方厘米

木块之密度＝……克/立方厘米

【习题】

（一）由实验（三）（四）两项所得之密度，若以英制（磅/立方英尺）表示，其数值应为若干？

（二）一方形船，长35英尺，宽10英尺，今载重4000磅，问船在水面下之部分深几英尺？

（三）试讨论做此实验时应注意之点。

实验四* 液体压力

【目的】 实验液体压力与深及密度之关系。

【仪器】 玻璃管（长50厘米，直径约1.5厘米，内壁粘纸尺），铅子，砝码，长玻璃筒，酒精，盐水（密度已知）。

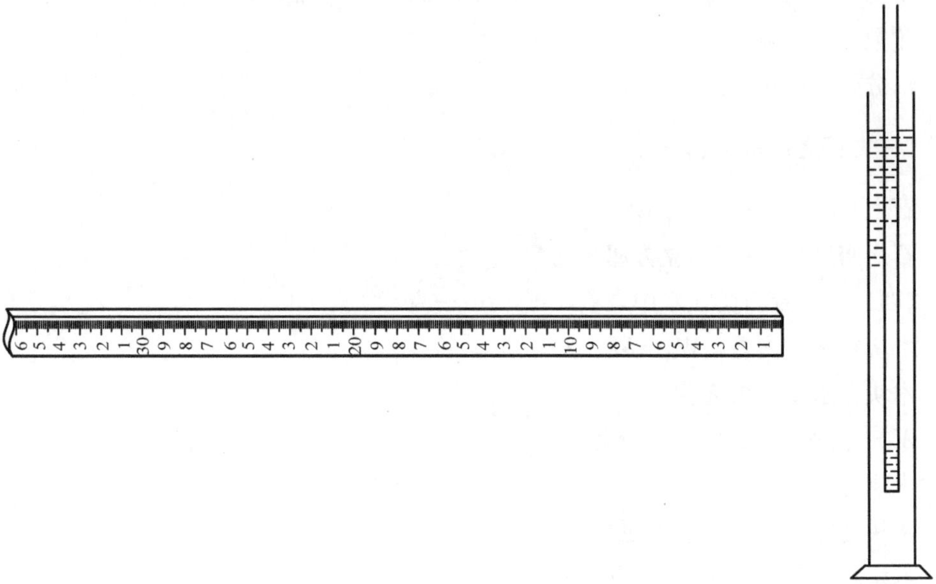

【实验法】

（一）压力与深之关系。如图长玻璃筒内盛水，以玻璃管插入水中，将铅子渐渐注入管中，至管能直立为止。

记管沉入水中之深。管中加入5克砝码，再记管入水之深。继续加至10，15，20，25，30，35，40克，记各次之深。从每次所读之数，减去未加砝码时之数，即得每加至砝码若干克时所沉入之深。

从实验结果作一结论。

（二）压力与密度之关系。倒去玻璃筒内之水，易以酒精。取出玻璃管内之砝码，（铅子仍留在管内）复插管于酒精中，记其沉入之深。另取铅子约30克，置于一杯中。称杯与铅子之总重（1）后，将铅子渐渐灌入玻璃管中，同时细察管沉入之深，直至所增加之深，与管在水中加砝码至20克时所增加之深相等而后止。再称铅子与杯之总重（2）。求加于管内之铅子之重。

倒去酒精，易以盐水。如前再实验一次。亦使管沉入盐水中所增加之深与管在水

---

* 可以更调之实验。

中加砝码至 20 克时所增之深相等。并求加于管内之铅子之重。

问两种液体在同深处之压力与其密度有何关系？

【记录】

（一）

	管及铅子	增加之重量							
		5 克	10 克	15 克	20 克	25 克	30 克	35 克	40 克
管没入之深									
加重后深之增加									

（二）

管在水中加砝码至 20 克时所增加之深＝……

液体	铅子与杯总重（1）	铅子与杯总重（2）	铅子重	比重
酒精				
盐水				

$$\frac{\text{铅子重（酒精）}}{\text{铅子重（盐水）}}=\cdots\cdots \quad \frac{\text{酒精之比重}}{\text{盐水之比重}}=\cdots\cdots$$

【坐标图】　由记录（一）以重量为横坐标，深为纵坐标，做一坐标图以表示液体压力与深之关系。

【习题】　欲使水与酒精有同样之压力，两者之密度关系如何？试以公式表之。

实验五　唧筒之构造

【目的】　制造吸取唧筒（Lift Pump）及压力唧筒（Force Pump）各一。

【仪器】　圆柱形灯罩（二），广口玻璃瓶（四），铜条（二）（长约一英尺，直径$\frac{1}{4}$英寸，一端可装活塞），一尺长玻璃管（二），四寸长玻璃管（三），四寸长尖口玻璃管，木塞或橡皮塞（五），薄膜及扁钉，一尺长橡皮管（二），铁架（二），铁夹数个。

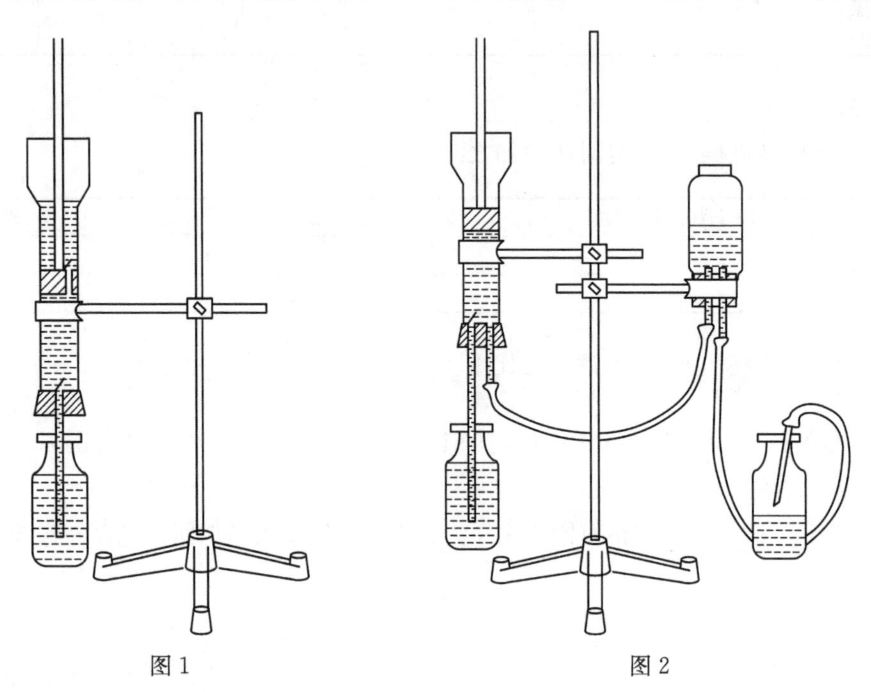

图 1　　　　图 2

【实验法】

（一）吸取唧筒　依图 1，配制一吸取唧筒。圆筒内活塞，勿使漏水，但须容易抽动。薄膜的活门，宜能尽掩通路。在试验抽水以前，可先注水少许于圆筒内。

（二）压力唧筒　依图 2，配制一压力唧筒。注意空气箱口之塞，勿使活动，致易脱去。

【问题】

（一）试详言唧筒上各活门之作用，并作二图，以表明当两种唧筒之活塞上抽时，其各活门之位置。

（二）当活塞上抽时何以水能上升?

（三）吸取唧筒之活塞若提高至距水面 34 英尺以上则不能汲水，何故?

（四）压力唧筒尖管射出之水，赖何作用方能不间断?

注意　前列四题须在实验室内笔答。

实验六　波义耳定律

【目的】　实验当温度不变时定量气体之容积与其压力之关系。

【仪器】　长约1米，孔径约1毫米之玻璃管（管之一端以火漆密封，其内贮水银少许①，米尺，气压计（全班公用）。

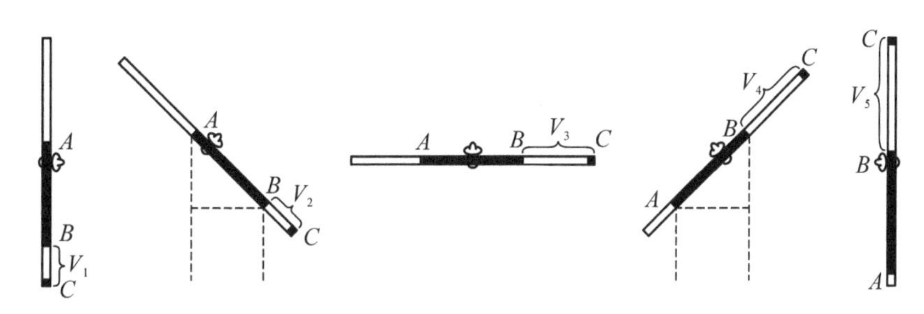

【实验法】　如上图，管之闭口一部分 BC 内空气被水银柱 AB 压住，不能外泄。因管之断面大小平均，故 BC 内之空气之容积与 BC 之长成正比例。

（1）先读气压计，定大气压为若干厘米。直立玻璃管，开口向上。量 AB 两点离桌面之高，从而得 AB 之长（以厘米计）。加此数于大气压，即得在此情形下 BC 内空气之压力 P_1。量 BC 之长，此长即可代表 BC 内空气之容积 V_1。

（2）渐渐倾斜玻璃管（切勿太快），至与桌面约成45°。量 A 及 B 距桌面之高（以厘米计）。二者之差（何以不用 AB 全长?），加于大气压得 P_2。再量 BC 之长得 V_2。

（3）转管至水平位置。此时 BC 内空气之压力即等于大气压（何故?）。命此为 P_3。量 BC 之长得 V_3。

（4）再将管倾斜，使与桌面约成45°，但使闭口向上。量 A 及 B 去桌面之高。自大气压减去此高（何以不减 AB 全长?），即得 P_4。量 BC 之长得 V_4。

（5）倒立玻璃管，量 P_5 及 V_5。

【记录及计算】

玻璃管位置	气之容积（V）	A 距桌面之高	B 距桌面之高	两高之差	大气压	气之压力（P）	压力与容积之积（PV）	（PV）与平均 PV 之差	$\frac{1}{V}$
（1）									
（2）									
（3）									
（4）									
（5）									

① 附注：注水银于玻璃管内之方法：以细口之滴管（filler）吸取水银，逐渐灌入玻璃管中。此时之水银因管孔甚细，易成数节，各节间隔有空气。欲去此弊，可用瓷漆铜线（不可用普通铜线）通过管中，使水银渐连成一长段。然后以火漆密封管之一端。

平均 PV＝……＝常数

计算下列之比至三位有效数字

V_2/V_1＝……；V_3/V_1＝……；V_4/V_1＝……；V_5/V_1＝…….

P_1/P_2＝……；P_1/P_3＝……；P_1/P_4＝……；P_1/P_5＝…….

相差＝……；　相差＝……；　相差＝……；　相差＝…….

【坐标图】PV＝常数的关系，换一句说，即 P 与$\frac{1}{V}$成正比例。此种比例，可以坐标图表明之。计算$\frac{1}{V}$至三位有效数字，记录于表上。用适当的比例尺[①]，以 P 为横坐标，$\frac{1}{V}$为纵坐标，作一坐标图，（须另用方格纸）并说出所得弧线之性质。

述波义耳定律并以两种算式表之。（一种表明 P 及 V 之关系，一种表明 P 及密度之关系。）

【习题】

（一）用实验记录中之平均 PV，P_1及 V_5推算容积为 $3V_5$时之压力及压力为 $4P_1$时之容积。

（二）一器内蓄养气。其压力为每平方英寸 1800 磅，若气渐渐泄出，至其压力降为每平方英寸 600 磅。问此时，器内所剩下之养气为原有几分之几?

① 比例尺即方格上每格代表之数。

实验七　虎克定律

【目的】　求施于弹性物体之力与该物体之延长或弯曲之关系。

【仪器】　螺簧，砝码之托盘，镜尺与架，砝码，薄木杆，（松木，长 1 米，宽 13 厘米，厚 7 厘米），木块（二）（松木制，长 24 厘米，宽 10 厘米，厚 10 厘米）。

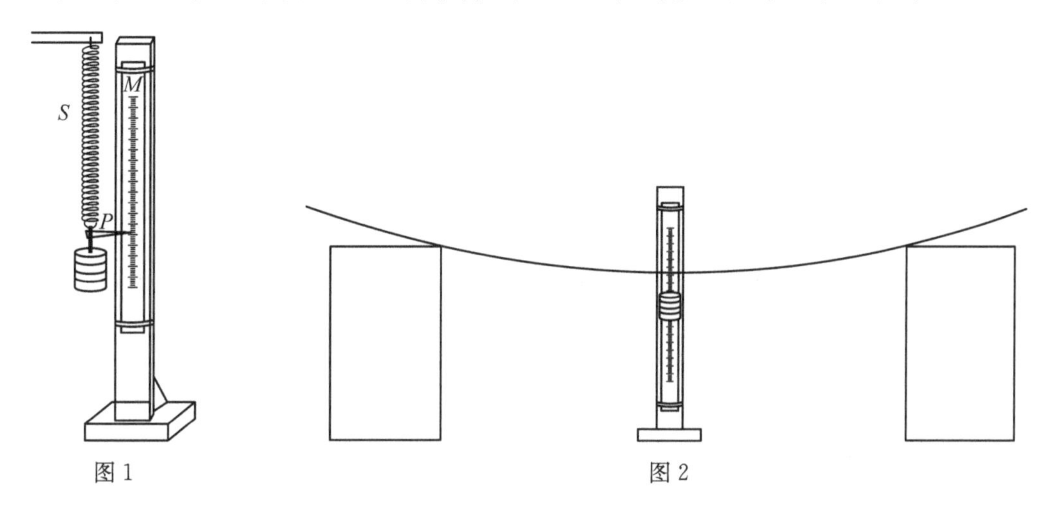

图 1　　　　图 2

【实验法】

（一）伸长　先加若干砝码于托盘使螺簧稍伸长，然后（如图 1）置镜尺于指针之后，而读指针所指之数。但读时须使眼与指针之端与针端在镜中之像三者同在一平面上，且须记数至十分之一毫米。此第一次所读之数名曰初读数。

递加砝码，每次加 100 克，加至 400 克为止。每加重一次，将指针所指之数记下。求螺簧每次所伸长之厘米数。（从初读数算起）

递减砝码亦每次减 100 克。再记指针所指之数。

（二）弯曲　取薄木杆，用木块支起两端（如图 2），在木杆之中点，悬托盘及指针。木杆及指针之后，立镜尺。然后递增及递减砝码，每次增减 200 克，而记指针所指之数。求木杆每次所弯下之厘米数。

（三）坐标图　以横坐标表示每次所施之重力，以纵坐标表示螺簧之伸长。依上实验结果，记各点于方格纸上。连结各点作一线以表明弹性物体之伸长与其担负(Load) 之关系。

同样，以纵坐标表示木杆弯下之厘米数，另作一坐标图。

坐标图上之二线，性质如何？

【记录】

（一）			（二）		
担负	指针之示度	螺簧之伸长	担负	指针之示度	木杆之弯下
初担负			初担负		
100 克			200 克		
200 克			400 克		
300 克			600 克		
400 克			800 克		
300 克			600 克		
200 克			400 克		
100 克			200 克		
初担负			初担负		

根据实验结果，述虎克定律之两种特例（一、伸长，二、弯下），并以公式表明。

【习题】 设有一物，悬于本实验所用之螺簧下时，使螺簧伸长 3 厘米。问此物之重若干？

实验八 力之合成

【目的】

（一）求平行力之合力

（二）求同点力之合力

【仪器】 2000克弹簧秤，250克弹簧秤（三），米尺，短米尺，砝码（一副），砝码托盘（二），木板（长70厘米，宽60厘米，厚2厘米。用三块木板合成，若中部木板为横纹则两端木板须为纵纹）。小铁圈，（或铜圈），三角板（一副），线。

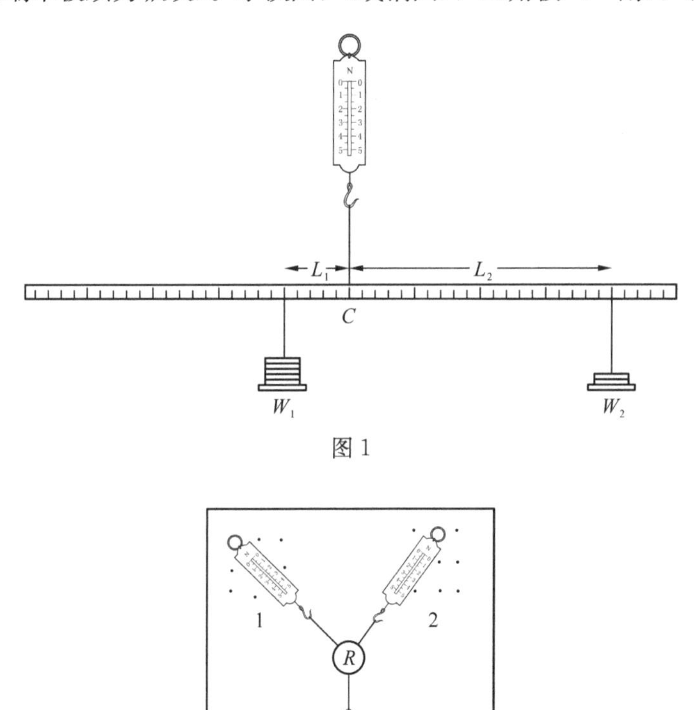

图1

图2

【实验法】

（一）挂2000克弹簧秤于架上。秤下用线悬米尺于C点，使米尺水平后，乃读弹簧秤所示之重，作为初读。尺之两边40厘米及90厘米处，悬两砝码W_1及W_2，但尺仍须水平。记弹簧秤所示之数作为二读。记W_1及W_2之数，求其和，而与弹簧秤初读二读之差比较之。量C点与W_1及与W_2之距离L_1及L_2。求$W_1 \times L_1$及$W_2 \times L_2$之值。

减W_1内之砝码若干克，而增加L_1之距离，使米尺仍水平。再如前记录各数。复

重行实验一次，使 W_1 约移至 10 厘米之处再记各数。(共作三次)

（二）如图 2，板上有三个弹簧秤，每个弹簧秤之一端，用线连接于小铁圈 R，其他端套于钉上。板上有洞，故钉之位置可任意改变。各秤所表示之力须大于 1000 克。

用图钉钉一纸于铁圈及秤下。在圈之中心，以尖锐之铅笔作细点于纸上。移动铁圈，试其能否仍复原位。否则可将各秤移高，以减少秤与板面间之摩擦。适在三线之下，约距圈心 4 厘米或 5 厘米处各作细点。读各秤示数，记于各线之傍。脱开三秤，平置板上，读各秤所示之数。若此数小于 0，则应加于前所得各数。若大于 0，则自前数减去之。

在记录纸上，连中点及其他三点，作三细线。用适当作图比例（如 1 厘米＝20 克或 1 厘米＝50 克），自中点取各线之长。线端作一矢头，以表示三力。以任二线为边，作一平行四边形。自中点画一对角线，量其长，计其力，而与第三示力线比较之。

【记录及计算】

（一）平行力

弹簧秤初读	弹簧秤二读	前两项相减	W_1	W_2	W_1+W_2	L_1	L_2	$W_1\times L_1$	$W_2\times L_2$

（二）同点力

弹簧秤（1）示数＝……克，(零差）＝……克∴F_1＝……克

弹簧秤（2）示数＝……克，(零差）＝……克∴F_2＝……克

弹簧秤（3）示数＝……克，(零差）＝……克∴F_3＝……克

作图比例 1 厘米＝……克

（ ）线之长＝……厘米　（ ）线之长＝……厘米

对角线长＝……厘米　∴合力＝……克

但 F（ ）＝……克

∴百分误差＝……

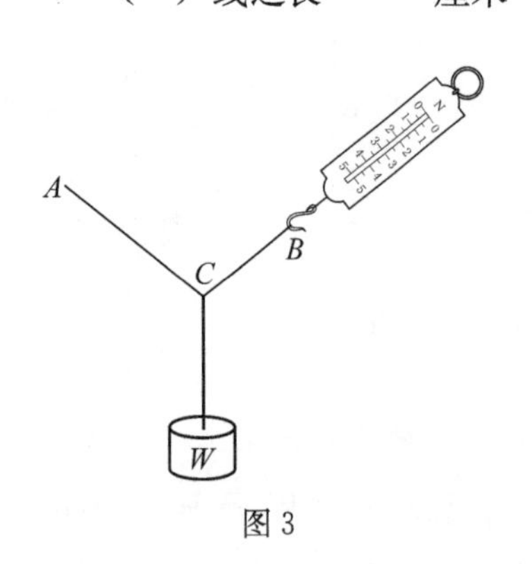

图 3

【结论】

（一）由 1 节实验结果，试述平行力与其合力之关系。从 $W_1\times L_1$ 及 $W_2\times L_2$ 之值试作一结论。

（二）由上实验，试述同点力与其合力之关系。

【讨论】　试言此实验应注意之点，并讨论其误差之由来及其免除之方法。

【习题】　如图 3，有 50 磅之重 W，悬于 AB 线之中点 C。若 AB 全线能受之张力，最大不得过 50 磅，试证 ACB 角大至 120°时，则 AB 线必断。

实验九　单摆

【目的】　证明单摆之定律。

【仪器】　摆夹（木制），摆锤二个（大小相同，但质料不同），表（须具秒针），米尺。

【实验法】

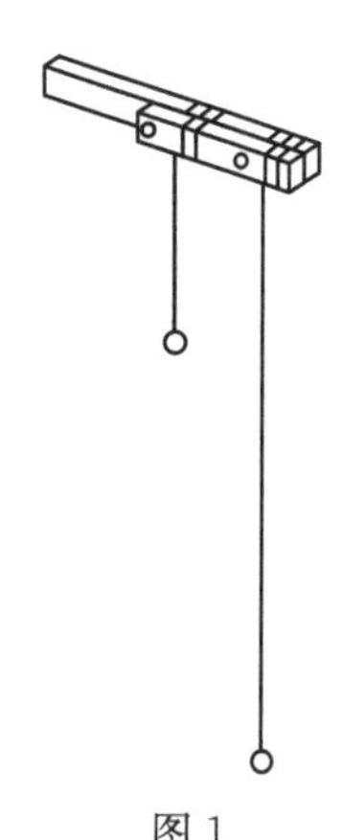

图 1

（一）振幅与周期之关系。以长约 150 厘米之线，悬摆锤于架成一单摆。精量从悬点至摆锤中心之距离。以 10 厘米之振幅，振动摆锤。量摆动 50 次所需之时间。做此实验时，于未摆动之前，先以目对准摆线，认定某处一点适与线相合，然后使之摆动。摆动数以线适经过认定之点时算起。不必自第一摆动起。同时看表，记下几时几分几秒。（秒数须先看）摆至 50 次时（从摆锤此次经过认定点至下一次同方向的经过此点为一次），再记时数。如此复作一次。由所得记录，求每摆动一次所需之时间，此时间即称周期。

将振幅改为 30 及 100 厘米，如前各试一次。求摆动之周期。问振幅之改变与周期有无影响?

（二）摆锤之质料与周期之关系。换一同大异质之摆锤。摆长与前同，振幅随便（何故）。如前求摆动之周期，问摆锤之质料与周期有无影响?

（三）摆长与周期之关系。缩短摆长约 50 厘米，再精量之。以适当之振幅，如前法求周期，须实验两次求其平均。

再缩短摆长约 50 厘米，求周期，亦实验两次。算每二摆摆长之比与其周期之平方之比。问摆长与周期之关系若何?

（四）制一秒摆（周期为两秒之摆称为秒摆）。改变摆长，先验其摆动 10 次所需之时间，是否适为 20 秒。若过快，则加长；若过慢，则减短。对准后，再验摆动 60 次所需之时间是否适为 2 分。最后对准后，精量从悬点至摆锤中心之距离。是即秒摆之长。

【记录及计算】

（一）振幅与周期之关系

摆长＝……厘米　摆动次数＝50

振幅	实验次数	时数（起）	时数（终）	总时间	周期	平均
10 厘米	1			秒	秒	
30 厘米	1			秒	秒	
100 厘米	1			秒	秒	

（二）摆锤之质料与周期之关系

摆长＝……厘米　振幅＝30 厘米　摆动次数＝50

实验次数	时数（起）	时数（终）	总时间	周期	平均
1			秒	秒	
2			秒	秒	

（三）摆长与周期之关系

摆动次数＝50

摆长（厘米）	实验次数	时数（起）	时数（终）	总时间	周期	平均
	1			秒	秒	
	2			秒	秒	
	1			秒	秒	
	2			秒	秒	

$\frac{\text{第一摆之长}}{\text{第二摆之长}}=\frac{\cdots\cdots}{\cdots\cdots}=\cdots\cdots$；

$\left(\frac{\text{第一摆之周期}}{\text{第二摆之周期}}\right)^2=\frac{\cdots\cdots}{\cdots\cdots}=\cdots\cdots$。

$\frac{\text{第一摆之长}}{\text{第三摆之长}}=\frac{\cdots\cdots}{\cdots\cdots}=\cdots\cdots$；

$\left(\frac{\text{第一摆之周期}}{\text{第三摆之周期}}\right)^2=\frac{\cdots\cdots}{\cdots\cdots}=\cdots\cdots$。

（四）秒摆之长……厘米

【习题】

（一）由公式：周期＝$2\pi\sqrt{\frac{l}{g}}$，用本实验记录中之摆长及其相当周期，求 g 之值。

（二）用（一）节实验所得之记录，并应用摆长与周期之关系。求秒摆之长。与（四）节实验所得之值比较之。

实验十 称

【目的】 造一普通用之称。

【仪器及材料】 称杆（一端粗，一端细，长约75厘米，粗端包铜使增其重量），称锤（重约500克），称钩（不必太小），三足架，砝码一付（合2000克），绳（不必太粗），未知重数种。

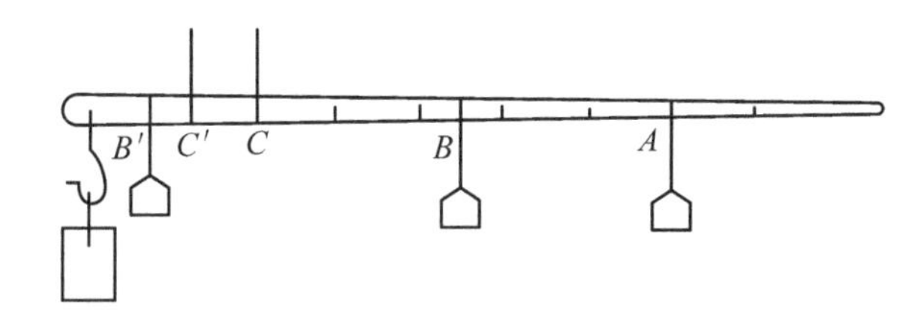

【制法】

（一）如图，单挂称钩于杆之一端。用绳悬称杆于 C 点使杆适水平。在称钩上挂1000克砝码，杆右臂挂称锤，[①] 渐渐左右移动至水平为止。在杆上悬锤之点 A，做一记号，均分 AC 为50等分，刻度于杆之上面（非侧面），自 A 至杆之右端亦照此等分刻度。每一等分即代表20克。用力矩之理详细说明本节之方法。

取500克，200克，100克，40克等砝码，各挂于称钩，每次移动称锤使杆水平以验刻度之确否。

（二）用绳悬称杆于 C' 点，挂称锤于 C' 之左如 B' 点，使称杆水平。在 C'，B' 两点各做记号。在称钩上挂1000克砝码，挂称锤于 B 点，使称杆仍水平。均分 BB' 为20等分，刻度于杆之侧面。复取等分之长自 B' 至右端，继续刻度，每一等分即表示50克。试用力矩之理详细说明本节之方法。

取500克等各砝码称之，以验刻度之确否。

（三）用已制成之称，称未知重。记录如下：

（甲）＝　　克；（乙）＝　　克；（丙）＝　　克。

【习题】

（一）在称杆上面400克重之刻度与 A 点之距离，及此刻度与 C 点之距离，其关系若何？

（二）若此种之称锤加重或减轻，但刻度不变时，则此称所指示之重量有何改变？

（三）若此称之称钩加重或减轻时，则此称所指示之重量有何改变？

---

① 即秤锤，后同。——编者

实验十一　斜面

【目的】

（一）实验斜面之工作。

（二）实验效率与斜度之关系。

【仪器】　小车，砝码，天秤，小洋铁杯，短米尺（或铁条），木块，绳，角度板（取一长 1 米，宽 22 厘米厚 2 厘米之松板与同宽同厚但长为 80 厘米之另一松板，用铰连钉住两板之一端如图。长板之他端装一滑车）。

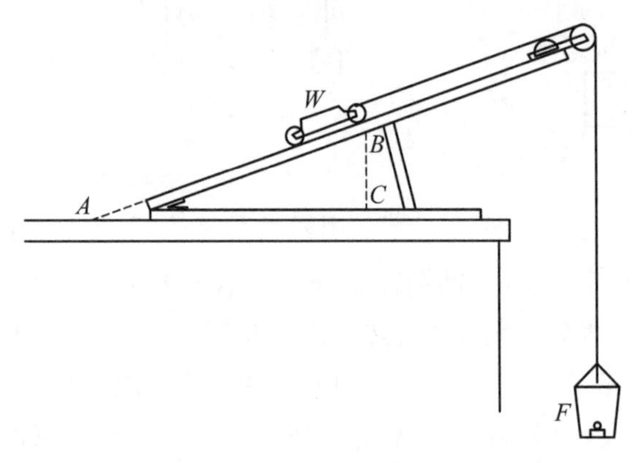

【实验法】　先称小车［W］及小洋铁杯［F］之重。装置仪器，如图。使斜面与水平面约成 20°。系车之绳务须与斜面平行。渐加重于小洋铁杯。使小车适等速上行。然后计小洋铁杯及所加砝码之共重。渐减重，直至小车等速下行。而后再计小洋铁杯及砝码之共重。此上下两次共重之差，折半即得摩擦力［f'］。何故？并以算式表示。

两次共重之和折半，即无摩擦力时，欲使小车等速运动所需之力［f］。何故？并以算式表示。

重行实验一次，求两次实验所得 f 及 f' 之平均值。

欲求斜面之斜度，须量斜面之长［L］及高［H］。法以米尺平置斜面上。使其下端适与桌面接触。如图 A 点。自 A 起，在斜面上量 50 厘米至 B。复量自 B 至桌面之垂直距离 BC。

增加斜度至约 30°，45°，60°，依上法再各试二次。

由上实验记录。计算 H 与 L 及 f 与 W 之比。求此两比之百分差。由总工作（$f+f'$）$\times L$ 及有用工作（$W\times H$）。算斜面之效率。问斜面之效率与斜度（即 H 与 L 之比）有何关系？

【记录及计算】

小车重［W］＝……克。小洋铁杯重［F］＝……克。

斜度	实验次数	所加之重		共重		[f]		[f']	
		上	下	上	下	每次所得值	平均	每次所得值	平均
20°	1								
	2								
30°	1								
	2								
45°	1								
	2								
60°	1								
	2								

长 [L]	高 [H]	$\frac{H}{L}$	$\frac{f}{W}$	百分差	总工作 [$f+f'$] $\times L$	有用工作 $H\times W$	效　率

【习题】

（一）试用任一次实验记录，算斜面之理论的机械利益及实际的机械利益。

（二）问斜面上若涂以油。其效率有何改变？又欲用斜面移重至一指定高处时，所用斜面，可长可短，问效率孰大？日常应用之斜面，何以每取其斜度较小者？

实验十二　滑车，工作及效率

【目的】　实习滑车之组合法并求其机械利益及效率。

【仪器】　单滑车（二），三连滑车（二），滑车架，小洋铁杯（高 7 厘米，直径 5 厘米），铅子，未知重（约 1000 至 2000 克），天秤，砝码。

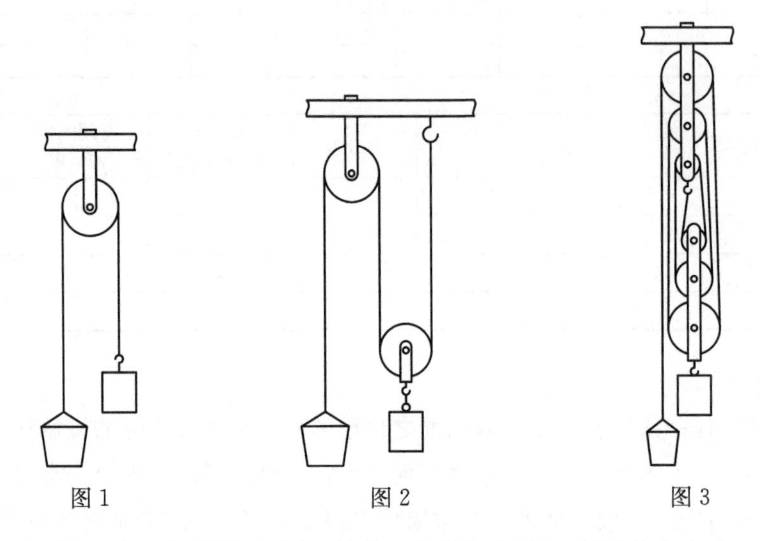

图 1　　　　图 2　　　　图 3

【实验要理】　实习各种滑车之组合时，其所起之重与所用之力之比，为实得之机械利益。所用力经过之距离，与所起重经过之距离之比，为理论之机械利益。此二种利益中，实得之利益常小于理论之利益。一因滑车动时受摩擦，二因动滑车有重量。

因摩擦力常与运动反向。若量使一重量以均匀速度上升时所需之力，及以均匀速度下降时所需之力，即可算摩擦力之大小。今以

F=使一重量以均匀速度上升时所需之力

F'=使一重量以均匀速度下降时所需之力

f=摩擦力

p=动滑车之重量

W=所起之重量

n=理论机械利益

则当重量以均匀速度上升时，上列各量之关系如下式。

$$nF=W+p+f$$

当重量以均匀速度下降时，各量之关系为

$$nF'=W+p-f$$

实验各种滑车组时，定一 W 后，量 F 及 F'。因 n 为已知，可由上二式算（$W+p$）及 f。算得之 $W+p$ 应与量得之 $W+p$ 比较，看其是否相合。

【实验法】

（一）挂一单个定滑车于架上。以细绳跨于车上。一端挂一任何未知重。一端挂一小洋铁杯。慢慢倒铅子于杯内。第一次使未知重以均匀速度上升。第二次使未知重（须用同一个未知重）以均匀速度下降。每次称铅子及杯之总重。覆作一次后。求各数之平均。算未知重，摩擦力，所用之工作，消耗之工作，及效率（算工作时假定十厘米为所用力经过之距离）。称未知重与算得之重比较。

（二）组合一单个定滑车及一单个动滑车（如图 2）。再如前节实验。称动滑车之重并计算各值。

（三）用两个三连滑车连接（如图 3）再如前节实验。称动滑车之重并计算各值。

【记录】

滑车	实验次数	杯及铅子总重			动滑车之重	理论机械利益	未知重	摩擦力	所用之工作	所得之工作	消耗之工作	效率	称得之未知重
		重升	重降	平均									
单个定滑车	1												
	2												
单个定滑车及单个动滑车	1												
	2												
定三连滑车及动三连滑车	1												
	2												

未知重之平均值（由计算得）＝

未知重之值（由称得）＝

百分差＝

【习题】

（一）滑车个数增加后对于机械利益，摩擦力及效率等有何改变。试详答之。

（二）图示两组滑车，一组之机械利益为 4，他一组之机械利益为$\frac{1}{5}$。

实验十三　露点及相对湿度

【目的】 定露点及相对湿度。

【仪器】 露点器，温度计，醚①一瓶，棉絮，试管，玻璃杯，水瓶。

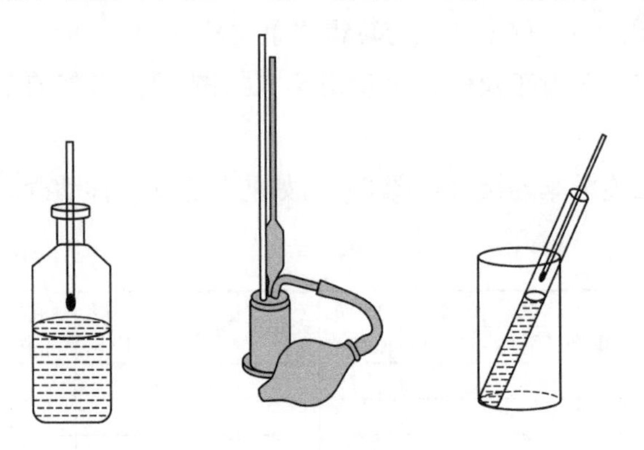

【实验要理】 在某温度时，定容积之容器内，有某种液体及其蒸汽。至器内蒸汽之量不再增加时，则此时之蒸汽称为饱和。

大气冷至某温度，其所含水汽适凝结时，此温度谓之露点。

在室内温度时，单位容积之大气内，所含之水汽量（未饱和），与此同容积大气，在此温度时之饱和水汽量之比，谓之相对湿度。但在同一温度时，某容积内水汽量之多寡与其压力成正比例。故若知在某室内温度时，大气内实际存在之水汽（每为未饱和）之压力，及同温度时饱和水汽之压力，二者之比亦即相对湿度。欲知前者，可使大气冷至露点。在表上查与此露点相当之饱和水汽之压力即得。欲知后者，在表上查与室内温度相当之饱和水汽之压力即得。

【实验法】 （一）蒸汽之饱和。以棉絮包裹温度计之泡。浸入醚瓶中，使棉絮含醚甚饱，然后记下温度。提起温度计，使泡适出在液面之上，但仍在瓶中。经一二分钟后，记下温度。复注醚于试管内，管内置温度计。使泡适出液面。亦经一二分钟而后计其温度。提出温度计，置空气中，至温度不升降时而后记之。问在某液体之饱和蒸汽内，在该液体之未饱和蒸汽内，及在不含该液体蒸汽之空气内，温度计之示数有何不同？

另以他块棉絮，包裹温度计之泡，浸入水瓶内，使棉絮饱含水分。提出而摇摆之于空气中，直至温度不变而后记之。问空气中如绝无水汽，或已饱和水汽，则温度计所示之数当如何不同？

---

① 附注：求露点时，若不用醚，可用下法：注水于镀镍杯中，约至一二厘米之深，渐加入细冰块，同时用搅棒继续拌搅，直至杯面适结雾而止，记下雾初成时之温度。任雾消去，或略加水，使之消去，再记下雾适消去时之温度。

（二）露点　注醚于露点器之镀镍杯，约满至三分之二。轻压皮球，使空气渐通过醚，使之蒸发。因此时蒸发面积增大，故蒸发较速，醚及杯之温度因此下降。与杯外相触的一层空气，至冷至露点时，其内所含的水汽遂凝结于杯之光滑面上而成雾。见雾初结，即查看温度计所示之数。并停止空气之通过，复查雾适消失时之温度。重复试之，及至雾结时与消失时之温度，相差仅为一度，而后记下。求此两温度之平均数，即得露点（实验时切勿向杯面呼吸）。

（三）由室内温度及已定得之露点，查下列之饱和水气压力表，即可算得大气之相对湿度。

t/℃	P	t/℃	P	t/℃	P	t/℃	P	t/℃	P
−10°	2.2	1°	4.2	8°	8.0	17°	14.4	26°	25.0
−9°	2.3	0°	4.6	9°	8.5	18°	15.3	27°	26.5
−8°	2.5	1°	4.9	10°	9.1	19°	16.3	28°	28.1
−7°	2.7	2°	5.3	11°	9.8	20°	17.4	29°	29.7
−6°	2.9	3°	5.7	12°	10.4	21°	18.5	30°	31.5
−5°	3.2	4°	6.1	13°	11.1	22°	19.6	35°	41.8
−4°	3.4	5°	6.5	14°	11.9	23°	20.9	40°	54.9
−3°	3.7	6°	7.0	15°	12.7	24°	22.2	43°	71.4
−2°	3.9	7°	7.5	16°	13.5	25°	23.5		

上表内之压力，均以毫米计算。P 为温度 t℃时之饱和水蒸气之压力。

【记录及计算】

（一）棉裹泡在醚中之温度＝……℃

棉裹泡浸醚后在瓶内醚上之温度＝……℃

棉裹泡浸醚后在试管内醚上之温度＝……℃

棉裹泡浸醚后在空气中之温度＝……℃

棉裹泡浸水并在空气中摇摆后之温度＝……℃

（二）结雾温度＝……℃　消雾温度＝……℃

∴露点＝……℃

（三）室内温度＝……℃

与室内温度相当的饱和水蒸气压力＝……毫米

与露点相当的饱和水蒸气压力＝……毫米

相对湿度＝……％

【问题】

（一）有同样温度计二。其一泡干，其一泡湿。问由两温度计所示数之不同，能略知大气之湿度否？

（二）若向露点器上微微呼吸，则对于湿度之定得值有何影响？

（三）若室内温度为 21℃，相对湿度为 0.45，问露点为何度？

实验十四 线胀系数

【目的】 量一金属杆之线胀系数。

【仪器】 线胀系数仪器，金属杆，蒸汽锅，铁三足架，温度计，酒精灯（用铜或洋铁制），橡皮管，螺旋测径器，小玻璃片，米尺。

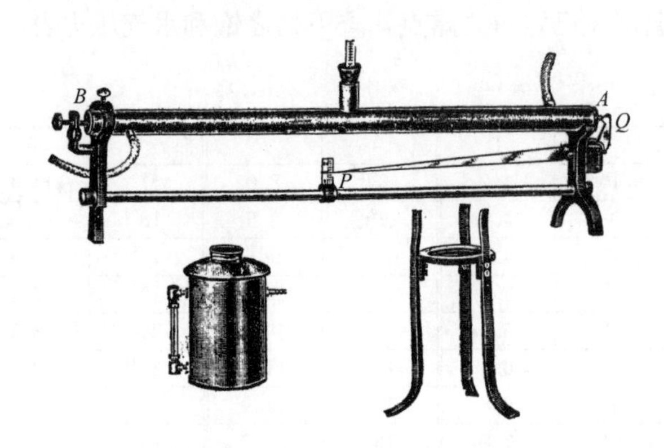

【实验要理】 一物之线胀系数者，即温度每改变1℃时，该物每单位长所伸缩之长度也。例如一金属杆，当其温度由 t_1 变为 t_2 时，其长由 L_1 厘米变为 L_2 厘米，则其每单位长所改变之数，应为 $\frac{L_2-L_1}{L_1}$，而其线胀系数为

$$K=\frac{L_2-L_1}{L_1\ (t_2-t_1)}$$

【实验法】 注意 （一）蒸汽锅内须常半贮以水，勿使蒸干。（二）温度计宜读至0.1℃。细察线胀系数仪器之构造，明其应用杠杆以显伸长之理。以米尺量杆之原长。装置仪器如图，使杆之一端 B，适与架后之螺旋相触。其又一端 A 适与杠杆之 Q 端相触。而后读针端 P 在尺上所指之数［S_1］。以螺旋测径器量小玻璃片之厚。将此片插入 A 与 Q 之间。再读针端指数［S_2］。同时记管内温度 t_1。用以上相当的 P 端所指之数，求 P 端移动1厘米时，Q 端所移动之长度。问此仪器能放大长度之改变若干倍？

勿移动仪器（小玻璃片仍在 A 与 Q 之间）。通入蒸汽约数分钟后，至 P 端不再移动，而后记 P 端之位置［S_3］。并读温度针所示之数［t_2］。

以放大倍数除 S_3 及 S_2 之差，即得杆之伸长。从此即可求杆之线胀系数。

查此种金属之线胀系数之公认值，与实验结果比较，并求其百分误差。

【记录及计算】

杆之原长＝……厘米

针端指数［S_1］＝……厘米 针端指数［S_2］＝……厘米

玻璃片厚＝……厘米 ∴放大倍数＝……

初温度［t_1］＝……℃　终温度［t_2］＝……℃

∴t_2-t_1……℃

针端指数（S_2）＝……厘米　针端指数［S_3］＝……厘米

∴S_3-S_2＝……厘米

∴L_2-L_1＝……厘米

$K=\frac{L_2-L_1}{L_1(t_2-t_1)}$……；公认值＝……；百分误差＝……

【问题】

（一）有铁一立方块，每边长 10 厘米。今若温度增 1℃，问其体积增加几何？又问铁之体胀系数若干？

（二）问线胀系数与体胀系数有何普通关系？

（三）欲求放大倍数若不用上述方法，尚有何法可用？用此法所得之结果是否同样精确？

实验十五　查理定律

【目的】　实验定量的气体在容积不变时，气压与温度之关系。

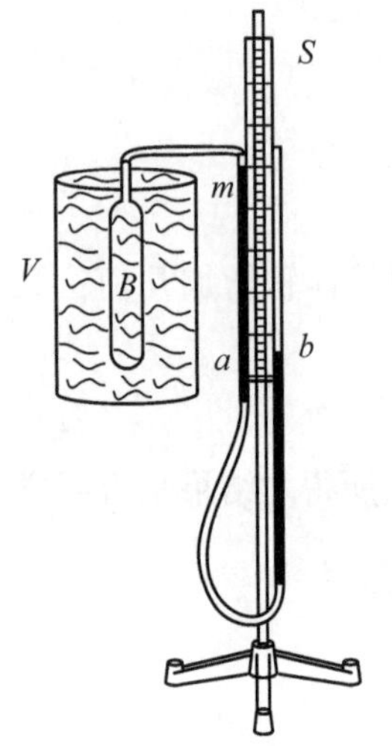

【仪器】　定容空气温度计，蒸汽锅，冰筒（铜制直径约7.5厘米，高22.5厘米），冰筒架（铁圈架），温度计，冰（无冰时，可用水代）。五养化磷。

【实验要理】　定量的气体，倘增减其温度而使容积不变时，其压力之增加，与温度之增加成正比例。温度每增减1度时所增减之压力，与0°时压力之比谓之此气体之压力增加系数。今设P_t为气体t℃时之压力，P_0为0℃时之压力，则其所增之压力为P_t-P_0，而每度所增之压力为$\frac{P_t-P_0}{t_0}$，故压力增加系数为$C=\frac{P_t-P_0}{tP_0}$。

【实验法】　记实验室内气压计所示之数。上下b管（见图），使a，b两管内之水银柱均高出于尺之下端约5厘米，b管内之水银面距橡皮管接口之长，至少须20厘米。a管内之水银面，距管上之标记m，约需4厘米。

以一立方厘米之五养化磷（P_2O_5）注入B容器中。以去该器内空气中之水汽，以该容器接于厚橡皮管后，即浸置于碎冰或雪中。

渐渐提高b管，使a管内水银面适与m标记相对。在尺上读a管及b管内水银面之高。从大气压内减去两管内水银面之差，即得B内空气0℃时之压力。

没入B于蒸汽锅中。热锅内之水使沸。提高b管，使a管内水银面仍至m，再读a管及b管内水银面之高（须待至水银面之高不再变时读之）。此时B内空气之压力，即等于大气压力加两管内水银面之差（若锅内之水其温度不至沸点，则以温度计测得之）。

注意　在B从蒸汽锅内取出之前，须先将b管移下。否则a管内水银有压入B内之虞。

【记录及计算】　大气压＝……厘米

温度	a管内水银面	b管内水银面	相差

$P_0=\cdots\cdots$　$P_t\cdots\cdots$

$C=\frac{P_t-P_0}{tP_0}\cdots\cdots=\frac{1}{\cdots}$　公认值$=\frac{1}{273}=0.00367$

百分误差＝……

【习题】

（一）若将在0℃时之气体，逐渐冷之，但不变其容积，且假设温度每减摄氏一度时，气压的减少继续的等于0℃时气压之$\frac{1}{273}$，问冷至何度时，气压将减至零？问绝对0℃之意义若何？

（二）某种气体在0℃时之压力为90厘米。今若使其容积不变，而热之至80℃。问此时气压几何？

实验十六　比热

【目的】　用量热器定金属之比热。

【仪器】　铜制量热器一副，温度计（二），天秤，蒸水壶（铜制，大小尺寸见图1），铅子或铜片约1000克，铁钉数百克，冰，酒精灯。

【实验法】　取一蒸水壶（如图1）。注水约满至三分之二。称铅子（或铜片）约1000克，倒入壶之斜筒内。筒口塞一软木塞，塞中穿一温度计，计之下端深埋入铅子中。将水壶置酒精灯上热之，使水沸腾。

同时称量热器中内筒之重。注入水约满至二分之一后，再权其总重，而后置入冰屑内。冷至较室温约低10度时，擦干筒外之水汽，而后置筒于量热器中。插入一温度计（如图2）。读水壶内温度［t_w］（温度计须读至十分之一度）。将铅子倒入量热筒内（水宜尽没铅子）。上下搅动器，以搅动筒内之水，同时细看温度计所示最高之温度。用依据混合定律的下列公式，以定铅之比热。

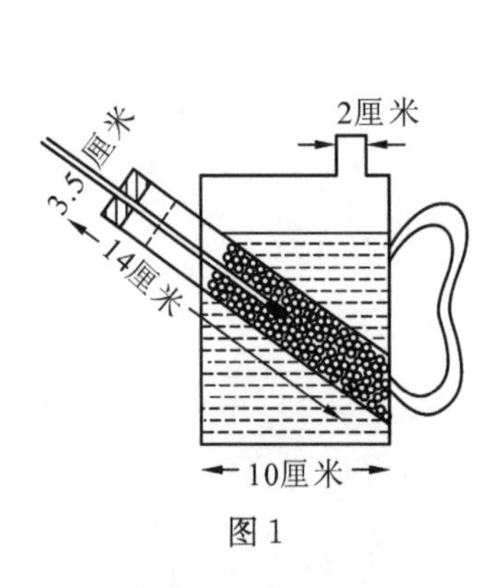

图1

图2

$$M_m(t_m-t)S=M_W(t-t_W)+M_C(t-t_W)S_C$$

$$\therefore S=\frac{M_W(t-t_W)+M_C(t-t_W)S_C}{M_m(t_m-t)}$$

上式中　M_W＝水之重量

t_W＝水之初温度

M_m＝铅之重量

t_m＝铅之初温度

M_C＝量热器内筒之重

t＝水与铅混合后之温度

S_C＝量热器内筒之比热

S＝铅之比热

再取铁钉数百克，如前法定铁之比热。

【记录及计算】 S_C＝0.095

金属	M_m	M_C	M_C+M_W	M_W	t_m	t_W	t
铅							
铁							

铅之比热＝……公认值＝0.031 百分误差＝……

铁之比热＝……公认值＝0.11 百分误差＝……

实验时，冷水之温度低于室温度之数，与混合后之温度高于室温度之数，两者须大约相等，方能求得真确之比热。何故？

【习题】

（一）试言做此实验时易生差误之点。

（二）80℃之水200克与10℃之水100克相混合，求其混合后之温度。

实验十七* 熔解热

【目的】 求冰之熔解热。

【仪器】 量热器一副，摄氏温度计，天秤及砝码，布。

【实验法】 称量热器内筒之重。盛水约满至三分之二。热之，使其温度较室温约高15℃至25℃，再称之，得水之重。而后悬之于量热器之外筒中。细察量热器中温度计所示之数读至0.1℃。同时预备干冰数小块。初温度读毕后，以冰块缓缓放入内筒，勿使水溅出。并以搅动器不时轻搅。冰块宜逐渐加入，以加至冰全融后，水之温度低于室温约10°左右而止。至所有冰块适全融时。即记温度计所示之数（读至0.1℃）。

再称内筒及水之重，以得所加冰块之重。应用混合公例求冰之熔解热。

【记录及计算】

量热器内筒之重＝……克

量热器内筒之质料之比热＝0.095

量热器内筒之“水当量”＝……克

实验次数	筒及水共重	水重	筒及水及冰共重	冰重	初温度	终温度	水所失之热量	内筒所失之热量	冰所得之热量	总熔解热	每克熔解热
1											
2											

冰之每克熔解热之平均值＝……卡

公认值＝80卡

百分误差＝……

【问题】

（一）行此实验时，其误差之源安在。试详言之。

（二）俗谚谓“下雪不冷融雪冷”。是否合理?

---

* 可以更调之实验。

实验十八　汽化热

【目的】　求水之汽化热。即求一克蒸汽化为一克水，而其温度不变时所放出之热量。

【仪器】　量热器一副，摄氏温度计，水阱（I，见图），蒸汽锅，酒精灯，蔽热用的木板，天秤，砝码，布。

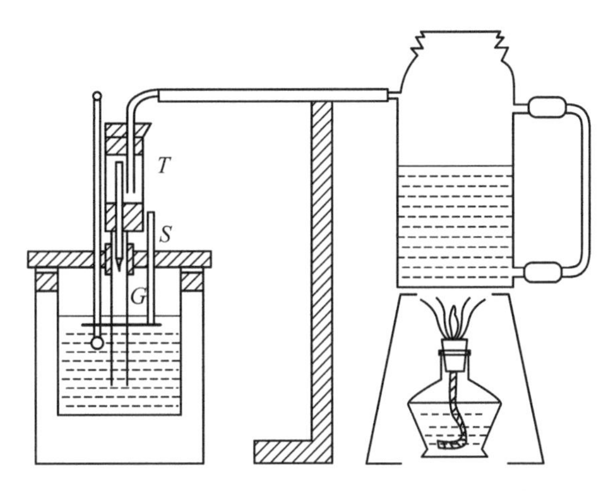

【实验法】　称量热器内筒及搅动器之重。注入水，约满至二分之一。再称之，以得水之重。然后置于冰块或雪片中冷之。至温度约低于室温 10℃左右时，提出刷干之。悬之于外筒中，以布盖覆之。盖穿三孔。中扎插入一玻管（G），深入筒内。其他二孔，一插温度计，一插搅动器（S）。同时热蒸汽锅之水使沸。见水汽自水阱内之管口喷出时，细读温度计，以得水及量热器之初温度。读毕后急以水阱插于玻管（G）中。用搅动器不时轻搅，直至温度约高于室温 10℃时，即拔去水阱；同时上下搅动器，至温度不升亦不降时，即记下终温度。再称内筒及搅动器及水之重。以求所凝结之蒸汽之重量。

由上实验记录。应用混合公例。计算水之汽化热。

【记录及计算】

量热器内筒及搅动器之重＝……克

量热器内筒及搅动器之比热＝0.095

量热器内筒之水当量＝……克

实验次数	筒、搅动器及水共重	水重	筒、搅动器、水及汽共重	汽重	初温度	终温度	所得之热量	内筒及搅动器所得之热量	汽所失之热量	总汽化热	每克汽化热
1											
2											

水之汽化热之平均值＝……卡

公认值＝395 卡

百分误差＝……

【问题】

（一）试言用水阱之理由。

（二）当称水或汽，移去温度计时，勿宜带出多量之水。何故？

（三）蒸汽锅及量热器之间。须隔以木板或厚纸片。何故？

实验十九* 热之功当量

【目的】 求热之功当量。

【仪器】 厚纸管（长 1 米；内径 5 厘米），软木塞三（大小与管之内径相配，用大塞亦可，其一穿孔，以便插入温度计），温度计，铅子（约 2000 克）。

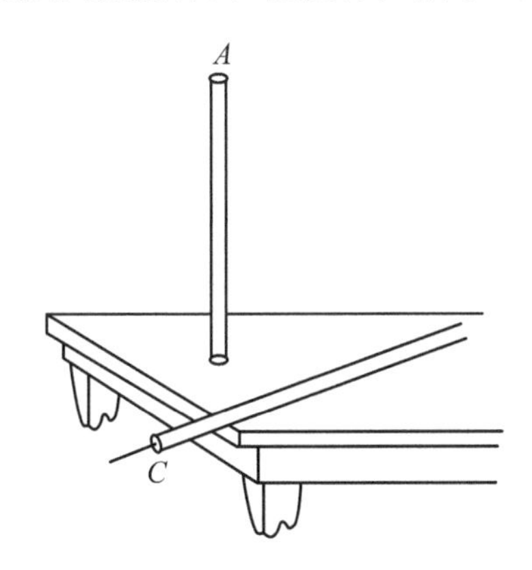

【实验法】 盛铅子于一金属杯内置杯于冰水中，使冷至比室内温度低 5℃或 6℃。

倾斜纸管，将铅子注入。塞住两端。用手握纸管中部（勿握两端以防热量由手传散）渐渐颠倒 5 次至 10 次，使铅子冷热均匀。

拔开木塞 A（见图），用一有孔之木塞 C 代之。孔中插一温度计。渐渐倒置纸筒，使铅子全滚至温度计泡之周围。握住纸管，斜倚之于桌傍（见图）。旋转温度计，约 2 分钟后，看铅子之温度。若此温度低于室内温度 3℃以上，则再颠倒纸管数次，直至铅子温度比室内温度约低 2℃或 3℃而止。

细读此时之铅子温度，作为初温度（t_1）。速用木塞 A 代木塞 C，握住纸管直立桌上。继续颠倒纸管（须快）约 80 至 100 次。纸管下端每次须抵住桌面，使铅子不至冲出。

以木塞 C 代木塞 A。如前记铅子之终温度（t_2）。

去木塞 C 及温度计，以木塞 A 代之。直立纸管，量铅子每次坠下之高。（自铅子上面量至上端木塞之下面，何故?）

应用下列公式，求热之功当量

$$J=\frac{nh}{(t_2-t_1)\ S}$$

式中 J＝热之功当量

n＝颠倒次数

---

* 可以更调之实验。

S=铅之比热=0.0315

h=铅子每次坠下之高=……米

【记录及计算】

实验次数	室内温度	初温度	终温度	颠倒次数	功当量	平均
第一次						
第二次						
第三次						

公认值=427 克米　百分误差=……

【习题】

（一）试证明本实验所用之公式。

（二）行此实验时何以用铅子比其他金属好？

实验二十* 压力对于沸点之影响

【目的】 求大气压力每改变 1 厘米时水沸点之平均改变。

【仪器】 长颈蒸汽锅（接有 U 形玻璃管，管内装水银），酒精灯，摄氏温度计，螺旋夹，米尺，橡皮管，气压计（公用）。

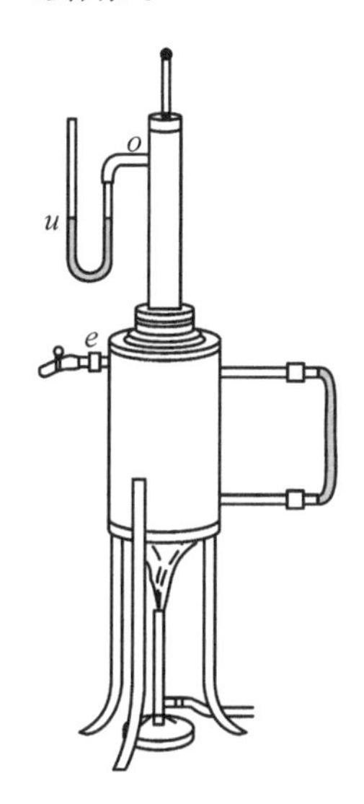

【实验法】 注意 接橡皮管各处，须先用线或铜丝缚住，以防锅内气压大时突然冲开。

蒸汽锅内半盛以水。U 形玻璃管内注入水银，至两边之水银柱均高至 5 厘米。将温度计穿过橡皮塞至塞之上面约在 98°之刻度而后插入于蒸汽锅之长颈内，如上图所示。蒸汽锅旁边之出口，接一短橡皮管，管上装一螺旋夹。

放开螺旋夹，使水仅在大气压力下沸腾。隔三分钟后，读温度计及气压计。关螺旋夹，使蒸汽不能外泄。一人看温度计。一人用米尺看 U 形管内两边水银柱高低之差。至此差约 1 厘米时，读温度计一次，以后当此差每增加约 1 厘米时，各读温度计一次，直至此差约 5 厘米时，而后渐放螺旋夹。计算压力增加 1 厘米时，水沸点平均增加几度？

从所得结果及实验时之大气压，计算压力为 76 厘米时此温度计所示之沸点应为若干度。此温度计所示之沸点之误差为若干度？

【记录及计算】

大气压＝……厘米　水之沸点＝……℃

---

* 可以更调之实验。

实验次数	水银柱之差	沸点	压力改变5厘米时沸点之平均改变
1			
2			
3			
4			
		平均＝	

在76厘米压力下，所用温度计所示之沸点＝……

所用温度计之沸点误差＝……

【问题】

（一）用水煮食物时常将蒸器盖紧，问有何利益？

（二）水在未盖之蒸器内沸腾，沸腾剧烈时与缓和时，水之温度有何不同？

实验二十一* 热之绝缘

【目的】 比较几种质料之热之绝缘。

【仪器】 量热器之外筒，木盖（盖上有二孔，一孔插温度计，一孔插搅动器），无盖的方木箱（为装量热器之用，须比量热器稍大，纸制亦可），热水（温度须在80℃以上），棉絮，羊毛物，木屑，有秒针的表，玻璃量筒，大号玻璃杯，酒精灯，铁三足架。

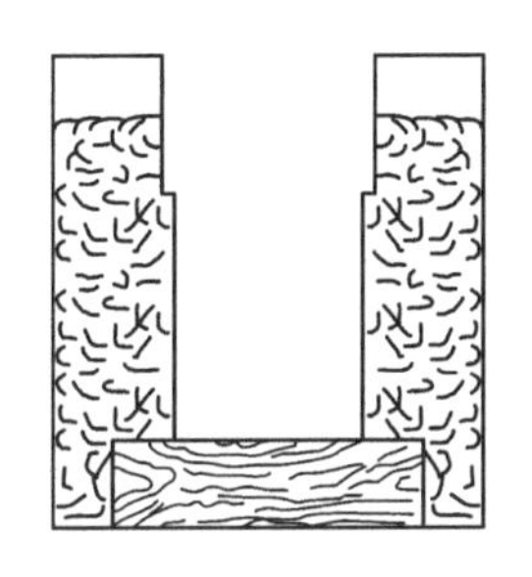

【实验法】 置量热筒于木箱内。灌热水于筒内，约满至四分之三，(水之容量预先量好)。加盖，插入温度计及搅动器。量水之温度，同时记表上分针与时针所示之数。五分钟后，搅水，再量温度。如此，每隔五分钟，量温度一次，共四次，经过时间约十五分钟。第一次及最后一次读温度计时宜特别精细（读至0.1℃）。

将水倒去。用棉絮裹筒，仍置于木箱内，再灌入热水，水之体积及温度，须与前次所用者相同。如前，量温度四次。

用羊毛织物裹筒重做如前。

置筒于木箱内四围实以木屑，重做如前。

以时间除共总降低之度数，即得温度降低之速率。从温度降低之速率及水量，计算每种情形下，每分钟所失之热量。

【记录及计算】

室内温度＝……℃ 水量＝……克

绝热体	时间	温度	十五分钟内共总降低之度数	温度降低之速率	每分钟所失之热量
空气					

* 可以更调之实验。

续表

绝热体	时间	温度	十五分钟内共总降低之度数	温度降低之速率	每分钟所失之热量
棉絮					
羊毛织物					
木屑					

【结论】　由所做实验作一结论。

【问题】

（一）丝棉的衣服常比木棉的衣服能御寒何故？

（二）热水瓶构造如何？试作图说明之。

实验二十二　磁场及磁性

【目的】

（一）画几种磁场图。

（二）研究磁性现象。

【仪器】　条形磁铁，蹄形磁铁（二），木板（两面槽形不同），短的软铁，罗盘，铁屑，蓝印纸，缝针，长钢针。

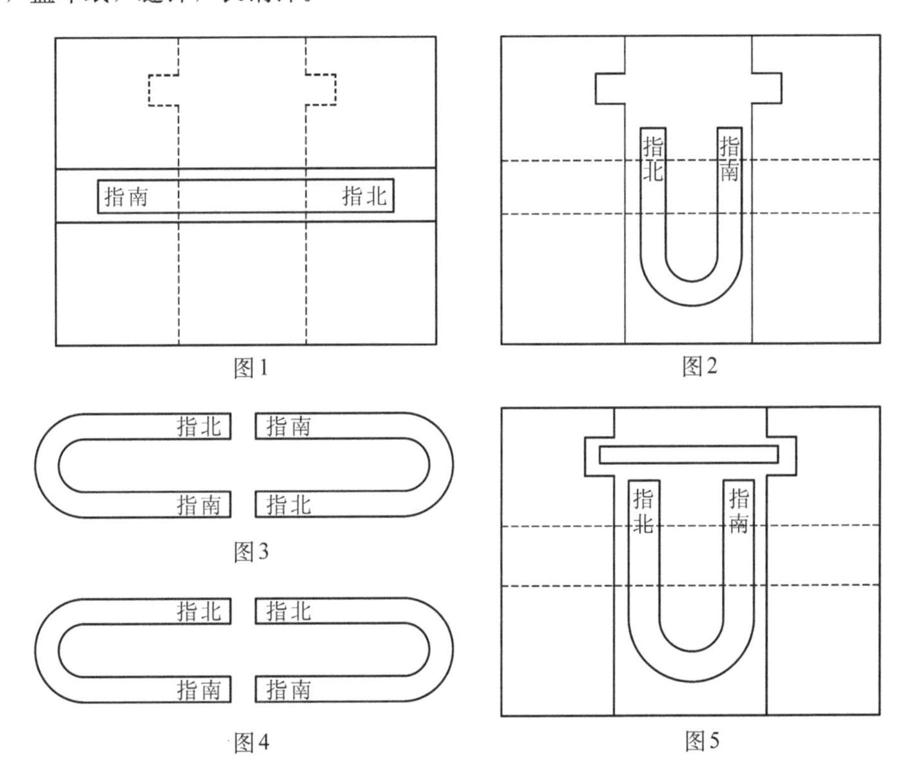

图1　图2　图3　图4　图5

【实验法】

（一）画磁场图。

［注意　晒磁场图时即可做（二）（甲）（乙）（丙）各实验］。

（1）条形磁铁　用罗盘定条形磁铁之指南指北两极。置磁铁于木板之槽间如图1。板上钉蓝印纸，以铁屑均匀筛于纸上，同时轻轻振动木板，使铁屑聚成形状。

手握罗盘，悬置磁场各处验罗盘针方向与铁屑联成之曲线方向有何关系。并特别注意罗盘针所指之方向。

在纸上注明磁铁之指南指北两极。勿动铁屑晒纸于日光中。数分钟后（时之长短视日光之强弱而定）倒去铁屑，写姓名于纸之反面。浸入水内约十分钟，俟纸面蓝白分明，磁线显然，而后沥尽水分，贴于任何平面上，以待其干。

如无蓝印纸或天阴，则可照铁屑所成之曲线形状绘于纸上指明两极。并以箭头表示指北极转动之方向。

（2）蹄形磁铁，先定两极。翻转木板置磁铁于槽中如图 2。如（1）画一磁场图。并注明两极。及磁线之方向。

（3）取两块蹄形磁铁。对置如图 3。作一磁场图。

（4）又取两块蹄形磁铁对置如图 4。作一磁场图。

（5）卫铁之效用，距蹄形磁铁约 2 厘米，置一软铁条如图 5。作一磁场图。问卫铁对于磁铁有何效用？

（二）研究磁性现象

（甲）制造磁铁　取一缝针，置近于罗盘，验其是否不带磁性。须先确定此缝针不带磁性，而后以蹄形磁铁之指北极，自左至右顺摩缝针一次。再验缝针之右端为何极。后将缝针顺东西向置于桌上，其引长线适通过罗盘中点且与罗盘针垂直。渐将缝针移近罗盘直至罗盘针偏角为 10 度，而后用铅笔记缝针之位置。

再用磁铁之指北极如前摩缝针一次（起端与前同）。放于原处。试看罗盘针偏角增加若干度。

如前继续摩针并察验至罗盘针偏角不再增加为止。问针之磁力何以不能无限增加？

（乙）震动对于磁性之作用。取前所用缝针猛掷桌上或地上一二次。再验其磁性之强弱。问震动多次，能否使磁性全失？

（丙）磁针折断后之磁性。用磁铁顺摩长钢针，使成磁针。并确定其两极。横置全针于铁屑中验其中部是否带有磁性。

中断此针，定每段之两极。并验每段中部是否有磁性。

各段再折为二。如前再试验每小段。

据此实验试用分子排列说解释磁性。

【习题】

（一）问何谓磁力线？相吸两极间之磁力线，及相推两极间之磁力线性质各如何？

（二）移近罗盘于直立铁棍或其他铁器之上下两端，可知其上端为指南极，试解释之。

实验二十三 静电作用

【目的】 研究静电之各种现象。①

【仪器】 验电器（取一 Erlenmeyer 烧瓶。用厚纸片制成一中孔之木塞模型，其内径与烧瓶口径同大，用 18 号铜线穿过模型。然后用已熔解之硫黄，注入模型中，俟其冷却，成硬块后，将厚纸剥去，即成一带有铜线之硫黄塞。铜线之一端屈成钩形，以金箔挂于其上，渐渐置于烧瓶中，即成一验电器）。验电板，硬橡皮棒，火漆棒（二），木尺，玻璃棒（用派勒克斯玻璃试管代亦可），猫皮，丝巾，钢球（二），镀镍杯，容电片（二）；玻璃片，丝线。

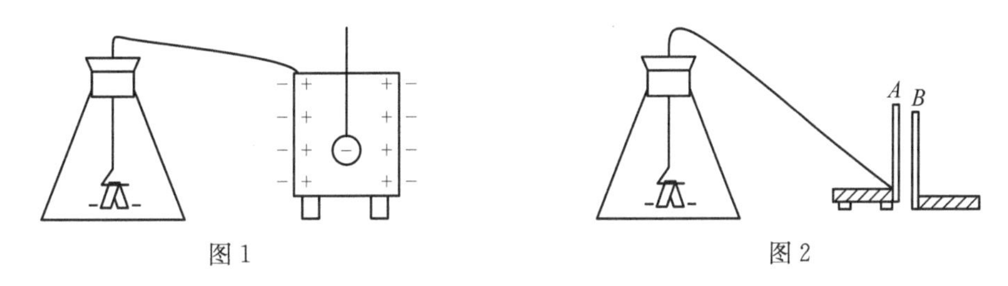

图 1　　图 2

【实验法】

（一）导电体与非导电体。

（甲）用猫皮摩擦硬橡皮棒将验电板沿棒擦过一次，使板带电。然后即持板与验电器之金属顶相触，则验电器中之金箔即刻张开。此实验中所用各物或其一部分，何者为导电体？两箔何以张开？

（乙）取一未带电之硬橡皮棒，轻触前验电器之顶。又取一木尺同样试之，复以手指触之。问三者中何物传电最速？

（丙）使验电板带电，以手触之，再用板触验电器以验板上是否仍带电。手握硬橡皮棒摩擦时，棒仍可带电，而用手触验电板则板即失去电荷，何故？

（二）正电与负电。

注意 丝织物与玻璃棒摩擦后，玻璃上所得之电称为正电。猫皮与硬橡皮棒擦摩后，硬橡皮上所得之电，称为负电。

（甲）如（一）（甲），使验电器带电。持带电之硬橡皮棒近之。细察金箔之张开是否增加。已知验电器金箔上所带之电本为硬橡皮棒所带电之一部分，试解释现在之现象。

（乙）以丝巾摩擦玻璃棒，持棒，使渐近于验电器。问金箔之张开增加抑减少？

---

① 此实验在天气干燥时行之，方为有效，否则须将所用仪器临时烘燥，其法即将各器置于一洋铁箱中，用打气炉烘之即可。

何故？

（丙）放去验电器上之电。用玻璃棒（不用硬橡皮棒）及验电板，再使带电。以带电之玻璃棒及硬橡皮棒先后分次近之，每次验金箔张开之改变。

（丁）使验电器先带正电或负电；取一纸片，在衣上擦摩之，即持近于验电器以验此纸片带有正电抑负电。

（三）用感应法使物带电。

（甲）使两物同时带电　用丝线挂两钢球，使互相接触。持带电之硬橡皮棒近之，至相距约 3 厘米。硬橡皮棒之位置须在通过两球中心之直线上。保持棒之位置。分开两球，用验电器验各球所带之电荷。问较近于硬橡皮棒之钢球带正电抑负电？其他一球带何种电？

就观察结果，解释用感应法带电之理。

（乙）使验电器带电　持带电之硬橡皮棒使甚近于验电器则金箔张开甚大，去硬橡皮棒则箔即闭，何故？

再如前使金箔张开，以手指触验电器则金箔复闭，何故？

先去手指，后去硬橡皮棒，则金箔复张开何故？

用上法时，验电器所带之电是否与硬橡皮棒之电同性？

用玻璃棒重复实验，结果如何？

问用感应法使验电器带某种电时，规则如何？

用传导法带电［见（一）（甲）］规则如何？

（四）导电体上所带电之分布。

置镀镍杯于两火漆棒上如图 1（何故?）。持带电之硬橡皮棒摩擦杯面数次，使杯带电。持悬于丝线之钢球（不带电）先与杯之外面相触；而后持近于验电器，以验此球是否带电。用手指触钢球使电放去。再持入杯中，使与杯底相触而后再验其是否带电。

据此实验作一结论。

（五）同时发生之正负电其量相等。

用铜线连结镀镍杯及验电器如图 1。持一带负电之钢球，小心悬于杯中。金箔张开之大小，即表示杯之外面所生感应电量之多少。持球与杯之内壁相触，此时金箔张开之大小，即表示钢球所带电量之多少。（何故?）

问当球触杯之内壁时，金箔之张开改变否？

问球所带之负电及杯之外面由感应而生之负电，是否相等？

再使钢球带电，复悬入杯中，乃察金箔张开之大小。以手指触杯之外面，先去手指，再去钢球（切勿使触杯）。此时金箔张开之大小是否与前相同？

验定金箔所带电之正负。复使钢球与杯之内壁相接触。问验电器仍表示有电否？

问球所带之负电与杯之内壁由感应而生之正电，其量是否相等？

（六）容电器之原理。

（甲）置一容电片 A 于两条火漆棒上，以铜线连于验电器如图 2。用带电之硬橡皮棒，与片摩擦一次使之带电。若验电器漏电，则将架容电片之火漆棒用布擦之使热。以手握一容电片 B 渐渐移近于 A 片，至仅相距一毫米或二毫米。A 片电位之大小即可以金箔张开之大小表示之。问 B 片移近时对于 A 片之电位，有何影响？

（乙）以带电之硬橡皮棒与 A 片逐次摩擦，直至金箔之张开与 B 片未接近时相同。从摩擦之次数，可约计 A 片之容电量因 B 片接近而增加之倍数；是即欲使 A 片还至原来之电位所应加电量之倍数也。由同性电相推及感应带电之理，试说明 A 片因 B 片接近而增加容电量之故。

（丙）以玻璃片插入 A 与 B 间后，细察验电器。问 A 片之电位增加抑减少？

玻璃片是否能使此 AB 容电器之容电量增加？

实验二十四　湿电池与干电池

【目的】　制简单锌铜电池及小干电池各一，以明其构造及作用。

【仪器】　玻璃杯，锌片，铜片，稀硫酸，电铃，电线，电极夹（夹锌片及铜片等之用，如无此夹，可用工字形之硬纸片代之），短玻璃管（置于杯底以隔离锌片等之下端），小锌筒，炭精棒，（外围炭粉及二养化锰混合物之圆柱），齿轮形油浸马粪纸，三角形蜡浸厚纸，圆形油浸马粪纸，小铜帽，韧皮纸，木纱线，绿化铔[①]，绿化锌[②]，淀粉，火漆，量杯，玻璃棒，天秤及砝码，伏特计，温度计。

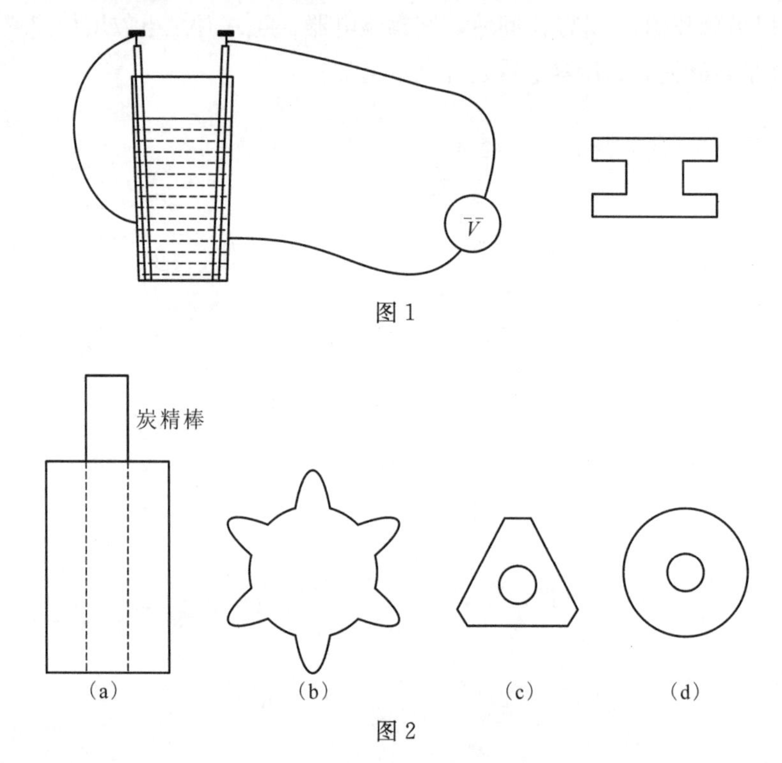

图 1

图 2

【实验法】

（一）简单锌铜电池　以玻璃杯盛稀硫酸，液面距杯口约 2 厘米。插入锌片及铜片使各居一边。以短玻璃管沉入液底，以隔开二片之下端。其上端则以夹夹住，或用硬纸板（如图 1）分离之。

接电池于伏特计（**注意正负**），问此种电池能生电势若干伏特?

---

① 即氯化铵。——编者

② 即氯化锌。——编者

取一粗电线，接于电池之两极，使成“捷路”（Short Circuit）。[①] 问电池两极呈何现象？再以伏特计验电池之电势是否减少。试说明其理由。

（二）干电池　取绿化铔若干克，做成饱和溶液。再加入绿化锌百分之二十（即绿化铔如为 10 克则绿化锌为 2 克。）另取一玻璃杯，盛淀粉之饱和溶液。量绿化铔及绿化锌之混合溶液三份，和以淀粉溶液一份。[②]

取齿轮形马粪纸片，如图 2（b），压入锌筒之底。以韧皮纸包裹炭粉及二养化锰圆柱，并以纱线紧密围札。置此柱于锌筒中，用三角形中孔厚纸，如图 2（c），套入炭精棒，使圆柱宕空不与锌筒内面接触。

渐将混合溶液用玻璃棒搅匀，渐渐注入锌筒，约至半满即止。置锌筒于温水杯中慎勿将水溢入筒内，再加以热，并用温度计量水之温度。约至摄氏计 80°时，锌筒内之混合溶液渐凝结成糊状。此时即可将锌筒取出，稍冷却之，再加入混合液若干，使液面适能盖满炭粉及二养化锰之圆柱。然后以圆形中孔之马粪纸盖，如图 2（d），紧紧套入，使炭精棒约尚有一厘米高露出盖外。以小铜帽套于炭精棒上。以方融熔之火漆围注盖上以密封之，遂成一电池。

接电池之两极（注意正负）于伏特计。问干电池之电势为若干伏特？

以制成之电池与其他同学所制之电池串联。以伏特计量总电势。复并联之，再量电势。问串联及并联时，总电势与每个电池之电势有何数量关系？

串联两电池。接于电铃。验其能否作响。

【习题】

（一）作勒克兰社电池及湿电池之图各一，详注其各部分，并表示电极之正负及用电时电流在电池内外之方向。

（二）何谓电极之极化（Polarization）及局部作用（Local Action）？欲免去此二弊，当用何法？

（三）有干电池 5 个，每个有内电阻 0.3 欧姆。问串联于外电阻 10 欧姆时，能发生电流若干安培？

---

① 与一已通电之电道平行接入另一电阻极小之电道（比原来电道之电阻小得多），则电流之大部分流过此极小之电阻而原来电道上之电流减小。此电阻极小之电道称为“捷路”。

② 为节省时间起见，此种溶液，不妨由教员视全班需用之多寡，预先做好。

实验二十五　电流之磁效

【目的】

（一）研究电流通过电线时所生磁力线之方向。

（二）电磁极与电流方向之关系。

【仪器】　干电池或简单湿电池，罗盘，电钥（用电钮代亦可），电线（约 10 尺），可变电阻，软铁条，U 形软铁条。

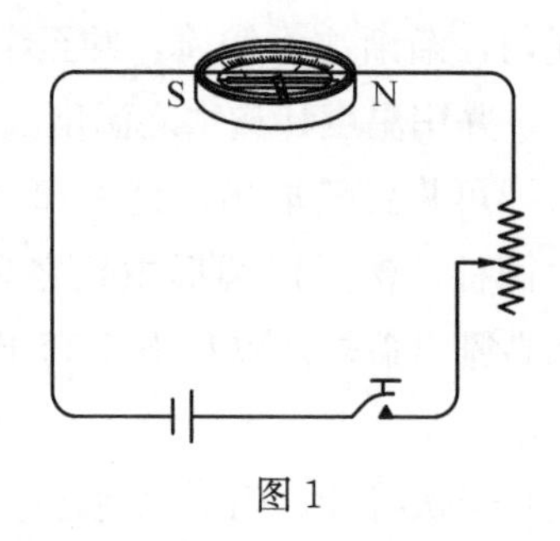

图 1

注意　(1) 电流之方向　若用干电池，则炭片为正极，锌片为负极。电流之方向，自炭极经电线至锌极而后再入电池。

(2) 每次实验须作一简图，以表示电路，并以箭头表示电流之方向。而后依图连结，庶不致因误连而损仪器。

(3) 不作观察时，宜即断电路勿使电流常通。

(4) 开闭二字之意义　开电钥或电路时则电流断；闭电钥或电路时则电流通。

【实验法】

（一）电流通过电线时所生之磁场。

（甲）如图 1 连结电池及电钥使电流由北而南在罗盘上面经过。闭电钥，察罗盘针指北极之偏斜度及其方向。

（乙）倒换电流方向。如前法再试。问两次罗盘针转动方向是否合于安培定律？

（丙）置罗盘针于电线之上。重试如（乙）并记观察所得之结果。

（丁）两手握电线，使线与罗盘针成直角并通过针中点之上，电流自东而西通过时，试记罗盘针之偏斜度。

（戊）以电线环绕罗盘一匝。使电流之方向在罗盘针上面则自北而南，在针下面则自南而北。记罗盘针偏斜度及其方向。与以前结果比较，是否不同，试说其故。

（己）以电线绕罗盘数匝。再察罗盘针偏斜度及其方向。

（庚）总核以上各项观察作一结论。

（二）电流通过络圈时所生之磁场。

（甲）以电线密绕铅笔三四十匝，使成络圈。连结于电池及电钥。通电流。用罗盘验络圈两端之磁性。

倒换电流方向，重试之，问两次所得结果。是否与安培定律相符？

（乙）取软铁条插入络圈，如前法再试，问络圈两端之磁性是否增强？

（丙）取U形软铁，在其一端作一任何记号，以电线密绕其两臂，并预定电流在线上应有如何之方向，方使有记号一端适成指北极。然后依预定之方向通电流而验磁铁之两端。

【记录】

实验（一）	（甲）	（乙）	（丙）	（丁）	（戊）	（己）
电流之方向	北→南	南→北	南→北	东→西	绕→匝	绕数匝
罗盘之位置	线下	线下	线上	线下	线间	线间
偏斜方向						
偏斜度						

【习题】

（一）接于电灯上之双股电线，当电灯亮时，若以罗盘试之，是否能发现磁效？试详言答案之理由。

（二）悬空挂一络圈，使其轴取东西向位置如图 2。问通电流时此络圈将如何转动？

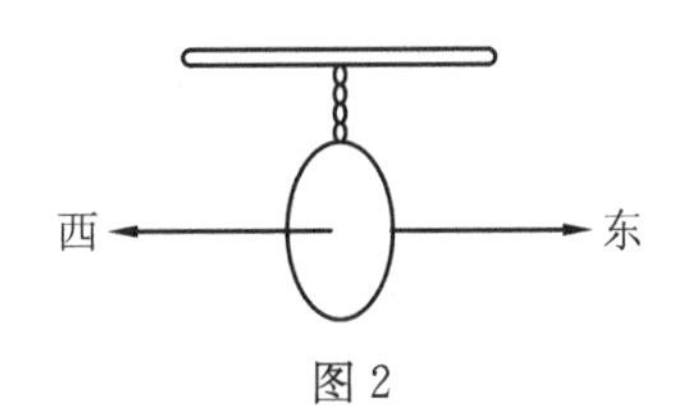

图 2

实验二十六　电铃与电报

【目的】　实习电铃与电报之构造及功用。

【仪器】　电铃，干电池（二），电钮（二），电钥，电线。

【实验法】

（一）电铃　（甲）取一电铃，去其盖。细认其构造之各部，如电磁铁，卫铁，弹簧，接触点，锤及铃等。

（乙）作一详图，表示电池，电铃及电钮之连结法，并以→记号指示电流通过电铃内各部之方向。

依图以电线连电铃等。按电钮一次而细察下列三事。

（a）锤何以能击铃？

（b）电流何以又即不通？

（c）锤何以复能退去？

（丙）以一电铃与一电池及二电钮相接，使任按一电钮，电铃即能作响。接成后，再绘一连结图。

（二）电报　（甲）电铃可用作电报上之响器。其法先连电池之一端于铃之一足，而接他端于铃之他部分。使铃当电流通时，能作响一次。但不振动。（何故?）

（乙）接入电钥。按电钥则电流通，而电铃作一响。开电钥则电流即断。细察电钥之构造。以电钥为送报机，电铃为收报机，作一连结图。

（丙）通常收报机能记出（·）（—）（——）等记号。但亦有直接以响声表示此等记号者。若响声急急相连，则一响即表示一（·）。若两响声间所隔时间与三（·）所需时间相似，则为短画（—）。若两响声间所隔时间与五（·）时间相似，则为长画（——）。根据上述方法，试按电钥，打几个下列字母。

A ·—	E ·	I ··	M — —
B —···	F ·—·	J —·—·	N ——·
C ···	G — —·	K —·—	O — — —
D —·—	H ····	L —	P ·— —·

实地考察：——参观一附近电报局，做一报告。校内或家内如装有电铃，试将其装置法详细图示。

实验二十七　导电体之电阻

【目的】

（一）应用欧姆定律。

（二）明了导电体之电阻与其长短、粗细、物质及接法之关系。

（三）实习伏特计及安培计之连接法。

【仪器】　伏特计，安培计，干电池（二），电钥。

线圈四个：——

（1）30 号铜线 20 英尺，

（2）30 号铜线 10 英尺，

（3）26 号铜线 20 英尺，

（4）30 号铁线 10 英尺。

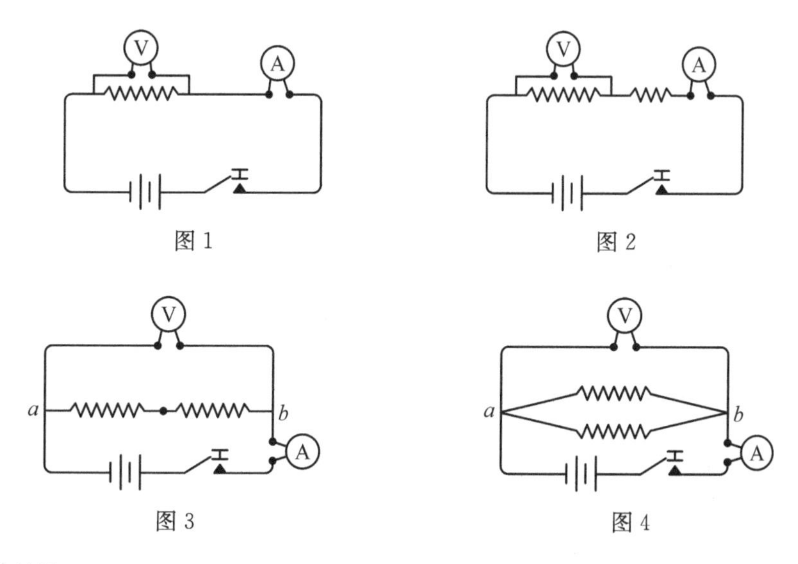

图 1　图 2　图 3　图 4

【实验法】

（一）欧姆定律　依图 1 连干电池，电钥，安培计及线圈（1）成一串。安培计上有（+）号之一端，须接于电池之正极。又接伏特计，与线圈（1）平行。伏特计之正负端亦宜预先认清。闭电钥，读安培计及伏特计所示之数。据欧姆定律，算线圈（1）全长之电阻。名之为 R_1。

电路内再加一任何电阻，[为便利计亦可用线圈（2）或（3）]，如图 2。再读安培计及伏特计。再算线圈（1）之电阻并与前次结果比较。

何谓欧姆定律？

（二）长　如图 1 以线圈（2）代替线圈（1），如前法定线圈（2）之电阻。名之为 R_2。

比较R_1及R_2。又比较线圈（1）及（2）之电线之长，而后作一结论。

（三）直径　再依前法求线圈（3）之电阻。名之为R_3。已知30号线之直径为0.0100英寸，26号线之直径为0.0159英寸，计算此两直径之平方之比，及R_1与R_3之比。作一结论。

（四）物质　求线圈（4）之电阻名之为R_4。问铁线之电阻为同长及同直径的铜线之电阻之几倍?

（五）串联　如图3，a及b两点间，连结线圈（2）及（3）。如此连接谓之串联。（a及b两点间为连接线圈用之线均须粗而短，何故?）

如前法量此两线圈串联时之总电阻。以量得结果与R_2+R_3比较。作一结论。

（六）并联　a及b两点间，连接线圈（2）及（3），如图4。如此连接谓之并联。如前法量此两圈并联时之总电阻。问量得结果之倒数是否与$\frac{1}{R_2}+\frac{1}{R_3}$相等。作一结论。

【记录及计算】

实　　验	线　　圈	电位差（伏特）	电流（安培）	电阻（欧姆）
（一）	（1）			$R_1=$
	（1）			$R_1=$
（二）	（2）			$R_2=$
（三）	（3）			$R_3=$
（四）	（4）			$R_4=$
（五）	（2）与（3）串联			
（六）	（2）与（3）并联			

$\frac{\text{(1) 线之长}}{\text{(2) 线之长}}=\cdots\cdots$；$\frac{R_1}{R_2}=\cdots\cdots$

$\frac{[\text{(3) 线直径}]^2}{[\text{(1) 线直径}]^2}=\cdots\cdots$；$\frac{R_1}{R_3}=\cdots\cdots$

$\frac{\text{铁之电阻}}{\text{铜之电阻}}=\frac{R_4}{R_2}=\cdots\cdots$

串联电阻=……欧姆；$R_2+R_3=\cdots\cdots$欧姆

并联电阻=……欧姆；倒数=……；$\frac{1}{R_2}+\frac{1}{R_3}=\cdots\cdots$

【习题】

（一）有线二。长及质料相同。惟一线直径大于他线直径二倍。若将二线各连接于同一电位差，试比较此二线上之电流。

（二）有线圈三。各有电阻10欧姆。问三圈须如何联接，方得15欧姆之总电阻。试作图以示之。

实验二十八* 惠斯登电桥

【目的】

（一）用惠斯登电桥求导电体之电阻。

（二）寻出导电体之电阻与其长短粗细及质料之关系。

【仪器】 惠斯登电桥，电流计，电阻箱，可变电阻，干电池（二），电线线圈四个：——

（1） 30号铜线20英尺

（2） 30号铜线10英尺

（3） 26号铜线20英尺

（4） 30号铁线10英尺

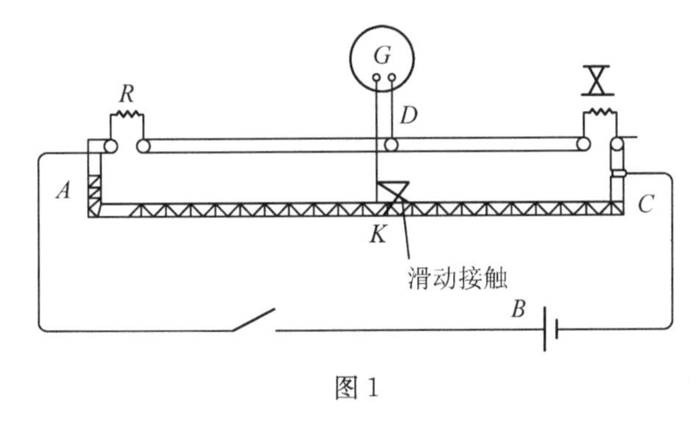

图1

【实验法】 注意 接线各处务宜清洁。线端须用小刀刮亮，或用纱布擦亮。所用接线以能短为妙。

装置仪器如图1。在R处接电阻箱，X处接线圈（1），G处接电流计。联接电池与桥之线可稍长。

电阻箱各塞旁边之数字，即表明欧姆数，每拔去一塞，即加入若干欧姆。先用5欧姆。移电钥K约至可变电阻AC之中间。若K与D间有电位差，则电钥按下时，电流计之针应转动；逐渐移动电钥直至按下时电流计之针不转动而止。假设当电钥在40厘米处，针向右转动，而在60厘米处，针向左转动，则KD间电位差为0时，电钥应在40与60厘米两处之间。次复在45厘米与55厘米两处按电钥试之，若针之两次转动方向仍相反，则欲求之点必在45与55厘米之间。如是逐渐缩短即可得针不转动之一点。

记L及L'之长，用公式$RL'=XL$计算线圈（1）之电阻。（$L=$自K至米尺左端之长，$L'=$自K至米尺右端之长）

---

* 可以更调之实验。

改变电阻箱上之欧姆数，重试一次，复算线圈（1）之电阻（R之数最好能使针不转动时K约在40厘米与60厘米之间）。

同样求其他三线圈之电阻，每圈均试二次，每次所用之R应不同。

【记录及计算】

线圈	实验次数	L（厘米）	L（厘米）	R（欧姆）	X（欧姆）	平均
(1)	1					
	2					
(2)	1					
	2					
(3)	1					
	2					
(4)	1					
	2					

$\frac{\text{线（1）之长}}{\text{线（2）之长}}=\cdots\cdots$； $\frac{\text{圈（1）之电阻}}{\text{圈（2）之电阻}}=\cdots\cdots$；

$\frac{[\text{线（3）直径}]^2}{[\text{线（1）直径}]^2}=\cdots\cdots$；$\frac{\text{圈（1）之电阻}}{\text{圈（3）之电阻}}=\cdots\cdots$；

长短及剖面面积均相同时，

$\frac{\text{铁之电阻}}{\text{铜之电阻}}=\frac{\text{圈（4）之电阻}}{\text{圈（2）之电阻}}=\cdots\cdots$；

【习题】

（一）铜之电阻为1.11，问铁之电阻应为若干？

（二）有一长10尺之线其电阻为20欧姆，问同质料之线长20尺，直径两倍于前，其电阻应为若干？

实验二十九 串联及并联电路

【目的】 明了关于串联及并联各电路之定律。

【仪器】 安培计（0—10），干电池（四），电钥，21 号白铅线线圈[①]（线之断面直径约 0.13 毫米，长约 4 米）四个：

（1）26 号铜线 10 英尺二个，

（2）26 号铜线 20 英尺，

（3）26 号铜线 30 英尺，

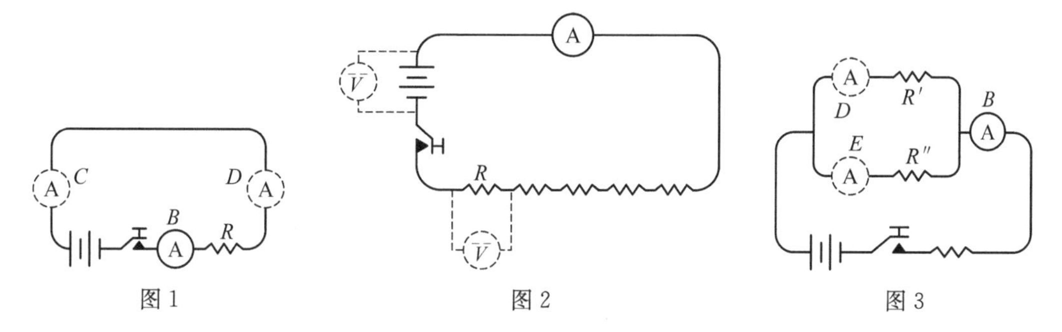

图 1 图 2 图 3

注意：

（1）通电流前，务须先请教员视察电路一遍，以防因错误而损仪器。

（2）通电流时间宜短。

【实验法】

（一）（甲）连接仪器如图 1。A 为安培计，R 为白铅丝线圈。接安培计于 B 之位置与 R，电池及电钥连成一串。通电流，读安培计，改变白铅线之长短，至电流约为三或四安培为止。移安培计各接于 C 及 D 之位置。每次通电流后，再读安培计，问各处电流是否相等?

（乙）将 R 及四个线圈联成一串，如图 2。先接伏特计与 R 平行。通电流后，读伏特计所示之数。此即 R 两端间之电位差。分次移接伏特计，每次与一线圈平行。量各圈两端间之电位差。最后移接伏特计于电池组之两端，量此两端间之总电位差。问总电位差是否等于各部分电位差之和?

串联一安培计于此电路上，量电流。应用欧姆定律，定 R 及其他各个线圈之电阻。

（二）（甲）以线圈（1）二个联接如图 3。取 R' 及 R'' 之位置，接安培计于 B，量总路之电流。接安培计于 D，复接伏特计与 R' 平行，量通过 R' 之电流，及 R' 两端之电

① 各圈可用线扎成，绕于一本棍上圈之两端约留出 10 厘米。

位差。

接安培计于E，接伏特计与R''平行，量通过R''之电流，及R''两端之电位差。由欧姆定律，求R'及R''电阻之值。

（乙）以线圈（2）代替一个线圈（1），使取R''之位置。复如前量各路之电流及线圈（2）之电阻。

（丙）以线圈（3）代替线圈（2），再量各路之电流及线圈（3）之电阻。

据上列实验结果作一结论，并以数目说明之。

【记录】

（一）（甲）安培计在B=……；在C=……；在D=……。

（一）（乙）	R	(1)	(2)	(3)	(4)
电位差（伏特）					
电流（安培）					
电阻（欧姆）					

各圈两端电位差之和=……

电池组两端之电位差=……

（二）

实验	安培计			ED之和	伏特计		R'	R''
	B	E	D		与R'并行	与R''并行		
（甲）								
（乙）								
（丙）								

【习题】

（一）两条分电路上之电阻各为4欧姆与10欧姆，若总路上之电流为10安培，问此两条分路上之电流各为若干安培？

（二）如下图，每个电池之电势为1.5伏特，内阻为0.1欧姆，求各电流I_1，I_2及I_3。（外阻之大小已在图上注明）

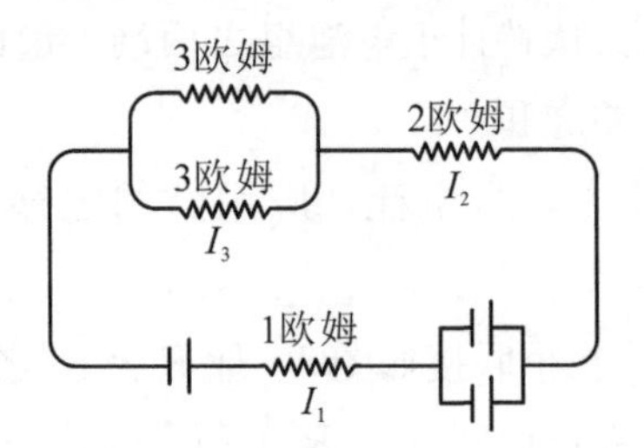

（三）以24号及27号铜线各10尺并联于110伏特之电位差之两端，今知24号铜线断面积适为29号铜线断面积之二倍，问各圈每尺间之电位差若何？试说明其理。

实验三十* 电镀及蓄电池

【目的】

（一）用电镀法镀铜于炭片上。

（二）考验蓄电池之原理及其蓄电法。

【仪器】 玻璃杯，炭棒（可由旧干电池拆下），铜片，硫酸铜溶液（约 20 克硫酸铜溶于 300 克水），硫酸，干电池（二），电线，铅片（二），伏特计，安培计，线圈（电阻约 6 欧姆），有秒针的表。

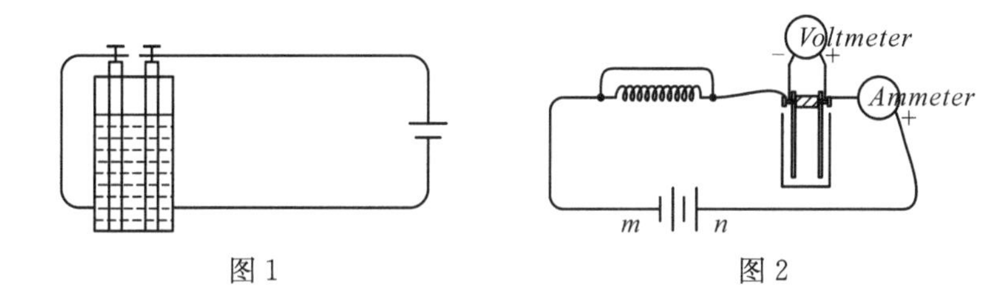

图 1 图 2

【实验法】

（一）电镀 洗净炭棒与干电池之负极相连（干电池之炭极为正，锌极为负）。复联铜片于干电池之正极，如图 1。然后插炭与铜片于硫酸铜溶液中。两片宜离开稍远，使电镀作用不致过快。两片插入溶液后，即可见炭片上渐积有铜。若电流过强，则所积之铜成海绵状，甚或包含黑色之养化铜。故欲得净洁光亮之铜于炭片上，其作用宜缓。适宜之电流约为每平方厘米炭片用 0.02 安培。

如此经十五分钟，得净铜于炭片上，取下炭片，用清水及酒精洗净，俟教员视察后，更换电线上之两极。再通电流，以验初次所镀之铜，能否完全退去。

（二）蓄电池 以硫酸 1 份水 10 份制成稀硫酸。以铅二片插入，并使离开。用伏特计接于此二铅片上，察看有无电势。

以线圈，安培计及干电池二，串联于此尚未蓄电之电池，如图 2。连接完全后，即读伏特计及安培计所示之数。以后每经十五秒钟读一次，至二分钟而止。

以普通电线与线圈并联，使电流增强。细察二铅片，可见其两极近旁发现气泡。一极近旁气泡较多为轻气，他极近旁较少为养气。如此通电经二分钟。举起两片，验其发现养气之极，是否有微红色之积聚物。倘无，则再通电流数分钟而后再验。问此积聚物为何质？养气何以在此极，轻气何以在他极发现？养气之量何以少于轻气？

重插此二铅片于酸中。取去与线圈并联之普通电线。读伏特计，与起初蓄电时所示之数比较之，问增加若干伏特？

---

* 可以更调之实验。

断 m 或 n（见图）。再读伏特计，问两铅片间之电势为若干伏特？

再连入干电池，察安培计。问此蓄电池所生电流之方向是否与前干电池所生电流之方向相反？何故？

换接安培计之两端。再视伏特计及安培计约两分钟（每十五秒钟同时读两计一次）。以验蓄电池放电时之情形。蓄电池之电势与干电池相反，实因炭片镀有积聚物之故。然则当蓄电时，伏特计示数渐增，而安培计示数渐减，亦可解释之否？

欲使蓄电池蓄电，最少须用几伏特之电势？

【记录】

	时间	伏特	安培
蓄　电			
放　电			

【习题】

（一）炭棒上因通电而镀铜及退铜时，其化学作用如何？试详言之。

（二）用一安培电流时，须经 50 分钟，方能积 1 克铜。若在 30 分钟内，炭棒上镀铜$\frac{1}{20}$克，问所用电流为若干安培？

实验三十一　应电流

【目的】　考验如何能发生应电流。

【仪器】　电流计（galvanometer），线圈（二），条形磁铁，蹄形磁铁，铁条，干电池（二），电钥，电线，三足架。

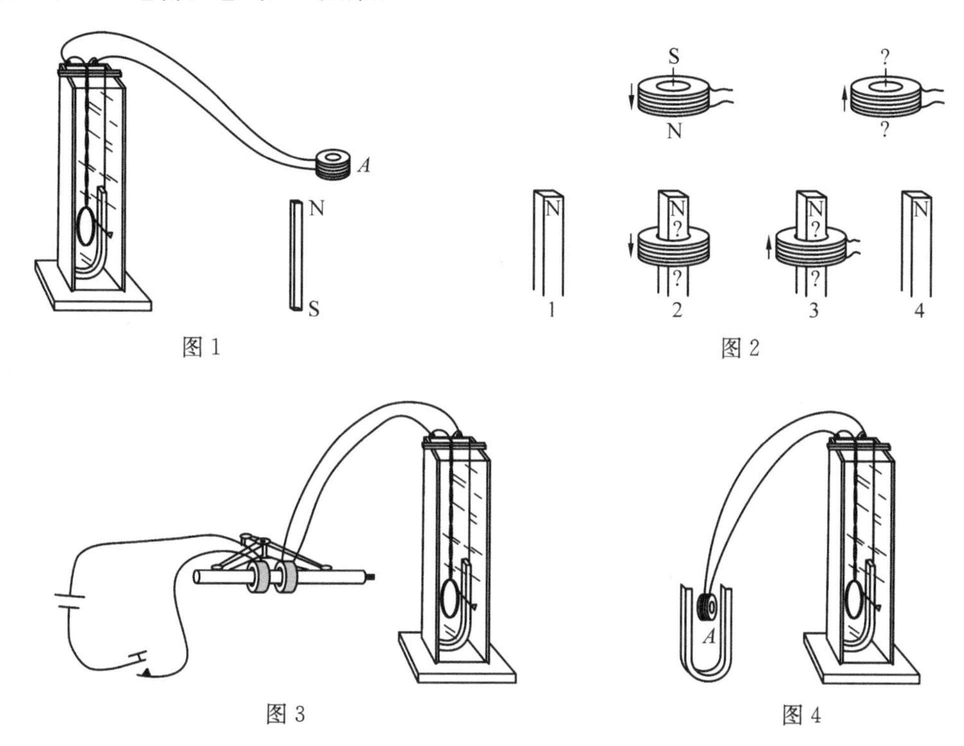

图 1　　图 2

图 3　　图 4

【实验法】　取一粗电线，接于干电池两极，使成“捷路”。同时接电池于电流计，而注意电流计指针转动之方向。（捷路目的，在减少流入电流计内之电流，不使计内线圈转动过速，以致损坏仪器。但捷路时间，愈短愈好。）认定电流从何端入，从何端出。以后从指针之方向，即可推知电流之方向。

（一）用磁铁发生应电流。

（a）接一线圈于电流计，如图 1。以线圈快快套入条形磁铁之指北极，察指针转动之方向并其大小。由指针所转方向，再推知线圈上所生之应电流为顺时针的，抑为反时针的。当电流通过线圈时，即有磁场发生。试用安培定律，定此磁场之两极。（以后简称线圈之两极）

（b）将线圈快快抽出指北极，再察指针转动之方向及其大小。并推知应电流之方向及线圈之两极。

（c）用条形磁铁之指南极，重做（a）实验。再定线圈上电流之方向及其两极。

（d）用指南极重做（b）实验，再定线圈上电流之方向及其两极。

（e）由实验结果作图 2，注明各线圈内电流之方向及其两极。问应电流之方向，与线圈移动之方向及磁场之方向有何关系？试说明实验结果，与楞次定律及右手规则相符。

（二）用电磁体发生应电流。

（a）取线圈二。其一经电钥接于干电池，称为原线圈；其一接于电流计，称为副线圈。两圈皆套入铁棒。闭电钥使原线圈通电，同时即细察电流计上指针转动之方向及其大小。由是即可知副线圈上应电流之方向及强弱。

断原线圈电路。再定副线圈上应电流之方向及强弱。

（注意：原线圈通电时间不宜过久，以免干电池消耗太甚。）

问感电流之方向与应电流之方向关系若何？

（b）以三足架之二脚，与穿入线圈之铁棒相触，如图 3，试看应电流是否增强，并言其故。

（三）发电机之原理。

（a）如图 4 接线圈于电流计。持之于蹄形磁铁之两极间，线之平面适与磁力线垂直。快转此圈 90°，使圈面适与磁力线平行。同时记电流计指针所转方向及其大小。

（b）指针停后，将圈加转 90°。再计指针之方向及转度。

（c）同样再加转线圈两次，每次转 90°；将指针之方向及转度记下。

（d）问线圈转一周时，应电流之方向改换几次？应电流改换方向时，线圈对于磁场之地位若何？

（e）问发电机与电动机不同之点何在？本实验所用之各种仪器中，何者为一小规模的电动机？

【记录】

（一）	线圈转动方向	磁极	指针转动		应电流（顺时针的或反时针的）	线圈之指北极（上面或下面）
			方向（左或右）	度数		
a	向下	指北				
b	向上	指北				
c	向下	指南				
d	向上	指南				

（二）	电钥	指针转动		应电流之方向	感电流之方向
		方向	度数		
a	闭				
	开				
b	闭				
	开				

（三）	线圈移动	指针转动	
		方向	度数
a	90°		
b	180°		
c	270°		
d	360°		

实验三十二* 电动机

【目的】 考验电动机之构造及其用法。

【仪器】 电动机模型，干电池（二），电线，安培计，伏特计。

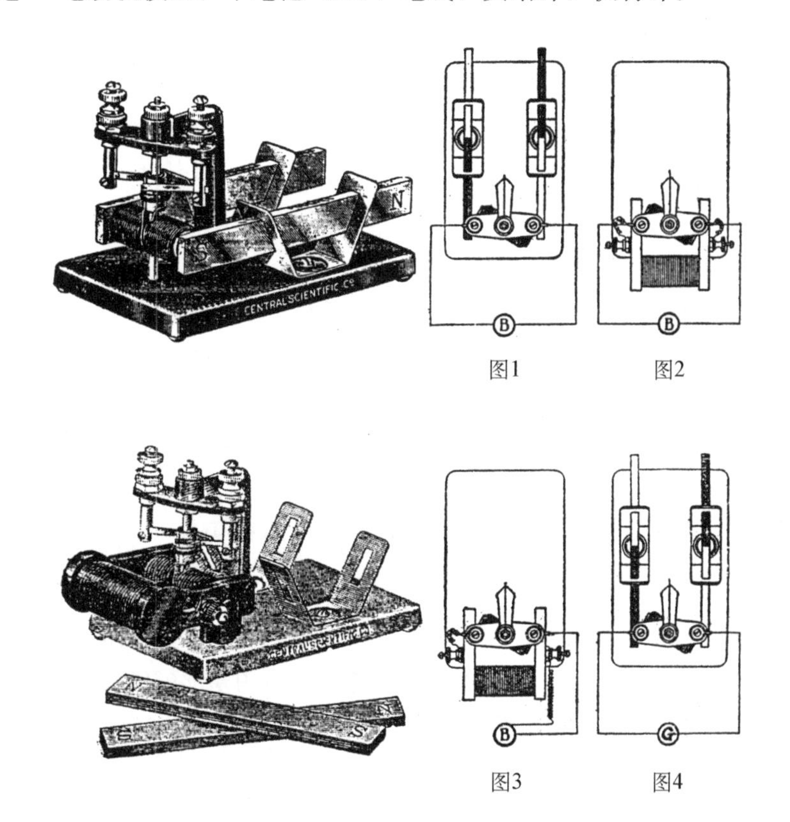

图1 图2

图3 图4

【实验法】 电动机之重要部分：（1）为发生磁场用的磁铁或电磁铁；（2）电枢（Armature）；（3）换向器；（4）接电刷。细看一电动机模型认明各部分。

（一）用磁铁之电动机。脱去机上之电磁铁，只以二条形磁铁发生磁场。接干电池一个（或二个）于机上，使电枢自由转动。如不动，可略转接电刷之位置，并注意接电刷是否与换向器接触。

就观察所得，试答下列诸问题：

1. 电流入电枢之前，经过机内何二种重要部分？

2. 电枢何以能带磁性？

3. 经过电枢之电流若改变方向，则电枢之两极是否改变？

4. 电枢每转一周时，其两极改变几次？

---

* 可以更调之实验。

5. 当其两极改变时，电枢在若何位置?

6. 当电枢之南极接近磁铁之北极时电流之方向应如何?

7. 试变换磁铁之两极。问对于电枢之转动方向有何影响?

8. 将接于接电刷两端之电线互易，问对于电枢之转动方向有何影响?

9. 略转动电刷之位置。问对于电枢之转动快慢有何影响?

10. 若磁铁之两极均为北，或均为南。则电枢将如何转动?

11. 欲使电枢旋转最快，换向器及接电刷之位置应若何?

（二）用电磁铁之电动机　（甲）移开条形磁铁，以电磁铁代之。用电线将电枢，电磁铁及二电池联成一串，成一串绕电动机（如图 2）试其能否转动。下列各条逐一答复。

1. 作一串绕电动机之简图。

2. 接入安培计后，仍使电枢旋转，而后记下安培计所示之数。

3. 暂握住电枢勿使转动。再记下安培计所示之数。量二干电池串联时之总电势，问此电动机之电阻为若干欧姆。

4. 此电动机若接于电势 110 伏特之电线上，问结果如何? 试用欧姆定律。计算此时之安培。

5. 若欲接此电动机于 100 伏特之电线上。而勿至损坏。则机外应加电阻若干欧姆?

（乙）作一分绕电动机之简图。(如图 3) 依图重联线。考验电枢是否能转动。

（三）以电动机作发电机。拆去电磁铁及电池。再用条形磁铁以发生磁场。接一电流计，于电枢之两端接线处。用手连续转动电枢，考验电流计指针是否转动。

实验三十三 无线电接收机

【目的】 装置一用晶体的无线电接收机。

【材料】 半圆形木块（见图1图2长9厘米宽5厘米高2厘米），长方木块（二）（长5厘米高4厘米厚2厘米），底板（长18厘米宽11厘米厚1.5厘米），25号棉裹铜线约8米尺（不宜再短，稍长无妨），弹性的黄铜片（二）（长5厘米宽1.3厘米，一厚一薄），$\frac{1}{8}$英寸的黄铜片（二）（长7厘米宽1.3厘米），又（二）（长4.5厘米宽1.3厘米），黄铜盒（置晶体用，口径及高均约1厘米），晶体1块，胶木2小块，铜丝弹簧，电线1码，螺旋接头（四），铜的木螺旋钉（五），螺旋及螺旋帽。

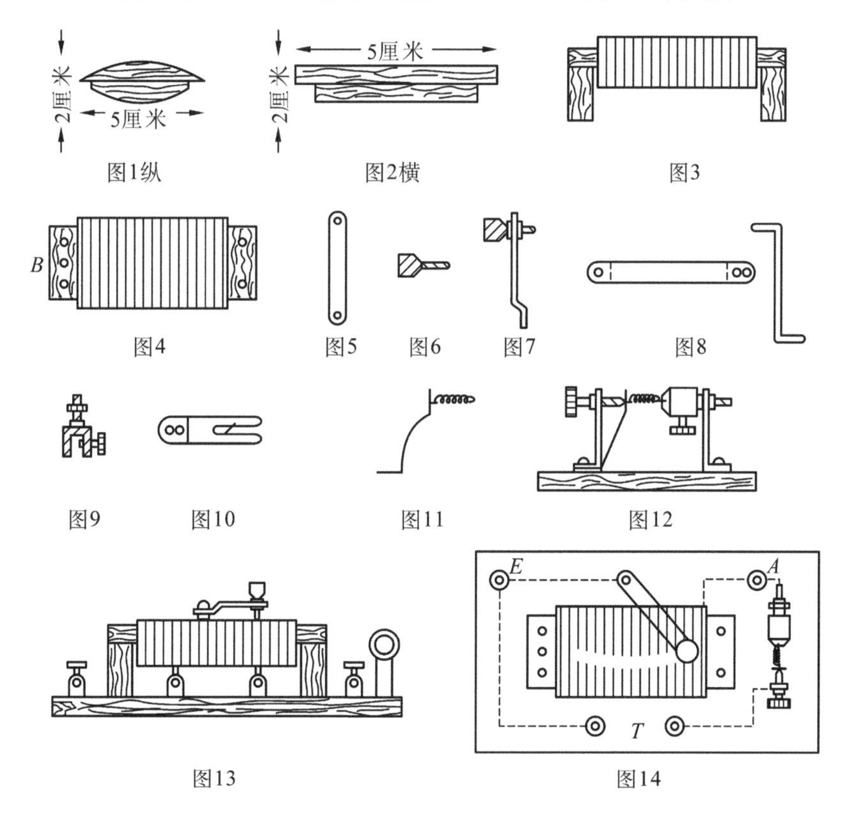

【装置】 （一）有感线圈 取半圆形木块，用蜡涂数次。干后，将25号铜线之一端用小铜钉钉于木块上如B点（见图4）。绕线于木块约80匝（两匝之间，不容有空处）。将他端亦用小铜钉钉住，但须留出五六寸。架圈于两长方木块上如图3。

（二）接触器 依图5至图8配制。图5表示5厘米长之弹性黄铜片，两端钻洞，一洞之大小适能插入螺旋棒，他洞则能插入一圆头木螺钉。图6以一1.5厘米长之螺旋，旋入一胶木头，螺旋之出头一端须略锉圆。图7为二者配合之横面图。图8表示架接触钉之黄铜片，长 7 厘米厚$\frac{1}{8}$英寸。图上虚线表示折成直角时之弯曲处。

（三）探波器　配制如图 12。图 9 表示置晶体之盒。图 10 为$\frac{1}{8}$英寸厚的铜片，虚线示折成直角时之弯曲处，一端截一槽，使晶体夹于其间，得上下移动（见图 12）。图 11 示一弹性的薄铜片，一端焊一甚细之黄铜弹簧。

（四）聚集及联线　照图 13 及图 14，就相当位置，将上述各部钉于底板上。板上又钻四洞，旋入螺旋接头。图 14 上虚线示电线之连接法。A 连于天线，E 连于地线，T 连于听筒。有感线圈之留出线的一端与 A 相结。转动接触器之臂，在有感线圈上画一圆弧。用小刀依弧将圈上棉线刮去，使接触器与圈线相接，可以通电。接触器之他端连于 E。故转改接触器即改变有感线圈上之自感。

收音时，先转动探波器上之螺旋，使弹簧与晶体轻触。然后将接触器之臂，渐渐在有感线圈上转动，至收音最清晰时为止。若不甚灵。则上下晶体，以改变与弹簧接触之点。

作一简图，表示此无线电接收机之构造。

【讨论】　装置此机有何困难？

实验三十四 开管内之空气振动

【目的】 根据共鸣原理，求音叉所发之音在空气内之波长。

【仪器】 音叉（二）（振动数 512 及 384），厚纸管（二），一管长 30 厘米，他管长 50 厘米，直径均约 3 厘米，一管适能套入他管，又一管（长约 50 厘米，须能套入长 30 厘米较大之管内），米尺。

若无振动数 512 及 384 之音叉，则其他振动数之音叉亦可，但管长须与振动数相当。

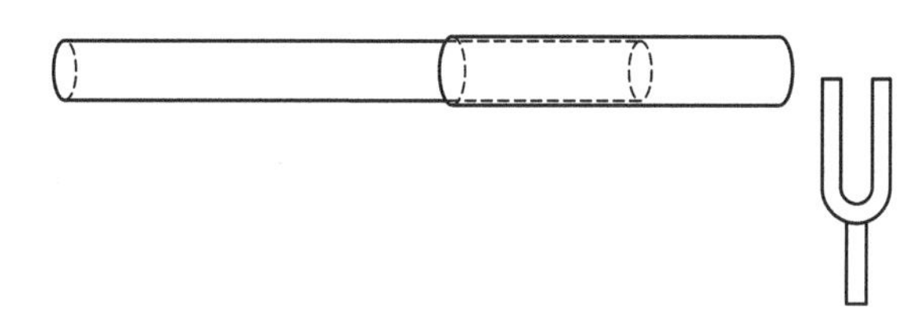

【实验法】 取振动数 512 之音叉，轻击其端，使之振动，即持置于纸管之口。同时抽动纸管，以改变其长短，至得一共鸣最响的最短管长而后以米尺量之。此长应为半波长之整个倍数。

渐增管长，重试如前，至再得一共鸣，而后量其管长。此长亦为半波长之整个倍数，但较前应多一半波长。故二者之差，等于半波长。以二乘之得波长。

重试一次，再求波长。算两次所得之平均数。

音之速度在温度 0℃时，为每秒 331.2 米。温度增高 1℃时，速度之增加为每秒 60 厘米。以音叉振动数除室温下音之速度，亦得波长。试以实验所得之波长与此比较，并求其百分差。

复取振动数 384 之音叉，依前法试之，以求所发音之波长。

【记录及计算】 室温＝……℃

音叉振动数	试　验	听到的共鸣		管长之差	波长	平均	速度	波长	百分差
		管长（1）	管长（2）						
	1								
	2								
	1								
	2								

【习题】

（一）高音的音叉，倘欲与开管发生共鸣，其比宜长抑宜短？（答案须加说明）

（二）音之速度与音调之高低无关。问相隔一个八音度之二音，其波长有何关系？

实验三十五　光之反射

【目的】

（一）证明反射定律。

（二）定平面内像之位置。

【仪器】　小平面镜二块，（愈薄愈好，用后面涂黑之玻璃片亦可），长方木块，针四枚，两脚规，圆度规，三角板，线，纸。

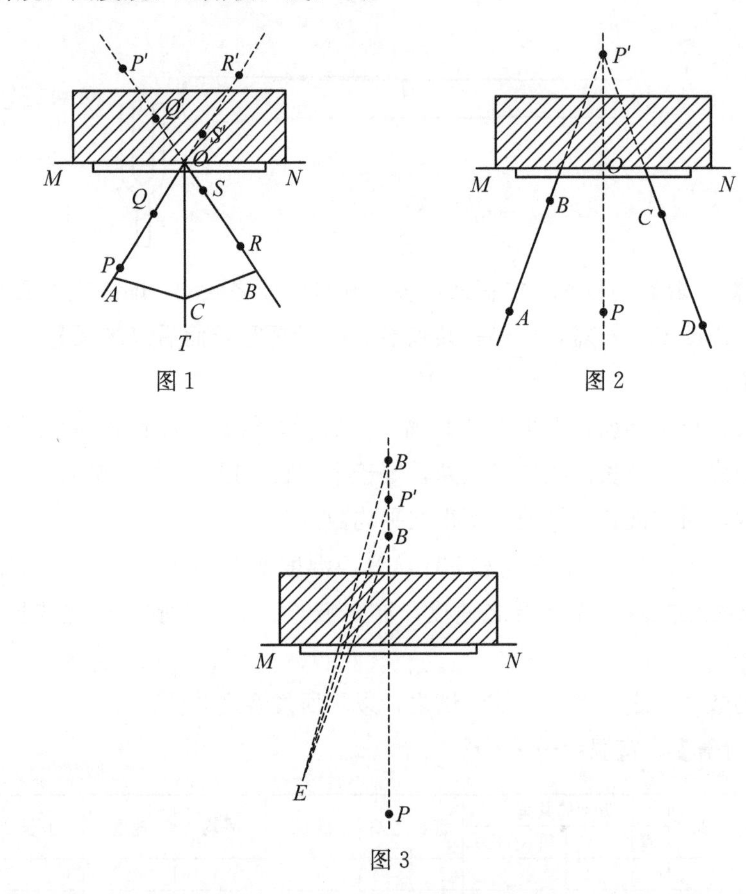

注意　实验时，插针务须垂直，针之位置定后，须即作一记号。画线宜细。

【实验法】

（一）入射角等于反射角。近记录纸之一端，用尖锐铅笔，画一横线 MN。以线缚平面镜于木块，使镜直立于纸上，并使镀锡面（或镀黑面）适与 MN 线相合（如图 1）。镜之近处插一针 Q，距 Q 数厘米处复插一针 P。QP 联线与镜面斜交。在镜前望 Q 及 P 之像 Q' 及 P'。沿 $Q'P'$ 直线上，插 S 及 R 两针。（平望 RS 时须适能遮盖 Q' 及 P'），复自 PQ 望 S，R 之像 S'，R'。察 P，Q，S'，R'，四点是否在一直线上。

移去木块及镜。作 PQ 及 SR。此二线应交于 MN 上之一点 O。自 O 作 MN 之垂线 OT。取 OC 等于 10 厘米。自 C 作 QP 及 SR 之垂线 CA 及 CB，量 AC 及 BC 之距离，验其是否相等。问入射角与反射角有何关系。

（二）以斜视法定像之位置。在记录纸之中部画 MN 线。复如（一）置镜于线上。距镜约 6 厘米处插针 P。自左边斜望 P 之像，沿视线插 AB 两针。使 A 适能遮住 B 针及 P 之像 P'。复自 P 之右边，斜望如前，插 CD 两针。

移去木块及镜。作 AB 及 CD，引长之使交于一点 P'。作 PP'，与 MN 相交于 O。量 OP 及 OP' 之长度，并量 $P'OM$ 及 $P'ON$ 之角度。问平面镜内像之位置何在?

（三）用视差法定像之位置。画 MN 线。置镜于线上。镜前插一针 P。自 P 直望其像 P' 使 P 适能遮住 P'。同时在镜后之相宜地位，插一较长之针 B，使自 P 望时 B 针与 P' 适似相合，并使 P 仍遮住 P'。针之位置，虽非 P' 之位置，但必在 P' 前后，故暂名之为像针。

自 P 之右，望 P' 及像针。若像针之位置，即为像之位置，则二者必仍相合，倘不相合，则可用下法定像针究竟在像之前抑后。

人眼略向左移动时，倘像针向 P' 之左移动，则像针必在 P' 之后。倘向右则在前，既知像针在 P' 之前或后。然后再自 P 望 P'，在 PP' 线上重插像针。复斜视像针及 P'，直至当眼稍动时，像针及 P' 终相符合而止。此时像针之位置，即 P 针之像之位置。标记像针之位置。移去木块及镜。如（二）考验关于像之位置之定律。

【记录】

（一）AC=……；BC=……；

（二）$P'O$=……；PO=……；$\angle P'OM$=……；$\angle P'ON$=……

（三）$P'O$=……；PO=……；$\angle P'OM$=……；$\angle P'ON$=……

【问题】

（一）挂镜于壁上，人立其左。问第二人当立于何处，二人方可互见其像?

（二）人立于河旁，望对岸树影必倒立。试作一图以明之。

实验三十六　水及玻璃之折射率

【目的】　定水及玻璃之折射率。

【仪器】　高的薄玻璃杯，木块，镜尺，三足架并铁夹，铜元，铜丝，水，方（或长方）玻璃片（厚约一厘米，愈厚愈好），针（四），米尺，两脚规。

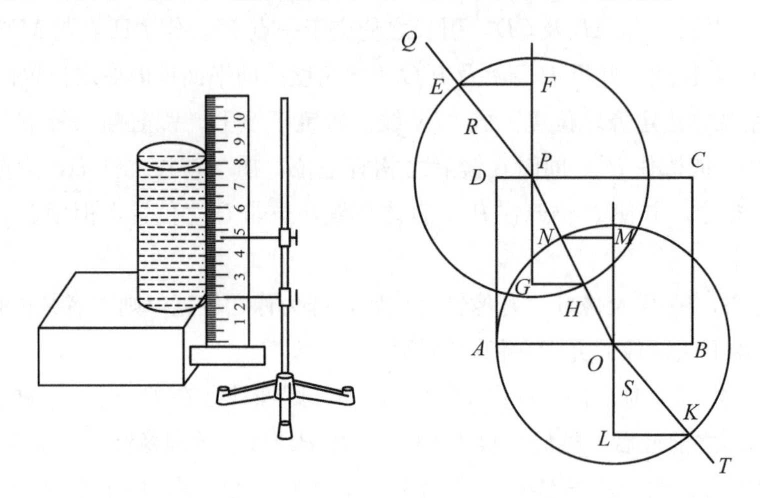

【实验法】

（一）定水之折射率　以玻璃杯置木块上。杯底置一铜元。杯旁立一镜尺。在三脚架上横夹一铜丝，作为指针，可上下移动。先将指针对指铜元，在镜尺上读指针之位置（记为 A）；读时须使针尺上刻度及镜内针影三者相合，且读至十分之一毫米。注水于杯中，自水面下视杯底，见铜元浮起。同时渐渐提高指针，至指针与铜元似适在同一平面上，然后再如前读指针之位置（记为 B）。提高指针使适与水面相合，再记其位置记为 C。

A 与 C 之差即为水之原深。B 与 C 之差，为水之视深（apparent depth）。AC 与 BC 之比即水之折射率。（何故？）

改变水之原深如前重试一次，再求折射率。

（二）定玻璃之折射率　量玻璃片之宽。画 AB，DC 两平行线于纸上。两线之距离，须使玻璃片置于其间时，适与玻璃片之边相合而线不露于边外。在 DC 之后，插 R，Q 两针。RQ 连线与 DC 斜交。在 AB 之前。经玻璃片平视 R，Q 之下部。（其上部高出于玻璃片者可以不管）。顺视线插 S，T 两针，使与 R，Q 似适在一直线上。

移去玻璃片及针。以铅笔记针之位置。作 RQ 与 DC 交于 P。又作 ST，与 AB 交于 O。联 OP 线。$QRPOST$ 即经过玻璃片之光线也。

以 P 为中心，以半径 4 或 5 厘米作一圆。与 OP 交于 H，与 QR 交于 E。经 P 作 CD 之垂线 FG。又作 EF 及 GH，均与 DC 并行。则 EPF 为入射角。GPH 为折射角。

光从空气进玻璃时，入射角正弦与折射角正弦之比为玻璃之折射率以算式表示。

$$\sin EPF=\frac{EF}{EP} \quad \sin GPH=\frac{GH}{HP}=\frac{GH}{EP}$$

$$折射率=\frac{\sin EPF}{\sin GPH}=\frac{EF}{GH}$$

量 EF 及 GH 之长，求其比，即得玻璃之折射率。

同样复以 O 为中心作一圆，并作 ML，MN 及 KL 三线。量 KL 及 MN，两者之比亦为玻璃之折射率。如与前所得者相差不远，则算其平均数。否则再量各线，或重行实验。

变换入射角之大小，用同法再定玻璃之折射率。问折射率与入射角之大小有何关系？

【记录及计算】

（一）

实验	A 之位置	B 之位置	C 之位置	水之原深	水之视深	折射率	平均
1							
2							

（二）

实验	GH	FE	EF/GH	MN	KL	KL/MN
1						
2						

折射率平均=————

【习题】

（一）问 QP 及 OT 二线是否平行？试证明答案。

（二）水之折射率为 1.33。光线自空气入水，其入射角为 24°，问折射角为若干度？光在水中之速度若何？

实验三十七　凸透镜

【目的】　定凸透镜之焦距并实验其成像作用。

【仪器】　凸透镜（焦距 5 厘米，直径 3.2 厘米），三足架及夹，铁丝网，蜡烛，火柴，长方木块（二），纸尺，米尺，扁钉（四），针（二，一长一短）。

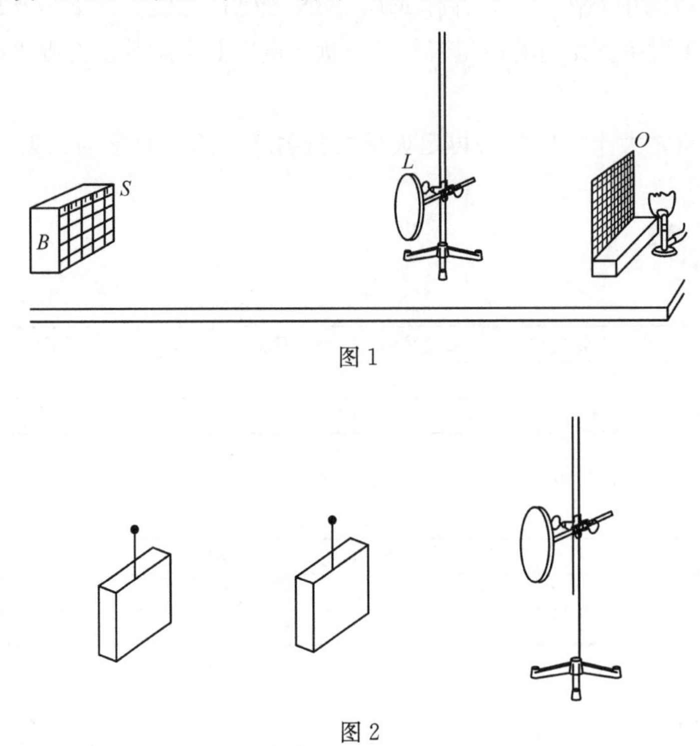

图 1

图 2

【实验注】

（一）直接定焦距。夹透镜于三足架上，使其面垂直并与窗面平行。直立一长方木块于透镜之后。在木块上向透镜的一面，钉一白纸。渐渐移动木块，使白纸面与透镜面常相平行，直至距透镜甚远之屋或树之像现于纸上最清楚时，然后量透镜中心与纸面之距离。

复如前看得他屋或他树之像两次，并量像与透镜之距离与第一次所得者平均之，即得透镜之焦距。

（二）从物及像之地位定焦距。

（甲）真像　如图 1，置透镜 L 于木块 B 与铁丝网 O 之间。此三物宜在一直线上，其平面须互相平行。木块上钉纸尺 S。O 与 L 之距离须比焦距还大。网后置烛焰，使丝网耀映甚亮。前后移动木块（切勿左右移动）直至纸尺上所照得丝网小像最清楚时，然后量 O 与 L 之距离，名为 D_0，量 S 与 L 之距离，名为 D_i。求 D_0 与 D_i 之比，并由公式

$$\frac{1}{F}=\frac{1}{D_0}+\frac{1}{D_i}$$

计算焦距 F。复察 10 格（或 20 格）丝网之像，在纸尺上占若干毫米。另用米尺量丝网 10 格（或 20 格）之宽本为若干毫米。由此两数求物与像长短之比。

保持丝网与纸尺之距离，将透镜向丝网移动，至纸尺上复照得一放大之像时，再量 D_0 及 D_i。并量物与像之长短。计算如前。

再移动透镜及纸尺，照得丝网之放大及缩小像各一。如前求焦距及其他各值。

（乙）幻像　两木块上各插一小针，一针之顶为黑色，他针之顶为白色。置此两木块于透镜之同一边，但分别在焦距之内外，如图 2。在焦距内者称为物针。在焦距外者称为像针。像针须高出于透镜。自透镜之他边，观察物针之像及像针。同时移动像针，使像与像针逐渐接近。至人目左右稍动，而像及像针终相符合为止。量像针及物针离透镜之距离。由公式

$$\frac{1}{F}=\frac{1}{D_0}-\frac{1}{D_i}$$

求透镜之焦距。

改变物针之位置，再求焦距，而取两次所得之平均数。

注意　物针之像须经过透镜观察，但像针须不经过透镜观察。

【记录及计算】

（一）

实验次数	1	2	3	平均
焦距				

（二）甲

实验次数	D_0	D_i	$\frac{1}{D_0}+\frac{1}{D_i}$	f	物长	像长	物像长短之比	$\frac{D_0}{D_i}$
1								
2								
3								
4								
F 之平均值								

乙

实验次数	D_0	D_i	$\frac{1}{D_0}-\frac{1}{D_i}$	F	F 之平均值
1					
2					

【习题】

（一）作数图以表明上述各种实验情形下成像之理。

（二）欲使真像与物同大，则物与凸透镜之距离应与焦距有何关系？

实验三十八　望远镜及复显微镜

【目的】　实验望远镜及复显微镜之构造，并求其放大倍数。

【仪器】　凸透镜三片：（甲）焦距约 5 厘米，（乙）焦距约 4 厘米，（丙）焦距较甲，乙为长约 15 厘米。米尺，半米尺，米尺架（二）（厚 2.5 厘米余见图 3），透镜架夹（二），白色厚纸片（长方式，一面画有细格，每格宽一毫米，或于纸片上钉一纸尺亦可），纸片夹。

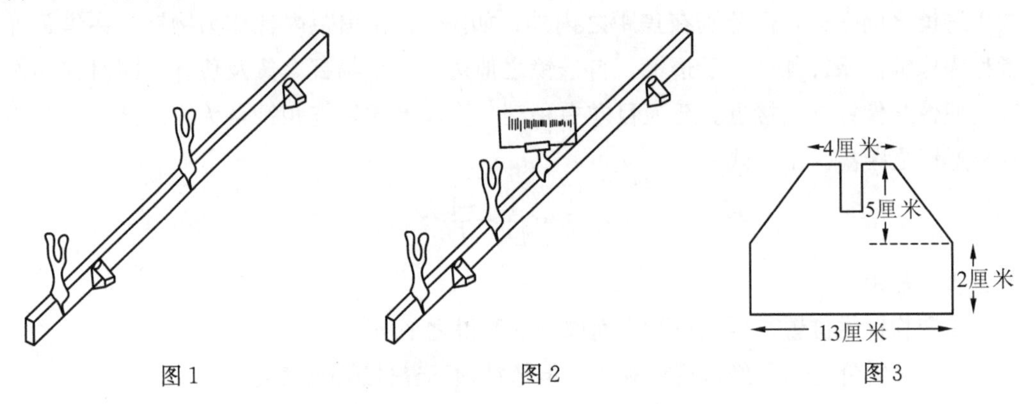

图 1　　图 2　　图 3

【实验法】

（一）望远镜　（1）分别取凸透镜（甲）及（丙）装于米尺上，以厚纸片置于各透镜之后。用直接定焦距法（见实验三十七）先定各透镜之焦距。

（2）置透镜（甲）于米尺之一端，作为目镜。置透镜（丙）于米尺上作为物镜。此两透镜之距离须约等于其焦距之和。

（3）对远距离之房屋或树物在目镜后窥其像（须经过两透镜观察）。进退目镜至像最显明时为止。

（4）量两透镜之距离与其焦距之和比较。问有何关系?

（5）以目镜焦距除物镜焦距，即得此望远镜之放大倍数。

（二）复显微镜　（1）取（甲）（乙）二透镜装于米尺上。分别定其焦距。

（2）置任一透镜于米尺之一端。作为目镜。置其他透镜于米尺上，作为物镜。两镜之距离使约等于物镜焦距之四倍。

（3）在物镜之前，置一有刻度之厚纸片，如图 1。两者相去，须略大于物镜之焦距。渐渐移动纸片使在目镜后得见最清晰之放大尺度。

（4）以一目视尺度之像，同时以他目直接（不经过两透镜观察）视纸片上之尺度。如此看出之像，一格与尺上几毫米相合。从此求得此复显微镜之放大倍数。

（5）量纸面与物镜之距离名为 d，从两透镜之距离内，减去目镜焦距，所余称为 L。若 F 为目镜焦距则复显微镜之放大倍数。即等于$\frac{25L}{Fd}$。比较由视察得与计算得之放大倍数。

【记录及计算】

（一）物镜焦距＝……厘米　　目镜焦距＝……厘米

两焦距之和＝……厘米　两镜之距离＝……厘米

放大倍数＝……

（二）物镜焦距＝……厘米　　目镜焦距（F）＝……厘米

d＝……厘米　　L＝……厘米

放大倍数（由观察得）＝……放大倍数（由计算得）＝……

【习题】

（一）望远镜两透镜之距离与其焦距和之关系，试作图说明之。

（二）复显微镜之放大倍数＝$\frac{25L}{Fd}$，试作图说明之。

实验三十九* 棱镜之分光作用

【目的】 分析日光（或其他白光）并考验物体上有颜色之原因。

【仪器】 棱镜，凸透镜，铁圈及架，纸条，颜色玻璃片，颜色布。

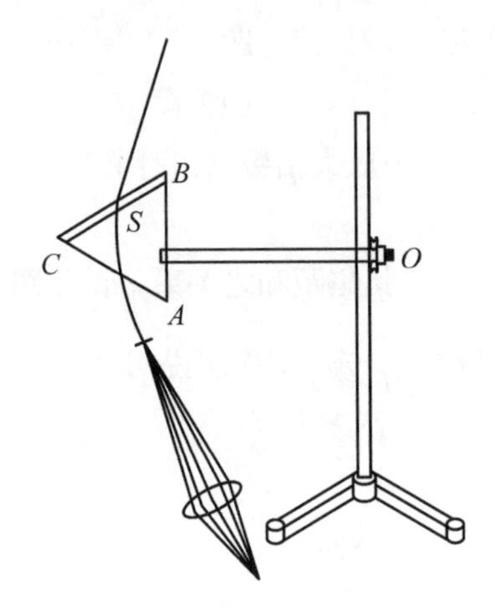

【实验法】

（一）在棱镜之一边［如 *BC*］上，粘贴两纸条，使仅露一裂缝［*S*］，宽约 2 毫米。架镜于铁圈上。棱边与铁圈接触处，垫以纸片或橡皮，以防擦损。置镜于日光处，使日光射于裂缝。渐转棱镜，使折射后之光线射于地板上隐处（此处须放一白纸），则即发现光谱（Spectrum）。

问共有几色光线？何色光线折射最甚？哪几种颜色较为显明？

持透镜于折射后光线所经过之处，使集于焦点问此时呈何现象？

（二）以红玻璃片横置于折射前光线所经过之处，问光谱有否改变？

又横置于折射后各色光线所经过之处，结果如何？白光经红色透明体后，哪种颜色的光被其吸收？

以红布置于地板上有光谱之处，问所见为何色？问红色物体何以在日光中现红色？

以蓝玻璃片盖住红布。问红布之色若何？何故？

【问题】

（一）蓝玻璃窗或蓝灯罩对于红衣服有何影响？何故？

（二）红玻璃窗或红灯罩对于红衣服有何影响？何故？

---

* 可以更调之实验。

实验四十* 电灯之光度[①]

【目的】

（一）求几种电灯之烛光数。

（二）比较各种电灯每支烛光所消耗之功率（即 Watt 数）。

【仪器】 米尺，米尺架，花电线，电灯座与插鞘，各种电灯。

乔里光度计：切白蜡（Paraffin）两方片，厚约$\frac{1}{4}$寸，其正方面边长 2 寸，各面均宜平滑。平置一片于热的玻璃片或光滑铜片上，然后以微熔之蜡面盖于一薄锡片上。剪去蜡面旁边之锡片。熔解另一蜡片之一面，而后使两蜡片黏成一块，其间隔以锡片。装此块于一木箱内。箱之制法如下：锯四木片，厚均约$\frac{1}{4}$寸；两片各长 6 寸，宽 $2\frac{1}{2}$寸，其他两片各长 6 寸，宽 2 寸，在一片宽 $2\frac{1}{2}$寸的木片的中间，凿一圆洞，其直径约等于 $1\frac{1}{2}$寸；在每片宽 $2\frac{1}{2}$寸的木片的中间，钉极薄木条二（见图 1），两条间之距离，须使已黏成之蜡片适能插于其间。将四木片钉成一盒，两端皆空，$2\frac{1}{2}$寸宽的木片为两边，2 寸宽的木片为盖与底。近盒之两端，横钉二木块，每块下刻一槽，使全器可立于米尺上，并能沿米尺移动（见图 2）。箱下与锡片成一直线之处，钉一长钉，作为指针。

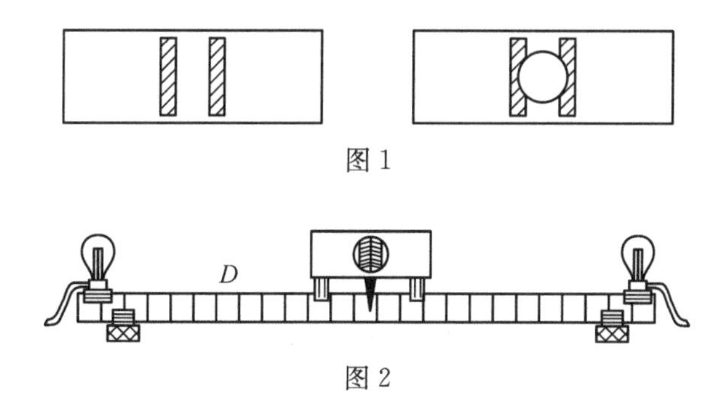

图 1

图 2

【实验法】 装置光度计及电灯等如图 2。用一 25 瓦特的白磁泡电灯，（此灯在 110 伏特之电势约有 20 支烛光，但最好由教员预先求得其烛光）作为标准，置于米尺之左端。右端则置一未知烛光之电灯。沿米尺移动光度计，直至观察者从圆洞正视时，

---

* 可以更调之实验。

① 附注：此实验宜在暗室内行之，倘无暗室，可做一暗箱，将全副仪器置于其中，只开一边，以便移动光度计，并以便观察。观察时须用黑布遮盖，不使外光透入。教员宜设补充问题使学生明了烛光功率及买价之关系。

两蜡片的明暗分不出而止。量标准灯与光度计之指示针之距离 D，及他灯与指示针之距离 D'，算 $\left(\frac{D'}{D}\right)^2$。求他灯之烛光数及其每支烛光所消耗之功率（此灯在实验情形下之功率，应由教员预先测定）。另换一灯重做如前。

【记录及计算】

标准电灯：功率＝……瓦特；烛光＝……支

电灯之种类	功率	D	D'	$(D)^2$	$(D')^2$	$\left(\frac{D'}{D}\right)^2$	烛光	每支烛光之功率

仪器价目及购置表

说明：

Ⅰ. 若每二人同做一个实验，四个实验同时并行，即每次有八人同时实验，一星期实验一次，四星期可轮流一周，则购仪器一全副，亦已足用。

Ⅱ. 若每二人同做一个实验，三个实验同时并行，三星期轮流一次；则一副仪器，可供每次六人实验之用，若有三副仪器即可供每次十八人实验之用。其间有许多公用仪器，可不必购三副，故所费较为经济。

Ⅲ. 经售仪器之处本表所列有三所：

一为国立中央研究院物理研究所仪器工场（上海白利南路愚园路底）。表中以（研）代表之。

二为上海科学仪器馆（上海福州路）。表中以（科）代表之。

三为 Central Scientific Company 460 E，Ohio St，Chicago，U. S. A，由上海博物院路大华仪器公司经理。表中以（C）代表之。

每种仪器价目，择三公司之定价最少或其器最精良耐用者列入。美币一元，算国币三元。本表价目，则均以国币计算。

实验仪器及价格表*

名　　称	实　　验	购置处之目录号码	单价	件数	复价	每级18人所应需之仪器件数	复价
短米尺（Metric Scale 30cm）	1，8，23，36，38	（科）106H_9	0.40	2	0.80	3	1.20
木圆柱体	1	自制	0.20	1	0.20	3	0.60
细针	1	市购	0.02	1	0.02	3	0.06
三角板	1，8	市购	0.60	1 pair	0.60	1	0.60
天秤（Laboratory balance）附砝码	2，3，11，12，16，17，18	（研）通－2	36.00	1	36.00	1	36.00
游标测径器（Vernier caliper）	2	（研）通－8	8.00	1	8.00	2	16.00
螺旋测径器（Micrometer caliper）	1，12	（研）通－7	13.00	1	13.00	2	26.00
铝圆柱体（Aluminum cylinder）	2	（研）通－12b	1.20	1	1.20	3	3.60
钢球（Steel sphere，diam $\frac{3}{4}$in.）	2，23	（C）F1261	0.24	1	0.24	3	0.72
溢罐（Overflow can）	3	自制	1.00	1	1.00	3	3.00
金属小杯（Catch bucket）	3	自制	1.00	1	1.00	3	3.00
木块	3	自制	0.10	1	0.10	3	0.30
玻璃管（Pressure tubes）	4	（C）F1511	4.80	1	4.80	3	14.40
长玻璃筒	4	（研）声－1	4.50	1	4.50	3	13.50
铅子（Lead shots）	4，12，16	（C）F2345	2.40	2 lb	2.40	4	4.80
圆柱形灯罩	5	市购	0.50	2	1.00	6	3.00
广口玻璃瓶	5	市购	0.30	4	1.20	12	3.60
铜条（Brass rod）	5	（C）14830	1.05	3 ft	1.05	3	3.15
玻璃管（Glass tubing 8 mm diam）	5，24	（C）7190	1.95	1 lb	1.95	2 lb	3.90
尖口玻璃管（Glass tubing 8 mm diam）	5	自制	0.05	1	0.05	3	0.15
橡皮塞（Rubber stoppers）	5	（C）11572A	4.05	1 lb	4.05	1 lb	4.05

* 本表题目为本书编者所加。——编者

续表

名　　称	实　　验	购置处之目录号码	单价	件数	复价	每级18人所应需之仪器件数	复价
薄膜（Rubber membrance）	5	（C）7280或市购	0.45	5 in sq	0.45	5 in sq	0.45
扁针（Thnmb tacks）	5	市购	0.50	1 box	0.50	1 box	0.50
橡皮管（Rubber tube，diam. $\frac{1}{4}$ in.）	5，14，20	（C）11580	0.66	2 ft	0.66	6 ft	1.96
铁架（Iron tripod base with rod） 铁夹（Iron clamp）	5，9，31，37，39 5，37	（研）通－11	9.00	2	18.00	6	54.00
玻璃管（Glass tubing capillary）	6	（C）7202	3.45	1 lb	3.40	1 lb	3.40
米尺（Meter stick）	6，8，14，20，38	（研）通－9a	1.00	2	2.00	3	3.00
气压计[①]（Barometer）	6，20	（研）通－6	30.00	1	30.00	1	30.00
螺簧（Spiral spring） 权码托盘（Weight hanger） 镜尺（Mirror scale）	7	（研）力－12	4.50	1	4.50	3	13.50
薄木杆	7	自制	0.20	1	0.20	3	0.60
长方木块	7，35，36，37	自制	0.30	2	0.60	6	1.80
弹簧秤（Spring balance，250 gram.）	8	（科）$133B_3$	2.00	3	6.00	9	18.00
弹簧秤（Spring balance，2000 gram.）	8	（C）638	1.95	1	1.95	3	5.85
木板（Force board）	8	自制	1.20	1	1.20	3	3.60
小铜圈（Small brass ring）	8	市购	0.10	1 doz	0.10	1 doz	0.10
弦线（Fish cord，per roll of 20 ft）	8	市购	0.20	1 roll	0.20	1 roll	0.20
摆锤（Pendulum ball，aluminum，$\frac{3}{4}$ in. diam.）	9	（C）F1231	0.90	1	0.90	3	2.70
摆锤（Pendulum ball，lead，bored，$\frac{3}{4}$ in. diam.）	9	（C）F1243	0.45	1	0.45	3	1.35
摆夹（Pendulum Clamp，wood）	9，12	自制	0.50	1	0.50	3	1.50

续表

名　　称	实　　验	购置处之目录号码	单价	件数	复价	每级 18 人所应需之仪器件数	复价
称杆 称钩 称锤	10	市购或自制	0.50	1	0.50	3	1.50
斜面（Inclined plane）	11	自制	1.20	1	1.20	3	3.60
小车（Carriage for inclined plane）	11	（C） F1487	3.00	1	3.00	3	9.00
斜面上滑车（Pulley for inclined plane）	11	（C） F1424	1.80	1	1.80	3	5.40
小洋铁杯	11，12	自制	0.20	1	0.20	3	0.60
单滑车（Single pulley）	12	（C） F1395	1.05	2	2.10	6	6.30
三连滑车（Triple pulley）	12	（C） F1402	5.25	1	5.25	3	15.75
露点器（Dew point apparatus）	13	（C） 2031	3.00	1	3.00	3	9.00
温度计（Thermometer）	14，15，16，17，18，19，20	（研）热—16	2.00	2	4.00	4	8.00
玻璃杯（Plain drinking glass，12 ounces）	3，50，13，21，24	市购	0.20	1	0.20	3	0.60
试管（Test tube，5 in. $\times\frac{5}{8}$ in.）	13	（科） T_1	0.03	1 doz	0.36	1 doz	0.36
玻璃瓶（Glass stopper bottle，250 cc）	13	（科） B_{11}	0.24	1	0.24	3	0.72
醚（Ether）	13	（科） E_4	2.70	250 gr	2.70	500 gr	5.40
棉絮（Cotton）	13，21	市购	0.50	1 lb	0.50	1 lb	0.50
线胀系数器② （Linear exp. app）	14	（C） F2103	15.00	1	15.00	2	30.00
长颈蒸汽锅（Boiler with extension）	14，15，18，20	（科） 771—B_{10}	5.50	1	5.50	3	16.50
铁三足架（Tripod）	14，15，18，20	（科） 778—T_5	0.50	1	0.50	3	1.50
酒精灯（Alcohol lamp）	14，15，16，18，20，21	自制（用铜制）	0.40	2	0.80	5	2.00
定容空气温度计（Constant volume air thermometer）	15	（研）热—6	4.50	1	4.50	3	13.50
五养化磷（Phosphorus pentoxide）	15	市购（药房）	2.50	1ounce	2.50	2	5.00
水银（Mercury）	15	（研）或市购（药店）	4.00	1lb	4.00	2lb	8.00

续表

名称	实验	购置处之目录号码	单价	件数	复价	每级18人所应需之仪器件数	复价
量热器（Calorimeter）	16，17，18，21	（研）热—2	5.00	1	5.00	5	25.00
蒸水壶	16	自制	1.00	1	1.00	5	5.00
小铁钉	16	市购	0.40	2lb	0.80	3lb	1.20
布	17，18	市购	0.10		0.10	3	0.30
水阱（Steam trap）	18	（研）热—8	0.60	1	0.60	3	1.80
厚纸管（Mechanical equivalent of heat tube）	19	（C） F2255	0.90		0.90	3	2.70
木塞	19	自制	0.10	2	0.20	6	0.60
螺旋夹（Tubing clamps）	20	（C） 2896A	0.75	1	0.75	3	2.25
方木箱或纸盒	21	自制	0.20	1	0.20	3	0.60
羊毛织物	21	市购	0.20	1lb	0.20	2lb	0.40
木屑	21，24						
表	9，21，30	学生自备					
玻璃量筒（Glass graduated cylinder，250cc）	21，36	（科） G_9	3.60	1	3.60	2	7.20
条形磁电（Bar magnet）	22，31	（科） 807M1	2.00	1	2.00	3	6.00
铁蹄磁铁（Magnet U.）	22，31	（C） F2529	1.50	2	3.00	6	9.00
木板（Boards to hold magnet）	22	自制	1.00	1	1.00	3	3.00
罗针（Small magnetic compass）	22，25	（C） F2615	1.20	1	1.20	3	3.60
铁屑（Iron filings）	22	（科） I_5	0.25	500 g	0.25	3	0.75
铁层管（Shaker for distributing iron filings）	22	自制	0.20	1	0.20	3	0.60
蓝印纸（Blue printing paper）	22	自制	0.20	1	0.20	3	0.60
缝针（Darning needle）	22	市购	0.24	1 doz	0.24	3	0.72
长钢针（Knitting needle）	22	（C） F2539	1.20	1 doz	1.20	1 doz	1.20
验电器（Electroscope）	23	自制	0.50	1	0.50	3	1.50

续表

名　　称	实　　验	购置处之目录号码	单价	件数	复价	每级 18 人所应需之仪器件数	复价
取板（Proof plane）	23	（C） F2961	0.75	1	0.75	3	2.25
硬橡皮棒（Vulcanite friction rod）	23	（C） F2707	1.05	1	1.05	3	3.15
玻璃棒（Glass friction rod）	23	（C） F2703	1.80	1	1.80	3	5.40
猫皮（Cat skin）	23	市购	0.80	1	0.80	3	2.40
丝巾	20	市购	0.20	1	0.20	3	0.60
蓄电片（Condenser plate，zinc）	23	自制	0.60	1 pair	0.60	3 pairs	1.80
玻璃片	23	市购	0.10	1	0.10	3	0.30
丝线	23	市购	0.10		0.10		0.10
锌片电极[3]（zinc electrodes）	24	市购	0.70	1 doz	0.70	1 doz	0.70
铜片电极[4]（copper electrodes）	24，30	市购	0.70	1 doz	0.70	1 doz	0.70
干电池零件[5]	24	市购	0.30	1 set	0.30	3	0.90
简便伏特计（Pocket voltmeter）	24	（C） 4494	2.20	1	2.20	1	2.20
电铃（Electric bell）	24，26	（科） $993E_2$	1.50	1	1.50	3	4.50
干电池（Dry cell）	{25，26，27，28， 29，30，32，	市购（日月牌或明珠牌） （研） 磁电 20	1.00	2	2.00	6	6.00
电钥（Contact key）	25，27，29，31	（研） 磁电 20	2.00	1	2.00	3	6.00
软铁条（Soft iron rod，length 10 cm）	25	（C） F2532A	0.30	1	0.30	3	0.90
U 形软铁条（U-shaped soft iron core）	25	（C） F2535	0.30	1	0.30	3	0.90
电线（No 18 copper wire）		市购	0.50	20 ft	0.50	60 ft	1.50
电钮（Push button）	26	市购	0.50	2	1.00	8	4.00
伏特计（Voltmeter）	27，30，32	（研） 磁电—14	25.00	1	25.00	2	50.00
安培计（Ammeter）	27，29，30，32	（研） 磁电—12	25.00	1	25.00	2	50.00
络圈	27，28，29，30	自制	0.40	4	0.40	12	1.20

续表

名　　称	实　　验	购置处之目录号码	单价	件数	复价	每级18人所应需之仪器件数	复价
惠斯登桥⑥（Wheatstone bridge）	28	（研）磁电—18	12.00	1	12.00	2	24.00
电阻箱（Resistance box）	25，28	（研）磁电—8	25.00	1	25.00	2	50.00
白铅线	29	市购	0.15	$\frac{1}{2}$ lb	0.15	$\frac{1}{2}$ lb	0.15
铅片电极⑦（Lead electrode）	30	市购	1.10	1 doz	1.10	1 doz	1.10
电流计（D'Arsonal Galvanometer）	31	（研）磁电—17a	25.00	1	25.00	2	50.00
络圈（Coil for induction）	31	（C） 3625	2.25	1	2.25	3	6.75
电动机模型（St. Louis motor）	32	（C） F3745 （C） F3746	10.50 3.30	1	13.80	3	41.40
无线电接收机（Wireless receiving set）	33	自制	2.50	1	2.50	3	7.50
音叉（tuning fork C 512）	34	（研）声—2	3.00	1	3.00	3	9.00
音叉（tuning fork G 384）	34	（科）524—T_9	4.00	1	4.00	3	12.00
音叉（tuning fork C 256）	34	（研）声—2	3.00	1	3.00	3	9.00
纸管（Paper tubes）	34	自制					
小平面镜（Flat black glass）	35	自制	0.30	1	0.30	3	0.90
细针（Slender black pins）	35，37	市购	0.20	1 box	0.20	1 box	0.20
两脚规（Pencil compass）	35	市购	0.50	1	0.50	2	1.00
圆度规（Brass protracter）	35	（科）P_{11}	1.00	1	1.00	2	2.00
方玻璃（Index of refraction plate）	36	（C） F6535	1.50	1	1.50	3	4.50
凸透镜（Reading glass）	37	（研）光—6	2.00	1	2.00	3	6.00
铜丝或铁丝网（Coarse wire gauze）	37	自制	0.30	1	0.30	3	0.90
纸尺（Paper scale）	37	（C） 11870	0.45	1 doz	0.45	1 doz	0.45
蜡烛	37	市购	0.24	1 package	0.24	1 pk	0.20
凸透镜（Convex lenses focus，5 cm）	38	（C） F6551A	1.50	2	3.00	6	9.00

续表

名　　称	实　　验	购置处之目录号码	单价	件数	复价	每级 18 人所应需之仪器件数	复价
凸透镜（Convex lenses focus，15 cm）	38	（C） F6551C	0.90	1	0.90	3	2.70
米尺架（Supports for meterstick）	38，40	自制	0.20	2	0.40	6	1.20
白的厚纸片（Paper screen）	38	自制	0.10	2	0.20	6	0.60
透镜夹（Lens supports）	38	（C） F6701A	0.40	2	0.80	6	2.40
纸片夹（Screen supports）	38	（C） F6725	0.30	1	0.30	3	0.90
棱镜（Glass prism）	39	（C） F6517	1.50	1	1.50	3	4.50
颜色玻璃（Glass plate，colored）	39	（C） F7152	4.20	1	4.20	2	8.40
铁圈架（Iron ring support）	39	（C） 11502	0.75	1	0.75	3	2.25
乔里光度计（Jolly photometer）	40	自制	0.40	1	0.40	3	1.20
白磁泡电灯（25 Watts）	40	市购	0.80	1	0.80	3	2.40
各种电灯（Electric lamps）	40	市购	0.25	4	1.00	12	3.00
电灯座（Socket）	40	市购	0.40	2	0.80	6	2.40
插销（Plug）	40	市购	0.25	2	0.50	6	1.50
花电线（Lamp cord）	40	市购	0.20	10 ft	0.20	30 ft	0.60

消耗用品，大概可供一年之需。　　总价：417.10　　916.99

① 若实验结果不须十分精确，用净水银装置一 Torricelli 管而量其高，即可代市购之大气气压计，如限于经济，此计不购亦可。

② 线胀系数器购一副已足，其余可自仿造，架用木制亦可。

③④ 锌片、铜片等均可向五金店购一大片，裁成小片。

⑤ 干电池零件，自制不便，可向上海各国营电池厂（如天通庵路源源里合众电器公司）定购，言明为学生实验之用。

⑥ 惠斯登桥购一个，余可嘱铜匠仿造。

⑦ 铅片，可向五金店购一大片，裁成小片。

四、谱　　牒

1 寿春堂叶氏家谱
——附醴文行述

编者前言：

叶企孙宗祠号“寿春堂”。其家谱始于明嘉靖、万历年间。一世祖原姓夏。迨四世起，改母姓叶。叶企孙为寿春堂十二世。

叶氏家谱的第一世至第十一世是在20世纪20年代由第十一世叶景澐修订的，之前是否有过家谱，不可考。第一世至第五世的记录不全。第十二、十三世是在20世纪90年代初由第十三世叶铭新增补的，并添加了公元纪年。家谱原文有一些较小字体写的注释，现加括号以示区别。

为明了起见，编者将寿春堂第八至第十三世列一简表如下。

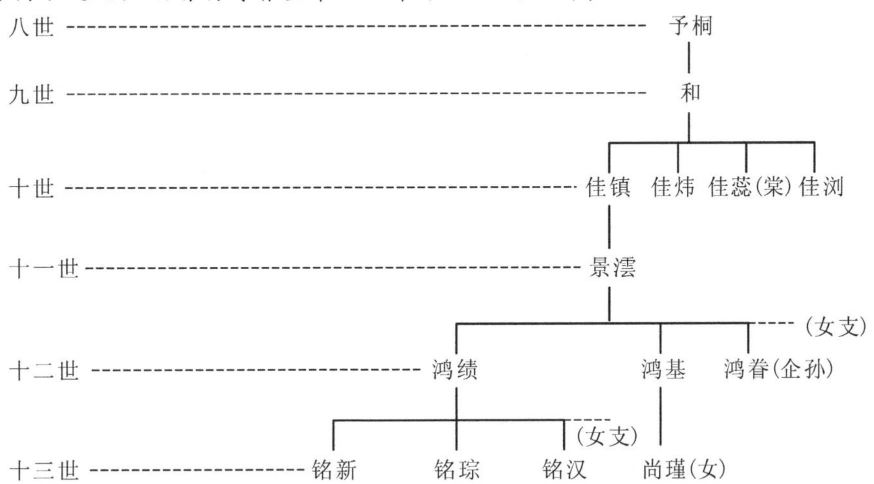

第一世

汝梅 姓夏，名号未详，江苏省上海县人。明嘉靖二十一年壬寅初二日未时生，万历七年己卯正月十六日（1542—1579）卒，年三十八岁。

娶 氏

子 芬

第二世

芬，如梅子。

娶 金氏。

子 国栋，国俊。

第三世

国栋 字君梁，芬长子，明万历二十一年癸巳五月初二日亥时生，清顺治十八年辛丑十一月十一日巳时（1593—1661）卒，年六十九岁。

娶 徐氏，明万历二十七年己亥六月二十日戌时生，崇祯十一年戊寅七月十五日酉时（1599—1638）卒，年四十岁。

继娶 杨氏。

三娶 刘氏。

子 邦政。

国俊 字君佑，芬次子，明崇祯四年辛未十一月初五日未时生，康熙三十四年乙亥二月十二日辰时（1631—1695）卒，年六十五岁。

娶 王氏，明崇祯元年戊辰十月二十八日子时生，康熙四十二年癸未巳时（1628—1703）卒，年七十六岁。

子 邦教。

第四世

邦政 字良辅，国栋子，明万历四十年壬子八月初九日子时生，康熙十九年庚申十二月二十八日亥时（1612—1680）卒，年六十九岁。

娶 傅氏。

继娶 叶氏，明天启五年乙丑五月十四日丑时生，康熙二十一年壬戌九月初一日寅时（1625—1682）卒，年五十八岁。

子　琬。

邦教　国俊子。

娶　氏。

子　珍，一作福征。

第五世

琬　字来若（邦教子），本姓夏，后从母姓，为叶氏得姓之始。顺治十六年己亥十一月初九日子时生，雍正四年丙午三月十九日未时（1659—1726）卒，年六十八岁。

娶　顾氏，顺治十六年己亥三月二十三日酉时生，雍正二年甲辰七月初七日丑时（1659—1724）卒，年六十六岁。

子　嘉树。

女二　一适本邑丁，一适本邑杨。

珍　（邦教子）（生卒年不详）。

娶　氏（姓氏不详，生卒年不详）。

子三　梅于，子恒，子发。

第六世

嘉树　字培庭，琬子，邑庠文生，康熙四十八年学院张岁取第四十八名入学，康熙三十年辛未二月二十八日戌时生，乾隆七年壬戌九月二十八日戌时（1691—1742）卒，年五十二岁。

娶　张氏，康熙二十九年庚午（1690—　）生，卒年未详。

继娶　杨氏，康熙二十九年庚午九月初八日子时生，康熙五十七年戊戌七月十六日午时（1690—1718）卒，年二十九岁。

三娶　潘氏，康熙三十二年癸酉八月十八日戌时生，雍正九年辛亥十月二十五日酉时（1693—1731）卒，年三十九岁。

侧室　仇氏，生年未详，雍正九年辛亥六月初二日（1731）卒。

子　绍雲，绍焯，绍桢，俱潘氏出；天禄，仇氏出。

女　潘氏出，适本邑乔。

梅于　珍长子，国子监生。

子恒　珍次子。

子发　珍三子。

第七世

绍雲 字维行，号心耕，嘉树长子，亲母潘氏出，康熙五十一年壬辰十月二十二日午时生，乾隆五十五年庚戌十二月二十八日戌时（1712—1790）卒，年七十九岁。

聘 吴氏，康熙五十年辛卯六月二十一日子时生，雍正九年辛亥二月初五日卯时（1711—1731）卒，年二十一岁。

娶 陆氏，康熙四十八年己丑九月初七日辰时生，乾隆五十三年戊申十月十八日辰时（1709—1788）卒，年八十岁。

子 森。

绍桢 字维升，嘉树次子，亲母潘氏出。

绍焯 又名文卓，字维蓁，号一舟，嘉树三子，亲母潘氏出，恩给九品冠带，雍正五年丁未四月二十二日子时生，嘉庆十九年甲戌十二月二十六日巳时（1727—1814）卒，年八十八岁。

娶 杨氏，本邑杨大观之女，母赵氏，康熙六十一年壬寅七月初七日午时生，乾隆十七年壬申四月二十八日子时（1722—1752）卒，年三十一岁。

继娶 张氏，本邑张起龙之女，母钱氏，乾隆四年已未五月二十七日辰时生，乾隆四十六年辛丑十一月初四日丑时（1739—1781）卒，年四十三岁。

三娶 朱氏，本邑朱金声之女，母孙氏，乾隆五年庚申正月十五日子时生，嘉庆十九年甲戌十二月二十八日子时（1740—1814）卒，终年七十五岁。与夫同日合葬。

子 予桐，朱氏出。

女 朱氏出，适本邑张维河之子汉书。

天禄 嘉树四子，生母仇氏出。

世荣

第八世

森 字向荣，号梅村，绍雲子，医学训科，乾隆二年丁巳九月十六日戌时生，乾隆五十九年甲寅九月十九日戌时（1737—1794）卒，年五十八岁。

娶 杨氏，乾隆元年丙辰十二月初五日未时生，嘉庆十年乙丑六月初五日巳时（1736—1805）卒，年七十岁。

子二 煜，炯。

女二 一适本邑曹河泾张寿千，一适本邑老闸上瞿应义。

予桐 官名宗楷，字成封，号梧叔，绍焯子，本县吏员，乾隆三十七年壬辰九月十七日午时生，道光二十一年辛丑四月初五日申时（1772—1841）卒，年七十岁。

娶　陶氏，本邑大成女，母张氏。

重娶　郁氏，本邑郁舜英（受恩赐粟帛）之孙女，沛文（字振廷）之长女，乾隆四十四年己亥正月十二日酉时生，道光二十五年乙巳七月二十六日辰时（1779—1845）卒，年六十七岁。

侧室　金氏，嘉庆五年庚申六月初二日辰时生，同治八年己巳六月十一日寅时（1800—1869）卒，年七十岁。

子和，郁氏出。

女三　一陶氏出，适本邑钱大柏（号新甫）之子涛。涛字汉槎、号秀溪。

一郁氏出，适本邑顾光勋（字昆鹏、号翼斋）之长子承嘉。承嘉字升猷、号湘泉。

一金氏出，适本邑诰赠奉直大夫沈旭照（字蓉江、号守愚）之长子澄煜。澄煜字怡庭、号心台，同知衔浙江补用知县、前太平县县丞。

殇亡　长子　义观，陶氏出；次子　春林，郁氏出。

第九世

煜　字晒炎，号南轩，森长子，乾隆二十八年癸未二月初五日申时生，嘉庆十六年辛未十月十八日午时（1763—1811）卒，年四十九岁。

娶　顾氏，乾隆年五月初四日生，道光三年癸未九月十六日戌时（1823）卒。

侧室　许氏，隆四十五年庚子十二月初六日未时生，嘉庆十二年丁卯十二月十二日未时（1780—1807）卒，年二十九岁。

子　佳湑（许氏出）。

女二　许氏出。一适本邑施国珍之子允昌。允昌字正方、号西桥。

一适本邑王夔和。

殇亡　长子佳海，顾氏出，七八岁。

炯　字曒炎、号凝堂，森次子，乾隆三十一年丙戌十二月二十七日卯时生，道光十三年癸巳五月初五日（1766—1833）卒，年六十八岁。

娶　孙氏，本邑孙洪海之女，母陆氏。乾隆五十一年丙午六月五日辰时生，道光二十四年甲辰十二月二十七日辰时（1786—1844）卒，年五十九岁。

子三　佳德，佳祥，佳熙。

女　适本邑杨宏达。

殇亡　四子佳金，字钟华，嘉庆二十四年生，道光四年殇，年六岁。

长女佳凤。

和　字霁春，原字顺之，号蔼臣，原号晋轩，予桐子，郁氏出。邑庠文生（道光九年学院申启贤岁试取中第二名入学），议叙八品职衔（道光二十九年接济捐资），加布政司经历衔，并作附监生（咸丰七年捕盗捐资）。精研礼学，分纂同治上海悬志，续志有传。嘉庆十年乙丑五月二十七日巳时生，同治十三年甲戌七月二十四日酉时（1805—1874）卒，年七十岁。

娶 潘氏，本邑诰赠朝议大夫潘占金（字桐斋）之女，嘉庆十一年丙寅五月二十六日亥时生，道光二十八年戊申八月二十八日戌时（1806—1848）卒，年四十三岁。

子四 佳镇，佳炜，佳蕊，佳浏。

女 佳筠，道光十五年乙未（1835）二月二十四日辰时生。适本邑高家行江苏震泽县训导禀贡生曹辰垣。

殇亡 五子佳靖，字兆绥，号镜宇，道光二十年庚子（1840）十二月二十六日子时生，道光二十二年壬寅六月初二日辰时殇，年三岁。

六子佳壎，字启篪，号伯音，道光二十四年甲辰（1844）七月初八日申时生，道光三十年庚戌二月二十六日丑时殇，年七岁。

长女佳兰，道光十四年甲午（1834）三月初三日卯时生，道光十七年丁酉八月十五日辰时殇，年四岁。

第十世

佳淮 字艺林，号明山，煜子，母许氏出，嘉庆六年辛酉生，道光五年乙酉五月初一日辰时（1801—1825）卒，年二十五岁。

佳恒 字葆华，煜恩抚子。

娶 许氏。

子 文雄。

佳德 字桂华，炯长子，嘉庆五年庚申闰四月十六日戌时生，咸丰十一年辛酉四月二十七日子时（1800—1861）卒，六十二岁。

娶 王氏，本邑王绍祖之女，母陈氏，嘉庆八年癸亥（1803）二月二十日丑时生。

子 懋松。

女 次适本邑谈秀成。

殇亡 长女、三女均幼卒。

佳祥 字瑞华，炯次子，嘉庆十二年丁卯十二月二十九日丑时生，道光十三年癸巳七月二十三日未时（1807—1833）卒，年二十七岁。

娶 姚氏，本邑姚德昌之女，嘉庆十二年丁卯十二月二十八日生，道光十三年癸巳五月初八日戌时（1807—1833）卒，年二十七岁。

子 增燾，八岁殇。

佳熙 字光华，炯三子，嘉庆二十三年戊寅生，道光十三年癸巳四月二十日亥时（1818—1833）卒，年十六岁。

佳镇 字静远，号澹人，和长子，国子监典簿衔，捐资指分浙江候补知县，历届江苏海运出力，奏报俟补缺，后以同知直隶州知州用，赏给五品封典。县志附父和传。道光八年戊子十月初三日亥时生，光绪二十五年己亥十二月初十日卯时（1828—1900）卒，年七十二岁。

娶　张氏，本邑恩赐九品冠带张继宗（字耀宗、号远塘）之孙女，议叙八品职衔张春霞（字补成、又字颂三、号仲山）之女。母唐氏。道光十年庚寅六月二十七日卯时生，光绪二十八年壬寅四月十八日戌时（1830—1902）卒，年七十三岁。

子　景澐。

女　咸丰十一年辛酉（1861）六月二十七日辰时生，1924年四月卒，年六十五岁。适本邑祁祖彝，其夫另有侧室，出使驻法使馆，长期分居，积郁成疾，无子女。

殇亡　长子景蓥，咸丰二年壬子十二月二十日卯时生，咸丰四年甲寅六月二十七日辰时（1852—1854）殇。

三子景瀓，咸丰九年己未二月初六日亥时生，咸丰十年庚申六月二十九日戌时（1859—1860）殇。

佳炜　字彩衢，号烛雲，和次子，本县吏员，道光十年庚寅十二月初八日酉时生，同治十三年甲戌七月十七日未时（1830—1874）卒，年四十五岁。

娶　张氏，本邑张秋坡之女，道光十三年癸巳七月二十日卯时生，同治十年辛未十二月初二日巳时（1833—1871）卒，年三十九岁。

继娶　许氏，本邑许姜湖之女，道光二十六年丙午八月十七日子时生，光绪二十九年癸卯八月初五日亥时（1846—1903）卒，年五十八岁。

佳棠　原名佳蕊，字玉芳，号屿花，又号棣华，和三子（1832—1914），五品衔候选县丞，游幕浙江三十余年，归乡后历任普育善堂董事，本邑积谷董事，创立浦东震修小学。县志有传。道光十二年壬辰（1832）九月初四日亥时生，1914年1月3日未时卒（旧历癸丑年十二月初八日），年八十三岁。

娶　吴氏，太仓州镇洋县吴祥麟、字振公、号竹坨之三女，亲母朱氏。道光十五年乙未六月初二日亥时生，光绪二十二年丙申十二月初三日申时（1835—1896）卒，年六十二岁。

女一，咸丰八年戊午（1858）二月十九日亥时生，1944年卒，年八十五岁。适本邑庠生瞿庆贤，不幸夫早故。女一，适蔡增誉、字伯弢。

佳浏　官名浩然，字颂清，号亮甫，又号剑生，和四子，军功，钦给六品衔，并赏戴蓝翎，尽先守备借补提标右营北簳山泛外委把总。道光十八年戊戌九月十五日寅时生，同治十一年壬申六月初二日亥时（1838—1872）卒，年三十五岁。

侧室　张氏，有子一，从母姓，成为叶氏之另外一支，世居费家巷（即今上海市建国东路）。

第十一世

文雄 佳恒子，生卒无考。

懋松 佳德子，道光十六年丙申四月初八日寅时生，光绪三十年甲辰七月十六日（1836—1904）卒，年六十九岁。

娶 张氏，道光二十年庚子（1840）九月初九日戌时生，1912年8月24日戌时卒（旧历壬子七月十二日），年七十三岁。

子 胜全，字德甫，光绪七年辛巳十一月二十四日寅时生，光绪三十一年乙巳七月初九日子时（1881—1905）卒，年二十五岁。

景澐 字醴文，号云水，又号辰岩，佳镇子，松江府学廪膳生（光绪元年知县叶廷眷县试第一名。知府杨永杰府试取第三名。学政林天龄科试取入松江府学第二名为附学生。六年，学政夏同善科试取一等第七名，补增广生。七年，学政黄体芳科试取一等第五名，补廪膳生。九年，学政黄体芳岁试取一等第一名，兼取古学。府学教授汪举优行）。考选乙酉科松江府拔贡生（十年，学政黄体芳考取松江府拔贡生第一名，咨部朝考列三等）。就职复设教谕。中式甲午科江南乡试第十五名举人（正主考冯文蔚，副主考黄绍第，房师黄金钺，监临吴鲁）。派赴日本考察学务。历任本邑养正小学校总教习，敬业小学校校长，龙门师范学校经学国文教员，养正小学校校长，北京清华学校国文教员，江苏松江第三中学校长，上海教育会会长。分纂上海县志。曾任荣宗敬之子荣鸿元等家庭国学老师三年。卒后学生谥称文节公。咸丰六年丙辰（1856）二月初二日寅时生，1935年4月14日（旧历乙亥三月十二日）卒，年八十岁。

娶 张氏，邑庠生候选训导张谟（字小蕃）之长女，张秋声之姊。光绪二年（1876）迎娶。咸丰六年丙辰六月二十四日酉时生，光绪四年戊寅五月二十四日卯时（1856—1878）卒，年二十三岁。

继娶 顾氏宝山八品衔国学生顾曰孝（字少虞）之长女。光绪五年（1879）迎娶。咸丰七年丁巳正月二十六日子时生，光绪三十一年乙巳正月二十六日戌时（1857—1905）卒，终年四十九岁。

子三 鸿绩，鸿基，鸿眷，顾氏出。

女四 长女 常娟，张氏出。次女 常桂，三女 常德，顾氏出。

四女 鸿桢，顾氏出。

殇亡 子鸿奎。

长女常娟，光绪四年戊寅（1878）四月十二日戌时生，适真如蔡增誉，字伯骏，早故。

次女常桂，光绪六年庚辰（1880）八月十六日生，适本邑李平书之子李祖芳。生子盛钧，新钧；女祥钧，金钧（早殇）。

三女　常德，光绪十年甲申（1884）十一月十三日子时生，适本邑姚子让（字文枏）之子明燽（号孟篪）。早卒。生子兆里。

四女　鸿桢、号季伦，上海务本女校毕业，适姚明燽。嫁后随夫远去新疆。其夫不幸兵变遇难早故，无子女。光绪十二年丙戌（1886）二月二十七日辰时生，1964年卒，年七十九岁。

胜前　懋松长子，咸丰十年庚申（1860）二月十五日子时生，一支因分居，失去联系。

第十二世

鸿绩　字慕橘，景澐长子，上海龙门师范学校毕业。民国初年国会秘书，曾任青岛胶济铁路科员，上海县电话局局长，外交部驻沪办事处秘书。光绪十四年戊子（1888）三月初四日生，1969年1月15日卒，年八十二岁。

娶本邑陈月生。

陈月生　本邑陈粱生之姊，父辈经营航海业，商号为陈丰记，航行上海营口之间。月生出生时，陈家经营的航海业受外国轮船公司冲击，已经衰败。幼年在家私塾念书。嫁到叶家生铭琮后，独立支持一家生活，节俭持家，教育子女。仗仰小叔企孙长年资助，子女大多升学高校。1948年随女铭燕远寓台北，不幸女儿早逝。孤苦之中，犹全力抚养外孙、外孙女茁长成人，倍极辛苦。及至晚年，望乡心切，梦回故乡。只以两岸阻隔，难以如愿，不幸患肺癌，含悲逝世。光绪十二年丙戌（1886）三月二十日寅时生，1964年11月13日（旧历甲辰十月初十）卒，年七十九岁。

子三　铭新，铭琮，铭汉。

女四　铭燕，铭琪，铭梯，铭璇。

殇亡　三女铭坤，五女铭琨。

鸿基　字颂高，景澐次子，天资愚钝，幼习铅画人像，从师张东绅先生，学艺无成。光绪十八年壬癸（1892）生，1940年卒，年四十九岁。

娶　本邑同仁辅元堂董事凌伯华之长女凌其瑞。

女一　叶尚瑾。

殇亡　子一。

凌其瑞　上海务本女校毕业。历任上海西城小学教员、校长，上海天主教干事，北桥精神病院主任。自1914年结婚之后，感情淡漠，后于1930年离婚，嫁尚武，移寓北京，不久尚武不幸逝世，无子女。其瑞后随其女尚瑾定居扬州，“文化大革命”期间因病逝世。光绪十八年壬癸（1892）生，1968年卒，终年七十七岁。

企孙　原名鸿眷，字企孙，以字行，景澐三子。1907年入上海敬业学校读书。1911年入清华学堂。辛亥革命爆发，回沪于1912年入上海制造局兵工中学肄业一年。

1913年重入清华学堂，1918年北京清华学校毕业，去美国留学。1920年获美国芝加哥大学学士。1923年获美国哈佛大学哲学博士。在攻读博士学位期间，1921年他和导师 W. Duane 和 H. H. Palmer 合作精确测定了普朗克常数；1922年，他和导师 Bridgman 开拓了高压强下铁磁性的研究。1924年春回国，任东南大学物理系副教授。1925年秋任清华大学物理系副教授，1926年任教授。历任物理系系主任，理学院院长，中国物理学会理事长。1937年7月抗日战争全面爆发，留北平抢运清华大学图书、仪器。9月因病滞留天津。1938年投身秘密抗日活动，组织和输送以清华师生为主的知识分子赴冀中制造军工器材，并在天津秘密购买、运送军工器材到冀中，对抗战贡献很大。当年10月离天津去昆明西南联合大学任教。1941—1943年任中央研究院总干事。1943年夏回西南联合大学任物理系教授，并任清华大学特种研究所委员会主席。1948年被选为中央研究院院士。中华人民共和国成立后，1949年任清华大学校务委员会主席，后改称主任委员（即校长）。作为教育界代表参加第一届中国人民政治协商会议，当选为全国政协委员。1952年全国高等院校院系调整，调到北京大学物理系任教，并任北京大学校务委员会委员。1954年当选为第一届全国人民代表大会代表。1955年任北京大学物理系金属物理及磁学教研室主任；当选为中国科学院数理化学部委员和学部常务委员。1957年任中国自然科学史研究室兼职研究员。1959年当选为第二届全国人民代表大会代表。1964年当选为第三届全国人民代表大会代表。1967年6月，被红卫兵揪斗。1968年6月28日被以“C.C特务”罪名逮捕，关押入牢。1969年11月获释回北京大学，继续隔离审查，身患重病。1972年5月北京大学作出“敌我矛盾按人民内部矛盾处理”的结论，但仍未完全恢复自由。1975年解除隔离。1977年1月13日病逝。1987年恢复名誉。光绪二十四年戊戌（1898）五月二十八日（阳历7月16日）生，1977年1月13日卒，终年八十岁。

第十三世

铭新　鸿绩长子。上海敬业中学高中毕业。上海光华大学经济系毕业。曾在上海浙江兴业银行、资源委员会保险事务所、勤余化工厂、天平制药厂、上海第一制药厂等单位担任会计工作。上海市会计师公会会员。1973年从上海第一制药厂退休。1913年6月23日（阴历五月十九日）辰时生，1998年12月17日卒，年八十五岁。

娶　本邑胡家宝之妹胡君慈。

胡君慈　早年丧父，家境困难，小学毕业后未能升学。1921年3月28日（阴历二月十九日）生，1995年5月5日卒，年七十四岁。

子三　建荣，建宏，建龙。

女二　建慈，建慧。

铭琮　鸿绩次子。上海震旦大学附属中学高中部毕业，上海东南医学院毕业。天津市人民医院儿科主任医师，天津市医学情报研究所研究员。1987 年退休。1922 年 8 月 2 日（阴历六月十日）生，2011 年 4 月 5 日卒，年 89 岁。

娶　无锡薛璇英。

薛璇英　上海东南医学院毕业。1950 年到天津医学院附属医院工作，创建小儿外科。天津医学院附属医院小儿外科主任、外科主任、主任医师、教授、硕士生导师，培养了一大批外科医师，是中国小儿外科的学科奠基人。曾任中华医学会小儿外科分会主任委员（首届），《中华小儿科》杂志编委。1992 年获国务院颁发的特殊津贴。1923 年 2 月 25 日（阴历一月十日）生，2009 年 2 月 25 日病卒，年八十六岁。

子　勤中。

女　俭红。

铭汉　鸿绩三子。上海震旦大学附属中学初中部毕业，上海大同大学附属中学高中部肄业，重庆中央大学师范学院附属中学高中部毕业，昆明西南联合大学肄业，北京清华大学物理系毕业。中国科学院高能物理研究所研究员。1984—1988 年任中国科学院高能物理研究所所长，主持完成北京正负电子对撞机和北京谱仪。1989 年获中国科学院科学技术进步奖特等奖，1990 年获国家科学技术进步奖特等奖。1995 年被选为中国工程院院士。1984—1989 年任中国高能物理学会理事长。1985—1990 年任核电子学与核探测技术学会理事长，中国物理学会理事。1925 年 4 月 2 日（阴历 3 月初十）生。

娶　天津殷宏章教授之女殷蔚薏。

殷蔚薏　印度德里大学医预系肄业，北京大学生物系毕业。中国科学院植物研究所副研究员。1990 年退休。1930 年 9 月 5 日（阴历七月十三日）生。

子　承因。

女　如茵。

铭燕　鸿绩长女。上海允中女子中学高中毕业，杭州之江大学教育系肄业。1937 年 7 月日军大举入侵，她爱国心切，即在上海参加抗日救亡运动，不久离上海去内地参加军队，转战江苏、河南、陕西等省，宣传抗日救国。1942 年在重庆与潘韫德结婚。1948 年随夫到台北工作。不幸患胃癌病卒。1915 年 4 月 17 日（阴历三月初四未时）生，1953 年 7 月 27 日（旧历六月十七日酉时）卒，年三十八岁。

夫　潘韫德。

潘韫德　重庆复旦大学经济系毕业。资源委员会天津事务所副经理。台北市台湾电力公司科长。1913 年生，1975 年病卒，年六十二岁。

子　潘缙　现定居澳大利亚。娶王淑美。

女二　潘勤　上海卢湾中学高中毕业。广州轻工业局科员。适张家华。

　　　潘萍　寓台北市。适朱向敢。

铭琪 鸿绩三女。幼年不幸因病高烧伤害脑子，智力受到影响。未参加工作，未结婚。1917 年 11 月 6 日（阴历九月二十二日辰时）生，1996 年 4 月 20 日病卒，年七十九岁。

铭梯 鸿绩四女。上海扬州中学高中毕业，上海光华大学商学院肄业，重庆复旦大学商学院会计系毕业。南京交通部会计处科员。上海交通大学教材科职员，电工器材制造系教务员，夜校教务员，图书馆办公室会计、期刊部馆员。1983 年退休。业余喜爱作画、歌唱。退休后，常作国画，参加歌咏团。1920 年 1 月 8 日（旧历十一月十八日酉时）生，2013 年 7 月 7 日卒，年九十三岁。

适 河南汲县魏东升。

魏东升 重庆商船学校毕业。美国麻省理工学院造船系硕士。上海交通大学造船系副教授。1919 年 6 月 2 日（阴历五月五日）生，1968 年 5 月 23 日子时被害，年四十九岁。

子二 魏晓东，娶林琳。

魏杰，娶裘康庄。

女 魏华，适黄建培。

铭璇 鸿绩四女。重庆幼稚师范学校毕业。郑州专区新乡机关托儿所幼儿园教师。1980 年退休。1921 年 5 月 20 日（阴历四月十三日辰时）生，2009 年 2 月 6 日病卒，年八十八岁。

适 泰兴陈本善。

陈本善 江苏泰兴县人。“九三”学社社员。昆明西南联合大学水利工程系毕业。水利部黄河水利委员会工程师。在职期间，对治理改造黄河献计献策，做出一番突出的成绩，屡受上级嘉奖。不幸于 1957 年被错划为右派，从此因过重之体力劳动，致患肝炎，仍不得休息。“文化大革命”时期，肝病恶化，不幸逝世。1916 年生，1969 年 2 月 9 日病卒，年五十三岁。

子三 陈大秦，娶李凤仙。

陈大予，娶赵淑芳。

陈大平，娶赵素琴。

女一 陈小秦，适何开洲。

尚瑾 鸿基女。原名铭钧，后因其母离婚改嫁尚武，更姓为尚。后因继父亡故，恢复叶姓，改名叶尚瑾。南通农学院农艺系毕业，留校为助教。后院校调整，南通农学院并入江苏农学院，任讲师。未结婚。1919 年 7 月生，1982 年 12 月 23 日卒，年六十三岁。

附　先考醴文府君行述

我叶氏之先出自诸翟夏氏。明嘉靖中，如梅公始迁上海县城。四传至来若公，从母氏始姓叶。又四传至蔼臣公，读书绩学，精研礼制，分纂同治上海县志，续志有传。生长子为先祖考澹人公。任江苏海运董事，并襄理招商局漕务江鄂运务，县志附父传。生府君讳景沄，字醴文，咸丰六年丙辰二月初二日生。

府君幼从谈祖贻、徐子登及曹樸亭诸太夫子读至年十五，始应敬业书院课试，二十应县试，俱前列。旋应县试以第二名拨入府学。是后从事举业。光绪乙酉秋，赴江宁应拔贡会考，取列松江府拔贡生一名。甲午应江南乡试中式第十五名举人。又曾于读书札记中建议改历法，不用月之朔望及置闰而以节气为主。此法实与现行阳历之原则符合。宋人沈括虽已于《梦溪笔谈》中言之，然当时府君尚未见及此书也。府君研学虑事悉务精实，生平言语动作不苟于取合，进退必以礼法自持，为诸生时已如此。府君治举子业时，于经史子集浏览甚广，尤好经籍，多发先儒疑义于训诂大义，宗向程朱，信而且笃。在家设塾授徒二十四年，亦不专以帖括教人，于修身治学之道，指示甚多。从游者多名下士。

府君在此时期中虽勤于治学，对于家务亦未尝弃置。光绪丙子，先妣张太夫人来归，越二年产后病卒。翌年续娶先妣顾太夫人。自戊寅至戊戌，先继妣生三女五男，二男早殇，余皆长成。回念抚育劬劳，不胜罔极之感。光绪己亥先祖考卒。府君事亲至孝，丧致其哀。越岁，营新阡于新龙华南史家宅。奉先祖考暨叔祖考燭雲公、劍生公、先妣张太夫人安葬，并作先祖妣张太夫人、叔祖考棣華公暨先继妣顾太夫人生圹，可谓劳于家务矣。

自废科举兴学校后，府君在乡办小学十一年。光绪二十八年，任敬业学堂董事。次年，邑令汪公瑶庭聘府君为养正学堂总教习，遂将家塾学生尽移入养正。又次年秋，苏松太道袁公海觀委赴日本考察学务，同行者袁师觀瀾、沈师信卿、夏师琅雲，冬季回国。著有甲申东游录。光绪三十一年任敬业、养正两校校长兼龙门师范学校国文、经学两科教员，辑经学讲义若干卷。宣统二年当选上海教育会长。府君持身俭恕，介然无求。于办学方针，如主张读经等，虽与同事者意每相左，然莫不佩其尽心校务及廉正不阿之风。府君每以保存校产为学校之经济基础，上海小学教育实因此而裨益甚多。民国二年，应北京清华学校之聘，北上讲授国文及国学，曾辑近世文选四册及明清哲学揭要若干卷，待梓。至民国十二年夏辞职返里时，府君已年六十八矣。十四年秋，江苏教育厅长沈公商耆因省立第三中学屡经风潮，聘府君往长省校以资整理。府君概然允往。每星期往返松沪，不以为劳。越二年辞职，是后不复担任教务。

光绪三十一年先继妣顾太夫人弃养后，府君未续娶，对于子女教育，尤无微不至，晚间返家后，每为不孝等讲解经史。不孝企孙幼时对于天文算学深感兴趣。府君每于深夜携至亭中示指星象。府君对于近世科学虽未究心，然不孝企孙得其日常之鼓励，所得影响甚深。民二至民七，府君讲学清华时，不孝鸿基在沪持家务，不孝鸿绩任事北京国会参议院，不孝企孙肄业于清华，每逢假期，得叙天伦之乐。民七以后，不孝鸿绩于役平沪鲁鄂；不孝企孙赴美留学，返国后先后供职南京北平，仅能于寒暑假尽定省之职。自恨在家日少，今则无法弥补，负疚终天矣。

府君自松江返里后，曾分纂民国上海县志人物传，又曾自编年谱。每以临池围棋自娱，或手不释卷，或与邻近亲戚往来话旧，间至豫园品茗、弈棋，步履如常。不孝等方幸阖里优游贻情几案，期颐自此可期。今年三月六日，值府君八十寿辰，奉谕以昔年先祖考不肯言寿，拒绝称觞。

府君与松江朱丈似石同入府庠。三月十一日松地名流故旧为朱丈举行重游泮水盛典，函约参加。因于是日清晨赴松，迎至文庙谒圣。午后返沪，豪无倦容。越一旬后胸腹忽患不舒，大便闭结，略有寒热。廷请张益君先生诊治。谓脾胃运化失司，感寒停滞、湿痰兼阻，法当疏化。服药旬余痒已渐愈，每日仍能阅报，惟少谈话。讵至四月九日晚间痰中带血。翌日请夏慎初先生诊治，谓肺炎已剧，需于腹部涂敷药膏，兼饮药水。府君以不惯西药谢之。仍请张益君先生诊治。谓脉象细滑而数，右部带弦，手指间有蠕动，高年气阴两虚，津液不足，恐风动痰升，深以为虑。十三日晨不孝企孙由北平回家视病，府君祇颔首而已。迨至四月十四日午刻溘然长逝，呜呼痛哉！

府君生子三：长鸿绩，次鸿基嗣叔祖考燭雲公后，三企孙嗣叔祖考棣華公后。女四：长常娟适同邑蔡增誉，次常桂适同邑李祖芳，三常贻适同邑姚明燽，常娟、常桂、常贻均已故，四鸿桢适姚明燽为继室。孙三人：铭新，铭琮，铭汉。孙女五人：铭燕，铭祺，铭梯，铭钧，铭璇，均幼读。不孝等行能无似既微，稍遂乌私，更难继述先志，倘蒙立言君子锡以铭诔，俾光泉壤，感且不朽。茹涙告哀，伏维矜鉴。

棘人叶鸿绩、鸿基、企孙泣述

编注：

“先考醴文府君行述”为叶企孙之父逝世后之讣告，介绍叶景澐的生平。此附文可以帮助读者了解叶企孙的家庭环境。原文为繁体，现改为简体，但人名仍用繁体，并添加了标点符号。原文在提到长辈时加空格以示尊敬，在提到作者自己时用缩小的字体，现均不采用。

❷ 叶企孙年谱[①]

1898 年（清光绪戊戌二十四年）

7 月 16 日（五月二十八日）生于上海县（今上海市）唐家弄，取名叶鸿眷，字企孙。

叶鸿眷祖父佳镇，字静远，号澹人（1828—1900）。父亲叶景澐，字醴文，号云水，又号辰岩（1856—1935），甲午（1894）科江南乡试举人，曾赴日考察学务，历任上海养正小学总教习、校长，敬业小学校长，龙门师范学校国文教员，北京清华学校国文教员，江苏省立第三中学校长，上海教育会会长。母亲顾氏（1857—1905）。叶鸿眷上有四个姐姐，三个哥哥。长兄鸿奎夭亡，仲兄鸿绩（1888—1969），叔兄鸿基（1892—1940），详见本书“寿春堂叶氏家谱”。

是年，维新变法运动历经百日后失败。其领导者谭嗣同等六人被杀，康有为、梁启超逃亡日本，官员陈宝箴等十余人被罢黜，光绪帝被软禁。但维新运动提出的一些政治主张，如废八股、兴学堂、奖励发明创造等在日后逐渐被慈禧太后执政的清廷所采纳。

1899 年（清光绪己亥二十五年），一岁

1900 年（清光绪庚子二十六年），二岁

叶佳镇卒于是年 1 月 10 日（阴历上年十二月初十）

1901 年（清光绪辛丑二十七年），三岁

---

① 年月日用阿拉伯数字者为阳历，用中文数字者为阴历。日记中涉及的人名之简况，见“叶企孙日记”之“编者前言”和本书“人名索引”。——编者

1902 年（清光绪壬寅二十八年），四岁

管学大臣张百熙拟定《钦定学堂章程》，虽颁布而未及施行。

是年，上海知县汪懋下令改敬业书院为新式学堂，定名为敬业学堂，于 4 月 1 日开学。

1903 年（清光绪癸卯二十九年），五岁

颁布《奏定学堂章程》，又称癸卯学制：初小 5 年，高小 4 年，中学 5 年，高等学堂（大学预科）3 年，大学堂 3 至 4 年。

1904 年（清光绪甲辰三十年），六岁

秋，鸿眷入私塾。

1905 年（清光绪乙巳三十一年），七岁

母亲顾氏病卒于 3 月 1 日（阴历正月二十六日）。

清廷取消科举，设立学部（相当今日教育部）。

敬业学堂采用校长制，由叶景澐任首任校长（1905—1913），并改校名为“上海县官立敬业高等小学堂”。

1906 年（清光绪丙午三十二年），八岁

1907 年（清光绪丁未三十三年），九岁

秋，入上海敬业高等小学堂一年级。

1908 年（清光绪戊申三十四年），十岁

是年，德宗光绪帝驾崩。溥仪继位，定明年为宣统元年。

学部编译图书局刊《物理学语汇》近千条。

秋，入上海敬业高等小学堂二年级。

1909 年（清宣统己酉元年），十一岁

秋，入上海敬业高等小学堂三年级。

六月，清政府在北京成立游美学务处。八月，在北京东城史家胡同开考招生，录取 47 名，其中有梅贻琦、胡刚复、秉志、张准（张子高）等人。九月，成立游美肄业馆，47 名学生于十月赴美留学。唐国安（1858—1913）主持游美学务处日常工作。

1910 年（清宣统庚戌二年），十二岁

秋，入上海敬业高等小学堂四年级。

七月，游美学务处第二次招生，录取 70 名，其中有赵元任、钱崇澍、竺可桢、胡适、周仁等。70 名学生八月赴美。同时，招收 143 名备取生，入游美肄业馆训练学习。

1911 年（清宣统辛亥三年），十三岁

二月，游美肄业馆更名为清华帝国学堂（清华学堂）。学堂监督周自齐，副监督范源濂、唐国安，教务长胡敦复。因教学方针与美国驻华使馆不一，数月后胡敦复辞职。学堂为“四四”制：中等科四年，高等科四年。

三月，清华学堂在北京招收并录取考生 141 名，连同各省保送生共 468 名。大部分入中等科。这是清华学堂正式办学的第一批学生。

叶鸿眷考入清华学堂中等科，四月开学。

九月，清华学堂“四四制”改为“三五制”：中等科三年，高等科五年。

10 月 10 日，武昌起义，辛亥革命爆发。11 月 9 日，清华学堂停课。叶鸿眷转入上海兵工学校（相当中学）念一年级。

1912 年（中华民国元年），十四岁

1 月，孙中山任中华民国临时大总统，成立南京临时政府。清帝退位。

3 月，袁世凯凭军事势力成立北洋（北京）临时政府，任中华民国临时大总统。

5 月，清华学堂重新开学，唐国安任监督。游美学务处撤销。

9 月，清华学堂更名为清华学校。校长唐国安，副校长周贻春。

秋，叶鸿眷入上海兵工学校二年级。

1913 年（民国二年），十五岁

春，清华学校改为“四四制”：中等科四年，高等科四年。中等科毕业达到美国高中一、二年级水平，高等科毕业达到美国大学一、二年级水平。

夏，叶鸿眷以其字“企孙”为名，再次考入清华学校中等科。秋，插班入中等科四年级学习，编入 1918 级。①

叶景澐受聘为清华学校国文教员。

8 月，校长唐国安卒。周贻春任校长。

孙中山发动“讨袁之役”（二次革命）失败。袁世凯下令解散国民党。

1914 年（民国三年），十六岁

夏，叶企孙作算稿四篇：《孙子算经》择粹演代、刘徽《九章》择粹演代、《九数通考》择粹演代、考正商功。

秋，升入高等科一年级。

3 月，由学生创办并编辑的《清华周刊》创刊。

梅贻琦（1889—1962）在美国马萨诸塞州伍斯特理工学院获电机工程师学位。秋，回国，任天津基督教青年会总干事（1914—1915）。

夏，中国留美学生任鸿隽等在康奈尔大学发起成立中国科学社。

1915 年（民国四年），十七岁

5 月，袁世凯接受日本企图灭亡中国的“二十一条”。解散国会，复辟帝制，12 月宣布改明年为“洪宪元年”。同月，蔡锷在云南发动护国战争。

1 月，由中国科学社创办的《科学》月刊在上海出版。

6 月，和同学刘树墉创建清华科学社，刘树墉任第一任会长。

---

① 以预期毕业的年代作为年级的编号。1918 级起始共招生 120 人，毕业 57 人。——编者

6—9 月，厘定去夏所作算稿四篇。

8 月，在上海过暑假，草拟清华科学社章程。

9 月，叶企孙上高等科二年级；梅贻琦受聘为清华物理教师。

9 月 12 日在“致苏民信”中对军阀乱世称雄发感慨：“呜乎，今日吾不知为何世也。”

9 月 15 日在日记中写道：“为学不勤、时有作辄，以后当大戒。向前直进，毋灰心，毋间断。”

年底，参与创办由师生共同编辑、撰稿的《清华学报》。

是年，阅读古今中外大量书刊。如：《通鉴纪事本末》、《左传》、《诗》；《梦溪笔谈》；龚杰著《立旃要》、《求一捷术》；秦九韶《数书九章》，对全书算题逐条作解并校刊其中文字与数字；中文刊物《地学杂志》、《科学》、《甲寅杂志》（1914 年为甲寅年，该年所创办之）。外国作品有《鲁滨孙漂流记》，《威克斐牧师传》，《希腊英雄传》，法国雨果《铁窗血泪记》，亨利长卿（H. W. Longfellow）长篇叙事诗 *Evangeline*，及其《诗集》中“生命真诠”（*A Psalm of Life*）等篇章，丁铎尔（John Tyndall）在英国皇家学会所作的科普演讲集，*Pure Geometry* 等。阅读美国 *School Science and Mathematics* 杂志（专为中学教师所创办），每期不落。其中“数学创作”（Math. Recreation）（也译为“游戏数学”）专栏即阅即解，废寝忘食，并将答案速寄该刊编辑部。该刊每期设“Credit for Solutions”（值得称赞的解题）栏公布对某题解答最优最快的名单。是年 2 月，该刊第 15 卷第 2 期（总 121 期）宣布叶企孙对编号为 401、402 题（“数学创作”专栏题目统一编号）的解答为 credit。

1916 年（民国五年），十八岁

3 月，袁世凯被迫取消帝制，6 月卒。黎云洪继任大总统，段祺瑞任国务卿，掌北京大权。

1 月 14 日，清华学校科学会开选举会，叶企孙当选为会长，刘崇鋐为书记。

秋，上高等科三年级。

10 月 25 日，在《清华周刊》84 期上和杨绍曾、曹明銮共同发表“重组清华学会建议”。

在《清华学报》和《清华周刊》分别发表中国数学史论文《考正商功》、天文学史文章《天学述略》。

据当年日记，是年读书有《国语》、《诗》、《西学东渐记》、《清朝全史》、《五曹算经》、《夏侯阳算经》、《五经算书》、《益古演段》、《同文算指》、《畴人传》、《几何原本》、《斯氏几何》、包尔《算学史略》、美国亨丁顿《代数学之基本理论》、《上海实业丛抄》等。于 4 月 26 日写完 *The History of Mathematics in China* 一文，并呈交给 Mr. Benjamin Chiu。5 月 11 日至 15 日，拟定乡村社会调查大纲。暑假在上海观察并绘制植物花草图多种，参观自来水厂、电灯厂，徐家汇之教堂、教育、图书馆、天文

台和印刷厂之印刷工艺流程。

1917 年（民国六年），十九岁

5 月，在《清华学报》（第 2 卷第 6 期）发表《中国算学史略》一文。

8 月，“清华学校基金委员会”成立。

9 月，仿美国大学，清华学校董事会成立。

秋，上高等科四年级。任清华科学社社长，天文学会理事，向科学社捐书（教学书）40 余卷。

是年，开工建造清华大礼堂。

1918 年（民国七年），二十岁

春（1 月）校长周贻春辞职。自此至 1922 年，清华校长走马更迭。

6 月，从清华学校高等科毕业。

8 月，从上海乘船赴美深造。9 月中，入芝加哥大学物理系，插班上三年级。

是年，中国科学社总部迁回国内。《科学》编辑部等常设机构设立于上海。

1919 年（民国八年），二十一岁

秋，上芝加哥大学物理系四年级。

五四运动爆发。

是年，《清华学报》停刊。

1920 年（民国九年），二十二岁

6 月，芝加哥大学物理系毕业，获理学士学位。

9 月，入哈佛大学杰弗逊物理实验室攻读实验物理硕士学位，师从杜安（William Duane，1872—1935）教授。

是年，清华学校停招中等科一年级新生；清华大礼堂建成。

1921 年（民国十年），二十三岁

春，与杜安和帕尔默合作精确测定辐射常数，即普朗克常数 h。他们的论文《用 X 射线重新测定辐射常数 h》提交美国物理学会。是年 4 月，华盛顿会议宣读，并于同年先后发表于 *Journal of the Optical Society of America*（Vol. 5，pp. 376 - 387）；*Proc. N. A. S*，*U. S. A.*（Vol. 7，pp. 237 - 242）；*Phys. Rev.*（Vol. 18，pp. 98 - 99）。

6 月，获哈佛大学理学硕士学位。

8 月，叶企孙当选为中国科学社驻美临时执行委员会会长。

9 月，在哈佛大学高压物理学家布里奇曼指导下攻读博士学位，研究方向为高压磁学。

清华学校改高等科四年级为大学一年级。

1922 年（民国十一年），二十四岁

曹云祥任清华学校校长。任职期间，着力推行将清华学校改办成大学。

10 月，中小学教育定为“六三三”制：小学六年，初中三年，高中三年。

1923 年（民国十二年），二十五岁

6 月，提交博士学位论文《流态静压力对铁、钴和镍的磁导率的影响》，并获哈佛大学哲学博士学位。

夏初，中国科学社驻美临时执行委员会举行会议，在会长叶企孙主持下，选举正式理事成员、成立正式机构、制定驻美分社章程、吸纳新社员，使该学术团体在美洲日益巩固、发达。

夏，叶景澐辞清华学校国文教员职。

10 月，离美取道欧洲回国。在欧洲，游历英国、法国、德国、荷兰、比利时诸国，参观考察诸所大学并实验室。

1924 年（民国十三年），二十六岁

3 月，结束欧洲之行，回到上海。

4 月，受南京东南大学之聘，任该校物理学副教授。学生中有赵忠尧、施汝为、郑衍芬、柳大纲等。

6 月，《清华学报》复刊。

10 月，清华学校“大学筹备委员会”宣告成立。

1925 年（民国十四年），二十七岁

叶企孙博士论文于是年刊载于 *Proc. Amer. Acad. Arts and Sci.*，Vol. 60，pp. 502－533。

5 月，清华学校成立大学部，招收第一批新制大学一年级学生。

8 月，接受清华学校物理学副教授之聘。是年东南大学毕业生赵忠尧、施汝为随同北上，任清华学校物理学助教。

9 月，清华学校成立国学研究院。

9 月，清华科学社社长陶葆楷请叶企孙、陈桢、郑之蕃分别任物理、生物、数学组顾问。

1926 年（民国十五年），二十八岁

2 月始，带领赵忠尧等测试清华大礼堂声学问题。每周六晚放映电影后，他们请教职员、学生再静坐 20 分钟进行测试。同时指导赵忠尧、施汝为、阎裕昌研究中国地毯、棉被、穿衣的吸声能力。

4 月 29 日，教授会选举各系主任，叶企孙当选为物理系主任、教授。物理系职员有：教授梅贻琦、叶企孙；助教施汝为、赵忠尧、郑衍芬；实验员阎裕昌。物理系有学生两个年级共 7 人。

5 月 11 日，《清华周刊》第 383 期载蔡方荫自美国致信叶企孙，提出减少大礼堂“余音”（今谓“混响”）的方法。叶企孙在“附记”中写道：“信中所述减少大礼堂余音的方法与企孙采用者同。物理系同人正在体育馆一小室中实验京中毛毡铺所出之各种软毡，比较其吸收声音之能力，以供选择。此种实验，费时甚多，外面不静之时不

能工作。读者从蔡君所言中可以概见，本校同人幸无讶企孙等进步之迟也。”

梅贻琦出任清华学校教务长。

秋，清华学校拟定本科四年，新制清华学校将成为四年一贯制大学，并设定十七个系。已开出课程的系有：物理学系、化学系、生物学系、农学系、工程学系，以及文科的国文学系、西洋文学系、政治学系、经济学系、教育心理学系。

1927 年（民国十六年），二十九岁

2 月，为厉德寅译 W. 布拉格（William Bragg，1862—1942）科普讲演《声之世界》作校，并写序。

在《清华学报》（第 4 卷第 2 期，1927 年 5 月出版）上发表建筑声学论文：《清华学校大礼堂之听音困难及其改正》。

4 月，南京国民政府宣告成立。

夏，赵忠尧赴加州理工学院深造。

年底，曹云祥辞清华学校校长职。

1928 年（民国十七年），三十岁

年初，外交部先后命严鹤龄、温应良为清华学校校长。六月，教务长梅贻琦代理校务。

6 月 9 日，中央研究院正式宣告成立，蔡元培为院长，杨铨为秘书长。总办事处设在南京。11 月，按修正的“国立中央研究院组织法”，改秘书长为“总干事”。

8 月，清华学校更名清华大学，罗家伦任校长。

吴有训（1926 年芝加哥大学哲学博士，1927 年回国任南京中央大学副教授、系主任）和萨本栋（1927 年伍斯特理工学院理学博士，后任西屋电气公司工程师）受聘为清华大学物理系教授。

11 月至年底，叶企孙先后受聘为教授会评议员、奖学金委员会委员、招考委员会委员。

1929 年（民国十八年），三十一岁

1 月 12 日，中国科学社十五周年纪念大会。吴有训在会上赞扬叶企孙领导的清华大学物理实验室：“中国现在的物理实验室可以讲述者唯中央大学、前北京大学、清华大学而已。然此三校则以清华为第一。此非特吹，乃系事实。盖叶先生素来不好宣传，但求实际。以后我们希望在本校得几位大物理学家，同时还希望出无数其他大科学家。”

1 月 18 日，叶企孙被聘为《清华学报》编辑委员会委员。

春，清华学校改称清华大学。成立清华教授会、评议会。

5 月 2 日，参加教授会第七次会议。议决：致电行政院及教育、外交两部，就清华直属教育部问题与该院及两部协商；请中华教育文化基金会兼管清华大学基金。会上推举叶企孙、杨振声为代表，南下与政府各部门磋商。6 日，叶企孙一行赴南京。10 日，国民政府行政院通过，国立清华大学脱离外交部，直隶教育部。11 日，对南京

记者发表谈话，阐明上述二事之原委及意义。指出“清华奉国府命令改组大学，意即要把清华从留美预备性质改为一个独立的学术机关。大学办得好，能比上外国，也就不用那种暂时性质的、不经济方法往外国送学生了。”20 日，叶企孙一行返校。

5 月，物理系决定办研究院，招收国内大学毕业生为研究生，从事专门研究，以提高学术水准。

与郑衍芬合编《初等物理实验》教材出版。夏，送郑衍芬入美国斯坦福大学深造。同时，聘请东南大学是年理学士沙玉彦为清华物理系助教。

7 月，清华大学成立文、理、法三学院。罗家伦校长聘杨金甫、叶企孙、陈岱孙分别任文、理、法三院院长。理学院包括算学、物理、化学、生物、心理、地理等系。叶企孙与各系系主任合作共事，聘用人才、招收学生、辟划课程、分配经费，从此，清华理学院占华夏鳌头。

物理系是年第一届本科毕业生有：王淦昌、施士元、周同庆、钟间。

秋，周培源（1928 年加州理工学院哲学博士，后随沃纳·海森堡、沃尔夫冈·泡利作研究）受聘为物理系教授。

11 月 22 日，在当日出版的《国立清华大学校刊》上发表《中国科学界之过去现在及将来》一文。

12 月，主编《清华学报·自然科学专号》。

据空气动力学家冯·卡门《自传》（*The Wind and Beyond*，*Theodore von Kárman*：*Pioneer in Aviation and Pathfinder in Space*，by Theodore von Kárman and Lee Edson，New York：Little Brown and Company，1967）叙述：受理学院院长叶企孙邀请，他于是年 2 月访问清华大学，并建议创办航空工程专业，设立航空讲座，强调航空科学和航空工业的重要性。是年来华，“他在北平和南京的大学里，教授空气动力学”。科学史界分析，冯·卡门在清华并未引起校长罗家伦的重视。因之，连新闻报道几无，而他在南京却有颇详行踪及学术活动新闻。

1930 年（民国十九年），三十二岁

5 月，校长罗家伦辞职离校。

5 至 7 月，任校务委员会主席，主持校务。

5 月中，阎锡山委派乔万选为清华大学校长，受师生抵制。6 月 3 日，有人冒沪清华同学会之名拥乔万选为校长，并电清华校务委员会。叶企孙于 6 月 6 日在《清华大学校刊》发表“启事”，声明“此电未经证实，真相如何，无从知悉……企孙个人对于任何派别更不愿有所左右也。”“转辗传闻，恐有失实，特此声明。”6 月 25 日，吴之椿、叶企孙、陈岱孙三人以校务委员会之名致电阎锡山，指出“清华并非行政机关，若以非常手段处理，则校务及经费必生困难。”“至学生此次举动，纯出爱校热情，其心无他，诚恐远道传闻失实，谨此电闻。”由是，解决了军学之间的矛盾，乔万选任校长事未遂。

物理系研究院首次招收研究生，陆学善成为清华第一位物理研究生。

是年，物理系本科毕业生有冯秉铨、龚祖同、施国钧。

夏初，送助教施汝为赴美国伊利诺伊大学深造。

是年止，物理系建成五个实验室：普通物理、热学、光学、电学与近代物理实验室。

7 月 7 日，主持第 19 次校务会议：叶企孙将例行休假出国，讨论人事安排。举荐吴有训代理物理系主任，熊庆来为理学院院长，冯友兰为校务委员会主席。

9 月，开始休假。取道西伯利亚、莫斯科赴德国哥廷根大学进修。叶企孙听了玻恩讲授热力学，海特勒讲授量子电动力学。

1931 年（民国二十年），三十三岁

1 月，由哥廷根大学转柏林大学进修。听薛定谔讲场物理，听诺德海姆讲金属电导论，与伦敦讨论分子结构和交换力，和柏林高等工业大学铁磁学家贝克尔讨论磁致伸缩。4 月游历德国、奥地利、意大利、瑞士四国。8 月经西伯利亚回国。9 月 9 日过沈阳。在德国，还聘请哈雷-维滕贝格大学物理系仪器技师 Heintze 到清华物理系实验室工作（1937 年后，此人转入北京协和医院工作）。

4 至 6 月，吴南轩任清华大学校长，受到学生强烈抵制。7 月初，行政院和教育部先后令地质调查所所长翁文灏代理校务。

9 月 15 日，继任理学院院长兼物理系主任。代理校长翁文灏因事赴南京，由叶企孙代理校务。

与饶毓泰联名为吴大猷出国深造申请中华文化教育基金事作推荐。吴大猷获每年 1000 美元资助顺利出国学习。其时，美国密歇根大学每年学费 100 美元，芝加哥大学每季学费 100 美元。由此款，吴大猷可偕同夫人出国赴密歇根大学，此事令吴大猷终生难忘并感谢两位恩师。

秋，以理学院院长和代理校长名义同意算学系主任熊庆来关于聘请华罗庚为算学系助理的报告。此时华罗庚初中未毕业，但已显现数学天才。

“九一八”事变。叶企孙出席平津学术团体对日（对抗日本）联合会会议。

10 月 1 日，致电教育部，催促翁文灏代校长返校视事。10 月 13 日，教育部命驻美学生监督梅贻琦为校长。在梅贻琦到任前，由叶企孙主持校务。

10 月 7 日，教职员公会改选干事，叶企孙任会长。

10 月，与北京大学联名邀请“国联”中国教育考察团成员之一法国物理学家郎之万教授（Prof. Paul Langevin，1872—1946）北上讲学。在郎之万建议下，叶企孙筹备成立中国物理学会。

11 月 1 日，叶企孙等 13 人被北平物理界同人推选为中国物理学会发起人。他们拟定中国物理学会章程草案十二条并征求意见。本月底，获北平、上海、南京、武昌、杭州、山东、广州、天津及成都各地复信赞同者共 54 人。

11月17日，鉴于“九一八”事变中黑龙江省马占山主席在塞外孤军抗日，屡挫强敌，国人深为感奋，清华大学教职员公会于是日出“启事”，号召全校教职员工捐款，“犒劳卫国战士”。作为教职员公会会长叶企孙，于18日与同人先垫付千元，汇至黑龙江，并致电马主席及全体战士。清华教职员公会慰劳马占山并恳请政府增援电文两则如下[①]：

齐齐哈尔

马主席并转全体将士勋鉴：

拒敌守土，不屈不挠，神勇精忠，举国同钦。同人等谨捐薪千元，由大陆银行汇至哈尔滨，藉表慰劳微诚。务望奋斗到底，为当世楷模。

清华大学教职员公会叩

南京国民政府蒋总司令、北平张副司令钧鉴：

黑龙江马代主席及将士孤军守土、神勇精忠，举国同钦。务望即派军、汇饷，火速援应。万勿使忠义之士以援绝致败，国家幸甚。

清华大学教职员公会叩

11月，致函梅贻琦，敦请梅速归任职。

12月4日，梅贻琦返校，就任校长职。

12月7日，叶企孙，翁文灏二人将10月、11月两月代理校长薪俸全部捐出，分别捐给水灾地区、教职员公会对日委员会，处于困境中的成府小学。后者受款828元，赖以维持校务。

12月13日，中国物理学会发起人叶企孙等13位在北平第二次集会，讨论修改章程草案，并通函各地，以通信票选方式，选举该会临时执行委员会七人，以处理该会正式成立前一切事务。

是年统计，清华大学物理实验室有仪器三千多种，诸如迈克尔逊光谱仪，光波干涉仪，α、β静电计，布拉格分光计，真空管多种。

1932年（民国二十一年），三十四岁

“九一八”事变后，大量抗日将士、伤残兵员进入北平，惨不忍睹，市民衰泣。叶企孙等人又以清华大学教职员公会对日委员会之名义于1月22日在校内发出募捐启事[②]：

敬启者：辽西战事，我国少数官兵及义勇军，以微弱之力，抗击暴寇，牺牲惨烈，可歌可泣。虽锦州终于沦陷，然撤防命令，发自长官；军士奋勇杀贼，其责已尽，其志堪钦。死者已矣，伤者呻吟争命，不有抚慰，将何以劝忠义而振懦

① 清华大学教职员公会募捐及致马占山电文等，见：《国立清华大学校刊》第335期（1931年11月18日）、第336期（1931年11月20日）。

② 该启事见：《国立清华大学校刊》第362号（1932年1月25日）。

怯？本委员会职在对日，救国有愿，却敌无方。只得就力所能及之事，多予提倡。兹经议决，拟向本校教职员同仁募集捐款，慰劳来平伤兵。冀收集腋，聊当馈饷。素稔台端恫瘝在抱，情深不忍，义愤填膺，志切同仇。瞻彼伤残，定多矜悯。倘蒙慷慨解囊，踊跃输将，嘉惠宏施，曷深企感！专颂仁安。

国立清华大学教职员公会对日委员会谨启

二十一年一月廿二日

3月1日，清华教职员公会推举叶企孙、陈岱孙、萧叔玉三人计划捐款分配方法。

3月29日，中国物理学会发起人叶企孙等13人举行第三次会议，公布去年12月以来通信选举结果。夏元瑮、胡刚复、叶企孙、王守竞、文元模、严济慈、吴有训七人当选为临时执行委员会委员，以处理中国物理学会成立前的一切事务。

任清华大学研究所委员会主席

从国外购进50mg镭，供实验室用。

清华大学成立以梅贻琦为首的公费留美招考委员会。考选工作由叶企孙负责。在出国深造的项目方面，叶企孙高瞻远瞩，提出我国当前急需的科技方向。清华公费留学考试在选拔人才方面起了极大作用，如选拔了钱学森、赵九章等人。

6月2日，清华教授会开会选举下年度各院院长。叶企孙当选理学院院长。

7月9日，中国物理学会临时执行委员会开会，决议于8月22—24日假清华大学召开成立大会。8月22日，来自全国的代表在清华大学选举中国物理学会第一届职员：会长李书华，副会长叶企孙，秘书吴有训，会计萨本栋，以及董事和评议员人选。8月23日，叶企孙代表临时执行委员会作相关筹备经过的报告，并宣布临时执行委员会结束，正式的中国物理学会开始工作。8月23日，代表作论文报告。

赵忠尧回国，受聘为清华大学物理学教授。

11月4日，叶企孙受聘为清华大学聘任委员会、图书馆委员会、《大学一览》编辑委员会委员。

萨本栋著《物理学名词汇》，由中华教育文化基金董事会赞助出版。

是年夏，物理系郑一善、赫崇本毕业。

1933年（民国二十二年），三十五岁

3月9日，与冯友兰、萨本栋等五位教授对热河省失守事要求召开清华教授会。以教授会名义致电国民政府，要追究蒋介石和宋子文的责任。

4月，参加教育部召开的天文、数学和物理教学讨论会，与饶毓泰、王守竞、李书华、张贻惠、吴有训、萨本栋、朱广才、严济慈共同提呈《拟定大学物理课程最低标准草案提请公决案》。

当选为国民政府教育部学术审议委员会委员。

5月，清华大学举行第一届公费留美考试。录取者有龚祖同、顾功叙、蔡金涛、林同骅、熊鸾翥等24名。龚祖同于1934年改赴柏林大学深造。

6 月 18 日，中央研究院总干事杨铨在上海被暗杀。丁燮林代理总干事。

8 月，参加在上海交通大学举行的中国物理学第二届年会，再次当选为副会长和当然评议员。

加入中国天文学会，当选为理事。

以理学院院长名义，赞成破格提升计算学系助理华罗庚为正式助教。

物理系殷大钧、赵九章、傅承义、何汝楫、胡乾善、潘耀、王竹溪、熊鸾翥毕业。

理科研究所物理学部陆学善毕业。

萨本栋编著《普通物理学》由商务印书馆出版。

1934 年（民国二十三年），三十六岁

辞物理系主任职，举荐吴有训任系主任。

清华大学举行第二届公费留美考试。录取者有王竹溪、赵九章、殷宏章、夏鼐、钱学森等 20 名。

是年，物理系薛培贞、周长宁、高梓、宁有澜、翁文波、张宗燧毕业。

8 月，叶企孙参与南京金陵大学举办的中国物理学会第三届年会。

山东大学物理学原教授任之恭受聘为清华大学物理学和电机工程教授。

是年，萨本栋编著《普通物理实验》，由商务印书馆出版。

1935 年（民国二十四年），三十七岁

4 月 14 日，父亲叶景澐于上海逝世。享年八十。

夏，清华大学举行第三届公费留美考试。录取者有张宗燧、方声恒、王遵明、沈同等 30 位。

6 月，当选为中央研究院第一届评议会数理组评议员。

7 月 6 日，国民政府北平军分会代理委员长何应钦与日军司令梅津美治郎签订卖国的《何梅协定》。华北危急。清华大学组织长沙分校筹建委员会，由叶企孙主持筹划建校事，以应不测。

是年夏，物理系徐昌权、许南明、顾汉章、王遵明、钱伟长、赫贵忱、熊大缜、李鼎初、彭桓武、孙德铨（女）毕业。

聘请霍秉权为清华物理系讲师。

11 月底，日寇策划汉奸搞“华北五省自治”（五省指黑龙江、吉林、辽宁、热河、河北）。12 月 2 日，叶企孙起草电文，与梅贻琦等平津、河北教育界名流联名通电全国，痛斥日寇与汉奸妄图分裂中国的阴谋。

“一二·九”运动爆发，叶企孙暗中捐资支援，保护学生免遭当局迫害。

1936 年（民国二十五年），三十八岁

2 月 29 日，国民党军警闯入校园、逮捕进步学生。葛庭燧等学生深夜入叶企孙住

宅以避凶残。

4月，出席中央研究院第一届评议会第二次会议。

是年，物理系陈亚伦、钱三强、何泽慧（女）、谢毓章、许孝慰（女）、戴中扆（黄葳）（女）、王大珩、杨镇邦、杨龙生、郁钟正（于光远）毕业。

清华大学举行第四届公费留美考试。录取者有马大猷、郑重等18名。

霍秉权升任教授。

8月，当选为中国物理学会会长。

11月，叶企孙和吴有训率领清华大学部分师生到红山和固安慰问宋哲元统领的抗日部队29军官兵。

鉴于国家危难，国防研究之重要，叶企孙指导当年毕业生许孝慰、杨龙生的毕业论文是与方位测量器相关课题，此器成功制造可在军事上用以测定敌军炮位所在。指导研究生熊大缜的论文是《赤外光线照相之研究》。所谓“赤内光线照相”即今谓红外照相术。熊大缜对此种胶片之研究，不仅在国内属首创，在国际上也属前沿课题。熊大缜以红外照相术拍摄了西山夜景、清华俯视全景。由此，师生感情甚笃。

1937年（民国二十六年），三十九岁

1月，辞理学院院长职，举吴有训任该职。

“七七事变”，叶企孙留校负责抢运图书、仪器南下。7月29日北平沦陷。9月12日，日本宪兵侵入清华校园，抢夺图书、仪器。

是年夏初，清华大学长沙分校应急校舍大部分建成。7月，清华大学举校南迁。9月与北京大学、南开大学在清华所建校舍合组长沙临时大学。由三校校长（梅贻琦、蒋梦麟、张伯苓）组成常务委员会主持校务。

8月，叶企孙学术临休一年。本可出国考察，但他放弃机会。抵天津，寻机南下长沙。9月，患副伤寒病，滞留天津养病。此时，在天津清华同学会设立清华南迁临时办事处，由叶企孙主持工作。其工作包括护送师生南下，安排留守在京职工，保护清华房产等。助教熊大缜协助办事处工作。

是年夏，清华物理系本科毕业的学生有：葛庭燧、池钟瀛、秦馨菱、方俊奎、黄香珠（女）、林家翘、刘庆龄、刘绍唐、戴振铎。

燕京大学物理系原副教授孟昭英受聘为清华大学物理系副教授。

1938年（民国二十七年），四十岁

1月，战火逼近长沙。4月11日，日军飞机轰炸长沙临时大学校舍。长沙临时大学被迫结束，学校迁往昆明。

5月，西南联合大学开学。

1至10月，积极支援中国共产党冀中抗日根据地的抗日活动。春，冀中军区共产党组织派人到平、津寻求科技人员、物资与技术支援。叶企孙欣然同意熊大缜赴冀中

抗日根据地吕正操部下工作。熊大缜改名为熊大正，4 月任印刷所所长，7 月升任军区供给部部长。叶企孙还先后推荐阎裕昌、汪德熙、林风、葛庭燧、胡达佛、张瑞清、李广信、祝懿德、张方、何国华、钱伟长等实验技术员、大学毕业生和助教进入冀中抗日根据地，从事炸药、地雷、雷管、无线电收发报机及其他军工器材的制造，解决技术难题。在天津筹款秘密购买药品、军用物资，可代用物资或军需零部件，寻觅枪弹设计图，甚至钞票印刷机。叶企孙本人积蓄用罄，又借用清华公款万余元。他们多次炸毁日军列车、桥梁，受到军区首长聂荣臻司令员表扬。

9 月，天津地下抗日活动有所暴露。林风被日伪政权逮捕，拘押北平监狱，直至 1946 年抗战胜利才得以释放。

10 月初，接梅贻琦校长电，催归西南联合大学任教。10 月 5 日，离津乘船南下，经香港入昆明。在旅途船上，曾作《思念熊大缜》五言一首。

11 月初，抵香港。为筹款支援冀中抗日，会晤蔡元培，请其作函，拟访宋庆龄。滞港期间，收熊大缜（化名“绍雄”）以隐语写下的从天津发出的信，告知冀中抗战情况，以中国共产党领导的以吕正操为首的抗日部队与国民党领导的以鹿钟麟为首的部队商议联合抗日，尚未有摩擦事件。

11 月底，抵昆明，任清华大学、西南联合大学物理学教授。

1939 年（民国二十八年），四十一岁

1 月，在钱瑞升主办的《今日评论》上发表笔名为“唐士”（“中华知识分子”之意）的文章《河北省内的抗战概况》，介绍冀中抗日根据地大好形势和前景，动员各种专业人员赴冀中支持抗日，描绘了冀中抗日根据地的美好前景。

9 月，清华大学成立特种研究所委员会，包括农业研究所（成立于 1934 年 8 月，所长戴芳澜），航空研究所（成立于 1936 年，所长庄前鼎），无线电研究所（成立于 1934 年秋，所长任之恭），金属研究所（成立于 1936 年，所长吴有训），国情普查研究所（成立于 1939 年 8 月，所长陈达）。特种研究所委员会委员有：叶企孙、梅贻琦、陈岱孙、施嘉炀、李继侗、李楫祥、戴芳澜、庄前鼎、任之恭、陈达、吴有训。叶企孙为特种研究所委员会主任委员。

5 月，熊大缜被捕。在逼供信中，熊大缜招供自己是“C. C 特务”，交代其师叶企孙为“特务头子”。7 月，熊大缜被处决。

1940 年（民国二十九年），四十二岁

3 月 5 日，中央研究院院长蔡元培病逝。9 月，任命朱家骅代理该院院长。10 月，傅斯年任总干事。

是年，被选为中央研究院当然评议员。

8 月，赴川勘察西南联合大学分校校址，以备必要时迁川。

10 月，被西南联合大学校务会选为教授会代表。

1941 年（民国三十年），四十三岁

时任中央研究院院长朱家骅多次函信清华校长梅贻琦，盼叶企孙出任该院总干事。是年九月，梅贻琦以“允君请假，暂就该院职”，并同时兼任清华大学特种研究所委员会主任委员为条件，同意叶企孙任中央研究院总干事。九月，叶企孙赴重庆就职。

1942 年（民国三十一年），四十四岁

创办中央研究院《学术汇刊》第一期出版。该刊编辑委员会委员有：叶企孙、翁文灏、李书华、曾昭抡、王家楫、傅斯年、汪敬熙。主任编辑为叶企孙。

出席重庆第一届国际科学技术策进会，并当选为理事。

是年，英国生物化学家李约瑟博士（Dr. Joseph Needham）作为英国皇家学会代表，受英国政府派遣，肩负援华使命到重庆，推动有关英中两国文化科学合作事宜，探讨英国能为受日本封锁的中国科学家提供什么帮助。作为中央研究院总干事的叶企孙为此真诚地向李约瑟提供诸多建议，并引导他对中国科学史感兴趣。

1943 年（民国三十二年），四十五岁

初春，在西南联合大学物理学会演讲“物理学及其应用”。

6 月，应重庆中央训练团之邀，讲演“科学与人生”，普及科学知识。

8 月，辞却中央研究院总干事职，返回西南联合大学任教授，并任清华大学特种研究所委员会主任委员。9 月，总干事职由李书华继任。

1944 年（民国三十三年），四十六岁

任教西南联合大学，主持清华大学特种研究所工作。

1945 年（民国三十四年），四十七岁

8 月 15 日，抗日战争胜利。

8 月 29 日，叶企孙任西南联合大学理学院院长，兼物理系教授。

11 月，西南联合大学常委梅贻琦、傅斯年因公先后转渝赴平，由常委会议决，请理学院院长叶企孙教授暂时代理该校常委职务。

12 月，在昆明发生的“一二・一”运动中，叶企孙代理西南联合大学常委会主席，亲自主祭“一二・一”运动中牺牲的烈士，并主持组织法律委员会，处理与惨案有关的控诉事宜，保护学生。

1946 年（民国三十五年），四十八岁

5 月，西南联合大学战时使命结束。北京大学、清华大学、南开大学三校恢复，师生员工分批北返。

在西南联合大学或清华大学特种研究所期间，叶企孙曾授业的学生有：张恩虬、陈芳允、何家麟、胡宁、李正武、王天眷、向仁生、张守廉、朱光亚、杨振宁、李政道等。复员后，原在无线电研究所的任之恭、范绪筠、孟昭英，金属研究所的余瑞璜被聘为清华大学物理系教授。叶企孙任理学院院长。

8 月，当选为中国物理学会 1946 年度常务理事长。

10 月 21 日，致函中央研究院院长朱家骅，为该院评议会第二届第三次年会请假，因梅贻琦校长催促其本月 28 日必须到清华大学报到。同时建议评议会讨论允许各所研究员每年定期到各大学兼职任教，以解决当前各大学教授人才不足问题。此建议获本次评议会通过。

1947 年（民国三十六年），四十九岁

8 月，当选为中国物理学会 1947 年度理事长。

1948 年（民国三十七年），五十岁

3 月，中央研究院首次评选院士，共选出 81 名。其中，物理学院士有：叶企孙、李书华、饶毓泰、吴有训、赵忠尧、严济慈、吴大猷。萨本栋属工程技术院士。

9 月，赴南京出席中央研究院第一届院士会议，并当选为中央研究院第三届评议员。

12 月 15 日，清华园解放。拒绝南京政府南下邀请，也拒绝联合国教育、科学及文化组织的聘请。

1949 年，五十一岁

5 月 4 日，北平市军管会文化接管委员会通知，清华大学建立由 21 人组成的校务委员会，其中，教授 17 人，军管会代表和学生代表各 2 人。委任叶企孙为主席，陈岱孙、张奚若、吴晗、周培源、钱伟长、费孝通及两位学生代表为常委。

9 月 21 日，叶企孙作为中华全国教育工作者代表，与钱俊瑞、汤用彤、竺可桢、叶圣陶、成仿吾等参加中国人民政治协商会议第一届全体会议，当选为全国政协委员。

10 月 1 日，中华人民共和国宣告成立。

10 月，陈毅、贺龙先后到清华大学视察。

是年，叶企孙当选为北京市人民代表会议特邀代表。

1950 年，五十二岁

4 月 28 日，清华大学校务委员会改组。由华北高教会等领导机构委派的委员 9 人，教授 5 人，讲师助教 4 人，学生代表 3 人组成一个 21 人的委员会。叶企孙担任校务委员会主任委员，吴晗、周培源为副主任委员。校务委员会改组后，加强了教务方面的行政工作，着手修订教务通则。

奉华北高教会令，清华大学原五院二十六系缩为四院二十系，取消法律系，人类学系与社会学系合并。

4 月 29 日，在《清华校友通讯》上发表《改造中之清华》一文。

6 月 1—9 日，出席全国高等教育会议。

6 月 20—26 日，中国科学院会议期间，受聘为中国科学院近代物理研究所和应用物理研究所专门委员。

7 月，在《中国物理学报》发表《萨本栋先生事略》一文。萨本栋于 1949 年 1 月

31 日病逝于美国旧金山加州大学医院。该文寄托对萨本栋的思念，给萨本栋以正确评价，为他未能见到中国大转变而惋惜。

8 月 2 日，中华全国教育工作者工会第一次代表大会在清华大学开幕。

8 月 18 日，全国自然科学工作者代表会议在清华大学开幕。叶企孙当选为中华全国自然科学专门学会联合会（简称“科联”）常委兼计划委员会主任。

是年，参加中华全国自然科学普及学会，当选为科普协会委员；参加中苏友好协会，任北京分会理事；参加中国人民保卫世界和平反对美国侵略委员会，任北京市分会理事。

9 月 12 日，赵忠尧、罗时钧、沈善炯三人由美回国，途经日本，在横滨被美国驻日本占领第八军扣留。经我国政府和人民团体的抗议，以及国际上的声援，美军不得不于 11 月下旬释放赵忠尧等三人。他们于 11 月 27 日抵达香港，从香港进入大陆。

1951 年，五十三岁

4 月，在《人民清华》上发表《一年来的清华》一文，述及自 1950 年 5 月至 1951 年 4 月清华大学工作、教学、学生人数、科研任务等事项。文中还涉及，“任何行政工作者所易犯的一种毛病是联系群众不够，以致不能了解群众的意见”，当前形势“需要各教师加强政治学习，参加各种政治斗争，来锻炼自己正确的立场与态度”云云。这些文字，实乃言己，非教训他人矣。

8 月，中华人民共和国成立后的中国物理学会第一届会员代表大会在北京召开。叶企孙在会上作《现代中国的物理学成就》的报告。主要内容是 1900 至 1950 年间中国物理学的成长、发展，物理学工作者与国外发表的重要论文和取得的成果。他的心意是讲讲现代中国物理学史。准备此报告中，还请王竹溪、钱伟长帮助收集并统计 1900—1950 年中国物理学家撰写并发表的论文（文章）题目和数量（据报告有 700 余篇）。听其报告的与会者为之振奋。不料，该报告为其时政治所不容：“刚诞生的新中国何如颂扬旧社会的成就。”为此，原拟定刊发该报告的《物理通报》（1966 年前，《物理通报》为中国物理学会办刊）不得不撤销报告稿清样。

1952 年，五十四岁

1 月 16 日，作为清华大学校务委员会主席的叶企孙在全校教职员和干部大会上第一次作思想检讨：“中华人民共和国成立后在政治学习上时间花得少，因此水平不高，思想领导做得不够。”云云。

1 月 22 日，作第二次检讨，陈述自己“九点错误，四点思想根源及三点改正办法”云云。

1 月 24 日，作第三次检讨，低沉而痛心地说：“我看清楚了批评与自我批评是改正我的毛病的武器，今后一定要好好地改造自己……站稳人民立场……”

三次思想改造大会，叶企孙已筋疲力尽。绝大部分教工对其检讨表示满意，今后政治思想改造“要向叶先生看齐”。组织领导结论是“没有什么变化，拖着尾巴过关。

以后再耐心地在长期中给以教育。”

10 月，全国高等院校院系调整。叶企孙调离清华大学，到北京大学任教。

年底，任北京大学校务委员会委员，《北京大学学报》编委。从此，未曾担任真正意义上的教学或行政领导工作。

1953 年，五十五岁

是年在北京大学开光学、大气电学和地理专业、气象专业的普通物理课程。

1954 年，五十六岁

8 月，成立中国自然科学史研究委员会，指导全国各学术团体、院校相关研究，并筹建相应研究机构。竺可桢（中国科学院副院长）任主任委员，叶企孙、侯外庐（中国科学院哲学社会科学部历史研究所所长）任副主任委员。委员尚有：向达、李俨、钱宝琮、丁西林、袁翰青、侯仁之、陈桢、张含英、梁思成、刘敦桢、刘仙洲、李涛、刘庆云和王振铎。

9 月，当选为第一届全国人民代表大会代表。

1955 年，五十七岁

任北京大学物理系金属物理和磁学教研室主任，创办磁学专业。开固体物理、铁磁学、固体物理中几个量子力学问题课程。

当选为中国科学院数理化学部委员、常委委员。

1956 年，五十八岁

2 月，竺可桢在北京西苑大旅社召开座谈会，讨论制定中国科学史规划。由叶企孙领导制定规划的具体工作。

春，参加我国科学技术长远发展规划的讨论和制定工作。主持和编写 1956—1967 年科技发展规划第 56 项（基础科学）物理学部分中的磁学分支科学规划。

7 月 9—12 日，出席中国自然科学史第一次讨论会，并作报告《中国自然科学与技术史研究工作十二年远景规划草案》。

9 月，原定参加于 3—10 日在意大利佛罗伦萨召开的国际科学史会议。于临行前夕，撤销叶企孙名额。

11 月 6 日，参加副院长吴有训主持的中国科学院第 28 次院务会议，讨论中国自然科学史研究室筹建方案。叶企孙发言要点为：“史”与社会科学有关，将来还要有艺术史；这个研究机构发展为“研究所”之后，还应包括研究世界自然科学史。

1957 年，五十九岁

1 月，中国自然科学史研究室成立，任该室兼任研究员和《科学史集刊》编委。为筹建该所设法寻觅人才。

10 月，著文评介李约瑟《中国科学史》第 1 卷。

1958 年，六十岁

在“大跃进”形势下，组织编写《中国天文学史》。

12月，在纪念意大利科学家托里拆利（E. Torricelli，1608—1647）诞生350周年大会上作报告《托里拆利的科学工作及其影响》。

北京大学物理系金属物理和磁学教研室一分为二，叶企孙任磁学教研室主任。

1959年，六十一岁

4月，当选为第二届全国人民代表大会代表。

继续组编、修订《中国天文学史》，9月完成草稿，后未出版。

1960年，六十二岁

冬，接济困难学生完成学业；将自己一份教授配额牛奶转送犯疾病（水肿）助教，或暗自约请病者到家中，督促其将牛奶喝下。

6月，赴南京参加全国天文工作会议。

1961年，六十三岁

1962年，六十四岁

1963年，六十五岁

1964年，六十六岁

在叶企孙建议下，自然科学史研究室（全室原不足20人）招收当年大学毕业生和研究生共16人为实习研究员。8月中，新生陆续报到。9月底，全部下乡“四清”。叶企孙闻讯，将天文、物理新生近十人召集在一起，异常口吃地说：“你们下乡，听领导的。业务学习，回来后我给你们补。有可能，带本外文小词典，有空时拣几个单词。”

12月，当选为第三届全国人民代表大会代表。

1965年，六十七岁

“一分为二”的哲学思想成为科学、哲学和社会行动指南。科学哲学界连篇累牍地发文赞扬这个“光辉思想”，以唯物主义和唯心主义两主义划分自然科学家，并将科学进程归结为单纯这两种世界观斗争的结果。

4月，在《自然辩证法通讯》发表《关于自然辩证法研究的几点意见》一文，指出“科学史上确是有些例子，表明一个有唯心观点的或是形而上学观点的科学家也能做出些重要的科学贡献。”

1966年，六十八岁

1967年，六十九岁

6月，被关押、抄家、停发工资，送“黑帮”劳改队改造。多次就“熊大缜问题”被勒令写书面交代。

在8月19日的交代书中写道：“吾回想过去，由于吾出身资产阶级，以致在全国解放以前，还不能对蒋匪的政权深恶痛绝、而认为它为合法政府，以至造成……严重错误。”

1968年，七十岁

1月22日，在交代书中就“为何被选为中央研究院总干事”的理由写道：“吾对于各门科学略知门径，且对于学者间的纠纷尚能公平处理，使能各展所长。”

4 月，受牵连被捕入狱。

1969 年，七十一岁

12 月，获释并回到北京大学，在北京大学接受隔离审查。此时，已身患重病。

1970 年，七十二岁

从 1 月起，每月 50 元生活费，仍在校接受隔离审查。

1971 年，七十三岁

接受隔离审查。

1972 年，七十四岁

5 月，由北京大学宣布“叶企孙的问题是敌我矛盾按人民内部矛盾处理”。撤销审查。但仍处隔离状态。

6 月，恢复“教授”工资待遇，每月 150 元。海外友人任之恭、赵元任、林家翘、戴振铎、杨振宁等回国访问，希望见叶企孙，均未成行。

1973 年，七十五岁

身患严重丹毒症，两腿肿胀，既不能行走、站立，又不能卧床休息，整日坐在一破旧藤椅上，身边堆满科学、历史或文化书籍。

深秋，中国自然科学史研究室年轻人戴念祖从“河南干校”回京，去看望老师叶企孙。叶企孙要他每周来一两次，边学英语，边讲物理学史，以兑现九年前因下乡“四清”而终未能实现的“补业务学习”的诺言。

1974 年，七十六岁

读历史著作，关注明代海瑞生平等历史事件。

1975 年，七十七岁

夏，解除隔离。让戴念祖去探访钱伟长、王竹溪。

1976 年，七十八岁

春节，陈岱孙、吴有训、钱伟长、王竹溪、钱临照到叶企孙家中贺年问候。

7 月 28 日唐山发生大地震。叶企孙搬入临时搭建的防震棚。棚子既不挡风，又不遮雨，加速其病情恶化。

10 月 6 日，“四人帮”被揪出，“文化大革命”结束。

1977 年，七十九岁

1 月 13 日 21 时 30 分，因长久患病而逝世。

1 月 19 日，举行追悼会。

1980 年

5 月，叶企孙部分恢复名誉。

1986 年

8 月，中共河北省委作出“关于熊大缜问题的平反决定”。熊大缜的“C.C 特务”

以及“策反八路军吕正操部队”的历史问题方得洗雪。决定中指出，“叶企孙系无党派人士，爱国的进步学者，抗战时期，对冀中抗战作出过贡献”。47年前的一桩奇辱冤案，才真相大白。

1987年

2月26日，《人民日报》第五版发表沈克琦等人的文章《深切怀念叶企孙教授》，以示完全恢复叶企孙名誉。

编注：

本年谱曾参考：刘克选、周明东著《叶企孙传》（浙江文艺出版社，2000年）中的“叶企孙年谱”；田彩凤撰《叶企孙先生年谱》[《清华大学学报》（哲学社会科学版），1998年第3期，第36—39页]；以及钱伟长、虞昊主编《一代师表叶企孙》中的“叶企孙年谱”（上海科学技术出版社，1995年）。

本年谱引用这些文献记录者多处，特此致谢，不敢掠美。在编写本年谱过程中，还得到胡升华先生的帮助，亦顺致谢意。

人名索引

（按姓氏汉语拼音排列）

D

F

G

H

J

K

L

M

N

O

P

Q

R

S

T

W

X

Y

Z

跋

自20世纪90年代起，收集、整理叶企孙遗存文著、电文、手稿，是我们心中一个抹不去的心愿。今日，初步完成这一工作，如释重负。我们作为他的学生、亲属，深深感到这些尘封的文献是中国近现代史上的一份文化珍宝。

叶企孙公开发表的文章并不多。但他的文章，无论是学术作品，还是教学主张、治校见解或社会议事，都曾是我国社会经历中的一个时代符号；或是科学道路上坚实清晰的脚印；或是教学与社会生活中振聋发聩的良知呐喊。本文存大致含六个方面的内容：①有关科学、科学史和科学哲学文章；②有关教学与治校文、电；③有关社会政治文、电；④日记；⑤教材及实验讲义；⑥家谱、年谱。本文存收集的最前列10篇文章，是叶企孙16—19岁时的作品，1915年和1916年的日记也是他17—18岁时的记录。虽文献不多，却可以看到一个科学伟人的一生：他的成长、他的辉煌和晚年的坎坷。他的经历、他的研究与教育成果之取得，其中的经验与教训对于今日之人才培养、学科建设、大学教育、科技发展，以至于改革开放、科教兴国都有重大价值。

除了文章、电文外，我们仅对叶企孙的日记作一简要介绍。叶企孙青少年时期的日记，让我们深刻认识到一个科学伟人在青少年时期的自我修养过程。学业之外，更有品德与人格的训练。1949—1951年的日记，可以看出中华人民共和国成立初期叶企孙饱满的政治热情，对中国共产党的深爱，对毛泽东、周恩来的无限敬佩，以致他将当年当月当日的有关报刊的报道不厌其烦地一一摘抄于日记之中，将它们看作是自己每日的生活大事。不料，紧随其后的“思想改造”运动的撒手锏触及叶企孙的身心，一个正直人感到环境的变异，他才不再写日记了，转而在斗室中默默地阅读书刊，从而有了大量的读书笔记在日记中呈现。暂且不涉叶企孙读书笔记的学术价值，仅这两三年的日记中留下的广泛史料就不能不令人为之惊叹！诸如，1949—1951年清华大学、北京大学入学考生情况统计表，1950年北京各大学理工科报考人数统计表，每月物价波动表，银行发行钞票面额值，银行折实储蓄牌价，物价指数，收兑美钞率，乃至于铁路客票价等，为那个岁月的教育史、经济史留下了珍贵素材。

感谢北京市教育委员会和首都师范大学对编辑出版本文存的支持，感谢首都师范大学科学史研究室对收编本文存的重视，感谢清华大学图书馆、档案室、校史研究室给予的协助。在本文存收集编撰过程中，得到王士平、刘树勇、白欣、尹晓冬、虞昊、胡升华、刘克选、韩琦诸教授，刘娜、胡树铎、刘博杰、李媛、杨晓瑞诸研究生的尽力帮助。他们或提出建议，提供素材或线索，或查证报刊史料。硕士研究生杨晓瑞，搜查文献，辛劳尤多。在此对他们表示衷心感谢。

我们特别感谢首都师范大学出版社总编俞斌先生、本书责编来晓宇先生、责任校对李佳艺先生及其他诸多同人为本书的出版和出好所付出的一切努力。该社的出版选题方向、学术与思想目光令人敬佩。为提高本书的质量和内容的全面性，来晓宇先生宽容地接受本书编者多次反复的修改和增删，其认真负责精神、难能可贵！

本文存涉及古今数学、天文、物理，涉及社会、政治和科教界大量人物，限于我们所知者极少，在收集、整理叶企孙文稿过程中难免出现这种或那种错误，也可能有未曾收集到而遗漏的文章、电报等文字，祈识者不吝赐教。

本书的出版得到首都师范大学、中国高等科学技术中心、中国科学院自然科学史研究所的支持和帮助。

叶铭汉　戴念祖　李艳平

2010 年 11 月 8 日初稿

2012 年 6 月 10 日清稿

又及：今增加文论 13 篇，由科学出版社出版增订本。除编者的通力合作外，又得到学界的广泛支持。文存增订本承蒙科学出版社编辑张莉精心校读，并提出多处修订意见，特此致谢！

戴念祖

2017 年 8 月 10 日